生物学のための
水と空気の物理

マーク・W・デニー 著
下澤楯夫 訳（北海道大学名誉教授）

Air and Water
the biology and physics of life's media

Mark W. Denny

Published by Princeton University Press, 41 William Street,
Princeton, New Jersey 08540
In the United Kingdom: Princeton University Press,
Chichester, West Sussex

Library of Congress Cataloging-in-Publication Data

Denny, Mark W., 1951-
Air and Water: the biology and physics of life's media / Mark W. Denny.
p. cm.
Based on a symposium lecture given at the annual meeting
of the American Society of Zoologists in 1988.
Includes bibliographical references and index.
ISBN 0-691-08734-2 (CL)
1. Air. 2. Water. 3. Fl.uid dynamics. I. American Society of
Zoologists. Meeting. II. Title.
QC161.D46 1993
574.19' 1 — dc20 92-20969

This book has been composed in Linotype Times Roman

Princeton University Press books are printed on
acid-free paper, and meet the guidelines for permanence and durability
of the Committee on Production Guidelines for
Book Longevity of the Council on Library Resources

Printed in the United Stares of America

10 9 8 7 6 5 4 3 2 1

着想の良さがいかに大切かを常に思い出させてくれるジョーン・バーノンへ捧ぐ

目次

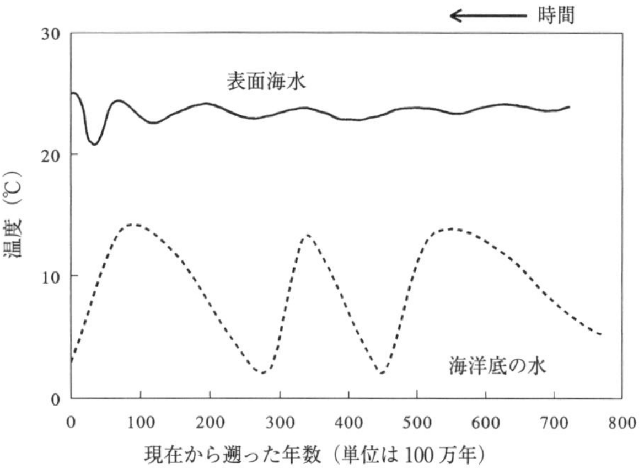

海洋の温度の歴史

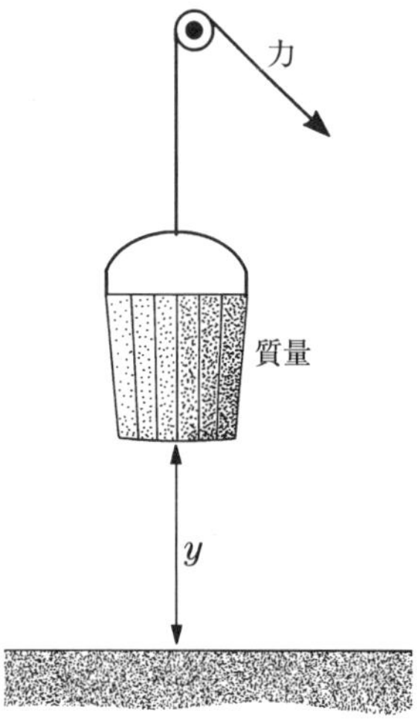

重力位置エネルギー

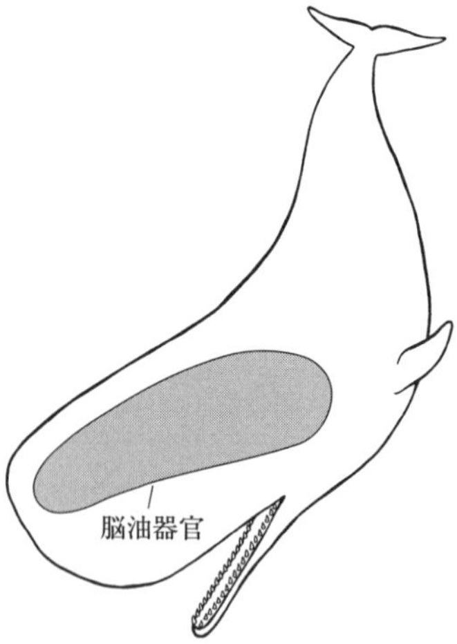

マッコウクジラ

キリンとアパトサウルス

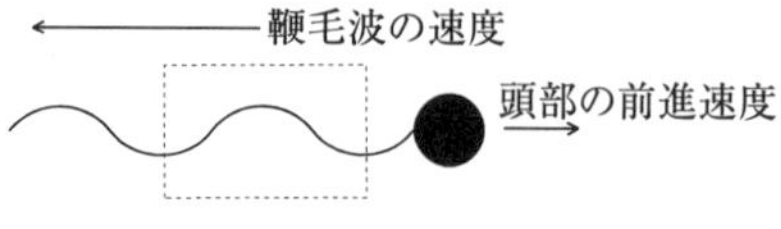

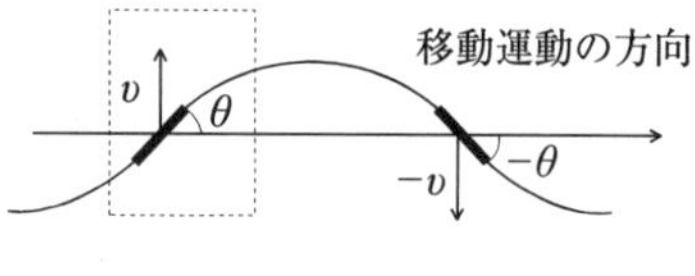

鞭毛の波状運動の力学

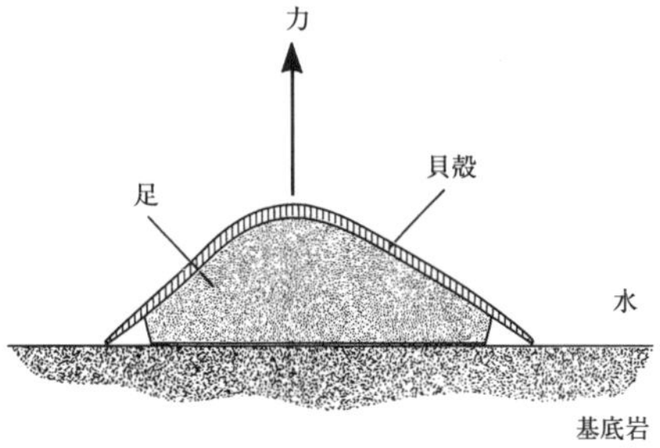

カサガイ

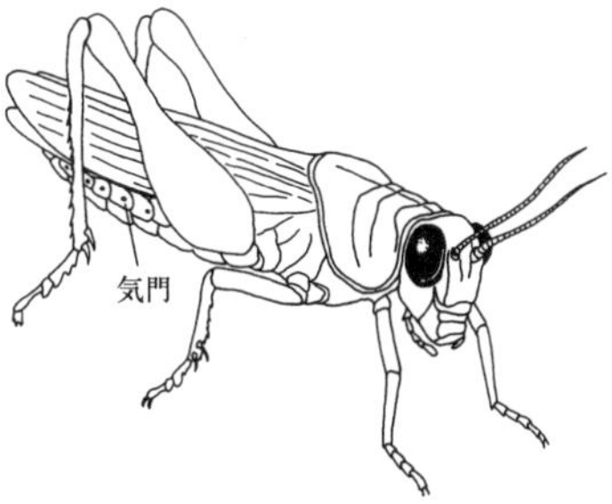

バッタの気管と気門

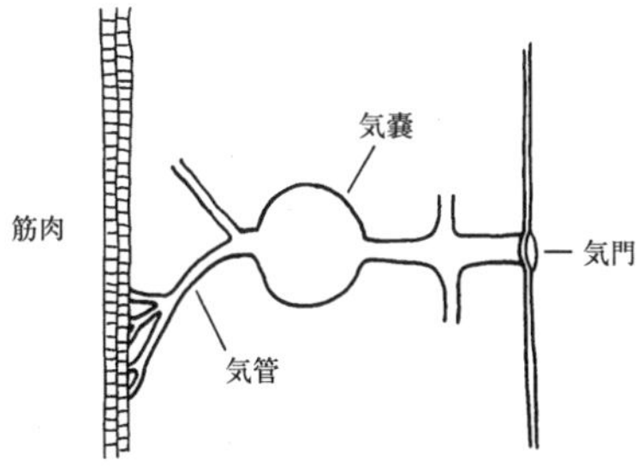

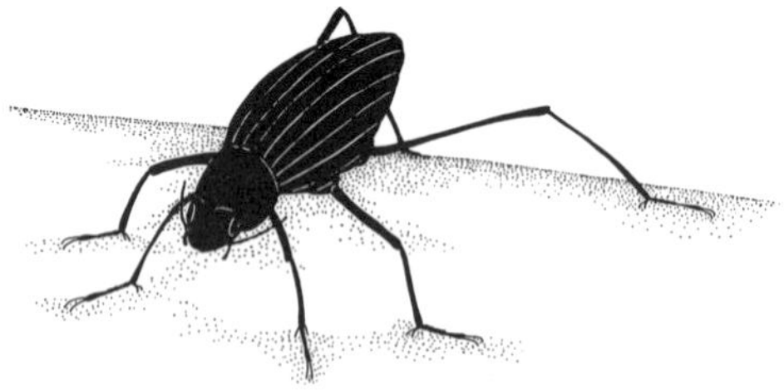

キリアツメゴミムシダマシ

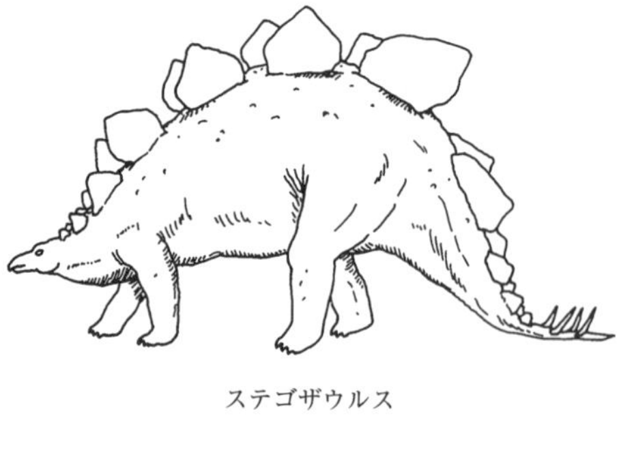

ステゴザウルス

コンニャク（上）とザゼンソウ（下）

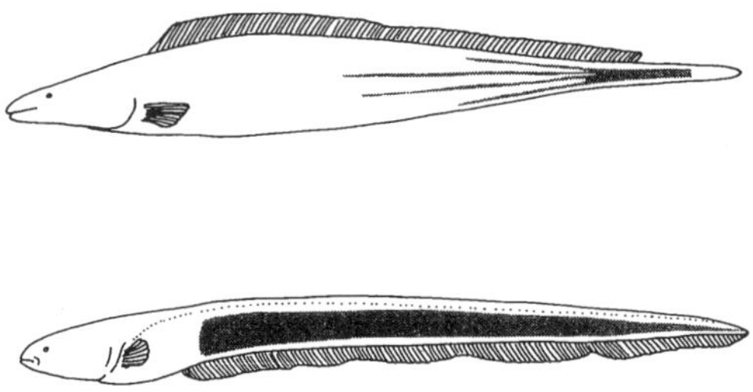

ジムナルカス（上）と

デンキウナギ（下）

メンフクロウ

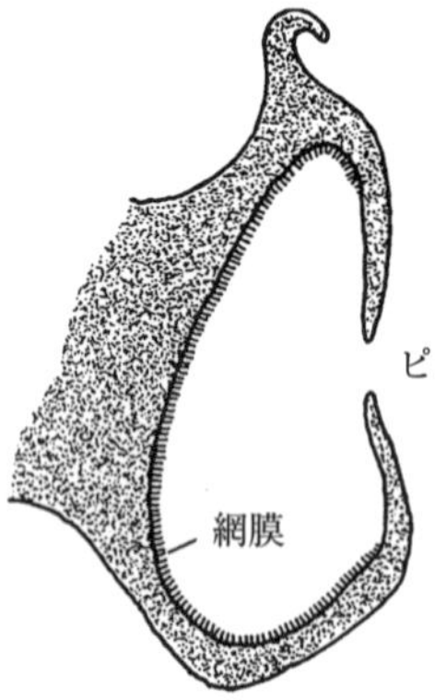

オウムガイの眼

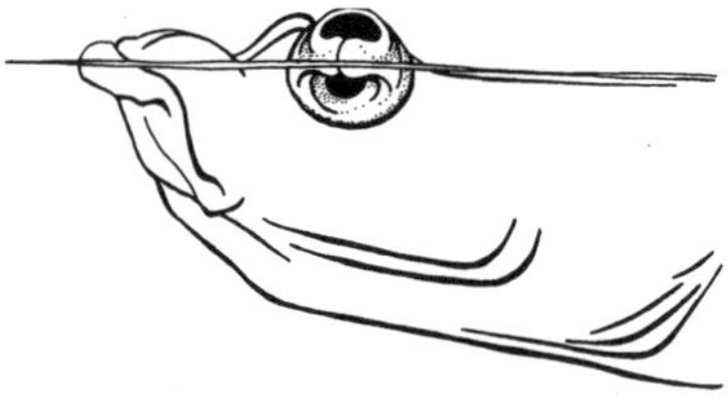
ヨツメウオの眼

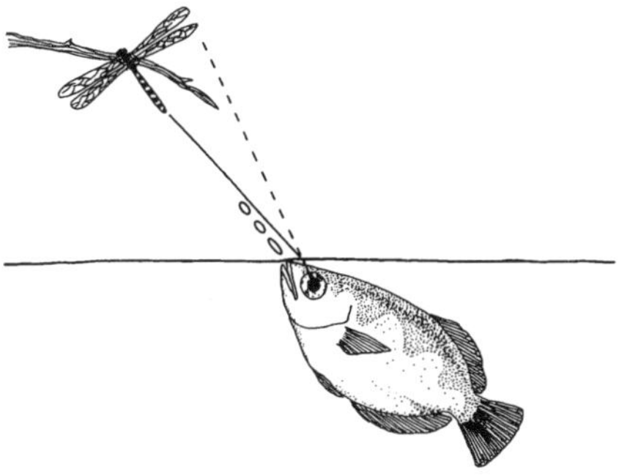

テッポウウオ

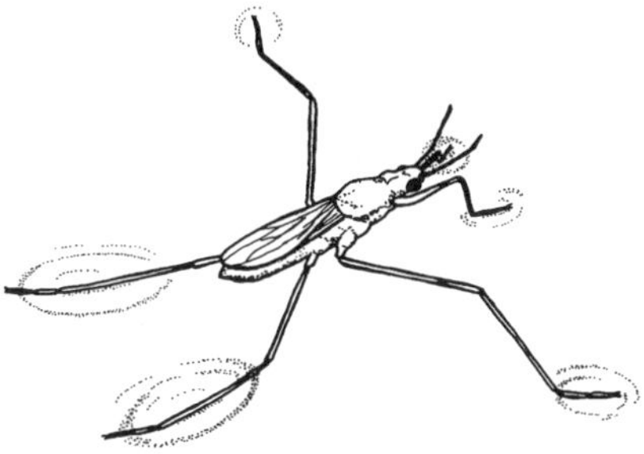

アメンボ

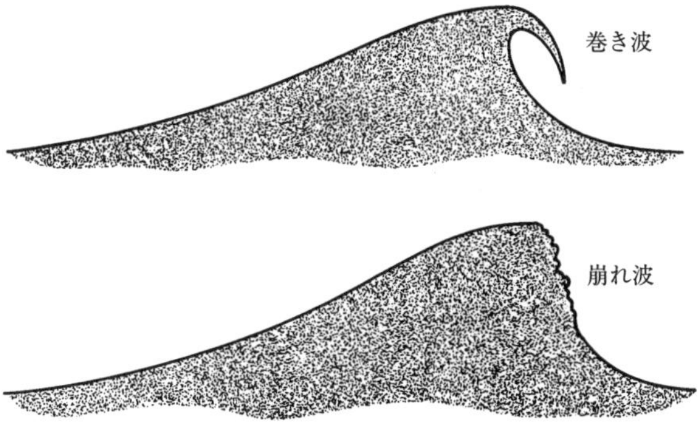

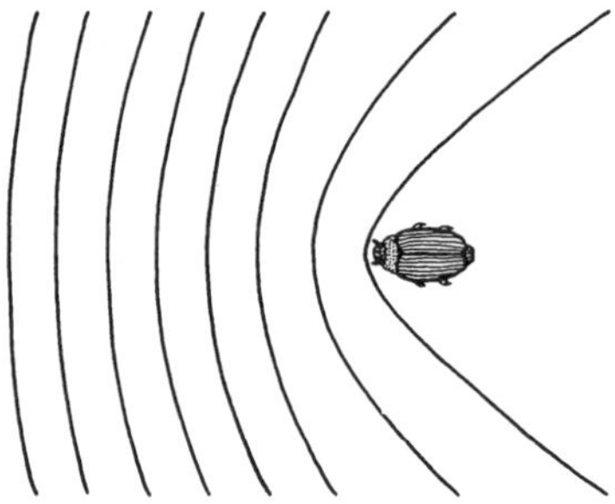

ミズスマシが作り出す表面張力波

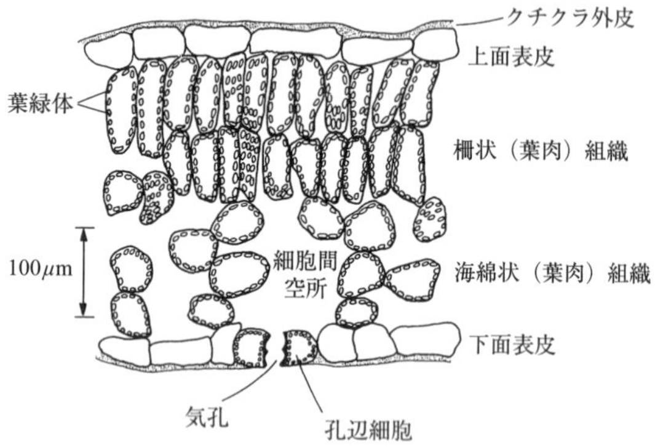

葉の断面（上）と気孔（下）

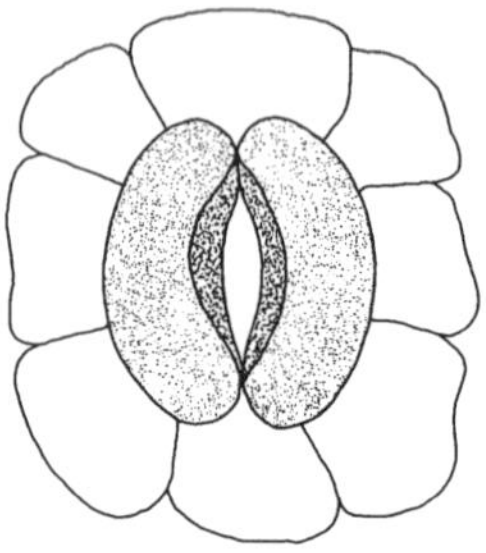

記号と添え字のリスト

記号	定義	初出の式
a	加速度	3.10
$\mathbf{a}$	加速度ベクトル	3.6
A	面積	4.29
$\mathcal{A}$	音波の振幅	10.17
b	一般的な係数	表4.3
B_s	平均体積弾性率	4.6
c	波の速さ（音、光、水面波）	10.1
c	一般的な係数	表4.3
C	濃度	6.31
C_a	付加質量係数	4.31
C_d	抗力係数	4.29
C_ℓ	揚力係数	4.30
C_n	法線方向抗力係数	5.16
C_t	接線方向抗力係数	5.19
d	直径	5.11
	水柱の深さ	13.43
$\mathcal{D}$	拡散係数（様々な添え字を伴う）	6.19
E	弾性体のヤング率	4.14
E	電場の強さ（電界強度）	9.2
f	周波数	7.26
f'	ドップラーシフトを受けた周波数	10.45
F	力	3.10
$\mathbf{F}$	力ベクトル	3.9
$\mathcal{F}$	単位長さ当りの力	4.46
Fr	フルード数	13.34
g	重力加速度	3.13
Gr	グラスホフ数	8.11
h	高さ	4.15
	プランク定数	11.8

記号	定義	初出の式
h_c	熱輸送係数	8.13
h_m	質量輸送係数	14.10
H	波高	13.10
$\mathcal{H}_r$	相対湿度	14.3
$\mathcal{H}_s$	比湿度	14.32
$\mathbf{i}$	慣性ベクトル（運動量ベクトル）	3.12
I	流量（気体、粒子、電荷、等）	9.6
$\mathcal{I}$	音の強さ	10.25
j	局所電流（束）密度（$\mathrm{A\,m^{-2}}$）	9.2
J	流束（各種の物理量の）	5.46
$\mathcal{J}$	流束密度（各種の物理量の）	6.28
k	ボルツマン定数	3.15
	各種の係数	
K_{15}	（標準 KCl 溶液に対する）電導度の比	4.7
K	捕捉効率指標	7.77
$\mathcal{K}$	熱伝導率	8.2
ℓ	長さ	3.11
l	平均自由行程	6.52
L	光源の輝度	11.16
Le	ルイス数	8.5
m	質量	3.9
M	内在代謝率係数（$\mathrm{W\,kg^{-\alpha}}$）	8.17
M'	内在代謝率係数（リットル $\mathrm{O_2}$ $\mathrm{s^{-1}}$ $\mathrm{kg^{-\alpha}}$）	8.36
$\mathcal{M}$	分子量（モル質量）	4.3
	体積あたりの代謝コスト	5.52
n	ステップ（手続き）の数	6.4
	屈折率	11.12
N	総数（分子数、モル数、ステップ数、等）	4.1
p	圧力	4.1
P	パワー（仕事率）	3.17
Pr	プラントル数	8.4
$\mathcal{P}$	単位長さあたりのパワー	5.51

記号	定義	初出の式
q	減衰パラメータ	10.62
Q	熱	8.1
Q_s	比熱	8.2
Q_l	蒸散潜熱	14.17
r	半径	4.19
	固有増殖率	7.22
r'	（変数としての）半径	5.36
R	電気抵抗	9.1
Re	レイノルズ数（各種の添え字を伴う）	5.9
$\Re$	気体定数	4.1
S	塩度	4.8
S_p	実用塩度	4.8
Sc	シュミット数	7.62
Sh	シャーウッド数	6.25
t	（変数としての）時間	3.3
T	温度	3.15
$\mathcal{T}$	波の周期	13.1
u	x 軸方向速度またはスピード	3.14
u_*	ズリ速度	7.18
$\mathbf{u}$	x 軸方向速度ベクトル	3.3
v	y 軸方向速度	7.3
$\mathbf{v}$	y 軸方向速度ベクトル	3.4
V	体積	4.1
$\mathbf{V}$	速度ベクトル	3.3
$\mathcal{V}$	電圧	9.1
w	z 軸方向速度	
$\mathbf{w}$	z 軸方向速度ベクトル	3.5
W	エネルギー（仕事）	3.13
x	x 軸方向距離	3.1
y	y 軸方向距離	3.1
y_s	（大気の）高さ定数	4.4
z	z 軸方向距離	3.1
	ラウズパラメータ	7.17

記号	定義	初出の式
α	代謝率アロメトリー則の指数	8.19
α_λ	減衰係数	11.9
β	熱膨張率	8.6
γ	表面張力	12.2
γ_s	定圧比熱と定容比熱の比（定圧比熱／定容比熱）	10.10
δ	酔歩のステップ長さ	6.4
δ_{bl}	境界層の厚み	7.32
δ_s	音響境界層の厚み	7.43
ε	乱流拡散係数	7.15
ζ	（組織断面積に占める）気管の割合	6.49
η	水面波の垂直変位	13.20
θ	角度	3.2
θ_c	接触角	12.1
κ	カルマン定数	7.18
λ	波長（音、光、水面波）	10.18
μ	絶対粘度（粘性率）	5.1
ν	動粘性率	5.10
ξ_s	飽和水蒸気モル分率	14.11
ρ	密度	4.3
τ	ズリ応力	5.3
	1ステップの時間刻み	6.18
φ	角度	7.26
χ	導電率（電気伝導度）	表 9.1(b)
ψ	卵表面の孔の割合	6.55
	固有抵抗（比抵抗）	9.2
Ψ	光の伝播モード指標	11.27
ω	角速度	7.25

添え字

b	体の
e	実効的な
max	最大の
min	最小の
opt	最適の
rms	二乗平均平方根（実効値）の
∞	周囲遠方または遠方主流の

まえがき

この本は、1988 年の全米動物学会年会での私のシンポジウム講演がきっかけになってできた。Margaret McFall-Ngai と Donal Manahan から、空気中の生物と水中の生物の違いをどう捉えるべきかのいくつかの講演に先立って、空気と水の物理を簡単にまとめて話すように頼まれていた。予定の２～３年前に頼まれたので、2つ返事で引き受けてあった。しかし、シンポジウムが近づいてきて、少し心配になった。流体の物理が生物に与えた影響について、入門書に書き古されたこと以外に何を話せるというのだろうか？

焦って図書館へ行き、急いで「CRC Handbook of Chemistry and Physics (Weast 1977)」をめくり始めた。数ページいったところで、少し落ち着いてきた。同じ温度変化に対する粘性率の変動は、水より空気の方が大きいことが出ており、面白そうに見えた。さらに進むと、低周波音は乾燥空気中よりも湿潤空気中を遠くまで届くことを発見した。これには何か生物学的な影響があるに違いない。それから、空気の電気抵抗の記載があり、それは海水の 200 億倍だと書いてあった。ヤッタ！ これは何かある。さらに、気体分子の空気中での拡散係数は、水中でのそれの 10,000 倍もある。この違いは代謝にどんな影響を及ぼすのだろうか？ ページをめくればめくるほど、私は益々面白くなって、さらに追いかけ続けた。

そこから書き始めた原稿が次第に積み重なって、本にするべき量になった。もし Princeton University Press がその受け取り締切日を設定していなければ、今日までにさらに増え続けていただろう。今でも、この本に容れたかったと思う新しい物理現象や、物理が効いている生物学的現象の例を新しく見つけてしまう。空気と水の実態と理論は、私にとってピーナッツみたいになってしまった。つまり、一度食べ始めると止めるのが難しいのだ。しかし誰にでも、食べられるピーナッツの量には限度があり、どんな読者にも、消化可能な現象と理論の数に限界がある。私としては、現在の形での内容が詰め込み過ぎにはなっていないと願っている。もし読者が内容が短すぎて不完全だと感じたのなら、少なくとも好奇心を刺激できたのだと思いたい。

数学について

科学の教科書は２種類に分かれる。１つは、読者が数学的素養を全く持っていないと想定して、数学を完全に排除するか最低限に抑えるやり方である。もう１つは、読者は大学３年次の偏微分方程式論を終えたばかりで、もっと知りたいと思っていると想定するやり方である。後者の場合、解析の中間段階を含めるのは恩着せがましくなるので、中間段階をとばして、“…が示される”とか、“その結果…となる”などの言葉で置き換えられる。

私には、この二分法には大きな溝があって、この二分法にしたがって科学解説を書くと、本当は興味を持っていた多くの読者がその溝から落ちてしまうように見える。例えば本書を読んでいくと、少なくとも微積分学の初歩程度を知っているべきだったと思うだろう。しかし、少し錆びついていたとしても、この程度の数学を使うことで、函数を微分するのはその勾配を見ることと等価であることを思い出せるだろう。代数と三角函数は、熟練している必要はないが、少なくとも概念をよく理解しているべきである。数式を全く含んでいない教科書を書くことは、そこに示された考え方を使えるようになる道具を読者から奪ってしまうことである。一方で、新しい数式が出てくるたびに、数学を復習させられているようで、読者は非常に苛立たしく感じるかも知れない。

本書では、上に述べた２つのやり方の間に建設的な妥協を作り出そうと努めた。読者に使い道が広がると思った場合には、数学を避けなかった。その一方で、難しい数学は１つも使っておらず、全て大学１年次が理解できる範囲にある。McNeil Alexander がかつて評したように、この本には数式がたくさん出てくるが、数学はほんのわずかしかない。

非常に多くの数式が出てくる理由の１つは、それぞれの解析の中間段階を含めようとしたからである。したがって、多少の忍耐力さえあれば、読者は始めの概念から最後の式まで追えるはずである。数式の連鎖が重要な数学的思考を比較的楽に追えるように工夫したので、読者は最終的な結果をさらに完全な形で理解できるだろう。簡単な数学を少しやってみることで、自信もできて、読者の思考装置の錆を幾分かでも叩き落とすのに役立つだろう[*1]。

用語について

ローマ字アルファベットは 26 文字、ギリシャ文字も 24 文字しかないので、本書のような学際領域の書物では足りなくなってしまう。どうすれば、数少ない記号を使って、それぞれの量や係数に独特の記号を割り振ることができるのだろうか？ 未だに満足の行く答えは、見い出せない。本書では、いくつかの一般的規則に従いながら、私ができる最善のことをやってみた。

- 変数の単位はイタリック体でなく、立体で示す。したがって、力の単位（物差し）としてのニュートンは記号 N で書き、項目の全個数を表わす記号 N とは区別する。同様に、エネルギーの単位としてのジュールは J で表わし、流束や線束を示す J とは区別する。
- 変数の記号はイタリック体またはカリグラフ体（飾筆記体、能書体）で示し、フォントが異なれば

［訳者註＊1：英文では、数式も文章として読む。例えば、「$F = ma$.」という数式は、（ピリオドが付いているので）動詞をもつ文章の末尾であることが分かる。従って、この数式は「エフ　イーコールズ　エムエイ（ピリオド）」と、記号「＝」を動詞として読む。日本語には、数式を文章として読む習慣がない（「＝」は動詞ではなく、イコールという名前の記号でしかない）。本書では、原著でのピリオド付の式のほとんどを、「$F = ma$ である。」のように訳してある。前後の文脈によっては、数式で終えざるをえないところも幾つかある。そこでは、数式中の「＝」をイーコールズと読むか、「である。」を補って読んで欲しい。］

違う変数を表わす。例えば、記号 F は力に使い、$\mathcal{F}$ は長さあたりの力に使う。目次の次に記号のリストを載せてある。

- できる限り、同じ記号を違うものに使ってはいない。しかし、いくつかの場合に、特定の記号を使うという強い伝統のため、同じ文字を多重に使う必要があった。しかし、使い方が変わる箇所では、その記号を注意深く再定義してある。
- 添え字は、同じ変数から派生した形として、自由に使っている。添え字は、記憶を助けるのに役立つ意味を表わすように、その場所の文脈によって割りあてられている。したがって添え字 a は、ある場所では "air (空気)" を意味するだろうが、他の場所では "adjusting (補正)" を意味することもある。
- 記号 $\boldsymbol{k}$ は特例である。伝統的に、(添え字なしの) $\boldsymbol{k}$ はボルツマン定数に使われる*2。しかし添え字付の $\boldsymbol{k}$ は、何に使ってもよい係数で、添え字は局所的に定義できる。したがって、第 6 章での k_2 は、第 11 章での k_2 とは意味が異なる。

[訳者註*2：2015 年現在の SI 単位系では、ボルツマン定数は正式には k_B と添え字を付けて表わすことになっている。]

謝辞

この本を出すにあたって、多くの人に助けてもらった。Freya Sommerは彼女の芸術的な才能と生物学の専門知識を結び付けて、図を作ってくれた。最初の草稿を読まされる実験動物になってくれたBio 237コースの諸君、特にEmily Bell、George Kraemer、George Matsumoto、そしてSam Wangには彼らの洞察と発想に感謝する。John GoslineとMichael LaBarbaraは原稿全体を読んでくれて、最終原稿に至る重要な道筋とかなり多くの参考文献を付けてくれた。Emily Bell、Kristina Mead、そしてBrian Gaylordは私の数学を確かめ、文法を直し、文中の私の冗談に笑ってくれて、有り難かった。この吟味作業で原稿の酷い間違いは取り除かれた思っているが、まだ残っている間違いはもちろん私に責任がある。

Hopkins臨海実験所の図書館は、執筆のための避難港であり、また物理現象の潤沢な供給源でもあった。Alan Baldridge、Susan Harris、そしてMary Westの骨折り仕事のおかげで、そこは全く最高の図書館だった。

テフ（TeX）を使えるようにしてくれたDonald Knuthには深く感謝している。これなしには数式の入力を自分でしなければならなかっただろう。

Princeton University PressのAlice Calapriceとの交流は、本の書き方を辛抱強く教えてもらって楽しいものだった。Emily WilkinsonとEileen Reillyは、この出版企画の様々な骨折り仕事を切り抜けてもらい、大変有り難く思っている。

最後に、家族との夕食に充てるべき時に、空気と水のことを考え続けたまま家に帰ったことが何度もあったのに我慢してくれた私の妻Sueと、子供たちKaiteとJimに感謝を捧げる。

日本語版へのまえがき

地球上の生物は全て、空気か水という流体に包まれている。したがって、植物や動物の生きる仕組みを理解するには、これらの流体の物理的な性質を知ることが基本的に重要である。例えば空気の密度は木材よりずっと小さいので、樹木が重力に逆らって直立姿勢を保つのには難しさがつきまとうのだし、トリは飛翔のためには非常に高いパワーを発揮しなければならないのである。海水の熱伝導率が高いので、ほとんどの海産生物の体温は周りの水温と同じになる。一方、空気の熱伝導率は比較的低いので、陸棲生物は周囲とは大きく異なる体温を持てる。音波は空気中よりも水中の方が速く伝わるので、同じエコーロケーションでも、イルカが水中でサカナを定位するのはコウモリがガを定位するのよりも難しいのである。このような対比の例はいくらでも見つかる。

空気と水の物理的な違いについての数々の例が私の好奇心に火をつけて、それらについての本を書いてから22年が経った。その時も、生物学者は生物を包んでいる媒体の物理的な性質をもっとよく知っているべきだと思って書いたが、今はもっと強い確信に変わっている。原著の*Air and Water*は英語圏の多くの生物学者に読まれてきており、毎年寄せられる質問などから、多くの読者が新しい研究への道を拓くのに当って原著の内容を利用してくれたことが分っている。この度、下澤教授が日本語版への翻訳の労を執ってくださったことに大変感激しており、空気と水の物理に関する基本的な情報が日本語で提供されることによって、より多くの日本の生物学者が、生物を取り囲む媒体の物理を調べる作業に参画されることを期待している。

2015年8月28日

マーク・W・デニー

(Mark W. Denny)

原著者略歴：

マーク・デニー（Mark W. Denny）、スタンフォード大学ホプキンス臨海実験所・教授

デューク大学（ノースカロライナ州）卒業、ブリティッシュ・コロンビア大学（カナダ）で学位（Ph. D.）。ワシントン大学（シアトル）を経て、現職。腹足類（巻貝やカタツムリの仲間）の歩行で粘液が果たす力学的役割、クモの糸の力学的特質、波が激しく打ち付ける潮間帯の生物の力学的特性の研究など、生物が受ける力と進化・適応を物理と生態の両方の視点から説明する研究に従事。本書の他に、*Biology and the Mechanics of the Wave-Swept Environment*. Princeton University Press, 1988、*Encyclopedia of Tidepools and Rocky Shores*. University of California Press, 2007、*How the Ocean Works: An Introduction to Oceanography*. Princeton University Press, 2008などの著書がある。

訳者まえがき

この本の原著は1993年に出版されているが、訳者がその存在を知ったのは15年後の2008年だった。当時、訳者は北海道大学を定年退職した直後で、㈱エヌ・ティー・エスから「昆虫ミメティックス～昆虫の設計に学ぶ～」というハンドブックを出版すべく、浜松医科大学の針山孝彦教授と共同で編集にあたっていた。その編集作業中に、ハンドブックへの執筆を依頼してあったMichael Dickinson教授（当時カリフォルニア工科大学）がアメンボが水面を蹴って走る仕組みについてのコメント（Dickinson 2003）の中で本書に言及していたことから、その存在を知った。Dickinson教授とは1998年にSanta Barbaraで開かれたMPATHE（Mechanics of Plants, Animals and Their Environments: Integrative Perspectives）という国際シンポジウムで出会い、意気投合した仲だった。

本書の目的は、その第１章にもあるように、「生物学者の多くが、陸棲動物と水棲動物とで生きる仕組みが枝分かれしていることを、空気と水の物理でうまく説明することができない」ことを解消したい、という思いで書かれている。電子工学出身ながら大学の生物学教育に携わってきた訳者も、長年全く同じ思いを抱いてきたが、生物が関わる広範囲の物理を自分でまとめる自信はもてなかった。しかし、原著を読んで、その翻訳を出す決心をした。読み始めた当初は、原著者マーク・デニー教授を訳者と同じ物理・工学系出身の生物学者に違いないと思い込んでいた。しかし読み進むうちに、デューク大学でシュミットニールセン教授の薫陶を受けた生粋の生物学者であることを知った。訳者は、かつてシュミットニールセン教授の「スケーリング：動物設計論」に感動して、翻訳版をコロナ社から出版している。そして、実は既に原著者に会っていたことに気づいた。1998年のSanta BarbaraでのMPATHEシンポジウムで、荒波が打ち付ける磯で生きる海藻やカサガイが千切れも剥がれもしない力学的理由を発表する講演者がいた。彼がデニー教授だったのだ。訳者は、磯にぶつかる荒波が岩の上の生物にどれ程の力を及ぼすのか、どうすれば推定できるのか、など全く考えたこともなかったので、変わったことに真正面から取り組む研究者もいるものだ、と記憶に残っていた。

工学部出身ながら生物の生きる仕組みを明らかにする生理学者の立場から見ると、「生物は空気や水の物理にしたがって生きている」ことを解説した書物はいくつもある。しかし、その多くは著者が物理・工学系であり、内容も「飛ぶ・泳ぐ」といった流体力学に偏っている。デニー教授は生物学者であり、生物が空気や水の物理にしたがっていることはあたり前で、生物学は「生物がどのような影響を受けてこうなったのかを説明できなければならない」と考えている。したがって本書では、密度、粘性、拡散、熱、導電性、音、光、表面張力、水面波、蒸散、と多岐にわたって空気と水の物理的性質の違いと生物学的結末を比べてあり、流体力学は一部に過ぎない。

本書では、サカナの眼のレンズ（水晶体）は球形だが、強い球面収差にはどう対処しているのか？

イルカが好んで水面を「イルカ跳び」する理由は何か？ 陸上にはプランクトンがほとんどいないのに、海の中はプランクトンに満ちているのは何故か？ マグロの筋肉を高温に保って高速遊泳を可能にしている対向流熱交換器とは何か？ 空気の200億倍という極端な導電性をもつ海水中で進化した感覚器は、陸上動物に転用可能だったのか？ 日中には気孔を閉じて水の蒸散に耐えているベンケイソウ（カネノナルキ）が、日光のない夜間に光合成できる仕組みは何か？ 撥水性の肢で水面に立っているアメンボが、摩擦のない（ツルツルな）水面を蹴る「足場」は何か？ といった多くの一風変わった疑問について考える。前頭部に2.5トンにもおよぶ脳油をもつ巨大なマッコウクジラが、脳油の温度を変えて浮力で上下に移動する唯一の熱気球型動物であることも考察する。このようなユニークさもあって、原著は1993年度の全米大学出版連合の最優秀学術賞を受けており、その後もイギリスやカナダを含む英語圏の大学で生物学の教科書として広く使われてきた。我が国の生物の学生や研究者の皆さんにも、ぜひ本書を読んで、生きる仕組みについての見方・考え方を拡げて欲しいと願っている。

原著は1993年に出版されているので、その中での術語には現在と異なるものが多少あった。この22年間に変更された国際単位系（SI）や分子量の定義などは、適宜「訳者註」を付けて2015年現在の国際標準に合わせてある。我が国の生物学教育の現状に照らして物理の展開が難し過ぎる部分にも、「訳者註」を付けて補った。原著に取り上げられた話題についての、その後の22年間に出された研究成果はできるだけ「訳者註」を付けて解説し、新しい文献を引用文献リストに追加して、22年の翻訳遅れを取り戻してある。また、引用文献リスト中の単行本で邦訳版のあるものについては邦訳版の書名、出版社、ISBN記号などの情報を加えて、大学図書館などで探し出せるようにした。本書内での生物学用語については、「動物生理学 — 環境への適応」（クヌート・シュミット=ニールセン著、沼田英治・中島康裕監訳、東京大学出版会（2007）ISBN978-4-13-060218-1）を参考にした。原著には、単純な誤植から原著者の勘違いによる誤文まで、かなりの数の間違いが見つかったが本書では全て正してある。

現在、我々ヒトの経済活動が自然環境を壊し始めているのことへの危惧が強まっており、広い範疇の人間活動の自然との調和や持続可能性が模索されている。その中の1つに「バイオミメティクス（Biomimetics：生物模倣技術）」がある。これは、生物の生きる仕組み（機能）は必ずある特定の「構造」をもつことに注目した考え方で、生理学でいう「構造と機能」を生きる仕組みそのものと見なすことである（生理学では、構造のない機能は幽霊、機能のない構造は死体である）。すなわち、生物の生きる仕組みを「構造を作り出す技術」と見なして、その実現プロセスを我々ヒトの技術に転化しようとする発想である。現在の我々の技術では、素材の特徴（機能）はバルクの性質で表わされ、構造は二次的な意味しか付与されない。その製造プロセスは、ほぼ全ての元素から自由に選択した材料を高温高圧下で処理して作り出しており、この高温高圧条件が大気中の二酸化炭素濃度の増加や電力需要の増大を招いている。一方、生物は全ての機能的な構造を極少数のありふれた元素（炭素C、水素H、酸素O、リンP、わずかの無機元素i、窒素N：CHOPiN）のみから、常温常圧下で作り出す「技術」をもっている。例えば、タマムシやコガネムシは金の原子を 1 個も使うことなしに金色の体表を作り出せる。もし、生物が機能的構造を作り出す技術原理の一部でも我々の生産技術に転化できれば、人間活動の持続可能性は格段に高まることになる。このような思いから、昆虫の生きる仕組み（構造と機能）を動作原理説明書や性能仕様書、できれば加工手順書か設計図として工学系の研究者・技術者に提供することを目的として、2008 年に「昆虫ミメティックス」を刊行した。

同様の発想の下で、バイオミメティクスの発展を目指した文部科学省研究費新学術領域「生物規範工学」（生物多様性を規範とする革新的材料技術：領域代表　下村政嗣　千歳科学技術大学教授）が 2012 年度に発足したのは喜ばしい限りである。しかしその領域代表も、我が国のバイオミメティクスは世界から周回遅れの状態にあると認めざるを得ない。その原因は、我が国の生物学者の多くは物理や数学が嫌いだったから生物学へ進んでおり、我が国の工学者のほとんどは生物学についての大学教育を受けてはいない、という教育システムの社会的偏りにある。我が国の多くの生物系研究者と工学系研究者は、その知識基盤が乖離していて情報交換や科学上の相互作用がほとんど起こらないのが実情なのである。

訳者は、個人的な好奇心から、大学院まで工学系の教育を受けた後に生物系の研究生活を送ったので、生物学と工学の両方を修めている。しかし、一人の人間が生物学と工学の両方を修めると、一般的には 40 歳を過ぎ、下手をすると定年近くになってしまうので、人材育成としての効率は非常に悪いことになる。現実的な方策としては、「工学の言葉がわかって工学者との共同作業を楽しめる生物学者と、生物学の言葉がわかって生物学者との共同作業を楽しめる工学者を育てること」が、持続可能性の高い健全な社会への確実な道である。本書が、そのための共通の教科書として少しでも役立てば幸いである。

2015 年 9 月 2 日

下澤 楯夫

訳者略歴：

シモザワ・タテオ（下澤楯夫）、北海道大学・名誉教授（電子科学研究所）

北海道大学工学部電子工学科卒業、同大学院博士課程中途退学、ワシントン大学（セントルイス）生物学部、カリフォルニア工科大学（パサデナ）生物学部、北海道大学理学部生物学科助教授を経て、同大電子科学研究所教授。複眼視覚系における運動検出機構、こだま定位コウモリの聴覚生理学、甲殻類機械受容系の神経生理学、昆虫気流感覚系のエネルギー感度と情報量伝送速度の計測など、観測装置としての感覚器の生物物理と神経系の情報論的解析に従事。著書に、スケーリング：動物設計論 — 動物の大きさは何で決まるのか— コロナ社 1995、昆虫ミメティックス ～昆虫の設計に学ぶ～ エヌ・ティーエス 2008 がある。

第1章

はじめに

これは水と空気についての本で、この２つの流体の物理的な違いが地球上の生物にどのような影響を与えたかを書いてある。ある生き物を包みこんでいる媒体が、その生き物の生きる仕組みに影響を与える、というのは生物学者にとってはあたり前のことである。生物の基本的な属性の多く（大きさや形、どう動き繁殖するか、どうやって餌をとるか、感覚器の性能と仕組みなど）が、その動植物の生きるのが水中か空気中かによって異なることは、誰でもよく知っている。サカナ、エビ、クジラ、コンブなどは海の生き物で、陸上（空気中）の生き物のどれかと間違える人などいるはずがない。同様に、セコイア、ハチドリ、キリン、トンボなどは陸棲だと簡単にわかる。しかし生物学者の多くは、陸棲生物と水棲生物の間で生きる仕組みが枝分かれしていることを、（水と空気という）媒体の物理でうまく説明することができない。そこに本書の目的がある。

生物に影響を与えた水と空気の物理で、知られていること全て列挙するのはとてつもない大仕事だろうから、ここではしない。その逆に、本書の目標を２つに絞る。その第１は、ありきたりではあるが水と空気の物理的性質をまとめ上げた一覧表を作ることである。このような情報は、かなりの労力をかければ文献から掘り出せるだろうが、生物学的に意味のある測定値を集めた便利な情報源は１つも見あたらない。情報が見つかったとしても、非常に曖昧な表現だったり、単位系が古くて今の数値に換算しなければ使えなかったりすることも多い。本書では、水と空気の物理的性質のうちの直接関係のあるものについて簡単に記述し、それらの標準的な値を国際単位系（SI）で一覧表にしてある。

本書の目標の第２は、流体の物理が生物にどのような影響を与え、どのように拘束したかに注意を向けさせることである。陸棲生物が我々の先入観となって、生物を見る目をいかに歪めているかを、所々で練習問題として考察しよう。水と空気の物理的違いのいくつか ― 例えば、水の密度は非常に高いという事実 ― はあまりに身近なのでついついその重要性を忘れてしまう。あるいは ― 海水の電気伝導度が空気の200億倍[1]もあるという事実 ― などは、陸上に棲む我々の観点からは非常に奇妙でその結末を考察することさえできない。導電性の流体の中で生きるということは、どんな感じなのであろうか？これらの後に続く議論は、生物を考察するためのより具体的な（少なくとも異なった）視点を提供するだろう。

この視点は、時間的に不変という意味で、生物を測るための稀な尺度を提供してくれるので、進化の過程を調べるときに格別の効用がある。生命の起源からずっと変わることなく続いている生物学的な側

［脚註１：200億の表現は、米国では20 billion（1 billionは1000 million ＝ 10億で、1 millionは100万）。しかし英国やドイツでは1 billionは100万million ＝ 1兆なので、要注意。］

面など、まずない。DNA の基本的な構造と機能は、今でも始生代でもおそらく同じであろう。しかし、DNA が符号化している体の形や生理学的な仕組みは、進化の道筋で変更を受け続けてきた。それに比べて、水と空気の物理は、太古の三葉虫や恐竜にも、今のロブスターやクマにも、同じなのである。

水と空気の違いを調べることは、生物を物理の文脈で捉える良い練習にもなる。バイオテクノロジーの最近の進歩は、充分に訓練された生物学者を以ってしてさえ、生物現象は物理とは全く無関係で遺伝子工学を使えばどんなことでもできると思い込ませてしまう。イチゴを凍害から守るバクテリアが欲しい？実験室に籠って数週間いじくり回せば、ホラできあがり！ ホタルのように暗がりで光るタバコの葉を作りたい？ お安いご用です！ このような研究成果が次々と出てくる目の回るような時代になったので、うっかりすると物理はまだ生き物をきつく縛っているという事実を忘れてしまいそうだ。しかし、生き物が陸棲と水棲に枝分かれした道筋を調べれば、動植物の生きる仕組みの理解には物理がいかに重要かに気づくだろう。

これから水と空気の物理を、実例をいくつも挙げながら議論するが、その選び方には幾分偏りがある。入門書が扱う明らかな例題はなるべく避けて、新しい観点を提供できるものを重用する。このため、少しひねった例が並んでしまった。特に、自然がこれまでどのように働いたのかの推測を強調したが、働かなかった理由には触れていない。ある意味では、このような「もしも？」は「実在しなかった生物の生物学」という一種のサイエンスフィクションになってしまうけれど、論点をはっきりさせるのには便利なやり方である。本書で考察する例題は、その実際の意味や水棲と陸棲の生物を対等に比べるというより、生物を包み込む媒体についての独創的な思考を期待して、示してある。

第2章

環境はすべて流体

本書は、これから議論する**「流体」**と（取り扱わない）**「固体」**との違いを主題にしている。主に2つの流体を取り扱う。その1つは空気すなわち**「気体」**である。他の気体と同じく、空気は決まった形も決まった体積ももたない。2番目の流体は水すなわち**「液体」**である。これは決まった体積をもってはいるが、形は決まっていない。気体と液体で共通する物理的特性は**「粘性」**すなわち変形の速さに対しての抵抗性である。気体や液体の形を変えるには、変形の時間率に比例する力を掛けなければならない。例えば、蜂蜜に入れたスプーンを動かす場合、速く動かすにはより大きな力が要る。しかし、かき回す範囲を大きくしても、必要な力の大きさは変わらない。すなわち一定の力が加わる限り、流体は一定の率で変形する。

流体のこの性質が、固体と大きく違う点である。固体の特徴は剛いということで、力は変形の速さではなく、ある**「大きさの」**変形そのものを引き起こすのである。例えば、ゴム紐で重りをぶら下げると、固体であるゴムは変形して伸びる。この伸びは、 加えられた力の大きさにだけ比例し、力がどの位長い時間加わっていたかには関係しない。

なぜ、固体ではなく流体を議論するべきなのか？　物理学としてはもちろん両方を扱うべきだが、はなはだ長く複雑なものとなってしまう。本書で流体を選ぶのは、生き物は全て空気か水という流体の中にいるからである。多くの生き物では、固体の基質に接するのは稀にしか起こらない。このような意味で、空気や水の性質は生物の環境として固体のそれよりも基本的で、少なくともより広い範囲の生物の体と触れ合っている。時には固体の性質を扱うこともあるが、環境としての流体への洞察が得られる場合に限ってある。

水と空気についての勉強に出る前に、生命を包んでいる媒体の全般的な状況を見てみよう。

2.1　大きさ

地球は半径6,371 kmの球体で、その表面積はしたがって5.1×10^8平方キロメートルである[1]。この面積の約71%が、周囲よりわずかに窪んでおり、この窪みが海盆（海洋底）を成している。海盆の深さは、平均して3,794 mである。海洋を満たす水の体積はしたがって1.37×10^9 km^3で、半径689 kmの球の体積と同じである。言い換えると、もし地球の海洋の水を集めて惑星を作れば、地球の直径の約1/10、月の直径の約半分の大きさになる。

[脚註1：実際には地球は回転楕円体で、その中心から赤道までの距離は、中心から南極または北極までの距離よりも21 km大きい。しかし、ここでの目的にはこの楕円率は無視できるほど小さい。地球をビリヤードの球の大きさとすれば、掛け金稼ぎのプロのプレイヤーでも真球から外れているとは気づかないだろう。]

海洋は、地球上の自由水のほぼ全てを占める。湖沼や河川にある水は、生き物が利用できる水の 0.01％以下に過ぎない。これに対して、地球上の水の約 2.5％は氷か地下水で、水としては利用できない状態にある（Gross 1990）。

大気の大きさを量的に表わすのは難しい。第4章で見るように、大気には明確な上縁がない。空気は高さと共に徐々に薄くなり、高度約 100 km で宇宙空間の真空に近くなる。しかし、地球表面からそんなに離れた高さを漂う植物も動物もいない。記録上最も高い植物はダグラスモミで、地上 126.5 m に達したという（McFarlan 1990）。トリや昆虫は比較的高くまで飛べる。ルペルスコンドルは高度 11 km で航空機と衝突して死んだという記録がある（McFarlan 1990）。しかし、空を飛ぶ動物の大部分はそんな高空を飛ぶことは不可能で、生物学的な大気の上限を 10 km と考えても間違いはなさそうだ。この上限から生物が利用できる大気環境の体積は 5.1×10^9 km^3 と計算できる。これは海洋の約 3.7 倍である。

2.2　温度

地球上の水と空気の温度は、どの位の範囲にわたって変わるのだろうか？

水については、正確に決まっている。淡水は摂氏0度（0℃）で凍って固体になるので、それ以下を考える必要はない。海水は約 −1.9 ℃で凍る。海水面の高さでは、淡水は 100 ℃で、海水は 102 ℃で沸騰する。地球上には、水が氷点や沸点に達する地点がいくつかある。寒い地方では、地球上の水の約 2％は氷で、その大部分は南北両極の氷冠や氷河にある。さらに海洋の水のかなりの部分は、凍る寸前の状態にある。海洋の深層水の温度は1年を通じて約1℃で、両極の表面の水は冬には凍る。

これに対して、熱帯地方の海洋の表層は太陽光で充分に温められ、年間平均水温は 26℃から 28 ℃である。海面からの蒸発速度が増すので、海洋がこの温度よりも暖かくなることはめったにない。このことについては第 14 章でもう1度取り上げる。浅い湖や川は海洋よりも暖かくなり得て、おそらく 40 ℃に達する。イエローストン国立公園の間欠泉や海洋底の熱水噴出孔など、水が沸点まで加熱される自然は地球上にいくつかある。この釜のような環境に生きる動植物は非常に少ない。一般論としては、地球上で生物のいる水の温度は 0℃から 40 ℃の間である。

大気の温度範囲は、そんなに狭くはない。地球表面でこれまでに記録された最低気温は、南極のヴォストーク基地で 1983年 7月 22日の −89 ℃である（McFarlan 1990）。最高気温は、リビアのアルアジージャで 1922 年 9 月13日の 58 ℃である（McFarlan 1990）。しかし、南極の高原台地やサハラ砂漠の真ん中に棲む動植物はそうたくさんはいないので、この両極端は多くの生き物が体験する実際上の温度域を表わしている訳ではない。哺乳類とペンギンを主な例外として 0 ℃以下で活発な動物はほとんどいないし、砂漠地帯でも 40℃以上になることは稀である。したがって、本書では大気の温度範囲を 0 ℃から 40 ℃として扱う。

2.3　スピード（速さ）

流体が生き物に対してどの位の速さで動くのかを知る必要も出てくるだろうから、ここでその代表例を調べておこう。個別の例は、それぞれの章でより詳しく考察する。

まず、静止した植物や動物に対して流れる水のスピードを考えよう。下限はゼロであるが、自然界でそのような状況を見かけるのは難しいだろう。湖や海洋の深部でも、普通1〜2 cm s^{-1}（センチメートル / 秒）の流れがある。海洋や湖、河や小川の表面では、生き物はより速い水の流れに抗わなければならない。いわゆる海流は普通約10 cm s^{-1} で動くが、メキシコ湾流（フロリダ海流）や南アフリカ東岸のアガラス海流などでは2〜3 m s^{-1}（メートル / 秒）にも達する[2]。山岳部の渓流では、5 〜 10 m s^{-1} にもなるだろう。日常的な水の動きで最も速いのは、海岸に打ち寄せる波によるものだろう。14 〜 16 m s^{-1} もの速度が計測されている（Vogel 1981, Denny et al.1985）し、暴風雨の際の大きな波浪のスピードは 20 m s^{-1} にも及ぶ。まとめると、自然界で起こる水の速度は 0 〜 20 m s^{-1} の範囲である。

風のスピードの範囲はもっと広い。下限はゼロだが、これも自然界ではめったに起こらない。最も穏やかな日でさえ、熱対流によって、常に幾ばくかのそよ風が吹いている。特別な状況を除けば、5 〜 10 cm s^{-1} 以下でしか動いていない空気を見つけることは難しいだろう。地表近くでの大気のスピ－ドの上限は嵐のときで、雷雨や強風では 30 m s^{-1} 程度の風が吹く。ハリケーンの風は 45 m s^{-1} を超え、極端な場合には 100 m s^{-1} に達する。これまでに記録された定常流としての風のスピードの最大値は、ニューハンプシャー州のワシントン山で 1934 年 4 月 12 日の、103 m s^{-1} である。瞬間的な突風ならこれを超えていて、テキサス州のウィチタフォールズで 1958 年 4 月 2 日に起きた竜巻で記録された 125 m s^{-1} が最大である（McFarlan 1990）。要するに、風のスピードはゼロから約 100 m s^{-1} の間で変わる。

上で述べたのは、静止している生き物に当たる流体の速度である。しかし、止まっている流体に対して生き物が動くスピードもある。動物は、水と空気の中をどの位速く動けるのだろうか？

水棲動物で最も速いのは、おそらくキハダマグロ（*Thunnus albacores*）とカマスサワラ（*Acanthocybium solandri*）で、両者とも 10 〜 20 秒間なら 21 m s^{-1} で泳げることが記録されている（Walters and Fierstine 1964）。水棲の哺乳類で一番速いのはシャチ（*Orcinus orca*）だが、わずかに遅い 15 m s^{-1} である（McFarlan 1990）。

最速の飛翔動物はハヤブサ（*Falco peregrinus*）で、垂直急降下攻撃で 97 m s^{-1} に達する。水平飛行では、ガンやカモは 29 m s^{-1} で飛び続けることができる。最速の昆虫はヒツジバエの仲間の *Cephenemyia pratti* で、短時間なら 16 m s^{-1} で水平飛行できる（McFarlan 1990）。

つまり動物は、（空気中でも水中でも）流体が地球に対して動く風や水流と同程度のスピードまで、自力推進できる。言い換えると、生き物と周りの流体との最大相対スピードは、固着性でも運動性でも同じである。

［脚註 2：メートル / 秒（m s^{-1}）とマイル / 時（mph）との換算は、1 m s^{-1} ≈ 2.2 mph。逆に 1 mph ≈ 0.46 m s^{-1} である。］

2.4　地球の歴史

ここまでに引用した値は、現在の地球のものである。しかし、我々は今の生物が進化してきた過程を理解するために水と空気の物理を使おうとしているのだから、生物の歴史にわたって環境としての流体の基本的な性質がどのように変化してきたのかを少しでも知っておく必要がある。

地球は約46億歳で、33億年前に（バクテリア様の）最初の生命体が現われた[3]。およそ13億年前に最初の真核生物（明確な核と染色体をもつ）が出現し、約5億6000万年前のカンブリア紀の初めに多細胞生物が姿を現わした。このように、生命は地球上で途方もなく長い時間を過ごしているので、多細胞生物である植物や動物の機能の適応放散という意味での生き物の進化の大部分には、比較的短い歴史しかない。

地球上の生命の歴史を、別の絶対的な流れの中で見てみるのも面白いだろう。今のところ観察可能な宇宙の年齢は100億年から200億年の間と推定されており、およそ130億年と推測してよいらしい。つまり、地球上の生命は宇宙ができてからの全期間の1/4を占め、多細胞生物は5％を占めている。

海洋の体積は、地殻からの水の放出や氷でできた隕石の衝突（流星）などにより、46億年前から増え続けている。増加率についての議論は続いているが、Schopf (1980) は図2.1のような時間経過を提示している。このシナリオに従えば、過去20億年にわたって海洋の体積はほぼ一定である。海の塩辛さ（塩分濃度）も同様に一定だったらしい（Schopf 1980；Holland 1984）。

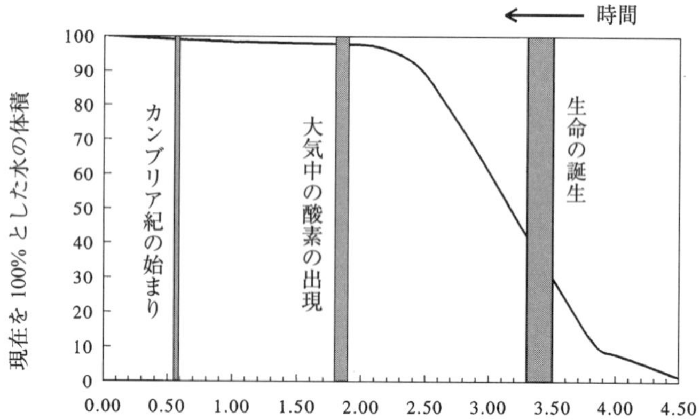

図2.1　地質学的時間を通して海洋の体積は増え続けているが、この20億年間の増加は非常にゆっくりしている。（ハーバード大学出版の許可を得てSchopf 1980から改変）

大気の組成は、地球上に生命が現われた33億年前以来、大きく変わってきた。およそ23億年前までは、大気は主に一酸化炭素、アンモニア、メタン、水蒸気から成るいわゆる“還元的大気”だった。約23億年前（Schopf 1978）にシアノバクテリア（ラン藻）による光合成が進化すると、酸素が環境中に放出された（図2.2）。空気中への酸素の蓄積は、初めのうちはゆっくりとしたものだった。その理由は、放出された酸素はすぐに鉄と結びついて酸化鉄（赤錆）となって堆積し、今日の鉄鉱石を形成したからで

［脚註3：ここで引用した歴史はSchopf(1980)による。新しい証拠が出れば、出来事の順番などは少し変わるかもしれない。］

ある。しかし 18 億年前までには全ての鉄が錆となってしまい、空気中の酸素濃度が増えて、主に窒素と酸素からなる今日の大気となった。

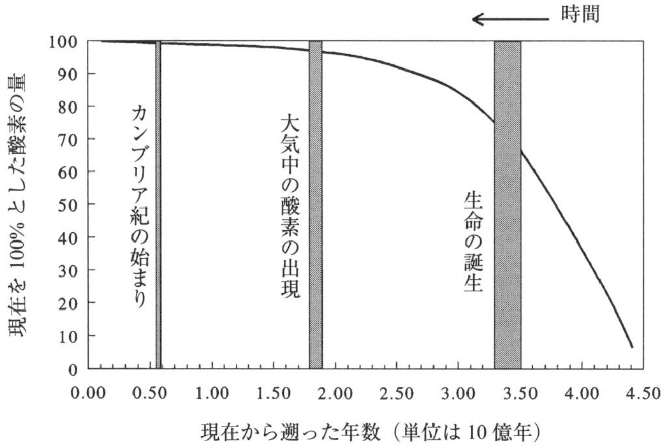

図 2.2　酸素は、地質年代を通して地球表面へ放出され続けてきた。この図は、大気中の酸素分子だけではなく、地球表層での「全ての酸素」の量を表わしている。今から 18 億年前まで、地殻から放出された酸素は鉄と結びついて酸化鉄を作った。全ての鉄が酸化された後で初めて、大気中への酸素の蓄積が可能となった（ハーバード大学出版の許可を得て Schopf 1980 から改変）。

要約すると、海洋と大気の体積および組成はこの 15 ～ 20 億年にわたって実質的に一定だった。特に多細胞生物が生きてきたこの 5 億 6000 万年間は、環境としての流体の拡がりや化学的性質はほとんど変化していない。

地球表面の温度については、現在も研究の対象となっているものの、想像の域を出ない部分も多い。しかし、熱帯の海洋の表面温度の平均値はほとんど変わらなかったらしい（5 ℃以下の変動、図 2.3)。その一方、海洋深部の水の温度は 1 ℃から 14 ℃と 13 ℃も変わったらしい。平均気温は 15 ℃程度変動したらしい。白亜紀には現在より 10 ℃暖かく、全世界的氷期には約 5℃ほど今より寒かった（Walker et al. 1983；Cloud 1988)。もちろんこの気温変動は間違いなく地球上全ての生態系に甚大な影響を与えたが、水と空気の物理への影響は極めて小さい。過去 5 億 6000 万年間で、空気でも水でもその平均温度が現在の地球上のどこかよりも高かったり、低かったりしたことはない。つまり生物は、その進化の途上で、現在と同程度の流体温度の変動に対処し続けてきたのである。

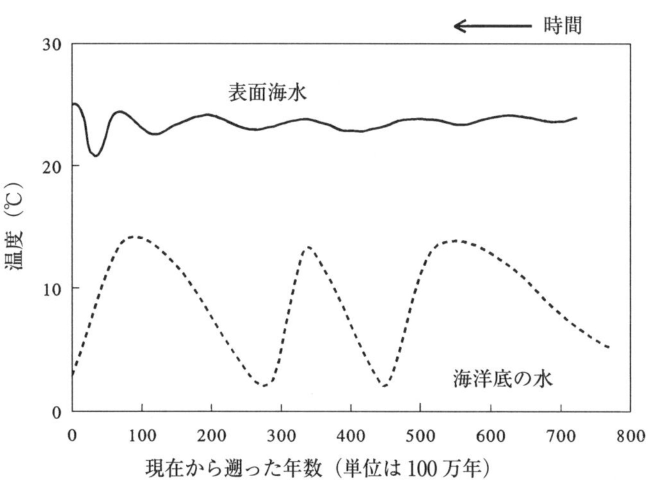

図 2.3　海洋の表面の温度は、この 8 億年間にわたって、実質的に一定である。一方で海洋底の水の温度は 13℃も変わっている。2 億 7000 万年前と 4 億 5000 万年前の海洋底の水温の低下は、全世界的な氷河期と一致している。

大昔には空気や水がもの凄いスピードで流れていたという想像も多いが、現在の空気や水の流れと大きく違っていたとは考えにくい。例えば風の最大スピードは嵐のときにもたらされるが、ハリケーンのような最大級の嵐は熱帯の表層水に蓄えられた熱エネルギーで駆動されている。海洋の表面温度が現在のそれよりも特段に高かったことはないのだから、大昔のハリケーンが現在の動植物が耐えなければならないものよりはるかに猛烈だった訳ではない。

2.5　境界を越えて

地球上の生命は海で生まれ、淡水にまで広がった。相対的に酸素濃度の高い大気の出現が、結果的に地球表面を太陽の紫外線から保護するオゾン層を作り出したことも含めて、植物と動物の陸上への進出を促した。この陸上への進出の詳細はまだはっきりしないが、約4億年前のデボン紀初めまでには植物の2つのグループ — すなわちシダ植物（ヒカゲノカズラ、トクサ、ゼンマイやシダ）とコケ植物（ゼニゴケやツノゴケなどの苔類、スギゴケやミズゴケなどの蘚類）— が確実に移動を果たした。これらの先駆的植物は、今日の被子植物と裸子植物の基となった。最初の陸棲動物はサソリのようなもので（Størmer 1977）、軟体動物（カタツムリやナメクジ）、ヒモムシ、扁形動物、環形動物（ミミズ）、甲殻類（ワラジムシ）、単枝状付属肢類（昆虫、ムカデ、ヤスデなどの節足動物）、そして脊椎動物が次々と陸へ進出した。

水と空気の境界を越えての移動は、必ずしも一方向ではなかった。いくつかの陸上生物のグループは、再び海へ戻っている。例えば、アマモやスガモなどの海草（海藻とは異なる植物）は一旦陸上で進化した顕花植物が再び海へ戻ったものであり、脊椎動物は — クジラ、アザラシ、アシカ、ペンギン、魚竜（イクチオザウルス）、クビナガ竜（プレシオサウルス）、プリオサウルス — と少なくとも7回にわたって海へ戻っている*1。

2.6　まとめ

水と空気は、生物に自由に展開できる広大な演技場を提供してきた。この2つの演技場の基本的な特徴量 — それらの大きさ、温度、スピードなど — は地質学的年代を通じて一定だったようだ。これを基本的な骨組みとして、流体の物理とその動植物の進化への影響を詳しく調べてみよう。

[訳者註*1：陸ガメなどは、海から陸へ進出した脊椎動物の一部（爬虫類）が海へ戻ってカメとなり、その一部が再び上陸したと考えられている（ドーキンスR.「進化の存在証明」（垂水雄二訳）早川書房 2009)。]

道具としての物理とその基本

これから、水と空気の物理についての議論を、小さいけれども重要な考え方を道具として使って、組み立てて行く。建物を建てるときには、金槌やネジ回しやレンチを使う。物理でも同じように、完成品にするまでに必要な小さな作業を確実に成し遂げるために、様々な道具を使う。これら物理の道具とその安全な使い方を実体験することで、我々は様々な知的構造をよりよく組み立てたり、出来上がり構造の複雑さや美しさを、より正しく理解できるようになる。そこで、始めの数ページを割いて、基本原理の明確な定義と、それらの用語を紹介する。

物理の基礎について実用上充分な知識をもっている読者は、この章を飛ばして第4章の生物学へ進んで構わない。

3.1　座標系

まず、物体の空間での位置を特定するための座標系を決めることから始めよう。時には球面極座標系を使うこともあるが、本書の中で扱うほとんどの状況には、より馴染みの多い直交（デカルト）座標系（図3.1A）が適している。この座標系を使うには、座標軸の向きをどうするか、原点をどこにするか、の2つを決めるだけでよい。我々は、大多数の物理学の入門書の流儀に合わせて、x 軸と z 軸を水平面に置き、y 軸を垂直上方に取る。原点はそれぞれの場合に合わせて、便利な所に取る。例えば、高度とともに大気圧がどう変わるかを議論している場合には、原点を海面として、上空への高さを y の正の値で表わすのが最も便利である。海面からの深さを議論している場合には、原点の取り方は同じでも、y の正の値で表わすのは海面から下向きに取る方が便利である。必要があれば、原点を他の場所に取ることもある。

角度は各座表軸から測る（図3.1B）。慣習上、角度は反時計回りを正の向きとする。

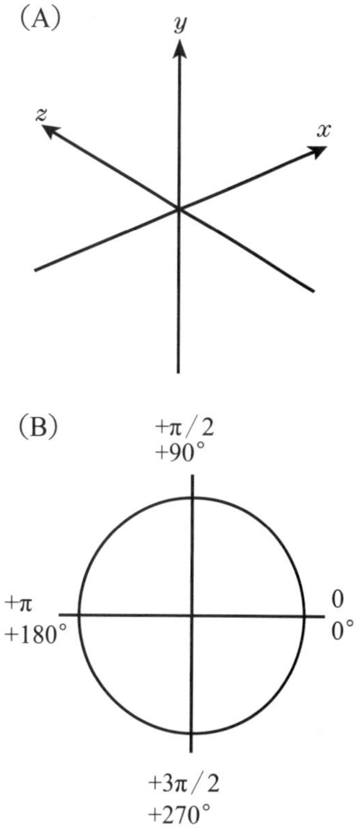

図3.1 （A）空間内での物体の位置を表わすのには、直交座標系が使われる。（B）角度の測り方の約束。角度は反時計回りに増える。

3.2　次元と測定単位

座標系を手に入れたので、ものごとを測れるようになった。我々が測る必要のある基本的な量は、*「大きさ（サイズ）」*、*「質量」*、そして*「時間」*である。後で見るように、他の全ての量はこれらの基本量から組み立てることができる。

大きさは、3通りのどれかで定義できる。例えば、サカナの大きさは昔からその長さで測るし、土地の大きさはその面積で測る。ビール1杯の大きさはその体積で測る。幸運なことに、これら3通りの大きさの表わし方には互いに関係があるので、我々の議論は単純になる。面積は長さの二乗の ***「次元」*** L^2 を持ち、体積の次元は L^3 である。つまり、3通りの定義のどの場合でも、大きさ（サイズ）を長さの次元Lで表現できるのである。

国際単位系 (SI) での大きさの単位はメートル m である。したがって、長さは m で、面積は m^2 で、体積は m^3 で表わされる。1 m の長さは、もともとは地球の北極から赤道までの距離の 1000 万分の 1 として定義された。この長さの最良推定値が、1791 年に行われたダンケルクとバルセロナ間の緯度の差の測量に基づいて、白金の棒に刻み込まれ、長年にわたって長さの基準として使われてきた。最近では、1 m の長さは、世界の他の場所でも再現可能な形に再定義されている。現在受け入れられている物差しは、「クリプトン 86 の原子の電子軌道 $2p_{10}$ と $5d_5$ 間の擾乱を受けない遷移で放出される赤橙色の光の真空中での波長の 1,650,763.73 倍」である[1、*1]。

歴史上の複雑な理由により、英語を母語とする国々では異なった長さ「ヤード」を使う。ヤードのもともとの定義は国王ヘンリー1世の鼻の先から、突き出した親指の先までの距離というものである。しかし 1959 年 7 月 1 日に厳密に 0.9144 m と再定義されたので、長さをヤードから SI へ換算するにはこの 4 つの数字を覚えておくだけでよくなった。

質量の次元は、記号 M で表わし、国際標準（SI）単位はキログラム kg である。なぜこの基本単位を他の単位（グラム）の 1000 倍（キロ）で表現するのかは、よく分からない。しかし、我々の目的はその経緯を推測することではないので、「キログラム」は決まっているものとして使うことにしよう。1 kg は最大密度の温度にある純水の 0.1 メートル立方 (0.001 m^3) の質量と定義されている。質量のこの定義が、長さの定義に直接依存してしまっていることは興味深い[*2]。実際の国際キログラム原器は、フランスのセーヴルにある国際度量衡局に保管されている白金イリジウム合金の円柱である。英国の質量の単位は、スラグ (slug) というヘンテコな名前で、0.06852177 kg に等しいが、ヤードの換算のように簡単には覚えられない[2]。

[脚註 1：この章では、特に断わらない限り、全ての物理量は Weast (1977) に依拠している。]

[訳者註＊1: 2015 年現在はさらに再定義されて、1 m は「真空中で 1 秒の 299,792,458 分の 1 の時間に光が進む行程の長さ」である。]

[訳者註＊2: 2015 年現在の 1 kg の定義は、「国際キログラム原器の質量」である。2011 年の国際度量衡総会は、4 〜 8 年後にはキログラム原器による基準を廃止し、アボガドロ定数などを用いた新しい定義へ移行することを決議している。2018 年の同総会で、新しい定義案が採択されると見られている。]

[脚註 2：一般に質量を測る物差しと考えられている「ポンド」は、実際には「重さ（力）」の名前である。ポンドは（スラグで測った）質量と重力加速度の積に等しい。]

時間の次元は記号 T で表わされ、その標準単位は秒 s である。もともとの定義は（回帰年 1900 年の）平均太陽日の 1/86,400 であるが、長さの単位と同様に最近再定義された。新しい定義は、セシウム 133 原子の基底状態の 2 つの超微細準位の間の遷移から起こる放射（マイクロ波）の 9,192,631,770 周期に等しい時間、である。英国は世界に同意しており、英国標準と SI の秒の間に変換の必要はない。

3.3 動きを測る物差し

長さと時間の次元があれば、物体が座標系の中で動く速さと向きを測る方法が手に入る。例えば、今我々がその位置を測ったばかりの、小さなカメのような物体を考えよう。時刻 t_1 に、カメは実験室の床の北東角から (x_1, y_1, z_1) の位置にいた。そう書きとめてから我々はコーヒーを飲みに出かけ、時刻 t_2 に戻ってきたところ、カメの位置は（x_2, y_2, z_2）に変わっていた。時間間隔 $\Delta t = t_2 - t_1$ のあいだに、カメは距離

$$\Delta \ell = \sqrt{(x_2 - x_1)^2 + (y_2 - y_1)^2 + (z_2 - z_1)^2} \qquad (3.1)$$

を動いていたのである。Δt に対する $\Delta \ell$ の比 $\Delta t/\Delta \ell$ は、LT^{-1} の次元をもつ量で、この測定期間におけるこのカメの平均 ***「スピード」*** である。もし $t, x, y,$ そして z を SI 単位で測ってあれば、スピードの単位は $m\ s^{-1}$ となる。しかしスピードは、この物体の動きから得られる情報のほんの一部でしかない。カメの最初と最後の位置から、運動の平均的な方向を導き出すことができる。例えば、$x - y$ 平面で言えば、カメは x 軸に対して角度 θ_x の向きに動いたと言える（図 3.2)。ここで、

$$\theta_x = \arctan \frac{y_2 - y_1}{x_2 - x_1} \qquad (3.2)$$

である。似たようなやり方で、他の座標軸に対する運動の平均的方向を測ることができる。速さと方向がわかると、原理的に、ベクトル量としての ***「速度」*** $\mathbf{V}$ を定義できる。すなわち、物体の速さの x 軸と平行な成分は速度 $\mathbf{V}_x = \mathbf{u}$ である。y 軸や z 軸に沿った動きは、それぞれ速度成分 $\mathbf{V}_y = \mathbf{v}$ や $\mathbf{V}_z = \mathbf{w}$ をもつことになる。

この簡単な例で扱った速度は、離散した 2 つの時刻での測定値に基づいて計算した平均速度である。このような平均値は、ある程度の応用には充分に役立つが、重要な情報を見過ごしてしまう可能性も含んでいる。例えば、我々がコーヒーを飲みに出かけている間に、問題のカメがブエノスアイレスを通って西アフリカのトンブクトゥまで行って、実験室の（x_2, y_2, z_2）に帰ってきたのかも知れない。もしそうなら、カメの瞬間速度には我々が計算した平均速度よりもずっと高い時

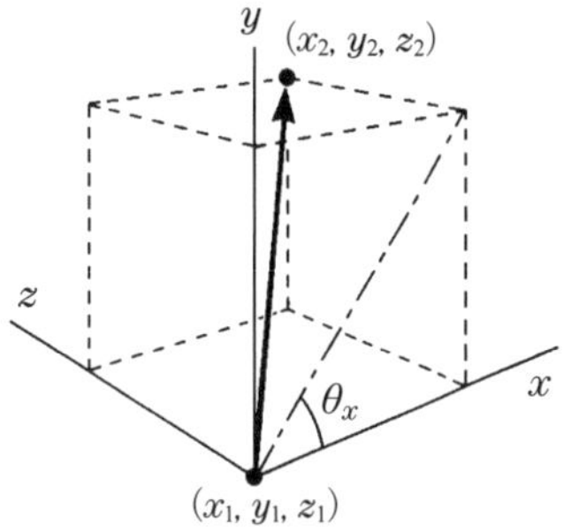

図 3.2　動きの定量化における複数の要素、詳しくは本文を見よ。

があったことになる。時間と共に変わる運動の瞬間的な局面の精密な分析には、***「微分法」***と呼ばれる数学の大きな分野の手法を応用しなければならない。事実、ここで述べたような分析がこの分野の数学の発展を促したのである。微分計算に関する総論は本書の目的を超えるので、読者は少なくとも昔、導函数を求めること(微分)の意味を習ったことがあると仮定して、先へ進むことにする。速度ベクトル**V**の瞬時値成分は、

$$\mathbf{V}_x = \mathbf{u} = \frac{dx}{dt} \tag{3.3}$$

$$\mathbf{V}_y = \mathbf{v} = \frac{dy}{dt} \tag{3.4}$$

$$\mathbf{V}_z = \mathbf{w} = \frac{dz}{dt} \tag{3.5}$$

である。

ここで、**u**, **v**, そして**w**は、それ自身が（大きさと向きの両方をもつ）ベクトルで、この性質のおかげで便利な道具になる。ベクトル計算法の入門書（例えば、Schey 1973）でベクトルの加算や減算のやり方、さらにはベクトル積など、単なるスカラー量ではできない操作を学ぶことができる。これらの手法の多くは強力な道具であり、手に入れることが望ましいが、本書でこれから出会う物理に絶対的に必要な訳ではない。少し回りくどくはなるけれど、ベクトル計算法の巧妙な部分を避けて通ることができる。例えば、多くの場合、運動がある座標軸に沿って起こるように座標系の向きをうまく選ぶことができる。そうすれば、情報を少しも失うことなしに、速度を単に速さ（スピード）と言い換えることができる。どうしてもこの方策ではうまくいかない（ほんのわずかの）場合でも、少なくともベクトル計算法の表記は避けることができる。運動の各成分を個別に扱った後で、ピタゴラスの定理を使って結論を組み立てることにする。

問題の性質上、ベクトルの向きが暗黙のうちに決まっているような場合には、速度を普通の量として扱うこともある。このような場合には、速度をスピードと見なし、記号 u（太字ではない普通の小文字筆記体）で表わす*3。

速度の時間変化率は ***「加速度」*** **a** である。速度と同様、加速度はベクトルで、その成分は次のように簡単に表記できる。

［訳者註＊3：速度（velocity）は、ある物体がある方向に実際に動いている場合のベクトル量を表わすのに用いる言葉である。方向の概念を含まない場合は、速さまたはスピードを用いる。第13章では水面波（水面を水の塊が移動する訳ではなく、波の形が伝わる現象）を扱う。波の形が移動する速さは、明らかに「速度」ではない。英語では、波の形の伝わる速さに別の用語 celerity を使う。一方、Celerity の訳語としては「波の伝わり速度（または波速）」が定着してしまっている。この場合の速度は velocity ではないことに留意して欲しい。］

$$\mathbf{a}_x = \frac{d\mathbf{u}}{dt} = \frac{d^2x}{dt^2} \tag{3.6}$$

$$\mathbf{a}_y = \frac{d\mathbf{v}}{dt} = \frac{d^2y}{dt^2} \tag{3.7}$$

$$\mathbf{a}_z = \frac{d\mathbf{w}}{dt} = \frac{d^2z}{dt^2} \tag{3.8}$$

加速度の方向に関する性質上、普通の量として扱った方が便利な場合がいくつかある。そのような場合には、速度と同じく、記号 a（ボールドではない小文字筆記体）を用いる。

本書に出てくるたくさんの記号を読者がいつでも辿れるように、目次のすぐ後ろに一覧表を用意してある。

3.4　ニュートンの運動の法則

ニュートンの運動の三法則が、この物理世界の他の様々な量にも、長さと質量と時間をあてはめて測ってもよいとする根拠になっている。すなわち、

1. 「***外からの力が加わらなければ、物体の運動の状態は変わらない***」。言い換えると、もし物体が座標系に対して静止していれば、外力が作用しない限り静止したままである。もし物体が一定速度で動いていれば、その速度（速さと方向のいずれか、または両方）は外力が加わった場合にのみ変わる。
2. 「***外力が作用すると質量の加速が起こる***」。一定の加速を引き起こすのに必要な外力は、物体の質量 m に比例する。
3. 「***もし物体 A が物体 B をある力で押せば、物体 B は自動的に同じ大きさの逆向きの力で物体 A を押し返す***」。

2 番目の法則は、力 $\mathbf{F}$ の定義として使われる。すなわち、

$$\mathbf{F} = m\mathbf{a} \tag{3.9}$$

または、（ベクトルでない）普通の量として、

$$F = ma \tag{3.10}$$

とも表わされる。力とは質量に加速度を与える何かである。力の定義として、このニュートンの第二法則（3.9 式）は物理の大きな部分の基盤をなしている。しかし、この定義はその当初の姿に比べると単刀直入さ

が少し欠けている。もし物体の加速度がわかって、その質量を測れれば、我々は力を計算できる。我々はすでに加速度を測る方法を知っているが、質量はどうやって測るのか？　我々が質量を測るときに通常使う装置は天秤やバネ秤などであるが、これら装置は実際には重力で加速された物体が外に及ぼす力を測っているのである。

例として、簡単な天秤（図 3.3）を考えよう。測定対象の質量 m_1 を片方の皿におくと、重力加速度（$g = 9.81$ m s^{-2}）が作用して天秤の腕を下へ引く [3]。この力 $m_1 g$ は、物体の「重さ」として知られている。この力は支点から距離 ℓ_1 のところに働いているから、測定対象の未知の質量の重さ（重力）は天秤腕を回転させせようとするモーメント（トルク）$m_1 g \ell_1$ を生む。未知の質量を測るために、既知の質量を他方の皿に載せていく。2 番目の皿によるトルク $m_1 g \ell_2$ が未知の質量によるトルクと等しくなったとき、天秤は釣り合う。ℓ_1 と ℓ_2 そして m_2 を知れば m_1 について、

$$m_1 = m_2 \frac{\ell_2}{\ell_1} \tag{3.11}$$

と解ける。

言い換えると、もし力（ここでは $m_2 g$）を測る独立した物差しをもっているのなら、質量を測ることができる。しかし、この力を測る独立した物差しを手に入れるためには m_2 を知っている必要がある。どう工夫しても、互いに片方がもう一方で定義されているのだから、質量と力の両者を独立に測定する物差しは手に入らない。ならば、我々はどちらを基本単位として選べばよいのだろうか？　論理というよりも直観が、質量を選ぶようにと命ずる。質量を、物体に内在する固有の属性として考えるのが直観的に正しいように見える。一方日常の出来事からは、物体が動いた時にのみ、力が働いたように感じる。

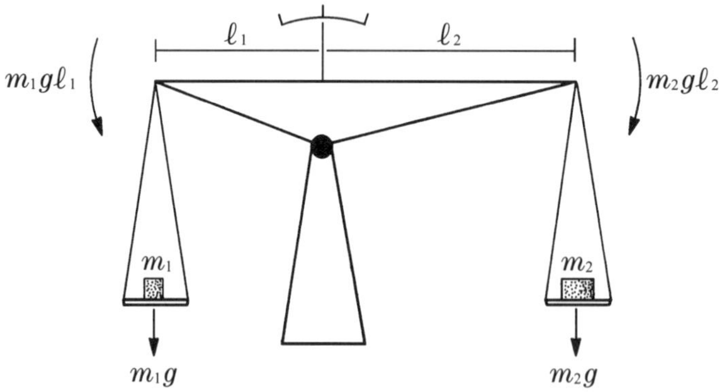

図 3.3　天秤は 2 つの重りが作り出す回転モーメントを比べる装置である。

[脚註 3：重力加速度は、地球上の地点によって実はわずかに異なる。特に、地球は完全な球体ではなく南北に潰れた扁平な回転楕円体なので、g は両極よりも赤道で少し小さい。]

質量を基本単位と決めれば、容易に力の標準単位に行き着ける。力は質量と加速度の積である（次元は MLT^{-2}、SI 単位は $kg\ m\ s^{-2}$)。近代科学の力学の創始者を讃えて、力の単位はニュートン N と名づけられている。

ある物体の運動量 $\mathbf{i}$ は、その質量と速度の積（次元は MLT^{-1}）である。例えば、運動量の x 成分は $\mathbf{i}_x = m\mathbf{u}$ である。2 通りの例について考えてみよう。ゆっくりと動いているコンクリートミキサー車は、速度は低くても質量が巨大なので、大きな運動量をもっている。それに比べるとずっと小さいが、大砲から打ち出された砲弾はコンクリートミキサー車と同じくらいの運動量をもっている。砲弾の速度が大きいからである。

物体の運動量の重要性は、急に速度を落として運動量を変えようとするときに、もっとも具体的に理解できる。例えば、コンクリートミキサー車を急停止させるには、ブレーキに大きな力を掛けなければならない。同様に、大砲から打ち出された砲弾を止めるのにも、大きな力が必要である。運動量と力の関係は、運動量の時間変化率の式で明確にできる。物体の質量が一定であれば、

$$\frac{d\mathbf{i}_x}{dt} = \frac{dm\mathbf{u}}{dt} = m\frac{d\mathbf{u}}{dt} = m\mathbf{a}_x = \mathbf{F}_x \tag{3.12}$$

すなわち、力と運動量の時間変化率は同じものである。SI 単位系では、運動量の単位に特別な名前はなく、単に $kg\ m\ s^{-1}$ と表わす。

3.5　圧力と応力

力が、ある面積を通して掛かると考えることもよく起こる。場合によって異なるが、この“面積あたりの力”という量は ***「圧力」*** または ***「応力」*** と呼ばれる。多くの場合、この 2 つは言い換え可能で、どちらを使うかは慣習的にゆるく決まっているに過ぎない。圧力と応力は $ML^{-1}T^{-2}$ の次元をもち、単位は $N\ m^{-2}$ で SI 単位系ではパスカル Pa という名前で呼ばれる。

3.6　エネルギー

エネルギーの概念は、我々の基本原理の最後から1つ前にある。残念ながら、エネルギーというのは、カメレオンのように、周りの状況に合わせてその姿かたちを変える。まず最も直観的な力学的エネルギーから始めて、あまり直観的ではない隠された形態へ、少しずつ近づくことにする。

力学的エネルギーは、**「仕事」**をする能力のことと考えてよい。この考え方では、仕事は、「物体に働く外力とその力の作用点の移動距離の積」という精密な定義をもつ。単純な例を考えよう（図3.4）。

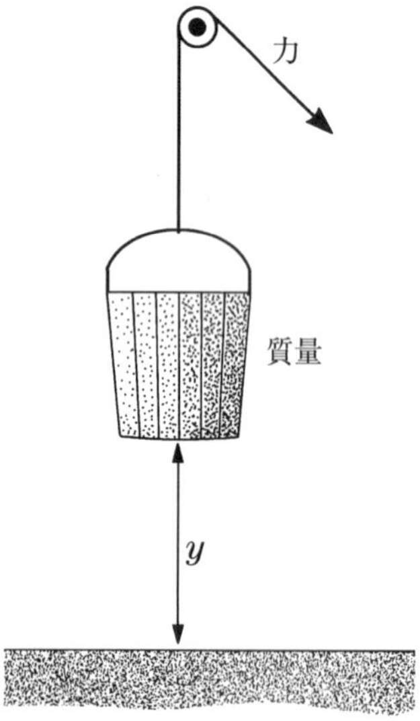

図3.4　水の入ったバケツをロープで吊り上げる。重力による位置エネルギーの一例。

水の入ったバケツにロープが付き、そのロープは滑車の上を通っている。バケツを地面から持ち上げるには、ロープに力を掛けなければならない。したがって、掛けた力とバケツが持ち上げられた高さの積が、我々がバケツを持ち上げるのに費やしたエネルギーまたは仕事の量を表わしている。我々がバケツに仕事をしたのだから、今やバケツは仕事をする能力をもっている。例えば滑車の軸を粉挽機に繋ぐと、バケツが地面に落ち戻るときに、穀粒をすり潰すのに必要なエネルギーを出すことができる。あるいは滑車を発電機に繋いで、バケツの落下で電気を起こすこともできるだろう。

バケツがもつこのタイプのエネルギーは**「位置（ポテンシャル）エネルギー」**の1つで、この場合は重力位置エネルギーである。この例には、もう少し時間を割いてさらに詳しく調べる価値がある。バケツの質量は m で、バケツの底は地面から距離 y の高さにあるとしよう。バケツに働くのは単にその重さ、つまりその質量に重力による加速度を掛けたものである。バケツが地面に落ちるまでに、この力 mg が距離 y の全長にわたって働く。したがって、

$$W = mgy \tag{3.13}$$

が、穀粒のすり潰しや発電またはエネルギーを要する他の作業にバケツが成せる仕事の総量である。言い換えると、バケツが高さ y に吊るされたままのとき、バケツは（見た目にはわからないが）これだけの仕事をする潜在的な（英語でpotential）能力をもっている。それで、mgy に等しい重力位置（ポテンシャル）エネルギーをもっていると言われるのである。

力学的エネルギーは力と距離の積なので、その次元は ML^2T^{-2} である。SI単位は N m（または kg m^2 s^{-2}）で、その値にジュール J を付けて呼ばれる。これは、力学的な仕事と熱との関係についての先駆的な実験を推し進めたジェイムズ・ジュール（James Joule）を讃えての命名である。

重力位置エネルギーは、様々なタイプのポテンシャルエネルギーの中の1つに過ぎない。ポテンシャル

エネルギーの例としては、

1. 引き延ばされたバネは仕事をする潜在的な能力（ポテンシャルエネルギー）をもっている。例えば、開いたドアを戻したり、腕時計の中で時を刻んだりする。それで、伸ばされたバネは **「弾性エネルギー」** をもっているという。
2. シャンパンのコルク栓の留め針金が外されると、瓶の中で圧縮されていたガスはコルク栓（ある質量）を重力に逆らってかなりの高さまで打ち上げることができる。これは、圧縮された気体は仕事をする潜在的な能力をもっていることを示している。このタイプのエネルギーは **「圧力体積ポテンシャルエネルギー」** と名づけられている。
3. 自動車のバッテリー（蓄電池）は、電線を通して電子を押し出す潜在的能力をもっている。電子を押し出すのはエネルギーを要する作業であり、それゆえバッテリーは **「電気的ポテンシャルエネルギー」** をもつという。

このリストをもっと続けることもできるが、ここで全ての形の位置（ポテンシャル）エネルギーに共通する特質を挙げておく方がよいだろう。

第１に、ポテンシャルエネルギーをもっている物体は、エネルギーをもたされているという明らかな兆候を全く示さない。物体は、そのエネルギーを目に見える形に表わす能力を **「秘めて」** いるだけなのである。例えば、シャンパンの瓶やバッテリーがポテンシャルエネルギーを含んでいるかどうかを、その外見から言いあてることは誰にもできない*4。

第２に、ポテンシャルエネルギーが姿を変えて実現される仕事の量は、物体それ自身よりもその外側の状況によって変わるのである。上の例で言うと、我々はバケツの下の地面を掘って、バケツが止まるまでに落ちる距離をもっと長くできる。このようにして y の実効的な値を増すことで、バケツにも、それを吊るしているロープにも触れることなしに、バケツの位置エネルギーを増すことができるのである。逆にバケツの下に踏み台を置いて落ちる距離を減らし、バケツが仕事をする潜在能力を減らすこともできる。重力位置エネルギーの大きさは、明らかにバケツの周りの状況を我々がどう設定するかに依存している。

シャンパンのコルク栓についても同じことが言える。コルク栓が空中高く打ち上がるのは、瓶の内部の圧力が外側よりも高いからに他ならない。もしも瓶を湖の充分深いところに沈めて外部の圧力を内圧と同じにすれば、コルク栓を打ち出そうとする傾向はなくなり仕事も成されない。またバッテリーが仕事をする能力は潜在しており、その陽極が電気的に異なる電位（例えば陰極）の何かに接続されたときにのみ、初めて実現されるのである。

最後に、ここまでの議論では暗示にとどめてきたが、ここで事実を明示すべきだろう。位置（ポテンシャ

［訳者註＊4：これがポテンシャル（potential：潜在的）の名の由来である。］

ル）エネルギーは、時計で時を刻むテンプの運動のエネルギーや、飛んでいるコルク栓、電線を通る電流の電気エネルギーなど、他の形のエネルギーに姿を変えることができる。事実、我々が基準点を変えて系をいじったりしない限り、ある系のポテンシャルエネルギーは他の形のエネルギーへと姿を変えるか、他の形のエネルギーから姿を変えることしかできない。位置（ポテンシャル）エネルギーだけでなく、エネルギーというものは全て、何もないところから現われることも勝手に消えてなくなることもできない。それは、行ったり来たり、姿を変えて入れ替わるだけなのである[4]。エネルギー保存というこの概念は、本章の後ろの方でまた取り上げる。

他の形のエネルギーについて簡単に触れておこう。まず、動いている物体のエネルギーすなわち**「運動エネルギー」**である。運動エネルギーをもっとも簡単に理解する方法は、ある物体を動かすのに要する仕事を計算してみることである。質量 m の物体を考え、はじめは静止しているとする。物体に外力 $\mathbf{F}$ を加えると、物体は一定の率で x 軸に沿って加速される（図 3.5）。期間 t の後、質量のスピードが u になった時に外力を取り除き、どれだけの仕事を注ぎ込んだのかを計算する。

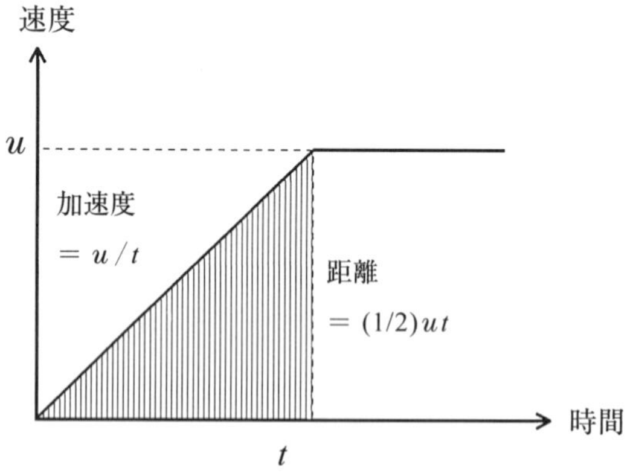

図 3.5　加速が一定のとき、ある質量の物体の速度は時間とともに直線的に増加し、物体の移動距離はグラフの速度曲線の下側の面積である。物体の運動エネルギーは、加速度、質量、移動距離から計算できる。

外力が加えられていた期間の物体の加速度は、スピードの変化をスピードが変化してきた時間で割ったもので、これは単に u/t である。したがって、我々が掛けていた力（すなわち質量と加速度の積）は mu/t に違いない。この力をどれだけの距離にわたって掛けていたのだろうか？　期間 t での平均速度は $u/2$ だから、力を掛けている間に移動した距離（速度と時間の積）は $ut/2$ である（図 3.5）。よって、速度が u になるまでに物体に成された仕事（力と距離の積）は、

$$\frac{mu}{t} \times \frac{ut}{2} = \frac{mu^2}{2} \tag{3.14}$$

これが物体の運動エネルギーである。質量を加速するために $mu^2/2$ に等しいエネルギーを受け取った

[脚註 4：実際には、エネルギーは質量にも姿を変える。しかしこの転換は（光速に近い相対論的な速度のような）非常に極端な状況でのみ起こるので、ここで考慮する必要はない。]

のだから、動いている質量は今や仕事をする能力をもっている。例として、迫撃砲から真上に向かって打ち出された砲弾を考えてみよう（考えるだけ。迫撃砲を真上に向けて打つというバカなことは、実際には絶対にしない。いずれ自分のところに落ちてくるのだから）。砲筒を離れるときの砲弾は相当な速度、すなわち相当な運動エネルギーをもっている。砲弾が砲筒を出る高さは地面ぴったりとして構わないから、砲弾が打ち出された瞬間の砲弾の重力位置エネルギーはゼロである。砲弾が上方へ移動するにつれて、重力加速度を受ける結果、速度はどんどん遅くなる。

ある時間の後、砲弾は飛行経路の頂点に達し、一瞬静止する。そのとき、砲弾の速度はゼロ、その運動エネルギーもゼロである。しかし明らかに、そのエネルギーが消えてなくなってしまった訳ではない。砲弾が重力に逆らって突き上がる間に、砲弾によって仕事がなされたのである。事実、砲弾と空気との間で摩擦がなければ、頂点での重力位置エネルギーは砲筒を出たときに砲弾がもっていた運動エネルギーに等しい。

前に、重力位置エネルギーは任意に選んだ高さの基準点から測ってもよく、したがってその値はエネルギーをもった物体から離れた外部の状況に依存して変わる、と書いた。運動エネルギーについても、同じことが言える。上で議論した例では、我々は砲弾の速度を地面に固定した座標系で測った。そうではなく、砲弾の速度を他の物体（例えば砲弾そのもの）から測ったとすれば、運動エネルギーの値は違ったものになる。このように、ポテンシャルエネルギーと同様、運動エネルギーも相対的なものである。この相対性の物理的意味は（アルバート・アインシュタインが発見したように）深く複雑なものなので、その理解には物理学の標準的な教科書を参照して欲しい。本書では特に断わらない限り、速度は利用できる最も大きな物体すなわち地球表面を基準にして測る。専門用語でいえば、慣性座標系を用いる。

3.6.1　熱

運動エネルギーの概念は、別のエネルギー形態である「*熱*」を詳しく調べる出発点となる。一例として自転車の空気入れを考える。その柄を引き出して、ポンプ室を室温の空気で満たす。ゴムホースの出口に栓をして塞ぎ、空気が他に漏れ出ないようにして、柄を押し込む。もしここでポンプ室の中の空気の温度を測れば、温度が上がっているのが見える。空気入れの柄を押しこむときに成した力学的仕事が、どういう訳か熱に変わったのである。しかし、熱とは厳密には何なのか？　温度との関係はどうなっているのか？

エネルギーが、ピストンの動きから気体へ渡される仕組みが、これら２つの疑問への答えを用意してくれる。室温では、気体の分子はポンプ室の中をランダムに飛び交っており、ポンプ室の壁やピストンの面に衝突し跳ね返されている。この空気分子の衝撃が、ピストンを押し込むのに逆らう力を生んでいるのである。ピストンが前向きに動いていると、跳ね返された空気分子は少しだけ余分に押されることになる。言い換えると、ピストンの前方への運動は、ピストンに衝突する分子の速度すなわち運動エネルギーを増やす。これらの分子は次々と他の分子に衝突し、運動エネルギーの増加分はすぐに空気分子全体に配分される。このような成り行きで、ピストンを押し込む際に成した仕事は、気体分子の平均運動エネルギーの増大に変換される。この運動エネルギーの増加こそが、我々が気体の温度が上がったという時に意味していることなのである。気体（および全ての物質）の温度は、その分子の平均運動エネルギーに直接比例する。すなわち、

$$T = \frac{m\langle u^2\rangle}{3k} \tag{3.15}$$

で、$\langle u^2\rangle$ は分子の速さ（スピード）の二乗の平均値である。したがって、分子運動が止まってしまう絶対零度という温度があることがわかる[5]。

国際単位系（SI）では、絶対温度ケルビン（Kelvin）を使い、1ケルビン（K）の目盛は水の氷点と沸点の温度差の100分の1である*5。この目盛に従えば、***「ボルツマン定数」***として知られる3.15式の定数 k は 1.38064×10^{-23} J K^{-1} である。したがって、もし分子の質量と平均自乗スピードがわかれば、温度を計算できる。逆に温度と質量がわかれば、平均速度を計算できる。例えば、窒素分子 N_2 の重さはおよそ 4.65×10^{-26} kg だから、室温（290 K）での平均スピードは、

$$\sqrt{\frac{3kT}{m}} = 508\,\mathrm{m\,s^{-1}} \tag{3.16}$$

である[6]。この驚くほどの高速度がもたらす効果については、第6章の拡散で取り扱う。

生物は通常273から315 Kの範囲で生きている。この数値は大きすぎて取り扱いにくいので、ゼロ点を上にずらした温度目盛を使えばもっと便利であろう。実用的には、純水が氷になる温度273.15 Kを0℃とするセルシウス（Celsius）温度（セ氏温度）を使う。

今、温度が気体分子の運動エネルギーで定義される様子を見た。しかし、この運動エネルギーが、前に調べたものとどう違うのだろうか？　分子の1個1個を見ている限りは、前と同じである。しかし、分子の数が非常に多く、しかもそれぞれが運動エネルギーと飛行方向をもっている場合を考えると、全体としては、ここまで議論してきた何れとも微妙に異なるエネルギーをもつことになる。

違いの要点は、系の無秩序さにある。もしも、どういう訳か自転車の空気入れの中の気体分子全てがピストン面に向かってぶつかれば、その衝撃が合わさって非常に大きな力が出て、外に対して大きな力学的な仕事を実現するのに利用できるかもしれない。しかし、そのようなことが起こる見込みは考えら

［脚註5：この表現は簡単過ぎて誤解を招くかもしれない。絶対零度は、気体の分子運動論に従うと仮定した理想気体（第4章参照）の分子運動が止まるはずの温度、のことである。現実の気体（および他のすべての物質）は“理想的”ではなく、極低温ではいくつかの奇妙な量子効果が分子の挙動を支配する。絶対零度でも幾ばくかの運動は残りうる。］

［訳者註＊5：2015年現在では、水の三重点の熱力学温度の273.16分の1と再定義されている。］

れないほど小さい。分子同士の衝突が頻繁であれば、分子の飛行方向がランダムになるのは確実で、どの時点でもほんの一部の分子がピストンに向かってぶつかるだけである。結果として、分子の衝突による力すなわちピストンが仕事をする能力も、ずっと小さくなる。

同じことは、ピストンを押し込んだ時に気体分子に分け与えられる運動エネルギーの増分についても言える。はじめはピストンで跳ね返された向きの分子の速度だけが増加するのだが、分子同士の衝突のため、すぐにランダムになるので、気体に注ぎ込んだ力学的エネルギーの全てを回収することは決してできない。この点で、分子の無秩序な運動は大きな物体の（数多くの分子がそろって同じ向きに動く）運動とは違うのである。現実問題としては、分子の（無秩序な）動きの運動エネルギーに変換された仕事を、そっくりそのまま逆向きに変換し戻すことはできない。これは、気体、液体、固体のいずれでも同じである。分子運動の運動エネルギーにはこの一方通行性があるので、我々はこの種類の運動エネルギーの巨視的な効果を他の運動エネルギーから区別して扱い、それを ***「熱」*** と呼んでいるのである。

熱に関する非常に多くの重要な研究成果が捧げられて、***「熱力学」*** と呼ばれる物理の大きな分野が形成されている。これらの成果は水と空気の物理としては重要であるものの、生物学上の重要性は低いので、ただ１つの例外を除いてこれ以上の深入りはしない。熱力学をもっと深く理解したい読者は、Atkins(1984) の優れた入門書*6 か、もう少し専門的な Reif (1964) *7 を参考にして欲しい。

3.6.2　摩擦

熱で取り上げるべき唯一の例外は、***「摩擦」*** の概念である。ピストンとポンプ室壁面との摩擦、柄の軸と軸受との摩擦、水または空気の分子１個と他の分子との摩擦など、すべての摩擦は力学的仕事を熱に変えてしまう。逆に、摩擦は力学的仕事が熱に変換される多くの過程の総称である。熱の発生は、他の形態の力学的エネルギーを流出させてしまうので、摩擦は全ての物理系での運動をすり減らし、ついには止めてしまう効果をもつ。摩擦のこの散逸作用は、本書の始めから終わりまで共通する話題の１つである。

3.6.3　他のエネルギー形態

本書には、別の形のエネルギーが時々顔を出す。それは ***「光エネルギー」***、より一般化すれば ***「電磁輻射エネルギー」*** である。ガンマ線のような電磁波も含めて光量子（フォトン）はそれぞれ、その

［脚註６：この平均値はスピードの二乗の平均値の平方根で、「自乗平均平方根」*root mean square*：*rms* または「実効値」と呼ばれる。この形の平均値については第６章でもう少し詳しく取り扱う。］

［訳者註＊6：邦訳版がある。「エントロピーと秩序」（訳：米澤富美子、森弘之）日経サイエンス社（1992）ISBN:4532520142］

［訳者註＊7：邦訳版がある。「統計熱物理学の基礎（上・中・下）」（訳：中山寿夫、小林祐次）吉岡書店（2006）ISBN−13:978−4842701851］

周波数（振動数）に比例したエネルギーをもっている。周波数fを1秒間に振動するサイクル数（SI系での名前はヘルツ Hz）で表わせば、フォトンのエネルギーはhfである。ここでhはプランク定数 6.626070×10^{-34} J Hz^{-1}である。条件によっては、この光量子のエネルギーは他の形態に転換されうる。もっとも一般的な転換は、光エネルギーと熱との間で起こる。日向ぼっこで体が温まる現象は誰もが知っている。もう1つの転換は光エネルギーと化学エネルギー（原子同士の化学結合に含まれるエネルギー）の間で起こる。二酸化炭素と水から炭水化物を作るのに光のエネルギーが使われる植物の光合成は、この形のエネルギー変換の良い例である。もっと詳しく見れば、化学エネルギーは部分的には（原子が他の原子を引き付けることに起因する）電気的エネルギーと各原子の中の電子の運動エネルギーとから成っている。しかし、ここではエネルギー形態をそこまで細かく分けて考える必要はない。

エネルギーはもっと小さな構造の中にもある。核エネルギーは中性子と陽子を結び付けて原子核を保っているし、中性子や陽子の中にクォークを閉じ込めておく結合にもエネルギーが入っている。しかしこれらのエネルギーが、ポテンシャルエネルギー、運動エネルギー、電気的エネルギー、化学エネルギーのいずれかに姿を変えることは“通常はない”ので、我々のここでの目的とは関係ない。

3.6.4　エネルギー保存則

エネルギーについてのここでの議論に、なんとなく曖昧な点があるのに気づいた読者もいるだろう。空中に吊るされた水の入ったバケツは重力位置エネルギーをもっていることを主張し、その“証明”として、バケツを落下させれば電気エネルギーが発生する事実を使った。また、迫撃砲の砲弾は運動エネルギーをもっていることを、砲弾の垂直上方への運動が砲弾の位置エネルギーの増加になることを見せて“確かめた”。これらの証明はグルグル回り（循環証明）ではないだろうか？ ある形態のエネルギーの存在を論証できるのは、もう1つのエネルギー形態の言葉を使える時のみではないのか？ そう、両方ともそうなのだ。だが、この議論の循環性は悩みの種ではなく祝福をもたらすのだ。ある形態のエネルギーが他の形態のエネルギーを用いてのみ定義できるという事実は、自然界の重要な基盤原理、すなわちエネルギーは保存されていることの証拠である。これまでに行われた実験の全てで、ある形態のエネルギーの消失は他のどれかの形態または複数の形態でのエネルギーの出現を引き起こしている。これが、法則と呼ばれるにふさわしいほど強く支持されている事実としての、“保存”ということである。この保存という事実が、空に向かって上って行く砲弾に重力位置エネルギーが徐々に生じてくることを、砲弾がはじめに運動エネルギーをもっていたことの証拠として使う、正当な根拠なのである。エネルギー保存則から、砲弾の位置エネルギーは*「新たに」*生じることはできず、系の構成要素を見渡しても、それが来るのは砲弾の質量の運動エネルギーからしかない。したがって、砲弾の質量の運動はあるエネルギー形態を表わしているはずなのである。この点で、エネルギー保存則はエネルギーの概念それ自体よりも基本的である。もし読者がエネルギーの概念の哲学的な補強に興味があるのなら、ファインマン

(Feynman 1963) *8 の議論が参考になるだろう。

3.7　パワー（仕事率）

エネルギーの時間変化率は、どの系でもパワー（仕事率）と呼ばれる。その次元は ML^2T^{-3} で SI 単位は $J\,s^{-1}$、蒸気機関の発明者であるジェームス・ワット(James Watt) を讃えてワット(W)と呼ばれる。エネルギーは力と距離の積だから、単位時間あたりのエネルギー（パワー、P）は力と速度の積で表わすことができて、

$$P = \frac{\text{力} \times \text{距離}}{\text{時間}} = \text{力} \times \text{速度} \tag{3.17}$$

である。この等価関係は、この後の様々な展開に便利なので、覚えておくのがよい。

3.8　まとめ

慣性系に固定した直交座標系を用いると、空間内での物体の位置を表わすことができて、時間の函数として物体の動きを追うことができる。物体が質量をもっていれば、その運動から力を測ることができる。さらに、力に距離を掛けた仕事の概念が力学的エネルギーの実用的な測定方法を提供してくれる。力学的、電気的、化学的、熱的、光など、様々な形態のエネルギーが相互に入れ替わることができる。多くの場合には、これらのエネルギー転換は対称である。例えば、運動エネルギーを費やして手に入れた重力位置エネルギーは、(摩擦がなければ) 全て運動エネルギーとして取り戻すことができる。しかし熱は特別で、他の形態のエネルギーが一旦熱に変換されると、元の形態に完全に取り戻すことはできない。エネルギーの全量は保存されるというのが、自然界の基本法則の1つである。これらの考え方は、固体にも流体にもあてはまる。

この章で議論した量についての次元と SI 単位を表 3.1 にまとめて示す。

表 3.1　物理を組み立てる基本量とそれらの国際（SI）単位ならびに変数として用いられる記号

名前	次元	単位	変数
長さ	L	m	ℓ
時間	T	s	t
質量	M	kg	m
力	MLT^{-2}	N	F
圧力	$ML^{-1}T^{-2}$	Pa	p
エネルギー	ML^2T^{-2}	J	W
パワー	ML^2T^{-3}	W	P

[訳者註＊8：邦訳版がある。「ファインマン物理学（1）力学」(訳：坪井忠二)、岩波書店　(1986) ISBN−13:978−4000077118]

密度：重さと圧力そして流体力学

誰もが一番よく知っている水と空気の物理的な違いは、たぶんその密度すなわち同じ体積を占める流体の質量の違いである。1リットルの水は1リットルの空気の約800倍の質量をもっていて、この著しい違いがいくつかの重要な生物学的な結末をもたらすのである。例えば、サカナはヒレを動かすことなしに海底から少し上を漂うことができるが、トリは翼を必死で打たなければホバリング（空中静止飛翔）できない。この章では、熱気球のように空中に浮かぶ陸棲生物がいないのに、なぜマッコウクジラはその水中版なのか、なぜジェット推進は空気中ではダメで水中でのみ可能なのか、そしてなぜ大型の恐竜は水を飲むことが難しかったのか、を見てみよう。

4.1　物理

密度のSI単位は$kg\,m^{-3}$で、記号はρを使う。一般に、液体の密度は温度と圧力両方の函数である。ここではこの２つを変数として、水と空気を詳しく調べる。

“空気”とか“水”という時、厳密にはどんなことを意味しているのか少し注意する必要がある。例えば、生物学者は“水”という言葉を広い意味で使うことが多い。すなわちH_2Oという特定の化学物質を指す訳ではなく、水とその中に溶けている物質全てを含めて指すことが多い。このように、生物学的な感覚では水は淡水も塩水もありうるので、まず塩分濃度で水の密度がどう変わるのかを知っておく必要がある。空気でも同じような問題があって、乾いているか湿っているか、きれいか汚れているか、で密度は変わる。

4.1.1　空気

乾燥した空気は、基本的には２つの気体の混合物である。窒素が大気の78.08％の体積を占め、酸素は20.95％の体積を占める。残りの0.97％は、アルゴン、二酸化炭素、ネオンおよび他の希ガスから成っている。

窒素は、1モルあたり0.028 kgの重量をもつ。ここでモルとは、6.022×10^{23}個（アボガドロ定数）の分子のことで、記号molで表わす。酸素の分子量は32（モル質量では$0.032\ kg\ mol^{-1}$）で、乾燥空気の平均モル質量は$0.0286\ kg\ mol^{-1}$（平均分子量では28.6）である*1。

［訳者註＊1：原著はmolecular weight（現代用語では分子量）を「モル質量（モル重量）」として書かれている。本書では現代風に分子量と訳し、前後の文脈に応じて分子量○○（1モルあたり○○ kg）とモル質量を書き添える。厳密に言えば、分子量とモル質量は異なる。2015年現在の分子量の正式単位はダルトン（^{12}Cの1/12の何倍かを表わす）で、モルあたりの質量（$kg\ mol^{-1}$）ではない。1モルあたりのkg数の概念は、旧来のモル質量に相当する。］

空気は、温度と供給量で決まるかなりの分量の水蒸気を含むことが多い。しかし、空気が水蒸気で飽和している場合（つまり相対湿度が100％）でも、水は全分子数のたった2％を占めるだけである。

空気の密度は、気体の分子運動論から予測できる。気体を理解できたのは古典物理学の偉大な成果の1つであり非常に面白い物語なのだが、残念ながら本書の範囲を超えてしまう。興味のある読者は、この物語の標準的な教科書を参照するとよいだろう（例えば、Feynman 1963）。ここでは、理論の流れを追うのは少しだけにして、理論の結果を利用していく。

理想気体の状態方程式は、

$$pV = N\Re T \tag{4.1}$$

である。ここで、p は気体の圧力、V は気体が占める体積、T は絶対温度である。N は体積 V 中にある気体のモル数で、$\Re$ は気体定数 8.3144 J mol^{-1} K^{-1}（ジュール パー モル パー ケルビンと読む）である。

式4.1が意味しているのは、次のようなことである。すなわち、第3章で述べたように、容器の中の気体の圧力は容器の壁へぶつかる分子の衝撃に起因している。温度が高いほど各分子の平均スピードは大きく、分子が壁に衝突した際に出る力も強くなる。その結果、温度の上昇とともに圧力は上がる。同じように考えれば、なぜ圧力がモル数 N に比例するのかがわかる。容器内の分子が多ければ多いほど壁との衝突頻度は高くなり、圧力は高くなる。さらに、ある温度で決まった分子数の気体を考えた場合、圧力と体積の積は一定になることに注目して欲しい。結果として、いかなる圧力の上昇も体積の減少を伴うはずで、その逆も同じである。

式4.1を書き換えると、

$$\frac{N}{V} = \frac{p}{\Re T} \tag{4.2}$$

として、両辺に気体のモル質量 $\mathcal{M}$（単位は kg mol^{-1}）を掛けると、密度が温度や圧力にどう依存するかを表わす式になる。

$$\rho = \frac{m}{V} = \frac{p\mathcal{M}}{\Re T} \tag{4.3}$$

ただし、厳密に言えば、この式は“理想”気体でのみ正しい。理想気体とは、単位体積あたりの分子数は多いが、空間のかなりを占めてしまうほど多くはなく希薄で、しかも容器の壁と分子または分子同士は完全弾性衝突する気体のことである。圧力が充分に高い場合も低い場合も、空気は理想気体のようには振る舞わない。しかし生物圏の多くを占める条件下では、空気は分子運動論の前提に非常によく合っており、式4.3をそのまま正しいものとして用いてよい（表4.1）。

海面における平均気圧は標準大気圧と呼ばれ、15℃で 1.01325×10^5 Pa（パスカル）である。空気の密度に与える温度の効果を計算するのに、この圧力を基準に使う（図 4.1）。標準大気圧の下で、空気の密度は 0℃での 1.293 kg m^{-3}（キログラム パー キュービック メータと読む）から 40℃での 1.128 kg m^{-3} まで、大きい方の値の約 13 %変わる。

T (℃)	密度 ρ(kg m^{-3})		
	空気	淡水	海水(S=35)
0	1.293	999.87	1028.11
3.98	1.274	1000.00	1027.77
10	1.247	999.73	1026.95
20	1.205	998.23	1024.76
30	1.165	995.68	1021.73
40	1.128	992.22	1017.97

表 4.1　空気、淡水、海水の 1 気圧における密度

註：0℃における空気の値は Weast (1977)、淡水と海水の値は UNESCO(1987) による。

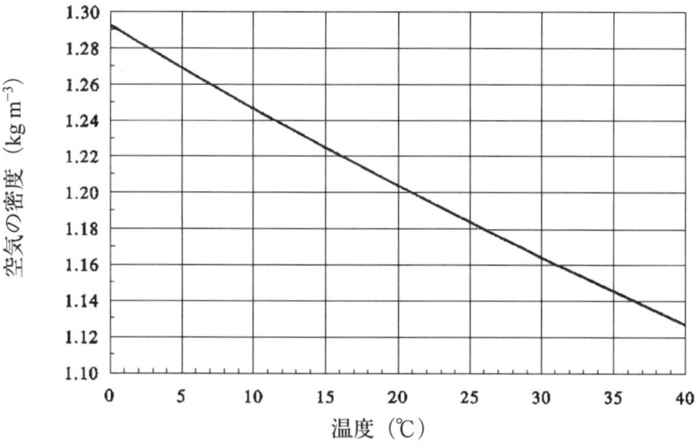

図 4.1 温度が上がるにつれて、一定気圧（ここでは標準大気圧）に保たれた空気の密度は減る。

空気の密度は、もちろん気圧に直結して変わる。大気に起こる気圧変動にはどんなものがあるだろうか？　日々の天候に伴う圧力変化、いわゆる“天気図上の気圧変動”が一番身近なものであろう。この気圧は、昔から水銀気圧計を使って測られてきたので、数値はふつう水銀柱の高さ（米国ではインチ）で表現する*2。0 ℃での水銀柱 1 インチの圧力は 3386.39 Pa で、普段の気圧は 29 から 31 インチ水銀（inch Hg）の間にある。つまり海面位での気圧は毎日 0.98×10^5 から 1.05×10^5 Pa の間で変わるので、空気の密度は標準大気から 6.7 % ほど変動する。

大気圧は高度でも変わり、海面位から昇るにつれて減る。飛行機の上昇中や車で山道を駆け上ったと

［訳者註＊2：日本の計量法は SI 単位系に準拠しており、圧力はパスカルを用いる。ただし、用途を限定した非 SI 単位をいくつか認めている。医療現場での混乱を避けるため、2015 年現在でも血圧を水銀柱の高さで表現する mmHg が残っている。気象分野では、従前のミリバール（mbar）と同一の数値になるヘクトパスカル (hPa) =100 Pa が残された。1 気圧（標準大気圧）は 1,013.25 hPa で、760 mmHg（101,325 Pa）に等しい。］

きに鼓膜や中耳に痛みを感じるのは、高度が気圧に大きく影響していることの証しである。高さが気圧へ与える影響の大きさは、やはり気体の分子運動論から導かれる。

高さの函数としての平衡状態における気体分子の分布は、2つの因子に支配される。第1に、全ての分子には重力加速度が働いて、他の力がなければ地球の中心に向かって落ちていき、海面位に集まる。しかしこの傾向は、気体のランダムな分子運動によって、かなり弱められる。個々の分子は、その場所の温度に対応する平均運動エネルギーをもっていて勢いよく飛び交っているので、重力に逆らって上向きに動くこともある。高度が上がれば上がるほど、分子が偶然でそこに到達する確率は低くなる。したがって平衡状態では、単位体積あたりの気体分子の数すなわち密度は、高度とともに減ると予想できる。物理の手順を適切に追うと、結果としてボルツマン分布則が得られる。温度が一定であれば、

$$\frac{\rho}{\rho_0} = \frac{p}{p_0} = e^{-y/y_s} \tag{4.4}$$

である。ここで、添え字の0は海面位での値を示し、y は海面位からの高さ、y_s は高さ定数すなわち気体の種類と温度で決まる高度である。15℃の空気では、高さ定数は 8434.4 m である。この結果の意味するところを、図4.2のグラフに示してある。ある一定温度では、デンバー（高度は1マイル =1609 m）の気圧すなわち密度は、サンフランシスコ（海抜0 m）よりも 17.4% 少ない。エベレストの山頂（高度 8839 m）の空気は、海面位のそれから 65% も密度が低い。

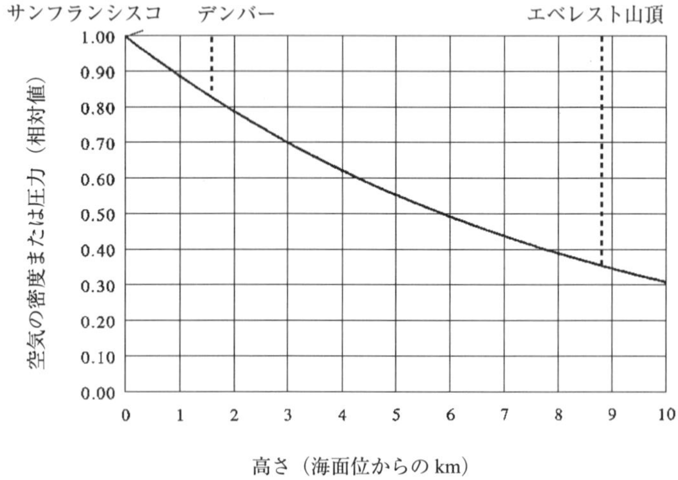

図4.2　空気の密度は海面からの高さとともに減る。ここでは、全ての高さで温度は一定と仮定している。

温度と圧力が一定でも、空気の密度は湿り気（水蒸気量）でわずかに変わる。Weast (1977) によれば、温度が一定で湿った空気の密度は、

$$\rho = \rho_d \frac{p - 0.3783p_v}{p_0} \tag{4.5}$$

である。ここで ρ_d はその温度における乾燥（ドライ）空気の密度、p_0 は標準大気圧、 p は実際の大気圧である。p_v はその場の水蒸気圧である。湿気が増えると空気の密度は減るが、そんなに大きくは変わらない。例えば、20℃で相対湿度 100 % の空気の p_v（飽和水蒸気圧）は 2340 Pa である。これを式 4.5 にあてはめると、雨の直後のように湿って“重苦しく”感じる空気でも、実際には乾いた空気より 0.87 % も密度が低いことがわかる。

湿った空気が乾いた空気よりも軽いという事実は直観と合わないが、次のように考えれば納得できるだろう。式 4.1 は､圧力が一定ならば､ある体積中に含まれる分子の数はその組成とは無関係に同じである、と教えている。ということは、もしある体積の（乾いた）空気に水分子を何個か加えて、圧力を変えないためには、窒素か酸素の分子の何個かと入れ替えるしかない。水の分子量は 18 ダルトン（モル質量では 0.018 kg $\mathrm{mol^{-1}}$）で、入れ替えた窒素や酸素の分子よりも軽いのだから、密度は減るのである*3。

4.1.2　水

純水の密度は約 1000 kg $\mathrm{m^{-3}}$ で、海面位の空気よりも 770 から 890 倍もある（温度によって変わる)。比較の便宜上、水と空気の密度比としては平均値 830 を用いる。

水は気体ではなく液体なので、その相対密度の変化は空気のそれに比べて少ない。純水の密度は生物学的温度範囲にわたって約 0.8 % しか変わらない（図 4.3 と表 4.1)。しかし、空気の密度は同じ温度範囲で 13% も変わる。

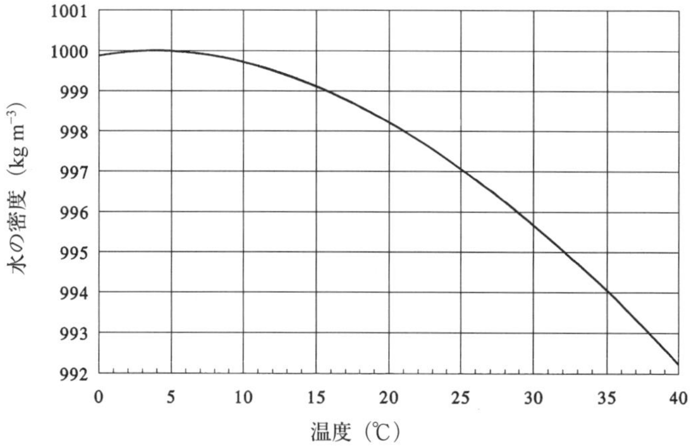

図 4.3　1 気圧（標準大気圧）の下で、純水の密度は 3.98 ℃で最大になる。

[訳者註＊3： 暖かく湿った空気は、単に暖かい空気よりもさらに軽い。このことが、暖かい海洋表面で水蒸気を含んだ空気に（温度が高いことに加えて）上昇する傾向をさらに強く与え、結果的に周りから空気を吸い込む“低気圧”や“台風”を発生させて、大量の水を遠くまで運ぶことになる。]

水の密度変化は、相対的には小さいけれど、それでも重要な影響を与える。まず、密度変化の（相対値ではなく）絶対量は大きい。1 m^3 の水は、40℃では、0 ℃の場合よりも 7.7 kg も質量が少ない。1 m^3 の空気の質量は同じ温度範囲にわたって 0.16 kg しか変わらない。このように、密度の絶対変化量だけに依存する物理効果に関しては、空気よりも水の方が大きな影響を及ぼす。

空気とは異なり、純水の密度は温度とともに単調に変わる訳ではない。水は 3.98 ℃の温度でその最大密度 1000 kg m^{-3} に達する（図 4.3 と表 4.1）。したがって最大密度の水が一番冷たい訳ではなく、このことが生物学的に重要な結果に至るのである。例として、安定した層構造をもった真冬の湖を考えよう。水の温度密度関係が曲がっているので、湖の表面の温度とは無関係に、湖の底の水は比較的穏やかな 3.98 ℃のままで、サカナの生存には都合よく働く。

さらに、空気と違って水は生物学的な温度範囲で相転移を起こす。0℃で、液体の水は氷になり、その過程で密度が 999 kg m^{-3} から 917 kg m^{-3} へ激減する（図 4.4）。氷は水よりも密度が低いので水の上に浮き、それが生物学的に重要な効果を生む。例えば、もし氷が水よりも重ければ、池や湖は表面からではなく底から上に向かって凍る。そんなことになったら、世界中のアイスホッケー選手やフィギュアスケートを楽しむ人々にとって大問題なだけでなく、湖の底にもぐり込んで冬をやり過ごす生き物にとっては大変な事態なのである。

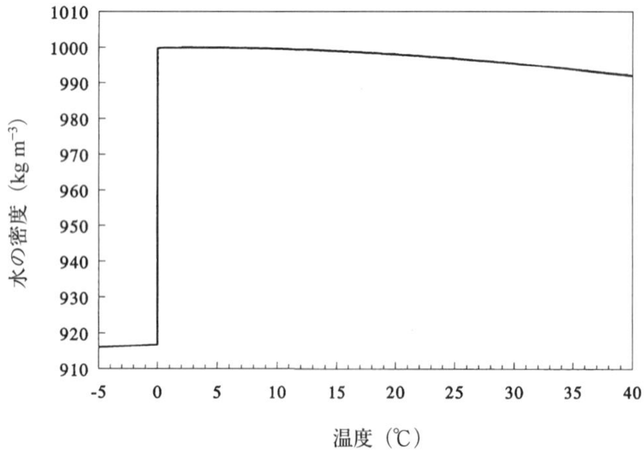

図 4.4　純水の密度は、氷になるときに激減する。

密度については、海水は２つの些細ではあるが重要な点で純水と異なる。第１に、海水に溶けている塩類が氷結温度を下げている。水 1 kg あたり 35 g という典型的な塩濃度では、海水は −1.9 ℃で凍る。第２に、溶けている塩類は水の最大密度の温度を下げる。27.4 g kg^{-1} 以上の塩濃度では、最大密度の温度は氷点よりも低くなる。したがって、海洋では一番冷たい水が最大密度の水なのである。極地では海水が −1.9 ℃まで冷やされ、この高密度の海水が沈み込んで世界中の海洋を巡る深層水となる。しかし沈み込む過程で、より暖かい海水と多少は混ざり合うので、深層水の平均温度は 0 から 2℃となる。海水が凍る時、その塩類は押し出されるので、海氷は本質的に淡水の氷と同じで、淡水の氷と同じように海面に浮く。

温度による変化に比べると、水の密度は圧力によってはあまり変わらない。ある物質の体積（すなわち密度）を一定割合だけ変えるのに必要な圧力の変化分は「***平均体積弾性率***」B_s として知られていて、

$$B_s = \frac{p - p_0}{(V - V_0)/V_0} \tag{4.6}$$

である。ここで、p_0 は標準大気圧、V_0 は p_0 での体積、p は実際のその場の圧力である。

様々な温度での淡水と海水についての値を、表 4.2 に示してある。これらの値は全て 2×10^9 Pa に近く、この位の圧力が掛かると水の密度は倍になることを示している。これは“非常に”高い圧力である。例えば、湖や海洋での静水圧は、水面から 1 m 下がるごとに 10^4 Pa 増える。温度が一定と仮定して、1 km の深さで 10^7 Pa であり、水の密度は水面でのそれからたった 0.5 % 大きくなるに過ぎない。深海でも密度の変化は小さい。海洋で一番深いマリアナ海溝は 11 km の深さだが、それでもそこの水の密度は（温度と塩濃度が同じであれば）海面より 6 % 大きいだけである。

T (℃)	平均体積弾性率 B_s (Pa × 10^9)	
	淡水	海水(S=35)
0	1.9652	2.1582
10	2.0917	2.2695
20	2.1790	2.3459
30	2.2336	2.3924
40	2.2604	2.4128

表 4.2　様々な温度における、淡水と海水の等温平均体積弾性率（UNESCO 1987 より計算）

水はほぼ非圧縮性であるという事実は必ずしも広く受け入れられている訳ではなく、時としてとんでもない誤解がまかり通る。例えば 1912 年にタイタニック号が沈没したとき、犠牲者の遺族の多くが（水が圧縮性だと誤解して）、船体は水が鉄と同じ密度になる深さまで沈んだあとその深さの水中を漂い続けると考えた（Schlee 1973）。愛する人が永遠に深海を漂い続ける運命に落ちたという妄想は、いくつもの必要のない悪夢を引き起こしたのであった。

前述のように、水の密度は塩分 S（海水 1 kg に溶けている物質のグラム数）で変わる。実用上は、海水の塩分（塩濃度）はその電気伝導度を測って塩化カリウムの標準水溶液[1]のそれと比べて決める

［脚註 1：標準水溶液は溶液 1 kg あたり 32.3456 g の KCl を含む。］

(UNESCO 1983)。この2つの伝導度の比を K_{15} と記号化して、採集した海水のサンプルの「実用塩分」S_p を次の式にしたがって算出する。

$$S_p = 0.0080 - 0.1692K_{15}^{1/2} + 25.3851K_{15} + 14.0941K_{15}^{3/2} - 7.0261K_{15}^{2} + 2.7081K_{15}^{5/2} \quad (4.7)$$

この実用塩分は、伝導度の比を用いて定義されているから、正式な次元をもたない。それでこんな奇妙な名前が付けられたのである。例えば、実用塩分が35（単位名はない）ということは、1 kgの溶液に約35gの塩が入っているという意味だと解釈すべきである。しかし、実際の塩濃度（海水1 kgあたりの塩のグラム数）を正確に測ると、

$$S = 1.00510\, S_p \quad (4.8)$$

なのである（Bearman 1989)。これらの関係から、海水の物理的性質は少し複雑で、細かな考察をする場合には注意が必要なことがわかる。これら海水の物理の複雑さに関する最近の正確な情報は、UNESCO (1983, 1987) で見ることができる。

実用塩分で表わした海水の密度（0℃で標準大気圧の下）を図4.5に示した。S_p が35という典型的な海水は、淡水よりも2.8%大きな1028 kg m^{-3} という密度をもつ。

他の温度における海水の密度を塩分の函数として一般化した表現を表4.3に載せておく。他の圧力における塩分と温度の影響は、UNESCO(1987) を参照して欲しい。

温度によって密度が変わるのと同様、塩分による密度変化は海洋の循環パターンを決める重要な因子である。ここではこれらの効果を議論しないが、Mann と Lazier(1991) に興味をそそる解説がある。

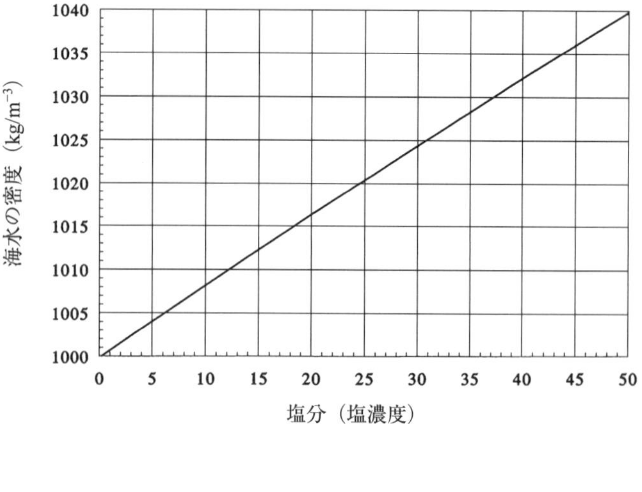

図4.5　水の密度は、塩分（塩濃度）とともに増す（温度は0℃）。

表 4.3　標準大気圧における海水の密度の計算法（UNESCO 1987）

純水の密度を次の式で求める。

$$\rho_w = a_0 + a_1T + a_2T^2 + a_3T^3 + a_4T^4 + a_5T^5 \tag{a}$$

ここで T は℃で表わした数値で、$a_0 \sim a_5$ の係数はそれぞれ、

$$a_0 = 999.842594 \qquad a_1 = 6.793952 \times 10^{-2}$$
$$a_2 = -9.09529 \times 10^{-3} \qquad a_3 = 1.001685 \times 10^{-4}$$
$$a_4 = -1.120083 \times 10^{-6} \qquad a_5 = 6.536332 \times 10^{-9}$$

上で得られた ρ_w の値を用いて、塩分 S での密度を計算する。

$$\begin{aligned}\rho(S,T) = \rho_w &+ (b_0 + b_1T + b_2T^2 + b_3T^3 + b_4T^4)S \\ &+ (c_0 + c_1T + c_2T^2)S^{3/2} + d_0S^2\end{aligned} \tag{b}$$

ただし、係数はそれぞれ以下の通りとする。

$$b_0 = 8.24493 \times 10^{-1} \qquad b_1 = -4.0899 \times 10^{-3}$$
$$b_2 = 7.6438 \times 10^{-5} \qquad b_3 = -8.2467 \times 10^{-7}$$
$$b_4 = 5.3875 \times 10^{-9}$$
$$c_0 = -5.72466 \times 10^{-3} \qquad c_1 = 1.0227 \times 10^{-4}$$
$$c_2 = -1.6546 \times 10^{-6}$$
$$d_0 = 4.8314 \times 10^{-4}$$

4.2　生き物の体の密度

液体の密度が生物に与える影響を調べる前に、生き物を作っている物質の密度をざっと見ておくのも役に立つだろう（表 4.4）。生き物の全ての材料は空気よりはるかに高い密度をもっており、脂質といくつかの木材を例外として、水よりも密度が高い。

動物の密度を考えてみよう。もっとも密度が高い部分は骨格である。例えば、骨格は主に炭酸カルシウムから成り（カタツムリや二枚貝、オウムガイの殻など）、水のおよそ 3 倍の約 2700 kg m^{-3} の密度をもっている。サンゴの骨格やウニのトゲなどの密度は少し低い（2000 kg m^{-3}）が、それでも水よりは充分に重い。リン酸カルシウムから成る骨は、耳小骨や歯のように少し密度の高いものもあるが、典型的には約 2000 kg m^{-3} の密度をもっている。硬い骨格材料の中で、飛翔昆虫のクチクラ外皮は最も密度が低

い（$\rho = 1200 \sim 1300\ \mathrm{kg\ m^{-3}}$）。

動物の結合組織（腱や靭帯）は、普通約 1200 kg m^{-3} の密度をもつ。他の軟組織の密度は少し低い。筋肉の密度は 1050 ～ 1080 kg m^{-3} で、胃や腸などの消化管は約 1040 kg m^{-3} の密度である。血液やリンパ液などの体液は、およそ 1010 kg m^{-3} の密度をもっている。脂質は体の主な構成材料の中で、唯一水よりも軽いものである。動物の脂肪組織や油のほとんどは 915 ～ 945 kg m^{-3} の密度をもつ。全体として見ると、動物は普通 1060 ～ 1090 kg m^{-3} の密度をもつ。もちろん例外もあって、そのいくつかについては本章の後の方で取り上げる。

材木の密度は非常に広い範囲にわたっており、中に含まれる空気の分量に大きく左右される。すなわち、取り込まれた空気が多いほど材木の密度は下がる。結果として、樹木の密度はその種類毎に異なるだけでなく、1本1本の含水状態によって大きく変わる。普通、木材は水に浮くので、水よりも密度が低いと思われがちだ。しかし、必ずしもそうとは限らず、密度が 500 ～ 1000 kg m^{-3} の温帯産の樹木だけが水に浮くと思った方がよい。熱帯産の多くの樹木（例えば、黒檀やグアヤク材）は水よりも遥かに密度が高く、水に浸けると沈む。材木の固形部（セルロースとそれを束ねている各種の接着物質）の密度は約 1500 kg m^{-3} で、これが木材の密度の上限となる。

表4.4　各種の無機および有機生体材料の密度

出典データは Schmidt-Nielsen (1979)、Vogel (1988)、Wainwright ら(1976)、および Weast (1977) による。

材料	密度（kg m^{-3}）
無機材料	
純水	1000
海水	1025
炭酸カルシウム	
方解石	2700
アラレ石	2900
リン酸カルシウム	
アパタイト	3200
ガラス	2400 ～ 2800
アルミニウム	2700
鉄	7870
有機生体材料	
サンゴ骨格	2000
軟体動物外殻	
巻貝の殻	2700
オウムガイの殻	2700
二枚貝の殻	2700
甲殻類(エビ､カニ)の殻	1900
昆虫の外骨格	1200 ～ 1300
ウニのトゲ	2000

材料	密度（kg m^{-3}）
骨	
大腿骨（メス牛）	2060
クジラの耳小骨	2470
歯のエナメル質	2900
筋肉	1050 ～ 1080
脂肪および油脂	915 ～ 945
木質	
アカガシ	680
モミジバフウ	1000
グアヤク木	1300

4.3　浮力

まず、液体の密度が生物をどう運命づけているかを、「**浮力**」として知られる奇妙な力についての考察から始めよう。これは、気球を空中に浮かせ、ボートを水面に支える力である。浮力が生物に何をもたらすかを考える前に、その物理を知っておこう。

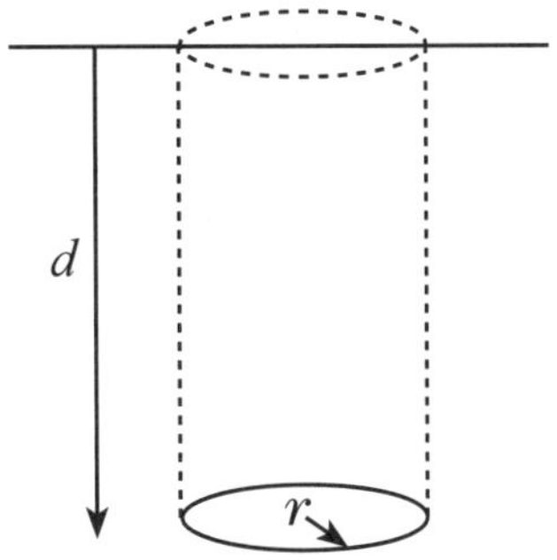

図 4.6　深さの函数としての圧力を計算するための模式図。詳しくは本文参照。

最初に、液体内部の場所によって圧力がどう変わるかを調べる。単純化のために、場所に依らず一定の密度 ρ_f の液体を考えよう。液体内部に半径 r の円を考え、重力加速度がその面に垂直に掛かっているとき（図 4.6）、面にはどんな力が働くかを考えよう。

想定した円の上には、液体の上限までの距離 d の長さの液体の柱がある。この柱は体積が $\pi r^2 d$ で、したがってその質量は $\rho_f \pi r^2 d$ である。重力加速度が働くと、この質量は円の上に $g\rho_f \pi r^2 d$ の力を掛ける。円の面積 πr^2 で割れば、円に掛かる圧力（単位面積あたりの力）は $g\rho_f d$ であることがわかる。言い方を換えると、液体の密度が一定である限り、液体によって生じる圧力は液体の上限までの距離 d（深さ）と液体の密度に比例して増える。

この考え方は、密度がほぼ一定の水にはそのままあてはまり、水中の静水圧は深さ d に比例して増えると近似してよい。しかし残念ながら、密度が高さとともに変わる空気に対してはあてはまらない（図 4.2 参照）。大気は上に行くにしたがって徐々に薄くなり、明確な上限に達することはない。したがって大気圧を、密度が一定である高さの空気の柱が及ぼす力だと考えるのは正しくない。しかし、このことが実用上の困った問題を引き起こす訳ではない。大気の上限からの距離の函数として気圧を決めるのではなく、ある特定の高度を基準にして気圧の変化を測ればよい。数十メートル程度の小さな高度変化に関しては空気の密度はあまり変わらず、したがってその範囲に限れば、気圧は高度の変化分に比例して変わる。

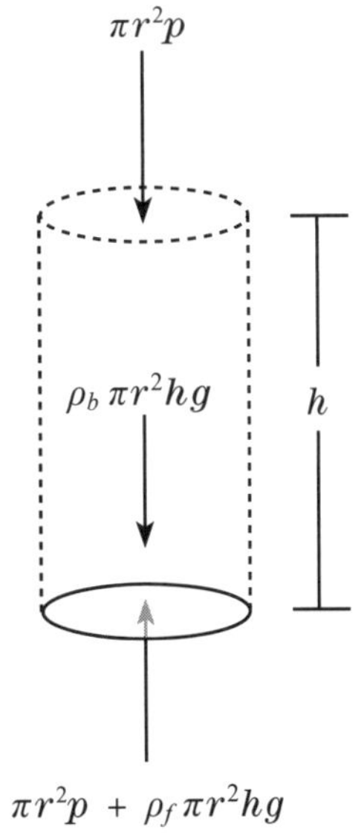

図 4.7　円柱状の固体の上面と底面に掛かる圧力と円柱の重さの相互作用としての浮力。詳細は本文参照。

図 4.7 に示したような、高さ h の固体の円柱が大きな液体の中に半径 r である状態を考えよう。円柱は ρ_b、液体は ρ_f の密度をもっている。円柱にはどんな力が働くだろうか？　まず、液体の中の圧力による力を考えよう。円柱の上面での圧力を p とすると（その絶対値が何であれ）、

$$上面を下向きに押す力 = \pi r^2 p \tag{4.9}$$

が働く。円柱の底面（距離 h だけ上面より下）では静水圧が大きく、

$$底面を上向きに押す力 = \pi r^2 p + g\rho_f \pi r^2 h \tag{4.10}$$

が働く。この2つの力の差が

$$上下方向の正味の力 = g\rho_f \pi r^2 h \tag{4.11}$$

となり、上向きに働く。

円柱の側面を押す圧力はどうなるのだろう？　ここでは左右の対称性を考慮に入れて単純化できる。例えば、ある深さ y では、水は円柱の左側面を $g\rho_f y$ の圧力で押している。しかし右側面にも同じ圧力が働いているため、この圧力の作用は相殺される。ある点に働く力の全てに対して反対側に働く同じ力があり、互いにキャンセルし合う。これは、y の全ての値について成り立つ。結果として、圧力に起因する横向きの正味の力はなく、円柱に働く正味の力は上向きの $g\rho_f \pi r^2 h$ である。この正味の力を**「浮力」**と言う。

浮力は円柱の重さ（重力）と逆向きになる。円柱の体積は $\pi r^2 h$ だから、その質量は（円柱の材質の密度を ρ_b として）$\rho_b \pi r^2 h$ で、重さは $g\rho_b \pi r^2 h$ である。この力は下向きに働く。このように、円柱に働く力の総和（実際の重量と圧力に起因する浮力の差）は $g(\rho_b - \rho_f)\pi r^2 h$ である。これが液体中の物体の実効的な重さなので、$\rho_b - \rho_f$ を**「実効密度」**[2] と呼び、記号 ρ_e で表わす。

円柱の体積を記号 V で表わせば、

$$実効重量 = g\rho_e V \tag{4.12}$$

ここでは水の中の円柱を用いてこの数式表現を導いたが、どんな形の物体についてもあてはまり、（高さ方向の大きさが数十メートル以内なら）空気についても成り立つ。もし、物体の密度が周りの流体のそれよりも大きければ、物体はその体積に比例した下向きの力を受ける。このような場合、物体は**「負の浮力」**を受けるという。逆に、物体の密度が周りの液体のそれよりも小さければ、正味で上向きの力を受け、物体は**「正の浮力」**をもつという。

植物や動物の実効密度はどのくらいであろうか？ 空気の密度は非常に小さいので、陸棲生物の実効密度にはほとんど影響しない。例えば、動物の典型的な密度は 1080 kg m^{-3} だから、空気中での実効密度は 1079 kg m^{-3} で、違いは無視できるほど小さい。重量が 5000 N のメス牛の空気中での実効重量は

［脚註2：量 $(\rho_b - \rho_f)$ は、しばしば“過剰密度”と呼ばれる。しかし、この呼び方は $\rho_b < \rho_f$ の場合には混乱を招く。つまり“負の過剰”という訳のわからない言葉になってしまう。それを避けるため、ここでは“実効密度”を採用する。］

4995 N であるが、淡水に浸かった同じ牛の実効密度は 80 kg m^{-3} で、実効重量は 370 N と実際の重量の 7％しかない。このように水は、実効密度に甚大な効果をもつのである。

さらに、水の密度は動物の体の密度に非常に近いので、水棲生物の実効密度（したがって実効重量）は体の密度だけでなく周囲の液体の密度の変化に非常に敏感になる。例えば、海水は淡水より約 2.5％だけ密度が大きいが、典型的な動物（ρ=1075 kg m^{-3}）の実効密度は、淡水の湖での 75 kg m^{-3} に比べて、海水中では 50 kg m^{-3} である。この場合、2.5％の水の密度増加が 33％の実効重量の減少をもたらしている。動物の体の密度変化でも同じことが言える。例えば、動物の密度が 1075 kg m^{-3} から 1065 kg m^{-3} へ変わっても、空気中での実効重量は 1% しか変わらない。しかし海水中での同じ体密度の変化は実効密度を（50 kg m^{-3} から 40 kg m^{-3} へと）20％も減らし、それに伴って実効重量も減るのである。

水棲生物の実効密度は体密度のわずかな変化にも敏感なので、生物学的に重大な効果をもつだろう。ということで、水棲生物の密度は注目されてきた。そのいくつかを、気球と浮き袋について、次で議論する。一方、陸棲生物の実効密度は体密度のわずかの変化にはほとんど影響されないので、その密度の測定は重要とは思われてこなかったし、情報も少ない。しかし、実効密度に関する考え方が、陸棲の哺乳類の体密度の推定を可能にしてくれるのである。

ほとんどの陸棲哺乳類は、肺に空気を吸っている限り、淡水や海水に浮くことができる。しかし息を吐き出すと沈む。このように呼気の際の体積の変化は、動物の実効密度を水よりほんの少し小さい状態から幾分大きい状態にするのに充分なのである。議論を進める便宜上、動物は肺に息を吸い込んだ状態で浮力がちょうど中立になると仮定すれば、体密度を計算することができる。多くの哺乳類の肺の体積は正確に測定されていて、動物の大きさにかかわらず、体の体積の約 6％を占めることがわかっている (Schmidt-Nielsen 1979)*4。したがって、動物の体積から肺を除外した 94％の体積に体質量が集まった時に、動物は浮力中性になる。この考え方を式で表わせば、

$$\frac{\rho_b \times 0.94V}{V} = \rho_f \tag{4.13}$$

となる。ここで ρ_b は肺以外の体組織の平均密度、V は（膨らませた肺も入れた）全体積、ρ_f は周囲の液体の密度である。この数式から、淡水での体密度は 1064 kg m^{-3} で、海水では 1090 kg m^{-3} であることがわかる。これがすなわち陸棲哺乳類の体密度の推定値であり、水棲生物で測定された密度に非常に近いのである。この試算から、現生の哺乳類に至る系統の陸棲生物では、海から陸に上がった時に体の密度を大きく変えるような仕組みは進化しなかった、と結論してよいだろう。

ここで、浮力が生物に与えた影響に注意を向けよう。

［訳者註＊4：邦訳版がある。「動物生理学」（訳：沼田英治、中島康裕）、東京大学出版会 (2007) ISBN：978-4-13-060218-1］

4.3.1 柱状構造の最大高さ

植物や動物の多くは、樹木、草、イソギンチャク、サンゴなどのように、直立した柱のような形をしている。全ての柱状構造と同様、これらの生き物も倒れてしまう傾向をもっている。もし垂直な長柱の頂上の自由端が、ある方向へわずかに変位するような力を受けると、柱の重心がもはや基部の真上にはないので、他の何かに拘束されていない限り「曲げモーメント」が生じて、柱を座屈させる[3]。座屈の起こりにくさは、長柱を構成している材料の剛さ（剛性）で決まる。長柱の自由端（上端）が変位すると、長柱のある部分は引っ張りを、別の部分は圧縮を受ける。引っ張りに対しても圧縮に対しても、材料は変形に逆らい、たわみのない直立した長柱構造を保つ傾向をもつ。長柱が充分に硬く、その質量が充分小さければ、少しくらい変位しても長柱を座屈させるほどの回転トルクは発生せず、構造は安定で自立できる。しかし、材料の剛さが不充分だったり柱の重さがあまりに大きいと、自由端のほんのわずかの変位が構造を座屈させるのに充分な曲げモーメントを生み、長柱は不安定になる。ほんのわずかの風で横に押されただけで、長柱はばったりと倒れてしまうのである。

もしある材料で、断面が半径 r の円形の柱を作れと言われたら、どこまで高くできるのだろうか？不安定にならないギリギリの臨界高さはいくらか？　これは、工学では「梁（はり）の理論」と呼ばれる分野の問題で、A. G. Greenhill によって 1881 年にベッセル函数の零点の形で解かれた。それによれば、柱の臨界長すなわちギリギリ安定な高さ h_{max} は、

$$h_{max} = 1.26\left(\frac{Er^2}{g\rho_e}\right)^{1/3} \tag{4.14}$$

で与えられる。ここで E は柱の材料の剛さで、ヤング率と呼ばれる縦弾性係数である。

生物が使っている材料のヤング率や密度にはかなり大きな違いがあるが、いくつかの場合について式 4.14 をあてはめて、最大高さはどの程度なのかの感触を得てみよう。木材のヤング率は 10^{10} Pa のオーダーである。木材の密度は約 900 kg m^{-3} で、（浮力を差し引くと）空気中での実効密度は 899 kg m^{-3} である。これらの値から、樹木（空気中で直立した木材の柱）の最大高さを半径の函数として計算できる（図 4.8A）。明らかに、樹木は不安定になる前にかなり高くなれる。木材でできた半径 10 cm の柱は 20 m 以上になれる。半径 1 m の柱は、現存する樹木の最高記録 126.5 m を超えて 130 m もの高さになれる。

式 4.14 を水中に直立した材木柱に適用すると、奇妙な結果すなわち“負の最大高さ”というものに行き着く。材木は普通水より低密度なので、重さ以上の浮力が働いて浮く（ρ_e が負）。その結果水の中の直立材木柱は、高ければ高いほど安定なのである。逆に言えば、高さが負すなわち水中に“逆さ”に置

［脚註 3：曲げモーメントとは、特別な場合に用いられる回転トルク（物体に回転を起こさせるような力）の別名である。ここでは、柱の上の部分の重さ（力）が偏心位置に掛かるので、この距離が「回転腕の長さ」となって柱の回転（曲げ、たわみ）を引き起こし、座屈の原因となる。］

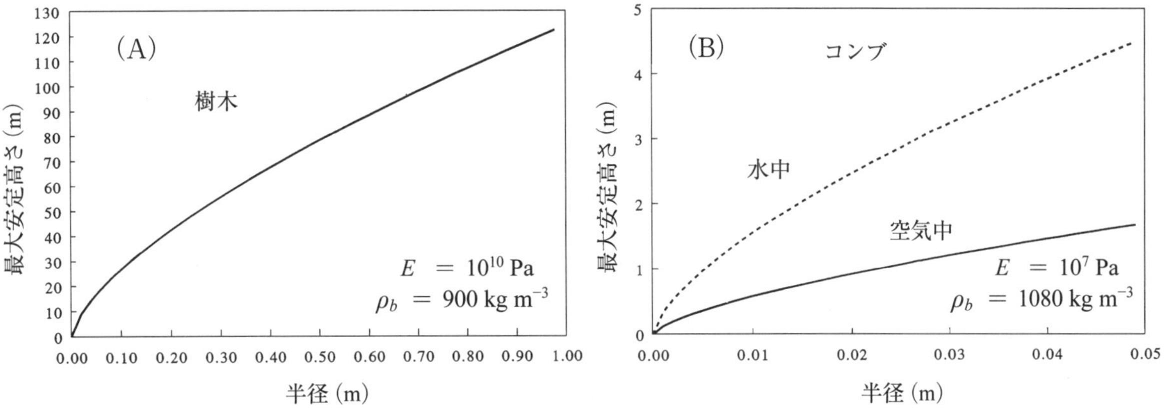

図 4.8　空中に垂直に立った柱（樹木）の最大高さは直径とともに増える（A）。水中と空中でのコンブの最大高さも、同様に太さとともに大きくなる。木材の剛さが非常に大きいので、樹木はコンブなどの大型海藻よりもずっと高くまで育つことができる。

かれた柱は、必ず不安定になる。このような理由で、スイレンやいくつかのコンブのような水に浮く植物には、樹木が抱えている安定性（座屈）の難題は存在しない。

しかし、木材や水草のいくつかは、ここで想定したほど低い密度をもっている訳ではない。例えば、海産の大型藻類の密度は約 1080 kg m^{-3} で、海水中での実効密度は 55 kg m^{-3} になる。さらに、その構成材料の剛さは材木のそれよりも低い。典型的な海藻のヤング率は 10^7 Pa 程度である（Denny et al. 1989）。これらの値を式 4.14 に入れると、典型的なコンブのような半径 1 cm の海藻の柱は、高さ 1.5 m そこそこで不安定になってしまう（図 4.8B）。この海藻の柱を空中に出せば、たったの 0.6 m の高さで不安定になる。実際、潮間帯に育つ海藻の多くは潮が満ちている間は立っているが、潮が引くと磯に横たわるのである。

サンゴの形は、樹木と興味深い対比をなしている。サンゴの骨格は炭酸カルシウムからなり、その剛性は木材のそれと同程度である。サンゴの骨格材料の密度（約 2000 kgm^{-3}）から、サンゴの水中での実効密度と木材の空中での実効密度とが同じ程度になる。したがって、サンゴの枝分かれの相対的な寸法が樹木のそれと同じであろうと期待する人もいるかもしれない。つまり、半径 1 cm の円柱形のサンゴは 5 m の高さまで不安定にはならない。しかし現実には、こんな細長い形をしたサンゴが見つかることはなく、柱状構造の自重による不安定性以外の何かがサンゴの大きさを制限していることを示している。この問題には、この章の後の方で流体力学的な力を考えるときに、再び戻ってくることにしよう。

問題を別の方から見てみよう。式 4.14 を半径 r について解いて、高さ h の柱が安定であるための最小半径 r_{min} を求める。$1.26^3 \approx 2$ だから、

$$r_{min} = \sqrt{\frac{h^3 g \rho_e}{2E}} \tag{4.15}$$

としてよいだろう。さらにもう一歩進めて、ある高さの柱を作るのに必要な材料の最小体積を考えてみる。半径 r で高さが h の円筒の体積は $\pi r^2 h$ だから、最小体積 V_{min} は

$$V_{min} = \frac{\pi h^4 g \rho_e}{2E} \tag{4.16}$$

である。構造を作り上げるために必要な代謝コストは、その構造に使われる材料の体積に比例するであろうことに気づけば、このように書き変えた式の有用性がハッキリする。すなわち式 4.16 は、空気中と水中で安定な直立柱を作り上げる際の相対的なコストを比較する方法を提供してくれる（図 4.9）。柱の高さ（横軸）の全てにわたって、柱の材料の硬さとは無関係に、空気中で柱を作るには水中でのおよそ 20 倍の体積を必要とする。これは、陸上で柱状構造を作るのは非常に多くの代謝コストが掛かることを示している。それにもかかわらず水中でよりも陸上での方が垂直に伸びた柱状の生物をよく見かけるという事実は、自重による不安定性という因子以外の何かが生物の柱状構造を支配していることを教えてくれる。

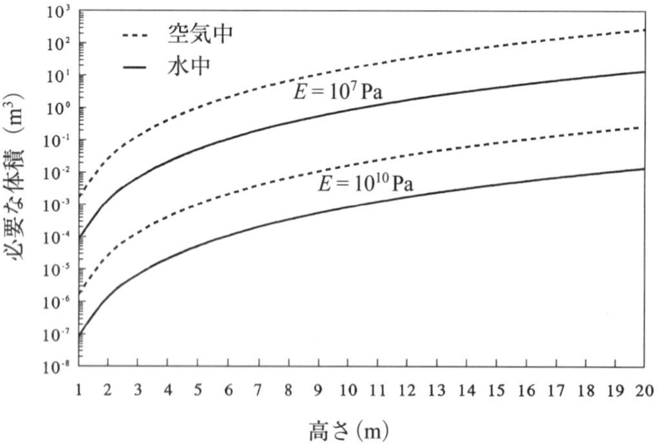

図 4.9　ある高さの柱状構造を作るのに必要な材料の最小体積は、材料が剛いほど少なくて済む。同じ理由で、水による浮力は必要な材料の体積を減らす。

式 4.14 は、断面が上から下まで一定の径の円形の場合である。断面の半径が高さとともに変わる柱の場合には、係数 1.26 を k_c と置き換えて、

$$h_{max} = k_c \left(\frac{E r^2}{g \rho_e} \right)^{1/3} \tag{4.17}$$

と書ける。Greenhill (1881) は様々な先細型の場合について k_c を求め、径が直線的に細くなる円錐形の柱では k_c が 1.97 であることを示した。つまり円錐柱は円柱よりも 57％高くなれるのである（1.97 / 1.26≈1.57）。King と Loucks (1978) によれば、樹木は樹頭からの距離を ℓ として、その断面の半径が $\ell^{2/3}$ で変わるような形で大きくなる。このような形の場合の k_c は 2.56 となり、根元の径が同じなら、

このような形の樹木は円柱状のものより2倍は高くなれることを示している。

実際の樹木は単純な柱構造ではなく、多くの枝が付いている。これを考慮に入れて樹木の自由端（樹頂）に質量を付加した、より現実的な式が工夫されている。多くの樹木は先端に樹冠質量をもつ先細型の梁としてモデル化できるという（King and Loucks 1978)。

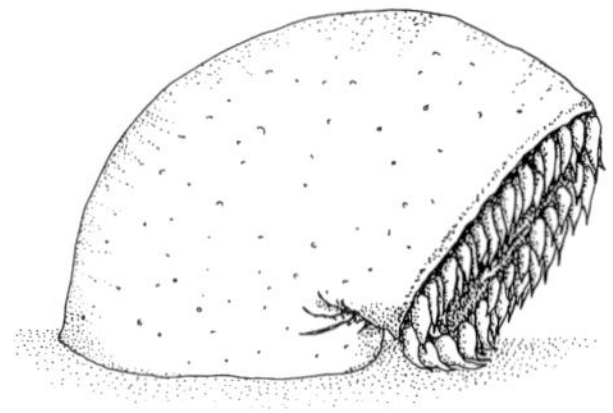

図 4.10　たった 3 cm の高さで座屈を起こす直径 2 cm の“陸棲イソギンチャク”

このモデルを使って、もしイソギンチャクが陸上へ進出しようとしたら、どんな形になるかを考えてみよう。議論を進めるために、この“陸棲イソギンチャク”は図 4.10 のようなポリプ（多くの触手を持った円筒体）の形のままで、梁の材料としては現生のクラゲなどと同じ間充織ゲル（$E = 5 \times 10^3$ Pa、$\rho_b = 1080$、Koehl 1977）を使うという拘束の下に進化したと仮定しよう。さらに、触手冠の重さはそれを支える体幹柱の重さと同じだとしよう。こうして King と Loucks は、

$$h_{max} \approx 0.81\left(\frac{Er^2}{g\rho_e}\right)^{1/3} \tag{4.18}$$

であることを示した。この仮定の下では、直径 2 cm の陸棲イソギンチャクは高さが 3 cm 以上にはなれず、それ以上では不安定で座屈を起こす。直径が 10 倍でも、この陸棲イソギンチャクの高さは 4.5 倍（13.5 cm）にしかなれない。このように、剛い構造部材を欠いた陸棲イソギンチャクには、重力に耐えられずに這いつくばって生きる運命しかない。

この例に照らすと、陸上環境への進出に真に成功した動物（基本的に昆虫、クモ、脊椎動物、腹足類（カタツムリなどの巻貝））は全て、硬い骨格を持った海産生物から進化した理由がよくわかる。硬い骨格は、もともとは支えとしてよりも防護の必要性から進化したのであろうが、水の外で生きるのにまず必要な重力への対抗力をこれらの系統の動物に“前適応”させていたのである。

4.3.2　浮き袋と熱気球

陸棲の生物と同様、多くの水棲生物の組織は海水より高密度なので、これらの動物は沈む傾向にある。硬骨魚は、この沈降という問題を避ける手段として、浮き袋という奇妙な仕組みを進化させた。浮き袋は、サカナの体腔内の、膜で囲まれた気体の入れ物である。サカナは、（気体しか入っていない）この低密度の器官の体積を変えることで、自分の実効的な密度を周囲の水のそれに合わせることができる。この調節機構の生理学は非常に面白い。つまり、深い所にいるサカナは低いガス分圧しかもたない血液から気体を遊離させ、何とかして高いガス分圧の浮き袋へと圧し込まなければならないのである（Schmidt-Nielsen 1979)。しかし、この仕組みの詳細はここでの目的の範囲を超えている。ここでの目的には、

（何時間という時間スケール）では、サカナは浮き袋の体積をうまく調節できるということだけで充分である。しかし多くの場合、浮き袋を急に調節することはできない[4]。

浮き袋の調節の時間経過が遅いと、問題が起こる。サカナが浮き袋の体積を瞬時に調節できないのなら、その浮力は不安定性をもつことになるのである。ある深さにいるサカナが、浮き袋の体積を調節してその体の密度を周囲の水のそれにぴったり合わせたとしよう。そのままなら、全てはうまくいく。しかし、サカナがうっかりヒレをピクッと動かしたために、ほんのわずかだが体が上向きに動き始めたとしよう。サカナの位置が上へ変わると、浮き袋に掛かっている水圧が減る。そうすると、式4.1にしたがって、浮き袋の体積が増す。結果的に、浮き袋そしてサカナ全体の密度が減る。すると、さっきまで海水と同じ密度だったサカナが、今や密度が減って浮力が増し上昇し始める。サカナが上昇すると水圧はさらに減り、サカナの密度も減り、サカナはますます速く上昇する。これは自己増強的なフィードバック系なので、早急に何らかの手立てで食い止めない限り、サカナが水面に打ち上げられるか、浮き袋が破裂する。または、その両方が起こる。

サカナの最初の動きが、わずかに下向きだったなら、全く逆のことが起こる。この場合、浮き袋は圧縮され、サカナの密度は増し、体は沈んでいく。これら両極端のうち、後者の場合の方が少しはマシだろう。というのは、浮き袋の破裂は起こらないし、多くのサカナは実効密度を浮力がわずかに負になるように調節しているからである。この場合、もしサカナが不注意にヒレを動かした後、少しの間深さ位置の調節を忘れていたとしても、このうっかりミスは修復可能である。それでもなお、浮き袋をもったサカナは常に浮力に気配りし、水の中での自分の深さに注意を払う生活を一生続けなければならないのである。

浮き袋の水圧に対する感度は深さに依存することに注意して欲しい。例として、水面で10 cm^3 の体積をもった浮き袋を考えよう。この浮き袋をもったサカナが10 mの深さまで潜ると、圧力は2倍になるので、浮き袋の体積は半分に減る。つまり体積は5 cm^3 変化する。さらにサカナが20 mの深さまで潜ると圧力は水面での3倍になり、浮き袋の体積は最初の体積の1/3すなわち3.3 cm^3 になる。しかしこの最後の10 mの深さでの体積変化は、たったの1.7 cm^3 で、最初の10 mの潜水での5 cm^3 に比べるとはるかに少ない。続けて深さ30 mまで行けば、浮き袋の体積は2.5 cm^3 まで小さくなり、この10 mによる変化はたった0.8 cm^3 である。このように、体積は圧力に反比例するので、圧力変化あたりの体積変化は圧力が高いほど少なくなる。その結果、深海に棲むサカナは海面近くに棲むサカナよりも浮力調整に鈍感でも構わない。

浮き袋の不安定性問題を回避できる様々な方法を進化させた水棲生物もいる（Alexander 1990および

［脚註4：ほんの数種類だが浮き袋と食道を繋ぐ管をもったサカナがいて、水面で飲み込んだ空気で浮き袋を膨らませることができる。この管は、膨らみ過ぎた浮き袋から気体を急速に抜くのにも使われる。］

Smayda 1970)。甲イカやオウムガイ(*Nautilus*)は、硬い壁材で囲んだ部屋（甲イカの場合は甲、オウムガイの場合は貝殻）内部の気体の圧力を変えて中性浮力を作り出している。ヤリイカの仲間は、組織の中のナトリウムイオンをアンモニウムイオンで置き換えて、体の密度を減らしている。鉢クラゲやクシクラゲおよびクダクラゲのいくつかは、硫酸塩を組織から能動的に汲み出して体の密度を下げている。その他のいくつかのサカナ、甲殻類、植物プランクトンのいくつかなどは、密度の低い脂質やワックスを蓄積して浮力を調節している。浮き袋と同じく、これらの仕組みのいずれも、体の密度を浮力に効くほど変えるにはかなりの時間が掛かる。しかし、浮き袋とは違って、これらの仕組みは圧力変化にあまり影響を受けず、比較的安定に動作する。

これらの浮力調節の仕組みは、周りの媒質よりも低密度の材料（気体や脂質など）が手に入る水棲の生物だけに可能なことに注意して欲しい。陸棲の生物は、そんな幸運に恵まれてはいない。それらが生きている媒質は生物圏でも最低密度の物質なので、ここまで議論してきた浮力調節の仕組みは陸上では使いものにならない。

その仕組みの性質上、有益さを発揮できないままの浮力調節法があるのだろうか？　可能性として面白そうなのは熱気球型である。もし、生物が何とかして体内の流体の温度を制御できれば、体の密度を変えることができて、浮力調節が可能かもしれない。

この可能性を確かめるために、内部が空洞になった球殻状の生物を想定してみよう。この生物の“体”（すなわち球殻の壁）の密度は典型的な動物の 1080 kg m^{-3} で、それが球殻内腔の流体の温度を制御する。２通りの場合を考えてみよう。１つは、生物が水（ρ_f = 1000 kg m^{-3}）の中で内腔を水で満たして中性浮力を得ようする場合、もう１つは海面位の空気（ρ_f = 1.2 kg m^{-3}）中で内腔を空気で満たして浮力中性になろうとする場合である。ただしどちらの場合も、温度を変えても球腔の内圧は変らないものとする（球殻のどこかに小さな絞りをつけて、必要なときには流体を逃がす)。浮力中性になるために、これらの生物は体内の流体を何度まで加熱しなければならないだろうか？

答えは体の体積と内部にある流体の体積に依存する。球の半径を r とすると、

$$\text{生物全体の体積} = \frac{4}{3}\pi r^3 \tag{4.19}$$

である。もし体壁が半径に比べて薄ければ（そうでなければならないのだが)、体壁の厚みを ℓ として、

$$\text{生物の組織の体積} = 4\pi r^2 \ell; \quad \ell \ll r \tag{4.20}$$

である。単純化して、体壁の厚さを生物全体の大きさに占める割合 k_t で表わせば、$\ell = k_t r$ だから、

$$\text{体の生きている部分の体積} = 4\pi r^3 k_t; \quad k_t \ll 1 \tag{4.21}$$

となる。浮力調節用の流体の体積は、全体積と生きている部分の差である。

体と浮力調節流体の体積がわかったので、それらの質量を計算すると、

$$\text{体質量} = \rho_b 4\pi r^3 k_t; \quad k_t \ll 1 \tag{4.22}$$

$$\text{温度調節すべき流体の質量} = \rho_a \left(\frac{4}{3}\pi r^3 - 4\pi r^3 k_t\right); \quad k_t \ll 1 \tag{4.23}$$

である。ここで、ρ_a は浮力調節流体の密度である。この生物が浮力中性であるためには、これら2つの質量の和を全体積で割った値（平均密度）が周りの媒体の密度 ρ_f に等しくなければならないから、

$$\rho_f = \frac{\rho_b 4\pi r^3 k_t + \rho_a \left(\frac{4}{3}\pi r^3 - 4\pi r^3 k_t\right)}{\frac{4}{3}\pi r^3}; \quad k_t \ll 1 \tag{4.24}$$

である。この等式を ρ_a について解けば、

$$\rho_a = \frac{\frac{1}{3}\rho_f - k_t \rho_b}{\frac{1}{3} - k_t}; \quad k_t \ll 1 \tag{4.25}$$

がわかる。

空気中の生物については、浮力調節流体（空気）の密度とその温度の関係は簡単で、式4.3から、

$$\rho_a = \rho_f \frac{T_f}{T_a} \tag{4.26}$$

である。ここで、T_f と T_a はそれぞれ、周囲の媒体と浮力調節流体の絶対温度である。これと式4.25を組み合わせると、空気中では、

$$T_a = T_f \frac{\frac{1}{3}\rho_f - k_t \rho_f}{\frac{1}{3}\rho_f - k_t \rho_b}; \quad k_t \ll 1 \tag{4.27}$$

となる。この関係を図4.11に示した。体壁が「非常に薄く」ない限り、浮力調節流体の温度はきわめて高くなければならない。例えば、もし全体の半径が体壁の厚さの10万倍ならば、球の内部の気体は周囲の媒体の温度よりも8.5 ℃高く加熱されなくてはならない。全体の半径が体壁の10,000倍しかなければ、浮力調節流体は周囲の媒体より100度以上高く加熱されなければならない。

おそらくこれが、自然が空気中での浮力調節にこの方法を使わずにきた説明になるだろう。空中に浮かべる程に充分に薄い体壁の生物は、あまりに壊れやすく捕食に弱いだろう。半径10 cmで、内部温度が気温より8.5 ℃高い生物は、その体壁を1 μm以下にしなければならない。これでは、まるでシャボン玉である。

さらに、生物が太陽光のような外部熱源を頼れない限り、動物を浮き上がらせるのに必要な熱は体壁の組織の代謝で賄うことになる。体壁が薄いほど、浮力調節流体の加温すべき温度は低くできるが、加熱

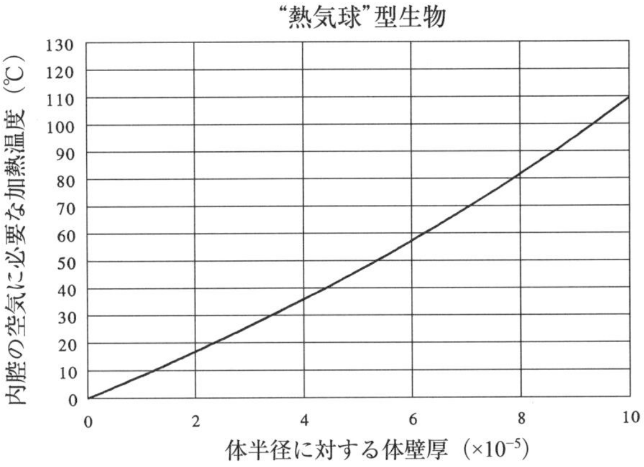

図 4.11　熱気球型生物が浮き上がるためには、体の中の気体はかなり熱くなければばならない。気球の壁が厚くなると、必要な温度は高くなる。

されるべき気体の体積は増えるので、この２つの因子は相殺しあう。非常に単純化して、代謝熱を全て流体の加熱に使えると仮定しよう。空気 1 kg を 1℃加温するのに必要な熱量は約 1000 J なので、中性浮力を達成するために必要なエネルギーを単位体重あたりで計算すると 293 kJ kg^{-1} である。これは莫大なエネルギーで、293 kJ は 1 トン（1000 kg）を重力に逆らって 29 m も持ち上げる仕事に相当するのである。実際のことを考えると状況はもっと悪く、代謝で作られた熱は周囲の空気へ熱伝導で逃げていくだろう。より現実的には、浮力調節流体をある温度に保つためには単位体質量あたりの**「代謝率」**を考慮した計算をすべきだろう。しかし、第8章で熱について詳細に調べるまで、この計算は後回しにする。

水棲の生物の体密度は媒体のそれに近いので、浮力を温度で調節する方法の可能性は、かけ離れて低いようには見えない。水では密度と温度の関係が複雑で、式 4.25 から計算した密度について、いちいち図 4.3 から温度を推定しなければならない。結果は図 4.12 に示されている。水中では、薄い体壁の生物が中性浮力を達成するためには調節流体を数℃加温しなければならないが、これは空気中で必要な加温よりずっと少ない。例えば、体半径が体壁の厚さの 1 万倍の場合、空気中では 108℃の昇温が必要なのに比べ、水中では 0.2℃の上昇でよい。

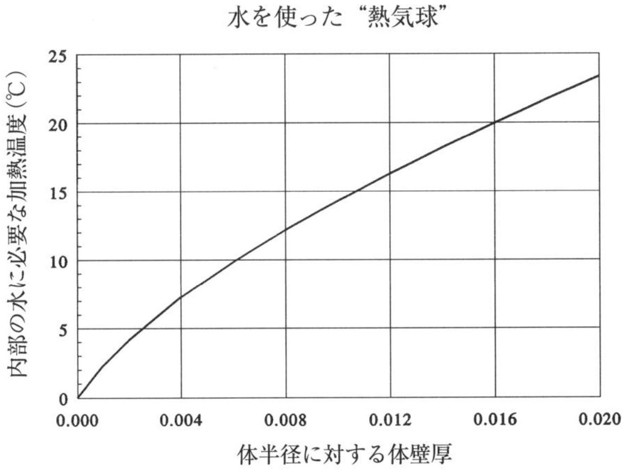

図 4.12　水中での熱気球型生物が浮力中性を保つには、その調節流体（水）を陸上での熱気球の調節流体（空気）ほど熱くする必要はない。

しかし、水の加熱に要するエネルギーを計算してみると実用上の問題がわかる。第8章で議論するつもりだが、水は非常に高い比熱をもっており、1 kg の水の温度を 1℃上げるのに約 4200 J の熱が必要である。結論としては、温度を変えて浮力調節する方式のエネルギーコストは、空気中に比べて水中の方がおよそ 10 倍高くつく（図 4.13）。実際には、この相対的に高い加熱コストが、水は空気に比べて熱の良導体であるという事実によってさらに高くなる。代謝したエネルギー消費の多くが、調節流体の加熱に使われることなく周りの水を伝わって逃げてしまうのである。

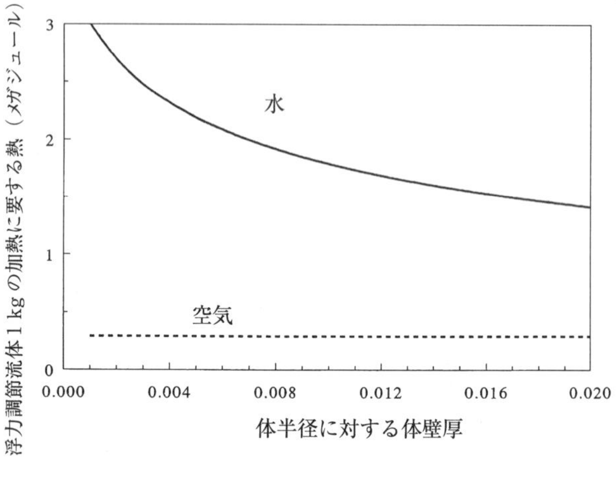

図 4.13　熱気球型生物が中性浮力を保つために必要な（単位体質量あたりの）熱は、空気中の方が水中よりもずっと少ない。

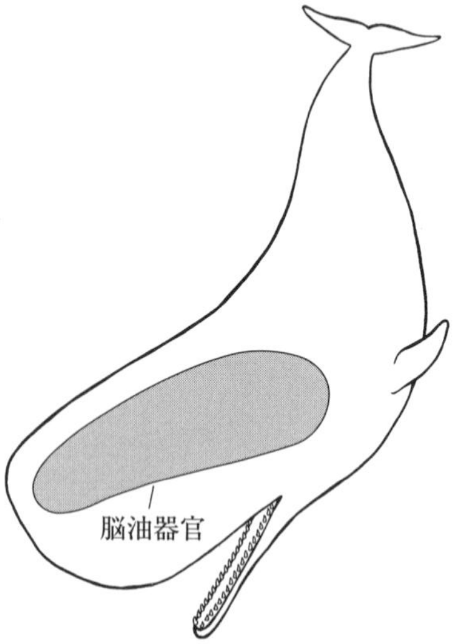

図 4.14　マッコウクジラ。頭部の灰色部分が脳油器官で、このクジラが水棲の“熱気球”として動作することを可能にしている。(Clarke 1979、原図の版権は Scientific American Inc.©1979 による)

これらの問題があるにもかかわらず、熱気球として機能する方法を見出した水棲生物が少なくとも 1 ついる。マッコウクジラがそれである（図 4.14）。このクジラの巨大な前頭部には、1 匹で 2.5 トンにもおよぶ大量の白濁色の脳油（鯨蝋）で満たされた器官がある。特別な脂質の混合物であるこの脳油は、通常の動作温度である 33℃から 29℃の範囲でかなりの密度変化を見せる。実際には、温度が低くなると脳油は“凍って”高密度になる。この温度範囲における脳油の密度変化は 1%から 2%で、おなじ温度範囲での水のそれ（約 0.1%）よりかなり大きく、制御しやすい系となりうる。このクジラは様々な仕組みを通して、脳油の温度を素早く変えることができて、その浮力を調節できる (Clarke 1979)。

さて、植物や動物が出会う流体力学的な力に、密度が及ぼす効果に注意を移そう。

4.4 流れによる力

流れが引き起こす力（流体力学的力）は4つあり、そのうちの3つ、すなわち圧力抗力、揚力、加速反作用は媒体の密度に直接比例している。4番目の摩擦抵抗は第5章で議論する。

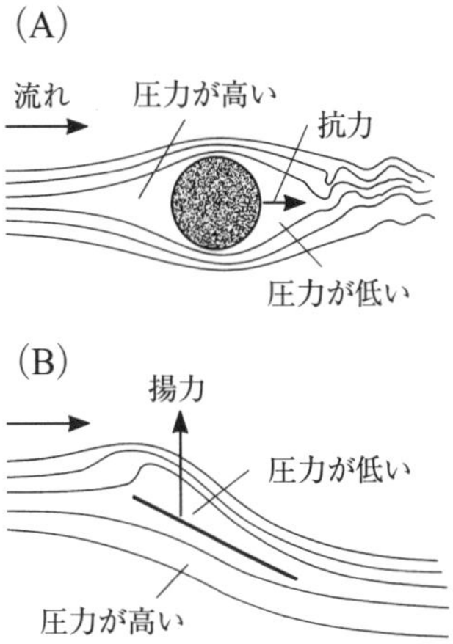

図 4.15　流れが物体の周りに引き起こす圧力差が、抗力（A）と揚力（B）を生む。

4.4.1 抗力

動いている流体の中に保持された静止物体を考えよう（図 4.15)。流体が物体を通り過ぎるときに、その圧力が影響を受ける。すなわち普遍的に、圧力は上流に向いた面で最大で、側面や下流に向いた面ではそれより低くなる。圧力がこのような空間分布になる理由は幾分複雑なので、ここでは深入りしない（わかりやすい解説としては Vogel 1981 がある)。物体の上流の面と下流の面の間の圧力差は、物体を下流に押す力となり、***「圧力抗力」***と呼ばれる。

圧力抗力の大きさは4つの因子で決まる。１番目は圧力差の大きさで、圧力差が大きければ大きいほど抗力も大きい。一般に、圧力差は***「動圧」***と呼ばれる量に比例する。動圧とは、流れが阻止されて動けなくなった淀み点に生じるであろう圧力のことで、

$$\text{動圧} = \frac{1}{2}\rho_f u^2 \tag{4.28}$$

で与えられる。ここで u は、流体の物体に対する相対速度である。速度が同じなら、動圧は流体の密度に直接比例する。

２番目に、圧力は単位面積あたりに働く力なので、ある物体に実際に働く力は正味の圧力が働く面積に比例する。圧力抗力の場合、この面積は流れの方向に物体を投影した***「前面面積」***と呼ばれ、通常 A_f を用いて表わす。

３番目に、圧力抗力は物体の形に依存する。平板や円筒形のような（ずんぐりした）鈍頭物体は、寸法の長い方の軸が流れに直角に向いていると、周りの流れに大きな影響を与えて上流と下流の圧力差が大きくなり、大きな抗力を生ずる。流線形の物体は、流れを邪魔する度合いが少なく、圧力抗力が小さい。流れの速度が非常に低く、対称で単純な形の物体の場合を除けば、形状の効果を充分な精度で理論から予測できる訳ではない。状況の複雑さに負けた流体力学屋さん達は、形状の効果を“全てをひっくるめた因子”として表現して、実験で決めることにした。これが抗力係数 C_d で、実用になる*5。

最後に、この C_d は必ずしも一定ではない。この係数自身が、速度、物体の大きさ、流体の密度と粘度

［訳者註＊5：最近では、ナビエストークス流体力学方程式から流れや力をコンピュータ上に表わす流体力学シミュレータを用いて、計算できる。］

の比（動粘性率）に依存して変わる。これら速度、物体サイズ、粘度／密度の各因子は通常、*「レイノルズ数」*という無次元量にまとめ上げられて、流れの場を決めるよい指標として用いられる。しかし、典型的には影響は小さいので、この章の目的のためには C_d はあたかも定数であるかのように扱う。ここで扱う比較的大きな速度の大きな物体については、このように簡単化しても何ら重大な問題はない。レイノルズ数とその意味については、第5章と第7章で詳しく議論する。

動圧、前面面積、抗力係数を全部掛け合わせると、圧力抗力が得られる。

$$\text{圧力抗力} = \frac{1}{2}\rho_f u^2 A_f C_d \tag{4.29}$$

2つの媒体の密度の違いのため、物体の C_d とサイズが同じであれば、ある速度の流れによる圧力抗力は空気中よりも水中でのほうが830倍大きい。

4.4.2　揚力

流体が物体を通り過ぎるとき、ある側面での圧力が反対側より大きくなる流れも起こる。そのような場合には、結果として流れの方向とは垂直な向きの力が生じて、物体に掛かる（図4.15B）。この*「揚力」*は圧力抗力と同じように働く。すなわち動圧差の大きさと圧力差が掛かる面積に比例する。揚力の場合、関与する面積は流れの方向とは直角に、圧力差方向に投影したもので*「翼面積」* A_p と呼ばれることが多い。圧力抗力の場合と同様に、揚力も物体の形に依存し、実験から決められた揚力係数 C_ℓ という因子を考慮に入れる必要がある。どんな形の物体が大きな揚力を生み出すかは、周りの状況で決まる。固体境界から遠く離れた遠方では、流れにある角度で向けた平板や翼型として知られる特殊な形の物体は、その側面に大きな圧力差を生み出す。これらの形は昆虫の翅、コウモリやトリの翼、またサカナやクジラの尾ビレに共通している。固体境界の近傍では、流体の粘性に起因する速度勾配が、ほとんど全ての形に揚力を生ずる（例えば、岩にへばり付いたイガイ密生層など：Denny 1987）。

揚力を表わす式は圧力抗力と同様に、

$$\text{揚力} = \frac{1}{2}\rho_f u^2 A_p C_\ell \tag{4.30}$$

で表わされる。媒体の密度に依存するので、翼面積と揚力係数 C_ℓ が同じ物体に働く揚力は、流速が同じであれば、水中での方が空気中よりも830倍大きい。

4.4.3　加速反作用

揚力や圧力抗力とは異なり、3番目に重要な流体力学的な力は流体の速度ではなく、むしろ速度がどのくらい急に変わるか、すなわち流体の加速度に依存する。流体の加速度が力となって物体に働く理由は少し込み入っているので、ここでは立ち入らない（解説としては、Daniel 1984 または Denny 1988 を見よ)。むしろ、その現象が引き起こした生物学的な結果を調べることにする。

周りの流体との相対的な加速度によって物体が受ける力は、物体が静止していて流体が加速しているのか、流体が静止していて物体が加速しているのか、に依って異なる。もし流体が静止していれば、

$$加速反作用 = \rho_b Va + C_a \rho_f Va \tag{4.31}$$

である。ここで、a は静止した流体に対する物体の加速度、V は物体の体積である。$\rho_b V$ は物体の質量だから、第一項の $\rho_b Va$ は物体の質量を加速するのに必要な力である。この力は、ニュートンの運動の第二法則の単純な結末で、物体が流体の中にあろうがなかろうが働く。式 4.31 の第二項は第一項に似ているが、加速されるとしている質量($C_a \rho_f V$)は流体の質量であって物体のそれではない。これを**「付加質量」**と呼ぶ。この付加質量は、ある意味では計算の上で作り出されたものである(このため仮想質量とも呼ばれる)。加速中の物体に引きずられて動く流体の体積を正確に決める方法はない。それでもなお、加速中の物体の周りには、あたかもある決まった量の流体が引きずられて流れると考えた方が、便利に記述できるのである。物体が押し退けた流体の質量に対する付加質量の割合を、付加質量係数 C_a で表わす。揚力係数や圧力抗力係数と同じく、C_a は物体の形に依存する。一般的に言って、圧力抗力係数が大きな物体は付加質量係数も大きい。

静止物体と加速流体の場合は、加速反作用の表現は違ったものになる。すなわち、

$$加速反作用 = (C_a + 1)\rho_f Va \tag{4.32}$$

である。物体自体は加速していないので、物体そのものの質量による力は生じない。しかし、物体はそれがなければ流体で満たされていたであろう空間を占めている。その結果、流体の(加速度)運動による力は、物体の形をした流体が流れに乗って動く場合よりも大きくなる。それが $(C_a + 1)$ の項となる。

前述の場合の両方とも、加速反作用は流体の密度が大きければ大きくなる。ある C_a の物体がある相対加速度で受ける反作用は、水の中の方が空気中の 830 倍になる。

加速反作用は、揚力や圧力抗力よりも物体のサイズに敏感であることに注意して欲しい。加速反作用は生物の体積に比例するので、長さや幅といった直線サイズの 3 乗に比例して変わる。一方、揚力や圧力抗力は二乗に比例して変わるのである。

水と空気では流体力学的な力が 830 倍違うということは、生物学的にはどんな意味をもつのだろうか?状況があまりにも複雑に展開しているので、少しでも掘り下げようとすると取り上げるべき場合の数は膨大になる。しかし、いくつかの例に触れずに済ます訳にはいかない。

4.5　移動運動への密度の影響

4.5.1　揚力と圧力抗力による推進

最初に動物の移動法に与える密度の影響を調べよう。それには、移動運動の物理の基本をいくつか知っていなければならない。

ニュートンの第一法則から、動物がもともと止まっていたのなら、それを動かすには力が必要である。移動運動の場合、動物が自分自身を移動させるような力を全て ***「推進力」*** と呼ぶ（工学では推力と言う）。一定の推進力だけが加わるのなら、生物は連続的に加速されることになる。しかし一般的には、推進力は何らかの抵抗力を受ける。例えば、サカナがその体や尾部をうねらせると推進力が起こる。サカナの体が水の中を動き始めると抗力が生じるが、抗力の大きさは速さとともに増すのである。その結果、サカナは抗力が推進力とちょうど等しくなる速さまで加速する。そこではサカナに働く ***「正味の」*** 力がなくなるので、その推進力が続く限りサカナは一定の速さで動き続ける。同じことは、空気中を飛んでいるときのトリやコウモリや昆虫にもあてはまる。

空を飛ぶ生物や浮力中性にない水棲動物には、推進力と抗力に加えて考慮すべき 3 番目の力、すなわち体重がある。動物の体質量に掛かる重力加速度は、動物を下の方へ引っ張る。その結果、ある高度を維持するためには、動物は体重と等しい上向きの力を発生しなければならない。この上向きの力は、普通揚力と呼ばれてはいるが、式 4.30 に述べた揚力と同じものではない。この節では、混同を避けるため、発生する仕組みのいかんにかかわらず、重力に対抗するこの力を ***「浮揚力」*** (levitation) と呼ぶことにする。

多くの動物では、推進力は付属肢を周囲の流体の中で動かしたことによる圧力抗力か揚力によって作り出される。例えば、いくつかの水棲甲虫やミズムシ（半翅目、フーセンムシの仲間）、胸ビレで動くサカナ、水かきで進むアヒル、そして泳いでいるヒトは、付属肢で水を櫂いて推進力を作り出している。この型の移動運動はボート漕ぎに相当する。その他では、推進力は付属肢に働く揚力で作り出される。飛翔するトリ、コウモリ、昆虫などが明らかな例である。それほど明白ではないが、マグロやクジラ、イルカなど高速遊泳するものでは、水中移動に必要な推進力は、尾部を上下や左右に振ることで作り出される揚力から得ている。

移動運動に使うこれらの力に、水と空気の 830 倍の密度の違いは、どう影響するのだろうか？ 水中に比べて空気中での速度が充分に高ければ、揚力や圧力抗力の大きさの違いは相殺できる。式 4.29 と式 4.30 を見ると、空気中での速度が水中での $\sqrt{830}$（約 29）倍であれば、圧力抗力や揚力は両方の媒体で等しくなることがわかる。移動運動の場合、これは起こりそうにない。例えば、トリは 10 m s^{-1} のオーダの速度で飛ぶが、これは多くのサカナの泳ぐスピードより一桁大きいだけである。これは、動物の大きさが同じであれば、トリが経験する揚力や圧力抗力はサカナのそれの 1/8 しかない、ということである。

しかし、移動運動の多くの側面で重要なのは揚力や圧力抗力の大きさそのものではなく、むしろその比なのである。例えば一定速度で巡航遊泳しているサカナの場合、尾部に働く揚力によって賄われる平均推進力は全抗力とちょうど釣り合っていることは、既に述べた。泳いでいる流体の密度変化は揚力にも圧力抗力にも同じように同じ度合いで効くので、サカナの遊泳能力が大きく変わることはない。このような訳で、サケがその生活史で淡水から海水へ、逆に海水から淡水へと移動する際の水の密度変化は、その遊泳能力に影響しない。温度の違う水塊の間を移動するサカナやクジラ類にも、同じ物理があてはまる。

遊泳動物のいくつかは、この揚力と圧力抗力の一体性を断ち切る方法を見つけている。イルカやアシカ、ペンギンなどは、水の中だからこそ得られる大きな推進力を自分自身を空中に打ち上げるために使っている。空中では抗力が小さいという御利益（ごりやく）がある（図 4.16A）。Au と Weihs (1980) は、この“イルカ跳び”行動が移動運動のコストを減らすことを示している。トビウオはもっとエレガントな戦略を進化させた。捕食者に追われた時、海面から飛び出して抗力を減らし、さらに大きな胸ビレを開いて揚力を稼ぎ、滞空時間を長引かせる（図 4.16B）。飛行の初期段階では、水中に残っている尾部を打ち振って推進力を稼ぎ続ける (Fish 1990)。このやり方で、トビウオは水と空気の密度の違いを最大限に利用している。充分なスピードを稼いだ後で、トビウオは空中高く（時には 6 〜 7 m まで）揚がり、滑空する。

(A)

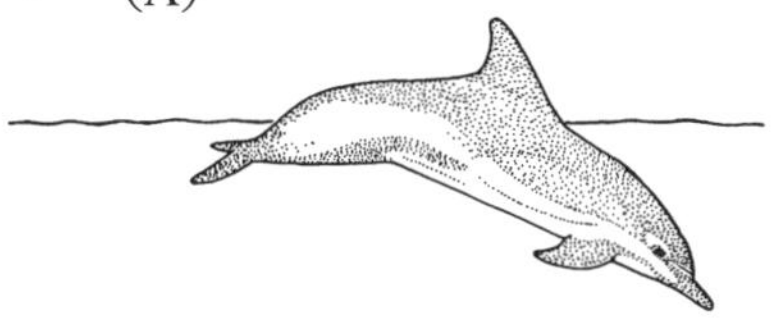

(B)

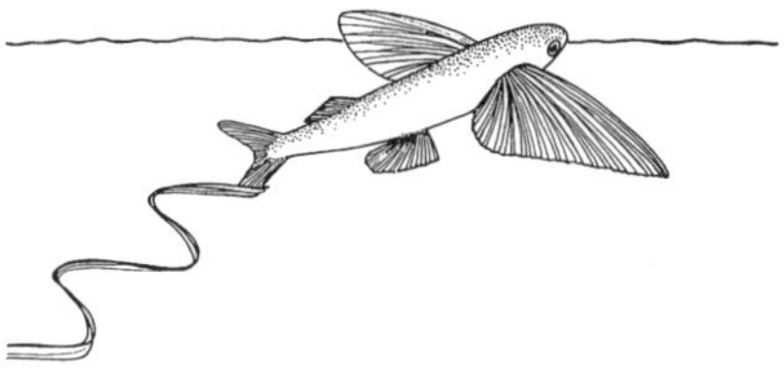

図 4.16　イルカは、空中へ“イルカ跳び”することで移動運動のコストを下げている（A)。トビウオ（飛行の初期段階を示してある）は同様の戦略を使うが、尾部を水中に残しておくことで大きな推進力という利点を保持できる。

推進力と抗力の比の重要さは、サカナと同様に、飛翔する昆虫やコウモリやトリにもあてはまる。しかし、飛翔動物の場合、揚力の大きさの絶対値が重要である。揚力から得られる浮揚力が動物の体重より小さければ、動物は空から落ちてしまう。これが、空気の密度変化が飛翔に影響する理由である。例として、Feinsinger ら (1979) はハチドリの採餌探索行動は高度とともに変わり、高所では飛翔時間を最小にする採餌モードを採用することを報告している。すなわち、この採餌行動の変化は空気の密度の変化で説明できるのである。高度が高いほど空気の密度が低いので、ハチドリは空中に浮いているためにより速く羽ばたかねばならない。高所では飛翔の代謝コストが増えてしまうことが、採餌行動に影響したと考えられている。

水棲の動物にも浮揚力を得るために揚力を必要とするものがいる。例えば、小型のマグロの仲間は浮き袋がなく、浮力は負である。水中での深さを保つためには、前進の際に胸ビレで発生させる揚力に頼るしかなく、止まると沈む（Alexander 1990)。マグロもトリも密度は 1080 kg m^{-3} で、トリがマグロの 10 倍速いと仮定すれば、この 2 つの動物の揚力発生用付属肢の相対的なサイズを概算できる。どちらも体積が 10^{-3} m^3（1 リットル）で、付属肢の揚力係数 C_ℓ が 2 の、トリとマグロを考えてみよう。海水中での

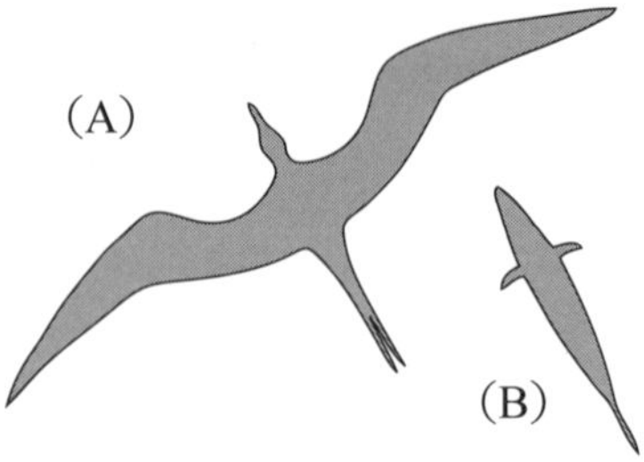

図 4.17 (A)グンカンドリの輪郭。(B) 体サイズに対して、翼の長さと幅を 1/13 に縮めて描いた同じ輪郭。結果は驚くほどマグロに似てくる。トリのクチバシを丸め、二股の尾羽を 1 つの尾ビレに描き直したが、それ以外の輪郭線は変えていない。

マグロの重さは 0.5 N だから、速度が 1 m s^{-1} なら揚力発生付属肢の必要面積は 5×10^{-4} m^2 である。一方、トリは重さが 10.6 N で、速度が 10 m s^{-1} なら、揚力発生面積は 9×10^{-2} m^2 すなわちマグロの 170 倍が必要となる。このことは、マグロの胸ビレとトリの翼の形が同じ場合、トリの翼はマグロのヒレの $\sqrt{170} \approx 13$ 倍長くなければならないだろう、ということを意味している。事実、あるトリの翼の長さや幅を 1/13 に縮めると、マグロとそっくりな形になるのがわかる（図 4.17）。

4.5.2　ジェット推進

揚力と圧力抗力だけが推進力を生み出す仕組みではない。例えば、水中では多くのジェット推進の例がある。ヤリイカ、タコ、コウイカ、オウムガイは、外套膜から水を押し出して水のジェットを作り、捕食者から急速逃避する。クラゲは似たやり方で進むし、ホタテガイも同じである。トンボの幼虫（ヤゴ）もジェット推進を使う。しかし、ジェット推進するコウモリもトリも昆虫の成虫も知られていない。なぜだろうか？　水と空気の密度の違いが関係しているという予想は、少なくとも部分的にはあたっている。この点を明確にするために、ジェット推進の物理を手短に調べてみよう。

ジェット推進では、推進力は質量を投げ出すことで作り出される。図 4.18 に示した簡単な場合について考えよう。中空で球形の生物が、ある体積の流体（空気でも水でも）を内腔にもっている。球の底部に小さな開口部があって、動物の体壁が収縮すると流体が下向きにジェットとして打ち出される。内腔の体積の減少率が dV/dt で、内腔の流体の密度が ρ_f なら、質量の打ち出し率は $\rho_f dV/dt$ である。開口部の面積が A であれば、球殻を出るときの流体の速度は $(dV/dt)/A$ となる。

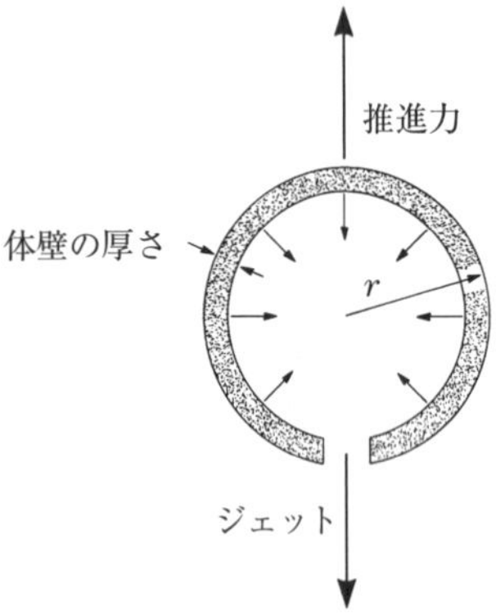

図 4.18　流体をジェットとして打ち出すことで、生物は推進力を作り出せる。

ここで、時間あたりの質量変化 $\rho_f dV/dt$ と速度 $(dV/dt)/A$ の積を作れば、これが生物によって投げ出されている運動量の時間率となる。運動量の時間変化率は外力と同じものであるという第 3 章を思い起こせば、流体を一方向へ射出することで動物は推進力を作り出せることがわかる。ニュートンの第三法則（作用反作用）によって、

$$推進力 = \frac{\rho_f(dV/dt)^2}{A} \tag{4.33}$$

がジェットとは反対方向に動物を推す。ヤリイカやクラゲが水の中を進むのはこの力である。推進力は、打ち出される流体の密度に直接比例することに注意して欲しい。したがって、他の因子が全て同じなら、水を打ち出す動物は空気を打ち出す動物の 830 倍の推力を手にすることになる。

しかし、これは話の一部に過ぎない。ジェットで得られる上向きの推進力（浮揚力）は常に、動物の体重と圧力抗力によって減らされる。動物の加速に利用可能な正味の垂直方向の力は、体重と圧力抗力の和と推力の差に等しい。

$$正味の力 = 推進力 - (体重 + 圧力抗力) \tag{4.34}$$

さらに、正味の力は物体の加速度と実効質量（＝質量＋付加質量）の積に等しいはずだから、書き直せば、

$$加速度 \times 実効質量 = 推進力 - (体重 + 圧力抗力) \tag{4.35}$$

$$加速度 = \frac{推進力 - (体重 + 圧力抗力)}{実効質量} \tag{4.36}$$

となる。もし、全ての時点での推力、体重、圧力抗力そして実効質量がわかれば、動物の加速度の瞬時値を計算できる。加速度を時間の函数として計算すれば、速度と移動距離を計算できる。

いくつかの簡単な場合について、この計算をすることができて、その一例を図 4.19 に示してある。この計算は、半径 10 cm の球形で体壁の密度が 1080 kg m^{-3} の動物を想定している。流体は直径 1.8 cm の開口部から下向きに打ち出される。この生物は、0.5 秒間で体腔内の流体を全て推し出し、その後同じ開口部から流体を吸い込んで 2 秒間かけて体腔を再充填するものとする[5]。水棲の動物は水を推し出し、空中のは空気を推し出すものとする。

結果は体壁の厚さの函数として与えられる。空気中で推進力が体重に打ち勝つためには、体壁は非常に薄く、球の直径の 1/500 程度でなければならない。これは、ここで例とした直径 10 cm の球体なら、体壁が 200 μm を超えると動物は離陸できなくなることを意味している。しかし、動物の体壁が充分に薄ければ空気ジェットは良い性能を示す (図 4.19A)。例えば、直径 10 cm の球体の体壁が 100 μm の厚さであれば、動物は平均速度約 4 m s^{-1} で上向きに移動できる。

[脚註 5:球から推し出される流体は 1 本のジェットとなって下向きに打ち出される。逆に流体が球に吸い戻されるときには、生物体が占めた部分以外のあらゆる方向から開口部へ流れ戻る。その結果、再充填時に開口部を通る流体の運動量は正確に上向きとは限らないので、再充填相での推進力は過大に計算された結果となるだろう。しかし、過大評価の度合いはおそらく小さい（Daniel 1982)]。

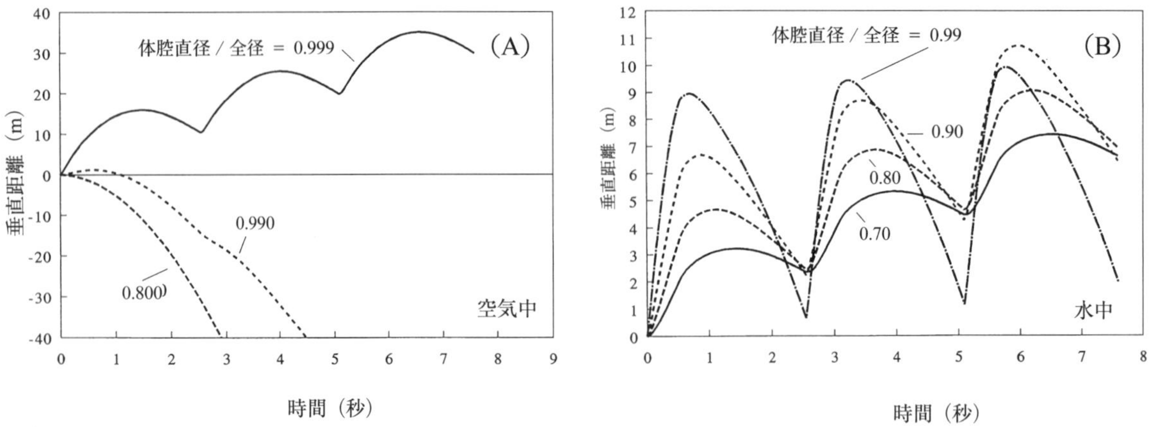

図 4.19　空気中でのジェット推進は、体壁が非常に薄いときだけ可能である(A)。これに比べ、水中では体壁が薄いと飛び上がっては戻る跳躍型になる(B)。

しかし、いくつかの実用上の問題もある。筋肉または弾性体でできた薄い体壁の球体は、空気を効率的に噴出できて、しばらくは体を推進できる。何といっても、膨らませたゴム風船を放すと非常によく飛ぶのだ。しかし、再充填ということになると問題が起こる。効果的に拡げるために筋肉や弾性組織を放射状に配置できるとしても、非常に薄い体壁の球体は拡げるよりも折り畳まれてしまう方が起こりやすい[6]。

空気ジェットで推進する生物体は、熱気球が出くわすのと同じ種類の問題に直面するだろう。体壁が薄くなれば、体腔の体積は大きくなり、推力も効果的になる。しかし薄い体壁の球体では、ある速度で動物を推進させるのに必要なエネルギーは、体壁の体積にはほとんど無関係で、主に圧力抗力すなわち動物の全体サイズに依存する。したがって体壁を薄くすると、移動のために必要なほぼ一定のエネルギーは、より少ない筋肉によって賄われなければならない。空気中でのジェット推進に適した薄さの体壁の生物が、移動運動を駆動するエネルギーを充分な時間率で注入できる筋肉をもてる可能性は低い。

水中では、球状の生物体はより厚い体壁をもてて、なおかつジェット推進できる（図 4.19B）。この場合、薄い体壁が足手まといとなる。体壁の薄い球体は相対的に体腔が大きく非常に効率的なジェット推進ができるので、再充填の際には逆に大きな負の推力を受けることになる。結果として、薄い体壁の球体の運動は非常に跳躍的になる。すなわち収縮中は数メートルも跳び上がるが、再充填でほとんど出発点まで戻ってしまう。ある範囲内で、体壁が厚いほど跳躍振動は少なくなる。例えば、体壁厚が体直径の

[脚註 6：薄い体壁をもったいくつかの生物（例えば、ヤリイカや気球藻 Halasaccion は、生物体の周りの流れによって引き起こされる低い圧力が、生物体を拡げる助けになる（Vogel 1987、Vogel and Loudon 1985)。しかし、その効果は空中でジェット推進するには不充分である。]

30 % の球体は再充填中の逆戻り量が非常に少なく、その平均速度の 0.8 m s^{-1} は体壁厚がその 1/3 しかない球体とほとんど同じである。さらに、体壁の厚い生物は機械的にも再充填に適している。例えば、クラゲはその中膠（ゼリー）の弾性を使ってその傘を拡げるし（DeMont and Gosline 1988）、ヤリイカは弾性組織と放射状に配置した筋肉の組合せを使って再充填する（Gosline and Shadwick 1983）。

4.5.3　移動のコスト

移動運動の機構について考察すると、動物が移動するにはどれほどの代謝エネルギーを要するのかという疑問が出てくる。まず､移動のコストを定義することから始めよう。よく使われる定義は 2 通りある。まず、動物のある質量をある距離だけ移動させるのに要するエネルギーをコストと定義してよいだろう。SI 単位では J kg^{-1} m^{-1} である。もう 1 つ、体質量 1 kg を距離 1 m だけ移動するのに必要な酸素のリットル数をコストと定義してもよい。これは少し奇妙な単位に見えるかもしれないが、いくつかの利点もある。ほぼ全ての動物のエネルギー消費率は、酸素消費率を測ることで非常に簡単に知ることができる。酸素 1 リットルの消費は約 20.9 kJ の代謝支出に対応するが、厳密な値はこのエネルギーが炭水化物、タンパク質、脂質のいずれの物質の代謝で供給されたかに依存する。常に代謝物質がわかっている訳ではないので、必ずしも酸素のリットル数からジュールへ変換されてきたとは限らず、酸素消費量のみでエネルギーコストを記載したものも多い。

Schmidt-Nielsen (1972a)は、数多くの研究者の計測結果を組み合わせて、動物の輸送コストの体サイズ依存性は、媒体の密度と関連した綺麗なパターンに沿っていることを示した（図 4.20）。

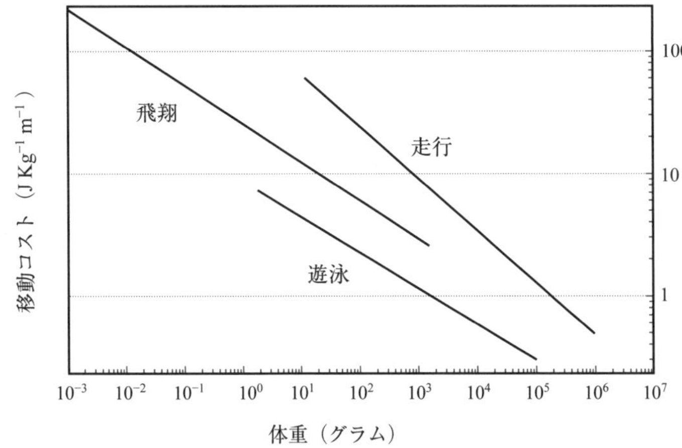

図 4.20　動物の体重が同じなら、走る方が飛ぶよりもコストが高く、飛ぶ方が泳ぐよりもコストが高い。(Schmidt-Nielsen 1972a から再描画、原図版権は American Association for the Advancement of Science 1972)

体重が 1 kg の動物であれば、自分の体を 1 m 移動させるのに、飛翔では遊泳に比べて約 2.7 倍のコストが掛かり､走ると飛翔の 3 倍のコストが掛かる。この序列を説明できる物理はハッキリしていないが、浮力（すなわち密度）は重要な因子である。浮力中性なサカナは、重力に対抗して自分の位置を保つのにわずかなエネルギーしか消費せず、移動コストの大部分は動く時に周りの流体に成す仕事だけで済む[7]。それに対して、歩いたり走ったりする陸棲動物は、体を持ち上げた姿勢を維持しなければならない。水からの浮力なしでの姿勢維持はエネルギー消費を伴うので、移動のコストを押し上げる。さらに、動物が歩くときには重心が上下に揺れて、重力位置エネルギーも振動する。重心が下がったときに手に入った運動エネルギーの一部分は、重心を元の位置に戻すのに使えるが、重力位置エネルギーと運動エネルギーの互換性は決して完全な無損失ではない。このため、動物が浮力中性であれば働くことのない重力に対抗すると、正味のエネルギー消費が起こるのである。

飛翔は遊泳より不利である。すでに見たように、飛翔に使われるエネルギーの大部分は、動物を空中のある高さに保つために使われる。このコストの違いを、トリとマグロがそれぞれの媒体の中で垂直位置を保つのに必要なエネルギーで比べて調べよう。マグロもトリも、胸の付属肢への揚力でその実効体重を相殺しているので、直接コストを比べることができる。

Alexander (1990) によれば、空中に浮いているために使うパワー（ジュール/秒）は、

$$P \propto \frac{m^2 g^2 \rho_e^2}{\rho_f \rho_b^2 u \ell^2} \tag{4.37}$$

である。ここで m は生物の質量、u は周りの流体との相対スピード、ℓ は動物の翼長（またはヒレの長さ）である*6。このパワー（式 4.37）を、まず質量で割って 1 kg あたりのパワーに直し、さらに速度で割れば 1 m あたり 1 kg あたりのエネルギーすなわちコストに変換できる[8]。つまり、

$$\text{コスト} \propto m g^2 \frac{\rho_e^2}{\rho_f \rho_b^2} \frac{1}{u^2 \ell^2} \tag{4.38}$$

トリとサカナの体密度が等しいと仮定すれば、空中と水中でのコストの比は、

$$\frac{\text{空気中でのコスト}}{\text{水中でのコスト}} = \left(\frac{\rho_{e,a}}{\rho_{e,w}}\right)^2 \frac{\rho_w}{\rho_a} \left(\frac{u_w}{u_a}\right)^2 \left(\frac{\ell_w}{\ell_a}\right)^2 \tag{4.39}$$

となる。ここで添え字の a と w は、それぞれ空気と水を示している。

ここで $\rho_{e,a}/\rho_{e,w}$ は約 20、ρ_w/ρ_a は 830 で、既に述べたように ℓ_w/ℓ_a は 1/13 とするのがよいだろう*7。

［脚註 7：浮力中性になるための体積増（例えば、浮き袋の膨張）は、動物が遊泳するときの抗力の増加を招く（Alexander 1990）が、そのコストはわずかである。］

［訳者注＊6：ρ_f は媒体密度、ρ_b は体密度、ρ_e は実効密度（$\rho_b - \rho_f$）（4.3 浮力の脚註 2 参照）］。

［脚註 8：パワーは力と速度の積である（式 3.17）］

［訳者注＊7：$\rho_{e,a} = \rho_b - \rho_a$、$\rho_{e,w} = \rho_b - \rho_w$ だから、$\rho_{e,a}/\rho_{e,w} = (\rho_b - \rho_a)/(\rho_b - \rho_w)$。20℃での典型的な値として、$\rho_a$ =1.2、ρ_w = 1024、ρ_b= 1080［kg m^{-3}］を入れると、$\rho_{e,a}/\rho_{e,w}$ =19.3 である。］

前と同様、トリはサカナの遊泳速度の 10 倍で飛ぶと想定してよい。これらの仮定の下では、トリが空中に浮かんでいるためのコストは同じ体重のマグロの約 19 倍になることがわかる。

しかし実測（図 4.20）では、1 kg の動物が飛ぶコストは泳ぐ場合の約 2.7 倍である。この 2 つの数値の食い違い（19 倍と 2.7 倍）の原因は、考慮に入れたコストにある。ここでは、揚力の発生すなわち浮いているためのコストしか考えなかった。しかし媒体中を動くためのコストも必要で、既に見たように空気中よりは水中の方が相当に大きい。このようなコストが加わる結果、遊泳と飛翔のコストのギャップは小さくなる。それでもなおかつ、中性浮力という御利益（ごりやく）がないので、陸棲生物は移動のために水棲生物よりも多くのエネルギーを消費する。

ここまでは、静止した媒体に対しての移動のコストを扱っていたことに注意して欲しい。もし媒体が動物の移動しようとする方向に動いていれば、地球上の一点から他の地点へ移動する実効コストは少なくなる。このことは、歩いたり走ったりする動物については起こらない。地面がそんなに速く動くことはまずないからである。しかし、遊泳や飛翔する動物はそれぞれ海流や風を利用できて、正味の輸送コストを大幅に減らせる。文献（Schmidt-Nielsen 1984）にある値を使うと、トリの正味の移動コストがサカナのそれより少なくなるためにはどの位の速度の風が吹いていればよいか、などを計算できる。

まずコストの成分を調べよう。移動の全コストは、一定スピードでの移動の間に消費したパワーをそのスピードで割ったものに等しい。ここでの目的でいえば、**「実効スピード」**すなわち動物の媒体に対するスピードと媒体の対地スピードの和、を考えることになる。例えば、トリが対気速度 10 m s^{-1} で飛んでいて、空気が対地速度 10 m s^{-1} でトリと同じ方向へ吹いていれば、トリの実効スピードは 20 m s^{-1} である。逆に、トリが 10 m s^{-1} で 10 m s^{-1} の向かい風を飛べば、実効スピードはゼロである。

まず、サケの移動コストを計算しよう。巡航スピード（最大瞬間スピードの 75%）での遊泳に要するパワーが注意深く測定されており（Brett 1965）、アロメトリー式で表わすと、

$$P = 7.37 \times 10^{-5} m^{-0.084} \tag{4.40}$$

である。ここで、P は体重あたり秒あたりの酸素のリットル数で、m はキログラムでの体質量である。サカナの水に対する遊泳スピードも体質量の函数で、Brett (1965) のデータから、

$$u = 1.0 m^{0.17} \tag{4.41}$$

と計算できる。ここで、速度はメートル/秒で測定されている。したがって、移動の実効コストは、

$$\text{実効コスト} = \frac{7.37 \times 10^{-5} m^{-0.084}}{m^{0.17} + \text{流れのスピード}} \tag{4.42}$$

となる。

このようなやり方でアロメトリー式を組み合わせることには、ある種の危険がつきまとう。パワーや速度を推定した元のデータには、一般化された傾向（回帰直線）の周りに幾分かの変動幅があったはずで、これらの変動同士の相関が実効コストの推定に影響する可能性がある。例えば、統計的期待値よりも高い時間率でエネルギーを消費するサカナの一群が期待値よりも低い速度をもてば、実効コストは実際よりも低く見積もられてしまうことになる。しかし、より完全なデータが欠けている現状ではこの方法しかないので、結論を注意深く調べることにしよう。

同じような方法で、トリの移動の実効コストを計算できる。再度 Schmidt-Nielsen (1984) が引用したデータを用いると、

$$P = 3.8 \times 10^{-3} m^{-0.03} \tag{4.43}$$

$$u = 14.6 m^{0.20} \tag{4.44}$$

$$\text{実効コスト} = \frac{3.8 \times 10^{-3} m^{-0.03}}{14.6 m^{0.20} + \text{風のスピード}} \tag{4.45}$$

となる。これらの実効コストを海流と風速のありうる範囲でプロットすると図4.21になる。体質量1 kgなら、40 m s^{-1}（時速144 km）以上の風が吹いていれば、トリの飛翔の実効コストは静止水中を泳ぐサカナよりも低くなる。この速度の風は嵐の時には吹くだろうが、それは稀で、トリが実際にこの有利性を利用できるかどうかは不明である。多分、ジェット気流に乗った移動の方がありうるだろう。この高速気流（30～40 m s^{-1}）は、予測可能な向きに地球の温帯の大部分で吹いているので、移動に利用可能である。ただ、ジェット気流は10,000 m以上の高空でしか吹いていないことは、トリにとっては不利である。

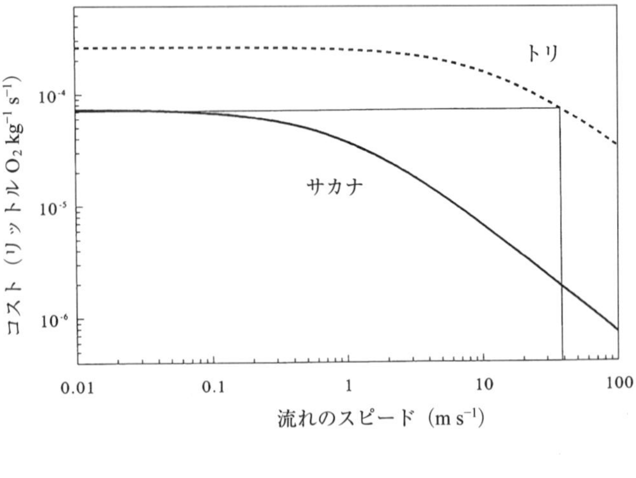

図4.21　トリが風と同じ方向へ飛べば、その移動コストは減る。風速が40 m s^{-1}で、トリの移動コストは、静水中を泳ぐサカナと同じになる。

当然、海流や風との組合せで移動のコストを減らせるのは、それらが動物の移動の向きに流れている場合だけである。流れに向かう飛翔や遊泳は移動のコストを増し、海流や風の流れが動物本来のスピード

に近づくと、コストは無限に大きくなる。例えば、静止空気中を飛ぶトリと水流に向かって泳ぐサケの移動コストを比べてみよう。水の流速が 0.7 m s^{-1} を超えるとサカナの移動コストのほうが大きくなる(図 4.22)。このように、サケが生まれた川へ遡上するときの移動コストは、トリの飛翔と同じくらい高いであろう。

上の例は、遊泳が飛翔と同程度にコスト高だと証明しようとして示した訳ではない。Schmidt-Nielsen (1971) が示したコストの階層性は、ほとんどの状況でよくあてはまる。ここで述べたような遊泳と飛翔のコストの逆転は、特別な状況下でのみ起こることである。

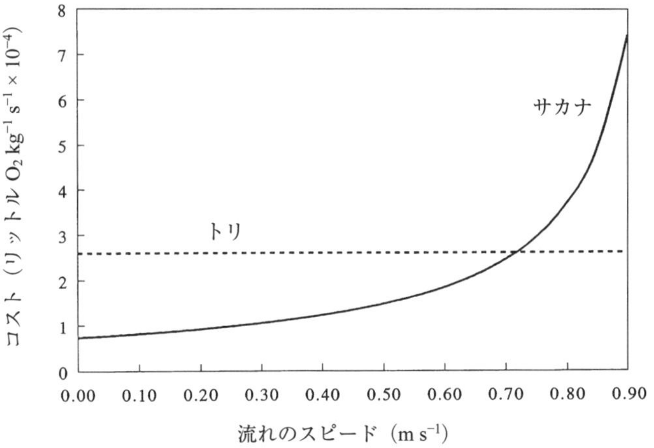

図 4.22 サカナが流れに向かって泳ぐと、移動のコストは増す。流速が 0.7 m s^{-1} では、サカナのコストは静止空気中を飛ぶトリと同じになる。

4.6 体サイズへの流体力学的制限

この章の前の方で扱っていた、柱状の生物についての考察に戻ろう。その議論は安定性に関するもので、ある直径の柱状構造には高さの上限があることがわかっている。この議論から、他の条件が全て同じなら、水中の柱状構造は浮力のおかげで空気中よりはずっと高くなれるであろうことがわかる。しかし、少しだが流体力学的な力のことを知った今、水中と空気中では“他の条件を全て同じにはできない”理由がわかり、なぜ樹木がサンゴより高くなれるのかを力学的に説明できる。

水平に流れる流体中で垂直に立つ静止柱を考えよう(図 4.23)。流体が柱を通り過ぎて動くと、柱を曲げる向きの抗力が生じる。柱が曲がると、流れの上流側の部材は引っ張られ、下流側の部材は圧縮される。曲げの力学(Timoshenko and Gere 1972)によれば、

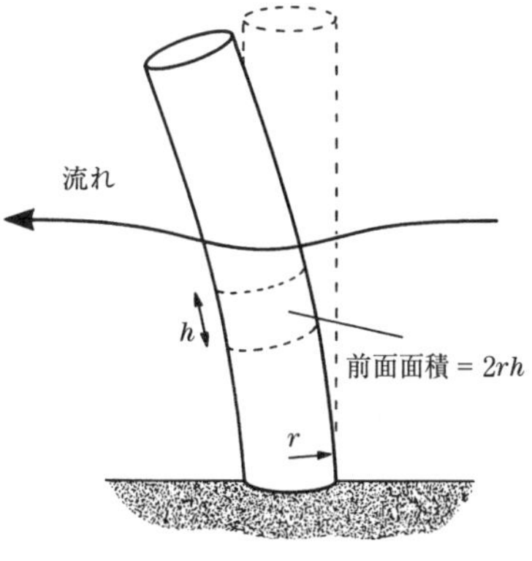

図 4.23 流れから抗力を受ける直立円柱

断面が一様な梁に掛かる曲げモーメントはその基部で最も大きい。すなわち、梁の部材の変形量は基部で最大で、流れからの抗力によって梁が壊れるとすれば、基部で壊れる。

梁の理論（Timoshenko and Gere 1972）の標準的な式を使うと、抗力によって梁の基部の素材に掛かる単位面積あたりの力（張っぱりまたは圧縮応力）は、

$$\text{応力} = \frac{2\mathcal{F}h^2}{\pi r^3} \tag{4.46}$$

と計算できる。ただし、$\mathcal{F}$ は柱に生じる単位長さあたりの抗力、h は柱の高さ、r はその半径である。

$\mathcal{F}$ は式 4.29 から計算できる。水流が円柱を通り過ぎる際の圧力差が掛かる面積は $2rh$ で、単位長さあたりでは $2r$ である。したがって、単位長さあたりの抗力は、

$$\mathcal{F} = \rho_f u^2 C_d r \tag{4.47}$$

である。これを式 4.46 に代入すると、円柱基部の応力は

$$\text{応力} = \left(\frac{2C_d}{\pi}\right)\rho_f u^2 \left(\frac{h}{r}\right)^2 \tag{4.48}$$

であることがわかる。梁材に掛かる応力は流体の密度、速度の二乗、そして高さに対する半径の二乗とともに増す。水中での抗力係数が空中と同じと仮定すれば、ある強さ（すなわちある応力耐性）の梁が空中では水中の何倍の高さなれるかを計算できる。

最悪の場合を想定してみよう。嵐での風は時に 25 ～ 30 m s^{-1} に達するので、これを樹木が耐えられる最大風速とみなしてよいだろう。水底に固着した動植物は、大波に洗われる岩礁や山岳部の沢水で 5 m s^{-1} の流速に出会うのが普通だろう。この値を使うと、ρ_f と u^2 の積の最大値は、陸上（空気中）に比べて水中で生きる方が 25 倍も大きくなることがわかる。これに基づいて、空気中での高さ / 半径の比は、水中でのおよそ 5 $(=\sqrt{25})$ 倍と予測できる。したがって、同じ材料で同じ半径の柱状構造は、陸上では水中の 5 倍まで高く育つと予測できる。この結果は、浮力は有利に働くにもかかわらず、一般的に言って水中の柱状生物が空気中より小さいことを、うまく説明してくれる。事実、樹木の強度（10^8 Pa）はサンゴの骨格や海藻の柄部の素材よりおよそ 2.5 倍大きいので、空気中の柱状樹木は水中の海藻やサンゴの柱より約 $5 \times \sqrt{2.5} \approx 8$ 倍まで高く育つだろう。この予測は現実をかなりよく近似している。

この考え方をもう 1 歩進めて、水棲生物の大きさを拘束するのは圧力抗力だけではないことはっきりさせてみよう。もし流れに加速度があると、加速反作用も考慮しなければならない。加速反作用（水の加速によって生じる力）の重要性は、植物や動物が成長するにつれて形を変えることを考えれば明らかだろう。

ここまでは、柱状の生物がその半径は一定のまま、高さ方向にのみ“育つ”と考えてきた。つまり、柱の形状は成長とともに変わっていたのである。もし動物や植物が等方的に成長すると、何が起こるだろうか？　この場合には、抗力によるサイズ制限が起こらないのである。これは、図 4.24 に示したような、“立方体の生物”を考えると簡単にわかる。立方体の一辺の長さが ℓ であれば、流れに向いた面積は ℓ^2 で、それに比例した抗力が立方体に働く。この力を引き受けるのは岩盤に張り付く底面であるが、その付着面積は ℓ^2 である。立方体の大きさが直線次元でいって 2 倍になったとしたら何が起こるだろうか？　流れに向かう面積は 4 倍になるから、抗力係数 C_d が一定なら、抗力も 4 倍になる。しかし同時に、その力を引き受ける底面積も 4 倍になる。この生物が等方的に成長する限り、生じる抗力とそれを引き受ける底面積とは同じ率で増加する。このように、圧力抗力は（揚力も同じく）生物のサイズを制限しない。

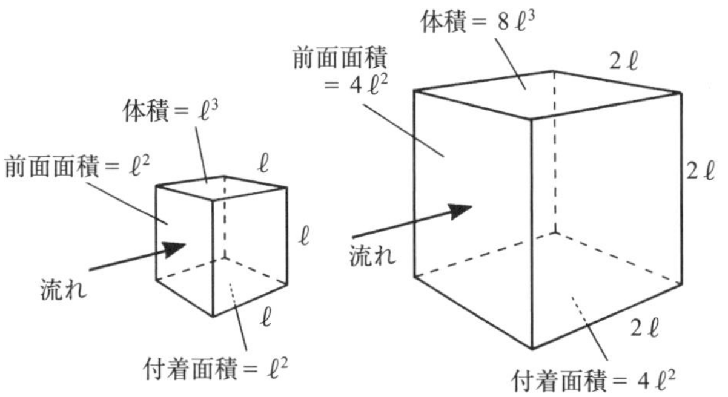

図 4.24　物体が等方的に大きくなれば、前方に向いた面積と側方の付着面積の比は一定のままである。その結果、圧力抗力と岩盤への付着強さの比は一定になる。それに比べて、体積は付着面積よりも速く大きくなり、流れの加速度による力は付着強さよりも速く大きくなる。

しかし、直線次元で 2 倍になれば、立方体の体積は 4 倍ではなく 8 倍になることに注意して欲しい。流れの加速度への反作用は、流れに向いた前面面積ではなく、押しのけられた流体の体積に比例する（式 4.31）から、大きな立方体は小さな立方体よりも底面積あたりの加速反作用が大きくなる。この場合、応力は ℓ に直接比例する。このように、加速反作用は面積ではなく体積で決まるという事実が、生物が等方的に成長する場合でも、その大きさを制限する潜在的な因子になる。

Denny ら (1985) は、海の波が砕けるほどの急激な加速度が底着生物に及ぼす加速反作用で、波に洗われる生物があまり大きくはなれない理由をうまく説明できることを示している。砕け波が次々と打ち付ける磯波帯では 400 m s^{-2} を超える加速度が測定されている。それから計算した加速反作用はウニやカサガイなどの動物のサイズを制限する因子として働くのに充分な強さであった。

同じような力学的効果が陸上でもサイズを制限する可能性はあるが、空気の密度は水の 1/830 なので、他の条件が同じであれば空気中の生物は磯波帯の生物よりもかなり大きくなれる。もう一度、図 4.24 の立方体生物を考えてみよう。簡単のために、流速がゼロのときにこの生物に最大加速度が掛かるとしよう。その瞬間の加速反作用は、立方体の底面にズリを起こす力：

$$F = (1 + C_a)\rho_f \ell^3 a \tag{4.49}$$

となって掛かる。立方体の底面に生じるズリ応力は、この力を底面積 ℓ^2 で割ったものだから、

$$\text{ズリ応力} = (1 + C_a)\rho_f \ell a \tag{4.50}$$

である。この応力が生物のズリ強度 τ_b と等しくなるところまでは、生物は大きくなれる。それを最大サイズとして解けば、

$$\ell_{max} = \frac{\tau_b}{(1+C_a)\rho_f \ell a} \tag{4.51}$$

である。

ズリ強さと付加質量係数が空気中と水中の生物で同じと仮定すると、水と空気における最大サイズの相対値を次のように計算できる。

$$\frac{\ell_{max,a}}{\ell_{max,w}} = \frac{\rho_w a_w}{\rho_a a_a} \tag{4.52}$$

ここでの、添え字の w と a はそれぞれ水と空気を表わしている。

実際には、陸上生物の典型的なサイズは、それらの水中の仲間より一桁ほど大きいだけである。これは、もし陸上で生きる植物や動物のサイズが（水棲生物と同様に）加速反作用によって制限されているのなら、空気中での ρ_f と最大加速度の積が水中のそれの 1/10 しかない、ということを意味している。水中での最大加速度を 400 m s^{-2} と仮定すると、密度が 1/830 の空気では少なくとも 3.3×10^4 m s^{-2} の加速度をもつことになる。大気中でこのような加速度の流れが起こるとは思えないので、陸上の生物のサイズは加速反作用の効果によって制限されてはいない、と結論してよいだろう。

ここで考察したのは、抗力や揚力および加速反作用が生物に与える影響について知られている、山のような情報のほんの前菜に過ぎない。詳細については、Vogel(1981)、Denny(1988)、Alexander(1983)、Webb(1975)、Grace(1977) を参考にして欲しい。

4.7　血圧と体液圧

流体の密度が生物に影響を及ぼした例として、最後に血液の物理を取り上げよう。水の詰まった長く、垂直な管を考えよう（図 4.24A）。浮力のところで考察したように、管の底の水の静水圧は、頂上の水よりも高い。言い換えると、管の中の水が外に向かって出ようとする圧力は下に行くほど強くなる。管が破れないためには、管壁は何とかこの圧力に対抗しなければならない。

もし管全体が水中に沈んでいれば、何の問題もない。管の内側の静水圧は外側の静水圧と等しく、互

いに相殺し合う。管の壁に掛かる正味の圧力はなく、したがって管壁が対抗すべき力もない。この“水中に立つ液体の詰まった管”状態は、サカナやクジラの血管にある程度似ている。これらの動物は水に囲まれているので、血管内の静水圧のいかなる変化も周囲の水から釣り合いを保つ向きの圧力変化を受けるのである。実際の動物では状況はもう少し複雑になる。動脈の場合、血液は心臓のポンプ作用によって周囲の水よりも高い圧力をもっていて、その圧力差が毛細血管を通して血液を流す駆動力なのである（第 7 章参照）。しかし水棲動物では、動脈血圧は体中どこでもほぼ同じで、動脈は心臓が作り出した圧力にのみ対抗できればよいのである。

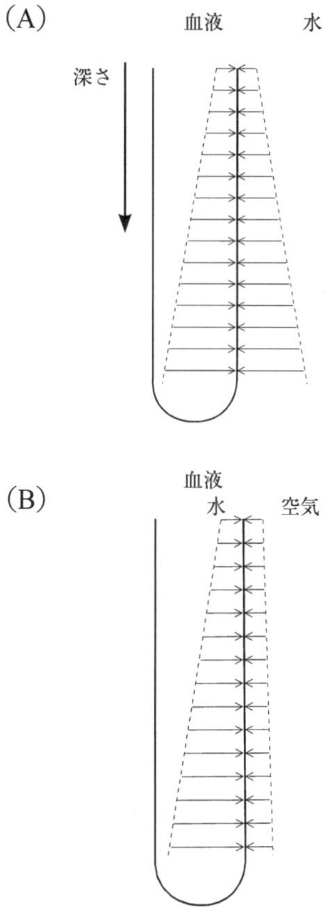

図 4.25　水の中では、血液の静水圧の増加は周囲の水のそれも同じだけ増えて相殺される（A）。空気中では、血液の静水圧は周囲の空気のそれよりも大きいので、血管壁に正味の外向きの力が掛かる（B）。

陸棲の動物では、話は全く違ってくる。図 4.25A の管が水中ではなく空気中にあるのなら（図 4.25B）、管の外側の空気から掛かる圧力は、管の内側の血液による圧力に比べて深さ方向でほとんど変わらない。したがって、底近くの管壁はかなりの強さの外向きの力に耐えなければならない。この力は、静水圧に加えて心臓のポンプ作用による圧力が加わると、大きくなる。これが、読者の下肢の血管が直面している状況である。いくつかの簡単な計算でこの点を示そう。

我々の血圧を脈圧計で測定すると、典型的には、心臓へ血液が再充填される際の 70 mmHg（9.3×10^3 Pa）と血液を拍出する際の 120 mmHg（1.6×10^4 Pa）の間を変動している（周りの大気圧よりこれだけ高い）。これが、いわゆる標準血圧と言われている値である。この測定の際、医師は血圧計を腕に巻く場所が患者の心臓と同じ高さになるように注意している。そうして測った血圧は、心臓を出てすぐの動脈内の血圧を示すからである。しかし、足の血圧はどうなのだろうか？足は普通心臓よりも 1.5 m ほど下にあるから、血圧は

$$1.5\,\rho_{bl}\,g = 1.5\times10^4\ \text{Pa} \tag{4.53}$$

だけ大きくなる。ここで ρ_{bl} は血液の密度である。この値は、心拡張期の圧力の 1.6 倍も高い。すなわち我々の下肢の動脈も静脈も、実質的には慢性的な高血圧状態にあり、この高血圧に何とか対処できなければならないのである。このことは逆に、宇宙飛行士が出会う問題でもある。重力のかからない環境では、下肢の血液も他の部分と同じになる。したがって、下肢で“重力由来の高血圧”に対抗していた血管の“過剰な”弾性力が、血液を頭の方に押し出してしまうからである。

この話が正しいことは、逆立ちしてみればすぐにわかる。普通に立っている時に比べて、心臓からみた頭の位置が 0.6 m も低くなるので、頭蓋内に圧を感じ、眼球が少し押し出され、顔が赤くなる。全てこの静水圧のせいである。もっと関心があれば、水泳プールで水中逆立ちをしてみるとよい。上のような症状は感じないことを確認できるだろう。体の部分によって血圧が違うことは、椅子に長時間静かに座っているとクルブシのところがむくんでくることからもわかる。毛細血管の高い圧力が、水を血管から周囲の組織へ押し出そうとする。筋肉の活動がなければ、押し出された水はリンパ系に溜るのである。

逆立ちしたときの頭部の血圧が心臓のところよりも高いのなら、普通に立っているときの頭部の血圧はどうなっているのだろうか？　頭は心臓よりも約 30 cm 上にあるので、頭部の血管の血圧は標準血圧よりも 3×10^3 Pa 低くなる。このため、標準血圧が最低でも 3×10^3 Pa（約 25 mmHg）以上なければ、脳への血流を保てない。血圧がこれより低くなると、失神する。

この結論を不思議に思う読者もいるかもしれない。なぜ脳の血圧は周囲よりも高くなければいけないのか？ なぜ血管は、サイフォンのように、大気圧より低い圧力で流れ続けることができないのか？理由は、血管が「硬い管」ではないからである。血管内の圧力が周りより低くなると、血管は平たく潰れてしまって、流れは止まるのである。

動物によっては、体の部分によって血圧が大きく違うものがいる。例えば、キリンが直面している問題を考えてみよう。この風変わりな体をもった生き物は体長 5 m まで育つが、頭部は心臓から 2.5 m も上、足底は心臓から 2.5 m も下にある。キリンが水を飲もうとして頭を地面まで下げると、その脳血管の血圧は大気圧の半分近くも変わるのである！ 実際に頭を下げるとき、キリンは前脚を左右に広げて前屈みになる。心臓の位置を下げて、この圧力変化を少しでも減らそうとしているのである（Warren 1974）。キリンの足首（クルブシ）は弾性のある皮できつく巻かれている。毛細血管から液体が押し出されるのに対抗して、むくみを抑えているのである。では、巨大な恐竜はどのようにしてその血圧に対処していたのだろうか？　例えば、アパトサウルス（*Apatosaurus*）は巨大でキリンの 2 倍の高さにもなるから（図 4.26）、

図 4.26　キリンは水を飲む際に、前肢を開いて頭部の血圧変化を減らす。アパトサウルスのような恐竜がどうやって水を飲んだのかも不思議だ。

水を飲むために首を曲げて頭を下げると、頭部の血圧は1気圧近くも変わったことだろう。アパトサウルスの群れが水辺で水を飲んでいる光景は、どんなものだったのだろうか？

長さが10 m以上まで大きくなるヘビも不思議な存在である。彼らは木に登るときに失神してしまわないのだろうか？ 実際には、木に登るヘビは一般に小さく、垂直になるための適応的な仕組みをいくつか進化させている（Lillywhite 1987, 1988）。彼らの心臓は頭の近くにあり、尾部にはきつく締まった皮膚があって血液が溜るのを防いでいる。対照的に、アナコンダのような本当に大型のヘビは、あまり木には登らない。

圧力に関する物理は植物の水についてもあてはまる。例えば、維管束植物の道管内の水は、根から葉まで切れ目のない水柱である。高さ60 mのセコイアでは、根にある水は樹冠にある水よりも6気圧も高い静水圧を受けていることになる。しかし、非常に奇妙なことだが、根の中の水が周囲の空気より6気圧も高い圧力をもっていると言っている訳ではない。木の中の水は、(浸透圧によって作り出される）根圧と水柱の頂上部が空気を入り込ませないという仕組み（図12.8参照）の両方によって、支えられているのである。空気が流れ込めないので、水柱は葉にぶら下がっていられるのである。根と葉の間での力学的な相互作用の結果として、道管内の圧力は根で一番高く、地面から2～3 m上のあたりで周りの大気圧と同じになり、それ以上に高さが増すにつれて減少し続ける。したがって、道管内の水の多くは、周りの大気から見て「陰圧」になっている。道管は動脈とは逆の問題、すなわち壁面は内側に向かう強い力に対抗できなければならない、に直面しているのである。道管の力学は、表面張力について調べる第12章で再び取り上げる。

4.8　まとめ

水と空気では密度が830倍も違うことが大きく効いていて、温度や圧力の違いに伴う密度の変化を相対的に小さなものにしている。水からの浮力が大きいので、水中での柱状構造の方が陸上よりも高くなれるはずだ。しかし、この有利さを相殺してしまう以上に、水中の柱に掛かる流体力学的な力は大きい。水棲の生物には浮力を調節する様々な仕組みが進化したが、空気中の生物は実用的な仕組みを手に入れることができなかったらしい。結果的に、硬い骨格をもっていた水棲生物が陸上へ進出するための前適応を果たしていた。

媒質の密度は、移動のコストに大きく影響する。泳ぐ動物は、重力に逆らうためのエネルギー消費が少ないので、走る動物や飛ぶ動物よりも移動のコストが少ない。空気の密度が水に比べて低いことが、陸棲動物の血圧や血管の構造と植物での水の柱の保持の仕方に、興味深い影響を与えた。

4.9　そして警告

この章では、媒体の密度が生物にどんな影響を及ぼすかについて、ごく大まかな描像を示した。整合性のある全体像とするために、詳細の多くを省いた。格好よく簡略化して示した個別の例も、詳しく吟味すればもっと複雑であろう。したがって、危険もあることを警告しておきたい。この章で示した例は、どれも論理の流れとしては正しいだろうが、“研究のための処方箋”として使える訳ではない。ここで示された知識を特定の生物にあてはめる前に、注意深く原著論文に目を通して欲しい。

粘性：流体はどれほど流れ易いのか？

これまで見てきたように、空気や水などの流体は“流れる”という性質で固体と区別されている。固体は、正味の力が掛かると少し変形するが、変形はそこで止まる。流体は、それとは反対に、変形し続ける。例えば、小川の水は重力加速度による力を受けて、坂を下って流れ続ける。川底が急傾斜であればあるほど、流れは速くなる。局所的な大気圧差は空気の流れを引き起こし、風となる。圧力勾配が大きいほど、風は強くなる。ある駆動力によって流体がどれほど速く変形するかは、その流体の**「粘度」**で決まる。この章では、この物理的性質を取り扱う。

水が空気よりかなり粘度が高いのは、生物学的に重要な点である。例えば、あるパイプの中をある速さで水を流すためには、空気の場合に比べて2500倍も強い圧力を掛けなければならない。この章で、この違いがバッタとスイレンの循環系の進化が決定づけられたことを知るだろう。カサガイが岩に張り付く仕組みや、なぜバクテリアは水の中を泳ぐよりも速く空気中を飛べるのか、なぜ温度が高いとサカナや昆虫の呼吸のコストが高くなるのか、なども説明できるようになるだろう。

5.1　物理

図5.1Aのような例を考えよう。ある体積の流体が距離yだけ離れた2枚の水平な平板に挟まれている。平板の面積はそれぞれAで、上の板は速度uで他方に平行に動く。その結果、流体には**「ズリ（剪断）」**が起こる。つまり、流体のそれぞれの分子はすぐ下にある分子に比べて平均するとより速く、またすぐ上にある分子に比べてより遅く動き、流体全体としては変形する（図5.1B）。流体の分子が互いに遠ざかる速さ（すなわち変形速度）は2つの因子に依存する。第1に、上の板の速度が大きいほどその動きに連れた変形も速くなるから、変形速度はuに比例する。第2に、板の間隔が小さいほど挟まれた流体の変形は大きくなるから、変形速度はyに反比例する。

次に、この速さでの変形を続けるために必要な外力Fは、2つの因子に依存する。板の面積が大きくなるほど影響を受ける流体の体積は増え、必要な力はより大きくなる。言い換えると、力は面積に比例する。そして最後に、ある速さでの変形に必要な力は、流体の“粘り気”によって流体ごとに異なる。この“粘り気”が、記号μで表わされる流体の**「絶対粘度」**で、流体の分子を隣り合った分子と引き違わせることが、どれほど困難かを示す指標である。流体の絶対粘度が高いほど、ある一定の変形速度を保つために必要な単位面積あたりの外力は大きくなる。

これらを数式で表わすと

$$\frac{F}{A} = \mu \frac{u}{y} \tag{5.1}$$

で、この関係式は絶対粘度（単に粘性率とも呼ばれる）の定義

$$\mu = \frac{F/A}{u/y} \tag{5.2}$$

として用いられている。絶対粘度の単位は N s m^{-2} である。

図 5.1　2 枚の平板に挟まれた流体は片方の板の移動で変形する（A）。流体内部の速度勾配を作り出すのには外力が必要である。

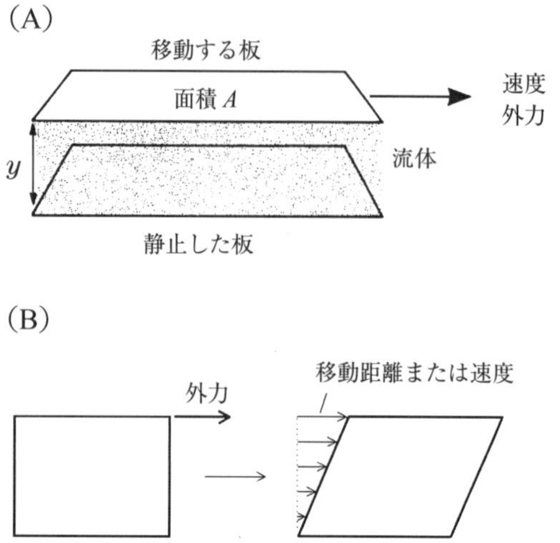

このように、比 u/y は流体中のズリ速度の指標である。この式で速度勾配を表現するのはこの例のような簡単な構図では充分に正確だが、ズリが場所によって変わるようなより一般的な場合に備えて、速度勾配は du/dy と書いた方がよい。さらに、F/A という量は ***「剪断応力」*** τ と呼ばれ、式 5.1 と式 5.2 は次の形で表現されることが多い。

$$\tau = \mu \frac{du}{dy} \tag{5.3}$$

$$\mu = \frac{\tau}{du/dy} \tag{5.4}$$

ここでの例には暗黙の内に、片方の固体板を他方に対して動かすとその間に挟まれた流体にズリが起こる、という仮定が含まれている。このことは、本質的に流体がそれぞれの板面に粘り付くことを要求している。もし、流体が板面に沿って滑って構わないのなら、2 枚の板が動いても必ずしも流体内にズリは起こらない。しかし経験的観察事実としては、固体表面と直に接した流体が固体表面に沿って滑ることはない。この ***「滑りなし条件」*** の物理基盤は複雑で、完全に解明されている訳ではない（Khurana 1988）が、計り知れない実用上の重要性をもっている。この滑りなし条件のために、固体表面に接した流体は物体そのものと同じ速度で動くように拘束されているので、物体が流体の塊の中を動くと流体に

はズリが起こってしまう。式5.1や式5.3から、このズリ応力は表面積と流体の粘度に比例した力を伴うことがわかる。このように、ある大きさの物体について言えば、流体中を動くときに受ける力は（少なくとも部分的には）絶対粘度に比例する。その点に、水と空気での重大な違いが出るのである。

空気と淡水、そして海水の絶対粘度を表5.1に示した。まず注目すべきことは、水は空気よりもかなり粘度が高いことである。例えば、20℃での水の粘度は空気のそれの55倍もある。液体は気体より粘りが強いのである。２番目に注目すべきは、空気も水も粘度は温度とともに変わることだが、変わり方は逆向きである。0℃から40℃にわたって、空気の粘度は11％増える（図5.2）が、同じ温度範囲で水の粘度は64％減る（図5.3）。その結果、水の絶対粘度は、（対空気の粘度との比で）温度が上がるとかなり減る。0℃では約100あるが、40℃では34になる（図5.4）。簡単のために、この章で水を空気と比べる際の平均的な比として、70を使うことにしよう。

海水は、淡水よりわずかに粘度が高い（表5.1）。しかし、海水の粘度の温度による変化は淡水と同じである（図5.3）。

表5.1　水と空気の絶対粘度

出典：空気に関する数値はList (1958)より入手、淡水と海水に関する数値はSverdrupら(1942)による。海水の40℃における値は外挿値であることに注意。

T (℃)	絶対粘度（N s m^{-2}）		
	乾いた空気	淡水	海水(S＝35)
0	1.718×10^{-5}	1.79×10^{-3}	1.89×10^{-3}
10	1.768	1.31	1.39
20	1.818	1.01	1.09
30	1.866	0.80	0.87
40	1.914	0.65	0.71

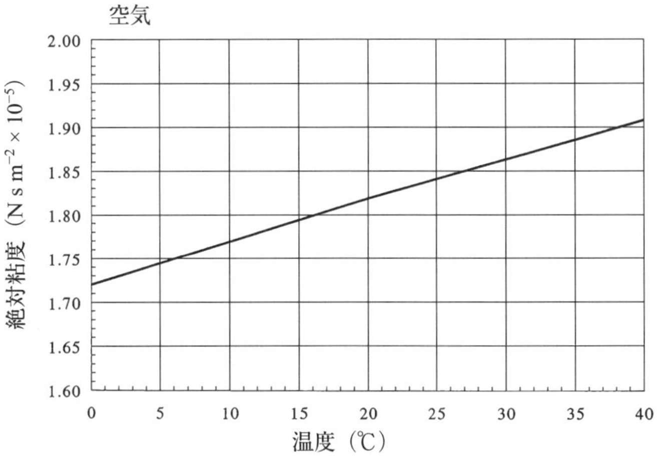

図5.2　空気の絶対粘度は温度が上がるにつれて増す。縦軸はゼロから始まっていないことに注意せよ。

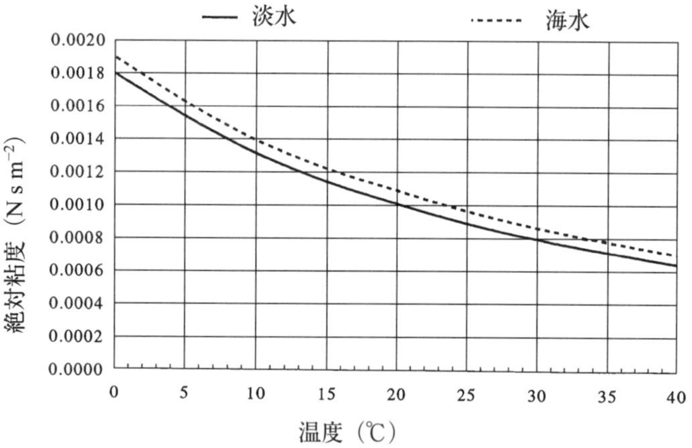

図 5.3　淡水と海水の絶対粘度は温度が上がると減る。

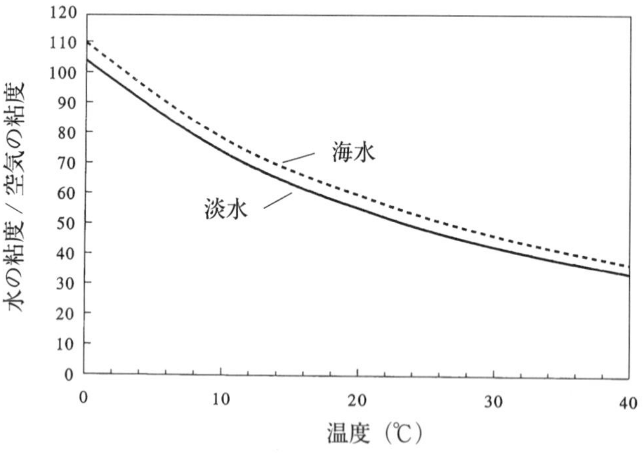

図 5.4　水の絶対粘度の空気に対する比は、温度の上昇につれてかなり減る。

5.2　レイノルズ数

第4章では、様々な例を通して、流体力学とそれが生物に及ぼした影響は基本的には密度の効果であったことを見た。この章では、粘性が主な役割を果たす場合を考えよう。流体力学の一般的な文脈から見れば、この2つの量は連続した様々な現象群の両極端に現われる。ほとんどの場合、流れは密度と粘性の両方で決まる。すなわち、この2つは流体力学を編み上げている陰と陽である。例えば、多くの生き物が食物粒子の懸濁液として餌を採ることができるのは、食物粒子の密度とともにそれを包んでいる液体の粘性の両方に支えられているのである。同様に、生き物が落ちる速さや固体表面に粘り付いて動かない淀み層（境界層）の厚みは、密度と粘性の両方に依存している。これら、粘性と密度の両者が効く典型的な話題は第7章で扱う。しかし、効いているのが密度なのか粘性なのか、その両方なのかが直観的にわかる方法はないのだろうか？　この章の目的で言えば、どうすれば粘性の効果が密度のそれより優っていると判定できるのだろうか？　必要なのは、経験から大まかに法則を掴むことである。

まず、ある特定のパラメータが“重要だ”と言う場合、その意味を注意深く明確にすることから始める。この文脈では、密度と粘性が生き物の近傍での流れの場（パターン）にどのように影響するかが1番の問題となる。この流れの場がわかれば、力の他に熱や質量の輸送率などのより具体的な情報の多くを、知ることができるようになる。

では、何が流れの場を決めるのだろうか？　流体のある小さな部分（いわゆる**「流体粒子」**）が物体の横を通り過ぎるとき、粒子の辿る経路は、動き続けようとする傾向（流体粒子に働く慣性力の函数）と止まってしまう傾向（流体の微小部分に働く粘性力の函数）の相互作用で決まる。多くの実験から、ある形の物体の周りの流れの場を決めるのはこの２つの力（慣性力と粘性力）の比であることがわかっている。

では、何が慣性力と粘性力の比を決めるのだろうか？　ここでやっと、問題を直接掴んだことになる。流体粒子に働く慣性力と粘性力は、物体の形と大きさおよび流体の物体に対する相対速度に依存する。もちろん、あたり前だが流体の粘性と密度にも依存する。これらの因子が組み込まれる様子を知るために、簡単な例を調べよう。密度 ρ_f の流れの中に置かれた小さな立方体を想定しよう（図 5.5）。立方体は、一辺の長さが ℓ の側面を持ち、流れの中に静止し、流体は上流に向いた面から下流に向いた面へと自由に流れている。流体の速度が u なら、この立方体には毎秒 $u\ell^2$ m^3 の体積、質量で言えば $\rho_f u\ell^2$ kg の流体が流れ込む。運動量は質量と速度の積だから、この立方体に入り込む流体の運動量の時間あたりの変化率は、（kg m s^{-2} で言って）

$$\text{時間あたりの運動量} = \rho_f u^2\ell^2 \tag{5.5}$$

である。

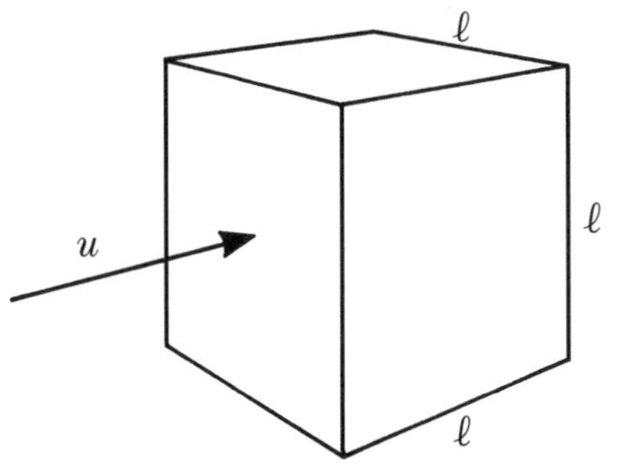

図 5.5　レイノルズ数を簡便に導くための“対照体積”

運動量の時間変化率は力を表わすこと（式 3.12）を思い起こせば、この運動量の流入束を立方体の上流面に働く外力であると考えてよい。もちろん、流体は流れ込んだのと同じ時間率で立方体から流れ出ているから、同じ大きさで逆向きの外力が下流面に働いている。この議論の目的は単に、流れに向かった面に働く外力をはっきりさせることなのである。流体の運動量に依存しているのだから、この力（式 5.5）が探していた慣性力なのである。

これに対し、この立方体に働く粘性力は、立方体の側面を通り過ぎる流れを調べることで推定できる。立方体が内部の詰まった固体で、その表面に滑りなし条件が適用できれば、流れの中に速度勾配ができるだろう。その結果、表面にズリ応力

$$\tau = \mu \frac{u}{k_R \ell} \tag{5.6}$$

が働く。ここでは、表面から距離 $k_R \ell$ のところで速度が u に達するとして速度勾配を近似している。ここで、ズリ応力 τ というのは単位面積あたりに働く力だから、立方体の側面に働く粘性力の値は、式 5.6 に面積 ℓ^2 を掛けて、

$$\text{粘性力} = \mu \frac{u\ell}{k_R} \tag{5.7}$$

となる。この粘性力と慣性力（式 5.5）の比をとって、目的だった無次元の ***「レイノルズ（Reynolds）数」*** Re に辿り着く。

$$Re = \frac{\rho_f u k_R \ell}{\mu} \tag{5.8}$$

もし k_R の値がわかれば、全ての場合についてのレイノルズ数を計算できる。しかし、ある物体の周りでの速度勾配の様子を正確に予測するのは難しいのが普通で、k_R を特定することはできない。でも大丈夫、係数 k_R が重要なのはレイノルズ数を厳密に慣性力と粘性力の比として扱うときだけなのだ。少し見方を緩めて、Re に慣性力 / 粘性力に ***「比例」*** することだけを求めれば問題は解決する。そのためには、$k_R \ell$ の値を物体の“特徴長さ”ℓ_C で置き換えて、Re を次にように定義し直す。

$$Re = \frac{\rho_f u \ell_C}{\mu} \tag{5.9}$$

レイノルズ数は、もはや単に慣性力 / 粘性力に比例しさえすればよいのだから、便利なように ℓ_C を選ぶことができる。

慣性力と粘性力の比としてのレイノルズ数は、これまで探していた直観的で大まかな規則性を教えてくれる。レイノルズ数が低い時は粘性力が慣性力を上回っており、 Re が充分に低ければ密度の効果を（第一近似としては）全く無視しても構わない[1]。このように、粘度に関するこの章ではレイノルズ数が非常に低い状況を主に扱う。高いレイノルズ数の奇妙な例もいくつか紛れ込むが、それらはあくまでも例外である。

レイノルズ数の大きさは、特徴長さの取り方によって変わることに注意して欲しい。便利な長さを自由に選んで構わないが、特徴長さを変えるとレイノルズ数だけが変わり、流れの場は変わらないことに

［脚註 1：文法的には、レイノルズ数は「低い」ではなく「小さい」というのが正しいだろう。しかし、流体力学では伝統的にレイノルズ数が高い／低いと表現しているので、ここでもそれに従う。］

注意しなければならない。特に断わりがない限り、ℓ_C は流れの向きに沿って測った物体の長さを使う。この場合、もし Re < 0.1 なら慣性力を無視して構わない。

レイノルズ数の式から、流れの場を決める上で重要なのは粘度と密度の比で、それぞれの単独の値ではない、ということが明らかである。この比 μ/ρ_f（単位は $m^2\,s^{-1}$） は流体力学で非常に頻繁に現われるので、**「動粘性率（*Kinematic viscosity*）」** v（ニュー）という名前が付いている[2]。したがって、

$$Re = \frac{u\ell_c}{v} \tag{5.10}$$

である。水は空気の 70 倍も絶対粘度が高いが 830 倍も密度が高いので、その動粘性率は空気よりも小さく、温度によって変わるが 1/8 から 1/15 しかない（表 5.2 と図 5.6）。その結果、ある特徴長さの物体が同じ速さで動く場合のレイノルズ数は、水中では空気中の 8 倍から 15 倍も大きくなる。逆に同じ Re なら、空気中の物体は水中での 8 ～ 15 倍大きいか、8 ～ 15 倍の速さである。生物を“低レイノルズ数”とみなせる体サイズと速さの積の最大値を図 5.7 に示した。

表 5.2　水と空気の動粘性率

T (℃)	動粘性率（$m^2\,s^{-1}$）		
	乾いた空気	淡水	海水(S=35)
0	1.33×10^{-5}	1.79×10^{-6}	1.84×10^{-6}
10	1.42	1.31	1.35
20	1.51	1.01	1.06
30	1.60	0.80	0.85
40	1.70	0.66	0.70

出典：空気に関する数値は表 4.1 および表 5.1 から計算で求めた。淡水と海水に関する数値は Sverdrup ら (1942) による。
注意：海水の 40℃における値は外挿である。

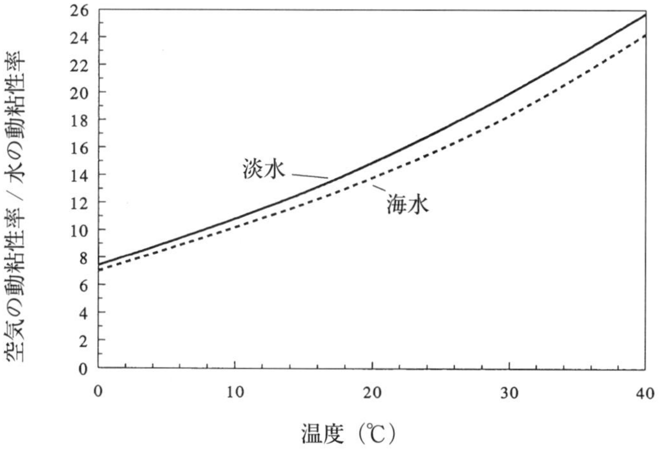

図 5.6　空気の動粘性率の淡水および海水の動粘性率に対する比は、温度の上昇とともに大きくなる。

［脚註 2：Kinematics（運動学）は、力を考慮せずに物体の動きだけを扱う。粘度の密度に対する比は長さと時間の次元をもつが質量の次元をもたないので、動粘性率は運動学的（kinematic）な量である。物体の動きに付随する力を扱う分野は Dynamics（力学または動力学）と呼ばれ、必然的に質量を含む。］

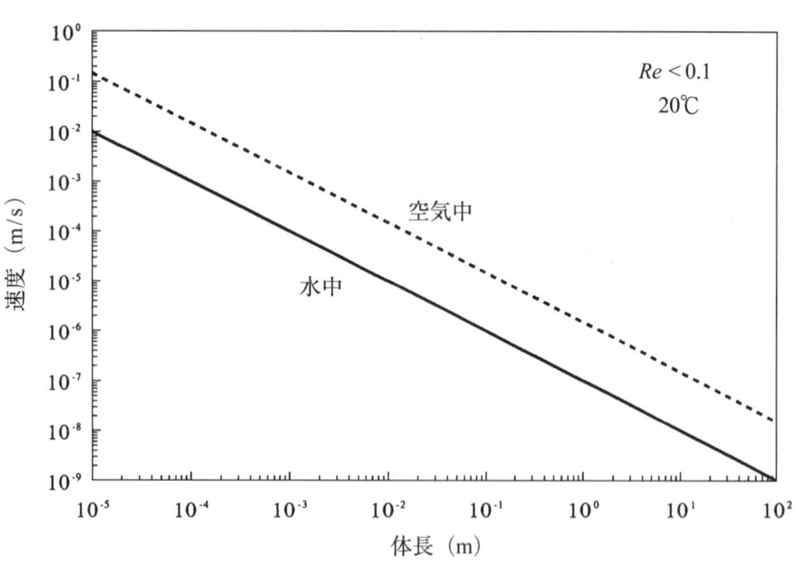

図 5.7　生物の体の長さが増すと、“低”レイノルズ数（$Re < 0.1$）として動作できる速度の最大値は減る。

5.3　移動運動

ここでは、低レイノルズ数の世界に閉じこもる。この仮定を強く意識することで、絶対粘度が生物に及ぼした影響と、それらが水と空気でどれほど違うのかに注意を向けることができる。

まず移動運動の問題を考えよう。滑りなし条件があるので、流体の中を動く物体は全て流体にズリを起こさざるを得ない。流体の“粘り気”がこのズリを受け止めている。したがって、生物が（空気でも水でも）流体の中を動く時には、第 4 章で議論した圧力抗力に加えて、常に粘性抵抗または ***「摩擦抗力」*** に打ち勝っていなければならない。

物体のサイズが大きいかスピードが高い、またはその両方の時、つまり Re が高い時は圧力抗力が摩擦抗力よりもかなり大きいのが普通である。これが、第 4 章ではあたかも圧力抗力だけが作用するかのような議論をした理由である。しかし、小さな物体に対しては圧力抗力は無視できるほど小さく、摩擦抗力が優勢になる。今ここで注目するのは、このような例である。

いくつかの点で、摩擦抗力は圧力抗力よりもずっとまともな概念である。粘性力が優っている時、流れの場は整然としており予測可能である。流体力学の専門用語では、流れは ***「層流」*** であるという。あたかも、何枚も重なった流体の薄い層が、互いに違う速度で通り過ぎているかのように見える。整然とした流れの場は数学的に取り扱い易いので、低レイノルズ数で動く物体の粘性抵抗に関する便利な解析公式が、たくさん用意されている。

例えば、球の場合は、レイノルズ数が充分低ければ（0.1 以下）、ある球を流体中で進めるために必要な外力は、

$$F = 3\pi\mu u d \qquad (5.11)$$

である（ストークスの解析による）。ここで、d は球の直径、u は流体に対する球の速さである。簡単に言えば、球の動きが速くなるかサイズが大きくなれば、より強い力が必要になるということである。

付け加えると、水の絶対粘度は空気の 70 倍なので、水の中である球を推すには空気の中で同じ球を同じ速度で推すのに比べて 70 倍の力が必要になるということである。もちろん、レイノルズ数が充分に低い場合のことである [3]。

これは物体の形とは無関係に成り立つ。例えば、球ではなく（葉巻の形のような）偏長回転楕円体が長軸の方向に動いている場合には、

$$F = \mu \frac{2\pi\ell}{\ln(2\ell/d) - \frac{1}{2}} u \tag{5.12}$$

である*1。ここで ℓ は楕円体の主軸の長さ、d は短軸の長さで、$\ell \gg d$ である（Berg 1983）。ここでも、絶対粘度の違いから、ある物体をある速度で推すのに必要な力は、水中では空気中での 70 倍になる。回転楕円体を流体中で横向きに推すために必要な力は、

$$F = \mu \frac{4\pi\ell}{\ln(2\ell/d) + \frac{1}{2}} u \tag{5.13}$$

で長軸方向に推す場合の約 2 倍であるが、やはり水の中では空気中の 70 倍になる。

移動運動へはどう現われるだろうか？ まず、小さな生物にとって空気中を進む方が水中を進むより 70 倍も楽なのだと考えたくなるかも知れないが、それは落とし穴である。低レイノルズ数の世界の生物は、粘性抵抗に打ち勝たねばならないだけではなく、推力も粘性に頼らなければならないのである。推力を作り出す仕組みとして馴染み深いのは全て（揚力や圧力抗力、ジェット推進も）、流体の運動量変化を利用している。低レイノルズ数の世界では、その定義から言って慣性力は比較的小さいので、この仕組みによる推力は取るに足らない。低レイノルズ数で動作する生物は、代わりに、鞭毛または繊毛の運動を粘性と相互作用させて推進力に利用するのが普通である。低レイノルズ数での移動運動を水と空気で比較する前に、これら鞭毛や繊毛による移動運動の仕組みを知っておく必要がある。

図 5.8A のような鞭毛を考えよう。鞭毛がバクテリアのものなら、それは多少硬い螺旋でその軸周りに回転している（Berg 1983）。鞭毛が（精子などのような）真核生物のものなら、しなやかな棒で、内部には長さ方向に沿って伝わる平面的な正弦波を生成する機構がある。この 2 つのタイプの鞭毛が推力を発生する仕組みは同じであるが、ここでは精子の鞭毛を調べよう。その理由は、二次元平面内の運動なので、視覚化しやすいからである。

［訳者註＊1：分母の ln() は、ネピア数 $e = 2.718281828\ldots$ を底とする自然対数函数を表わす。］

［脚註 3：高レイノルズ数の場合については、第 7 章で再び考察する。］

5.3.1　鞭毛による移動の力学

ここでは、なぜ鞭毛が流体の中を動けるのかを力学的に説明する。出てくる個々の考え方は取り立てて難しいものではないが、それらを繋げて理解する道筋はやや込み入っており、ベクトル可算について幾分かの“センス”をもっている必要がある。このまま続けたければ、図 5.8 を繰り返し参照することで楽にわかるだろう。ベクトル可算に気の進まない読者は、次節にある概略までスキップしてもよい。

移動運動のあいだ、鞭毛の各小区間は長軸に対して直角方向に揺れ動いていて、鞭毛の波は後ろの方へ過ぎ去っていく。鞭毛が流体の中を進むと、その各小区間は前進することになる（図 5.8A）。典型的な場合、前進速度は軸に直角な動きの速さよりも 1 桁ほど遅いので、単純化して前進運動を無視しても、鞭毛の振動によって生み出される力を理解するのに深刻な影響は受けない。

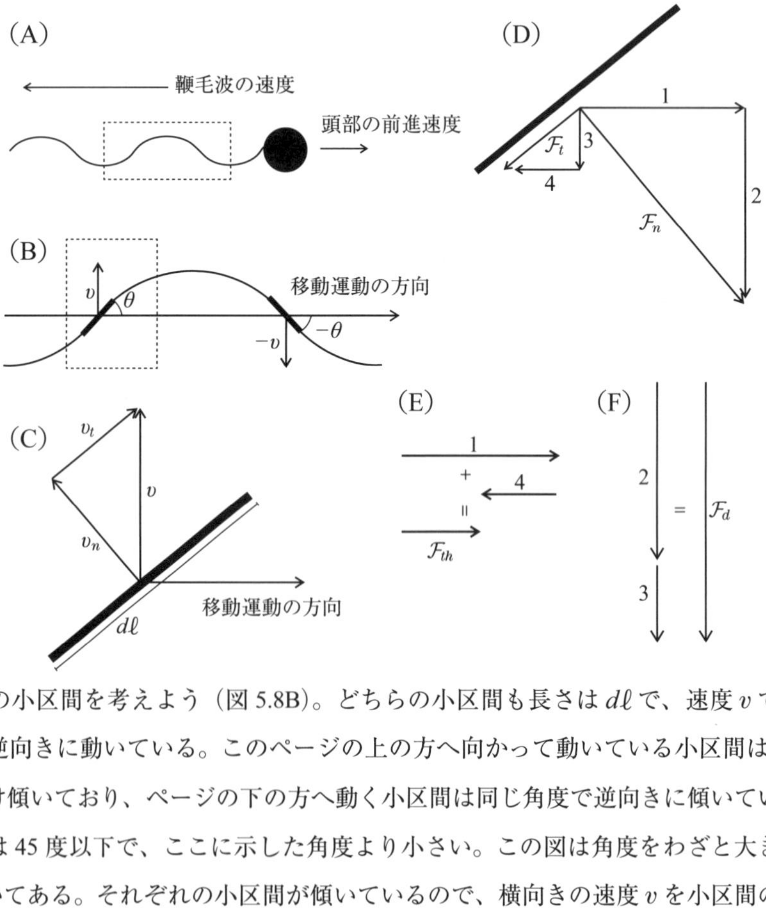

図 5.8　鞭毛の波状運動が流体力学的な力を発生し、鞭毛を前方へ推す。この型の移動運動で働く力の計算には、ここで定義された用語を使う。詳しくは本文を参照のこと。

鞭毛の半波長離れた 2 つの小区間を考えよう（図 5.8B）。どちらの小区間も長さは $d\ell$ で、速度 v で紙面内を軸に直角に互いに逆向きに動いている。このページの上の方へ向かって動いている小区間は、移動方向に対して角度 θ だけ傾いており、ページの下の方へ動く小区間は同じ角度で逆向きに傾いている。ほとんどの鞭毛での θ は 45 度以下で、ここに示した角度より小さい。この図は角度をわざと大きく取って、分かりやすく描いてある。それぞれの小区間が傾いているので、横向きの速度 v を小区間の軸に垂直な成分 v_n と、平行な成分 v_t の 2 つに分けることができる（図 5.8C）。図 5.8B に示した幾何学から、

$$v_n = v\cos\theta \tag{5.14}$$

$$v_t = v\sin\theta \tag{5.15}$$

であることがわかる。

これらの速度のそれぞれに対応して、全ての抗力と同様、粘性抗力は流体中の物体の速度の向きと反対向きに起こる（図 5.8D）。例えば、小区間の軸に垂直な速度 v_n は、単位長さあたりの力 $\mathcal{F}_n$ を鞭毛に発生させる。

$$\mathcal{F}_n = \mu C_n v_n \tag{5.16}$$

ここで C_n は抗力係数の一種で、

$$C_n = \frac{4\pi}{\ln(2k_f/r) + \frac{1}{2}} \tag{5.17}$$

で与えられる（Wu 1977）。この中の k_f は鞭毛が“正弦波状”になっていることによるパラメータで、鞭毛の正弦波の波長 λ を使えば、

$$k_f \approx 0.09\,\lambda \tag{5.18}$$

である。式 5.17 の r は鞭毛の棒の半径である。ほとんどの鞭毛では λ/r は 100 ～ 200 なので、$2k_f/r$ は 18 ～ 36 である。鞭毛の抗力係数のこの表現（式 5.17）は、横方向へ動く回転楕円体のそれ（式 5.13）と同じ形をしていることに注意して欲しい。

鞭毛の小区間の軸方向の速度成分 v_t による粘性抗力 $\mathcal{F}_t$（図 5.8D）も同じような形

$$\mathcal{F}_t = \mu C_t v_t \tag{5.19}$$

$$C_t = \frac{2\pi}{\ln(2k_f/r)} \tag{5.20}$$

で表わせる。ここで C_t は接線方向の動きに対する抗力係数である。

どちらの場合も、鞭毛の小区間に働く力は絶対粘度 μ に直接比例することに注意すべきである。

さらに、鞭毛の半径が実効長さに比べて小さい場合（ほとんどの場合があてはまる）、C_n は C_t の 1.4 ～ 1.7 倍になる。その結果、鞭毛が上下に振られているとき、鞭毛の小区間を軸に直角な向きに動かすために必要な力は、軸に平行に動かすのに必要な力よりもかなり大きい[4]。この違いが、鞭毛による移動を可能にしている。

それを理解するためには、鞭毛のこれら小区間に働く力の大きさと方向の両方を見る必要がある（図 5.8D）。$\mathcal{F}_n$ も $\mathcal{F}_t$ も生物が進んでいる方向に対して斜めになっているので、それぞれを移動運動に平行な成分（図 5.8D のベクトル 1 と 4）と、それに直角な成分（ベクトル 2 と 3）に分けることができる。ペー

[脚註 4：これは θ がそれなりに小さい場合に正しい。θ が 90 度に近づくと成り立たない。]

ジの上の方へ向かって動いている小区間の移動運動の向きに平行な正味の力は、

$$\mathcal{F}_{th} = \mathcal{F}_n \sin\theta - \mathcal{F}_t \cos\theta \tag{5.21}$$

$$= \mu C_n v \sin\theta\cos\theta - \mu C_t v \sin\theta\cos\theta \tag{5.22}$$

$$= \mu(C_n - C_t) v \sin\theta\cos\theta \tag{5.23}$$

である。この計算式を図示すると、図 5.8E になる。$C_n > C_t$ なので、正味の軸方向の力は、鞭毛に沿って伝わる正弦波状の波の逆方向に働いて、推進力 $\mathcal{F}_{th}$ となる。これが流体の中の鞭毛を推進させる力である。この推進力は流体の絶対粘度に直接比例することに留意して欲しい。

移動運動の向きと直角な方向の成分を加算すると（図 5.8F）、

$$\mathcal{F}_d = \mathcal{F}_n \cos\theta + \mathcal{F}_t \sin\theta \tag{5.24}$$

$$= \mu(C_n \cos^2\theta + C_t \sin^2\theta) v \tag{5.25}$$

となる。明らかに、小区間の横方向への運動にはかなりの抵抗を受けているのである。この力も絶対粘度に比例している。

全く同じ計算を、ページの下の方へ動いている小区間についても行える。小区間の運動方向と傾斜が反転するので、小区間にはやはり正弦状の鞭毛波とは逆の向きの正味の推進力が働く[5]。このような訳で、軸に直角な向きに正弦運動する小区間それぞれが、鞭毛を前方へ進めようとする推進力を与える。

ページの下へ向かって動く小区間に働く軸に直角な力は、上へ向かって動く小区間に働くそれと同じ大きさだが、向きは反対になる。鞭毛の上に整数個の波が乗っている限り、どの小区間で生じた軸に直角な力も他の小区間で生じたものと打ち消し合って、生物全体としてみれば、正味の力にはならない。もちろん、鞭毛それ自身は上下に行ったり来たりしなければならないが、そんな“ムダな動き”も推進力の発生に比べれば安いものなのである。

5.3.2　最終結果

力を成分に分けて並べ替える作業で、最終的に次のことがわかった。すなわち、ある棒を横向きに動かすと、長さ方向に動かすのに比べてより強い粘性抵抗を受けるので、鞭毛を打ち振ると正味の推進力が発生し、その力で鞭毛自身とそれに付着した細胞体を流体中に推し進めることができる。推進力の大きさは、鞭毛の軸に直角な向きの速さつまり鞭毛を打ち振る周波数と振幅に依存するが、どんな場合でも流体の絶対粘度に直接比例する。

推進力の絶対粘度に対する比例関係は、水中ではなく空気中を移動する生物にはいかなる有利さもな

[脚註 5：速度は $-v$、$\sin(-\theta) = -\sin\theta$ で $\cos(-\theta) = \cos\theta$ だから、速さと傾斜角のサインとコサインの積は正のままである。]

いことを示している。水は空気の70倍も粘度が強いので、同じ体を同じ速度で押し込むには70倍の力が必要である。しかし、同じ長さの鞭毛で同じ鞭毛打の周波数と振幅で70倍の推進力が手に入る。それでトントンになりうる。

もちろんこの話は、空気中を鞭毛を使って移動する生物が水中のそれと大きさ、形、速度が同じと仮定している。そんなことが実際にあるのだろうか？　この疑問に答えるために、鞭毛による移動のエネルギーを手短に調べてみよう。

Wu (1977) は鞭毛運動の力学を詳細に解析し、鞭毛を推進させるのに必要なパワーは、

$$P = 50\mu u^2 \ell_f \tag{5.26}$$

であることを示した。ここで、u は流体中での鞭毛の前進速度、ℓ_f は鞭毛の長さである。これは鞭毛だけに必要なパワーで、鞭毛が直径 d の細胞体を推していれば、必要な全パワーは、

$$P = 50\mu u^2 \ell_f + 3\pi\mu u^2 d \tag{5.27}$$

となる。ここでは、パワーは力と速度の積に等しいということを利用している。

真核生物では、鞭毛運動のパワーは鞭毛内の微小管などの装置で供給されるから、移動運動に利用可能なパワーは、おそらく鞭毛の長さに比例するであろう（Alexander 1971）。すなわち、

$$P = \text{constant} \times \ell_f \tag{5.28}$$

比例定数の値は正確にはわからないが、問題は残らない。必要なパワーと供給可能なパワーを等しいとおけば、

$$50\mu u^2 \ell_f + 3\pi\mu u^2 d = \text{constant} \times \ell_f \tag{5.29}$$

$$(50 + 3\pi d/\ell_f)\mu u^2 = \text{constant} \tag{5.30}$$

で、d/ℓ_f は普通充分に小さいから、絶対粘度と速度の二乗の積は鞭毛の長さと実質上無関係だと結論できる。つまり、絶対粘度が一定であれば、鞭毛を長くしても移動運動の速さは大きくならない。水棲の様々な鞭毛虫類を使った実験で、この結論の正しさが確かめられている（Wu 1977）。

このことは、鞭毛の出力パワーが同じままで媒体の粘度が小さくなれば、移動のスピードは増すことを意味する（式5.30）。したがって、エネルギー消費率が同じであれば、鞭毛で空気中（粘度は水の0.014倍）を移動する生物は、水中の同じ生物の約8倍の速さで移動できると予測できる。水中の鞭毛生物が50 ～ 150 μm s^{-1} で動くとして、この“空中鞭毛類”は約1 mm/秒でピッと飛べるのである。

この議論の流れは奇妙な結論つまり、鞭毛をもった生物は飛翔できるという話に行き着いてしまう。例として、ウシの精子と同じサイズとパワー出力をもった“空中版精子”を想定しよう。上で議論したように、重力が効いていなければ、この空中版精子は約1 mm s^{-1} のスピード u で移動できる。そのため

には、鞭毛はそれ自身が動くのに必要な力に加えて、精子頭部に掛かる粘性抗力を余分に出せなければならない。精子頭部の直径 d は普通 2 μm 程度だから、空中で鞭毛が余分に発生すべき推進力（式 5.11）は、

$$F = 3\pi u\mu d \tag{5.31}$$
$$= 3.4 \times 10^{-13}\,\mathrm{N} \tag{5.32}$$

である。

重力を考慮に入れるとどうなるだろうか？　精子の質量のほとんどは頭部に集まっていて、それが重力加速度で下向きの力を受ける。空中版精子が浮き続けるためには、鞭毛は頭部の重量に等しい上向き推進力を発生できなければならない [6]。ここでの数値をあてはめると、

$$重量 = \rho_e g(4/3)\pi(d/2)^3 \tag{5.33}$$
$$= 4.4 \times 10^{-14}\,\mathrm{N} \tag{5.34}$$

である。ただし、精子頭部の実効密度を 1080 kg m^{-3} と仮定した。このように、重量が推進力より少ないので空中版精子は浮いていることができる。水中版と同じパワー出力をもてば、少し浮き上がることさえできる。鞭毛を用いた移動方式は、空中でも使えるように見える。

これまでの考察から漏れている、もっと現実的な問題があるのかもしれない。例えば、粘度の低い空気中で水中と同じパワーを出し続けるためには、鞭毛を 8 倍の頻度で打ち振らなければならない。水中版の鞭毛は、既に毎秒 10 〜 15 回という速さで振動しており、空中移動に必要なこれ以上の高い振動数は微小管系にとって不可能なのかもしれない。また、鞭毛の仕組みを乾燥した空気環境で維持するという、もっと現実的な問題もある。真核細胞の長く細い鞭毛は、使うより前に、すぐに乾いてしまうだろう。これに関してはバクテリアの鞭毛の方が有利かもしれない。バクテリアの鞭毛の駆動装置は、鞭毛の中ではなく細胞膜に埋め込まれている。したがって、鞭毛それ自身は単なる硬い棒のようなものなので、空気と触れてもダメになることはない。鞭毛を回転させる細胞内の仕組みが空中でパワー出力を維持できれば、バクテリアは飛べるだろう。しかし著者の知る限り、バクテリアが空中を効果的に泳げるかどうかをキチンと検討した人はいない。空中遊泳が有利かどうかは第 6 章で考察する。

繊毛による移動運動は、鞭毛と同じ原理に従うが、もっと込み入っている。個々の繊毛は櫂（オール）で漕ぐような動きで打つ。個々の繊毛が作り出した流れが近隣の繊毛の影響を受ける。ここでは、これ以上の複雑さには触れないが、興味のある読者には非常に優れた概説として Wu (1977) をお勧めする。

鞭毛や繊毛を用いる移動運動は、小さな粒子が空中に浮いていられるただ 1 つの仕組みではない。次章では、それ以外のいくつかの例を調べる。

[脚註 6：鞭毛よりも精子頭部の質量が圧倒的に大きいので、精子は頭を下に向ける傾向をもつだろう。この姿勢で上向きの推力を出すためには、鞭毛打の波は、頭からではなく頭の方へ向かって進む必要がある。この形の波の伝搬は異常なものではなく、多くの鞭毛虫類で見つかっている。]

5.4 管の中の流れ

ここまでは、流体が生物の外側を流れる場合が主だった。では内側の流れとは何だろうか？ 例えば、扁形動物より大きな動物は全て、酸素を組織に運び、二酸化炭素を組織から持ち帰る、何らかの内部流れを維持している。また、維管束植物は内部の配管を通して、水を根から葉まで運んでいる。これらの流れの力学は、水と空気とでの絶対粘度の違いにどのように影響されるのだろうか？

まず、血管などの生物内の導管の模型としても便利な、管の中の流れを調べよう。断面が円形の管を考えよう（図 5.9）。管は半径 r、長さ ℓ で、重力の影響で問題が複雑になるのを避けるため、管の中心軸は水平だとしよう。管の両端に圧力差 Δp があり、それによって圧の高い端から低い端へ向かって、流体が流れている。この ***「圧力勾配」***（$\Delta p/\ell$）が掛かっている状態での、流体の速度と流れのパターンを調べよう。

低レイノルズ数の整然とした流れを扱うと、問題を単純化できる。都合のよいことに、円形パイプのレイノルズ数 Re_p はパイプの長さではなく、その直径 d で定義されていて、

$$Re_p = \frac{\rho_f u d}{\mu} = \frac{2\rho_f u r}{\mu} \tag{5.35}$$

である。ここで r はもちろんパイプの半径である。円形パイプ内の流れはレイノルズ数が約 2000 まで整然とした層流であることを、実験が示している（Schlichting 1979）。

層流の場合にはすべて、パイプ内部の流体はたくさんの薄い層が重なってできていると見なせる。薄い層は円筒形で、互いに同心状にはまり込んで擦り合い、パイプの内部を埋め尽くしている。半径 r' を指定すれば、特定の層を選ぶことができる（図 5.9）。パイプには固体の壁面があるので、滑りなし条件によって壁面での流体は静止していることになる。したがって、壁面と接した水の層（$r'=r$）は、ペンキの層のように壁に貼り付いている。その内側の層は壁には触っていないので自由に動ける。しかしそのためには、壁によって掴まえられている外側の水の層と擦り合わなければならない。粘性があるため

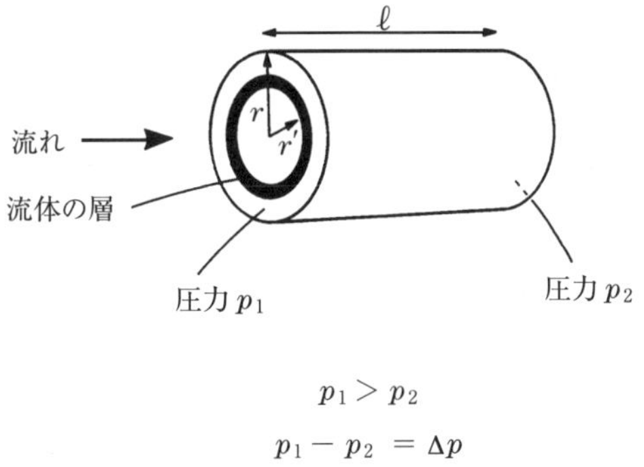

図 5.9　管の中の流れは流体の粘性で抵抗を受ける。その結果、流れが起こるには、管の両端に圧力差がなければならない。

に、このズリに関与する力は、層間のズリ応力 τ と層同士が接している面積（$2\pi r'\ell$）との積に等しい。式 5.4 を思い起こせば、同心円筒層が互いの動きに抵抗する力 F_r は、

$$F_r = \tau \times (2\pi r'\ell) = \mu \frac{du(r')}{dr'}(2\pi r'\ell) \tag{5.36}$$

で与えられる。ここで、$u(r')$ はパイプ中心から距離 r' にある円筒層の（パイプに沿った）速度である。

ある層が他の層を一定の速さで追い越していくのだから、ある力 F_p が掛っているはずである。ニュートンの第三法則（第 3 章）から、F_p は F_r に等しく、逆向きの力である。ここの例では、F_p はパイプの両端で、半径が r' 以下の円筒層の断面に働く圧力差で供給されている。すなわち、

$$F_p = \Delta p(\pi r'^2) = -\mu \frac{du(r')}{dr'}(2\pi r'\ell) = -F_r \tag{5.37}$$

である。中央の等式を整理して書き直すと、

$$du(r') = -\frac{\Delta p r'}{2\ell\mu} dr' \tag{5.38}$$

となる。この式の両辺は積分できて、

$$\int du(r') = -\frac{\Delta p}{2\ell\mu}\int r' dr' \tag{5.39}$$

$$u(r') = -\frac{\Delta p r'^2}{4\ell\mu} + \text{積分定数} \tag{5.40}$$

積分定数は滑りなし条件 $u(r) = 0$ から決めることができて、

$$\text{積分定数} = \frac{\Delta p r^2}{4\ell\mu} \tag{5.41}$$

これを式 5.40 に代入すれば、最終結果として

$$u(r') = \frac{r^2 - r'^2}{4\mu}\frac{\Delta p}{\ell} \tag{5.42}$$

を得る。

この式をグラフにすると図 5.10 になる。速度は、要求通りパイプの壁でゼロ、中心まで放物線状に上がって、

$$\text{最大速度} = \frac{r^2}{4\mu}\frac{\Delta p}{\ell} \tag{5.43}$$

に達する。式 5.42 と式 5.43 から、パイプ内のどの点でも速度は圧力勾配（$\Delta p/\ell$）に比例し、絶対粘度に反比例することがわかる。

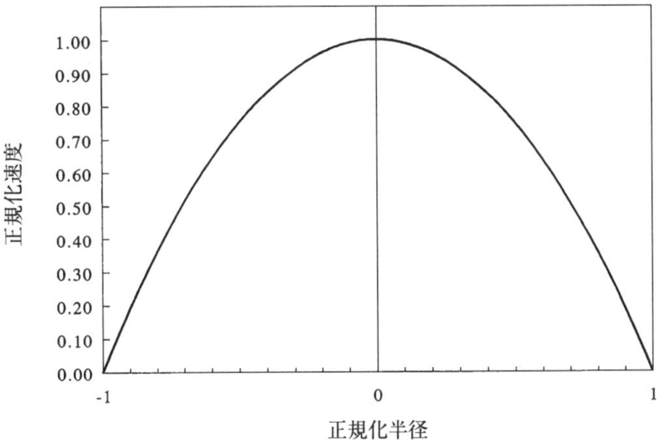

図 5.10　レイノルズ数が約 2000 以下では、パイプ内の速度分布は放物線状である。

パイプ全体を通しての速度の平均値を求めれば[7]、

$$平均速度\langle u\rangle = \frac{1}{\pi r^2}\int_0^r 2\pi r' u(r')dr' \quad (5.44)$$

$$= \frac{r^2}{8\mu}\frac{\Delta p}{\ell} \quad (5.45)$$

であることがわかる。すなわち平均速度は、正確に最大値の半分である。

さて、パイプを通って流れる体積の時間率 J は、単純に平均速度にパイプの断面積 πr^2 を掛けたものだから、

$$J = \frac{\pi r^4}{8\mu}\frac{\Delta p}{\ell} \quad (5.46)$$

である。速度と同様、「***体積流束***」J は圧力勾配に直接比例し絶対粘度に反比例する。この結果は非常に利用価値が高いので、その発見者を讃えて「***ハーゲン・ポアズユの式***」という固有の名前を与えられている。

式 5.46 を、流体をパイプに推し込むのに必要な仕事率を計算するのに使うことができる。パワー（単位時間あたりの仕事）は力に速度を掛けたものに等しい（式 3.17)。今、パイプの中の流体に働く力の総量は $\Delta p\pi r^2$ で、流体の平均速度は $\Delta pr^2/(8\mu\,\ell)$ だから、パイプを通して流体を押し出すのに必要なパワーは、

$$P = J\Delta p = \frac{\pi r^4}{8\mu}\frac{(\Delta p)^2}{\ell} \quad (5.47)$$

である。すなわちパイプを通して流体を送るのに必要なパワーは、加えられた圧力の二乗に比例する。

[脚註 7：これを行うには、半径 r' における速度に、その半径での微小面積 $(2\pi r'dr')$ を掛ける。面積で重み付けしたこの速度をパイプ全体にわたって集める（積分する)。それをパイプの断面積で割れば、平均値が得られる。]

5.4.1　樹木内部での流れ

これらの結果の生物学的な影響をいくつか調べてみよう。例として、樹木の維管束系を通しての水の流れを考えよう。どれほどの圧力勾配が、根から葉まで水を流すのに必要なのだろうか？

式5.45を書き換えると、

$$\frac{\Delta p}{\ell} = \frac{8\mu\langle u\rangle}{r^2} \tag{5.48}$$

典型的な道管の半径は20μmで、樹木が活発に呼吸している時には、水は道管を平均速度1 mm s^{-1}で流れるという（Nobel 1983）。したがって、20℃では、およそ2×10^4 Pa m^{-1}の圧力勾配が粘性に打ち勝って流れを維持するために必要である。高さ100 mの樹木が水を1 mm s^{-1}で流すためには、維管束の全長にわたって20気圧の圧力差が必要になる。

この流れの速さを保つには、相当のパワーが必要である。例えば、高さ100mの樹木では道管1 m^2あたり2000 Wを消費することになる（式5.47）。しかし、樹木がこのエネルギーを提供する必要はない。水分子の熱運動エネルギーで駆動される仕組みだから、周りの空気の相対湿度が100％でない限り、水は葉から蒸散する（第14章参照）。

ここで計算した圧力勾配は、10^4 Pa m^{-1}の 静水圧勾配（第4章）と加算されて効く。したがって、100 mの高さの樹木の葉の中の圧力は、根より30気圧も低いのである。そのように低い圧力が維持される仕組みは、第12章で調べる。

5.4.2　粘性と循環系

動物は呼吸し、組織は酸素を消費する。動物が死なないためには、酸素は使われるのと同じ率で循環系によって補充されなければならない。そして、酸素の補充速度は2つの因子に依存する。

まず、循環流体の酸素濃度（$[O_2]$）が高いほど、組織の酸素はより速やかに置き換えられる。それゆえ空気中の酸素濃度は、水中のそれよりも20～48倍もある（温度によって変わる）ということが重要になってくる（表5.3）。

表5.3　空気の酸素濃度の淡水および海水の飽和酸素濃度に対する比

出典：データはWeiss (1970)による。

T (℃)	酸素濃度（mol m^{-3}）			$[O_2]_a/[O_2]_{fw}$	$[O_2]_a/[O_2]_{sw}$
	淡水	海水	空気		
0	0.457	0.359	9.349	20.5	26.1
10	0.342	0.282	9.018	25.6	32.0
20	0.284	0.231	8.711	30.7	37.7
30	0.236	0.194	8.523	35.7	43.3
40	0.200	0.168	8.154	40.8	48.5

次に、酸素が配給される時間率は、特定の場所を通る循環流体の流束 J に依存する。式 5.46 は、もし循環流体がパイプの中を流れているのなら、その時間率は圧力勾配 $\Delta p/\ell$ とパイプの直径の 4 乗に比例し、循環流体の絶対粘度に反比例することを教えている。これをまとめて書くと、

$$\text{酸素の配給時間率} = [O_2] \times J = \frac{[O_2]\pi r^4}{8\mu}\frac{\Delta p}{\ell} \tag{5.49}$$

この関係式からいくつかの興味深い疑問が出てくる。長さ ℓ のパイプから成る非常に簡単な循環系を考えよう。20℃での水の粘度は空気の 55 倍で、酸素濃度は 1/30 ～ 1/38 しかない。したがって、同じ圧力勾配で循環する流体が同じ酸素の配給時間率を達成するには、水中のパイプは空気中のそれの $\sqrt[4]{2100} \approx 7$ 倍の太さでなければならない（$38 \times 55 \approx 2100$）。ということは、同じ圧力で、空気ではなく水を循環流体に用いる動物は、より太いパイプを作らなければならないということである。逆に、パイプの径が同じで酸素の配給時間率が一定なら、空気ではなく水を使うと 1700 ～ 2100 倍もの圧力勾配が必要になる。どちらの場合も、体内へ酸素を輸送する循環流体として選ぶべきは空気だと示しているように見える。

ではなぜ、ほとんどの動物は循環流体として水を使っているのだろうか？ まず、原始的な循環系は空気が手に入らない水棲の動物で進化したので、進化上の拘束が空気の使用に向いていなかった。次に、循環系は呼吸ガス運搬以外の役割も果たしている。循環系は、溶け込んだ栄養を組織に運び、窒素代謝産物を取り去り、ホルモンを体中に輸送するなど、他の様々な機能を果たしている。その結果、昆虫のように循環流体として空気を使った動物でさえ、これら他の機能を担った第二の水循環系を持たなければならない。

そして最後に、動物は水の循環に伴うポンプコストの少なくともいくつかの問題を避けるトリック解を進化させた。多くの動物では、血液は酸素と効率的に結びつく分子（例えばヘモグロビンやヘモシアニン）を含んでおり、循環流体としての酸素運搬容量を高めている。例えば、多くの哺乳類の血液は 1 m^3 中に 8 モルの酸素を含んでいる。これは空気中の酸素濃度とほぼ等しい。このような場合には、酸素濃度が低いという不利益はなく、動物は循環流体の粘性による仕事量の増加だけに対応すればよいことになる。

5.4.3 マレイの法則

トリック解の２番目としては、太い血管から細い血管への枝分かれの方法がある。例として、ヒトの血液循環を考えよう。心臓の左心室を出た血液は、半径が 0.5 cm 程の大動脈を通る。大動脈は、そこから分枝して少し細い動脈になり、それらはさらに分枝する。このような二叉分枝は毛細血管になるまで繰り返される。分枝の各レベルで、動脈の太さはどうあるべきなのだろうか？

答えの１つはマレイによって提唱されている。循環系の構造は、進化の過程で血液をポンプで送り出すためのコスト全体が最小になるような最適化を受けた、と言う（Murray 1926）。このコストは２つの成分からなっている。

まず、粘性の効果に対抗して動脈に血液を圧し込むためのコストがある。このコストを計算するために、式 5.46 を書き直して、流体にある体積流束を起こさせるために必要な圧力勾配を求めると、

$$\frac{\Delta p}{\ell}=\frac{8\mu J}{\pi r^4} \tag{5.50}$$

式 5.47 から､流体を圧し出すために必要なパワーは $J\Delta p$ である。ここで今計算した $\Delta p/\ell$ を使えば､（パイプの長さあたりの）パワーは、

$$\mathcal{P}_p=\frac{8\mu J^2}{\pi r^4} \tag{5.51}$$

である。もし体積流束が一定なら、パイプの半径が減るとこのパワーは大きくなる。

次に、流体を圧し出すコストに加えてパイプの維持に関わるコストがある。さらに血液は生きている流体なので、流体そのものを維持するコストも必要である。マレイの提案は、この維持費用が系（パイプと血液）の体積に比例するということである。つまりパイプの長さあたりのコストは、

$$\mathcal{P}_m=\mathcal{M}\pi r^2 \tag{5.52}$$

である。ただし、$\mathcal{M}$ は維持に使われる単位体積あたりの代謝コストである。この場合、血管が小さければ、コストも少ない。

ある長さの循環系の全コストは、これら２つのコストの和で、

$$\mathcal{P}=\mathcal{P}_p+\mathcal{P}_m=\frac{8\mu J^2}{\pi r^4}+\mathcal{M}\pi r^2 \tag{5.53}$$

である。

進化の過程で、循環系の構造がコストを最小化するように調整を受けた、と仮定しよう。$\mathcal{P}$ の r についての導函数をとってゼロとおけば、全コストが最小化された系が運ぶ循環流体の体積流束と血管の太さを関係づけることができる。すなわち、

$$\frac{d\mathcal{P}}{dr}=\frac{-32\mu J^2}{\pi r^5}+2\mathcal{M}\pi r=0 \tag{5.54}$$

の右側の等式を代数的に解けば、

$$r_{opt} = J^{1/3}\left(\frac{16\mu}{\pi^2 \mathcal{M}}\right)^{1/6} \tag{5.55}$$

であることがわかる。すなわち、血管の最適半径は体積流束の３乗根に比例し、実際の値は絶対粘度と代謝率の比で決まる。ある動物の中では μ や $\mathcal{M}$ は変わらないと仮定してよいのなら、右辺の後半の 6乗根 $\sqrt[6]{16\mu/\pi^2\mathcal{M}}$ を定数 k_p で置き換えて、

$$r_{opt} = k_p J^{1/3} \tag{5.56}$$

と簡略な形にできる。書き直せば、

$$J = k_p r_{opt}^3 \tag{5.57}$$

である。

これは面白い結論である。動脈が小動脈に枝分かれしているところを考えよう。血液が動脈に溜らないためには、小動脈の体積流束の合計は動脈のそれでなければならない。すなわち、

$$J = J_1 + J_2 \tag{5.58}$$

ここで、J は動脈の体積流束で、J_1 と J_2 は２つの小動脈の体積流束である。式 5.57 によって、体積流束はそれぞれ等価な半径に置き換えることができるから、結局

$$r^3 = r_1^3 + r_2^3 \tag{5.59}$$

であることがわかる。つまり、全コストが最小化された循環系では、分枝後の２つの血管の半径の三乗の和は、分枝前の血管の半径の三乗に等しい。このように、大動脈の半径が分かれば、それが２つに分枝した血管の半径を予測できるのである。この予測が**「マレイの法則」**として知られている。

マレイの法則の適合性は、広範囲の循環系で調べられている（LaBarbera 1990)。一般的に、水を圧し出す系では予測に非常によく合うが、（昆虫の気管のような）空気を圧し出す系では合わない。この違いの理由を知るために、マレイの法則を導出した中間ステップを２つ使う。r_{opt}（式 5.55）を、全コストを表わす式 5.53 の r に代入して計算すると、

$$\mathcal{P} \propto J^{2/3}\mu^{1/3}\mathcal{M}^{2/3} \tag{5.60}$$

であることがわかる。さて、空気の粘度は水の 1/70 以下であり、昆虫が呼吸している空気を維持するためにエネルギーを使うはずもない。しかし、他の動物は血液を維持しなければならないのだから、昆虫では $\mathcal{M}$ が他の動物に比べて小さいに違いない。

この段階では、水を循環させている動物と空気を循環させている動物のどちらについても $\mathcal{M}$ の値を

与えることはできないので、２つの方式の相対コストを正確に計算することはできない。しかし、空気中での方が水の中に比べてコストは大幅に低いということはできる。この低さが多分、昆虫の気管の構造へと導く選択因子として役立ったに違いない。

また、昆虫の気管系では空気が流れるのは太い部分だけだということも、思い起こすべきだろう。小さな気管は拡散だけで呼吸ガスを輸送しているのだから、マレイの法則に従うと期待してはいけない。

水循環系は、分枝での半径を決める際に、マレイの法則をどのように使うのだろうか？ Sherman (1981) と LaBarbera (1990) は、発生途上の循環系は管壁に働くズリ応力に反応することを提唱した。

どう決まるかを見るために、式 5.42 へ戻ろう。u の r' に対する導函数をとれば、管壁（$r' = r$）における速度勾配は、

$$\frac{du(r')}{dr'} = -\frac{r\Delta p}{2\mu\ell} \tag{5.61}$$

である。壁に働くズリ応力は粘度とこの速度勾配の積だから、

$$\tau = \mu\frac{du(r')}{dr'} = -\frac{r\Delta p}{2\ell} \tag{5.62}$$

である。この結果を使うと、式 5.46 を書き換えることができて、

$$J = \frac{\pi r^4\Delta p}{8\mu\ell} = \frac{\pi r^3}{4\mu}\frac{r\Delta p}{2\ell} = \frac{\pi r^3\tau}{4\mu} \tag{5.63}$$

となる。さらに書き直すと、

$$\tau = \frac{4\mu J}{\pi r^3} \tag{5.64}$$

であることがわかる。すなわち、パイプの壁に働くズリ応力は体積流束と半径の三乗の比で決まる。しかし、マレイの法則に従う系では体積流束自体が r^3 に比例することを、前の方で見ている。したがって、

$$\tau = \frac{4\mu k_p r^3}{\pi r^3} = \frac{4\mu k_p}{\pi} \tag{5.65}$$

つまり、マレイの法則に従う系では、管壁に働くズリ応力は一定である。もし、発生途上の血管の内皮細胞が自分に掛かるズリ応力を検知できれば（その証拠はある［LaBarbara 1990］）、自分が最適な形になりつつあるかどうかがわかるのである。

5.4.4 四角い管

円形断面の管について導出した粘度と流れの関係は、少し修正するだけで、他の形をした流路での流れにも適用できる。例えば、式 5.36 から式 5.47 までと同じ解析を、２枚の水平板の間の流れ（図 5.11）にも適用できる。２枚の板は距離 h だけ離れており、板の幅 $k_w h$ は h より充分に大きいとする。板の間での垂直位置を y で表わすことにすれば、

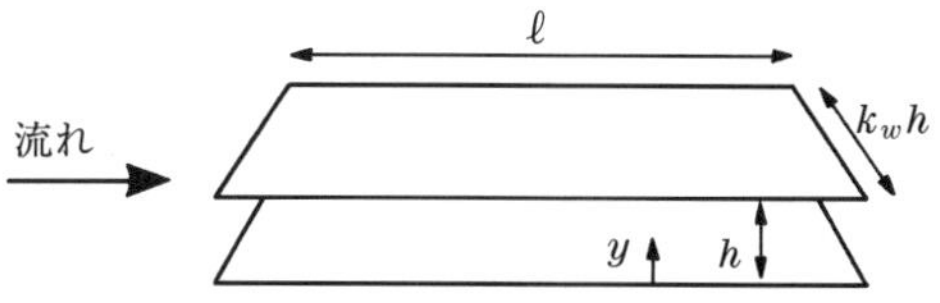

図 5.11　２枚の板の間の流れはパイプの中の流れに似ている。平行板の間の層流の計算には、ここに示した記号を使う。板の幅 $k_w h$ は、板の垂直間隔 h より充分に大きいことに注意。詳しくは、本文参照。

$$u(y) = \frac{hy - y^2}{2\mu} \times \frac{\Delta p}{\ell} \tag{5.66}$$

$$\text{最大速度} = \frac{h^2}{8\mu} \times \frac{\Delta p}{\ell} \tag{5.67}$$

$$\text{平均速度} = \frac{h^2}{12\mu} \times \frac{\Delta p}{\ell} \tag{5.68}$$

$$J = \frac{k_w h^4}{12\mu} \times \frac{\Delta p}{\ell} \tag{5.69}$$

$$P = \frac{k_w h^4}{12\mu} \times \frac{(\Delta p)^2}{\ell} \tag{5.70}$$

で、円形断面の管の中の流れとの類似性は明らかである。最大速度は流路の中央で起こるが、この場合の平均速度は最大速度の $1/2$ ではなく $2/3$ になる。速度と体積流束は圧力勾配に直接比例し、粘度に反比例する。そして、なんと体積流束とパワーが、板の間隔の 4 乗に比例するのである。

式 5.66 ～ 5.70 は、例えばサカナの鰓糸の間の流れを調べるのに使うことができて、パイプを流れる血液と似たような結果をもたらすだろう。この類似性は、酸素摂取能力への温度の効果を評価するのにも使える。ここで、昆虫の気管に空気を送るコストやサカナの鰓に水を送るコストに、温度がどう影響するかを見てみよう。

どちらの場合も、体に酸素が配給される時間率（モル/秒）は、流体の体積流束とその酸素濃度の積に等しい。

$$\text{酸素配給時間率} = J \times [O_2] \tag{5.71}$$

温度が変わった時でも、この値が生物の代謝率 M と同じに保たれるようにしたい。

気管のような円形管の場合には、J は式 5.46 で計算されて、

$$M = \frac{\pi r^4 \Delta p [O_2]}{8\mu\ell} \tag{5.72}$$

を得る。これを書き換えると、この時間率で酸素を配給するために必要な圧力は、

$$\Delta p = \frac{8\mu\ell M}{\pi r^4 [O_2]} \tag{5.73}$$

であることがわかる。ここで、この Δp の値を式 5.47 に入れて、要求された時間率で流体を圧し出すのに必要なパワーを計算すると、

$$P = \frac{8\mu\ell}{\pi r^4}\left(\frac{M}{[O_2]}\right)^2 \tag{5.74}$$

という結果を得る。パワーは粘度が高いほど多くなり、酸素濃度が高ければ少なくなる。

温度が上がると、空気の粘度は増し（表 5.1）、酸素濃度は下がる（表 5.3）。これらの適切な値を式 5.74 へ入れると、0 ℃で組織へ酸素を運ぶのに比べて、40 ℃での昆虫は 46 % も多くのパワーを消費することがわかる。

サカナの鰓の四角い管について同じ解析をすると、

$$P = \frac{12\mu\ell}{k_w h^4}\left(\frac{M}{[O_2]}\right)^2 \tag{5.75}$$

が得られる。さて、暖かい水の粘度は冷たい水のそれより小さいので、温度の上昇とともに、酸素配給のためのパワーは減ると予想したくなるかもしれない。しかし、水の酸素含有量は温度が上がると急激に減る（表 5.3）ので、40 ℃の淡水の酸素配給コストは 0 ℃の場合の 1.9 倍になる。このように、昆虫もサカナも、周囲の流体の温度が高い時には、より多くのパワーを支払わなければならない。

この解析では、代謝率は温度によって変わらないと仮定した。しかし多くの場合、周囲の流体の温度の上昇は代謝率の上昇を引き起こすので、ここで計算したコストの上昇はさらに増幅されることになる。例えば、多くの“冷血動物”の代謝率は温度が 10 ℃上がると約 2 倍になる。とすると 40 ℃での代謝率は 0 ℃での 16 倍にもなり、40 ℃での昆虫の空気循環のコストは 0 ℃の 24 倍も高くなる。サカナのコストは約 30 倍になるだろう。

5.5　多孔質の中の流れ

同じ物理を土や砂などの多孔質、および動物や植物の集合体の隙間での流れに適用できる。これらの場合には、隣接する物体との間に偶然できた無秩序な隙間が、サイズも形も不均一な小さい“パイプ”

を形成する。これらのパイプの不均一性は、流れに対する抵抗を精密に予測することを難しくしている。このような場合には、多孔質体を通る流れに関する***「ダーシー（Darcy）の法則」***

$$\frac{J}{A} = u = \frac{k_p}{\mu}\frac{\Delta p}{\ell} \tag{5.76}$$

に頼るのが標準的なやり方である[8]。ここで、u は多孔質体を通る流体の流速で孔のサイズよりも充分大きな面積での平均値、k_p は多孔質体の透水率で m^2 の単位をもつ。透水率は、多孔質体のサイズと形そして孔の体積率に依存するが、ほとんどの場合実験的に決められる。例えば、緩めに詰まった砂の透水率は 2 〜 18×10^{-7} m^2 である(Scheidegger 1971)。

実験的にしか決められない係数（透水率）に依拠しているにもかかわらず、ダーシーの法則は前に調べた洗練された公式と同程度の内容を表現できる。すなわち、ある流量率を達成するのに必要な圧力勾配は、流体の絶対粘度に直接比例する。その結果、多孔質体の中に水を通すには、空気を通す場合よりも強い力と大きなパワーが必要となる。

この事実も植物と動物の構造に反映されている。例えば、多くの水棲あるいは半水棲の植物は、それらの根が湛水土壌（水浸しの土）に埋まっているという問題に直面している。これらの根は動物と同様、生きるためには酸素を必要としている。しかし水の粘度が高いために土壌を通しての水の流れ、つまりは酸素の流れは妨げられており、周囲の土壌から根への酸素の配給は極めて遅い。実際、そのような湛水土壌の多くは酸欠状態にある。酸素の供給が不充分な場合、根での好気性代謝は阻害され、解糖系の最終産物であるエタノールが組織に溜る[9]。嫌気条件が長く続けば、やがてはアルコール濃度が有害なレベルに達し、根は死ぬ。では、水棲植物の根はどうやって生き延びているのだろうか？

スイレンやイネのような植物は、昆虫で使われているのと本質的には同じ戦略をとっている。茎の中で相互に繋がった小さな空洞（lacuna）が、水面上の空気と根の間に連続した通路（必ずしもパイプの形になっている訳ではないが）を形成している。圧力勾配は、根の空気の圧力が茎の空気よりも低いことで保たれており、根まで酸素は流れる。植物は筋肉をもっていないので、維持されうる圧力勾配は非常に小さい（スイレンの場合で 200 Pa 程度）。酸素の充分な流れを維持するためには、粘度の低い流体を使う必要があるのだ。この点で、水ではなく空気が、当然の選択になる。スイレンでは、1.5 cm s^{-1} の流速が観察されている。

植物が根と茎の間で圧力勾配を維持する方法は、面白い話であるが、本章の範囲を完全に越えている。興味のある読者は、Dacey(1981) か Raskin and Kende (1985) でその生理学的な詳細に当たるのがよい。

[脚註 8：ディジョン（フランス）の公共の泉について、H. Darcy が行った実験と 1856 年の記述から名づけられた。]

[脚註 9：自分自身のエタノールに浸かっている根という考え方は、“鉢植え植物”という用語に新しく「エタノール浸け」という全く別の意味を与えてしまった。]

5.6　ステファン接着力と斥力

限られた空間での流体の流れを考察すると、絶対粘度のもう1つの影響についての疑問が出てくる。図5.12に示す状況を考えよう。半径rの2つの平行な円盤が大きな流体に浸っており、距離yだけ離れている。もし2枚の円盤を互いから引き離せば、流体はその隙間に流れ込まなければならない。このような固体壁の間に流体を流れ込ませるためには外力が必要であることは既に見てきたから、円盤を引き離すにはある力が必要だと推測できる。つまり、2枚の板の間に粘性流体があることは、2枚の板をそのままに保つ接着剤として働くのである。これは､接着剤としてはどの位よいのだろうか？　別の言い方をすれば、速さdy/dtで2枚の板を引き離すために必要な力**F**はどれ位なのだろうか？　この疑問への答えはJ. Stefanによって1874年に計算されたので､この型の接着（式5.77）はステファン接着と名づけられている。

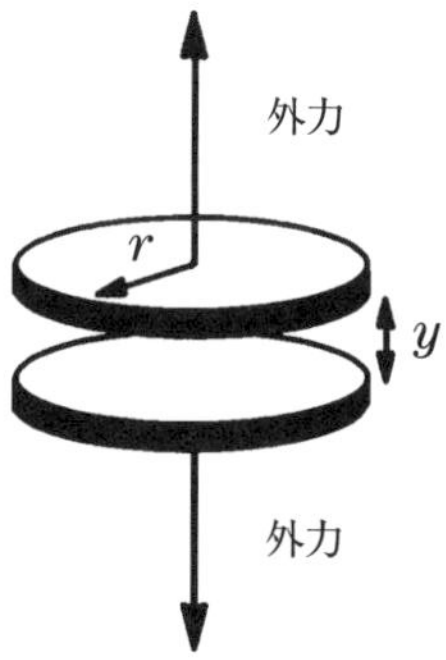

図5.12　粘性流体中で2枚の円盤を引き離すには、力を掛けなければならない。この効果はステファン接着と呼ばれている。この型の接着力の計算に用いる記号を示してある。詳細は本文参照。

$$\mathbf{F} = \mu \frac{3\pi r^4 dy/dt}{2y^3} \tag{5.77}$$

ここで、ベクトル**F**は、yを増して行く場合が正で、yが減って行く場合が負である。

既に読者も感づいているように、接着剤として働く能力という意味での流体の“粘り気”は、分子レベルでの“粘着性”すなわち絶対粘度と直接関係している。半径が同じなら、水に浸かった円盤を同じ速さで引き離すには、空気中での70倍の力が要るのである。

一例を考えよう。カサガイやアワビそしていくつかの腹足類（マキガイ）は、座っている岩にぴったりと合わせた比較的硬い足をもっている（図5.13)。動物の足の半径が1 cmで、足と岩との間の水の層の厚みが10 μmであれば、1 mm s^{-1}の速さで岩から引き剥がすためには47 Nの力が必要になる。これはかなりの力で、このサイズのカサガイを実際に岩から引き剥がすのに必要な力と同程度である。

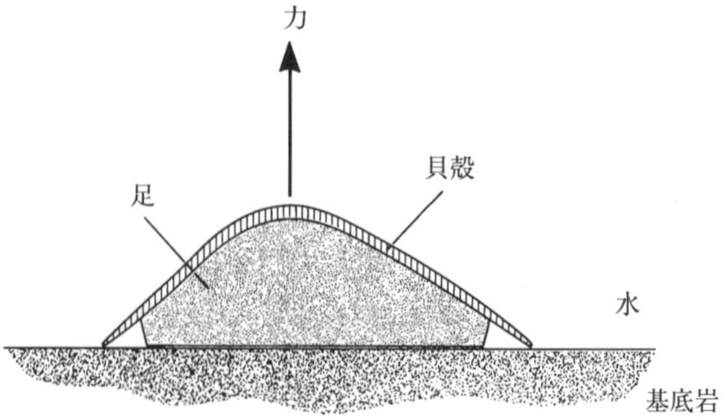

図5.13　カサガイは、足の下を低圧にすることで岩に張り付いている。

しかしこの単純化した議論にはいくつか問題があって、ステファン接着を実際の岩表面への固着手段として使うのには無理がある、ということに光を当てるはめになる。上の例で計算した力は、与えた引き剥がしの速さによって変わる。もし岩からの引き剥がしの速さを（1 mm s^{-1} ではなく）1 μm s^{-1} で引っ張れば、（47 N ではなく）0.047 N で動物を岩から引き剥がせる。もちろん、時間は長く掛かるだろう。しかし、忍耐強ければ大きな力を掛ける必要などないことがわかる。

そこに粘性力を接着に用いる無理がある。水の中では、２つの物体を引き離す力が短時間だけ働く場合に限って、ステファン接着は２つの物体を一体に保つのに使える。これは、（途切れることなく常に働いている）重力に対しては特に問題になる。事実、カサガイや他の腹足類は、脱落に対抗する方法として、ステファン接着に頼ってはいない。彼らの採った方法は吸引である。すなわち、投げると冷蔵庫の表面にぺたりとくっ付く吸盤付き投げ矢おもちゃの原理である（A. Smith の私信）。

全く逆に、カサガイを 1 cm s^{-1} の速さで引っ張ることもできる。この場合、予測される引き剥がし力は 470 N になる。接着面積全体にこの力が掛かるとすれば、1.5×10^6 Pa すなわち 15 気圧の陰圧が発生する。これは水が耐えられる張力を遥かに超えているので、カサガイの足の下の水は、力が最大値 470 N に達する前に、キャビテーション（空洞化：気相の水分子のみから成る空洞の発生＝沸騰）を起こすだろう。このように、キャビテーションが水を使ったステファン接着の上限を決める。水の引張り強さについては、第 12 章でより詳しく議論する。

もし、カサガイの足の下が水ではなく空気なら、1 mm s^{-1} の速さで引き剥がすのに必要な力は、（47 N ではなく）たったの 0.67 N になる。ステファン接着は、水中に比べて空気中での有効性は低い。

もう１つ、取り上げて置くべきステファン接着の性質がある。吸引や糊のような典型的な接着では、接着している物体を引き離すのに必要な力は、接着面積に比例する。すなわち、結合を壊すのに要する面積あたりの力（応力）は一定である。しかし、ステファン接着では、そうではない。式 5.77 の両辺を接着面の面積（πr^2）で割れば、面積あたりの力それ自身がサイズの関数になっていることがわかる。

$$\text{面積あたりの力} = \frac{\mathbf{F}}{\pi r^2} = \mu \frac{3r^2\, dy/dt}{2y^3} \tag{5.78}$$

事実、面積あたりの力は半径の二乗に比例しているので、大きな円盤は小さなものよりもずっと強い接着性を示す。したがって、水中の円盤の $\sqrt{70} = 8.4$ 倍の半径を持った空気中の円盤は、同じステファン接着能をもつ。しかしこの強いサイズ依存性も、ステファン接着が陸棲の生物を有利に導くのに充分だったようには見えない。著者は、動物でも植物でも、陸棲で空気の粘性に頼って接着している例を知らない。

式 5.77 をもう一度見ると、固体表面近くにある物体での粘性の役割について別の疑問が出てくる。２枚の板を引き離すのではなく、圧し付け合わせたらどうなるのだろうか？　つまり dy/dt が負だったら、何が起こるのだろうか？　明らかに、２枚の板が近づくほど、一定の速さで動き続けるために必要な力は大きくなる。逆に言えば、もし片方が一定の力で圧されていれば、それが他方に近づく速さは減り続ける。この論理の極限をとれば、2枚の板が接触するまでには無限大の時間が掛かることになる。現実に、板の間隔が液体や気体の分子1個の大きさになるまで、式5.77があてはまる訳ではない。それでも、式5.77を生物がある距離まで近づくのに要する時間の計算に使うことができて、それが実用上すべての目的に使える等価接触時間である。式5.77を変形すると、

$$dt = \frac{3\pi\mu r^4}{2\mathbf{F}y^3}\,dy \tag{5.79}$$

である。この式5.79の両辺を積分すると、

$$t = \frac{3\pi\mu r^4}{4\mathbf{F}y^2} + \text{積分定数} \tag{5.80}$$

を得る。積分定数は、時刻ゼロでの状態から決めることができる。例えば、初め y_0 だった距離がすこし小さな距離 y に縮まるまでに掛かる時間を知りたければ、$y = y_0$ で $t = 0$ とおけばよい。そうすると、

$$t = -\frac{3\pi\mu r^4}{4\mathbf{F}}\left(\frac{1}{y_0^2} - \frac{1}{y^2}\right) \tag{5.81}$$

となる。ここでは y を減らす動作をしているので、$\mathbf{F}$ は負である。

この式を生物学的な状況にあてはめることができる。まず、花に着陸しようとしている小さな昆虫か、岩に触れようとしているプランクトンの幼生を考えよう。どちらの場合も、一旦対象物まである距離以内に入ったら、脚を伸ばしてそれに掴まることができる。しかし、この“掴まり可能距離”に入るためには体と対象基質の間の流体を圧し出さなければならない。どちらの物体も円盤ではないので、厳格な意味で式5.81があてはまる訳ではないが、定性的な予測には使えるだろう。物体の大きさが同じで同じ力が働いている場合、水の中で掴まり可能距離に入るまでに、空気中での70倍の時間が掛かる。逆に言えば、水棲の生物が同じ時間内に掴まり可能距離に入るためには、70倍の力で自分を圧し下げなければならない。ただし、式5.81の分子にある r^4 に留意して欲しい。水棲の相棒より $\sqrt[4]{70} = 2.9$ 倍のサイズの陸棲動物なら、同じ力で掛かる時間も同じになる。

これらの効果の大きさを感じるために、明らかに人工的な場合を調べてみよう。円盤状の生物を考え、厚さ ℓ が半径 r の $1/10$ だとする。体の密度は 1080 kg m^{-3}、したがって空気中での実効密度は 1079 kg m^{-3}、淡水では 80 kg m^{-3} である。この生物は、その重量だけで水平な基底へ向かって沈んでいくとする。自分の半径と同じ高さから落ち始めて、底まで $0.1\,r$ のところで脚を伸ばして底に掴まる。これにどの位の時間が掛かるのだろうか？　式5.81から20℃の場合について計算した結果を図5.14に示す。この場合、駆動力は r^3 で増えるが、移動距離は r でしか増えないので、大きな生物ほど掴まり可能距離に到達する時間は短くなる。もちろん、空気中での方が早く到着する。どちらの場合も、時間はあまり長くはない。

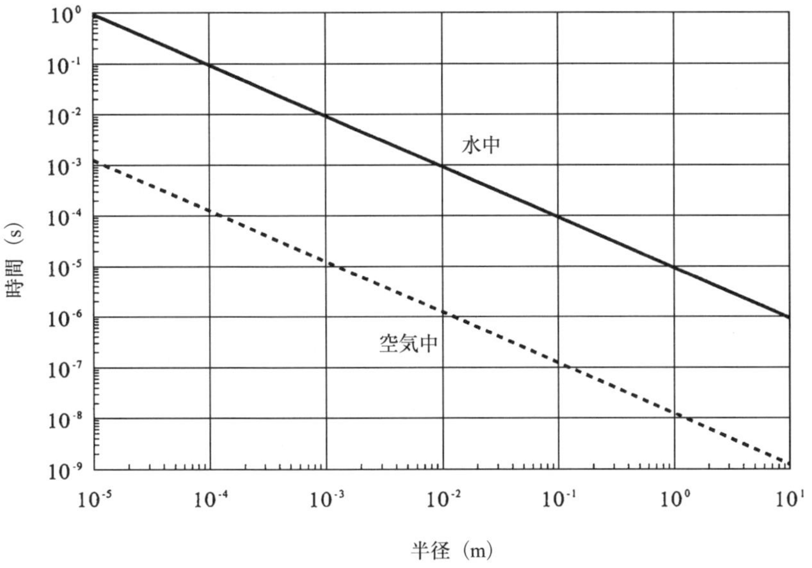

図 5.14　円盤が基底に到達するまでの時間は、空気の絶対粘度が低いので、水中よりも空気中の方が短い。ここに示したのは、落下距離は円盤の半径で、円盤には自重だけが掛かっている場合である。円盤が大きいほど、到達時間は短い。

物体の大きさに比例した距離を移動するのではなく、ある決まった距離を移動するのだとしたらどうなるだろうか？　このような状況は、ある種の移動運動で起こりうるだろう。例えば、ヒトデやウニは管足で歩くが、1 歩ごとに管足の末端の円盤を底から持ち上げ、前へ出し、後ろへ送る。動き方は我々ヒトの歩き方に似ているが、爪先と踵が大きく回転する足首がない。典型的には、管足は 1 mm ほど持ち上げられ、基底岩との有効な接触を回復するためには 10 μm 以内まで戻されなければならない、として議論を続けよう。管足を下げるのに必要な力は、その面積に比例する（例えば、100 Pa）ということも仮定しよう。基底岩に接触するまでの時間は、管足のサイズでどう変わるだろうか？

式 5.81 を用いて計算した結果を図 5.15 に示す。この場合、管足の半径が小さいほど、海底に接触するまでに必要な時間は短くなる。水中では、半径 1 mm の物体（典型的な管足のサイズ）が 1mm の距離を移動するのには約 0.08 秒掛かる。半径 1 cm の物体なら約 8 秒、半径 1 m の物体では何と 80,000 秒にもなる。そこそこ有効な足どりの頻度を実現するためには、ヒトデやウニをはじめ水底を歩く動物は、小さな足先をもっていなければならないのである。

同じ物理は、他の生物にも効いてくる。例えば、エイやガンギエイ、カレイやヒラメなどのような円盤状で大型の生物が底に垂直に近づくには、長い時間が掛かるだろう。それで、これらの動物は、浅い角度で滑って底に近づく方法をとって、問題を避けている。空気中では、接触までの時間は 1/70 に短くなるので、あまり大きな問題とはならない。

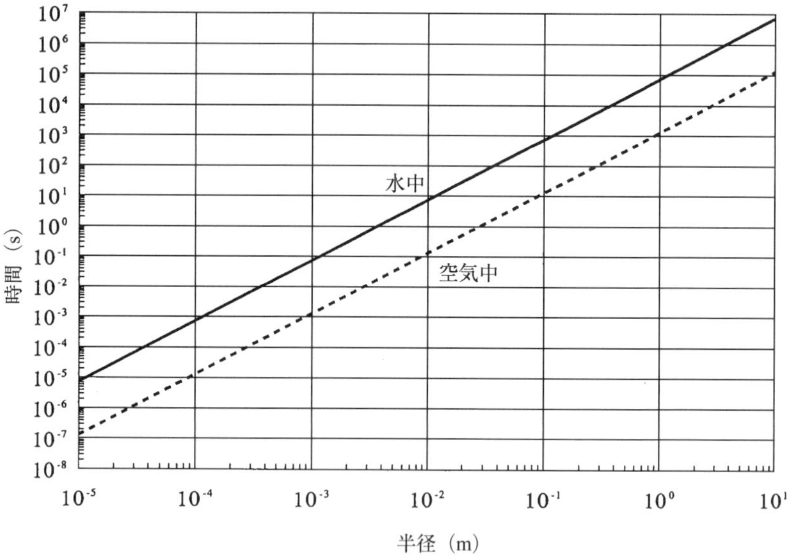

図 5.15　円盤が一定距離にある基底に到達するのに要する時間は、円盤のサイズが大きいほど増す。この場合、円盤は円盤面に 100 Pa の圧力が掛かるような力で圧されている。

5.7　まとめ

粘性は固形物体と相対運動する流体に、避けることのできない抵抗となって表われる。遅い速さで動く小さな物体（すなわち低レイノルズ数）では、粘性抵抗が主な力である。

水は、（温度によって変わるが）空気より 40 ～ 100 倍も粘度が高いので、圧力勾配が同じなら水を流すものよりずっと細いパイプを通して同じ量の空気を流すことができる。昆虫類はこの事実のもつ有利さを、彼らの気管循環系に採り入れている。逆に、体積流束とパイプのサイズが同じなら、空気中で必要な圧力勾配は水中でのそれよりも小さくてもよい。ある種の水棲植物は、このことに頼っている。

マレイの法則によれば、循環系での分枝構造の多くは系の全コストの最小化への進化だった。しかし、空気を圧し出す循環系は除外されたらしい。

小さな鞭毛生物では、体に働く粘性抗力も推進力の発生も、ともに粘性に依存する。その結果、鞭毛を使う移動運動は（少なくとも力学上は）空中でも水中でも可能で、バクテリアは飛翔できるだろうという結論に行き着く。

流体の粘性は、生物が基底盤から急激に離脱したり急激に接近することを難しくしている。しかし、この効果は空気中ではあまり目立つことはないだろう。

5.8　そして警告

もう一度、ここでの議論の結果は、話の流れを正しく捉えて観るように警告したい。この章の目標は、水と空気の絶対粘度の違いがもたらす生物への影響を幅広く見せることだった。その過程で、多くの細かな点は敢えて無視した。特に、血液循環の生理学はここでの取り扱いから推測できることより遥かに複雑である。より詳しく調べたい場合には、必ず原典を参照して欲しい。

拡散：空気と水の中での酔歩

この章では、不規則（ランダム）運動の過程とそれが輸送の仕組みとして働く様子を取り扱う。分子の拡散とそれが生物へ与えた影響が焦点になる。呼吸ガスの拡散が植物や動物の大きさを制限したことや、ダチョウの卵の殻がハチドリのものより多孔質な理由がわかるだろう。拡散による輸送方式は採餌戦略、食物を探しに出かけるのと餌がやってくるのを待つのとどちらがよいのか？ を調べることにもなる。そして、空気分子の平均自由行程が昆虫の気管の最小サイズを決めているのもわかるだろう。

この章で概説する原理は極めて一般的な事柄で、それらは後ろの章で何度も出てくることになる。

6.1　物理

6.1.1　分子の速度

第 3 章で、温度を分子の運動エネルギーの平均値として、次のように定義した。

$$\frac{3kT}{2} = \frac{m\langle u^2 \rangle}{2} \tag{6.1}$$

ここで、m は分子の質量、u はその速度、k はボルツマン定数（1.38×10^{-23} J K^{-1}）である。カッコ〈 〉はある 1 つの分子の速度の時間平均、またはある瞬間における多くの分子の速度の集合平均であることを示す*1。この簡単な式は、我々をいくつかの面白い結論に導いてくれる。

例として典型的な空気分子である窒素を考えよう。窒素分子 1 個の質量は 4.7×10^{-26} kg である。第 3 章でみたように、常温（290 K）での窒素分子の平均速度は、

$$\sqrt{\langle u^2 \rangle} = \sqrt{\frac{3kT}{m}} \approx 508 \text{ m s}^{-1} \tag{6.2}$$

と、かなりのスピードである[1]。邪魔物がなければ、100 ヤード（約 91 m）ダッシュに 1/5 秒しかかからない。窒素分子だけでなく、温度が 290 K であれば、酸素分子は平均速度 475 m s^{-1} で動いているし、二酸化炭素分子は 405 m s^{-1}、水分子は勢いよく 634 m s^{-1} で動いている。

［訳者註＊1：この 2 つが一致することをエルゴード性（Ergodicity）と呼ぶ。］

［脚註 1：分子 1 個の全運動エネルギーのうち、平均すると 1/3 は空間軸のそれぞれに平行な運動に対応する。したがって、290 K の窒素分子の x 軸に平行な速度の平均は、

$$\sqrt{\langle \mathbf{u}^2 \rangle} = \sqrt{\frac{kT}{m}} \approx 292 \text{ m s}^{-1} \tag{6.3}$$

である。3 次元空間でベクトル合成された速さ $\sqrt{\langle \mathbf{u}^2 \rangle + \langle \mathbf{v}^2 \rangle + \langle \mathbf{w}^2 \rangle}$ が 508 m s^{-1} である。］

室温での分子速度が高速なことから、非常に効率的な輸送系への展望が開けてくる。ある地点Aから別の地点Bへ酸素を動かそうと思うなら、その分子を1個ずつ手にとって、輸送方向へ向けて、手を離すだけでよい[2]。後は、熱運動エネルギーが全てやってくれる。しかし、日常経験から言ってこれは変だ。ガラスコップの中の静止した水に入れたインク一滴が、隅々まで拡がるには何時間も掛かる。同様に、空気の流れのない部屋の片隅で香水の瓶を開けてから、部屋の反対側の隅で匂いを感じるまでに数分は掛かる。分子が数百m/秒で動いているのなら、どうしてこんなに時間が掛かるのだろうか？

実験を注意深くやると、結果はもっと合わなくなる。コップの中の水には、水の蒸発に伴って対流が引き起こされ、インクの動きの大部分はその対流に乗っている。もし対流を全くなくできれば、一滴のインクがコップの水全体に拡がるまでには数時間ではなく数ヶ月は掛かることになるだろう。同様に、香水の移動のほとんどを決めているのは空気の対流である。実際にこのような対流があることは、差し込んだ太陽光の中で輝く塵粒がゆっくりと動くことからも明らかである。対流がなければ、香りが部屋の反対側まで拡がるのに、何分ではなく何時間という時間が掛かる。

この章の目的は、流体の中での分子の巨視的な輸送に関するこれらの実験結果と、個々の分子の微視的な振舞いとを、うまく調和させることにある。この2つをうまく調和させるのが、不規則運動過程である。全ての流体分子はかなりのスピードで動いているが、他の分子と衝突せずに直線的に遠くまで飛ぶことはできない。たくさんの玉が載ったビリヤード台の上の玉と同じように、分子は衝突のたびに新しい方向に飛び、その後も衝突を続ける。衝突後の分子の運動方向は、純粋に偶然で決まる。もし他の分子と真正面からぶつかると、来た方向へ跳ね返される。芯から外れた衝突では、方向の変化は少ない。分子同士の衝突の結果、それぞれの分子は空間を「不規則に歩き回る」ことになる。これを***「酔歩」***と呼ぶ。これから、この酔歩の特徴に注目しよう。

6.1.2　酔歩

「酔歩」（酔っぱらいのような不規則な歩み）の概念を、単純な例で説明しよう。x軸に沿った動きを考えることにする。原点$x=0$に1個の粒子を想定し、その粒子はτ秒毎に、距離δの刻みで、x軸に沿って歩く。つまり、粒子の平均速度はδ/τである。ところが、歩みの一歩毎にその方向は純粋に偶然で決まるのである。歩みの回数の半分では、粒子は右へ歩み、残りの半分では左へ歩む。この過程を実際に真似するには、歩みの前に毎回硬貨を投げて、表が出たら粒子は右に、裏が出たら左へ歩むことにす

[脚註2：熱擾乱を受けている分子を“ある方向に向ける”という考え方は受け入れ難いかも知れない。熱運動は無秩序なので、ある分子を掴まえてある方向に向けるという動作は、本質的にその分子を冷やすことになる。しかし、それぞれの分子を小さな箱の中に閉じ込めておいて、（箱の壁との衝突で）動き回る分子が適切な方向へ動くまで待って、箱のふたを開ける、というやり方は理論的には可能である*2。]

[訳者註＊2：それでも方向の観測（情報）に要するエントロピーは系から失われるので、系の温度は下がる。温度は統計量である。分子1個の温度というものはない。]

ればよい。

この不規則な歩みの 1 歩毎に粒子の位置を記録すれば、歩数すなわち時間の函数として、粒子を x 軸に沿って追跡できる。それぞれの歩みは不規則に選ばれるので、粒子が辿った道筋を予測することはできない（図 6.1）。しかし同じ実験を何度か繰り返せば、***「平均値」***の中に粒子の動く様子を見てとれるだろう。この平均値の予測可能性が、酔歩の概念を非常に有用なものにしている。

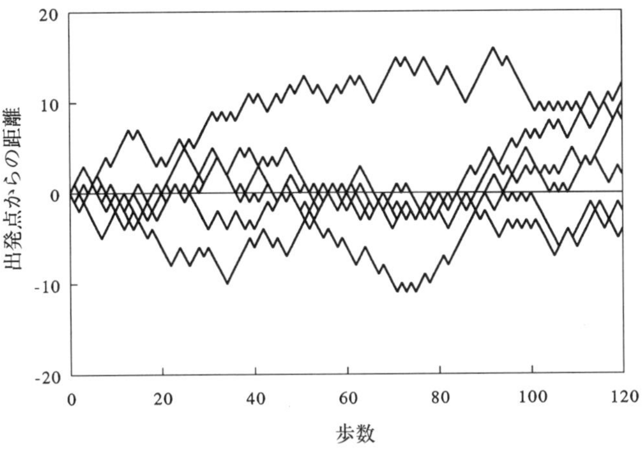

図 6.1　酔歩では、同じ位置から出発した 6 個の粒子はそれぞれ極めて異なる道筋を辿る。しかし平均をとると、決してどこかに行ってしまう訳ではない。

この平均値の性質を見出すために、粒子の運動の統計量を調べてみよう。そのため、N 個の粒子の酔歩を追跡する。i 番目の粒子の n 歩目が終わった後の x 軸上での位置を、$x_i(n)$ で表わす。前述の仮定から、

$$x_i(n) = x_i(n-1) \pm \delta \tag{6.4}$$

である。すなわち、この粒子の n 歩後の位置は、$n-1$ 歩後の粒子の位置より一歩分だけ右にあるか、左にあるかのどちらかである。N 個の粒子についてこの実験を繰り返した後では、n 歩後の粒子の位置の平均値を、

$$\langle x(n) \rangle = \frac{x_1(n) + x_2(n) \ldots + x_N(n)}{N} \tag{6.5}$$

$$= \frac{1}{N} \sum_{i=1}^{N} x_i(n) \tag{6.6}$$

と計算できる。ここで記号 Σ（シグマ）は、番号 i が 1 から N までの全ての粒子について n 歩後の位置を足し合わせる、ことを意味している。

この式の $x_i(n)$ を $x_i(n-1) \pm \delta$（式 6.4）で置き換えて展開すると、

$$\langle x(n)\rangle = \frac{1}{N}\sum_{i=1}^{N}[x_i(n-1)\pm\delta] \tag{6.7}$$

$$= \frac{1}{N}\sum_{i=1}^{N}x_i(n-1)+\frac{1}{N}\sum_{i=1}^{N}\pm\delta \tag{6.8}$$

となるが、δ の回数の半分は右で、残りの半数は左だから、$\pm\delta$ の平均値はゼロである。すなわち、

$$\langle x(n)\rangle = \langle x(n-1)\rangle \tag{6.9}$$

となって、粒子の n 歩後の平均位置は $n-1$ 歩後の平均位置と全く同じである。この論理を進めると、原点から出発した粒子は原点にいる、ということになる。これが、右と左に同じ確率で歩む場合に予測できること、そのものである。

しかし、粒子が平均的にはどこにも行かないということと、全ての粒子が原点に留まっていることとは意味が違う。平均がこの値だということは、例えば $x = +3$ で終わる粒子のそれぞれには、$x = -3$ で終わる粒子が1つずつあるだろうということである。右と左に動いた粒子の数が等しい限り、粒子がかなり散らばっていても、平均値はやはりゼロである[3]。粒子が原点からどのくらい遠くまで移動しているかを知るためには、違うやり方で平均を計算する必要がある。

n 歩後の粒子の位置の絶対値を取ってから平均をとれば、正と負の値の平均をとることからくる不都合を避けうるかもしれない。この類の不都合を回避する方策としては、x 軸上の位置を二乗するやり方が昔からよく知られている。正の数でも負の数でも二乗すれば常に正になるから、位置を二乗して平均すれば原点からどのくらい遠くまで離れたかの情報が手に入る。前と同様に n 歩後の位置を $n-1$ 歩後の位置で表わして展開すると、

$$x_i^2(n) = [x_i(n-1)\pm\delta]^2 \tag{6.10}$$

$$= x_i^2(n-1)\pm 2\delta x_i(n-1)+\delta^2 \tag{6.11}$$

である[4]。N 個の粒子についてのこの値の平均をとると、

$$\langle x^2(n)\rangle = \frac{1}{N}\sum_{i=1}^{N}[x_i^2(n-1)\pm 2\delta x_i(n-1)+\delta^2] \tag{6.12}$$

[脚註3：平均値と個々の動きの違いは、カモ狩りに行った2人の統計学者の話を思い出させる。カモが目の前を飛び過ぎた時、2人とも発砲した。1人の弾はカモの2m前を通り、もう1人の弾は2m後ろを通った。それでも統計学者達は喜んだ。平均としてはカモのど真中を撃ったのだから。]

[脚註4：$x_i(n-1)$ は、i 番目の粒子の、$(n-1)$ 歩後の、x 軸上の位置であることを思い出して欲しい。この値の二乗は $x_i^2(n-1)$ であって、$x_i^2\times(n-1)^2$ ではない。]

$$= \frac{1}{N}\sum_{i=1}^{N} x_i^2(n-1) + \frac{1}{N}\sum_{i=1}^{N} \pm 2\delta x_i(n-1) + \frac{1}{N}\sum_{i=1}^{N}\delta^2 \tag{6.13}$$

$$= \frac{1}{N}\sum_{i=1}^{N} x_i^2(n-1) + \frac{1}{N}\sum_{i=1}^{N}\delta^2 \tag{6.14}$$

$$= \langle x^2(n-1) + \delta^2 \rangle \tag{6.15}$$

であることがわかる。この計算では、粒子の位置の平均値はゼロ（原点）という事実（つまりは$\pm\delta$の平均値はゼロであるという事実）を再び利用している。

この結果は、n 歩後の位置の二乗の平均値は、$n-1$ 歩後のそれよりも δ^2 だけ大きいということである。最初の仮定から、ゼロ歩後の位置の二乗の平均値はゼロ［すなわち $\langle x^2(0)\rangle = 0$］だから、$\langle x^2(1)\rangle = \delta^2$ である。2 歩後には位置の二乗の平均値は $2\delta^2$ と追っていけば、

$$\langle x^2(n)\rangle = n\delta^2 \tag{6.16}$$

となる。すなわち、出発点からの変位の二乗の平均は直接その歩数に比例して増える。式 6.16 の平方根をとれば、変位の二乗から変位そのものに変換できて、

$$\sqrt{\langle x^2(n)\rangle} = x_{rms} = \sqrt{n}\delta \tag{6.17}$$

となる。$\sqrt{\langle x^2(n)\rangle}$ の値は変位の「**二乗平均平方根** *(root mean square：rms)*」または「**実効値**」と呼ばれており、粒子が n 歩後には平均的にどの程度出発点から離れていたかの指標である。統計学を習ったことのある読者なら、この変位の二乗平均というのは変位の分散と同じもので、変位の二乗平均平方根は標準偏差と同じものである、ことに気づいているだろう。

ここで改めて当初の酔歩の仮定に戻って、粒子は τ 秒毎に歩みを進めることを思い出そう。すなわち、t を粒子が歩み始めてからの時間として、歩数は t/τ である。式 6.16 の n にこれを代入すると、

$$\langle x^2(t)\rangle = \frac{\delta^2}{\tau} t \tag{6.18}$$

であることがわかる。ある粒子が移動してきた位置の二乗平均（すなわち推定二乗位置）は、τ に対する δ^2 の比で決まる率で時間とともに直線的に増えていく*3。

［訳者註＊3：ここまでの平均は、N 個の粒子についての集合平均であった。原文では、断わりなしに、ある 1 個の粒子が酔歩してきた位置の時間平均（歩数 n についての平均）に言い換えている。論理的には飛躍しているが、エルゴード性をもつ（集合平均と時間平均が一致する）系では、正しい議論である。］

6.2　拡散係数

やっと、酔歩の理論的考察を拡散過程に関係づけるところまできた。そうするために、「***拡散係数***」$\mathcal{D}$ を、

$$\mathcal{D} \equiv \frac{\delta^2}{2\tau} \tag{6.19}$$

と定義する。因子 1/2 を付けた理由は、この章の後ろの方で明らかになるが、数式上の美しさのためである。拡散係数の単位は $m^2\ s^{-1}$ である。

この定義を使って、酔歩についての結論を書き換えると次のようになる。

$$\langle x^2(t) \rangle \ = \ 2\mathcal{D}t \tag{6.20}$$

$$x_{rms} = \sqrt{\langle x^2(t) \rangle} = \sqrt{2\mathcal{D}t} \tag{6.21}$$

この式 6.21 は格別に重要なので、ちょっと立ち止まろう。これは、粒子が酔歩で移動して来た経歴を通しての原点からの距離（二乗平均平方根距離、以下 *rms* 距離という）は、時間に比例してではなく、時間の平方根に比例して増える、ということである。もし、ある粒子が平均で 1 cm を 1 秒で移動していれば、10 cm を移動するには平均して 100 秒掛かり、100 cm を移動するには 10,000 秒掛かる、ということである。

その結果、この移動率を“拡散速度”として表わそうとすると、奇妙なことになってしまう。速度を時間あたりの *rms* 距離と置くと、

$$\text{“拡散速度”} = \sqrt{\frac{2\mathcal{D}}{t}} \tag{6.22}$$

となる。速度を測る時間を短くとればとるほど、測定される速度は大きくでる。逆に、測定時間を長くとれば、測定される速度は遅くなる。拡散における輸送の時間率が時間の函数だという事実は、拡散過程の主要な特徴の 1 つである。

式 6.22 は $t > \tau$ の場合にのみあてはまる。これは、粒子が不規則にその方向を変えるという仮定のもとに計算された。τ よりも短い期間では、粒子は歩みのまっ最中で、方向を変えないと仮定してしまっている。$t < \tau$ は、この仮定に違反しているので、式 6.22 は全く無意味な偽物の結果しか与えない。

では、生物学的に重要な 3 つの分子、酸素、二酸化炭素、そして水蒸気の拡散係数（拡散率 diffusivity とも言う）を調べよう。

6.2.1　空気中での拡散係数

空気中での酸素と水蒸気の拡散係数は、次の式で与えることができる。

$$\mathcal{D}(T, p) = k_1 T^{k_2} \frac{p_0}{p} \tag{6.23}$$

ここで、$\mathcal{D}(T, p)$ は絶対温度 T と圧力 p における拡散係数で、p_0 は 1 気圧である。係数 k_1 と k_2 は分子の種類によって変わる。酸素については、$k_1 = 1.13 \times 10^{-9}$ m^2 s^{-1}、$k_2 = 1.724$ である（Marrero and Mason 1972）。水蒸気については、$k_1 = 0.187 \times 10^{-9}$ m^2 s^{-1}、$k_2 = 2.072$ である。式 6.23 の形から、拡散係数は温度が上がれば増え、圧力が上がれば減ることがわかる。

二酸化炭素の空気中での拡散係数は、もう 1 つのパラメータ k_3 を含んだ少し複雑な式、

$$\mathcal{D}(T,p) = k_1 T^{k_2} \exp(-k_3/T) \frac{p_0}{p} \tag{6.24}$$

で与えられている（Marrero and Mason 1972）。ここで、$k_1 = 2.70 \times 10^{-9}$ m^2 s^{-1}、$k_2 = 1.590$、$k_3 = 102.1$ K である。

これらの結果をまとめて表 6.1 と図 6.2 に示す。水分子の拡散係数は約 50%、酸素分子は約 30%、二酸化炭素のそれより大きい。これら 3 つの気体の拡散係数はいずれも、0 ℃に比べて、40 ℃では約 30 % 高くなる。海面位に比べて圧力がおよそ 1/3 しかないエベレスト山の頂上では、これらの気体の拡散係数はここに示した値の約 3 倍になる。

図 6.3 に、酸素分子 1 個が空気中を拡散する場合の *rms* 距離 (x_{rms}) を時間の函数として示す。分子は、平均すると 1 秒で出発点から 1 cm まで動く。しかし、その分子が確実に 1 メートル先まで移動するには 7 時間を要するのである。

T (℃)	拡散係数 $\mathcal{D}_m$（m^2 s^{-1} × 10^{-6}）		
	O_2	CO_2	H_2O
0	17.9	13.9	20.9
5	18.5	14.4	21.7
10	19.1	14.9	22.5
15	19.7	15.4	23.3
20	20.3	16.0	24.2
25	20.9	16.5	25.1
30	21.5	17.0	26.0
35	22.1	17.6	26.8
40	22.7	18.1	27.7

表 6.1　様々な気体の空気中（1 気圧）での拡散係数

出典：Marrero and Mason (1972) より算出
特記事項：数値は実測に基づく最適回帰から求めた。実測値は上記の値の ±5% に散らばる。ここでは、分子の拡散を熱の拡散などの他の型の拡散と区別するために、記号 $\mathcal{D}_m$ を使っている。

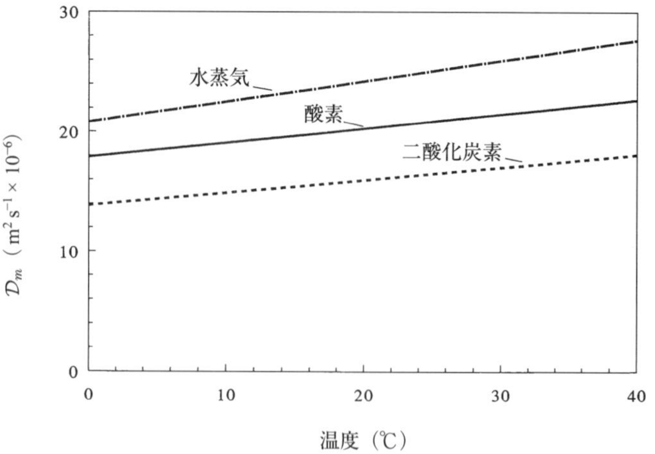

図 6.2　空気中での気体の拡散係数は、温度上昇と共に少し大きくなる（表 6.1 より）。

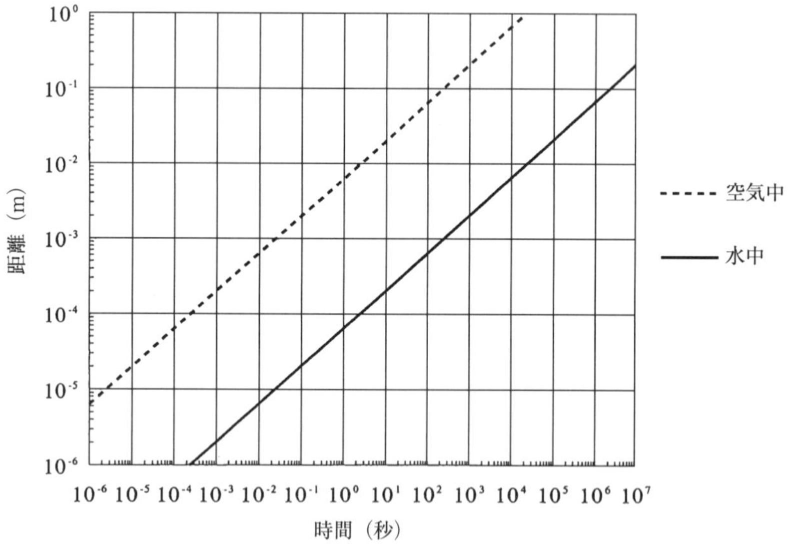

図 6.3　酸素分子が辿る二乗平均平方根距離は、水中よりも空気中での方がずっと大きい。しかし、水中でも空気中でも、拡散だけで 1 m を動くには非常に長い時間を要することに注意せよ（空気中でも 2×10^4 秒 ≈ 5 時間半）。

6.2.2　水の中での拡散係数

水の中での酸素と二酸化炭素の拡散係数は、空気中の約 1/10,000 である（表 6.2）。拡散係数のこの大きな違いがこれから述べる生物への影響の議論の多くを占めるが、注意を払うべき違いがさらに 2 つある。第 1 に、温度による拡散係数の変化が水中では空気中よりもずっと大きい。例えば、40 ℃の水中での酸素の拡散係数は 0℃のそれの 3.2 倍もあるが、空気中では 1.3 倍になるだけである。二酸化炭素ではこの変化はもう少し小さく、40 ℃の水中での拡散係数は 0 ℃の場合の約 2.1 倍である。

第 2 に、温度依存性は水中での拡散係数の順番を変えてしまう（表 6.2、図 6.4）。低温では CO_2 の拡散係数は O_2 のそれよりも大きいが、6 ℃以上になると酸素の拡散係数の方が二酸化炭素のそれより大きくなる。

水中で酸素分子が移動すると期待される距離（x_{rms}）を時間の関数として図 6.3 に示す。これらの距離は、驚くほど小さい。例えば、拡散だけに頼れば、ある分子が5 cm動くのにはおよそ100万秒掛かる。

T（℃）	拡散係数 $\mathcal{D}_m$（$m^2 s^{-1} \times 10^{-9}$）	
	O_2	CO_2
0	0.99	1.15
5	1.27	1.30
10	1.54	1.46
15	1.82	1.63
20	2.10	1.77
25	2.38	1.92
30	2.67	2.08

表6.2　水中（1気圧）でのO_2とCO_2の拡散係数（Armstrong 1979より）

特記事項：分子の拡散を、熱の拡散などの他の型の拡散と区別するために、記号$\mathcal{D}_m$を使っている。

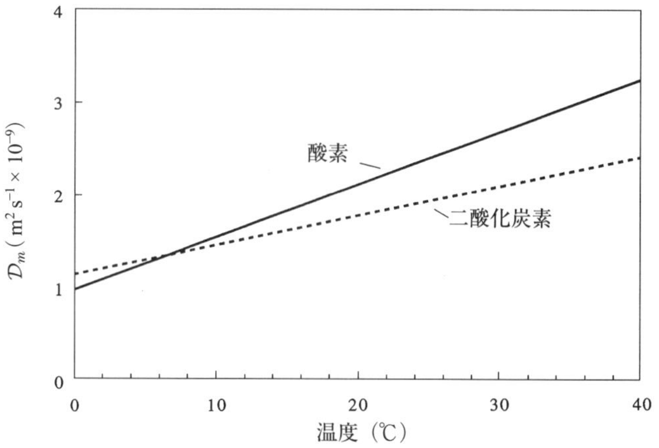

図6.4　水中での酸素と気体二酸化炭素の拡散係数は温度上昇と共に増えるが、酸素の$\mathcal{D}_m$の増加の方が大きい（表6.2のデータより）

6.2.3　平均自由行程

拡散係数の概念をもう少し詳しく調べてみよう。最初のところで、拡散係数の次元は長さの二乗/時間だと言ったが、これを速度×距離と考えることもできる。そうすると、拡散で粒子がどれほどの時間率で輸送されるかは、衝突と衝突の間の直線自由飛行がどれほど速いか（$u = \delta/\tau$）と、平均すると次の衝突までにどれほどの距離を動くか（δ）の両方に依存する。後者を***「平均自由行程」*** lと呼ぶ。流体の分子の室温での速度は既にわかっているから（$\delta/\tau \approx$ 500 m s^{-1}、[式6.2]）、それらの平均自由行程を推測できる。

そのために、表6.1と表6.2に挙げた拡散係数に頼ることにする。この測定の実際の方法についてはこの章の後ろの方で議論するが、ここではまず測定値を受け入れよう。空気中での酸素分子の拡散係数は、約2×10^{-5} m^2 s^{-1}である。$\delta = 2\mathcal{D}/u$ であることに留意すれば、空気中での平均自由行程は8×10^{-8} mと計算できる。すなわち、酸素分子は0.08 μm毎に他の空気分子と衝突して、向きを変えて飛び回っているのである。500 m s^{-1}の速度で進んでいるのだから、O_2分子はこの距離を0.00016 μsで進む。別の表現をすれば、空気分子1個は1秒間におよそ62.5億回の衝突を受けており、その飛行方向は毎回変わる。このように数多くの衝突が続いているのだから、空気の塊（バルク）の中の空気分子が単一の粒子として考えうることよりはるかに違った振舞いを見せるのも、不思議なことではない。

水中での酸素分子の拡散係数は、空気中での1/10,000の2×10^{-9} m^2 s^{-1}である。しかし、温度が同じであれば、水中の酸素分子も空気中と同じ運動エネルギーをもつのだから、平均速度も同じはずである。したがって、拡散係数が小さいのは、平均自由行程が小さいからに違いない。もう1度、δを$2\mathcal{D}/u$に等しいと置いて計算すると、水中での酸素分子の平均自由行程は約10^{-11} mで、水素原子の直径の1/20しかない！　水分子は非常に密に詰まっているので、酸素分子がまっすぐに飛び抜ける“隙間”はほとんどなく、分子は毎秒約60兆回の衝突を起こしながら酔歩している。その結果、分子がある地点から他の場所へ輸送される速さが小さくなるのである。

6.3　シャーウッド数

拡散と、拡散係数が水と空気では10,000倍も違うことが生物に与えた影響について考える前に、どのような状況なら拡散だけで流体から生物または生物から流体へと物質が輸送されるのかを、少し考えてみよう。特に、拡散による輸送と**「対流」**によって物質が運ばれる速さを比べる必要がある。ここで対流と言っているのには、生物に対して流体がバルク(塊)で流れている場合と、流体に対して生物が動いている場合の両方を含む。対流による輸送と拡散による輸送の比は、**「シャーウッド(Sherwood)数」** *Sh*と呼ばれる無次元量である。

$$Sh = \frac{u\ell_c}{\mathcal{D}} \tag{6.25}$$

ここで、uは生物と周りの（バルクの）流体との相対速度、ℓ_cは生物の（運動方向に沿った）長さで、$\mathcal{D}$は拡散係数である。シャーウッド数の導出は、この章の後ろの方でやる。

*Sh*が大きい場合は、生物への対流による輸送が、拡散による輸送よりも多い。しかし空気中でも水中でも$\mathcal{D}$は非常に小さい（10^{-9} ～ 10^{-5} m^2 s^{-1}）ので、生物が非常に小さいか、相対速度が非常に遅いか、その両方か、でない限り、シャーウッド数は大きなままである。

この概念を感覚的に捉えるために、代表的な生物のシャーウッド数を計算してみよう。まず固着性の植物や動物を考える。長さ1 cmの陸棲定着生物で、風が1 m s^{-1}で吹いていれば、シャーウッド数は500である。風速がそよ風程度の2 mm s^{-1}以下に落ちると、*Sh*は1以下になり、拡散が対流による輸送を上回ることになる。こんなに遅い流れは異常で、全くの無風状態でも、実際には物体の温度の高低によって2 mm s^{-1}以上の対流が起こる。その結果、長さ1 cmの陸棲生物は常に1以上のシャーウッド数で動作している。

水中では、拡散による輸送が対流によるそれを上回る流れはもっと遅い。例えば、長さ1 cmの定着生物は、流れの速さが 0.2 μm s^{-1} 以下になるまで、主に対流による輸送で支えられる。

運動能力をもった生物は、移動運動によって相対速度を上げてシャーウッド数を変えることができる。拡散輸送が対流輸送を上回るようになるまでに、運動性生物はどこまで小さくなれるのだろうか？　多くの生物の最大スピードは、毎秒あたり自分の体長の 10 倍程度であること（図 6.5 参照）、に留意して概算してみよう。そうすると、シャーウッド数の速度項を 10 ℓ_c と置き換えて、

$$Sh \approx \frac{10\ell_c^2}{\mathcal{D}} \tag{6.26}$$

この関係を図 6.6 に示す。空気中では ℓ_c が 1.4 mm より小さければ、シャーウッド数が 1 以下（すなわち拡散が主たる輸送方法）になる。このように、ブユやヌカカ以下の非常に小さな空中生物は、拡散が支配する世界に棲んでいることになる。この章では、基本的な議論をこのサイズより小さな陸棲生物に絞ることにする。

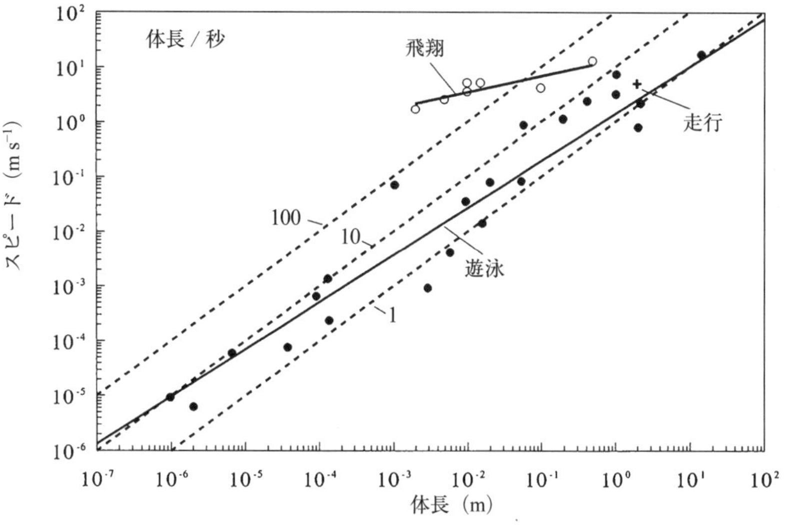

図 6.5　移動運動のスピードは動物のサイズが大きくなると、規則的に増える。遊泳のデータ(黒丸)はバクテリアからクジラまでにわたる(Okubo 1987)。これらのデータの回帰直線は、スピード(m s^{-1}) =1.4× $\ell^{0.86}$ である。飛翔のデータ（白丸）はミバエからカモをカバーしている（昆虫のデータは Denny 1976、カモのデタは McFarlan 1990 による)。回帰直線は、スピード(m s^{-1}) = 13.8 × $\ell^{0.30}$ である。しかしデータ点数が少ないので、この直線にはあまりこだわらない方がよい。走行 (+印) は、ヒト(身長 2m) の 10 m s^{-1} で全力疾走のデータである(Mann and Lazier 1991 の図から Blackwell Scientific Publications, Inc. の許可を受けて改変)。

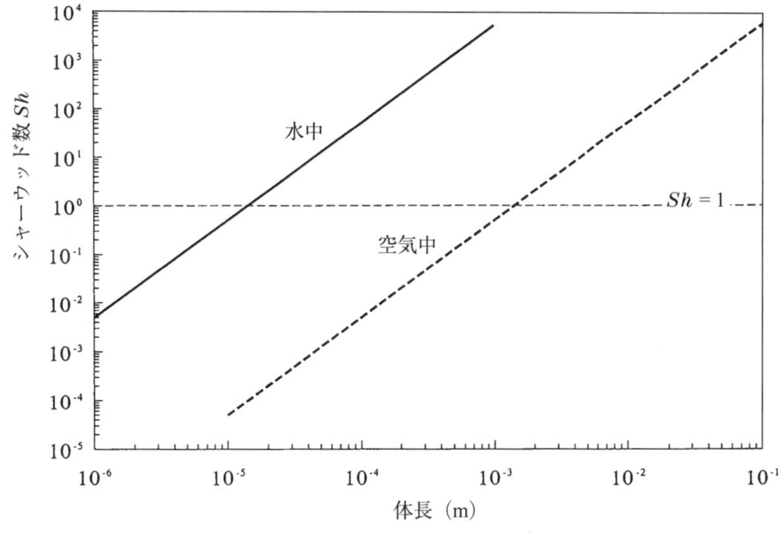

図 6.6　1 秒間に体長の 10 倍のスピードで動く生物のシャーウッド数は、水中での方が空中よりもずっと大きい。

水中では、拡散が輸送の主体となるためには ℓ_c が 14 μm 以下でなければならない。したがって、この章で議論する水棲生物は、小型の植物プランクトンとバクテリアに限定する。

シャーウッド数が教えてくれることを要約すると、ほとんどの大きい生物と現実の流れの条件では、対流による輸送に比べて拡散による輸送は、わずかである。

ただし、他の生物でも拡散が取るに足らない、と言っている訳ではない。拡散による輸送が呼吸ガスや栄養物の供給の重要な仕組みとなっているいくつかの例を、第 7 章で示す。しかし、これら後出の例では、拡散で物質が運ばれる速さが、対流で制限されている（その仕組みはまだ議論していない）。これが、これらの話題を後の章で扱う理由である。ここでは、拡散だけが輸送の速さを支配している例のみに注目する。

6.4　フィックの式

ここでの詳しい調査の前に、数学の道具がもう少し必要である。ここまでは、個々の分子が酔歩しているとする微視的な見方で拡散を扱ってきた。多くの実益上の問題については、より巨視的な見方で拡散を調べた方が輸送の計算が簡単になる。

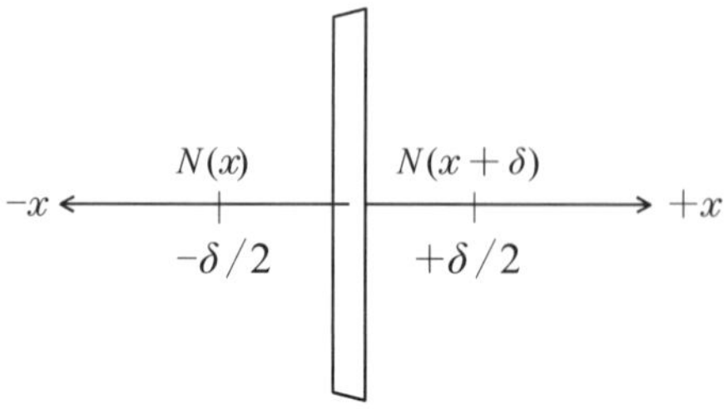

図 6.7　フィックの法則を導出するために、x 軸上の 2 点での粒子数（N）に注目する。$x+\delta$ から左に 1 歩進んだ粒子は、図中央の仮想面を越える。x から右に 1 歩進んだ粒子も、同様に仮想面を越える。

図 6.7 に示したような状況を考えよう。再びある一方向に沿った不規則運動を取り扱うが、今度は 3 次元の容器中でのことを考える。時刻 t に、地点 x すなわち図 6.7 の中央に描かれた面から左に $\delta/2$ の距離に、$N(x)$ 個の粒子があるとしよう。同様に、$N(x+\delta)$ 個の粒子が地点 $x+\delta$ すなわち面から右 $\delta/2$ の距離にあるとする。これらの粒子は全て、6.1.2 で述べた酔歩と同じ動き方をする。すなわち、時刻 $t+\tau$ には、x にあった粒子の半数は偶発的に右に動き、面を通って $x+\delta$ に達する。同じく $x+\delta$ にあった粒子の半数は面の左側に移動する。時間 τ の間に、この面を x の正の向きに通り抜ける粒子の ***「正味の」*** 個数は、

$$\text{正味の個数} = \frac{N(x)}{2} - \frac{N(x+\delta)}{2} \tag{6.27}$$

である。

粒子が通り抜ける面の面積を A として、この過程を ***「流束密度」*** $\mathcal{J}_x$ すなわち単位時間に単位面積を通って移動する正味の粒子数、で表わせる。式 6.27 を A と τ で割って整理すると、

$$\mathcal{J}_x = \frac{-[N(x+\delta)-N(x)]}{2A\tau} \tag{6.28}$$

である。ここで、ちょっとした数学的な手品を使う。この式の右辺に δ^2/δ^2 を掛けて、整理し直すと、

$$\mathcal{J}_x = -\frac{\delta^2}{2\tau}\frac{1}{\delta}\left[\frac{N(x+\delta)}{A\delta} - \frac{N(x)}{A\delta}\right] \tag{6.29}$$

となる。この表現はさらに簡略な形に書き換えることができる。まずは、$\delta^2/(2\tau)$ が前に定義した拡散係数 $\mathcal{D}$（式 6.19）であることを思い出そう。次に、積 $A\delta$ は体積であるから、角括弧の中の項はそれぞれの場所での体積あたりの粒子の数を表わしている。つまり、これらの項は濃度 C である。したがって、

$$\mathcal{J}_x = -\mathcal{D}\,\frac{C(x+\delta) - C(x)}{\delta} \tag{6.30}$$

この式の分数部分は、導関数の定義に使われる形をしており、x 軸に沿った単位距離あたりの濃度変化を表わしている。$\delta \to 0$ のとき、この濃度勾配を $\partial C / \partial x$ と表わせるから [5]、最終的に、

$$\mathcal{J}_x = -\mathcal{D}\frac{\partial C}{\partial x} \tag{6.31}$$

x 方向への粒子流束は、x 方向の濃度勾配と拡散係数に比例する。負号は、輸送が濃度の高い場所から低い方へ進むことを示している。

*「フィック (Fick) の第一拡散方程式」*として知られているこの微分方程式は、拡散による輸送の解析に幅広い基盤を与えている。

フィックの方程式のこの表現は、平面を通しての流束を表わしている。時には、球面を通しての流束を扱う方がより便利なこともある。そのような場合の正味の分子移動は、球面を半径方向に出入りすることになり、流束密度 $\mathcal{J}_r$ は、

$$\mathcal{J}_r = -\mathcal{D}\frac{\partial C}{\partial r} \tag{6.32}$$

となる。ここで r は半径方向の距離である。

これらの式で使われる濃度には、様々な表現がありうる。質量の輸送について考えているのなら、濃度は体積あたりの質量で表わすのが適切で、流束密度の単位は $\mathrm{kg\ m^{-2}\ s^{-1}}$ となる。もし、粒子の質量にかかわらず、どれ程多くの粒子が輸送されているのかを問題にしている場合には、濃度はいわゆるモル濃度（モル数 / リットル）ではなく、1 立方メートルあたりのモル数を使うべきだろう（1 リットル = $10^{-3}\ \mathrm{m^3}$）。この場合、$\mathcal{J}$ の単位は $\mathrm{mol\ m^{-2}\ s^{-1}}$ となる。この章では、主として生物を出入りする代謝ガスの拡散流束を扱うので、粒子の質量よりも粒子の個数を問題にする。

［脚註 5：濃度は y 軸や z 軸に沿っても変わるであろうから、濃度勾配を偏微分で表わしてある。濃度が x 軸に沿ってのみ変わる稀な状況では、dC/dx を使ってもよい。］

6.5 シャーウッド数の導出

フィックの法則を終える前に、それを使ってシャーウッド数を導き出してみよう。Sh は対流で物質が輸送される時間率と、拡散によるそれとの比であることを思い出そう。図 6.8 に示すような簡単な状況を想定する。ある平板表面があって、表面から垂直に距離 ℓ_c までの間に濃度が 0 から C_∞ まで上がる濃度勾配がある。流体に溶けている物質は、濃度勾配にしたがって動く拡散で表面に到達することも、対流に乗って表面まで運ばれることもありうる。

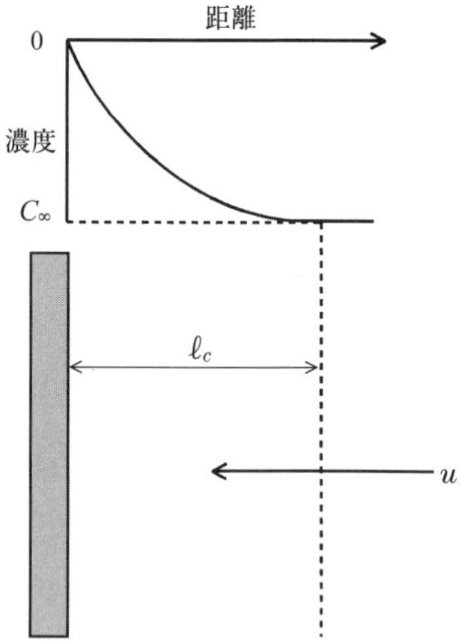

図 6.8 ここに示した状況で、シャーウッド数を簡便に導出できる。

まず対流のことを考えよう。表面に運ばれる溶解物質の量は、流体の体積あたりのモル数（濃度）と表面に運ばれる時間あたりの体積を掛けたものである。体積は、面積と長さの積だから、時間あたりの体積は面積×時間あたりの長さに等しい。このように、対流によって物質が運ばれる時間率は、

$$\frac{\text{モル数}}{\text{時間}} = C_\infty A u \tag{6.33}$$

である。ここで、u は面に向かっての流体の対流速度である。すなわち、面積あたりの運搬時間率（流束密度）は、

$$\text{対流流束密度} = C_\infty u \tag{6.34}$$

である。

拡散で運ばれる面積あたりのモル数の時間率は、単にフィックの式で表わされる拡散流束密度だから、

$$\text{拡散流束密度} = \mathcal{D}\frac{C_\infty}{\ell_c} \tag{6.35}$$

ここで、濃度勾配は単純に全濃度差（C_∞）を勾配の全厚さ（ℓ_c）で割って表現してある。

対流流束密度を拡散流束密度で割れば、

$$Sh = \frac{u\ell_c}{\mathcal{D}} \tag{6.36}$$

と式 6.25 で提案したものと同じになる。ただし、ここでの ℓ_c は濃度勾配の厚さであるが、前の方では物体の（流れに沿った）特徴長さとして定義していたことに注意して欲しい。第 7 章で見るように、濃度勾配の厚さは多くの場合に生物の大きさの函数になっているので、この微妙な呼び名の変更は問題とはならない。しかしながら、ℓ_c を濃度勾配の厚さ（すなわち第 7 章で議論する ***「境界層」***）であると特

に指定しない限り、*Sh* は対流による輸送と拡散によるそれの比と「**等しくはなく**」、この比に「**比例するだけ**」である。すなわちシャーウッド数は、対流による輸送と拡散によるそれとの比そのものではなく、その指標と考えるのが無難である。

6.6　その他の型の拡散

この章では、分子が熱擾乱によって拡散性に移動する場合の分子の輸送を扱っている。しかし、ここまでの解析では分子そのものに内在する属性には何１つ触れていない。酔歩している粒子の属性は、それが何であれ、ここで挙げた概念で記述可能な拡散過程としてモデル化できる。例えば、第７章では運動量の輸送を記述するのにフィックの式の相似形を使うし、第８章では熱の輸送を定量化するのに拡散の概念を使う。不規則運動の結果として“何か”が勾配に沿って流れ下るという考え方は物理の大統一概念の１つであり、拡散する対象ごとに数多くの拡散係数がある。混同を避けるため、分子の拡散を扱っている場合には「分子拡散係数」$\mathcal{D}_m$ を使う。

6.7　拡散速度対移動運動速度

やっと、拡散が生物に与えた影響を調べる所まできた。はじめに、運動能力のある生物がある距離を移動するのに要する時間と、ある分子が同じ距離を拡散で移動するのに要する時間を比べてみよう。まず、周りに化学的な信号を放出する生物を想定する。例えば、好気性バクテリアから排出された二酸化炭素は、近くにいるバクテリア食の鞭毛虫類に対して“こっちへおいで”信号として働くかもしれない。捕食者に先に届くのは、化学信号とバクテリア、どっちだろうか？　バクテリアは鞭毛虫から 10 μm 離れた所にいて、それに向かって泳いでいるとしよう。体長 2 μm のバクテリアはおよそ 20 μm s^{-1} のスピードで動く (Berg 1983)。したがって、バクテリアがその捕食者まで泳ぐのには 1/2 秒掛かる。これに対して、CO_2 分子はたったの 0.03 秒で 10 μm を横切る。この捕食者－被食者相互作用のように小さな尺度の世界では、被食者の存在を示す化学信号は、餌自身の 10 倍の速さで拡散によって伝わる。

同じことが、食物や酸素の供給にもあてはまる。陸棲哺乳類が生きる大きな尺度の世界では、局所的に資源が枯渇して他の場所に移動しなければならないことがよく起こる。例えば、牛は一箇所で手に入る草を食べ尽くしたら、食物を見つけるために移動しなければならない。しかし、バクテリアの大きさでは、自分が動くのよりも素早く、拡散がその場へ差し入れしてくれる。まるで牛が食べるより速く、草が育つようなものである。Berg (1983) が指摘したように、バクテリアが動かなければならない理由はただ１つ、本当に何もない荒れ野だとわかったときだけである。

水中での酸素分子の“拡散速度”（式 6.22）は、10 秒間で考えるとバクテリアの遊泳速度（20 μm s^{-1}）と同じである。もっと短い時間を考えると、拡散による輸送は遊泳よりも速くなり、長い時間では遊泳の方が拡散より速い。10 秒間でバクテリアは 200 μm 泳げる。つまり、200 μm 以上離れた場所の酸素濃度が好ましいのなら、拡散によって供給されるのを待つよりは、そこへ向かって泳いだ方がバクテリアにとって有利である。しかしお気に入りの酸素濃度の場所が 100 μm しか離れていないのなら、バクテリアは動かない方がよい。

空気中では、この議論がもっと大きな尺度であてはまる。例えば、前章でバクテリアは空気の中を泳げるだろうという話をした。しかし、バクテリアには泳ぐ必要などなさそうだ。というのは、移動運動には餌や酸素の入手など何らかの明確な利益が対応するはずだからである。空中版バクテリアの遊泳速度（前章で約 1 mm s^{-1} と計算）が拡散速度を越えるのは、40 秒以上の時間を考えた場合のみである。したがって、バクテリアが泳がなければならないのは、4 cm の向こう（生物体の大きさに比べると非常に遠い距離）に緑の沃野が広がっている場合のみである。それより近ければ、緑の牧草がこちらにやって来るのを待った方がよい。バクテリアが鞭毛を全く動かさなくても、酸素はどんどん供給され、二酸化炭素は効率よく飛び去ってくれる。

6.8　拡散と代謝

拡散は酸素を効率的に小さな生物へ運んでくれることがわかったので、この物理過程の限界を調べることにしよう。すなわち、気体状の燃料を拡散で受け取るしかない生物は、どの程度の時間率で代謝できるのだろうか？　酸素の供給を拡散だけに頼る動物や植物は、どの位の速さで呼吸できるのだろうか？　あるいは、二酸化炭素が拡散だけで輸送されるのであれば、植物はどの程度の速さで光合成できるのであろうか？

まず、状況を注意深く設定しよう。ことを単純にするため、生物は半径 r の球形で、静止した流体中に、静止しているとする。生物がいなければ、問題のガスは濃度 C_∞（モル/m^3）で流体を満たしている。球から充分に離れた遠方では、たとえ生物がガスを消費していても、この濃度が保たれているとする。さらに、全てのガスは球面に接触するとすぐに結合し、細胞内の代謝過程に取り込まれると仮定する。つまり、球の表面での濃度はゼロである。実際の生物にこんな芸当はできないが、こうすることで O_2 や CO_2 の最大供給率を理論的に計算できるようになる。

このやり方は、生物の内部を（見ることのできない）“ブラックボックス”として扱っており、ガスが球の一番外側に配給される時間率だけで酸素の消費率や二酸化炭素の排出率が決まる、ことに注意して欲しい。生物内部での輸送や代謝の仕組みなどの詳細は、敢えてボカしてある。

球表面へのガスの流束を計算するために、フィックの式を解いてみよう。そのためには、拡散係数と濃度勾配が必要になる。拡散係数は、表 6.1 と表 6.2 の測定値に頼ろう。濃度勾配の特定はそう簡単ではないが、このような問題の古典的解法の 1 つを採り入れることにしよう。Berg (1983) *4、Crank (1975)、Carslaw and Jaeger (1959) には様々な拡散問題の解析解が収録されているので、それを使う。

[訳者註 *4：邦訳版がある。「生物学におけるランダムウォーク」（訳：寺本英、佐藤俊輔）法政大学出版局、りぶらりあ選書 (1989) ISBN 4588021206]

このような状況の下で、球の中心から距離 r' での濃度は、

$$C(r) = C_\infty\left(1 - \frac{r}{r'}\right), \quad r' > r \tag{6.37}$$

である（Berg 1983）。この式の r' に関する導函数をとれば、濃度勾配は、

$$\frac{dC}{dr'} = C_\infty \frac{r}{r'^2} \tag{6.38}$$

であることがわかり、したがって球表面（半径 = r）での流束密度は、

$$\mathcal{J}_r(r) = -\frac{\mathcal{D}_m C_\infty}{r} \tag{6.39}$$

である。

この流束密度は、単位の表面積を通って毎秒流れ込むガスのモル数である。球に流入する全モル数の時間率は、これに球の表面積 $4\pi r^2$ を掛けて、ガスの内向き流束 J は、

$$J = -4\pi \mathcal{D}_m C_\infty r \tag{6.40}$$

ここで、負号はガスは球に向かって（r が減る方向に）動くことを示している。

この内向き流束が、$4\pi r^3/3$ の体積の球の代謝を支えるのだから、最大代謝率 M すなわち単位時間に拡散によって賄われる単位体積あたりのガスのモル数は、

$$M = \frac{3\mathcal{D}_m C_\infty}{r^2} \tag{6.41}$$

で、図 6.9 にその関係を示す。この値は、持続可能な最大の代謝率に比例する。ガスが拡散のみで供給されるのであれば、球が大きいほど代謝率は低くなければならない。空気中での酸素と二酸化炭素の拡散係数は水中の 10,000 倍だから、空気中では水中の $\sqrt{10{,}000}$ = 100 倍の大きさの球が、呼吸や光合成を持続できる。

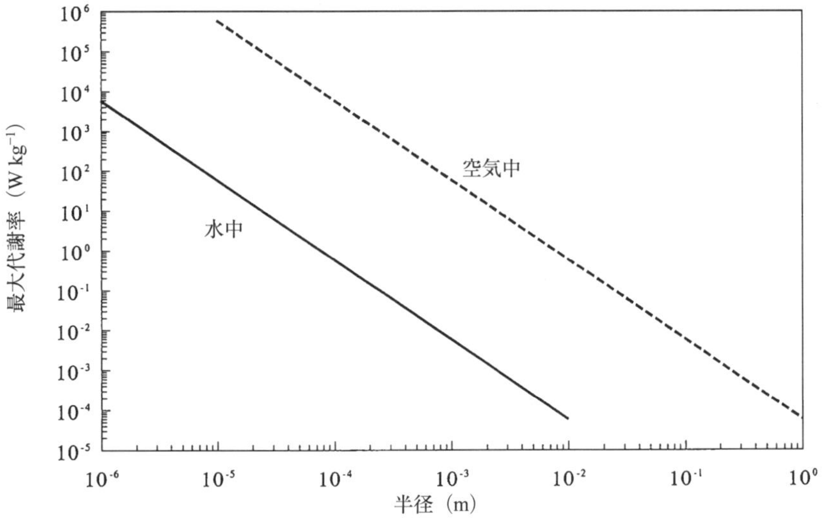

図 6.9　酸素が拡散だけで供給されるとすると、球形の生物のサイズが増すと代謝率は減少しなければならない。この拘束は水中ではもっと厳しい。

この結論は、もちろん、周りのガスの濃度 C_∞ が空気中でも水中でも同じと仮定している。そこには次節で取り上げる面白い話がある。

6.8.1　空気中での代謝

酸素は空気の体積の 20.95 % を占める。したがって、0 ℃ 1 気圧の標準状態で、1 m^3 の空気は 0.2095 m^3 の酸素を含む。この温度と圧力では、1 モルの気体は 0.02241 m^3 を占めるから、空気中の O_2 濃度は 9.35 mol m^{-3} である（表 6.3）。この濃度は、温度が 40℃に上がると 8.15 mol m^{-3} に減る。これに対し、CO_2 は空気の体積の 0.033 % を占めるに過ぎず、その濃度は 1 気圧 0℃での 0.0147 mol m^{-3} から、40 ℃での 0.0128 mol m^{-3} まで変わる。つまり、酸素の C_∞ は二酸化炭素の 635 倍も高いので、空気中での拡散による酸素の供給時間率は CO_2 のそれの 635 倍である。

どのような状況なら、これらの供給率によって代謝が制限されてしまうのだろうか？ まず、酸素を消費する好気性の呼吸を考えよう。Hughes and Wimpenny (1969) は、1 立方メートルの典型的な単細胞原生動物は O_2 を毎秒約 0.1 モル消費する一方、窒素固定菌アゾトバクター・ビネランジイ（*Azotobacter vinelandii*）などのバクテリアは酸素を 20 mol m^{-3} s^{-1} も消費すると報告している。この代謝要求が行き着く結末は、式 6.41 を

$$r_{max} = \sqrt{\frac{3\mathcal{D}_m C_\infty}{M}} \tag{6.42}$$

と変形すればわかる。すなわち r_{max} は、与えられた代謝率 M で、生物がとれる最大の半径である。

バクテリアの凄い代謝率（20 mol m^{-3} s^{-1}）でも、半径が 5.3 mm 以下なら空気中の球形生物は充分な酸素供給を受けることができる。典型的な原生動物の代謝率 (0.1 mol m^{-3} s^{-1}) であれば、酸素不足に陥ることなしに、7.5 cm 位にはなれる。これは、輸送を増強させる対流が始まるのに充分な大きさである。したがって、空気中での拡散による酸素輸送は、小さな生物の代謝率を制限する因子とは成らないと結論できる。

典型的な単細胞植物は、生物 1 立方メートルあたり毎秒 1 モルの CO_2 を消費する [6]。この消費率の二酸化炭素を、拡散だけで輸送するには、半径 0.76 mm 以下でなければならない。これは、酸素の供給についてのサイズ限界の 1/7 〜 1/100 の大きさである。

表 6.3 空気中の酸素と二酸化炭素の濃度

T (℃)	ガス濃度（mol m^{-3}）	
	O_2	CO_2
0	9.353	0.0147
10	9.022	0.0142
20	8.714	0.0137
30	8.427	0.0133
40	8.154	0.0128

［脚註 6：この値は植物プランクトンの炭素の取込み速度に基づいている。］

6.8.2　水中での代謝

水中での代謝率は拡散係数のみではなく、関係するガスの溶解度にも影響される。そして、二酸化炭素は酸素に比べて非常に水に溶けやすいのである（表 6.4）。もし酸素と二酸化炭素が空気中に同じ圧力であれば、二酸化炭素はある体積の 20℃の水に 28 倍も溶ける。これは、（O_2 の分圧が CO_2 の 635 倍の）空気と接している水では、O_2 の濃度は CO_2 の $635 / 28 \approx 23$ 倍しかないことを意味している。このように、水中では酸素と二酸化炭素が供給される時間率の違いは、空気中での違いに比べるとずっと小さい。

水に溶けている気体の絶対量でいえば、また別の違いがある。水の中の二酸化炭素のモル濃度は、それを飽和させている空気中とほぼ同じである。したがって、水中での CO_2 の輸送時間率を（空気中に比べて）小さくさせているのは、（濃度の低下というよりも）拡散係数の低さだけである。水中の酸素濃度は空気中の 5% しかないので、低下した拡散係数と大幅に減少した濃度の両方のせいで、水中での O_2 の輸送は空気中のそれよりも遅くなる。

T (℃)	濃度（mol m^{-3}）					
	O_2		CO_2		HCO_3^-	
	淡水	海水	淡水	海水	淡水	海水
0	0.457	0.359	0.0233	0.0189	1.804	1.462
10	0.352	0.282	0.0161	0.0132	1.674	1.369
20	0.284	0.231	0.0117	0.0097	1.545	1.279
30	0.236	0.194	0.0089	0.0075	1.425	1.198
40	0.200	0.168	0.0071	0.0061	1.319	1.129

表 6.4　1 気圧の空気と平衡状態にある pH 8.0 の水中の分子の濃度

出典：Weiss (1974) と Mehrbach et al. (1973) のデータから算出

これらの事実を式 6.42 にあてはめると、激しく呼吸しているバクテリアは、半径が 9 μm より大きくなければ酸素の供給率限界には達していないことがわかる。炭素源として CO_2 を使って激しく光合成している植物プランクトンも、7 μm より大きくなければ拡散による CO_2 供給の限界には達しない。このように、水中で O_2 や CO_2 を利用する生物は空中でのそれらよりはずっと小さくなければならず、植物と動物でサイズの違いは実質上ない。

しかし、この結論は多少非現実的でもある。二酸化炭素が水に溶け込むとき、その多くは周りの水分子と化学的に結びついて炭酸（H_2CO_3）を作り、ついで水素イオンと重炭酸イオン（HCO_3^-）に解離する。ところで、（ほとんどではないが）多くの水棲植物は、重炭酸イオンを光合成の炭素源として利用する能力を進化させている。海水の典型的な pH (8.0) では、重炭酸イオンの濃度は CO_2 の 100 ～ 200 倍もある（表 6.4）から、これが有利に働くのは明らかである。このように、海産の植物プランクトンは重炭酸イオンの拡散供給で代謝が制限されることはなく、（20℃では）約 80 μm の半径になれるのである。これは、単に溶解した二酸化炭素ガスからの供給に頼る水棲生物よりも 10 倍も大きなサイズではあるが、空気中で育つ単細胞植物よりはまだ一桁小さいのである。

これらの計算は、かなり割り引いて受け止めた方がよい。まず、O_2 や CO_2、そして HCO_3^- の濃度が生物表面でゼロになると仮定した。この仮定は、生物はこれらの分子種の周りの分圧がゼロに近くなっても、酸素や二酸化炭素および重炭酸イオンを漏らしたりしないというのと同じである。これは明らかに軽率な仮定である。実在の生物では、彼らの近傍に保持できる酸素や二酸化炭素あるいは重炭酸イオンの濃度には最低限界がある。したがって、実際の濃度勾配はここで使ったものより低いだろうし、拡散供給の時間率も低くなるだろう。つまり、ここで計算した最大サイズは、たぶん過大に見積もられている。

同様に、生物体内部での拡散の役割も無視してきた。これは空気中での場合に特に重要で、O_2 や CO_2 の細胞表面への供給はサイズを制限する実際の因子ではないだろう。むしろ、これらのガスの内部での輸送が真の制限因子であろう。生物が大き過ぎると、気体分子は充分な時間率で内部に配達されないのである。この制限についての計算には、生きている組織の中での拡散という込み入った問題が絡むので、本節の視野から遥かに外れてしまう。興味のある読者は、Weis-Fogh (1964) や Alexander (1966) または Dejours (1975) を参照して欲しい。

さらに、水の中の重炭酸イオン濃度は pH に極めて敏感だということにも留意しておくべきだろう。pH が低いほど、その濃度は低くなる（図 6.10）。したがって、低 pH では、植物はより小さいサイズへの制限を受ける。これは酸性雨によって、川や湖に広範な pH 低下が起こった場合に、重要な意味をもつだろう。

最後に留意すべきことが２つある。二酸化炭素と酸素は両方とも、海水への溶け方が淡水よりも少し弱い。それで、拡散がサイズを制限する度合いは海水での方が少し厳しいかもしれない。２番目に、両方のガスはともに、温度が増加すると溶解濃度は減るが、同時に拡散係数が増加するので、サイズへの効果は相殺される。事実、酸素の拡散による供給は、0℃に比べて 40℃での方がわずかに高い。

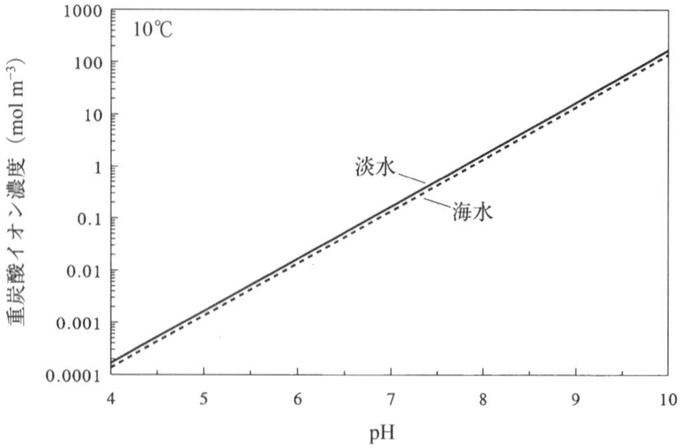

図 6.10　重炭酸イオン濃度は pH の増加とともに増える。

6.9　香りを追って：球からの流束

前節で、分子を吸収している球面の周りの濃度パターンを扱った。問題を裏返しにして、分子を出している球の周辺での濃度勾配を計算してみよう。このような場合は様々な状況で起こる。例えば、海産無脊椎動物の精子は化学走性をもっていて、ある未知の物質の濃度勾配を遡って、卵に到達する（例えば、Miller 1982, 1985a, b）。このように、濃度勾配の存在は受精の確率を増大させる。大型の海藻（ケルプ）の運動性をもった胞子は、硝酸塩やアンモニウム塩などの栄養物の濃度の高いところへ誘引される（Amsler and Neushul 1989）。大腸菌（*Escherichia coli*）のようなバクテリアも、濃度勾配を駆け上って、よりよい条件のところへ移動する（Berg 1983）。もっとほかの例では、ミジンコなどの小型の動物プランクトンは、明らかにある距離のところからでも植物プランクトンの“匂い”を感じることができる（Koehl and Strickler 1981）。これらの植物プランクトンの小ささから言って、その周りの匂い分子の濃度は拡散で形成されるだろう。これらの全ての場合で、生物学的に重要なのは濃度分布のパターンである。どんなパターンなのであろうか？

この状況を分析するため、極座標形式のフィックの式の解の報告例に頼ろう。Carslaw and Jaeger (1959) は、球形の生物が一定の時間率 J_{prey}（モル/秒）である物質を滲み出させた場合、周囲の媒体での濃度は、

$$C(r) = \frac{J_{prey}}{4\pi \mathcal{D}_m r} \tag{6.43}$$

となることを示した。ここでの r は、湧き出し中心からの距離である（図 6.11）。

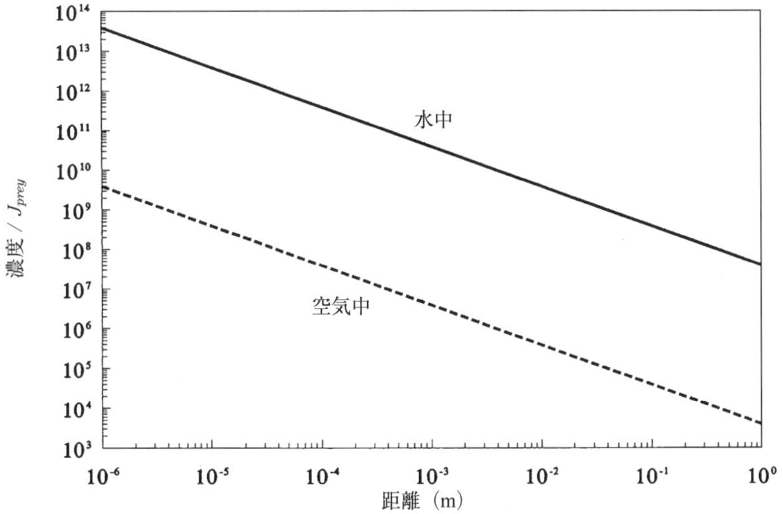

図 6.11 “香り”の濃度（被食者の香り流束で規格化）は、被食者からの距離とともに急激に減少する。

例として、半径が 10 μm、体積が 4.19×10^{-15} m^3 の球形生物を想定する。その生物が“香り”を 1 mol m^{-3} s^{-1} の時間率で生産していると仮定する。これは、酸素が消費される時間率に近い、かなり高い生産率である。この生産率に体積を掛けると J_{prey} は 4.19×10^{-15} モル/秒であることがわかる。もし、香り分子の拡散係数が空気中の小さな分子の典型値（10^{-5} m^2 s^{-1}）であれば、その生物の体表における香りの濃度

は 3×10^{-6} モル /m^3 に過ぎない。もう少し使い慣れた単位で言えば、これは 3×10^{-9} モル/リットル、すなわち 0.003 μM の濃度である。つまり、物質の生産率が非常に高くても、この小さな尺度での空気中の拡散は非常に効率的なので、生物体の近傍での香りの濃度は常に低い。

これに対し、香りの拡散係数が水中での小さな分子の典型値（10^{-9} m^2 s^{-1}）であれば、生物体表での濃度は 3×10^{-2} モル /m^3、すなわち 30 μM とかなりの濃度となる。このように、水中での低い拡散係数は、局所濃度のかなり大きな増大をもたらす。

これらの結果は、生物の居場所をその香りから知る上で、何を意味しているのだろうか？　この状況を、球（**「餌食（えじき）」**）とそれを捕えようとしている生物（**「狩人」**）に見立てて、二段階に分けて調べよう。

6.9.1　検出

餌食（えじき）の居場所を知る第１段階は、香りの検出である。この過程は２通りの見方ができる。まず検出が可能になるには、香りの濃度がある最低値に達しているはずである。しかし、湧き出し流束 J_{prey} の香りの濃度は、$\mathcal{D}_m$ と r の積に反比例することがわかっている（式 6.43）。すなわち、空気中での拡散係数は水中での 10,000 倍なので、空中版狩人が香りの検出可能濃度に達するには、水中版のそれに比べて餌食に 10,000 倍近くなければならない。香りの生産率が上記のように高く、また 0.001 μM で検出できたとしても、空中版狩人は餌食の中心から 33 μm（半径 10 μm の餌食の体表から 23 μm）以内に近付かなければ、餌を検出できない。水中では、餌食から 33 **「センチ」** も離れたところで、同じ程度の香り濃度になる！

この結論はしかし、間違っているかもしれない。細胞が実際に周りの媒体中の分子を検出する物理を少し考えてみよう。ある細胞が香りを検出するためには、細胞の表面でその化学物質の分子と物理的な相互作用を起こさせなければならない。一般的に言えば、この相互作用は、細胞膜に埋め込まれたある特定の受容体に香り分子が結合することから始まる。受容体の高次構造変化が、香り分子が検出されたという信号を細胞に伝える。つまり、香り分子の結合が受容体を“オン”に切り替える。実際に検出器として機能するためには、受容体をオフにする仕組みも不可欠である。もし香り分子が受容体に永久に結合したままなら、香りの雲とのたった１度の出会いが受容体を永久にオンにしてしまい、香りがなくなってもわからない。すなわち、実際の受容体は信号（香り）分子と可逆的に結合し、細胞上の受容体でオンになっているのはいつでも一部分で、その割合（すなわち細胞への信号強度）は信号分子が細胞膜に供給される頻度で決まるのである。もちろん、信号分子は拡散で供給されると仮定している。

受容体を小さなパッチでモデル化しよう。パッチは細胞表面に並んでいるが、表面以外では香り分子と相互作用しない。簡単のために、香り分子は受容体に結合されると直ちに細胞内に運ばれるか周囲の媒体から取り除かれ、受容体は再び香り分子と結合できるようになるとする。Berg (1983) は、このような条件の下では拡散で円形パッチに到達する分子の流束は、

$$J_{patch} = 4\pi \mathcal{D}_m r_p C_\infty \tag{6.44}$$

であることを示している。ここで r_p はパッチの半径で、C_∞ は隣接媒体での信号分子の濃度である。

このことは、餌食から拡散した信号を検出する狩人の能力について、奇妙な結論に導く。式 6.43 は、餌食から距離 r での香りの濃度は $J_{prey}/(4\pi\mathcal{D}_m r)$ であることを示している。この値を式 6.44 の C_∞ として使うと[7]、受容体へ到達する香り分子の流束は、

$$J_{patch} = \frac{r_p J_{prey}}{r} \tag{6.45}$$

で、拡散係数とは無関係になってしまう！　すなわち、餌食からの距離が同じなら、空気中では香りの濃度は低いが拡散係数は高いので、わずかしかない分子でも効率的に受容体に到達する。水中では、香りの局所濃度は高いが拡散係数は小さいので、香り分子の到達効率はよくない。２つの傾向は互いに相殺し合う。このように、もし検出が ***「濃度」*** ではなく、香り分子の ***「到達頻度」*** で決まるのであれば、空中版の狩人も水中版の捕食者と同じ位の餌食検出能力を発揮できるのである。例えば、拡散係数の小さな大きい分子も、小さな分子と同様、直ちに検出される。

検出度を決めているのが濃度なのか到達頻度なのかは、まだわかっていない。上記の議論についての実験データはまだ見あたらない。

ここでの計算は、受容体パッチは細胞膜表面にまばらに散らばっていると、暗黙裏に仮定していた。パッチの空間密度が増えると、個々のパッチ周辺での濃度が隣接パッチと相互作用を起こすようになる。その結果、それぞれのパッチに到達する香り分子の流束は減少する。しかし、パッチがびっしりと密に詰まりでもしない限り、この効果は無視できるだろう。この効果に関する面白い議論を、Berg (1983) *4 が書いている。

6.9.2　勾配に向かって

香りの検出は、捕獲の第１ステップに過ぎない。第２ステップは、餌食に向かって近づかなければならない。しかし、これは容易なことではないだろう。自分が香り源へ向かって動く時にやるであろう方策を考えてみよう。まず、ある方向へ歩きながら匂いを嗅ぎ、香りの濃度の違いを感じるまで動く。もし濃度が増えていると感じたら、その方向へ動き続ける。濃度が減ってきたら、向きを変えて、再び同じ試行に入る。この方策は、微生物にとって、どこまでうまくいくのだろうか？　この疑問を評価するために、濃度勾配の性質を調べよう。

[脚註 7：この場合の C_∞ は定数ではなく、r で変わる。しかし、受容体の小さな尺度（およそ 1×10^{-9} m）では、C_∞ の局所勾配は受容体が香り分子を吸収したことに起因する勾配に比べると小さい。]

式 6.43 の r についての導函数をとれば、径方向の濃度勾配は、

$$\frac{dC}{dr} = -\frac{J_{prey}}{4\pi\mathcal{D}_m r^2} \tag{6.46}$$

である。狩人が餌食から遠いほど、濃度変化は緩やかになる。

多くの場合、濃度勾配は非常に緩やかなので、精子やバクテリアの体に沿った非常に小さな濃度変化を検出することはまず不可能に近い。もし dC/dr が 0.33 μmol m^{-4}（上記の例の水棲細胞から 1 mm 離れた地点の値）であれば、長さ 2 μm のバクテリアに沿った濃度差はほんの 0.67 μmol m^{-3} しかない。これは、バクテリアの頭と尾での濃度差がたったの 0.00067 μM に過ぎず、この濃度差をその周辺の濃度（0.33 μM）から分離して検出するのは非常に困難であろう。

濃度のこの小さな空間的変化を検出することに内在する問題は、狩人が泳いで濃度変化を検出できれば回避できるかもしれない。つまり、狩人がある過去の時点での濃度を憶えていて、今の濃度と比べることができれば、時間を距離に置き換えることができて空間的勾配を検出できる。この可能性を見るために、$dr = u_r dt$ と置いて（ただし u_r は狩人の径方向の速度成分で t は時間）、式 6.46 へ代入すると、

$$\frac{dC}{dt} = -\frac{u_r J_{prey}}{4\pi\mathcal{D}_m r^2} \tag{6.47}$$

であることがわかる。生物体の遊泳が速いほど、濃度変化は速くなり、勾配の検出がより楽になる。

しかし、この方策は高速でしか有効にならない。例えば、バクテリアが最高速度 20 μm s^{-1}（10 体長/秒）で動いたとしても、上記の場合の dC/dt は 0.0067 μM/秒である。つまり微生物の運動速度では、体の１点での濃度の時間的変化は、ある瞬間での体長に沿った変化に比べてあまり大きくはなれない。したがって、勾配に向かう水棲の微生物にとって、記憶は使い物にならない。

空気中での状況は、もっと悪い。そこでは、（時間的にも空間的にも）濃度勾配は水中での 1/10,000 しかない。そのため、たとえ狩人が空気中で餌食を検出できたとしても、その方向へ向かうことはもっと難しいことになる。空中版のハンター（狩人）が水中版の 10,000 倍の速度で動ける場合にだけ、同じ時間的刺激を受け取れる。すなわち、空中版バクテリアが 20 cm s^{-1} で動けば、水中版の同類と同じ程度の濃度勾配検出感度を持てる。しかし、この速度は生物界での可能性の範囲を遥かに超えている。このように、たとえバクテリアが空中を泳げたとしても、化学物質の勾配を辿って好条件の餌場を手に入れることはできなさそうだ。

実際の微生物は、香りの勾配検出が本質的に抱えている困難を回避する方策を、少なくとも２つ進化させている。１つは、大腸菌のようなバクテリアで使われている。化学物質の濃度勾配ではなく、濃度の瞬時値で酔歩に偏り（バイアス）を掛けると、化学走性が実現する（Berg and Brown 1972）。本質的には、ハンターは濃度が高い時には歩幅を大きくし、濃度が低い時には歩幅を小さくする。結果的には、香り源に近づいていく。２番目の方法では、生物は同時に２つの軸の周りに体を回転させることで、遊泳を

螺旋形にする。濃度の瞬時値に応じて２つの回転の相対比を適切に変えると、濃度勾配に向かって移動するようになる（Crenshaw 1990）。

6.10　管の中での拡散

ここまでは、シャーウッド数の意味にしたがって、小さくて低速で運動する生物に限定して調べてきた。しかし、大型の生物で、純粋な拡散が圧倒的な重要性をもつ特別な場合もいくつかある。昆虫のガス交換の調査から始めよう。

6.10.1　昆虫の気管

第 5 章で、呼吸器官の構造に関する粘性の影響を調べ、昆虫が樹木のように枝分かれした気管の太い部分に空気を圧し込むことは、理にかなっていることを示した。しかし同時に、昆虫で実際に空気を細胞に送り届けている細い管は先が詰まった行き止まり（盲管）で、能動的には換気できないこともわかった。この細いパイプ（二次の気管および三次の気管小枝）の１番細いものは、直径がわずか 0.2 μm しかなく、長さは 1 mm にも達する（図 6.12）。飛翔筋の場合、これらの小さな換気されていない管が、莫大な時間率で周囲の細胞に酸素を供給できなければならない。例えば、飛翔中の昆虫の筋肉 1 m^3 は、酸素を毎秒 6.5 モル消費する。言い換えると、筋肉 1 m^3 毎に、空気 1 m^3 中にある酸素全てを 1.3 秒で使い果たしている。拡散で実際に酸素をこの時間率で供給できるのだろうか？　この方式は水中でもうまくいくのだろうか？

これらの疑問に答えるため、気管と気管小枝および筋肉組織を単純化したモデルを考えよう（図 6.13）。筋肉を断面積 A で長さ ℓ のブロックで表わし、気管や気管小枝は断面積 A_t の一本の中空の管で表わす。比 A_t/A を ζ（ジータ）と呼び、典型的な値は 0.1 である（Weis-Fogh 1964）。気管小枝に沿った長さを変数 x で表わす。気管の空気への開口部で $x=0$、気管小枝の行き止まり末端で $x=\ell$ である。

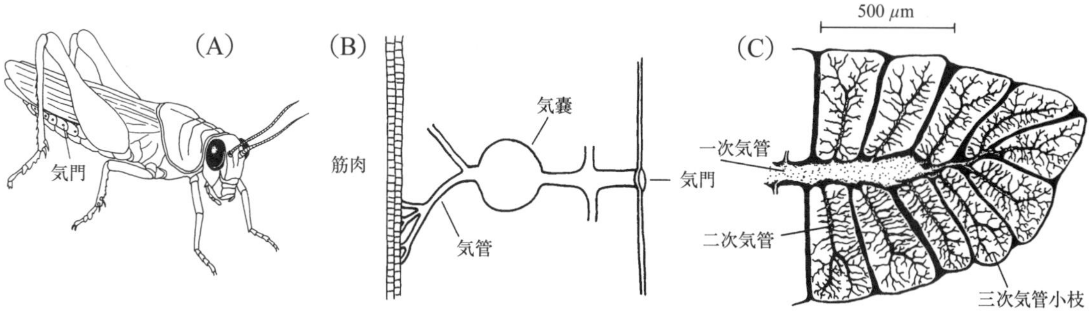

図 6.12　気門（腹部の側面にある）はバッタの気管の外部への開口部である。体の内部では、気管は筋肉に届くまでに様々に分岐する（B、Meglitsch 1972 より）。筋肉の内部では、気管はさらに枝分かれする（C、Weis-Fogh 1964 から再描画、Company of Biologist. Ltd の好意による）。

筋繊維は酸素を M モル $m^{-3}\ s^{-1}$ の率で消費すると仮定する。単純化のため、筋肉と気管を含めた体積を使う。このモデルで、任意の x で気管を通して流れる酸素の時間率を計算できる。すなわち、点 x より末梢側の筋肉の体積は $A(\ell-x)$ だから、この体積は $A(\ell-x)M$ の時間率で酸素を消費する。この酸素は全て x での気管を通って拡散で流れる。

フィックの式は、気管に沿った酸素の流束密度（気管の総断面積あたりのモル数/秒）が拡散係数と濃度勾配に比例することを示している。筋肉で消費される O_2 の時間率が気管によって供給される時間率に等しいとおけば、

$$A(\ell-x)M=-\mathcal{D}_m A_t\frac{dC}{dx} \tag{6.48}$$

である。この式を変形すれば、

$$\frac{(\ell-x)M}{\zeta\mathcal{D}_m}dx=-dC \tag{6.49}$$

と、dx から dC を変数分離できる。こうすると、式の両辺をそれぞれ x の 0 から ℓ まで積分することができて、最終的には、

$$\Delta C=\frac{M\ell^2}{2\mathcal{D}_m\zeta} \tag{6.50}$$

となる。ここで、ΔC は気管の開口部と行き止まり末端での酸素濃度差である。

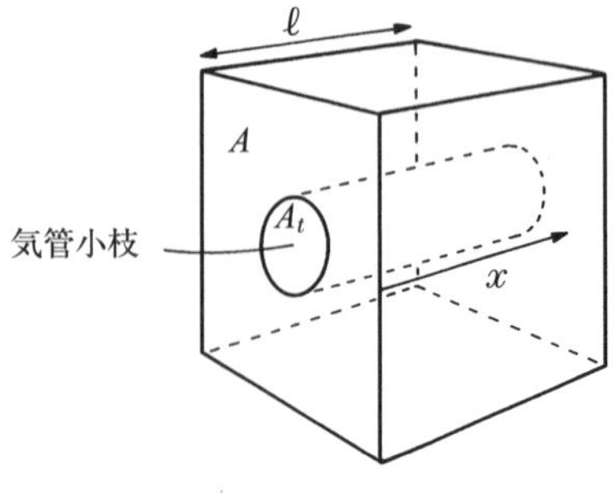

図 6.13　三次気管小枝のそれぞれは、周囲の筋肉部分へ酸素を供給する。ここに示した気管小枝－筋肉系モデルから、気管の最大長を計算できる。

ΔC がある値の時、気管がどのくらい長くなれるのかを知るために、この式を変形すると、

$$\ell_{max}=\sqrt{\frac{2\Delta C\mathcal{D}_m\zeta}{M}} \tag{6.51}$$

Weis-Fogh (1964) は、昆虫の飛翔筋は最大で空気中の酸素の 25 % を取り込むことができると報告している。したがって、20℃での最大の ΔC は、およそ 2.3 モル /m^3 である。式の中の他のパラメータにそ

れぞれ典型的な値（$\zeta = 0.1$ および $M = 6.5$ mol m^{-3} s^{-1}）を入れると、気管の最大長は約 1.2 mm になる。もし昆虫が気門から筋肉までの経路をもっと長くしたいのなら、拡散だけでは不充分である。これが、大型の昆虫はその主幹気管を能動的に換気する必要がある理由である。

このような拡散依存型の呼吸系は、水中では全くうまくいかない。O_2 の水中での拡散係数は空気中での 1/10,000 だから、昆虫の飛翔筋と同じ時間率で呼吸する組織へ酸素を供給するためには、気管小枝の長さは 12 μm 以下でなければならない。もし水棲生物が酸素の供給のために拡散に頼るつもりなら、組織に占める呼吸管の割合 (ζ) を極端に増やすか、代謝率を極端に減らすか、酸素化された水から筋肉までの距離を最小化するか、しなければならない。

ζ を充分に増やすのは非現実的である。水中での O_2 の拡散係数は小さいので、酸素の供給手段として拡散だけで充分なためには、筋肉全部が気管（水管）になってしまって筋繊維の入る場所がなくなる。

多くの水棲無脊椎動物の代謝率は、飛翔昆虫のそれよりもかなり低い（第 8 章参照）が、1/10,000 ではない。したがって、水棲動物の代謝率は、気管（水管）呼吸が有効に機能するほど充分に低くはない。

扁形動物などいくつかの水棲生物は、第 3 の方策を選んだ。薄く平たい形が、体の全ての部分を周囲の媒体に近づけている。しかし、ほとんどの水棲生物は、拡散だけで酸素を輸送することを進化的な意味では諦めており、対流を使った呼吸系を進化させている。

空気中での気体の拡散係数の高さが、例外的に強力な淘汰因子として働いてきたことに留意して欲しい。気管呼吸系は、少なくとも 3 度、陸棲節足動物で独立に進化した。単枝状付属肢類（昆虫、ムカデ、ヤスデなど）、クモガタ類（サソリ、クモなど）、そして等脚類（ワラジムシ、ダンゴムシなど）である。維管束植物も同じように気管呼吸を進化させていることは前に見た通りである。空気中での拡散には輸送系としての可能性がずっと潜在していた、ということを陸棲動物の共通点としてよいだろう。

6.10.2　気管の限界サイズ

昆虫の気管小枝は、直径 0.2 μm 位まで小さくなれるという事実から、興味深い疑問が出てくる。以前の計算によれば、空気中の分子の平均自由行程 l は、およそ 0.08 μm である。つまり、この細い管のサイズは、分子が他の分子と衝突するまでに動く平均距離に近くなっている。気管小枝がもっと細くなって、その直径が平均自由行程より小さくなると、どんな効果が表われるのだろうか？

Pickard (1974) はこの疑問を扱って、気管小枝が今のサイズより少しでも小さくなると、実効拡散係数が減少し、その結果筋肉への酸素供給率も減少することを示した。正確には、

$$\mathcal{D}_e = \mathcal{D}_m \frac{1}{1 + (9\pi/16)(l/d)} \tag{6.52}$$

であることを提唱した。ここで、$\mathcal{D}_e$ は気管小枝での実効拡散係数、l は平均自由行程（空気中で 0.08 μm）、

d は気管小枝の直径である。図 6.14 にこのグラフを示してある。直径がおよそ $3l$（気管小枝のサイズ）以下になると、実効拡散係数は急激に小さくなり、気管小枝の最小サイズは空気中での平均自由行程で決まっていたらしいことを示唆している。平均自由行程が比較的長い高山にいる昆虫ではどうなっているのか、という疑問がすぐに出てくるが、このような事柄は調べられていないと思う。

水中での分子の平均自由行程は水素原子の直径よりずっと小さいので、空気中で気管小枝の細さが拡散係数を制限したのと同じ効果は、どんなに細い管でも、起こらない。

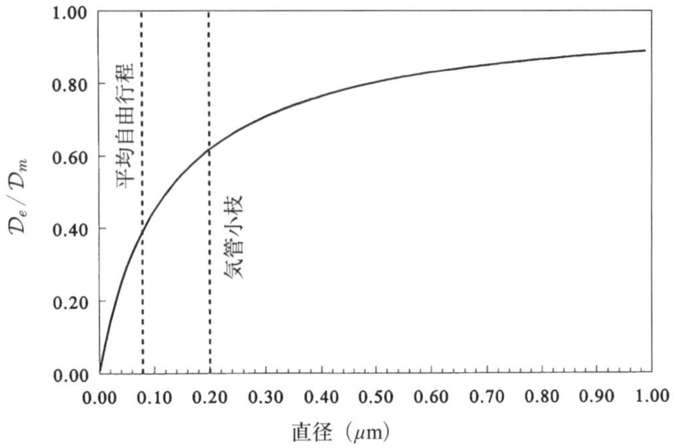

図 6.14　非常に細い気管小枝では、実効拡散係数（$\mathcal{D}_e$）が減少する（式 6.52）。

6.10.3　トリの卵

少なくとももう 1 つ、対流とは無関係に拡散が卓越した重要性をもつ大型生物がいる。それは鳥類の卵である。典型的な卵の模式を図 6.15 に示す。卵殻は炭酸カルシウムでできており、発育中のヒナを守る固い容れ物である。卵殻は硬い固形物に見えるけれども、実際には何千個もの小さな孔があいており、それぞれ卵殻の内側と外側を結ぶ細い管となっている。殻の内側は 2 枚の膜で裏打ちされていて、その内部に液体に浮いた状態のトリの胚がある。全ての動物と全く同じく、発育中のトリには酸素源だけでなく代謝によって生じる二酸化炭素を放散させる手段が必要である。これらのガスを交換する近位側の部位は、哺乳類の胎盤に相当する、漿尿膜と呼ばれるところである。この器官はよく発達した血管を卵殻のすぐ内側に張り巡らせているので、血液中のガスは卵殻の細孔中の気体と置き換わる。しかし、大気との最終的なガス交換には、細孔を通って卵殻を横切る必要がある。このように、トリの卵の

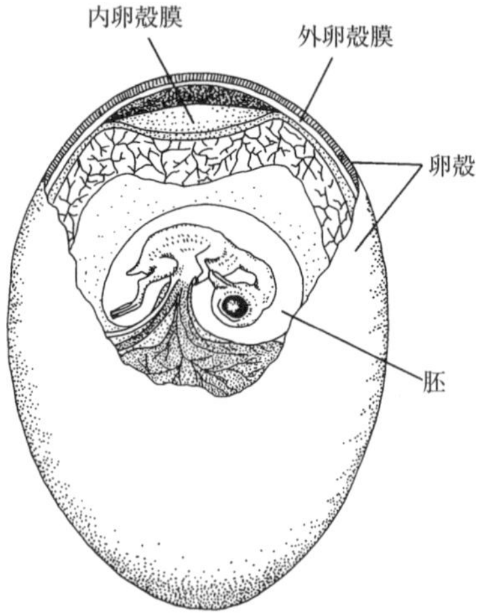

図 6.15　トリの胚は、卵殻の小孔を通して周囲とガス交換する。

卵殻を横切るガス交換は、様々な面で昆虫の気管におけるガス交換と同じような影響を受ける。

Rahn and Paganelli (1979) によれば、トリの胚は卵膜の外側での酸素濃度が 6.55 mol m^{-3} を維持できる。空気中での酸素濃度が 9.35 mol m^{-3} であることを思い起こせば、卵殻の厚さ ℓ には 2.8 mol m^{-3} の濃度勾配が掛かっていることがわかる。その結果、ヒナへ供給される酸素の時間率（モル / 秒）は、A を小孔の総面積として、

$$\text{毎秒あたりの}O_2\text{モル数} = \mathcal{D}_m A \frac{2.8}{\ell} \tag{6.53}$$

である。酸素供給速度を一定に保つには、卵殻の厚さのわずかな増加も小孔の面積の増大を伴っていなければならない。すなわち、胚の代謝要求と卵殻の機械的強度とは、相反する関係にある。より厚い卵殻は発育中のヒナを機械的に守るのには適しているが、小孔面積の増加なしには酸素の供給速度を減らしてしまう。このことが、ヒナはやがては殻を破って外に出なければならないことと合わせて、卵殻はなぜこんなに壊れやすいのかの説明の助けとなる。

酸素と二酸化炭素の輸送について言えば、ガス交換速度が増すのだから小孔の数が多い方がよいだろう。しかし、水の損失速度も増すので、小孔の面積には許容上限がある。発育中のヒナは、卵に最初に与えられた水で何とか間に合わせなければならない*5。小孔の面積がある限界を超えると、水損失があまりにも速く起こり、胚は脱水で死ぬ。この問題については、第 14 章で考察する。

小孔の形は一定していない。拡散では、問題となるのは孔の総面積だけで、数の少ない大きな孔も多数の小さな孔も、総面積さえ同じなら効果は同じである。しかし、卵殻の表面積は卵の長さの二乗で大きくなるのに対し、胚による酸素の消費速度は胚の質量すなわち長さの三乗で増える。したがって、重さが 1.5 kg にもなるダチョウの卵は、重さが 1 g にも達しないハチドリの卵に比べて、卵殻の単位面積あたりの小孔の面積はずっと大きくなければならない。

小孔として開いているべき卵殻表面の割合は、計算できる。まず、発育中のヒナの代謝率を M（酸素のモル数 m^{-3} s^{-1}）とし、卵を半径 r の球形と単純化すれば、

$$\text{ヒナの酸素要求量} = \frac{4\pi r^3 M}{3} \tag{6.54}$$

である。

酸素の供給速度を式 6.53 から計算すると、

［訳者註＊5：卵に最初から在った水だけではなく、発育中に呼吸によって作り出される代謝水（小孔を通して流入した酸素のほぼ半分の重さ）も加えて、間に合わせなければならない。引用文献の Schmidt-Nielsen, K. 1979 の邦訳版「動物生理学」の 43 ～ 45 頁、または Schmidt-Nielsen, K. 1984 の邦訳版「スケーリング」の 37 ～ 46 頁を参照のこと。］

$$酸素供給速度 = 4\mathcal{D}_m\pi r^2\psi\frac{\Delta C}{k_s r} \tag{6.55}$$

である。ただしψは卵表面積（$4\pi r^2$）に対する小孔の総面積の割合、ΔCは小孔の内側端と外側端での酸素濃度差、k_sは卵半径rに対する卵殻の厚さ（すなわち$k_s = \ell/r$）である。式6.55と式6.54を等しいと置いて、ψについて解けば、

$$\psi = \frac{Mk_s r^2}{3\Delta C\mathcal{D}_m} \tag{6.56}$$

であることがわかる。

ニワトリ卵では、$k_s \approx 0.02$で、ヒナの酸素消費率は最大で0.006 mol m^{-3} s^{-1}である。卵の体積から換算した球の半径は約2.3 cmで、ΔCは前と同様2.8 mol m^{-3}とおけば、小孔は卵殻表面積のたった0.04%を占めればよいことがわかる。

RahnとPaganelliは、ΔCは卵のサイズによらず、ほぼ同じであることを示している。もしk_sとMも一定だと仮定すると、ハチドリの卵殻（r = 3 mm）の小孔はたったの0.0006 %でよいという計算になる。ダチョウの卵（r = 7 cm）は表面の0.37%を小孔に充てることになる。大きな卵ほど実際のk_s（卵殻の相対的厚さ）が小さい（Rahn and Paganelli 1979）のは、ヒナが自力で脱出可能な位に壊れやすくしておく必要があるからだろう。結果として、ダチョウの卵で小孔が占める割合のここでの見積もりは、過大になっているだろう。それでもなお、酸素の空気中での拡散係数の高さのおかげで、ヒナの生存に必要な小孔の面積は卵殻のわずかな部分だけで足りるのである。

この結論は、空気中で生きる他の生物にもあてはまる。例えば、昆虫が外骨格に開いた小さな気管を通してさえ活発に呼吸できることや、植物の葉がその表面にわずかに開いた気孔からでも、拡散で二酸化炭素を得て活発に光合成できることを、説明できる。

水中では、硬い殻に小孔を開けてもうまくいかない。例えば、水中でニワトリのヒナに充分な酸素を供給するためには、小孔の総面積が卵殻の表面積の8倍もなければならない！　水中では酸素の拡散係数が1/10,000だから、水棲生物の卵はトリの卵よりずっと小さく、代謝率も低く、実質的に殻の全てが孔でなければ生存できない。実際にそうなっていて、サメやエイの卵の殻（人魚の財布と呼ばれる）は1番大きなところで10 cmほどだが、平たくなっているので内容積の割には表面積が大きい。さらに、殻は革のようにザラザラで、酸素を透過する材料でできており、殻全体が“小孔”である。他の多くの水棲生物の卵は、硬い殻などもっていないが、それでも拡散だけでは充分な酸素を受け取ることすらできないこともある。サカナの中には、ヒレで扇いで卵塊に水を送る、すなわち対流に乗せて酸素輸送を増強しているものも多い。

6.11　拡散係数の測定

この章での議論の多くは、表 6.1 と表 6.2 に上げてある拡散係数の実測値に依拠している。これらの値は、どのようにして決められたのだろうか？　卵殻を通しての拡散についての考察が、実際の測定方法を教えてくれる。

図 6.16 に示す装置を考えよう。厚さ ℓ の壁で２つの小部屋に仕切ってあり、壁には半径 r の小孔が N 個開いている。拡散係数を測ろうとしている物質を片方の小部屋に置き、その濃度を一定値 C_1 に保つように工夫する。水分子（水蒸気）の拡散係数を測るのであれば、小部屋に濡らしたスポンジを置き、その空気を確実に水で飽和したまま保つ。２番目の小部屋を異なる濃度 C_2 に保ち、その物質が小部屋に流れ込む速さ J（モル／秒）を測る。水蒸気の場合は、乾燥剤（吸湿剤）を置いて、第二の小部屋の濃度 C_2 をゼロに保てばよい。拡散した物質が一方の小部屋から他方へ移動する速さ J を測るには、乾燥剤の重量が増える速さを測ればよい。

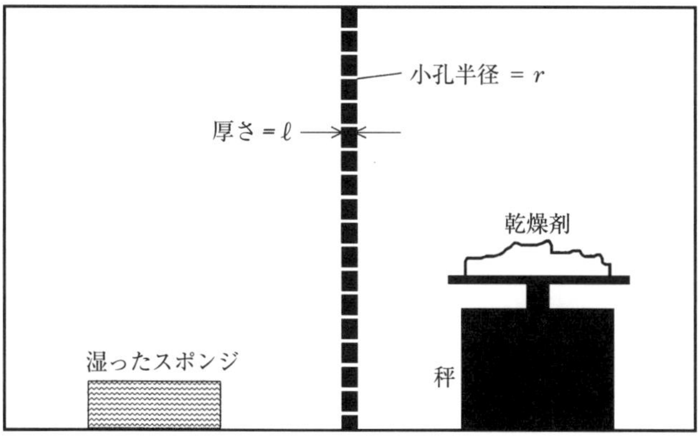

図 6.16　ここに示したような装置で、空気中での水分子の拡散係数を測定できる。

フィックの式から、次のことがわかっているから、

$$J = -\mathcal{D}_m \pi r^2 N \frac{C_2 - C_1}{\ell} \tag{6.57}$$

書き直すと、

$$\mathcal{D}_m = \frac{J\ell}{\pi r^2 N (C_1 - C_2)} \tag{6.58}$$

である。このようにトリの卵とそっくりな装置が、拡散係数の測定方法となるのである。

Rahn and Pagnelli (1979) は、トリの卵の小孔面積を測るために、この式をさらに書き直したものを使った。彼らは、実験的に測定された水の拡散係数を前もって知っており、卵殻の厚さ（$= \ell$）も簡単に測れたので、卵を１個ずつデシケータに入れて重さが減る速さを測って、実効的な小孔面積（$\pi r^2 N$）について解くことができたのである。

拡散係数の測定法は、たくさん考案されている。これらについては、Marrero and Mason (1972) を参照して欲しい。

6.12　まとめ

空気中での各種気体の拡散係数は、水中での 10,000 倍も大きい。その結果、酸素や二酸化炭素の供給を拡散に頼った陸棲生物は、水棲の仲間に比べて大きく、より速い代謝ができる。

空気中での拡散による効率的な輸送は、陸棲の動物や植物に気管系を用いる呼吸を可能にし、この可能性は進化の途上で何度も繰り返し実現された。空気中での各種気体の拡散性の高さは、表面の小部分に気体の透過性をもたせるだけで代謝を維持できるトリの卵や昆虫そして植物の葉を可能にした。空気中での分子の平均自由行程は、小孔が有効な下限を決めており、昆虫の気管小枝の最小部分はその限界に近い。

6.13　そして警告

拡散過程は、直観とは合わない結論に導くことがあり、また複雑な構造や対流の存在は拡散輸送に非常に大きく影響する。したがって、この章で到達した結論を盲目的に何かにあてはめてはいけない。実際の世界の複雑性に直面した場合には、拡散の標準的な教科書（例えば Crank 1975）を参照して欲しい。

ここでの簡単な議論が生物と拡散の全てを尽くしている訳ではない。本章では、シャーウッド数が 1 以下の場合のみを扱った。しかし、水と空気で拡散係数が大きく異なることによる重要で興味深い効果の多くは、シャーウッド数の高いところで見えてくる。それらが、次の２つの章の議論の基盤になっている。

第 7 章

密度と粘性を同時に：レイノルズ数の様々な顔

流体力学のかなりの部分は、動き続けさせようとする慣性と、停めてしまおうとする粘性の主導権争いに由来する。すでに第 5 章で見たように、流れの形を決めているのはこの 2 つの傾向の寄与の度合いであって、便利なことにレイノルズ数で表わせる。この章では、レイノルズ数を使って、水と空気の違いに適切な光を当てる方法を調べる。陸棲生物は最終落下速度が大きいので空中プランクトンは希薄になるが、"濾過摂食動物" にとっての効率は高くなることがわかるだろう。また、珪藻類が深い海の底へ沈降してしまうのを、乱流と繁殖速度の高さがどのように防いでいるかもわかるだろう。動物が空中や水中を歩ける最大速度を計算できるし、コオロギが音の周波数を弁別するのにどのように境界層を使っているかや、サカナの嗅覚の仕組みもわかるだろう。

7.1　再び *Re*（レイノルズ数）

調査に乗り出す前に、レイノルズ数の概念を簡単に復習しよう。

レイノルズ数 *Re* は、慣性力の粘性力に対する比に比例する無次元数であることを思い出そう。その数式表現は 4 個のパラメータすなわち流体の密度 ρ_f、流体の絶対粘度 μ、物体と流体の相対速度 u、そして特徴長さ ℓ_c を含み、

$$Re = \frac{\rho_f u \ell_c}{\mu} \tag{7.1}$$

である。本章では、密度と粘性の組合せ効果を主に扱うので、ρ_f と μ が組み合わさった動粘性率 $\nu = \mu/\rho_f$ を用いるのが便利で、

$$Re = \frac{u\ell}{\nu} \tag{7.2}$$

である。

空気の動粘性率は、温度と共にわずかに変わるが、水の約 15 倍である（表 7.1、図 7.1）。したがって、ℓ_c と u が同じなら、水中でのレイノルズ数は空気中での約 15 倍になる。そこに、本章の存在意義がある。

表 7.1　水と空気の動粘性率

T (℃)	動粘性率 ($m^2\ s^{-1} \times 10^{-6}$)		
	乾燥空気	淡水	海水 (*S*=35)
0	13.3	1.79	1.84
10	14.2	1.31	1.35
20	15.1	1.01	1.06
30	16.0	0.80	0.85
40	17.0	0.66	0.70

さて式 7.2 は、レイノルズ数として一般に知られている表現のうちの 1 つに過ぎない。それぞれ個別の場合に適用可能なレイノルズ数の正確な表現は、速度と特徴長さ、そして密度をどう選ぶかに完全に依存している。つまり創造的な選び方が許されていて、レイノルズ数に様々な“容貌”を与えることができるのである。ここまで扱ってきたレイノルズ数 *Re* は、生物体の流れの方向に沿った長さ、周囲の流体全体に対する生物の相対速度、そして流体自体の密度、で決まっていた。この章では、それとは外見の異なった *Re* にいくつか出会う。そこでは、流れの特徴に合わせて特定の現象を評価するために長さ、速度、密度を選ぶ。どの場合も、*Re* は慣性力と粘性力の比で決まる流れの形についての 1 つの指標であることを忘れないで欲しい。

まず、物体が落ちる際の速さについての調査から始めよう。

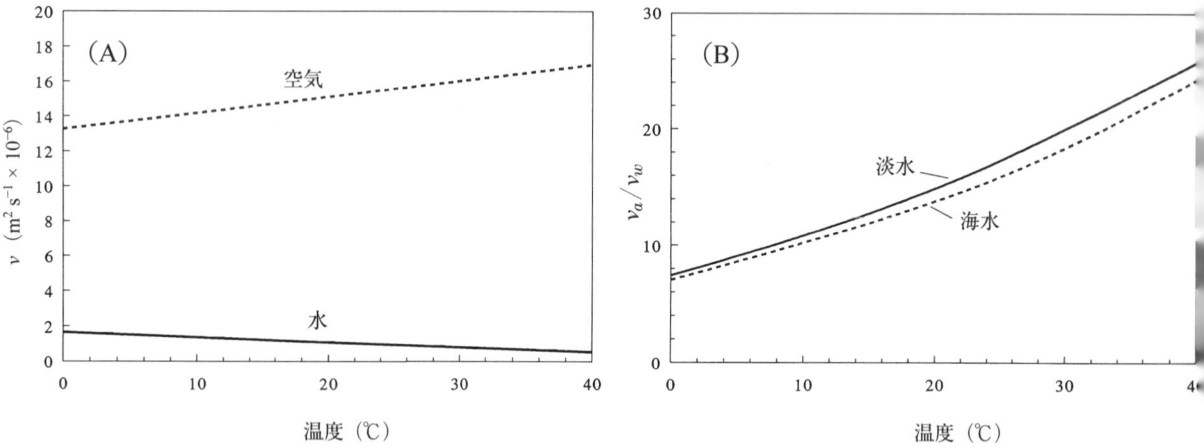

図 7.1　(A) 空気の動粘性率は相対的に高く、温度の上昇と共に増える。水のそれは相対的に小さく、温度の上昇と共に減る。(B) 空気の動粘性率と淡水や海水のそれとの比は、温度の上昇と共に増える。

7.2　最終落下速度

7.2.1　ヒトの落下

崖や飛行機から飛び降りたりすれば、体の質量に重力加速度が掛かって、垂直方向の速度は急激に増す。しかし、第 4 章の圧力抗力の議論からも明らかなように、落下速度が無制限に大きくなる訳ではない。落下速度が増せば増すほど、体に掛かる抗力は大きくなり、ある速度で上向きの抗力と下向きの重力（体重）とが等しくなる（図 7.2）。この速度では ***「正味の」*** 力は掛からず、加速が止まり、その後の速度増加は起こらない。

抗力が重量（単位は力）と等しくなる速度は、***「最終落下速度」*** として知られている。もちろん、地面に激突して“おしまい”という意味での最終ではなく、物体が自由落下で到達できる最高速度という意味である。

最終速度はどの位になるのだろうか？　第 4 章から思い起こせば、

$$抗力 = 0.5\rho_f v^2 A_f C_d \tag{7.3}$$

である。ここで A_f は流れに垂直な向きに測った前面面積、C_d は抗力係数、v は静止空気との相対速度である。落下の場合、物体の動きは垂直方向なので記号 v（ヴィ）を使って、水平方向の風のスピードを表わす記号 u と区別してある。

最終速度では抗力が重力と等しくなる。したがって、抗力係数とサイズと体重がわかれば、ヒトの最終落下速度 v_t も計算できて、

$$体重 = \frac{\rho_f v_t^2 A C_d}{2} \tag{7.4}$$

$$v_t = \sqrt{\frac{2 \times 体重}{\rho_f A C_d}} \tag{7.5}$$

図 7.2　垂直落下中のヒトに掛かる力

である。Hoerner (1965) は、ヒトがまっ逆さまに落ちる場合、抗力係数 $C_d \approx 1$ で、対応する前面面積は 0.12 m^2 であることを報告している。この命知らず人間の体重を 700 N（71.4 kg）として、20℃での空気の密度 1.2 kg m^{-3} を使えば、最終速度は約 100 m s^{-1} という計算になる。このとてつもない速度が、スカイダイビングにほとんど病的なスリルを与えたり、崖を踏み外さないように用心深くさせるのである。

サイズの異なる生物では、最終速度が異なることに注意して欲しい。ちょっとの間、C_d が一定として話を進めるが、生物に掛かる抗力は前面面積すなわち動物の特徴長さの二乗とともに増える。一方、重量は体積に比例し、特徴長さの三乗で増える。重量が面積より速く増すので、大きな動物の最終速度は高くなり、その結末も明らかである。大きいほど、落ちたら大変なのである。J. B. S. Haldane (1985) が述べたように、“深さ 900 m もの鉱山の縦坑にハツカネズミを落としても、底に着いた時にちょっと衝撃を受けるだけで、歩いて逃げるだろう。普通のネズミなら死に、ヒトなら潰れ、ウマなら砕け散る。”

実際には、普通のネズミは多分生き延び、ネコも大丈夫だろう。Diamond (1989) は、ニューヨークの摩天楼から落下したネコのほんの一部しか死ななかった、という証拠を引用している。奇妙なことに、8 階から落ちたネコの方が 4 階から落ちたネコよりも生き残った率が高い。おそらく、抗力を増加させる姿勢をとるまでに時間が掛かるからであろう。

縦坑に踏み出す際の恐怖に充分な理由があるのに対し、水泳プールの深い方の端に踏み出す際に、その後の沈降スピードを心配する人はほとんどいない。水中での最終落下速度はどれ位なのだろうか？第 4 章を思い起こせば、陸棲哺乳類の実効密度は水のそれに近く、我々は息を吐き出した時にだけ沈む。

平均的なヒトは、肺に空気を吸い込んだ状態で浮力中性で、肺が体の体積の 6％を占めると仮定すると、70 kg のヒトは水の中で 47 N の重量になると計算できる。水の密度が高い（約 1000 kg m^{-3}）ことによって、空気中に比べて重量がこのように減るので、（息を吐いた状態での）最終落下速度はわずか 1 m s^{-1} と穏やかなものになる。

水中では物体の最終落下速度が低くなることが、生物に実用上の効果を与えている。例えば、シギやチドリなどはハマグリやイガイなどの二枚貝を、高さ 20 ～ 30 m から岩の上に落として殻を割る。これらの二枚貝は流線形で、最終速度は確実に高く、落下によって貝殻が割れるのに充分な運動エネルギーに達するのである。水中で貝を落としても、意味のある方策にはならない。

上に述べた例は、最終落下速度という概念を実感として掴んでもらうために示したもので、他の側面については誤解を招くかも知れない。例えば v_t を計算する際に、抗力係数は動物のサイズや運動スピード、あるいは流体の密度や粘性では変わらないと仮定した。言い換えると、C_d は Re に依らないとしたのだ。もし C_d が本当に Re に無関係なら、最終落下速度に効果を及ぼす流体の特性は、式 7.5 の密度 ρ_f の項に全て押し込められてしまい、μ の役割はなくなってしまう。

後の方で見せるが、C_d が Re に無関係つまり抗力が ρ_f のみで決まるという仮定は、高いレイノルズ数の場合でのみ成り立つことである。レイノルズ数の定義から言っても、こうなることはわかる。つまり、レイノルズ数が高いということは、流体の密度に比例する慣性力が粘性力を遥かに上回っているということであり、時には粘性を無視しても重大なしっぺ返しを受けることはないということなのである。

7.2.2　低レイノルズ数での最終落下速度

粘性力が流れを決めている低レイノルズ数ではどうなるだろうか？　体サイズが大きいためにレイノルズ数が高く悲惨な結果となる自由落下人間から一旦離れて、一般性があって単純な球を考えよう。レイノルズ数が 1 以下なら、球に掛かる抗力はストークスの式、

$$\text{抗力} = 6\pi\mu v r \tag{7.6}$$

で正確に表わせる。ここで r は球の半径である。低レイノルズ数の物体に関する予測通り、この抗力は密度に無関係で、絶対粘度のみに依存しているので、粘性抗力と呼ぶ。

半径 r の球の重量は、球の材料の実効密度（第 4 章）を ρ_e とすれば、$4g\rho_e\pi r^3/3$ である。抗力と重力を等しいとおけば、低レイノルズ数での球の最終落下速度は、

$$v_t = \frac{2r^2\rho_e g}{9\mu} \tag{7.7}$$

であることがわかる。

球のサイズがどの程度ならば、ストークスの式を使えるほどゆっくりと沈んでいくのだろうか？　式 7.7

で表わされる v_t を式 7.2 の u に、$2r$ を ℓ_c に代入して、結果の $Re=1$ とおけば、

$$r_{crit} = \sqrt[3]{\frac{9\mu^2}{4\rho_e g \rho_f}} \tag{7.8}$$

となることがわかる。この r_{crit} は、これ以下でストークスの式を適用できる臨界半径である。

生物の密度の典型的な値 1080 kg m^{-3} の球では、r_{crit} は空気中で 40 μm、淡水中で 140 μm、海水中で 160 μm である。言い換えれば、空気中で自由落下する物体が粘性のみに支配されるためには非常に小さくなければばならないが、水中（特に海水中）であればもう少し大きくてもよい。

実感として理解するために、直径 40 μm の生物粒子の最終落下速度を計算してみよう。このサイズは、空中なら花粉の粒、水中なら海藻の胞子に相当する。花粉粒は、20℃で 5.1 cm s^{-1} で落下し[1]、同じ大きさと密度の海藻の胞子は、淡水中なら 70 μm s^{-1}、海水中ならたったの 50 μm s^{-1} であると予測できる。ここでも、液体の密度が高いので粒子の実効重量が減少することと合わせて、水の高い粘性が粒子の落下を遅くしている。

これらの結果をレイノルズ数に結び付けることができる。式 7.6 に戻って、より慣れ親しんだ圧力抗力の表現（式 7.3）に等しいと置き、v について整理して式 7.1 に代入すれば、低レイノルズ数では、

$$C_d = \frac{24}{Re} \tag{7.9}$$

であることがわかる。ここで、レイノルズ数の特徴長さ ℓ_c は球の直径（$= 2r$）、前面面積 A_f は πr^2 としている。このように、Re が低いところでは、抗力係数は明らかにレイノルズ数の函数である。

7.2.3　汎用表現

球の抗力係数の２つの異なる姿、つまり高レイノルズ数では一定値だが、低レイノルズ数では Re に逆比例すること、が見えてきた。しかし、共通点のないこれら２つの姿も滑らかに繋ぐことができる。100,000 以下の Re 全てにわたって、球の抗力係数は Vogel (1981) が示した、

$$C_d = 0.4 + \frac{24}{Re} + \frac{6}{1+\sqrt{Re}} \tag{7.10}$$

で計算できる。この表現をグラフにすると図 7.3 のようになる。レイノルズ数が低いところでは、0.4 と $6/(1+\sqrt{Re})$ の項は $24/Re$ の項に比べて小さく、ストークスの式からきた式 7.9 に近づく。レイノルズ数

［脚註 1：この予測は、Niklas (1982a) による多くの花粉粒の沈降速度（約 2 ～ 2.5 cm s^{-1}）よりも幾分速い。この違いの理由は、この章の後ろの方で議論する。］

が高いところでは、Re を含む項は 0.4 に比べて小さく、C_d はほぼ一定で、自由落下人間に適用した状況と似たものとなる。中間のレイノルズ数では、各項全てを考慮に入れる必要がある。

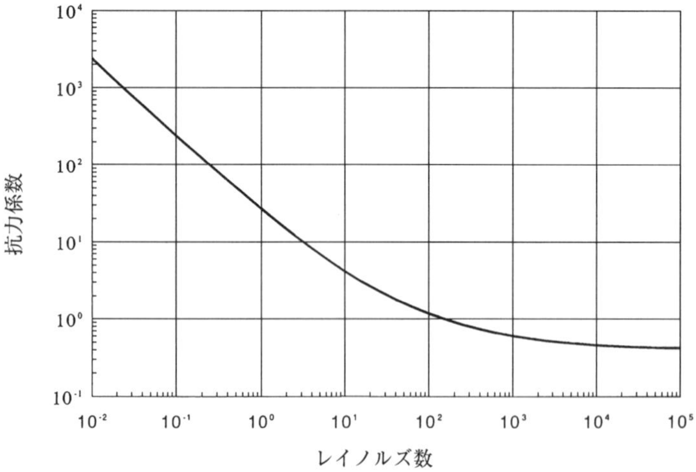

図 7.3　レイノルズ数が 100,000 以下では、球の抗力係数はレイノルズ数の増加と共に減少する（式 7.10）。

この型の C_d は、最終落下速度をより一般的に表現するのに使える。半径 r の球については、直径 $2r$ をレイノルズ数の特徴長さとして使うと、

$$C_d = 0.4 + \frac{12\nu}{rv} + \frac{6}{1+\sqrt{2rv/\nu}} \tag{7.11}$$

この C_d を式 7.3 に代入すると、

$$\text{球に働く抗力} = \frac{\rho_f \pi r^2 \left(0.4v^2 + \frac{12\nu v}{r} + \frac{6v^2}{1+\sqrt{2rv/\nu}}\right)}{2} \tag{7.12}$$

である。ここで球の前面面積として πr^2 を使った。

式 7.12 を球の重量に等しいと置いて通分や消去で項を簡約化すると、最後に、

$$0 = 0.2v_t^2 + \frac{6\nu v_t}{r} + \frac{3v_t^2}{1+\sqrt{2rv_t/\nu}} - \frac{4\rho_e r g}{3\rho_f} \tag{7.13}$$

が得られる。

この式から、密度が 1080 kg m^{-3} の球の最終落下速度を数値計算すると、図 7.4 に示したようになる。全てのサイズで、空気中での最終速度は水中でのそれよりも非常に大きい。例えば直径 100μm の球は、空気中では水中の 750 倍も速く落ちる。直径 5 m の球なら 130 倍速く落ちる。

レイノルズ数が 100,000 以上では、抗力係数と Re の関係は複雑になる（図 7.5）。まず、レイノルズ数

が 500,000 位のところで、物体の周りの境界層が層流から乱流に変わることに伴う現象として、球の抗力係数が急に減る。境界層の概念は、この章の後ろで議論する。さらに高いレイノルズ数では、抗力係数はゆっくりと増す。このように複雑なことが起こるので、式 7.11 の C_d の表現を Re = 100,000 以上で使ってはいけない。

空気中での最終落下速度が水中より高いという事実は、生物に重大な影響を与えている。そのいくつかを調べてみよう。

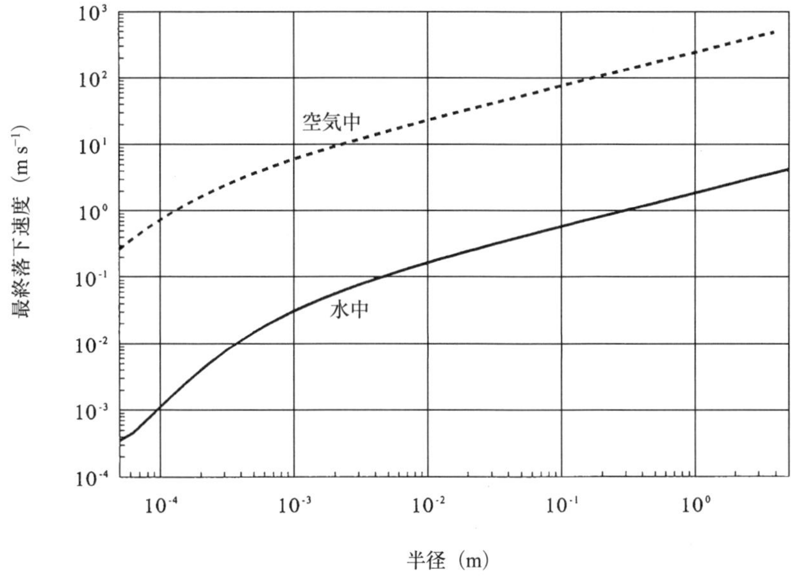

図 7.4　球の最終落下速度は、サイズと共に増す。空気中での最終落下速度は水中の約 1000 倍大きい。

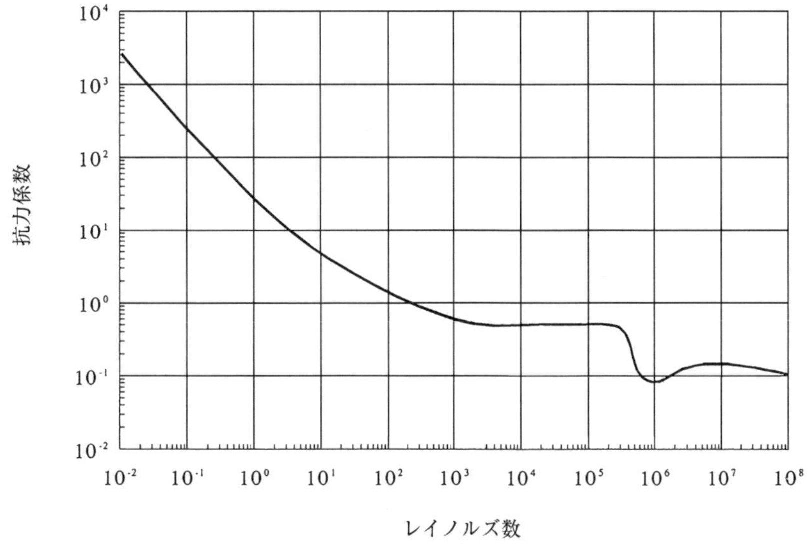

図 7.5　球の抗力係数は、境界層が乱流になると急に小さくなる（Vogel 1981 から再描画）。

7.3　なぜ空中プランクトンはほとんどいないのか？

水圏とくに海洋環境の一般的な特徴の１つは、プランクトン（浮遊生物）の存在である。川や湖、または海洋のどこからであろうと 1 m^3 の水をとれば、小さな浮遊生物がウヨウヨいる。実際、二枚貝（ハマグリやイガイ）、イソギンチャク、ゴカイ類、コケムシ類など多くの無脊椎動物が、これらの浮遊動植物だけを食物として頼っても成り立つほど、プランクトンの濃度は高いのである。これに比べて、空気は浮遊物に欠けている。1 m^3 の空気は、たかだか数個のバクテリアか花粉を 1～2 個、非常に稀には飛んでいた昆虫や、風で飛ばされた種子を含む程度だろう。水圏の“スープのような”濃さに比べると、空気は非常に貧相で、周りの空気から食物を濾し取って生きる陸棲生物はほとんどいない。空中に網を張って餌を捕えるクモ類が、思い浮かぶたった１つの例である。

空気中でのプランクトン粒子の少なさと水中でのその豊かさは、２つの媒体の最終落下速度の違いが直接効いている。その理由を理解するために、ちょっと脇道にそれて、乱流の性質を考察しよう。

7.3.1　乱流攪拌

流体が秩序立って動くことは、めったにない。コーヒーの上でクリームが混ざっていく様子や立ち昇る煙の筋が風に漂う様子を見れば、多くの（ほぼ全ての）流れは混沌とした渦を伴っていて、その中に浮ぶ粒子を撒き散らしていることがわかる。このような流体速度の無秩序な揺らぎは、平均流速が極めて一定に見える状況でも起こる。煙突から出る煙もそのよい例である。風速計を煙突の上に付ければ、簡単に風のスピードを測れる。しかし、風速計がかなり一定の風しか吹いていないことを示していても、風には必ず息（強弱変化）があって、それが煙の粒子を周りの空気へ混ぜ込ませるように働いて、煙の筋の直径は風下へ行くほど大きくなる（図 7.6）。

図 7.6　煙突から出た煙は、乱流の筋を作る。

粒子の混合を引き起こす流体のカオス（混沌）的な動きは、一般に**「乱流」**と呼ばれ、その研究は流体力学の重要な分野の１つである。乱流は、正確に説明するのが極めて難しい主題なので、他の場での議論に委ねるしかない。ここでは、乱流の存在は第 6 章で議論した分子の拡散過程に似たものと考えてよい、ことを示そう。

不規則な熱運動が分子の拡散過程を駆動しているのと同様、乱流の不規則な運動は巨視的な粒子の輪送を引き起こすことができる。空気中や水中に浮遊している粒子が乱流の渦で運ばれるとき、その動きは酔歩と同じような特徴をもつ。その結果、乱流で運ばれる粒子は酔歩分子と同じように濃度勾配に沿って動く傾向（第6章）をもち、その輸送の速さは、分子の拡散係数と等価な、乱流拡散係数 ε（イプシロン）で表現できる。

乱流拡散係数は、流体の動き方で決まる量である。流体が盛んに攪拌されていれば大きく、そうでなければ小さい。第一近似としては、ε は粒子の種類に無関係なので、ε_{O_2} を ε_{CO_2} と区別して測る必要はない。

分子の拡散係数を用いて、分子の流束密度 $\mathcal{J}$ と濃度勾配を次のように関係づけたのと同様に、

$$\mathcal{J} = -\mathcal{D}_m \frac{\partial C}{\partial y} \tag{7.14}$$

乱流拡散係数を用いて、

$$\mathcal{J} = \frac{dC/dt}{A} = -\varepsilon \frac{\partial C}{\partial y} \tag{7.15}$$

として、粒子の流束密度と濃度勾配を関係づけることができる。ただし、C は粒子の濃度（体積あたりの個数）、A は粒子が輸送される断面積、y は輸送が起こる座標軸である。今は、y を垂直方向と仮定している。

7.3.2　プランクトンの分布

乱流攪拌と最終落下速度を組み合わせると、粒子の垂直分布を求めることができる。濃度 C で粒子が浮遊している流体と、その中の水平面 A を考えよう（図7.7）。これらの粒子が速度 v_t で沈降していれば、この面を通しての粒子流束はどうなるか？　この面から v_t m 以内にあった粒子は1秒間に面を通過するから、体積 Av_t の中の粒子が面を通して毎秒輸送される。この体積は Av_tC 個の粒子を含むから、下向きの流束密度（面積あたり毎秒あたりの個数）は v_tC である。

これが、乱流攪拌が全くない場合の粒子流束で、粒子を流体の容器の底に濃縮する傾向をもつ。つまり乱流攪拌がなければ、空気中の粒子は地表面に降り積もり、水中の粒子は湖や海の底に降り積もる。これを数学用語で言えば、地表面または海底を原点にして座標軸 y を上向きに正にとると、粒子の沈降は dC/dy が負になるような濃度勾配を生み出す。すなわち底から離れるほど粒子の濃度は減少する。

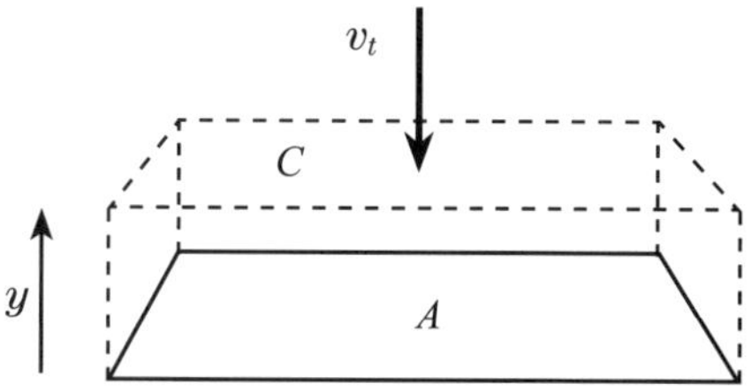

図7.7　プランクトンの垂直分布を計算するための変数の定義（本文参照）

ここへ乱流を持ち込んでみよう。上で述べたように、乱流攪拌には粒子を濃度勾配の低い方へ動かす効果がある。つまり今の場合、乱流攪拌は粒子を重力に逆らって上向きに移動させるのである。力学的には、流速の乱流揺らぎが粒子に酔歩を強いることになる。地表や海底は、それより下向きの動きを抑えるので、酔歩による正味の結果は粒子を上向きに動かす。

すなわち、沈降と乱流攪拌という、互いに逆向きに働く 2 つの輸送過程があることになる。ある垂直濃度勾配で、粒子の沈降による下向き流束と乱流攪拌による上向き流束がちょうど等しくなる。この勾配は系の平衡状態を表わし、

$$v_t C + \varepsilon \frac{dC}{dy} = 0 \tag{7.16}$$

のとき、系は動的な平衡に到る。

平衡状態での濃度勾配は、この簡単な方程式を解くだけで計算できる。正にその通りなのだが、それには底面近くでの ε の性質を長々と定義しなければならず、本題から外れてしまう。これらの詳細な議論で苦労するよりも、結果だけを述べる。完全な導出に興味のある読者は Middleton and Southard (1984) を参照して欲しい。地表または海底から距離 y での濃度は、

$$C(y) = C(h)\left[\left(\frac{d-y}{y}\right)\left(\frac{h}{d-h}\right)\right]^z \tag{7.17}$$

である。ここで $C(h)$ は、底面に非常に近い（ただし底面そのものではない）参照高さ h での濃度、d は乱流の影響を受ける流体全体の深さ、そして z は**「ラウズ (*Rouse*) パラメータ」**として知られる量で、

$$z = \frac{-v_t}{\kappa u_*} \tag{7.18}$$

である。すなわち、高さ y での濃度は、最終落下速度と怪しげな積 κu_* の相対的な大きさに依存する（図 7.8）。$-v_t/(\kappa u_*)$ が大きければ、ほとんどの粒子は底面に接した狭い範囲に集まっている。$-v_t/(\kappa u_*)$ が小さければ、粒子は流体全体に拡がっている。

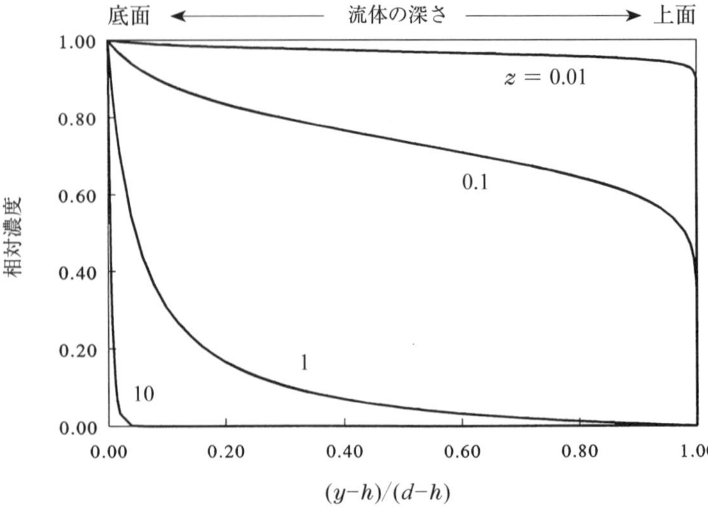

図 7.8　乱流のある流体の深さ方向での粒子の相対濃度は、ラウズパラメータ z の函数である。z が低ければ、粒子は深さ方向に散らばって拡がる。高い z では、底面に接した層に集中する。

では、このパラメータ κu_* は何であろうか？ κ(カッパ) は ***「カルマン定数」*** として知られる、実験で決めるしかない無次元数で、0.4で近似できると一般に受け止められている（Middleton & Southard 1984)。u_*（ユースターと読む）は ***「摩擦速度」*** または ***「ズリ速度」*** と呼ばれ、m s^{-1} の単位をもつ。

摩擦速度は、乱流の強さを表わす特別な指標である。u_* が大きいほど流れは乱流で、平均流速に対する速度揺らぎが大きい。u_* の充分な解説は、Schlichting (1979) または Middleton and Southard (1984) を参照して欲しい。

実用的には、u_* は底面に働くズリ応力 τ_b の測定値から、

$$u_* = \sqrt{\frac{\tau_b}{\rho_f}} \tag{7.19}$$

と決定される。しかし、便宜上の都合からは、乱流の典型的強さとして扱ってよいだろう。その場合、速度の揺らぎ (u_*) は底面の上を流れる流体の平均流速 u_∞ の約5%である。つまり、

$$u_* \approx 0.05u_\infty \tag{7.20}$$

である（Middleton and Southard 1984)。この近似は、かなり用心深く扱った方がよい。u_* の値は、底面の粗さや主流の乱流度合いなどの因子に大きく影響され、0.15 u_∞ まで高くなりうるからである。

式7.20の粗い推定値を使うと、z を次のように書き換えることができる。

$$z = \frac{-50v_t}{u_\infty} \tag{7.21}$$

では、空中と水中での z はどんな値なのだろうか？　以前計算した直径40 μm の生物粒子の最終落下速度と、風または流れのスピードとして1 m s^{-1} を使おう。v_t が −5.1 cm s^{-1} の空気中では $z \approx 2.6$ だから、図7.8を見れば、この大きさのほとんどの粒子（花粉や塵）は底面に非常に近いところに集まってしまうらしい。これより大きな粒子は沈降速度もより速く、底面のごく近傍に集積する[2]。この予測は現実ともよく合っている。1 m s^{-1} のそよ風は、あまり塵を巻き上げたりしない。

それに比べて、海水中での40 μm の粒子の v_t は −50 μm s^{-1} に過ぎず、$z \approx 0.0025$ で、粒子は深さ全体にわたって完全に撹拌されると予測できる。この予測も、実際とよく合っている。Amsler and Searles (1980) は、紅藻類の胞子は水深20 m の海なら、全ての深さで共通して見つかることを示している。

［脚註2：これには、砂という顕著な例外が1つある。砂粒は硬く、弾性の強い物質でできているので、地面と衝突したとき跳ね返る。その結果、砂嵐の中での砂粒の平均高度は、空気の乱流性よりも砂粒の弾力性で決まってしまう。しかし、かなり強い砂嵐でも砂粒が地面から2 m 以上に上がることは稀である。風で飛ばされた砂粒の動きに関する明確で興味深い議論は、Bagnold (1942) を参照して欲しい。］

まとめると、空気中での粒子の沈降速度はそれらを浮遊したままにする乱流の効果を遥かに凌いでおり、それが空中プランクトンの稀な原因である。水中での沈降速度が遅いことが、乱流撹拌で粒子が浮遊したままになりやすい理由である。

ここでの解析は確かなものだが、その結果を使う際には注意を払わなければならない理由もいくつかある。まず、式7.17で使ったdの値に精密な定義を与えなければいけない。いくつかの場合には、容易に精密な定義ができる。例えば、河川や小川の流れではその深さ全体が乱流の影響を受けるので、dは単純に水深そのものである。しかし、海洋や大気ではdの定義付けはあまりうまくいかない。式7.17を導出する際に使った乱流拡散係数εの値は、乱流が底面と流体との相互作用によって起こると仮定している。この場合、dは底面から上へ、流れがもはや地面や海底の存在に影響を受けなくなるまでの距離である。この距離は、大まかには乱流になっている***「境界層」***の厚さに等しい。境界層についてはもう少し後ろで説明する。大気では、この距離は100 mのオーダーで（Monteith 1973）、海洋では10 mのオーダーである（Grant and Madsen 1986）。その結果、横軸目盛をdで表わした図7.8は、水と空気の違いを強調し過ぎていることになるが、実用上の問題を起こすことはない。水と空気での沈降速度の違いはあまりに大きいので、乱流境界層の厚さのスケールの違いすら意味をもたなくなってしまうのである。

前述の比較も、主流の速度の選び方次第では偏ったものとなる。1 m s^{-1}のu_∞も、空気中では穏やかなそよ風だが、水中ではかなりの急流である。u_∞が20～30 m s^{-1}にも達するような暴風では、粒子はどんな分布をするのだろうか？　この場合、40 μmの粒子のラウズパラメータzは約0.1なので、このような粒子は乱流の影響を受けた空気層の深さの全体にわたって撹拌を受けると予測してよい。砂漠で出くわす土埃や塵を巻き上げる嵐は、このことを示すよい証拠である。しかし40 μm粒子は極めて小さい部類だ。直径1 mmならどうだろう？　この粒子の空気中での沈降速度は-3.7 m s^{-1}で、30 m s^{-1}の風速でもzは6だから、粒子は底面近くの薄い層に集中する。つまり、かなりの強風の中であっても、小さな昆虫が乱流を利用して自分を浮かせておくことはできない。

上で述べた結論は、一般的に成り立つように見える。空気中の粒子の沈降速度はあまりに速いので、受動的に懸濁や浮遊したままではいられず、空中プランクトンは希薄である。水中では、沈降速度の低さが多くの粒子の浮遊を確実にし、豊富なプランクトンがいる。したがって、水棲には多くの懸濁物食動物がいるのに陸棲には極めて稀であることは、水と空気における密度と粘性の違いに直接起因した生物学的結末であると考えてよい。

式7.17は、沈降速度の異なる粒子は水中の異なる深さに分布することを意味している。例えば密度の高い無機物は、より低密度の有機物粒子よりも底面により近いところに堆積しやすい。この事実は、少なくともある懸濁物食の動物で、有機物の“食物”を無機物の“ゴミ屑”から分別するために使われている。Muschenheim (1987) によれば、受動的な懸濁食動物であるゴカイ類の*Spio setosa*は、その摂食触手を海底面から4～5 cmの高さに保って、食べる物の有機物 / 無機物の比率を高めている。

最終落下速度が果たす役割についての結論は球形の粒子を例として得てきたが、多くの生物は最終速度を本章の予測よりも減らす方策を進化させてきた。最も広く見られる方策は、球以外の形をとることである。例えば花粉粒や放散虫類は、多かれ少かれ球形の中心部から切り込みの激しい突起を出している（図 7.9）。これらの突起の直径は小さいので、レイノルズ数が低く、C_d は非常に高くなる。したがって粒子全体としては、重量増加なしに、粒子に働く抗力が増す。

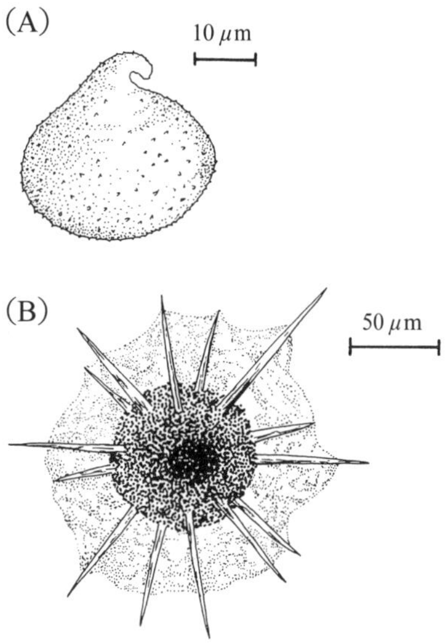

図 7.9　花粉粒（A）と放散虫（B）は、どちらも表面に激しい切り込みがあり、最終落下速度を小さくしている。

似たような戦略で、いくつかのクモ類の子は、風に乗って旅をする。草の葉の先っぽまで登り、お尻を風に突き出して、肢で腹部末端の出糸突起から非常に細い糸をかなり長く引き出す。糸に働く粘性抗力は、クモの子を空中に浮かせるのに充分である。ダーウィンは、これら“気球に乗った”クモの子が、陸地から何マイルも離れたビーグル号に到着したと報告している。Humphrey (1987) は、この空中旅行の精密な力学解析を行っている。

種子を風に乗せて遠くまで撒き散らしてもらう植物も同じ力学を利用している。空気中での沈降が遅い種子ほど、風で遠くまで運ばれる。植物の種子が編み出した素晴らしい戦略の数々は、van der Pijl (1982)、Vogel (1981)、Augspurger and Franson (1987) の総説にまとめられている。

7.3.3　沈降と増殖

固い底面があると、個々の粒子はしばらく底に留まっているだろうが、系から消滅してしまう訳ではないから、通り過ぎる渦によって再浮遊する可能性は常にある。このように、上でプランクトンの懸濁平衡の説明に使ったような濃度勾配が維持される仕組みに、全ての粒子が寄与する。しかし、海洋の表層では、実効上の底はなく、植物プランクトンにとって海は限りなく沈み行く深みでしかない。乱流による酔歩を重ねていた各個体も、やがては表層から離れて沈み始め、太陽光が不足して死ぬ。では、表層近くのプランクトン個体群は、どのようにして維持されているのだろうか？

答えは、増殖にある。植物プランクトンは沈降するだけではなく、成長し、分裂する。ある個体群が充分に速く増殖すれば、乱流撹拌によって表面近くへ偶然運ばれた個体が、そこで分裂する確率も高くなる。充分な個体数が水深の高いところで繁殖すれば、沈降して系から消え去る個体分を補充して、置き代われる。乱流撹拌の理論を応用して素晴らしい成果を上げた Riley et al. (1949) は、もし、

$$\frac{v_t^2}{r} < 4\varepsilon \tag{7.22}$$

なら、プランクトンの個体群は安定して維持されることを示した。ここで、r は生物が増殖する速さの指標としての、個体群の ***「固有増殖率」*** で、次の式で定義される。

$$\frac{dN}{dt} = rN \tag{7.23}$$

ただし、N は個体群の個体数である。別の見方として、プランクトンが２分裂で増えるとすると、

$$r = \frac{0.693}{t_d} \tag{7.24}$$

である。ここで、t_d は植物プランクトンが"生まれてから"２つに分裂するまでの成熟時間である。１日（86,400 秒）に１回分裂する植物プランクトンなら、$r \approx 8 \times 10^{-6}\ \mathrm{s}^{-1}$ である。

海洋面における乱流拡散係数 ε の値は、海面の状況と深さで大きく変わるが、垂直攪拌の典型値（Bowden 1964）としての 0.01 $\mathrm{m}^2\ \mathrm{s}^{-1}$ を使ってよいだろう。これらの値を式 7.22 に入れると、安定な個体群が維持されるためには、１日に１度２つに分裂する植物プランクトンの最終落下速度は 566 $\mu\mathrm{m\ s}^{-1}$ よりも小さくなければならないことがわかる。この沈降速度は、密度が 1080 kg m^{-3} で球形の生物では直径約 150 μm 以下に相当し、実在の植物プランクトンの範囲によく合う。このように、小さな水棲生物にとっては、乱流と高い増殖率があれば、水面の近くで安定な個体群を維持することが可能なのである。

これが、沈降という難題に対して可能なただ１つの解決策である。既に第 4 章で議論したように、植物プランクトン（と他の小さな生物）は浮力を調整できるから、沈降速度を遅くできる。プランクトンにとって、速い増殖と浮力中性に保つことのどちらがエネルギー的に有利なのかは Alexander (1990) によって議論されている。彼の結論は、直径 100 μm より小さい生物では、速い増殖の方が浮力補償よりもエネルギー消費が少ないというものだった。

これに対し、空中生物が増殖の速さで個体群を安定に維持するのは、多くの場合できそうにない。例えば、直径 40 μm の空中植物プランクトンは、固有増殖率と乱流拡散係数の積が 0.00065 より大きな場合だけ、大気の上層で安定な個体群を維持できる。生物が１日に１回分裂する場合には、乱流拡散係数 ε の値として 81 $\mathrm{m}^2\ \mathrm{s}^{-1}$ が必要である。これは巨大な拡散係数で、大気中で維持されるとは思えない。

バクテリアやラン藻類は、この方式でうまくやれたかもしれない。これらのサイズは非常に小さい（半径 ≈ 1 μm）ので、空気中での沈降速度は水中での植物プランクトンのそれと同程度（約 0.1 mm s^{-1}）である。さらに、条件が理想的なら、バクテリアやラン藻類は１時間に数回は分裂できる。そのような場合なら、空中個体群を安定に維持するのには、非常にわずかな乱流があればよいだろう。しかし、空気がバクテリアやラン藻類の速い増殖に充分に適した媒体であるようには見えない。実際には、これらは増殖以前に乾いてしまうだろう（第 14 章を参照のこと）。

7.4　歩行速度の上限

最終落下速度は、少なくとももう1つ、別の生物学的側面に大きな影響を与える。歩行の物理を考えてみよう。最も単純化すれば、歩行生物は図 7.10 のように模式化できる。体（または1体節）が、1対の肢で固い基盤の上の方に支えられている。1歩毎に片方の肢の先（足裏）を地面につけ、その肢の上に体を乗り上げるように体重を前上方へ移動させる“乗り上がり歩行”をする。その後、他方の足を地面につけて、同じ動作を繰り返す。すなわち、歩行では、常に片方の足は地面についている。走るのはそうとは限らず、全く別の動きである。

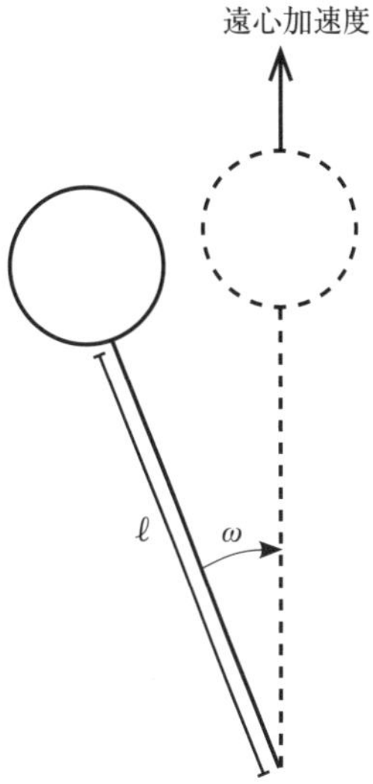

図 7.10　体が肢の前上方へ回転運動（乗り上がり歩行）すると、遠心加速度が生じる。向かって右が動物の前方。

Alexander (1982) は、歩行を単純化したこの表現が陸棲動物の歩き方の分析に役立つことを示した。体が肢の上に乗っているときには、棒の先についた重りのように円弧を描いて動く。この動きによって、肢の長さ ℓ と肢先周りの肢の角速度の二乗(ω^2)の積に等しい遠心力が働く (図 7.10)。回転運動の頂点では、この遠心力は上向きであり、動物を地面に向かわせるのは重力加速度 g しかない。もし $\omega^2\ell > g$ であれば、動物は上向きにジャンプし、その肢は地面を離れる。これは、定義により、もはや歩行ではない。このように、動物が歩くためには、

$$\frac{\omega^2\ell}{g} < 1 \tag{7.25}$$

でなければならない。肢の長さが同じなら、ω すなわち歩行速度に上限があることがわかる。この簡単な解析で、様々な動物が歩行から走行へ切り替えるスピードを正確に予測できる。

比 $\omega^2\ell/g$ は、第 13 章でも出会う概念 ***「フルード (Froude) 数」*** ***Fr*** の1つの例である。

上の解析では、体の上下動を邪魔するものはないと仮定している。特に、体が乗り上がり回転の頂点に達した後、その1歩の動作完了まで下向きに自由落下すると仮定している。しかし粘性抗力があれば、この仮定の妥当性には制限が生じる。肢を踏み替える速さを増していくと、体を最終落下速度より速く落とす必要が出てくる。そうなると、肢は地面を離れてしまって、もはや動物は歩けない。こんな問題が本当に起こるのだろうか？

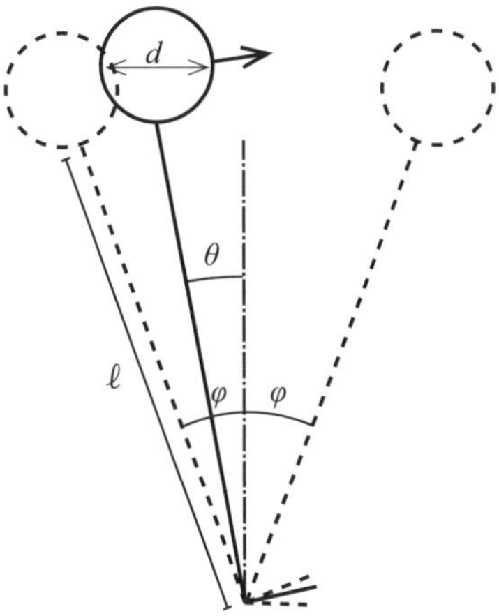

図 7.11　歩行の最大スピードを計算するための変数の定義。

この考えを追求するために、図 7.11 の例を考えよう。直径 d の球

形の体が、長さ ℓ の一対の肢で歩いている。生物の大きさの違いについてのみ考え、形は全て同じとすれば、肢の長さを体の直径を単位として表わすのが便利である。つまり $\ell = k_\ell d$ で、k_ℓ は一定の係数である。

図に示すように、1歩の動作の間に肢は角 2φ にわたって振れる。肢が鉛直方向となす角の瞬時値を θ で、歩みの踏み替え頻度を f（歩数／秒）で表わす。そうすると、体が乗り上がり運動している間の肢の角速度は $\omega = 2\varphi f$ で、体の接線速度（肢の長軸に直角な方向への速度）は $\omega\ell = 2\varphi f k_\ell d$ である。

乗り上がり歩行（回転運動）のどこでも、体の接線速度を歩行方向への水平速度 u と、垂直方向の速度 v に分解できる。幾何学的に考えれば、

$$u = 2\varphi f k_\ell d\cos(\theta) \tag{7.26}$$

$$v = 2\varphi f k_\ell d\sin(\theta) \tag{7.27}$$

である。

肢の踏み替え頻度 f と振れ角 φ が同じなら、前進方向の速度の1歩全体についての平均値

$$\langle u\rangle = 2fk_\ell d\sin(\varphi) \tag{7.28}$$

が得られる。

垂直方向への速度の最大値は、乗り上がり運動の終点すなわち $\theta = \varphi$ で起こり、

$$v_{max} = 2\varphi f k_\ell d\sin(\varphi) = \varphi\times\langle u\rangle \tag{7.29}$$

である。平均前進速度 $\langle u\rangle$ が同じであれば、垂直速度の最大値は肢の振り角に依存するが、歩みの踏み替え頻度や体の直径と肢の長さの比とは無関係なことは、面白く、注目に値する。

これで、平均前進スピードと体が落下すべき最大速度の関係が手に入った。この落下速度を式 7.13 で定義された最終落下速度に等しいとおけば、歩行の平均スピードの最大値 u_{max} を計算できる。そうすると、

$$0 = 0.4u_{max}^2 + \frac{24\nu u_{max}}{\varphi d} + \frac{6u_{max}^2}{1+\sqrt{\dfrac{\varphi d u_{max}}{\nu}}} - \frac{4\rho_e dg}{3\rho_f\varphi^2} \tag{7.30}$$

という式が得られ、コンピュータを使えば u_{max} を d の函数として解くことができる。φ = 0.5 ラジアンの場合の結果を図 7.12 に示してある。

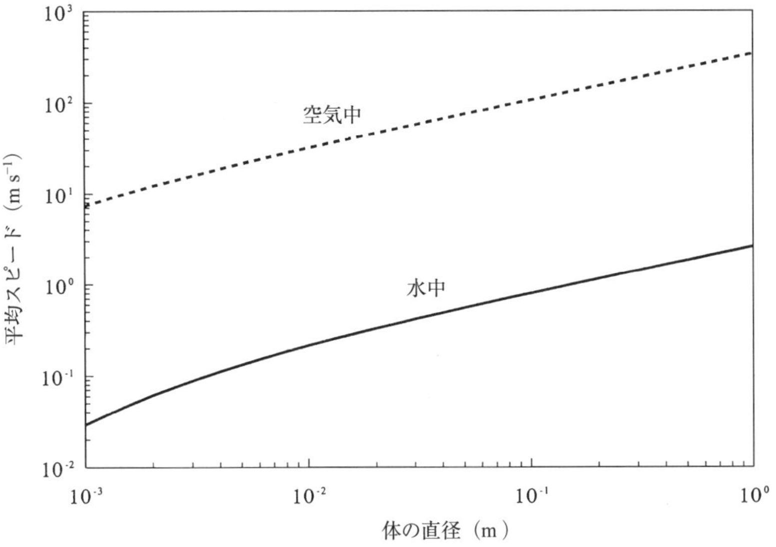

図 7.12　歩行の最大スピードは、水中よりも空気中の方が高く、生物のサイズとともに増す。

空気中では、動粘性率が歩行スピードを制限することはない。例えば、直径 1 mm の体（アリ程度）でも、肢が地面から浮いてしまうことなしに、7.4 m s^{-1} ものスピードで歩くことができる（ρ_e/ρ_f が約 1000 と大きいことが効いている）。これは、驚くべき速さである。

水中では、動粘性率は歩行スピードを厳しく制限する。直径 10 cm の体は、たったの 81 cm s^{-1}（8.1 体長/秒）でしか歩けない。これ以上では、落下できずに肢が水底から離れてしまう。これは、標準的な 10 体長/秒以下である。粘性がもたらす制限は、生物のサイズが大きくなるほど相対的に強くなる。直径 1 m の体は、わずか 2.6 m s^{-1}（2.6 体長/秒）でしか歩けない。それ以上では、肢が水底から離れてしまう。このように、動粘性率が、水棲の歩行動物の歩調頻度をある値以下に制限しているように見える。

この結論を、あまり厳密に受け止めてはいけない。この解析は、歩行を単純化した体の動きに基づいている。水棲生物は、体を水底から一定の高さに保つように膝を深く曲げて歩いて、問題を回避しているかもしれない。しかしそれなら、複数の肢をもつ陸棲生物でも同じことが起こるはずである。1 度でも乗馬の経験がある人なら、歩行中の 4 つ足動物の体は、上下に大きく動いていることを証言できる。

水棲の歩行動物は、その実効密度を増やして歩行スピードを上げることもできる。例えば、イセエビの重い殻は歩行スピードを増すための適応の 1 つかもしれない。

7.5　境界層

第 5 章から、固体表面と接している流体はその固体と相対運動しないという、滑りなし条件を思い出して欲しい。この条件は、液体でも気体でも、全ての流体で成り立ち、流体の運動に密接なかかわりをもつ。ここでは、滑りなし条件の最も基本的な結末の 1 つ、物体周りでの速度勾配の形成、について述べよう。

図 7.13A の状況、すなわち*「主流速度」* u_∞ と呼ばれる速度で、一様に右に向かって流れる大きな流体、を考えよう。流体の全てが同じ速度をもっているのだから、定義により、速度勾配はない。次いで、静止した、薄い、流れに平行に置かれた静止平板に流体が接触する点まで、右へ流体を追う（図 7.13B）。ここで、状況は変わる。流体の慣性はその運動を続けようとし、滑りなし条件は平板と接触した流体は静止すべきだという。これら相反する傾向を受け止めて、ある速度勾配が形成される*「ハズ」*である。この勾配の特徴は、平板に垂直な向きに速度が増えていくことである。平板の表面では（滑りなし条件の要求通り）速度は正にゼロで、平板からある程度離れたところでは（流体の運動量保存則の要求通り）主流速度に等しくなる。

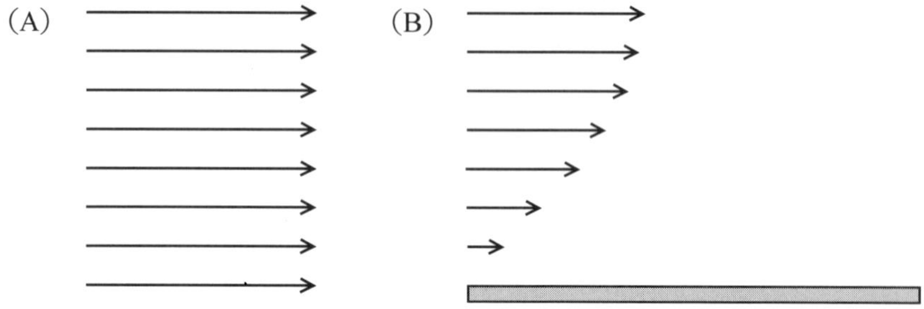

図 7.13　主流(A)が固体の基底に出会うと(B)、流れが遅くなって、境界層が形成される。

この速度勾配の領域内の流体には、粘性力が働いている。第 5 章を思い起こせば、流体の内部で働くズリ応力（単位面積あたりの力）は、絶対粘度と速度勾配の積に等しく、

$$\tau = \mu \frac{du}{dy} \tag{7.31}$$

である。ただし、y は平板から垂直方向にとっている。つまり、流れの中に固い物体があると、必然的にズリ応力が生じてしまう。

これらの粘性力の影響を受けた流体、すなわち物体周りの速度勾配の中の流体が*「境界層」*として知られているもので、この境界層の性質が本節で扱う主題である。

境界層に関してまず注目すべきことは、内側には明確な縁（へり）すなわち固体の表面があるが、外側には明確な縁はない、ということである。固体表面からの距離が増すにつれて、流体の速度は上がり、主流の速度に漸近的に近づく。したがって、速度が正確に u_∞ に等しくなる点を特定することは実際にはできない。この見方でいえば、境界層の厚さは定義できない。

しかし実用的には、速度勾配の中をあるレベルで切って、“縁”と呼ぶことにする。レベルの決め方には色々あるが、生物学で伝統的に使われてきたのは、速度が主流の 99% になる地点を境界層の外縁とする定義である。明らかに、この定義では境界層の外側にある程度の速度勾配が残っている。しかし、残っている勾配はわずかで、生ずるズリ応力も無視できる。この定義に合わせて、*「境界層の厚さ」* δ_{bl} を固体表面から境界層の外縁までの垂直距離と定義する。

境界層には、*「層流」*と*「乱流」*の、２つの基本形がある。層流境界層では、流体が秩序立って流れ、

速度勾配は互いに摺れ合う流体層（第５章で薄い膜に例えた）が積み重なっており、その１番底の層は滑りなし条件によって固体表面に固定されている。乱流境界層では、流れは混沌としている。乱流の渦が流体を平板表面に垂直な方向に休みなく撹拌するので、いかなる瞬間といえども明確な速度勾配は存在しそうにない。しかし、速度を長い時間にわたって平均してみると、平板近くの「平均速度」には勾配がある。乱流境界層を定義するのは、この時間平均化後の速度勾配である。

乱流境界層は複雑で、その特徴はいくつかの重要な面で、流体の密度や粘性と無関係になる。例えば、乱流境界層内部のある点での速度勾配が、上流の底面にどの程度のシワがあるかで決まることもある。これは、空気や水の性質とは全く無関係な因子である。このように密度や粘性との関係が間接的なので、ここでは乱流境界層にこれ以上深入りしない。その代わり、境界層が乱流になる条件を手短に調べて、熱心な読者を Middleton and Southard (1984) や Schlichting (1979) を参考にして乱流境界層の本質に迫るように誘いたい。

これらの定義と但し書きをもって層流境界層の性質を調べ、それが水と空気でどう違うのかを見ることにしよう。

7.5.1　境界層の厚さ

境界層の厚さは、流れが固体表面に接触した点から下流に向かうほど、厚くなる。その理由を見るために、ある平板の前縁に到達した流体に起こることを、順に考えてみよう。平板と厳密に同じ位置の流体は、固体表面に接触した瞬間に、突然止まる。この層が遅くなるので、そのすぐ上の流体層は、摺れ合いながらその上を通り過ぎる。しかし粘性が作用するため、この２番目の層の速度も落ちる。３番目の層が２番目と摺れながら通り過ぎ、…と続く。このように、時間の経過とともに、粘性の効果は薄膜の速度低下を流体中に拡げていく。これらの粘性の効果が平板表面から拡がっていく間に、流体は平板に沿って移動する。平板の前縁から下流に行くほど、粘性の効果が流体内に拡がるのに長い時間が掛かり、境界層が厚くなる。どの位厚くなるかを知るために、ちょっと脇道へそれて、境界層の成長と分子の拡散過程の相似性を理解しよう。

流体内の隣り合った層は、平行な線路を同じ方向へ、違うスピードで進む２つの列車に似ている。２つの列車の間で質量の交換がなければ、それらの速度が等しくなる傾向は生じない。しかし、もしそれぞれの列車の作業員が懸命に砂袋を他方の列車に投げ込むと、運動量の交換が起こる。速度の高い列車から投げ込まれた砂袋は低速の列車に運動量（つまりスピード）を与え、低速の列車から投げ込まれた砂袋は高速の列車の動きを遅くする。流体の層の間で起こる運動量交換の時間率（列車間での砂袋交換の時間率に相当）は、分子拡散係数の運動量版で決まる。これこそ動粘性率 ν なのである。言い換えると、ν は流体の運動量についての拡散係数である。他の拡散係数と同様、ν の単位は $m^2\ s^{-1}$ である。

粘性の効果の流体中への拡がり方が拡散と同じだとすれば、境界層が形成される時間率に見当をつけることができる。前章で、拡散過程の特徴として時間の1/2乗(平方根)で拡がることを挙げた。すなわち、酔歩での平均移動距離はステップ数の1/2乗に比例するし、もし単位時間あたりのステップ数が一定なら、移動距離は時間の1/2乗と共に増える。歩幅が長いほど（拡散係数が大きいほど）、移動距離は大きくなる。それから類推すれば、（運動量の拡散で決まる）境界層の厚さは流体が平板に当たってからの時間の1/2乗で増し、実際の厚さは動粘性率（運動量の拡散係数）の1/2乗に比例するはずである*1。

これが正に起こることで、平板の前縁に近過ぎるところさえ見なければ、境界層の厚さ δ_{bl} は、

$$\delta_{bl} \approx 5\sqrt{\nu t} \tag{7.32}$$

である。ここで“近過ぎるところ”と言っているのは、前縁からの距離を x として $\delta_{bl} < 0.2\,x$ となる範囲すなわち境界層が $0.2\,x$ より薄い場所のことである。前縁に極近いところでは、水平方向の速度の急激な減少が、流入する流体に平板から遠ざける向きにかなりの垂直速度を与えてしまうので、局所的な速度勾配は複雑になる（Schlichting 1979、Vogel 1981）。この式の係数の5は近似値で、著者によって引用数値は4.65から5.47の間で変わっている（Vogel 1981）。

式7.32を使って、層流境界層の厚さを水と空気で比べることができる。空気の動粘性率は水の約15倍だから、主流の流れが同じなら、空気中での境界層の厚さは水中での約 $\sqrt{15} \approx 3.9$ 倍になる。

ここで、式7.32をもう一度調べておくのが、役に立つだろう。流体が平板に当たってからの時間は

$$t = \frac{x}{u_\infty} \tag{7.33}$$

で表わしてよいから、この値を式7.32に代入すれば、

$$\delta_{bl} \approx 5\sqrt{\frac{x\nu}{u_\infty}} \tag{7.34}$$

である。したがって、境界層の厚さは前縁からの距離の平方根で増える。主流が速くなるほど、距離 x に達するまでに粘性が作用できる時間は短くなるので、境界層は薄くなる。

境界層の概念とレイノルズ数の概念とを、結びつけておくのも役に立つだろう。式7.34の両辺を x で割って、整理すると、

$$\frac{\delta_{bl}}{x} \approx 5\sqrt{\frac{\nu}{x u_\infty}} \tag{7.35}$$

である。比 $x u_\infty/\nu$ はレイノルズ数の形をしており、この場合の特徴長さは前縁からの距離 x である。

[訳者註＊1：式6.21を参照]

この新しい形のレイノルズは、**「局所レイノルズ数」**と呼ばれており、記号 Re_x が使われる。すなわち、式 7.35 を、

$$\frac{\delta_{bl}}{x} \approx 5Re_x^{-1/2} \tag{7.36}$$

と書き換えてもよい。局所レイノルズ数が大きければ大きいほど、境界層の厚さは x の何分の 1 かに小さくなる。水中ではレイノルズ数が大きいので、速度が同じなら、境界層は薄くなる。

局所レイノルズ数は、境界層が層流になるか乱流になるかを予測する指標として使うことができる。実験によれば、平板上にできる境界層は Re_x が 3.5×10^5 ～ 10^6 より大きければ、通常は乱流になる。例えば、前縁から 1 m 下流の地点では、空気の主流速度が 5.3 ～ 15 m s^{-1} を超えると、境界層は乱流になる。水中では、u_∞ が 0.34 ～ 1.0 m s^{-1} を越えただけで、境界層は乱流になる。

これより精密な予測は不可能である。それは、乱流の開始が平板面の粗さの影響を受けるからである。平板面が粗いほど、乱流境界層になる速度は低くなる。この効果をもう 1 つのレイノルズ数を用いて定量化できる。**「粗さレイノルズ数」**Re_* を、

$$Re_* = \frac{u_* d}{v} \tag{7.37}$$

と定義する。ここで、u_* は前に出てきた摩擦ズリ速度で、d は平板面の粗さ構造の高さである。これらは、イモムシの毛から岩の上のフジツボまで、どんなものにもあてはまる。再び、u_* の典型値として $0.05\,u_\infty$ を使うと、粗さレイノルズ数を、

$$Re_* \approx \frac{u_\infty d}{20v} \tag{7.38}$$

と書き直すことができる。

実験的には Re_* が 6 を越えると、境界層の外縁が乱流になり始める。もし $Re_* > 75$ なら、境界層全体に乱流が起こる（Nowell and Jumars 1985）。式 7.38 の近似を使えば、粗さ高さが 1 cm の場合、空気中では u_∞ が 2.3 m s^{-1} を超えると乱流になることがわかる。しかし水中では、主流速度が 15 cm s^{-1} を越えただけで、乱流になる。

乱流境界層の成長についても、式 7.36 に類似した式、

$$\frac{\delta_{bl}}{x} = 0.376\ Re_x^{-1/5} \tag{7.39}$$

を導くことができる（Schlichting 1979）。この場合、空気中での境界層の厚さは水中でのそれに比べて、$\sqrt[5]{15} \approx 1.7$ 倍厚くなる。しかし、乱流境界層は層流境界層とは本質的に異なったものだ、ということを思い出して欲しい。乱流境界層の厚さは速度の時間平均値を用いて計算されるもので、いかなる瞬間にも、事実上境界層内の全ての場所で、主流の速度と等しいかそれ以上の速度が存在するかもしれないのである。

層流境界層の厚さは、生物に多くの影響を与えた。そのうちの3つについて調べてみよう。

7.5.2　境界層内への隠棲

境界層は流速が弱まった領域なので、主流からの逃避場所として使える。境界層内の速度は実際にはどの位で、水と空気で比べるとどう違うのだろうか？

境界層内の速度勾配の形を精密に記述することは難しいが、固体表面に最も近い領域（$y < 0.4\ \delta_{bl}$）では、

$$\frac{u}{u_\infty} = 0.32\ y\sqrt{\frac{u_\infty}{x\nu}} \tag{7.40}$$

の表式が実体に非常に近いだろう。すなわち、層流境界層の内縁では、速度は固体表面からの距離に比例して増し、流速が増す率は前縁からの距離 x と動粘性率 ν の両方に依存する。x が大きくなるほど、また ν が大きいほど、速度はゆっくりと増える。

境界層の内側に棲む生物にとって、これは何を意味するのだろうか？　例として、ある大きさの生物がある速度の流れに出くわす前に、前縁にどこまで近づけるのか、という問題を考えてみよう。空気の動粘性率は水の15倍だから、水中の生物が経験する主流速度と同じ割合の速度の流れに出会うまでに、空気中の生物は15倍も前縁に近づくことができる。

この事実が、小さな昆虫やダニの興味深い適応行動のもとになっている。カイガラムシは非常に小さく（長さ約300 μm）、短命で、オスはひ弱で翅もない。これらの昆虫は、どのようにして子孫を分散させるのだろうか？　この小さな生物の最終落下速度は、比較的遅い（約26 cm s^{-1}、Washburn and Washburn 1984）。それで、もし自分が生まれた葉の表面に形成される層流境界層の上まで突き出ることができれば、ある程度の確率で大気の流れに乗れて、遠くまで運んで貰える。この昆虫を固体（葉）表面から引き剥がすのに充分な抗力を生じる風速は約3.7 m s^{-1} である。そこで問題は、主流速度が4 m s^{-1} の典型的な風（Washburn and Washburn 1984）で、カイガラムシの歩行姿勢の高さが100 μm なら、前縁までわずか300 μm に近づかなければこの局所速度に出会えないことである。すなわち、この昆虫が6本肢で這いつくばっている限り、葉の縁にいなければ外の風の流れに当たることはできない。しかし、もしこの昆虫が後肢で立ち上がって前肢を風に向けて延ばせば、前面面積の中心は固体表面から（100 μm ではなく）300 μm となる。この高さなら、葉の前縁から3 mm のところでも離陸に必要な風速に出会える。このように、直立姿勢をとることで、昆虫は空中に吹き上げられるのに充分な力を得る機会を確実に増やせる。このような直立離陸姿勢は、様々なカイガラムシやダニで観察されている（Washburn and Washburn 1984）。

見方を変えれば、式 7.40 は生物が主流から身を隠すのに、空気の境界層の方が水のそれより広い空間を提供することを教えてくれる。例えば、主流速度が 10 cm s^{-1} で、生物が前縁から 10 cm 下流にいる場合を考えよう。もし生物が（餌をとるためなどの理由で）1 cm s^{-1} 以下の速度が必要なら、空気中では 1.3 mm の高さまで利用できるが、水中ではたったの 0.3 mm までしかない。

式 7.40 は境界層の下半分にしかあてはまらない。固体表面からそれ以上離れると、速度はもはや直線的には増えず、速度勾配を記述するにはもっと複雑な式が必要になる。Vogel (1981) は、観察された速度勾配は、次の回帰式、

$$\frac{u}{u_\infty} = 0.39\, y\sqrt{\frac{u_\infty}{x\nu}} - 0.038\,\frac{u_\infty y^2}{x\nu} \tag{7.41}$$

に 5% 以内の精度であてはまると主張している。

生物が境界層を利用している惚れ惚れするような例は Vogel (1981) がいくつも議論しているので、ここではそれらを繰り返さない。ただ 1 つだけ、境界層の利用法で好奇心をくすぐる例を見てみよう。

7.5.3　境界層を聞き分ける

これは、音の波が作り出す境界層の性質に関する実例である。音については第 10 章で詳しく調べる予定である。ここでは簡単に、音波が伝わるときには流体の変位が伴う、ことに気をつけよう。その結果、固体物体の側を音が通り過ぎる場合には、一種の境界層ができてしまう。この節では、この境界層の性質を調べる。

図 7.14 に示した状況を想定する。音波が平板と平行に伝わっており、その過程で流体に振動運動が引き起こされている [3]。流体は、ある短期間ある方向に動き、一瞬静止した後、逆向きに動く。周期的な変位に伴って、境界層が形成される。

［脚註 3：流体に音波以外の力が掛からなければ、平板から見た流体の運動は、G. G. Stokes が初めて導出したように、

$$u(y,t) = u_0 e^{-(y\sqrt{\pi f/\nu})}\cos\left(2\pi f t - y\sqrt{\frac{\pi f}{\nu}}\right) - u_0\cos(2\pi f t) \tag{7.42}$$

で記述できる。ここで $u(y,t)$ は、時刻 t、底面からの高さ y における流体の瞬時速度で、f は音の周波数（サイクル／秒）である。この式で重要なのは因子 $e^{-y\sqrt{\pi f/\nu}}$ で、これが平板表面からの距離が増すと流体の速度は主流のそれ（$-u_0\cos[2\pi f t]$）に漸近することを表わしている。］

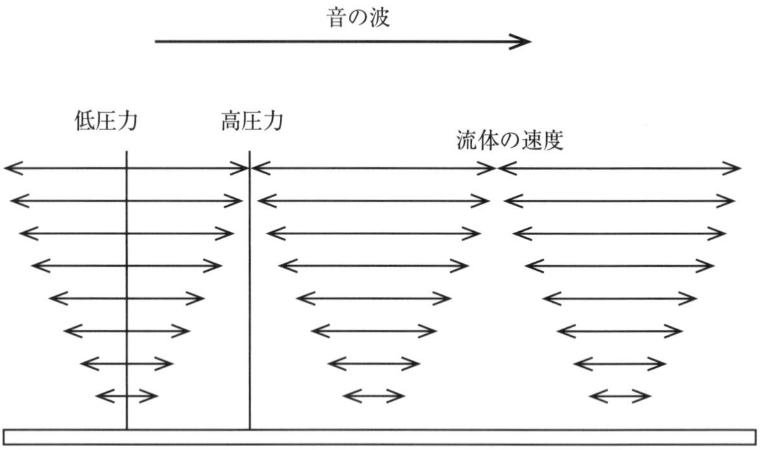

図 7.14　音の境界層。流体速度の向きは平板に沿って往復し、音波としての圧力変動を作り出す。平板（図の下端）近くの速度は、粘性の作用で低くなる。

少し前の方で、境界層の厚さは層の成長に掛かった時間の平方根に比例することを確かめた。音の波に伴う境界層の場合、これは境界層の厚さは音の周波数 f で決まることを意味する。周波数が高ければ高いほど、流体が動く 1 周期の時間は短く、したがって境界層は薄くなる。

固体平板に隣接した振動流体に関する解析によれば、平板から距離、

$$\delta_S = \frac{\pi}{2}\sqrt{\frac{\nu}{\pi f}} \tag{7.43}$$

における流速は、主流速度と実質上同じであることを示している。このように、δ_S は振動流における境界層の厚さと考えてよい。δ_S は、正に周波数の逆数（の平方根）に比例していることに注意して欲しい。

この音響境界層の厚さを、周波数の函数として図 7.15 に示した。1 秒間に 1 サイクルの周波数（1 Hz）では、空気中での音響境界層の厚さは約 4 mm あるが、1000 Hz ではたったの 0.1 mm しかない。水中での音響境界層の厚さは、$1/\sqrt{15} \approx 1/3.9$ に薄くなる。

振動流の境界層内での 1 周期中の最大速度を、平板面からの高さの函数として描くと、図 7.16 のような輪郭になる。この形は、1 方向への流れにおける境界層の場合と非常によく似ている。

音の検出に音響境界層を利用する生物が、少なくとも 1 ついる。普通に見かけるコオロギ *Gryllus bimaculatus* の腹部後端（尾葉）には、様々な長さの小さな感覚毛が密生している。この尾葉感覚毛の長いもの（約 1500 μm）は低い周波数の音を感じとり、短いもの（30 μm）は高い周波数の音を感じとる。力学的に見れば、感覚毛は、横向きにある距離まで倒されるのに充分な抗力を与えるような速度をもつ音波、を感じとる。そこまで倒された感覚毛は、付随する神経細胞に反応を引き起こし、音についての情報が中枢神経系へと送られる。

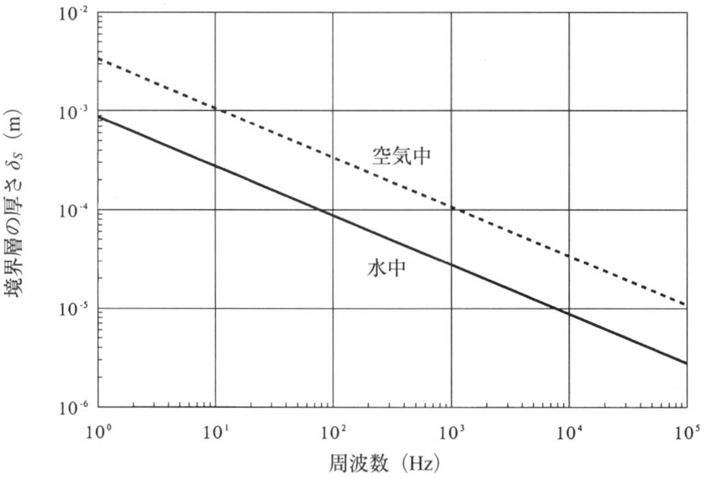

図 7.15　音響境界層の厚さは水中よりも空気中の方が大きく、どちらの媒体でも周波数が増すと減る。

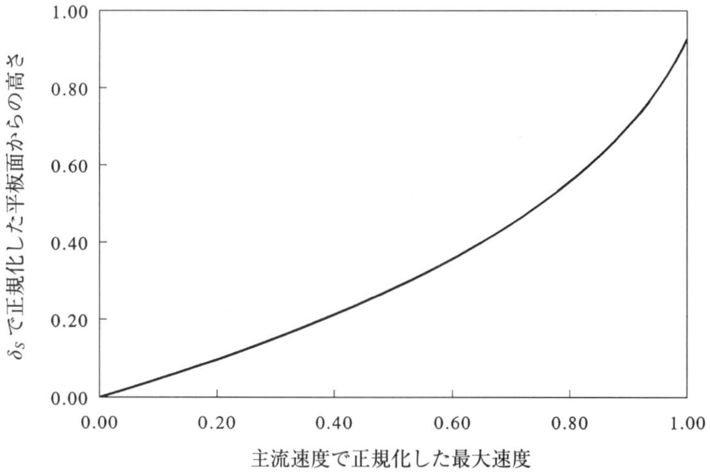

図 7.16　音響境界層内部の高さによる速度分布。

Shimozawa and Kanou (1984) は、この感覚毛の長さは音響境界層の厚さに精密に一致していることを示した。例えば、短い感覚毛それ自体は、低周波と高周波の両方の音に感度をもつであろう。しかし短い感覚毛は、低い周波数の音の厚い境界層の底深くに埋もれてしまうので、低周波音からの力を受けない。高い周波数では、これら短い感覚毛も有効に主流に突き出しており、気流によって変位を受ける。このように、境界層の物理的性質が、異なる周波数の音を弁別するフィルタ装置の一部として利用されている。

しかし、話はこれで終わる訳ではない。例えば、なぜ長い感覚毛は高い周波数の音に感度をもたないのだろうか？ これら長い感覚毛が、低周波音の厚い境界層まで突き出ているのなら、高周波音の薄い境界層にも曝されているはずである。その答えは、短い毛と長い毛では毛を支えるバネの硬さと毛の慣性モーメントに大きな違いがあるため、長い毛は高い周波数ではほとんど動けないこと、にある。これらの詳細は非常に魅力的なのだが、本章の範囲を越えてしまうので、読者には是非とも Shimozawa and

Kanou (1984) を参照することをお薦めする*2。

上でも指摘したが、水中での音響境界層は、空気中のそれの 1/3.9 に薄くなる。もし水棲動物が、コオロギと同じような聴覚系を使うとすれば、全ての感覚毛はこの因子が掛かったサイズに小さくなるであろう。ミジンコの触角にある小さな毛が、この要求にあったものなのかもしれない（Yen and Nicoll 1990）が、これらの機能についての神経学的な証拠は今のところ欠けたままである。

7.6　粘性抗力（粘性抵抗）

式 7.40 は、境界層内の指定した場所での速度を教えてくれるだけでなく、固体底面での速度勾配の定量化も可能にしてくれる。y についての導関数をとると、

$$\frac{du}{dy} \approx 0.32\, u_\infty \sqrt{\frac{u_\infty}{x\nu}} \tag{7.44}$$

であることがわかる。この速度勾配に流体の絶対粘度を掛けると、固体底面の任意の場所に働く、単位面積あたりの粘性抗力の指標、

$$\frac{\text{抗力}}{\text{面積}} \approx 0.32\, \mu u_\infty \sqrt{\frac{u_\infty}{x\nu}} \tag{7.45}$$

が手に入る。これを書き直すと、

$$\frac{\text{抗力}}{\text{面積}} \approx 0.32\, \frac{\mu u_\infty Re_x^{1/2}}{x} \tag{7.46}$$

であることがわかる。これは、平板の地点 x でのズリ応力である。平板の前縁から後縁までの全ての x でこの値を平均すれば、平板全体の面積あたりの抗力、

$$\frac{\text{平均抗力}}{\text{面積}} \approx \frac{0.64 \mu u_\infty Re^{1/2}}{\ell} \tag{7.47}$$

が得られる。ここで、（面積あたりの）全抗力は Re_x ではなく、（流れに沿った平板の長さ ℓ を特徴長さとする）Re で記述されることに注意して欲しい。

［訳者註＊2：さらに進んだ解析として、Kumagai et al. 1998, Shimozawa et al. 1998, 下澤楯夫と熊谷恒子 1998、および下澤楯夫 2008 も参照されたい。］

もし平板が充分に薄ければ、その前面面積は実質上ゼロで、圧力抗力は生じない。すなわち平板に働く抗力の全ては、粘性抗力である。このような場合の抗力係数は、

$$C_{d,p}=\frac{2}{\rho_f u_\infty^2}\frac{\text{平均抗力}}{\text{平板面積}} \tag{7.48}$$

と定義できる。ここで、平板面積は平均長と平均幅の積である。式 7.47 と式 7.48 を組み合わせると、

$$C_{d,p}\approx 1.28\ Re^{-1/2} \tag{7.49}$$

であることがわかる（$Re=\rho_f \ell u_\infty/\mu$）。すなわち、平板の抗力係数はレイノルズ数の函数で、レイノルズ数が小さいほど、抗力係数は大きくなる。

この値の導出にあたっては、速度勾配の近似的な表現（式 7.40）を用いた。Schlichting (1979) は、Blasius による厳密解を使って、

$$C_{d,p}=1.338\ Re^{-1/2} \tag{7.50}$$

を関係式として与えている。この抗力係数は平板の片面に作用する力についてであり、（薄い）平板の両面が流体と接していれば、

$$C_{d,p}=2.676\ Re^{-1/2}\quad \text{（平板の両面が流れに曝される場合）} \tag{7.51}$$

と、C_d を倍にしなければならない。

この表現を粘性抗力係数として使って、幅 b、長さ ℓ の平板に働く粘性抗力を、同じ速度の水と空気について計算すると、

$$\text{粘性抗力}=\frac{\rho_f u_\infty^2 b\ell C_{d,p}}{2} \tag{7.52}$$

$$=\frac{1.338\rho_f u_\infty^2 b\ell\sqrt{\mu}}{\sqrt{\rho_f u_\infty \ell}} \tag{7.53}$$

$$=1.338\sqrt{\mu\rho_f\ell}\,u_\infty^{3/2}b \tag{7.54}$$

である。速度が同じなら、水の中での粘性抗力と空気中でのそれの比は、

$$\frac{\text{水中での粘性抗力}}{\text{空気中での粘性抗力}}=\frac{\sqrt{\rho_w\mu_w}}{\sqrt{\rho_a\mu_a}} \tag{7.55}$$

となる。ここで、添え字 a と w は、それぞれ水と空気を表わす。この比は、20℃で215である。このように、水中での粘性抗力（粘性抵抗）は空気中より非常に大きい。

ここが、レイノルズ数が非常に低い状況とは大きく異なる点である。（鞭毛運動のように）レイノルズ数が非常に低い状況では、流体中に物体を推し進めるのに必要な力は絶対粘度に直接比例し、したがって水中では空気中の60倍になる。この（215倍か60倍かの）違いは、レイノルズ数が1より大きいところでは（ズリ応力を決める）速度勾配の形自体が流体の密度 ρ_f に強く影響される、という事実のせいである。ρ_f が大きいほど境界層は薄くなり、平板に隣接した流体層での速度勾配が大きくなる。しかし、非常に低いレイノルズ数での速度勾配は、実質的に ρ_f に無関係なのである。

高い Re での粘性抗力の大きさは μ の平方根で増えるから、大きな動物に働く抗力の温度効果は小さくなる。例えば、（体表面での摩擦が主な）大型で流線形なサカナに働く抗力は、周囲の水の温度が40℃から0℃に下がっても65％増えるだけである。対照的に、同じ温度範囲で、水中を低速で動く微小生物に働く抗力は、絶対粘度の増加に直接比例するので、ほぼ3倍になる。

ここまで、空気中と水中とで生物に働く抗力の比を、同じ速度で動くとして計算してきた。では、2つの媒質を同じレイノルズで動くとすると、どうなるのだろうか？　この疑問について考えるため、長さ ℓ の平板を想定すると、

$$u_\infty = \frac{Re \times \mu}{\rho_f \ell} \tag{7.56}$$

である。この u_∞ を式7.52に代入すると、

$$\text{抗力} = \frac{1.338\, Re^{3/2} \mu^2 b}{\rho_f \ell} \tag{7.57}$$

この結果、同じレイノルズ数での、水中での粘性抗力と空気中でのそれの比は、

$$\frac{\text{水中での粘性抗力}}{\text{空気中での粘性抗力}} = \frac{\mu_w^2\, \rho_a}{\mu_a^2\, \rho_w} \tag{7.58}$$

この比は、20℃で約3.7だから、生物が水中と空気中を同じレイノルズ数で移動しても、水の中の方が粘性抗力が大きい。

7.7 質量輸送

第6章では、濃度勾配がキチンと定義されている様々な場合について、拡散過程を詳しく調べた。しかし時には流体の流れが濃度勾配に影響し、そのため分子の拡散流束に影響を与えることへの注意も、述べてあった。境界層内の流れは、そのような場合の1つで、ここで改めて取り上げる。

分子の拡散流束への境界層の効果を調べるために、運動量と分子濃度との類似性を使う。前の方で、(速度に比例する) 運動量は、分子そのものと似た仕組みで境界層を通って輸送されることを述べた。ここでは、この論旨を裏返しにして、境界層内の速度勾配の知識から対応する化学物質の濃度勾配の情報を入手することを目指そう。

例として、二酸化炭素を濃度 C_∞で含む流体が、CO_2 を吸収して（光合成をして）いる平らな葉の上を通り過ぎている状況を想定しよう。より具体的には、葉の CO_2 親和性は非常に高く、接触した全ての CO_2 分子は直ちに吸収されるので、葉の表面での二酸化炭素濃度はゼロだと想定しよう。葉への CO_2 供給はどの位の速さなのだろうか？

フィックの式から、葉への CO_2 流束は二酸化炭素の拡散係数と葉近傍での濃度勾配の積に等しいことは知っている。しかし、その濃度勾配が流れの影響を受けるのである。ある場所で CO_2 が吸収されると、新たな CO_2 が対流によって運び込まれる。このように、濃度勾配は拡散と対流の相互作用で決まるのである。

この相互作用で何が起こるかを見るために、速度勾配と濃度勾配の類似性に頼ろう。流体が葉の上を動くと、運動量が主流から固体表面に向かって“拡散”する。つまり、固体の存在が流体の主流速度を減らし、流体を通しての運動量輸送率が境界層内での速度勾配を決める。この運動量の拡散と同じような過程を経て、CO_2 が主流から拡散してくると考えてもよいだろう。そうすると、濃度勾配 dC/dy は、何らかの形で速度勾配 du/dy に比例すると見当をつけてもよいことになる。

この線に沿っての解析を、du/dy に C_∞/u_∞ を掛けて、速度勾配の単位 (s^{-1}) を濃度勾配の単位 ($mol\ m^{-4}$) に変換することから始める。すなわち、結論としては、

$$\frac{dC}{dy} \propto \frac{C_\infty}{u_\infty}\frac{du}{dy} \tag{7.59}$$

と考えることになる。

次いで、式 7.44 から $du/dy = 0.32\,u_\infty Re_x{}^{1/2}/x$ と推測できるから、

$$\frac{dC}{dy} \propto 0.32\,\frac{C_\infty Re_x^{1/2}}{x} \tag{7.60}$$

この比例関係の両辺に拡散係数を掛けると、

$$\mathcal{J} \propto 0.32 \frac{\mathcal{D}_m C_\infty Re_x^{1/2}}{x} \tag{7.61}$$

となる。ここで、$\mathcal{J}$ は前縁から距離 x の地点で葉に流れ込む分子の流束密度である。

この比例関係式は、適切な係数を導入すれば等式にできる。もう気づいた読者もいるだろうが、この係数は分子の拡散係数（$\mathcal{D}_m$）と運動量の拡散率（動粘性率 ν）の比で決まる。この比は、**「シュミット (*Schmidt*) 数」** Sc として知られる無次元数で、

$$Sc = \frac{\nu}{\mathcal{D}_m} \tag{7.62}$$

である。

注意深い解析（Bird et al. 1960）によれば、流束密度はシュミット数の三乗根を係数としてもつ。

$$\mathcal{J} = 0.32 \frac{\mathcal{D}_m C_\infty Re_x^{1/2}}{x} Sc^{1/3} \tag{7.63}$$

レイノルズ数とシュミット数を展開して式を整理すると、最終的に、

$$\mathcal{J} = 0.32 \frac{C_\infty u_\infty^{1/2} \mathcal{D}_m^{2/3}}{x^{1/2} \nu^{1/6}} \tag{7.64}$$

となる。すなわち、葉への二酸化炭素の流束密度は主流速度と共に増し、葉の前縁からの距離と共に減る。その結果、植物は多少のそよ風があるとよく育つ。式 7.64 はまた、少数の大きな葉（葉の中央の CO_2 流束は低い）よりも多数の小さな葉（どの点も前縁に近い）をもつ方が高効率になることを示している。大気の CO_2 濃度が少しでも増せば、葉への供給量の増加をもたらす。

式 7.64 は、水と空気の輸送特性を比較する上で、便利な道具になる。平板（葉）上の、前縁から同じ距離の 1 点を考えよう。葉が水中にある時、この点への CO_2 の供給率は、空気中と比べてどうなるだろうか？　主流速度が同じなら、

$$\frac{\mathcal{J}_a}{\mathcal{J}_w} = \frac{C_a}{C_w} \left(\frac{\nu_w}{\nu_a}\right)^{1/6} \left(\frac{\mathcal{D}_{m,a}}{\mathcal{D}_{m,w}}\right)^{2/3} \tag{7.65}$$

空気の動粘性率は水の約 15 倍だから、$(\nu_w / \nu_a)^{1/6} = 0.64$。二酸化炭素の空気中での拡散係数は水中の 10,000 倍だから、$(\mathcal{D}_{m,a} / \mathcal{D}_{m,w})^{2/3} = 464$。もし水中と空気中での CO_2 濃度が同じ（温度も 10 ℃～20 ℃）なら、陸上の葉は水中の葉の 300 倍の率で CO_2 を受け取れる。これは、拡散係数の知識のみから予測するであろう 10,000 倍の違いとは、明らかに異なっている。

この解析は、水棲の植物は水が速く流れる所に生きるか、二酸化炭素の適切な供給率を確保するためには陸棲の仲間より小さな葉をもつべきだということを示している。しかし、ほとんどの水棲植物は炭素源として重炭酸塩を使うことができる。pH = 8.0 で 20℃の水中での HCO_3^- の濃度は、空気中での CO_2 濃度の 130 倍である（表 6.3 と表 6.4）。このように、空気中での葉への炭素の供給率は、（主流速度が同じで、葉の前縁からの距離が同じであれば）、水の中のそれの 300 / 130 ≈ 2.3 倍である。

第 6 章では、小さな生物への分子の供給は、拡散だけでも効率が高く、生物が敢えて動く必要はないと結論した。しかし、すぐ上で述べた解析は、葉のサイズの物体では、流体が物体と相対運動していれば分子の輸送率がかなり増すことを示している。では、流れが重要になる特定のサイズや速度があるのだろうか？　この問いに答えるために、分子の拡散による球への供給率について考えよう。

Bird et al. (1960) は、直径 d の球では、

$$\mathcal{J}=\frac{2\mathcal{D}_m C_\infty}{d}+\frac{0.6\,C_\infty}{d}\,Re^{1/2}Sc^{1/3} \tag{7.66}$$

であることを示した。ここで、$2\mathcal{D}_m C_\infty / d$ の項は対流がない場合の流束密度である。Re と Sc を展開すれば、次のようになる。

$$\mathcal{J}=\frac{2\mathcal{D}_m C_\infty}{d}+\frac{0.6\,\mathcal{D}_m^{2/3} C_\infty u_\infty^{1/2}}{d^{1/2}\nu^{1/6}} \tag{7.67}$$

もし、生物が自分の力で到達できる最大速度は、毎秒およそ 10 体長程度だと想定すれば、式 7.67 の u_∞ を $10\,d$ で置き換えることができて、

$$\frac{\mathcal{J}}{C_\infty}=\frac{2\mathcal{D}_m}{d}+\frac{1.9\,\mathcal{D}_m^{2/3}}{\nu^{1/6}} \tag{7.68}$$

となる。これで、流れ速度が同じ場合の、主流の濃度あたりの流束密度を流れのない場合の流束密度と比べることができて、

$$\frac{\mathcal{J}_{rel}}{C_\infty}=1+\frac{0.95d}{\mathcal{D}_m^{1/3}\nu^{1/6}} \tag{7.69}$$

であることがわかる。これを図 7.17 に示した。

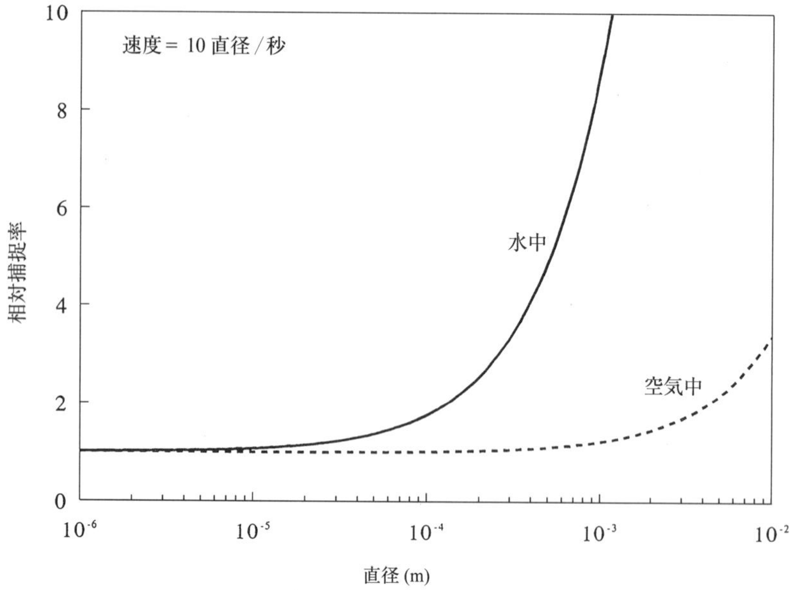

図 7.17　球が 10 直径／秒のスピードで動く場合、単位時間に分子を捕捉できる率は空中での方が水中よりも低い。

水中では、球状生物の直径が 100 μm を越えるあたりから、移動運動が分子の供給率に確実に影響し始める。このように、小さな幼生やミジンコのサイズより大きな水棲生物は、泳ぐことによって酸素を入手したり二酸化炭素を排出したりする時間率を積極的に増やすことができる。これより小さな生物は、拡散に頼っていればよい。水棲生物における移動運動の利点に関するより徹底した議論は、Berg and Purcell (1977) か Mann and Lazier (1991) を参考にして欲しい。

空気中では、移動運動が分子の拡散輸送を増強し始めるのは、生物が直径 5 mm 程度より大きい場合である。

ここまでは、生物は泳ぐことで流れを増していると仮定してきた。しかし、植物など多くの生物は移動運動能をもたない。それでも、沈むという代替方策がある。このように、植物プランクトンも充分に速く沈降できれば、水に溶けている栄養分の取込み率を増すことができる。しかし植物プランクトンの沈降速度は、最終落下速度が限界である。水棲の球形植物は、どのくらい大きければ泳ぐよりも沈んだ方がよくなるのだろうか？

その生物は充分小さくて低レイノルズ数で沈むと仮定すれば、ストークスの式（式 7.6）を使って、沈降スピードは、

$$v_{max} = \frac{d^2 \rho_e g}{18\mu} \qquad (7.70)$$

と予測できる。

この表式を式 7.67 の u_∞ に代入して、以前と同様に解くと、

$$\frac{\mathcal{J}_{rel}}{C_\infty} = 1 + \frac{0.77 d^{3/2} \rho_e^{1/2} g^{1/2} \rho_f^{1/6}}{\mathcal{D}_m^{1/3} \mu^{2/3}} \tag{7.71}$$

であることがわかる。この式のグラフを図 7.18 に示した。可動生物と同じく、栄養獲得能力が確実に高まるほどの速度で沈降できるためには、植物プランクトンは直径 100 μm より大きくなければならない。面白いことに、このサイズ限界は空気中でも同じである。しかし残念なことに、直径 100 μm の植物プランクトンの空気中での最終落下速度は 1 m s^{-1} を確実に超えているので長い時間沈降することはできず、地面に落ちてしまう。

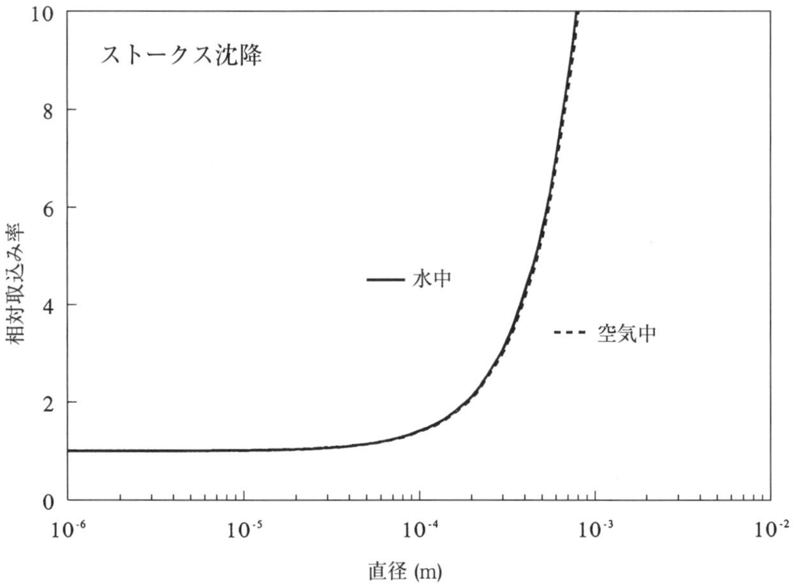

図 7.18　球状の生物が最終落下速度で沈降している場合の、分子を取り込む効率は空気でも水でも似たようなものである。

動く方が有利だというここでの結論は、暗黙裏に、植物や動物が動きまわる流体は静止していると仮定した上でのことである。もし、流体が乱流で撹拌されていれば、生物と周囲との物質交換の速さは増す。この効果についての議論は、Lazier and Mann (1989) を参考にして欲しい。

この節では、生物が周囲と分子を交換する率が境界層の存在で変わる場合の例を２つ調べた。境界層はまた、熱の輸送率にも影響するが、これは第 8 章で議論する。

7.8　境界層を嗅ぐ

境界層での質量輸送の話題を終える前に、もう1つ調べて置くことがある。既に指摘したように、粘性は境界層内の流体のスピードを主流のそれよりも減らすように作用する。これは匂いを使って方向を決めている動物にとっては問題になる。例えば、多くのサカナは、獲物の出す匂いを追尾して狩りをしている。もし、鼻孔に到着する匂い分子が境界層を通り抜けなければならないとしたら、サカナはその分子が到着するまでの時間を余計に待たなくてはならない。この時間遅れは、サカナが嗅いでいるのは今いる場所の水の匂いではなく、少し前にいた場所の水の匂いである、ということを意味する。この時間遅れ効果は、獲物の追尾を非常に難しくする。

これがどんなに困った問題なのかを知るために、境界層内の流体の速度を前縁から下流への距離 x 毎に y の函数として表わした、式 7.40 に戻ろう。サカナの泳ぐスピードが u_∞ である。鼻孔がサカナの体表から高さ y にあるとして、サカナの頭の前縁で境界層に入った水が鼻孔に到達するまでの時間を計算できる。速度は dx/dt だから、境界層内のある薄層で微小距離 dx を進むのに要する時間は、

$$dt = \frac{\sqrt{\dfrac{x\nu}{u_\infty}}}{0.32\,u_\infty y}\,dx \tag{7.72}$$

である。両辺を積分して、$t = 0$ で $x = 0$ とおけば、距離 x を移動するのに要する時間は、

$$t = \frac{2.08\sqrt{\nu}}{y}\left(\frac{x}{u_\infty}\right)^{3/2} \tag{7.73}$$

一方、主流の水が距離 x だけ移動するのに要する時間は x/u_∞ だから、境界層内を通って匂い分子が到達する時間と、境界層の外を通って平行に距離 x の地点まで到達する時間の差は、

$$\Delta t = \frac{2.08\sqrt{\nu}}{y}\left(\frac{x}{u_\infty}\right)^{3/2} - \frac{x}{u_\infty} \tag{7.74}$$

となる。この時間遅れの間に、（速度 u_∞ で泳ぐ）サカナは、

$$\Delta x = \frac{2.08\sqrt{\nu}}{y}\,\frac{x^{3/2}}{\sqrt{u_\infty}} - x \tag{7.75}$$

$$\approx x\left(\frac{0.4\,\delta_{bl}}{y} - 1\right) \tag{7.76}$$

の距離を移動している（ただし、$y < 0.4\,\delta_{bl}$）。

図 7.19 にこの関係を示してある。y が小さい（鼻孔が体表に近い）場合、匂い分子が鼻に到達するまでに、サカナはかなりの距離を泳いでしまうだろう。鼻孔が少し飛び出しているだけでも、充分問題の軽減になるだろう。実際、多くのサカナの鼻孔は流れに向かう短い柄をもっており、泳ぎと水の匂いの時間遅れを避けるべく充分高く突き出ている（図 7.20）。

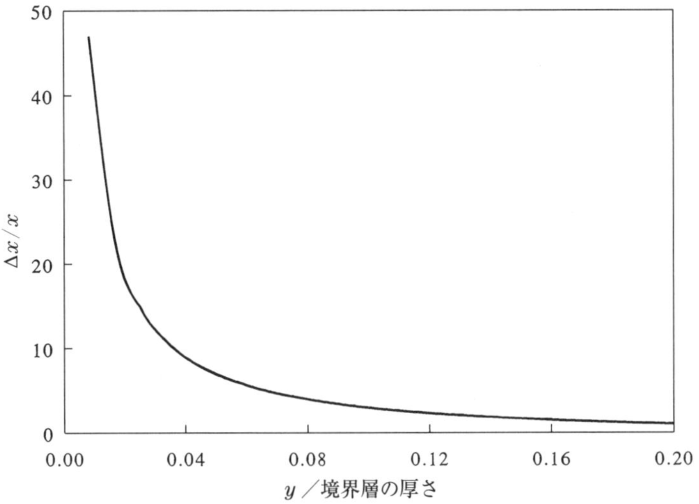

図 7.19　匂い分子が頭部前縁から鼻孔へ到達するまでに、サカナが泳がなければならない距離を、前縁から鼻孔までの距離の倍数で表わしてある。鼻孔の開口部が体表に近ければ、サカナは今いる場所ではなく、かつていた場所の匂いを嗅いでいることになる。

鼻孔をできるだけ前方へ置いて（すなわち x を最小にし）、速く泳ぐことも利点になるはずである。しかし、これらの考察の相対的な重要性は、著者の知る限り、調べられていない[4]。

匂い分子が感じとられるまでの遅れ時間は ν の平方根で増えるので、（ν が水中の 15 倍の）空気中で匂いを嗅ぐのは、水中よりも大きな問題になりかねない。しかし実際には、おそらく問題とならない。シカやイヌなど匂いで方向付けしている動物は、鼻に空気を能動的に吸い込んでおり、上で述べたような時間遅れを回避している。匂いで方向定位する昆虫（例えばガ）は、一般に、嗅覚器を体の最前方にある触角に載せており、境界層の効果を最低限に抑えている。ガの触角の中で細長い感覚毛の周りにできる境界層が原因で起こりうる問題については、Vogel (1983) が調べている。

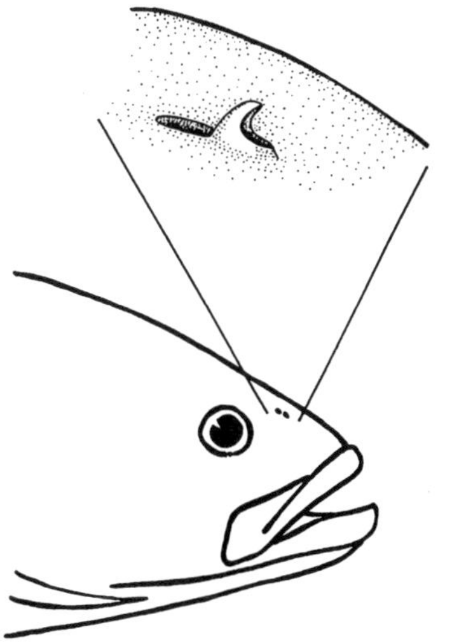

図 7.20　多くのサカナの鼻孔は周囲の体表から、わずかながら突き出ており、薄い弁膜が水を鼻腔内へ向かわせる。

［脚註 4：私の注意を、サカナが匂いを嗅ぐ際の流体力学に向けてくれた Håkan Westerberg に感謝する。］

7.9　懸濁物食性

前述のように、多くの生物が懸濁食すなわち周囲の流体から食物粒子を分離して食べること、で生きている。Rubenstein and Koehl (1977) はこの分野の発展の皮切りとなった論文で、多くの懸濁食動物が摂食器官の“メッシュサイズ（網の目の大きさ)”より小さな粒子を捕捉していることを指摘した。この現象の説明として、彼らは生物のフィルタと空気から塵や煙などのエアロゾル粒子を分離するために使う人工のフィルタとを比較して類似点を指摘した。例えば、暖房やボイラの炉の空気取入れ口に付いているフィルタはガラス繊維の粗い網目で、塵や埃の直径よりもずっと大きい隙間がある。それでも、このフィルタは効率よく埃を捕捉できる。このようなフィルタの仕組みはどうなっているのだろうか？

小さな粒子を捕捉するには、濾過装置は３つの特徴をもっていなければならない。まず、粒子が懸濁している流体が流れること。これは、粒子が濾過器に運ばれてくるために必要な仕組みである。第２に、流れの中に突き出した固体要素（網糸）があること。最後に、これらの“網糸”は粘着性であること。すなわち、粒子が網糸に衝突したら接着し、そのまま捕捉される必要がある。

これらの必要条件の下で、Rubenstein と Koehl は、小さな粒子が網糸と接触できる様々な仕掛けを述べている。例えば、フィルタを通る粒子に重力が働くのを利用して、粒子の軌道上に網糸を配置する。粒子のブラウン運動などで網糸に迷いこませる。あるいは、粒子を静電気で網糸に誘引する、などである。しかし他の２つに比べれば、これらの仕掛けに生物学的な重要性はほとんどない。

１番目は直截的で、フィルタ内を動く粒子の経路が網糸から１粒子半径以下しか離れていなければ、粒子は網糸と接触し捕捉される。これは***「直接遮断」***と呼ばれる。Rubenstein と Koehl は、この仕組みで粒子を捕捉する効率の無次元指標として、

$$K_d = \frac{d_p}{d_c} \tag{7.77}$$

を用いた。ここで d_p は粒子の直径、d_c は円柱状の網糸の直径である。粒子が大きいほど、又は円柱が細いほど、濾過の効率は高くなる。この指標は、流体の性質や、流れの特性に無関係であることに注意して欲しい。

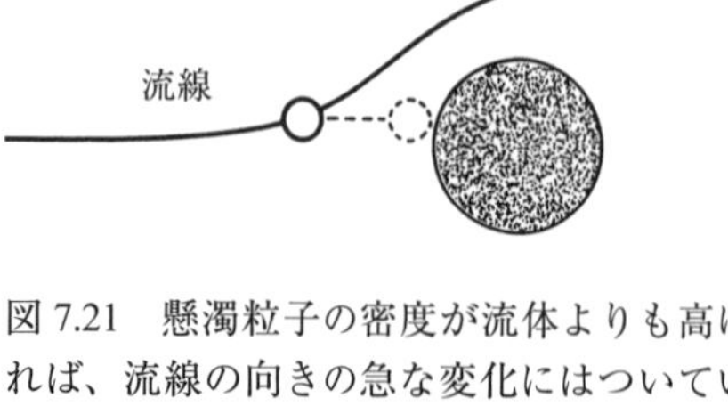

図 7.21　懸濁粒子の密度が流体よりも高ければ、流線の向きの急な変化にはついていけない。その結果、粒子の慣性がフィルタの捕捉表面への突入を引き起こすことになる。

２番目に重要な粒子捕捉の仕組みは、***「慣性突入」***である。図 7.21 に示された状況を考えよう。（端から見た）円柱状の網糸が定常流に突き出ていて、流線[5]がその周りに曲げられている。粒子がこれらの流線の１つに沿って動くと何

［脚註 5：流体力学における流線の定義は第 13 章で考察する。ここでは、直観的な意味すなわち、流れの中で流体の小さな部分が辿る経路、という理解で充分である。］

が起こるか想像してみよう。もし粒子が流体と同じ密度をもっていれば、円柱の周りを流れるにつれてその経路は曲がり、粒子はあたかも流体でできているかのように振る舞う。流線が網糸から1粒子半径以内にある場合にのみ、粒子の捕捉が起こる。しかし、もし粒子が流体の密度より高い密度をもっていれば、その慣性は流体と同じ急な曲がりを許さない。この結果、流線が網糸に充分近ければ、粒子の余分な密度が粒子に流線を越えさせ、円柱への衝突を起こさせる。このように、慣性突入によって網糸はより大きな流れ断面積から粒子を捕捉できるようになる。この過程は、高速道路を走る自動車のフロントガラスに虫が衝突してくる現象と、微視的に等価であると考えてよい。

Rubenstein と Koehl は、Fuchs 1964 と Pich 1966 が発表した理論に基づいて、慣性突入の効率は、粒子と網糸のサイズ、流体と粒子の相対密度、流体の粘度、そして流れのスピードに依存することを示した。これらの因子はフィルタ効率の無次元指標、

$$K_i = \frac{d_p}{18d_c}\frac{\rho_e u d_p}{\mu} \tag{7.78}$$

にまとめ上げられている。ここで、ρ_e は粒子の実効密度である。

本質的には、この指標は直接遮断の指標 K_d に比例する項と、**「粒子レイノルズ数」** Re_i とでも呼ぶべきレイノルズ数の一般形の項

$$Re_i = \frac{\rho_e u d_p}{\mu} \tag{7.79}$$

の積である。このように、慣性突入指標は

$$K_i = \frac{K_d Re_i}{18} \tag{7.80}$$

である。この章の目的からすれば、 K_i と K_d それぞれの指標単独の効果ではなく、(流体の性質に依存する) K_i と (そうではない) K_d の総合的な効果に意味がある。総合的な濾過効率の指標は、

$$K_o = K_d + K_i \tag{7.81}$$

$$= K_d\left(1 + \frac{Re_i}{18}\right) \tag{7.82}$$

となる。すなわち、粒子レイノルズ数が 18 を越えていれば、慣性突入が直接遮断より効率的な濾過方法であり、総合濾過効率は直接遮断のみの場合の 2 倍以上になる。

どんな条件なら、慣性突入が重要になるまでに、Re_i が大きくなるのだろうか？ 最終落下速度と同様に、物理的に効いているのは粒子の実効密度である。同じサイズの粒子が同じ速度の流れの中にあるとして、空気中での生物粒子 (ρ_e = 1079 kg m^{-3}) の Re_i は、水中でのそれ (ρ_e= 55 kg m^{-3}) に比べると

約 1100 倍もある。例えば、1 m s^{-1} で動く空気中での直径 40 μm の粒子の粒子レイノルズ数は約 2400 で、臨界値の 18 を遥かに超えている。これに対し、同じ速度で動く水中での同じ大きさの粒子の粒子レイノルズ数は、たったの 2.2 しかない。しかも、この例は Re_i の典型的な違いをおそらく過小評価している。1 m s^{-1} は空気中ではそよ風だが、典型的な海産生物の懸濁食装置としては速過ぎるだろう。もっと低い速度では、水中での Re_i はもっと低くなる。このように、慣性突入は水中よりも空気中でより効果的で重要なはずだと予想できる。事実、空気中での慣性突入の有効性は非常に高いので、懸濁食性は水棲環境でよりも陸棲生物に広く見られるはずなのだ。この予想を現実と比べると、どうだろうか？

直接遮断のみに頼ることになるにもかかわらず、粒子濾過は水棲環境で広く見られる現象である。例えば、直接遮断は、クモヒトデ、ウミユリ、スナギンチャク、ブユの水棲幼虫、スピオゴカイ、ミジンコ、軟体動物のベリジャー幼生などの主な摂食手段だと考えられている（LaBarbera 1984）。本質的に効率が低いのにもかかわらず、水棲の懸濁食性が成功したのは、非効率な濾過でも充分な餌を捕獲できる“豊かなスープ”という水棲環境のおかげであろう。

これに対して、本質的には効率が高いはずなのに空気中での懸濁食性が稀なのは、（前の方で検討したように）空気中には捕捉されるべき懸濁粒子がほとんど浮いていないからである。しかし、空気中に浮かんでいるエアロゾル粒子を取り込む方法として、明らかに慣性突入を用いている生物の例がいくつかある。

例えば、マツの雌花（松かさ、球花）は明らかに慣性突入で花粉を捕える（Niklas 1982a,b, 1987）。さらに、マツの種類ごとに粒子レイノルズ数が異なり、球花の構造も花粉の選択的濾過に適している。ある種類の球花に捕捉された花粉のうち、同種の花粉の割合が、他の種類のものに比べて少し高いのである。

陸棲生物での濾過では、霧の粒子の形で水を捕捉する例がある。

カリフォルニア沿岸に育つセコイアやカシの木の苦境を考えてみよう。全ての樹木と同様、これらの木は常にある量の水の流束を必要としているが、この地域の 5 月から 10 月は雨のないことが多い。しかし、霧がかかることは多い。卓越風が霧を内陸に吹き込むと、セコイアの針状の葉やカシの木に着生した“スペインゴケ”[6] が濾過装置となって、それらの上に霧粒が積もる。ここに捕捉された水は、いずれ樹冠の下の地面に落ちて、その木が汲み上げる水を確実に増大させる、ことが証明されている (Kerfoot 1968)。また、これらの木で、風速が最大の一番風上に立っているものが、霧粒を最もよく捕えることもわかっている。同じ場所にある広葉樹は、空気から霧粒を濾しとる効率が低い。

霧粒の捕捉率と網糸の細長さならびに風速との相関は、沿岸部に生えるこれらの木は霧粒の捕捉手段

［脚註 6：カリフォルニアカシの木に付いたコケ (moss) のように見えるのでスペインゴケと呼ばれているが、正しくは地衣類 (lichen) である。］

として慣性突入を使っていることを示している。しかし、この仮説を直接検証した研究は見あたらない。

霧粒捕捉の他の奇妙な例は、砂漠環境で見つかる。例えば、ナミブ砂漠（アフリカ南西部）では降雨は非常に稀（年間に数ミリ）だが、散発的に近くの海岸から内陸に吹き込んだ霧に覆われる。甲虫の仲間のいくつかは、霧を水の供給源として利用できる。ゴミムシダマシ科 *Lepidochora* 属の甲虫は、砂漠の斜面に、卓越風の向きに直角に、直線状の浅い溝を掘る。溝を掘る際に出た砂は溝の両側に押し上げられる。突き出た砂の尾根は実際に霧粒を捕捉する。つまり、尾根が網糸として振る舞って、流線を反らし、霧粒を砂に慣性突入させていると考えてよい。水が充分に集まった後で、甲虫は砂から水を吸う（Seely and Hamilton 1976）。

もう１つの例は、*Onymacris unguicularis* という種類の甲虫で、日光浴ならぬ“霧浴（きりあび)”という行動で知られている。霧が出ると、この昆虫は通常の居場所（砂丘の砂の中）から、砂丘の表面に出て、尾根のさらに頂上部、風速が最大となる地点に移動する。それから、頭を下にして、腹部を風の中に突き出す姿勢をとる（図 7.22）。直接遮断と慣性突入の両方で肢や腹部に集まった霧粒は、やがては口まで滴り落ちてきて、甲虫に飲み込まれる。この仕組みによって、甲虫は 1 回の霧浴で体重の 34% の水を集めることができる（Hamilton and Seely 1976）。

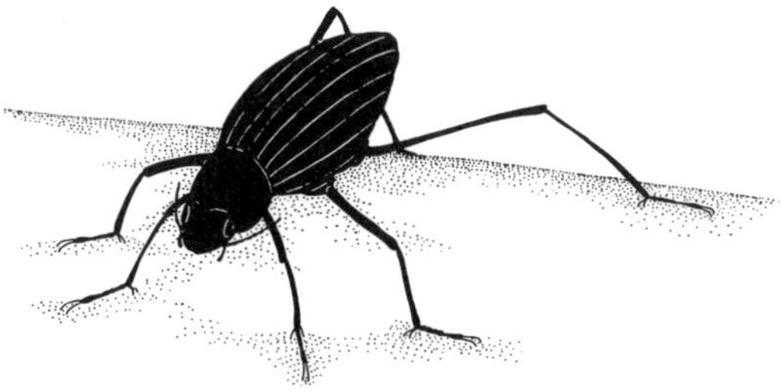

図 7.22 “霧浴”姿勢をとったナミブ甲虫 *Onymacris unguicularis*（キリアツメゴミムシダマシ）。

これらの濾過方法のどちらにも、海産生物や松の球花が使っている高度に特殊化した構造がある訳ではない。しかし、慣性突入の空気中での本質的な有効性が、洗練の度合いが低い仕掛けでも、これらの動物を陸棲の“懸濁食（飲水）者”にしているのである。

7.10 まとめ

陸棲生物の実効密度の高さは、空気の粘性の低さと相まって、陸棲の植物や動物の最終落下速度が高くなることを意味する。その結果として、湖や海洋に比べると空中プランクトンはかなりまばらになる。動物の水中での最終落下速度が比較的低いことが、これらの動物の歩くスピードの上限を決めてしまっているだろう。

主流速度が同じであれば、水中での境界層は空気中のそれよりも薄い。その結果、水棲生物が境界層の中に“隠れる”ことは、陸棲の同類がそうするより難しい。しかし逆に、陸棲の小さな生物が広く散らばることは、水中に比べると難しくなる。ダニやカイガラムシなどは、葉の周りにできる境界層に“閉じ込め”られてしまう。

レイノルズ数もシュミット数も高い状況では、拡散による気体と栄養の供給は主流速度に大きく影響され、速度が大きいほど、供給は効果的になる。その結果、沈降するか泳ぐかして周りの流体との相対速度を作り出すことが、生物にとっては有利となる。

懸濁物食性は、慣性突入の効率が高いために、水中でよりも空気中での方が本質的に効率的である。いくつかの陸棲生物は、霧粒を有効に濾しとって飲み水にできる。しかし、水棲プランクトンの濃度が充分に高いため、濾過摂食性は空気中よりも水中で広く起こっている。

7.11　そして警告

この章は、自然界での密度と粘性の様々な相互作用への、最も短い紹介でしかない。この重要な主題のより完全な議論のためには、ここで引用した原著論文と共に、Vogel (1981)、Grace (1977)、および Denny (1988) などの書物を参照するようにして欲しい。ここで調べた事例はその文脈内では正しいが、盲目的に応用してよい訳でもない。この章で展開された情報を個別の生物学的事例にあてはめようとする場合には、前もって原著文献に注意深く当たるべきである。

熱特性：空気中と水中での体温

これまでの 7 つの章では、温度が流体の物理に影響する様子を調べるのに、かなりの時間を費やした。ここでは、空気や水に熱を与える際の物理そのものを調べよう。その過程で、マルハナバチやコンニャクの花がどうやって暖かさを保っているのか、なぜ陸棲の大型生物だけが冷却困難になるのかがわかるだろうし、動物が呼吸で失う熱を計算できるようにもなる。これらは、イルカやクジラ、アザラシなどが未だに空気を吸っている理由の解釈や、マグロやサメの温血動物としての進化の妙の理解を助けてくれる。

8.1　物理

8.1.1　比熱

まず、熱と温度は関係はあるが同じではないことを、第 3 章から思い起こそう。熱とは分子の無秩序な動きに伴う運動エネルギーである。もう一方の温度は、ある物体の分子の運動エネルギーの平均値の指標である。

この違いを感じとるために、水を 1 リットル採って、熱を加える例えとして青い染料液を 10 滴加える。すると、水の色は青くなる。この水の青さが温度（熱さ）に相当する。ここで留意すべきは、染料の量と水の青さとは、物体の属性としては違うものだということである。例えば、できた青色の水から 100 ml を試料として採ると、その中には 1 リットルの溶液全体の 1/10 の染料しか含まれていない。けれども、試料は溶液全体と同じ色をしている。このように、試料の大きさは含まれる染料の ***「量」*** に影響するが、染料が溶液に与えた ***「性質」***（青さ）には影響しない。

では、熱そのものについて考えよう。もう 1 度、熱量とは熱エネルギーの総和である、ことを確認しよう。ある試料物体に含まれる熱量は、したがって、2 つの因子に依存する。第 1 に、物体の中の個々の分子の平均スピードと質量に依存する。その理由は、この 2 つが運動エネルギーを決めているからである。平均速度が同じなら、物体の分子の質量が大きいほど、熱量は多い。同様に、平均質量が同じなら、分子が速いほど熱量は多い。第 2 に、熱量は試料中にある分子の数に依存する。明らかに、個々の分子の運動エネルギーが同じなら、試料物体が大きいほど含まれる熱量は多い。

これに対し、***「全」*** 運動エネルギーではなく ***「平均」*** 運動エネルギーの指標としての温度は、分子の数とは無関係である。地球大気の最上層にある希薄な気体はその極端な例である。そこは真空に近く、分子が 1 立方メートルに数百個しかない。しかし、わずかしかないこれらの分子はかなりの運動エネルギーをもっている。例えば、高度 1000 km での大気の温度は、焼けつく 1000 K である。しかし温度は高くても、ある体積をとっても分子がほとんど含まれていないので、大した熱量をもっている訳ではない。

ある物質についての熱量と温度の関係は、物質 1 kg の温度を 1 ケルビン上げるのに加えなければならなかったジュール数、で測られる。この関係は、物質の***「単位質量あたりの熱容量」***または短く***「比熱」*** Q_s と呼ばれる。気体については、圧力を一定に保って比熱を測った（定圧比熱）か、体積を一定に保って測った（定容比熱）か、が問題となる。前者は後者よりも大きい。この章での目的でいえば、生物学的に意味があるのは自由に膨張できる状態での気体（空気）だから、定圧比熱を用いることにする。

比熱は物質ごとに大きく変わる。例えば水素は、14,000 J kg^{-1} K^{-1} という非常に大きな比熱をもっている。その対極にあるのは金で、比熱はたったの 130 J kg^{-1} K^{-1} しかない。一般的に、気体は液体や固体よりも大きな比熱をもつ。

空気の比熱は 1006 J kg^{-1} K^{-1} で、気体として典型的な値である。空気の比熱は、生物学的な温度範囲にわたって、ほとんど変わらない（表 8.1）。しかし水は例外で、液体としては非常に高い比熱をもっている（表 8.2）。実際、液体アンモニアだけを例外として、水は室温で液体の物質の中で、約 4200 J kg^{-1} K^{-1} (0℃で 4218、40℃で 4179）という最高の比熱をもっている。すなわち、1 kg の水の温度を 1℃上げるのには、同じ質量の空気の温度を上げる場合の、約 4 倍の熱量が要る。

しかし、水と空気の比熱が同程度だと誤解してはいけない。比熱は単位質量あたりで測られることに留意すべきである。1 立方メートルの空気は約 1.2 kg しかないが、水の 1 立方メートルは 1000 kg もある。したがって、同じ***「体積」***の水の温度を 1℃上げるのには、空気をそうする場合の 3500 倍もの熱量が必要なのである。

表 8.1　空気中での熱の輸送に関係する諸特性

空気の特性		単位	温度（℃）				
			0	10	20	30	40
Q_s	比熱	J $kg^{-1}K^{-1}$	1006	1006	1006	1006	1006
$\mathcal{D}_h$	熱拡散係数（熱拡散率）	$m^2 s^{-1} \times 10^{-6}$	18.9	20.2	21.5	22.8	24.2
$\mathcal{D}_{O_2}$	O_2 の拡散係数	$m^2 s^{-1} \times 10^{-6}$	17.8	18.9	20.1	21.4	22.7
$\mathcal{K}$	熱伝導率	W $m^{-1}K^{-1}$	0.0247	0.0254	0.0261	0.0268	0.0276
β	熱膨張率	$K^{-1} \times 10^{-3}$	3.60	3.53	3.41	3.30	3.19
ν	動粘性率	$m^2 s^{-1} \times 10^{-6}$	13.2	14.8	15.3	16.2	17.2
μ	絶対粘度	N s $m^{-2} \times 10^{-6}$	17.2	17.7	18.2	18.7	19.1
Pr	プラントル数		0.698	0.733	0.712	0.711	0.711
Le	ルイス数（空気中の O_2）		0.94	0.94	0.93	0.94	0.94
ρ_f	1 気圧下の密度	kg m^{-3}	1.292	1.246	1.204	1.164	1.128

出典：Armstrong 1979; Campbell 1977; Schlichting 1979。
注記：数値は、各温度における数値に、２列目に示した単位を掛けたものである。

8.1.2 熱伝導率

熱についての生物学の多くは、生物から、あるいは生物へのエネルギーの出入りを取り扱えなければならない。熱エネルギーは分子の無秩序な運動と関係しているのだから、熱は拡散で輸送されると予想してよいだろう（第6章）。正にその通りで、分子が濃度勾配の低い方へ動き下るのと全く同じように、熱は温度勾配に沿って低い方へ流れ、熱が移動する速さは*「熱伝導率」*$\mathcal{K}$に依存する。この量は、分子拡散係数と相似なやり方、

$$\mathcal{J}_Q = \frac{1}{A}\frac{dQ}{dt} = \mathcal{K}\frac{dT}{dx} \tag{8.1}$$

で定義されている。ここで、$\mathcal{J}_Q$は熱量の流束密度（W m^{-2}）、Qは熱量（ジュールJ）、Aは熱が輸送される際に通り抜ける断面積、dT/dxは熱の輸送方向への温度勾配である。$\mathcal{K}$はW m^{-1} K^{-1}の単位をもつ。

物質としての空気の熱伝導率は、0℃での0.0247 W m^{-1} K^{-1}から40℃での0.0276 W m^{-1} K^{-1}と、極めて低い。水の熱伝導率は約22～23倍も大きく、0℃での0.57 W m^{-1} K^{-1}から40℃での0.63 W m^{-1} K^{-1}である。

表8.2　淡水と海水（S=35）の熱輸送に関する諸特性

水の特性		単位	水の区別	温度（℃） 0	10	20	30
Q_s	比熱	J kg^{-1}K^{-1}		4218	4192	4182	4179
$\mathcal{D}_h$	熱拡散係数（熱拡散率）	m^2 s^{-1} × 10^{-6}		0.134	0.140	0.143	0.148
$\mathcal{D}_{O_2}$	O_2の拡散係数	m^2 s^{-1} × 10^{-6}		0.00099	0.00154	0.00210	0.00267
$\mathcal{K}$	熱伝導率	W m^{-1}K^{-1}		0.5651	0.5863	0.6011	0.6157
β	熱膨張率	K^{-1} × 10^{-3}	淡水	-0.0680	0.0881	0.2067	0.3031
			海水	0.0526	0.1668	0.2572	0.3350
ν	動粘性率	m^2 s^{-1} × 10^{-6}	淡水	1.79	1.31	1.01	0.80
			海水	1.84	1.35	1.06	0.85
μ	絶対粘度	N s m^{-2} × 10^{-6}	淡水	1790	1310	1010	800
			海水	1890	1390	1090	870
Pr	プラントル数		淡水	13.4	9.36	7.06	5.41
			海水	14.10	9.93	7.62	5.88
Le	ルイス数（O_2）			0.007	0.011	0.015	0.018
ρ_f	1気圧下の密度	kg m^{-3}	淡水	999.87	999.73	998.23	995.68
			海水	1028.11	1026.95	1024.76	1021.73

出典：Weast 1977; UNESCO 1987。
注記：淡水と海水に分けた数値の記載がない場合は、両者とも同様の性質を示すと考えてよい。

空気に比べると水の熱伝導率は大きいが、他の多くの物質と比べると小さい方である（表 8.3）。例えば、銀や銅は水の約 700 倍も熱をよく伝える。

体の組織の熱伝導率は水の約 75% で、熱の良導体の部類に入る。これに対し、動物の毛皮の柔らかな毛の部分の熱伝導率は極めて低く、空気の約 2 倍に過ぎない。

表 8.3　一般素材の熱伝導率

素材	熱伝導率 $\mathcal{K}$ ($\mathrm{W\,m^{-1}K^{-1}}$)
銀	405.8
銅	384.9
アルミニウム	209.2
鋼鉄	46.0
ガラス	1.046
水	0.586
ヒトの組織	0.460
乾燥した土	0.335
ゴム	0.167
木材	0.126
動物の毛皮の柔毛部	0.038
空気	0.025

出典 : Schmidt-Nielsen (1979)。

8.1.3　熱拡散係数

流体の熱伝導率は３つの因子に依存する。まず、素材内での熱拡散係数 $\mathcal{D}_h$ がある。これは、分子拡散係数と同様、**「分子」**が出発点から彷徨い歩く度合いを示している。熱伝導率はまた、素材の密度と比熱とに比例する。両方とも分子の動きで輸送される**「エネルギー」**の量を決めている。このように、これらの因子の積、

$$\mathcal{K} = \mathcal{D}_h \rho_f Q_s \qquad (8.2)$$

が、熱の拡散的移動能すなわち熱伝導率を表わす。

空気中での熱の拡散係数は、酸素や窒素の分子拡散係数によく似ている（表 8.1）。これは直観的にもよくわかる。というのは、熱を運んでいるのは酸素や窒素の分子の運動なのだから。このように、空気中で熱が拡散する過程は、定性的のみならず定量的にも分子の拡散と似ている。

水の中での状況は全く異なる。水中での熱拡散係数は、予想通り、空気中でのそれよりも非常に低い。しかし、分子拡散係数ほど低くはない。例えば、10℃の水中での熱拡散係数は酸素の分子拡散係数の約 100 倍である（表 8.2）。この分子拡散係数に比べて大きな熱拡散係数は、この２つが液体中を伝わる様式の違いに依っている。酸素が点 A から点 B まで移動できるのは、個々の酸素分子がこの２点間に漂う多数の水分子に玉突き衝突を繰り返して、辿りついた場合だけである。これに比べて、熱は分子から隣の分子へ渡される。点 A にある運動エネルギーをもった水分子は、玉突きの玉のように近くの水分子に衝突して、運動エネルギーの一部または全てを渡す。この２番目の分子が３番目に、３番目が... と続く。このようにして、全行程のほんの一部分以上を動いた分子など１つもないのに、始めは点 A にあった運動エネルギーが点 B まで輸送される。その結果が、熱は水の中を分子よりも２桁速く拡散する、ということなのである。まとめると、水中での熱と分子の輸送は、定性的には似ているが、定量的にはまるで違う。

熱拡散係数は温度の上昇と共に大きくなる。空気中では、40 ℃での熱拡散係数は 0 ℃のそれより 28 % 増加し（表 8.1）、水中では 13 % 増加する。

8.1.4 プラントル数とルイス数

ここで、熱がどのように生物を出入りするのかを予測するのに役立つ、3つの無次元数に注意を向ける。

第5章の動粘性率 ν は、流体内で運動量が拡散する速さを示す指標であることを思い出そう。例えば、動いている流体に接した固体表面があると、その固体面に近い流体の運動量が落ちてしまう。その結果、固体面に隣接して、動粘性率の平方根に比例した厚さの、速度勾配（境界層）ができる。この境界層は、ν が大きいほど、流体の中をより遠くにまで及ぶ。

同じような状況は、固体物体が周りを動く流体よりも熱いか冷たい場合の、固体物体近傍での熱の分布にもあてはまる。固体表面のすぐ傍の空気や水の温度は固体の温度とほとんど同じで、固体表面からの距離が増すにつれて、バルクとしての流体の温度に近づいていく。このように、上で述べた速度境界層と類似した、温度勾配すなわち ***「熱境界層」***（***「温度境界層」*** とも言う）が形成される。流体中での熱の拡散性が高いほど、熱境界層はより厚くなる。

この速度と熱という2つの境界層の厚さの比は、流体の動粘性率と熱拡散係数の函数で、

$$\frac{\text{速度境界層の厚さ}}{\text{熱境界層の厚さ}} = \sqrt[3]{\frac{\nu}{\mathcal{D}_h}} \tag{8.3}$$

である（Bird et al 1960）。比 $\nu/\mathcal{D}_h$ は無次元で、境界層の概念の創始者である Ludwig Prandtl に因んで ***「プラントル数」*** Pr として知られている。

$$Pr = \frac{\nu}{\mathcal{D}_h} \tag{8.4}$$

後述でわかるように、プラントル数は動く流体中で生物を出入りする熱量の時間率を推定するのに使われる。

空気のプラントル数は約 0.7 で、0 ℃での 0.698 から 40 ℃での 0.711 まで変わる。このように、空気中での速度境界層の厚さは熱境界層の約 89 % である。

水のプラントル数は空気よりも相当大きく、また 0 ℃での 13.4 から 30℃での 5.4 まで、温度と共に大きく変わる。すなわち、水中での速度境界層は、熱境界層より 1.8 ～ 2.4 倍の厚さをもつ。

プラントル数を使うことで運動量の拡散係数を熱のそれに例えたように、分子の拡散係数を熱のそれに例えることもできる（Weast 1977）。この場合も、この2つの比、

$$Le = \frac{\mathcal{D}_m}{\mathcal{D}_h} \tag{8.5}$$

は無次元で、***「ルイス（Lewis）数」*** Le と呼ばれる[*1]。

[訳者註＊1：ルイス数はこの逆数として定義される場合もあるので、文献ごとに注意が必要である。そのような場合には $Le = \mathcal{D}_h/\mathcal{D}_m = Sc/Pr$ である。プラントル数 Pr およびシュミット数 Sc（式 7.62 参照）の定義には、このような混乱はない。]

空気中の酸素についてのルイス数は、ほとんど１である（表 8.1）。これは、空気中の物体の周りの分子濃度勾配は、熱勾配とほぼ同じであることを意味する。実際、空気中では議論してきた（熱、速度、分子濃度）の３つの境界層は大体同じ厚さで、どれか１つについての結論は、他の２つについてもあてはまる。

水中での分子拡散係数は熱のそれに比べると小さいから、水中でのルイス数は同じように小さい。酸素についての *Le* は、0℃での 0.007 から 30℃での 0.018 まで変わる。つまり、分子濃度の境界層の厚さは、（速度境界層の厚さの 1/5 しかない）熱境界層の、さらに 1/5 から 1/4 の厚さしかない。空気中とは異なって、水中では、何が拡散しているかによって境界層のでき方が本質的に違っていることがわかる。

8.1.5　グラスホフ数

第 4 章で述べたように、水と空気の密度は両方とも温度の影響を受ける。したがって、固体物体が温度の異なる流体中に置かれると、物体から熱が出入りして、物体近傍の流体の密度を変える。その結果、流体に（正または負の）浮力が働いて、動き始める。この温度変化が引き起こす運動は ***「自然対流」*** と呼ばれ、今度は固体と流体の間での熱交換の速さに影響を与える。

ある流体が自然対流を起こしやすいかどうかの因子は２つある。浮力が大きいほど、流体は速く対流する。逆に、流体に働く粘性力が大きいほど、止まっている傾向が強い。この２つの因子の比の無次元数は、***「グラスホフ（Grashof）数」*** *Gr* として知られており、これが自然対流の様子を決めている。

ここでグラスホフ数の導出はしないが、それを構成している変数を直観的に説明しよう。まず、浮力に影響する因子を調べよう。

固体物体とその周囲の流体の間の温度差が大きいほど、流体の密度への効き方は大きく、対流の度合いが大きくなる。同様に、同じ温度変化に対して流体の膨張や収縮が大きいほど、対流への効き方は大きい。温度の函数としての物質の体積変化率は、***「熱膨張率」*** または ***「熱膨張係数」*** β として、

$$\beta = \frac{\Delta V}{V_0 \Delta T} \tag{8.6}$$

で定義されている。ここで、V_0 はある温度における物質の体積で、ΔV と ΔT はそれぞれ体積と温度の変化分である。β の単位は K^{-1} である。

理想気体では、

$$\frac{\Delta V}{V_0} = \frac{\Delta T}{T_0} \tag{8.7}$$

であることに留意しよう。ただし、T_0 は V_0 を測った絶対温度である（第 3 章）。そうすると、理想気体でほぼ近似できる空気では、

$$\beta = \frac{1}{T_0} \tag{8.8}$$

である（表 8.1）。

水については、熱膨張係数をそう簡単には計算できず、むしろ実測に頼るしかない（表 8.2）。

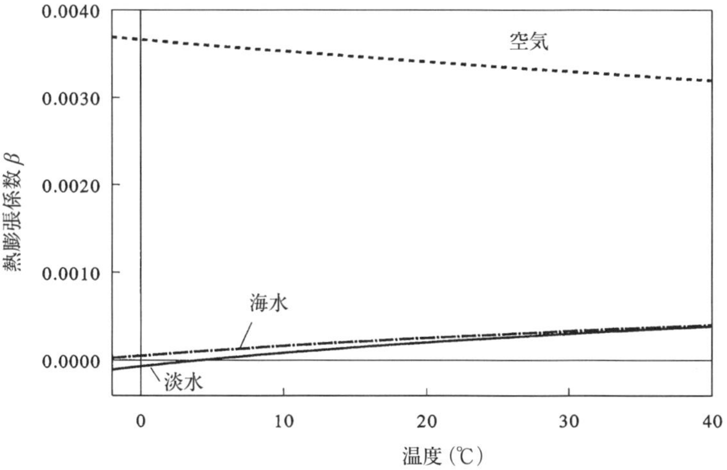

図 8.1　小さな温度上昇が引き起こす体積増は、水に比べると空気の方がずっと大きい。空気の熱膨張係数は温度が上がると減るが、水の熱膨張係数は増えることに留意すべきである。

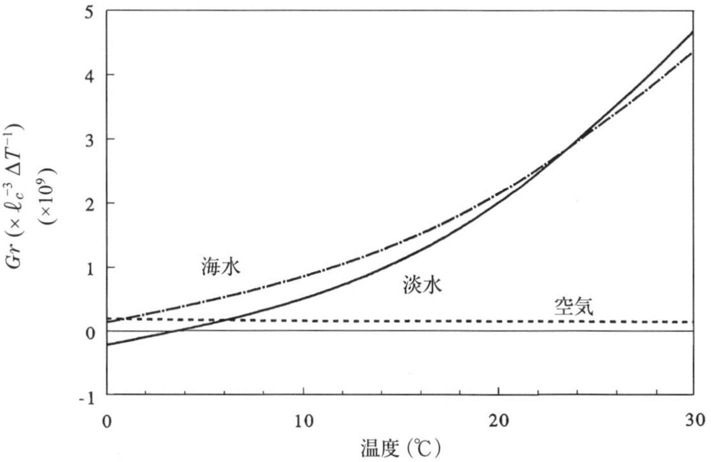

図 8.2　低温域を除いて、水中の物体のグラスホフ数は空気中のそれよりも大きい。縦軸の値は、物体の大きさ（特徴長さの三乗）と、物体と周りの流体との温度差、で正規化したグラスホフ数である。実際のグラスホフ数を得るには、$\ell_c^3\ \Delta T$ を掛ける必要がある。

さて、熱膨張係数は元の体積あたりの体積変化率を表わしている。したがって、物体の影響を受ける流体の全体積に比例する数値を手に入れるためには、β に（流体に最も近い）固体物体の大きさに関連した因子を掛けなければならない。前に無次元数を取り扱った時と同様に、物体の“特徴長さ ℓ_c”を選んで、その三乗を影響を受けた流体の体積の指標として使うのがよいだろう。

こうすると、温度差と熱膨張係数と特徴体積の積が、流体の体積の全変化分に比例したものを表わす。これを流体に働く浮力に換算するには、まず流体の密度を掛け（すなわち質量変化に直し）、次いで重

力加速度を掛ける（力に換算する）。こうして、物体の周りの流体に働く浮力は、

$$浮力 \propto g\rho_f \ell_c^3 \beta \Delta T \tag{8.9}$$

である。ただし、ΔT は物体と周りの流体の温度差である。浮力の正負は、その結果の流れが上向きになるか下向きになるかを示しているが、熱の流れそのものには影響しない。

ここの目的だけで言えば、流体をその場に留めようとする粘性力は、最も簡単には絶対粘度の二乗と密度の比、

$$粘性力 \propto \mu^2/\rho_f \tag{8.10}$$

で表わせる。この比は、その見た目も含めて奇妙なことに、力の次元をもっているのである。

先ほどの浮力とこの粘性力との比をとれば、グラスホフ数

$$Gr = \frac{g\rho_f^2 \ell_c^3 \beta \Delta T}{\mu^2} \tag{8.11}$$

が得られる。$\rho_f^2/\mu^2 = 1/\nu^2$ だから、

$$Gr = \frac{g\ell_c^3 \beta \Delta T}{\nu^2} \tag{8.12}$$

である。

空気中と水中でのグラスホフ数の相対的な大きさはどの程度だろうか？　多くの因子が絡んでいるので、答えは幾分複雑である。

第 1 に、空気の熱膨張係数は純水に比べてかなり大きい(図 8.1)。実際に、3.98 ℃での淡水の熱膨張係数は 0 で、この温度での空気の膨張率は水に比べると無限に大きい。淡水とは異なり、生物学的な温度範囲の海水の熱膨張係数は、常に正である。それでも、β は空気よりもずっと小さい。したがって、もし熱膨張係数だけを考えればよいのなら、空気のグラスホフ数は水のそれよりずっと高いと期待してよい。

しかし、空気の動粘性率は水のそれよりも 1 桁以上高い（表 8.1）。この項はグラスホフ数の分母に二乗で現われているので、空気の大きな熱膨張係数を相殺する向きに働く。例えば 20 ℃では、水のグラスホフ数は空気のそれの約 14 倍である（図 8.2）。もっと低温では、水と空気のグラスホフ数は、より近いものになる。2 ℃から 4 ℃の間では、空気のグラスホフ数は淡水のそれよりも高くなるが、海水のそれよりはまだ低い。

まとめると、自然対流は一般的に、空気中でよりも水中での方が起こりやすく、温度が高いほどその傾向は増す。ただし、0 ℃から 5 ℃の間の淡水はこの一般則の例外である。

8.2　ニュートンの冷却則

水と空気の熱的な性質に関する全てを紹介し終えたので、続けて、これらの性質を使って生物の温度を予測してみる。まず、熱交換過程から調べよう。

植物や動物が周囲の流体と違った温度であれば、3 個の因子に依存する速さで熱交換が起こる。第 1 に、流体と生物の温度差が大きいほど熱の流れは速い。この事実は、式 8.1 に示されるように、気温が 30℃の時よりも 0℃の時の方が早く体が冷えるという経験からも明らかである。

第 2 に、熱が移動する速さは周囲と生物の接触面積に依存し、温度の異なる流体と接触する面積が大きいほど、熱はより速く交換される。これも経験上明らかで、歯磨きのために洗面所の冷たい床に裸足で立つのなら、つま先を挙げて踵だけで立って床との接触面積を最小にするだろう。

最後に、熱交換の速さは、本章でここまでに調べた流体の熱的および流体力学的特質の全てに支配される。これらの熱的および流体力学的特性をまとめ上げたものが ***「熱輸送係数」*** h_c と呼ばれている。

これらのことを式として表現すると、

$$\text{熱輸送率（ワット）} = h_c A \Delta T \tag{8.13}$$

である。ただし、ΔT は生物と周りの流体との温度差、A は生物と流体との接触面積で、熱輸送係数の単位は $\mathrm{W\,m^{-2}\,K^{-1}}$ である。式 8.13 は ***「ニュートンの冷却則」*** として知られている。この関係を使って、生物が熱を得たり失ったりする時間率を特定できる。

しかし、それができるのは h_c がわかっている時だけである。ここが、熱輸送に関する全ての研究の最大の問題点なのである。ニュートンの冷却則は、いわゆる法則と呼べるものではなく、単に h_c を定義した式に過ぎない。h_c の精密な決定は、通常、実験的に測定するしかなく、その値は生物の大きさや形で変わり、また流体の熱的および流体力学的性質でも変わる。つまり、実際の生物の h_c を理論的に特定できることは稀である。それに比べて、球や円筒といった単純な形の物体の h_c 値は予測可能なので、生物学的に意味のある熱輸送係数を大まかに推定することには使える。ここでは、生物と空気および水との間での熱的な関係を調べる道具としての範囲で、単純形状の物体を扱う。

8.3　熱輸送係数 h_c の推定

我々のもともとの興味は、（様々な動物を比べることではなく）水と空気を比べてみることなので、ある特定の形を使うことを過剰に心配する必要はない。実際、最も単純な形状である球形を選ぶのが目的に一番合う。この場合、球の直径 d を特徴長さとして使える。

生物の模型として球形を使うという考えは、全くのこじつけという訳でもない。実際の世界にはほとんど球形の植物や動物が、円筒形や立方体に近いものよりもたくさんいる。球形模型を使うことが誤解を招く例は、後ほど必要に応じて取り扱う。

では、球の熱輸送係数とは何だろうか？ 熱伝導のみ、自然対流、強制対流の３通りの場合を考察する。後者の２つでは、流体の流れは充分に遅く、生物の周りの境界層は層流のままである場合を考える。

8.3.1　熱伝導のみの場合

もし球の周囲の流体に流れがなく淀んでいる場合には、熱は伝導だけで運ばれる。そのような状況は、現実の世界では稀である。たとえ風や流れがなくても、流体に局所的な加熱や冷却があれば対流が起こるのが普通である。それでもなおこの場合を調べるのは、もっと利用価値の高い他の熱輸送と比べるための基準にするためである。伝導だけで熱を輸送している球では、

$$h_{c,cond} = \frac{2\mathcal{K}}{d} \tag{8.14}$$

である（Bird et al. 1960）。この関係を図 8.3 に示してある。

流体は動いていないので、同じ大きさの生物の熱輸送係数は流体の熱伝導率のみに依存する。水の熱伝導率は空気の約 23 倍もあるので、ある球の水中での熱輸送係数は空気中での同じ球の 23 倍である。

しかし、熱輸送係数そのものは生物の特徴長さに逆比例することに注意して欲しい。このことは熱輸送の一般的な特徴で、生物が大きいほど、周りから熱を取り入れたり周りに出したりすることが、より難しくなることを意味している。

8.3.2　自然対流

次に、球の周囲の流体が自然対流で動いている状況を考えよう。この場合には、熱輸送の速さは流れの様子に依存する。そこでの熱輸送係数には、グラスホフ数とプラントル数が指標として表われて、

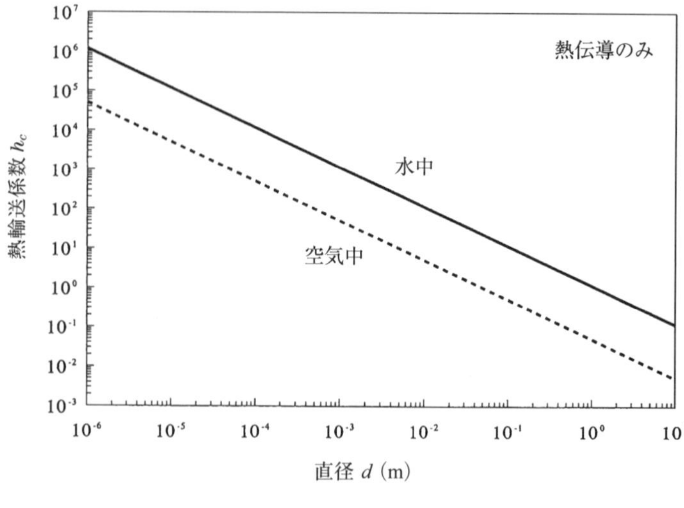

図 8.3　水の熱伝導率は空気のそれより大きいので、ある球の水中での熱輸送係数は空気中よりも大きい。

$$h_{c,free} = \frac{2K}{d} + \frac{0.6\sqrt[4]{Gr}\sqrt[3]{Pr}K}{d} \tag{8.15}$$

である（Bird et al. 1960）。この関係を図 8.4 に示す。流体の速度（Gr が代弁している）がゼロに近づくと、この式は熱伝導のみの場合の $2K/d$ に帰着する。このように、生物が小さいか温度差が小さい（またはその両方の）場合には、自然対流のある熱輸送は熱伝導のみの場合とほとんど違わない。

逆に、大きな Gr（$>10^6$）では、h_c の大きさへの影響を心配することなく伝導項を無視できる。例えば 20℃の空気中で、Gr が 10^6 より大きいためには、積 $\ell^3\Delta T$ は約 0.01 m^3 K よりも大きくなければならない*2。すなわち、10℃の温度差を保った直径 10 cm の球は、空気中で充分に高いグラスホフ数をもっており、その熱交換では伝導項を無視できる。水中では制限はもっと緩く、$\ell^3\Delta T$ は約 0.001 m^3 K より大きいだけでよい。つまり、直径 10 cm の球が水中で 10^6 を越える Gr をもつためには、たった 1℃の ΔT でよい（自然対流による熱損失のみを考えればよく、熱伝導の影響は無視できる）。

空気中でのグラスホフ数と水中でのそれの比は温度によって大きく変わるから（図 8.2）、自然対流による熱損失の速さの相対値についての結論を描く際には、注意を要する。0℃から 5℃の低温では、空気中での熱損失は、水中と同様か、それより多いだろう。極端な場合は 3.98℃で、淡水のグラスホフ数がゼロなので、自然対流は起こらない。この温度では、空気中でのグラスホフ数が 4.5×10^7 より大きければ、空気中での熱輸送係数の方が水中よりも大きくなる。それより高い温度では、自然対流による熱損失は空気中よりも水中での方が大幅に多くなる。例えば 20℃では、水中の自然対流による熱損失は、空気中でのほぼ 100 倍になる。

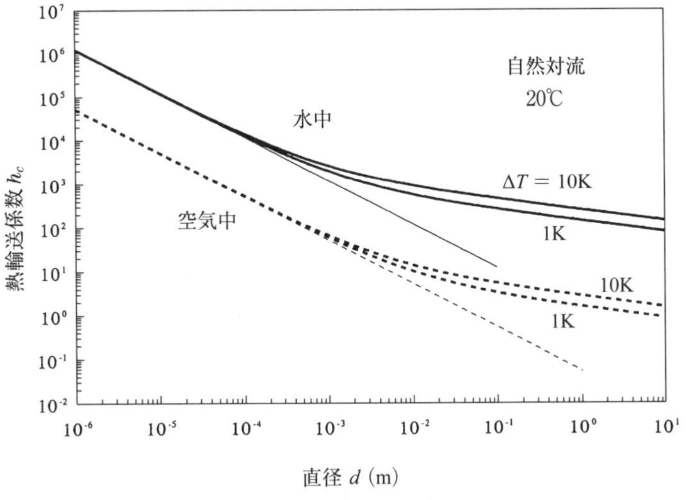

図 8.4 （20℃での）自然対流による熱輸送係数は、水中での方が空気中より大きく、どちらの場合も熱伝導のみの場合（細い実線および破線）より大きい。

［訳者註＊2：式 8.12 から $Gr=\frac{g\ell_c^3\beta\Delta T}{\nu^2}>10^6$ とおいて、右半分の不等式を変形すれば、$\ell_c^3\Delta T>10^6\frac{\nu^2}{g\beta}$ で、右辺は流体の物性値と重力加速度だけで決まる値である。その値は、（表 8.1 から $\nu=15.3\times10^{-6}$、$\beta=3.6\times10^{-3}$、$g=9.8$ を代入して）空気では 0.0066、（表 8.2 から $\nu=1.01\times10^{-6}$、$\beta=0.207\times10^{-3}$、$g=9.8$ を代入して）水では 0.0005 である。］

8.3.3　強制対流

最後に、移動流体中に置かれた球の熱輸送係数を考察しよう。これは**「強制対流」**と呼ばれている。この場合の h_c は、熱境界層と速度境界層の両方の特性に依存しており、したがってプラントル数とレイノルズ数を指標として、

$$h_{c,forced} = \frac{2\mathcal{K}}{d} + \frac{0.6\sqrt{Re}\sqrt[3]{Pr}\,\mathcal{K}}{d} \tag{8.16}$$

で表わされる。図 8.5 にこの関係を示す。

生物と流体の相対速度が減るにつれてレイノルズ数はゼロに近づくことに留意すれば、この熱輸送係数も熱伝導のみの場合に帰着する。したがって、非常に遅い流れの中に置かれた小さな生物の強制対流による熱交換は、熱伝導のみによるものとほとんど変わらない。逆に、比較的高い Re（>100）では、上の式の対流項は伝導項よりもかなり大きい。つまり、高 Re 領域では、熱輸送係数への伝導の寄与を無視しても構わない。この程度の大きさのレイノルズ数は生物ではごく普通である。例えば、1 cm s^{-1} の水流中に置かれた直径 1 cm の球のレイノルズ数は 100 である。

水のプラントル数は空気のそれより一桁大きく、速度と生物の大きさが同じ状況での水中のレイノルズ数は空気中のそれの約 15 倍であり（第 5 章）、水の熱伝導率は空気の約 23 倍である。その結果、レイノルズ数が約 100 を超えるような速度では、球の水中での強制対流による熱輸送係数は、直径が同じであれば、空気中の約 200 倍になる。（同じ速度ではなく）同じレイノルズ数での水中での h_c は、空気中のそれの約 50 倍大きい（Re>100）。

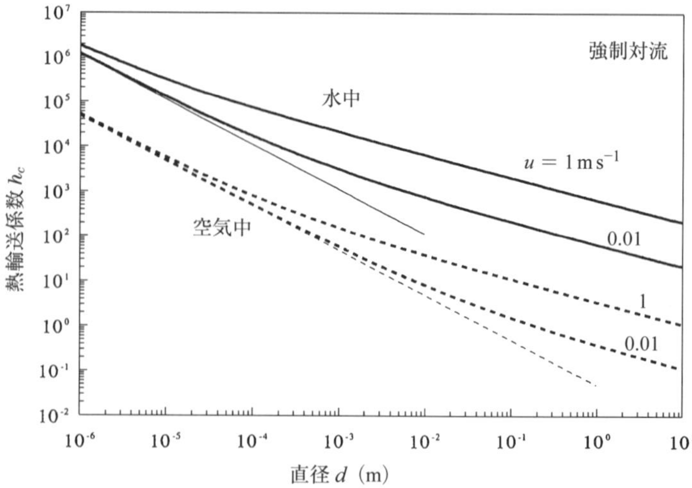

図 8.5　20℃での強制対流による熱輸送係数は、水中での方が空気中よりも大きい。どちらの場合も、熱伝導のみの場合より大きい（実線および破線の細い直線）

8.4 体温

熱的性質のこれらの違いは、生物にどのような影響を及ぼすだろうか？　まず、体温と代謝率の関係を調べることから始めよう。

第4章で簡単に述べたように、動物の基礎代謝率（安静時代謝率）は体重 m とアロメトリー的な関係、

$$代謝率（ワット）= Mm^{\alpha} \tag{8.17}$$

にある (Schmidt-Nielsen 1979)。ここで指数 α は常に1より小さく、通常は約3/4に近い。M は、ある特定の動物が燃料を消費する速さを表わし、「***(安静時) 内在代謝率係数***」と呼ばれる。その単位は W $kg^{-\alpha}$ である。

M は、動物群ごとに大きく異なる（表8.4、図8.6）。例えば、スズメ目のトリ（カラスやスズメなど鳴禽類やコマドリの仲間）は、安静時には代表的な海産無脊椎動物の約1000倍のエネルギーを消費する*3。

代謝率のスケーリング（アロメトリー則）は、植物では充分に調べられてはいない。しかし、Hemmingsen (1950) は、種子やエンドウの実生、落葉したブナの木などは同じ質量の爬虫類と似たような代謝率を示し、α は3/4であったと報告している。乏しいデータではあるが、ここではこれに基づいて、植物を代謝的にはトカゲと同程度として扱う（表8.4）。

表8.4は「***安静時***」の代謝率であることに留意して欲しい。動物が活動中は、その代謝率（つまり熱産生）は大幅に上がる。例えば、飛翔中のトリの代謝率は安静時の10～20倍になる。また、飛翔中の昆虫の代謝率は100倍以上に増しうる。一般に、植物の代謝率はこのような変動を起こさないが、いくつかの特別な植物は“活動性”代謝と呼びうる増加幅をもっている。Prothro (1979) は、動物でも植物でも最大代謝率の体質量とのアロメトリー指数 α は、3/4であると報告している。

表8.4　様々な動物の安静時内在代謝率係数とアロメトリー指数 (Schmidt-Nielsen 1984 と Hemmingsen 1950より)

生物	M	M'	α
	W $kg^{-\alpha}$	リットル O_2 s^{-1} $kg^{-\alpha}$	
スズメ目のトリ	6.247	3.108×10^{-4}	0.724
スズメ目以外のトリ	3.792	1.887×10^{-4}	0.723
哺乳類	3.390	1.687×10^{-4}	0.750
有袋類	2.354	1.171×10^{-4}	0.737
トカゲと植物	0.378	0.1881×10^{-4}	0.830
有尾両生類（サンショウウオの仲間）	0.038	0.01896×10^{-4}	0.660
無脊椎動物	0.0056	0.002786×10^{-4}	0.750

[訳者註＊3：アロメトリーの更なる理解には、「スケーリング：動物設計論 — 動物の大きさは何で決まるのか —」シュミットニールセン著（下澤、浦野、大原訳）、コロナ社（1995）、ISBN4-339-07632-5、または「動物生理学 — 環境への適応」シュミット=ニールセン著（沼田他訳）、東京大学出版会（2007）、ISBN978-4-13-060218-1を参照願いたい。]

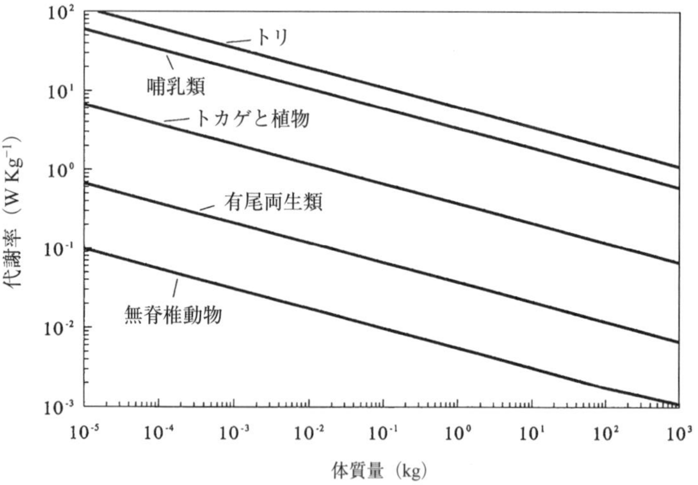

図 8.6　植物と動物の固有代謝率（単位体重あたりの代謝率、内在代謝率係数とは異なるので注意）は、生物の体質量と共に減少する。大きさが同じであっても、生物によって代謝率は大きく変わる。

まとめると、植物や動物の安静時の代謝率は広い幅で変動する。この変動は、流体の熱的性質と生物のサイズならびに体温との間の相互作用に大きな影響を与える。

話を進める前に、体温の意味を注意深く定義しておく必要がある。実際の生物では、これはなかなか厄介な仕事である。というのは、体の部分によってかなり温度が違うからである。例えば、読者の腕の皮膚温はかなり変動するし、口内温よりも数℃は低いだろう。これが、医院では舌の下においた体温計で体温を測る理由である*4。一般的に、動物の体幹中心部の温度が最も高く、末梢にいくにしたがって低くなる。ここでは多少非現実的ではあるが単純化した体温モデル、すなわち全体が同一温度の球形生物、を想定することでこれらの煩雑さを避けることにする。このことは、熱が球の内部で非常によく攪拌されていること、すなわち生物内部の熱勾配を消してしまうのに充分な熱輸送があることと等価である。

さらに、生物は断熱層をもたないと仮定する。すなわち、球の表面から周りの流体に自由に熱交換が起こる、とする。

これらの仮定があれば、周囲の流体と熱平衡にある球形生物の体温を計算できる。単純さを保つために、生物の熱源は自分自身の代謝のみとする。すなわち、太陽からの放射熱や熱い岩からの熱伝導といった外部熱源の寄与を除外する。

この単純化された筋書きでは、生物の熱平衡温度は、代謝による熱産生の速度が周囲の流体への熱損失の速度と等しくなるところに決まる*5。数学としては極めて単純で、直径が d の球の体積は $\pi d^3/6$

[訳者註＊4：日本の医院のほとんどは脇の下温を測る。しかし、舌下温の方が腋下温より体幹芯部温度に近い。最近では芯部（深部）温度により近い鼓膜の温度を測る赤外線体温計が普及し始めた]。

[訳者註＊5：熱平衡とは、厳密には、熱の正味の流れがなくなった状態すなわち全ての物体の温度が等しくなった状態をいう。ここでは熱の流れが続いているので、熱的定常状態における体温と呼ぶのが正しい。]

だから、その質量は、

$$m = \frac{\rho_b \pi d^3}{6} \tag{8.18}$$

である。ただし、ρ_b は体の平均密度である。これを式 8.17 の体質量に代入すると、代謝による熱産生の総量が球の直径と共にどう変わるのかを示す式、

$$熱産生 = M\left(\frac{\rho_b \pi d^3}{6}\right)^{\alpha} \tag{8.19}$$

になる。簡単のために、動植物全体のアロメトリーとして最良そうに見える $\alpha = 3/4$（Schmidt-Nielsen 1984、Hemmingsen 1950）を採用する。

ニュートンの冷却則から、球から流体へと熱が移動する速さは、次の３つの因子の積に依存する。すなわち、接触面積（球の場合は πd^2）、熱輸送係数、体と流体の温度差 ΔT の３つである。

$$熱輸送の速さ = \pi d^2 h_c \Delta T \tag{8.20}$$

熱伝導のみ、強制対流、自然対流の３通りの熱輸送様式について、それぞれの熱輸送係数（h_c）を式 8.20 に代入し、生物には代謝による熱だけが利用できるという仮定で、熱産生（式 8.19）と流体への熱輸送（式 8.20）を等しいとおけば、

$$M\left(\frac{\rho_b \pi d^3}{6}\right)^{3/4} = \pi d^2 h_c \Delta T \tag{8.21}$$

となる。これを ΔT について解けば、求めていた答えが得られる。体温を計算するには周囲の流体の温度に ΔT を足せばよい。

8.4.1　熱伝導のみで体温が決まる場合

熱伝導だけの場合には、

$$\Delta T = 0.098\ \frac{\rho_b^{3/4} d^{5/4} M}{\mathcal{K}} \tag{8.22}$$

となる。この結果は図 8.7A にグラフとして示してある。伝導だけによる熱交換は物体からの熱輸送が最小だから、この結果は同じ媒体での断熱なしで可能な ***「最大の」*** 体温を示している。これは、もう少し詳しく調べる価値がある。

式 8.22 は２通りの部分からなる。１つは媒質の熱的性質（熱伝導率）、もう１つは生物学的に制御可能な量（体の密度、大きさ、代謝率）である。これらを別々に調べてみよう。

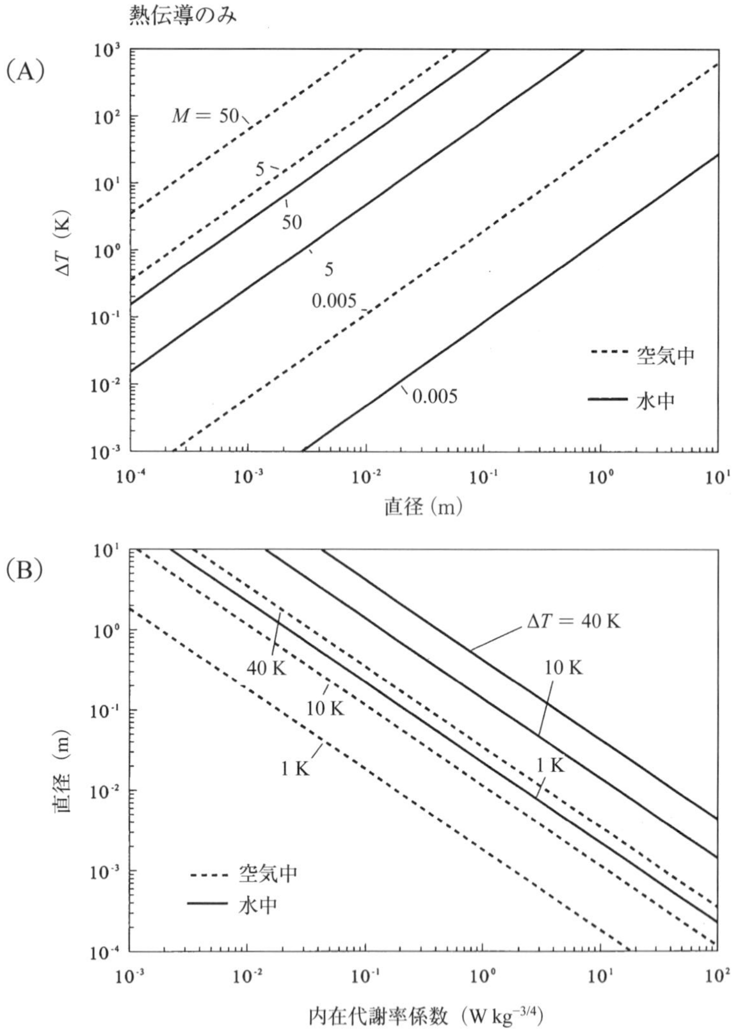

図 8.7　生物から周りへの熱輸送が熱伝導だけの場合には、生物と周囲との温度差は生物の大きさとともに増える (A)。代謝率が高いほど、体温は高くなる。A で示した関係を、同じ代謝率で体温をある値に維持するのに必要な球の直径、または同じ直径で体温をある値に維持するのに必要な代謝率、に書き換えたグラフ (B)。流体の温度は 20℃、生物の密度は 1080 kg m^{-3}。

伝導だけで熱が移動する場合、生物と周囲の流体との温度差は、流体の熱伝導率に反比例する。その結果、水中の生物は空気中の生物よりも、23 倍も周囲温に近い体温（温度差が空気中の場合の 1/23）をもつことになる。

体温と周囲温との差は、生物のサイズが大きくなると $d^{5/4}$ で増える。つまり大型の動物にとっては、暖かいままでいることが小さな動物よりも楽なのである。もし体質量と代謝率のスケール付けが線形(すなわち $\alpha = 1$）であれば、

$$\Delta T = 0.083\,\frac{\rho_b d^2 M}{\mathcal{K}} \tag{8.23}$$

で、体温は典型的な動植物よりも、体サイズと共に急激に高くなる。これは、コロニーを作る動物や、呼吸の速い小さな生物が数多く密集して大きな塊を作る場合のことを、それとなく示している。このよ

うな生物や集団では、$\alpha\approx 1$ で（Hughes and Hughes 1986）、ΔT の予測には、（式 8.22 ではなく）式 8.23 を使うべきである。

温度差 ΔT は、内在代謝率係数 M の影響を直接受けて変わる。内在代謝率係数を典型的な安静時の無脊椎動物から飛翔活動中のトリまで変えて、1 kg の生物（ただし ρ_b = 1080 kg m^{-3}、直径 = 0.12 m）について計算した結果を図 8.8 に示す。ΔT は、無脊椎動物、有尾両生類、植物、トカゲなど代謝の低いものでは実質上ゼロで、太陽光からの熱流入なしでは、これらの生物の温度は本質的に周囲温と同じであることを意味している。これが、これら代謝率の低い動物が“冷血”と呼ばれ、またキュウリが冷たさを保つ理由である。代謝率の反対側の右端にある飛翔中のトリの ΔT はひどく高い。これは、このように高い代謝率の陸棲の生物は、実際にオーバーヒート状態にあるだろうことを示している。

体温の別の見方として、式 8.21 を使って、ある ΔT を、ある代謝率で維持できるために必要な生物の大きさ、を計算できる。熱産生と熱損失（式 8.19 と式 8.20）を等しいとおいて、d について解くと、

$$d = 6.4\left(\frac{\Delta T}{M}\right)^{4/5}\frac{\mathcal{K}^{4/5}}{\rho_b^{3/5}} \tag{8.24}$$

である。この関係は図 8.7B に示されている。流体が熱をより効果的に伝えるほど、必要な大きさは大きくなる。水中での $\mathcal{K}$ は空気中での 23 倍も大きいから、他の全ての因子が同じだとして、同じ体温を維持するためには動物は $23^{4/5}$= 12.3 倍大きくなければならない。

最後に、式 8.19 と式 8.20 を等しいとおいて M について解くと、同じ大きさの球がある ΔT を維持するのに必要な内在代謝率係数、

$$M = 10.2\frac{\Delta T}{d^{5/4}}\frac{\mathcal{K}}{\rho_b^{3/4}} \tag{8.25}$$

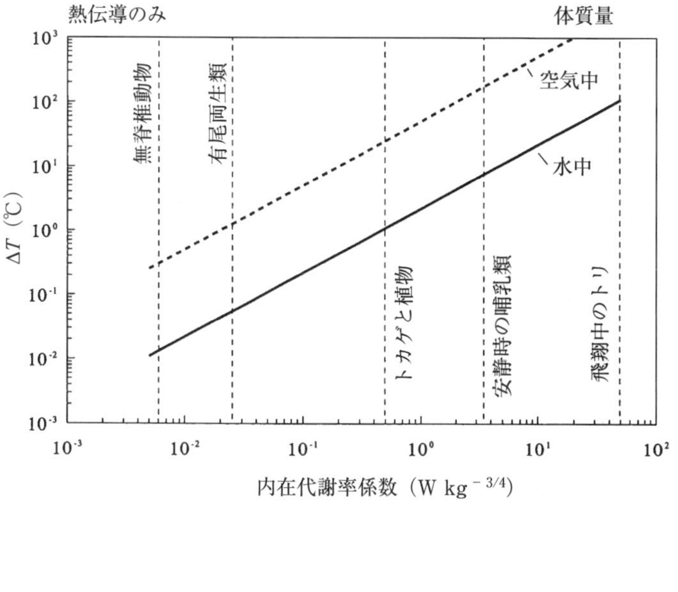

図 8.8　1 kg の球形生物（体密度 = 1080 kg m^{-3}）と周囲流体との温度差は代謝率に依存する。熱が伝導のみによって移動する場合の値を示す。空気中の生物の温度が、水中に比べて、ずっと高い。

を教えてくれる。水中の球形生物が、体温を同じ温度だけ周囲より高く維持するためには、同じ大きさの空気中の球形生物の 23 倍も速く呼吸しなくてはならない。

ここでちょっと脇道へそれて、第 4 章で議論した熱気球の話に戻ろう。この話題では、中空の球形生物が空気中で浮力中性になるためには、体壁が非常に薄く（半径の 10^{-5} 倍程度）、内部の空気の温度は周囲より約 8.5℃高くなければならない、という結論を得て離れていた。今や、これらの条件の下で、中性浮力を維持するために必要な最低の代謝率を計算できる。

直径 10 cm で体壁厚 0.5 μm の“熱気球型”生物を想定しよう。式 8.14 を式 8.13 に代入し、空気の熱伝導率を使うと、気球内部が外部よりも 8.5 ℃高い場合に、気球から空気への熱輸送の速さを計算できて、それは 0.14 W である。これは大したパワーのようには見えないが、この全てを薄い体壁の組織で賄わなければならず、その体質量はたった 17 mg しかない。すなわち体壁は 8225 W kg^{-1} の率で熱産生しなければならない。これは、現存する生物で見つかっている最大の代謝率をほぼ２桁も上回っており、熱気球型の生物が決して進化することはなかったもう１つの理由を提供してくれている。

8.4.2　自然対流で体温が決まる場合

ここまでは、熱損失が伝導のみによる場合の体温を議論してきた。もし流体が生物と相対的に動けば、熱損失の効率が高まって、ΔT は小さくなる。

グラスホフ数が充分に大きくて、伝導による熱損失が全体の小さな割合に過ぎない、自然対流の中の球を考えよう。この場合、Gr と Pr を展開すれば体温は、

$$\Delta T = 0.41\, d^{2/5} M^{4/5} \rho_b^{3/5} \frac{\mu^{2/15}}{\mathcal{K}^{8/15} \rho_f^{2/5} (g\beta)^{1/5} Q_s^{4/15}} \tag{8.26}$$

で、図 8.9A のようになる。 ΔT または d が小さいと、Gr も小さくなる傾向にあるので、この式は現実を全て正確に記述できる訳ではないことに注意して欲しい。

式 8.26 は酷い外見をしているが、その部品を別々に調べれば、その意味を掴むのは難しくはない。この式もやはり、生物学的な制御の下にある因子と媒体の熱的性質に関する因子という、２種類の部品に分けることができる。

熱伝導のみの場合と同様、生物の大きさか代謝率が増すと ΔT が増える。しかし ΔT の増え方は、熱伝導のみの場合の $d^{5/4}$ と異なり、$d^{2/5}$ となる。すなわち自然対流があると、伝導のみによる熱交換よりも生物の大きさの体温への効果が小さくなる。また ΔT は、M ではなく $M^{4/5}$ で変わり、代謝率が増した場合の体温上昇は、純粋に伝導のみの熱損失の場合の体温上昇に比べて小さくなる。

ΔT はまた、媒体のいくつかの物性にも依存する。粘性が増すと ΔT は増す。しかし、熱伝導率、密度、熱膨張率、比熱の増加は、ΔT を減少させる。これらの変数に付く指数がそれぞれ違うので、水と空気

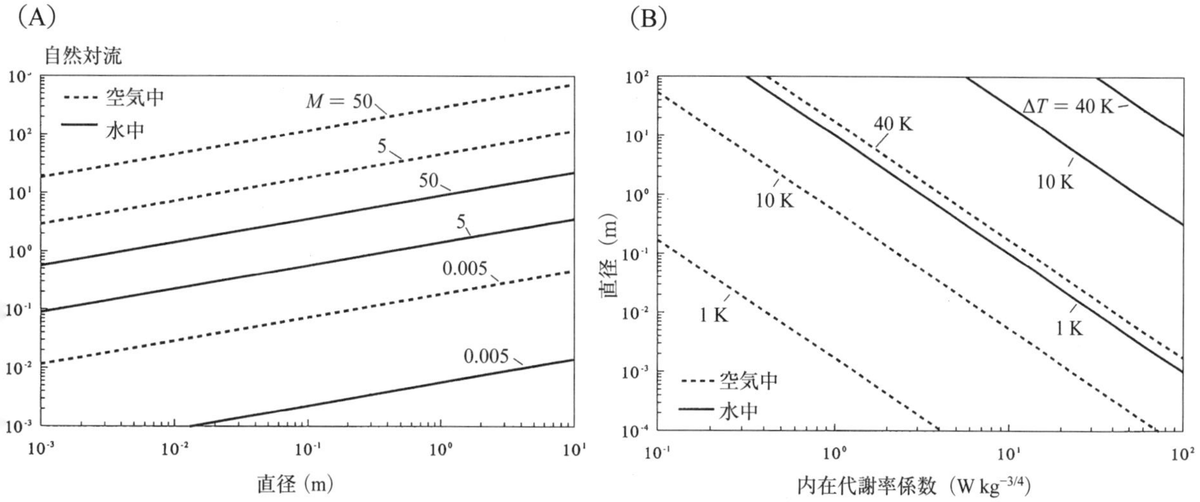

図 8.9　熱交換が自然対流による場合、生物と周囲との温度差は、生物の大きさと共に増える（A)。代謝率が高いほど、体温は高い。A に示した関係を、同じ代謝率で体温をある値に維持するために必要な球の直径、又は同じ直径で体温をある値に維持するために必要な代謝率、へ読み替えることができる（B)。流体の温度は 20 ℃と仮定してある。

の違いにどれほど効いているのかを直感的に理解するのは難しい。しかし、空気中での ΔT と水中のそれとの比をとれば（ただし $Gr > 10^6$)、

$$\frac{\Delta T_a}{\Delta T_w} = \left(\frac{\mu_a}{\mu_w}\right)^{2/15} \left(\frac{\rho_{f,w}}{\rho_{f,a}}\right)^{2/5} \left(\frac{\mathcal{K}_w}{\mathcal{K}_a}\right)^{8/15} \left(\frac{\beta_w}{\beta_a}\right)^{1/5} \left(\frac{Q_{s,w}}{Q_{s,a}}\right)^{4/15} \tag{8.27}$$

である。ここで、添え字 a と w はそれぞれ空気と水を示す。この結果を図 8.10 に示す。Gr が小さいためにこの関係が成り立たない 0 ℃から 5 ℃までの温度を除いて、空気中での ΔT は水中よりも大きい。

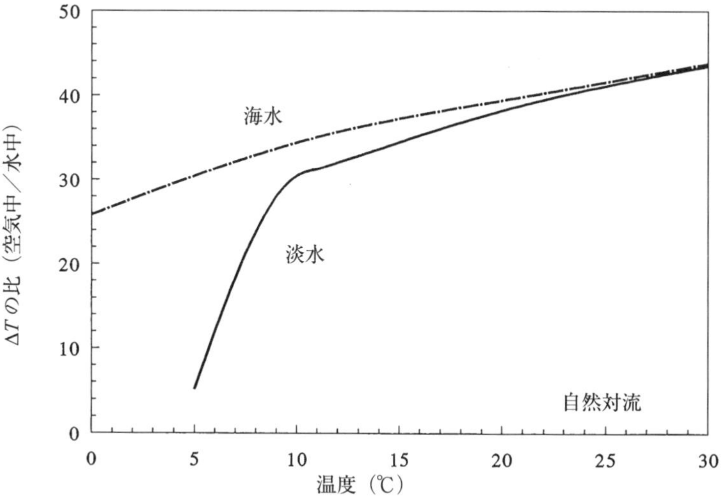

図 8.10　自然対流で熱が奪われる速さは、淡水中や海水中に比べて空気中の方が高い。

例えば、20℃で、空気中でのΔTは淡水中での38倍も大きい。

しかし、この比はちょっと誤解を招きかねない。既に我々は、大型で陸棲のトリと哺乳類およびいくつかの水棲の生物を除いた全ての生物で、伝導性の熱損失のみによるΔTは小さいことを知っている。したがって、対流によってΔTを減らしてもほとんどの生物への実質上の効果は少なく、自然対流による熱輸送の効果は高い代謝率をもった大型の陸棲生物でのみ注目に値する。例えば、直径10 cmの陸棲無脊椎動物は、もし伝導だけで熱を失うと、周囲温より0.2℃だけ高い体温になる（式8.22)。自然対流が熱輸送を100倍の効率に高めたとしても、ΔTは0.2℃以内しか変わらず、無視できるほどの違いしかない。これに対し、直径10 cmのスズメ目の球形トリは、自然対流では11℃のΔTをもつ（式8.26)。これは、熱伝導のみに頼った場合の120℃より遥かに低い値である。

熱伝導のみの場合と同じように、自然対流に曝されて同じΔTを維持するために必要な、球の直径を計算できる。あるMについて解けば、

$$d = 9.4 \frac{\Delta T^{5/2}}{M^2 \rho_b^{3/2}} \frac{\mathcal{K}^{4/3} \rho_f (g\beta)^{1/2} Q_s^{2/3}}{\mu^{1/3}} \tag{8.28}$$

である。同様に、あるサイズの球について、同じΔTを維持するために必要な内在代謝率係数を計算できて、

$$M = 3.1 \frac{\Delta T^{5/4}}{d^{1/2} \rho_b^{3/4}} \frac{\mathcal{K}^{2/3} \rho_f^{1/2} (g\beta)^{1/4} Q_s^{1/3}}{\mu^{1/6}} \tag{8.29}$$

である。これらの結果を図8.9Bに示した。その解説はせず、読者への演習として残したままとする。

8.4.3　強制対流によって決まる体温

今度は、レイノルズ数が充分高く、伝導による熱輸送を無視できる、強制対流に曝された球を考える。

$$\Delta T = 0.33 d^{3/4} M \rho_b^{3/4} \frac{\mu^{1/6}}{\mathcal{K}^{2/3} \rho_f^{1/2} Q_s^{1/3}} \frac{1}{u^{1/2}} \tag{8.30}$$

前と同様にわけて考えれば、この式の見かけの複雑さを解消できる。この場合、主な構成因子は（1)生物学的に制御されているもの（大きさ、代謝率、体密度)、(2)媒体の熱的物性、(3)生物と流体の相対速度、の3つである。

強制対流でのΔTは、他の熱輸送形式と同じく、生物の大きさが増すと増える。この場合には、体と流体の温度差は、伝導性の熱輸送の場合の$d^{5/4}$や自然対流の場合の$d^{2/5}$と違って、$d^{3/4}$に従う。つまり、強制対流におけるΔTは、生物のサイズと共に、自然対流の場合よりは速く増え、熱伝導のみの場合ほ

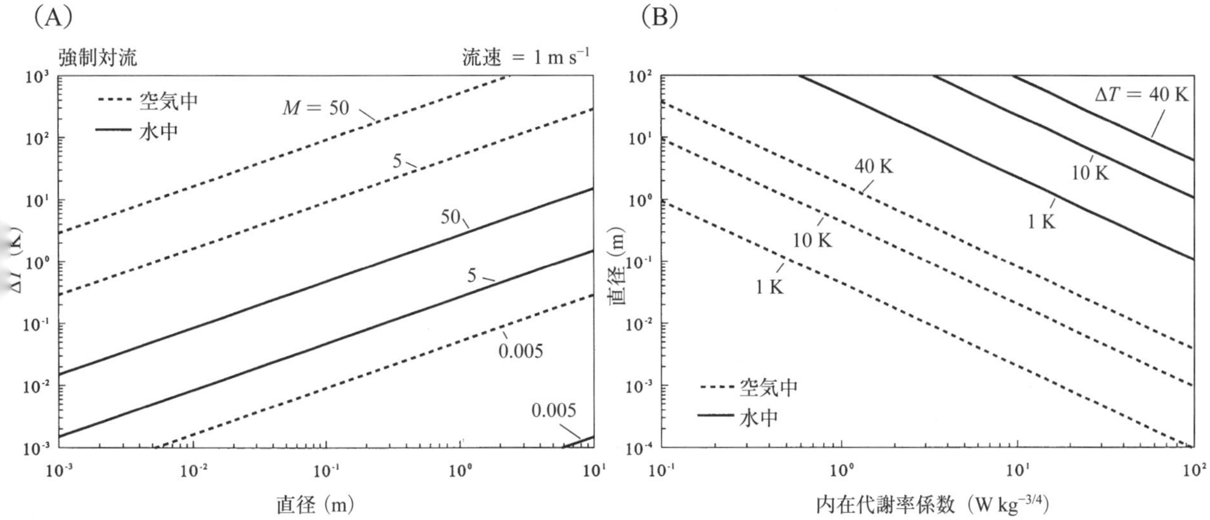

図 8.11 強制対流による熱交換では、生物と周囲の温度差は、生物のサイズと共に増す(A)。代謝率が高いほど、体温は高い。ここでは 1 m s^{-1} の流れを仮定している。A に示した関係を、同じ代謝率である体温を維持するために必要な球の直径へ、逆に同じ直径である体温を維持するために必要な代謝率へ、書き直したものを示す（B)。流体の温度が 20℃の場合を仮定。

ど速くはない。しかし、これは ΔT の増え方についてであって、その絶対値についてではないことに注意して欲しい。大きさとのスケール付けの違いにもかかわらず、強制対流による ΔT は、通常は自然対流や熱伝導のどちらよりも小さい。これは、実際に周りで吹いている風や水の流れは、自然対流で引き起こされる風や水流よりずっと速いからである。

強制対流で決まる体温は、代謝率に比例して直接増える。しかし、穏やかな風や水流に面した熱輸送は非常に効率が高いので、トリや哺乳類のように高い安静時代謝率をもった生物ですら、体温を周囲の流体より充分に高く維持するのが困難になる（図 8.11A)。

媒体の熱的特性に話を移すと、直観的に効果を把握することが難しい一連のパラメータの組合せに再び出くわす。しかし、同じ温度と速度の流体での、空気中での ΔT と水中でのそれとの比を計算することができて、

$$\frac{\Delta T_a}{\Delta T_w} = \left(\frac{\mu_a}{\mu_w}\right)^{1/6} \left(\frac{\rho_w}{\rho_a}\right)^{1/2} \left(\frac{\mathcal{K}_w}{\mathcal{K}_a}\right)^{2/3} \left(\frac{Q_{s,w}}{Q_{s,a}}\right)^{1/3} \tag{8.31}$$

である（$Re > 100$ として)。この比は常にかなり大きい（図 8.12)。例えば 20℃で、空気中での ΔT は、水中の 190 倍も大きい。

最後に、ΔT は速度の平方根に逆比例することを述べよう。この事実の重要さを示す例を挙げる。ヒトの粗い近似として、直径 0.5 m で質量 70 kg、安静時内在代謝率係数が 3 W $kg^{-3/4}$ の陸棲の球を考える。

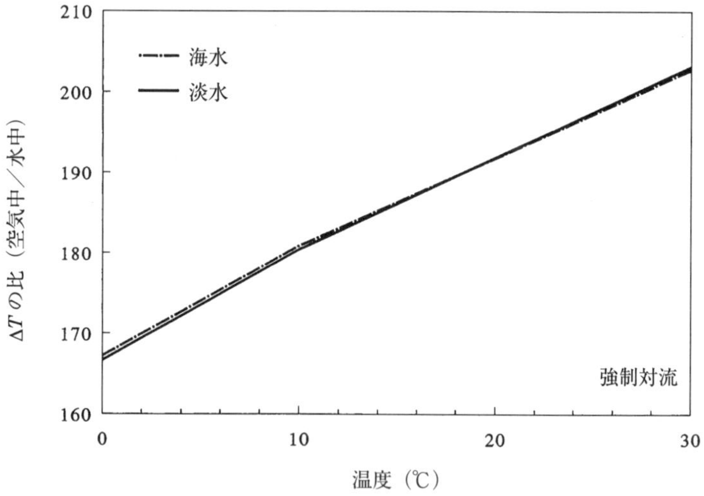

図 8.12　空気中での強制対流による熱損失の速さは淡水中や海水中よりもかなり小さく、同じ熱損失でも水中に比べて大きな温度差をもつことができる。

この“球状人間”の温度を、風速の関数として図 8.13 に示す。風速が低いところで ΔT が大幅に減るが、それ以上速度が増しても ΔT の変化はどんどん小さくなるだけである。つまり、暑い日を涼しく過ごそうとするなら、軽いそよ風が一番の助けになる。強い風はもっと効くけれども、期待するほどではないだろう。これが、暑い日の屋内では扇子で自分を扇ぐのが一番で、まるで空気を掻き混ぜているだけにしか見えない天井扇風機が驚くほど涼しくしてくれる理由である [1]。

これで、これら異質の因子を統合して、体温への強制対流の効果を調べることができる。まず、空気中での極端な場合を想定する。極寒の地に棲む哺乳類やトリは 40 ℃の ΔT をもち、その温度差は内在代謝率係数 $M \approx 5$ W kg$^{-3/4}$ で維持されていると言われている。1 m s^{-1} のそよ風の中で、この ΔT を維持するのに必要な球の大きさはどれほどだろうか？ 式 8.19 と式 8.20 を等しいとおいて、d について解けば、

$$d = 4.4\frac{\Delta T^{4/3}}{M^{4/3}\rho_b}\frac{\rho_f^{2/3}Q_s^{4/9}\mathcal{K}^{8/9}}{\mu^{2/9}}u^{2/3} \tag{8.32}$$

であることがわかる（図 8.11B）。空気についての値を代入すれば、必要な球の直径は約 0.4 m（質量は約 40 kg）であることが計算できる。このように、オオカミよりも小さな断熱なしの動物は、何らかの代謝率増加がなければ、その体温を維持できない。

例えば、直径 10 cm の陸棲の球（小型のウサギに相当）を周囲より 40 ℃高い温度に保つためには、どのくらい高い代謝率が必要なのだろうか？ もう一度、式 8.19 と式 8.20 を等しいとおいて、M につい

［脚註 1：これには、第 14 章で扱う、水の蒸散による冷却効果が含まれる。］

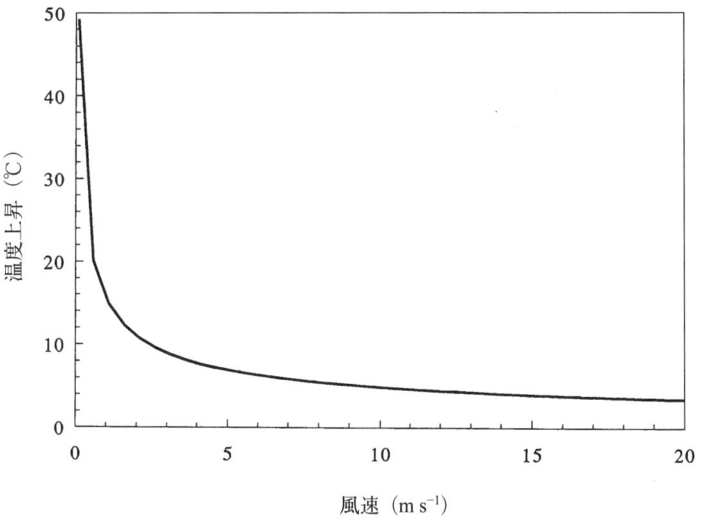

図 8.13　70 kg の球状人間の温度は風速が増すと減る。減り方は低速域で最大である。

て解くと、

$$M = 3.0\frac{\Delta T}{d^{3/4}\rho_b^{3/4}}\frac{\rho_f^{1/2}Q_s^{1/3}\mathcal{K}^{2/3}}{\mu^{1/6}}u^{1/2} \tag{8.33}$$

が得られる。計算すると、このサイズの極地動物は 22 W $kg^{-3/4}$ もの、高い内在代謝率係数をもつ必要がある。これはかなり高いが、活動状態のトリや哺乳類にとっては可能な範囲である。

しかし、もしこのウサギが水の流れに迷い込めば、すぐに低体温で死ぬだろう。直径 1 m の活動状態のトリや哺乳類（M = 20 W $kg^{-3/4}$）であっても、1 m s^{-1} の水流の中で維持できる体温は周囲より 0.3 ℃高いだけである。活発に動きまわるベヒモス（旧約聖書に出てくる巨大生物）を直径 10 m で質量 500 トン超の球形だとしても、周囲の流水よりたった 6.5 ℃高い体温を維持できるだけである。したがって、強制対流環境では代謝熱を捨て去る能力が低くて困るということはない。また、断熱構造または何らかの生理学的体内機構がなければ、空気中の大型動物のみが周囲の温度とかなり違う体温を維持できる、ということが明らかになったと言ってよいだろう。

ここまで来れば、熱損失が伝導のみによる場合、自然対流による場合、強制対流による場合の体温を比べることができる（図 8.14）。簡単のために、内在代謝率係数として 5 W $kg^{-3/4}$ を選んで体温を比べる。

空気中では、熱伝導のみで熱交換が起こる場合の方が自然対流による熱交換の場合より体温は高く、自然対流による場合の方が 1 m s^{-1} の速度の強制対流による場合より高い。水中では体温の順番は変わらないが、（自然または強制どちらでも）対流があると、この代謝率では大きな ΔT を維持できない。

まとめると、断熱なしの球形生物と周囲の流体との温度差は、生物のサイズの増加またはその代謝率の増加と共に増える。空気中では、このことが大型の生物にとっての難題となる。すなわち、そよ風の中に立ってでも居ない限り、充分な熱量を捨て去ることができず、体温を生存可能な範囲内に保てなくなるからである。空気中の小さな生物と水中のほぼ全ての生物にとっては、体温を周囲温より充分に高く上げるには、安静時代謝率が低すぎる。

これらは、断熱なしで内部が熱的によく攪拌された球形生物という単純なモデル、に基づいて引き出された結論であることに留意して欲しい。これらの結果を現実の世界と比べた時、モデルから得た結論が現実と合わない場合が多々あるだろう。だからといって、モデルが役に立たない訳ではない。そのような事例こそが、植物や動物が空気や水の熱的な性質をうまく乗り越えている重要な生理学的仕組みがあることを、教えてくれているのである。

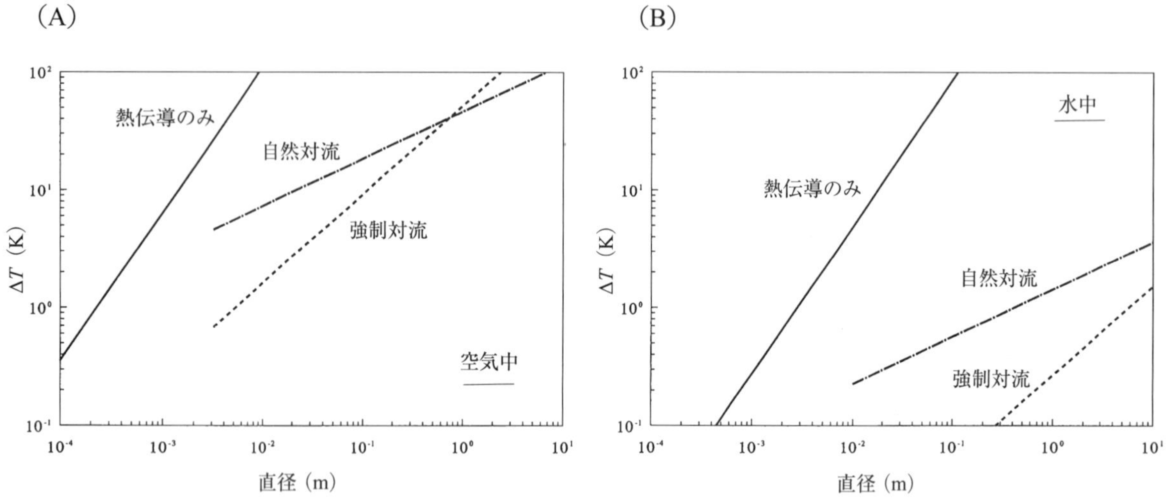

図 8.14　内在代謝率係数が 5 W $kg^{-3/4}$ の生物では、空気中への熱損失は、自然対流よりも強制対流の方が効率が高く（ただし非常に大型の場合を除く）、熱伝導のみよりも自然対流の方が効率が高い（A）。水中でも同じ傾向だが、全ての大きさで、生物と周囲の温度差はずっと小さい（B）。

8.5　トガリネズミ、ザゼンソウ、そして恐竜について

8.5.1　暖かく保つ

まず、空気中でのことを考察しよう。

既に見てきたように、小さな体で、体温を上げたままに保てるのは代謝率が非常に高い場合だけである。この事実は興味深い生物学的結末をもたらす。例として、マルハナバチを考えよう。このハチの飛翔筋が飛翔に充分なパワーを発揮できるためには、30℃以上の温度になる必要がある (Heinrich 1979)。このことは、気温の低い例えば 10℃の寒い朝には、飛べるまでに必要な ΔT は 20℃だということを意味している。それにもかかわらず、ハチは寒い日でも飛んでいる。彼らは、どの位の代謝率を維持しなければならないのだろうか？

マルハナバチの飛翔筋は大まかには直径約 5 mm の球形に納まっていて、自分の代謝のみで加熱される、とこれまでと同じような仮定をする。直径 5 mm の球が空気中で 20℃の ΔT を維持するのに必要な内在代謝率係数を計算するには、式 8.22 を用いるのが適切で、その答えは 30 W $kg^{-3/4}$ である。これを体質量 0.5 g のハチの固有代謝率（単位体質量あたりの代謝率）に直すと 200 W kg^{-1} である[2]。ハチがそのような高い代謝率をもっていることは実測でも示されている。この極端に高い内在代謝率係数は、典型的な飛翔中のトリと同等で、最大可能な代謝率はもっと高いだろう。この大きな代謝を可能にしているのは、ハチをはじめ他の飛翔昆虫が備えている代謝と呼吸の特別な仕組みのおかげである。しかし一方、この高い代謝率はハチのこの部分の活動そのものの結果であることにも留意しよう。飛翔筋を活動させて震えを起こし、代謝率を安静時の何倍にも上げて、筋肉自体を加熱している。その活動を止めるとすぐに、体温は周囲の空気の温度に戻るのである。

この仕組みを裏返せば、ハチが寒い日でも飛翔筋を 30℃まで加熱できて飛べるのなら、暑い日にはオーバーヒートを起こすことになる。確かにそれが起こっていて、マルハナバチは熱を胸部から腹部へ効率よく移動させる仕組みを進化させており、腹部から空気中へと大量投棄している（Heinrich 1979）。暑い日に効果的に放熱できるということに関しては、この動物の小ささが有利に働いている。

小さな温血動物のもう２つの例が、考察をさらに進めてくれる。トガリネズミとハチドリは、わずか 1 ～ 10 g しかないが、それでも周囲より 20 ～ 30℃高い体温を維持できる。彼らは、３つの戦略でこれを実現している。第１に、マルハナバチのように、彼らは普通より高い代謝率をもっている。ホバリング（空中静止飛翔）できるハチドリ類の内在代謝率係数は 65 W $kg^{-3/4}$ にも達し（Lasiewski 1963）、体質量 3 g のトリとして固有代謝率（単位体質量あたりの代謝率）に直すと 280 W kg^{-1} にもなる[3]。

第２に、彼らは空気中に棲んでいる。この大きさの動物が水中で高い体温を維持するのは、実際上不可能に違いない。

最後に、彼らは効果的な断熱の仕組みを進化させた。トガリネズミの毛皮やハチドリのふわふわの羽毛は、体の周りに淀んで動かない空気層を掴まえておくのに役立っている。この淀んで動かない空気層を通しての熱輸送は、基本的には熱伝導しかない。伝導による熱輸送の効率は対流よりかなり低い、ということはこれまで見てきた通りである。

断熱層があるということは、そういう生物を、これまでやってきた方法で正確にモデル化することはできないということを意味する。これまでは、生物全体が同じ温度だと仮定してきた。しかし断熱層が

［脚註 2：式 8.17 から、ハチの熱産生率を知ることができて

$$\text{熱産生率} = M\,m^{\alpha} = 30 \times 0.0005^{3/4} = 0.1\ \text{W} \qquad (8.34)$$

である。0.5 グラムで 1/10 ワットを出すのは、200 W kg^{-1} の固有代謝率と等価である。］

［脚註 3：この代謝エネルギーの一部分（約 1/5）は、熱ではなく、トリを空中に浮かせている機械的仕事になる。したがって、全てを熱に換算するこの“熱”代謝率の推定は少し過大である。］

あれば、周囲の流体と接触する生物の表面は断熱層の外縁であり、したがって体の内部の温度とはかなり違った温度になりうる。断熱層が厚いほど、生物の周辺部での温度勾配は緩やかになり、したがって熱輸送率も低くなる。ハチは、この効果の利点も採り入れている。ハチの胸部は細く柔い毛で密に覆われていて、効果的な断熱層として働く。

形態学的な適応を果たしていても、トガリネズミとハチドリは常に低体温症の淵に立たされている。彼らがその体温を維持するためには、1 日あたり自分の体重の数倍の食物を食べ続けなければならない。丸一日絶食すれば死ぬ。休めるのは、体温を落とせる場合だけである。ハチドリもトガリネズミも、夜には毎晩、周囲温から数度以内まで体温を下げるトーパー（夏眠とも言う）に入る。この面では、陸棲で小さなトリや哺乳類の振舞いは、飛翔昆虫とよく似ている。

ハチやトガリネズミ、そしてハチドリよりも驚くべきは、体温を上昇させ維持する植物があることである。サトイモ科（*Araceae*）のいくつか、例えばコンニャク（図 8.15A）や（ヒメカズラの仲間の）*philodendron* は、日中数時間にわたって 35 ～ 45 ℃（Meeuse 1966）まで自分を加熱できる花序（並んだ花の集合）をもっている。この温度は、気温が 4 ℃近くまで低くても維持される（Nagy et al. 1972）。*Philodendron* の花序の熱くなる部分は、直径 3 ～ 4 cm しかない円柱形で、授精能のない雄花からなる。これまでに示した計算からも、これらの花の代謝率が並はずれて高いに違いないことがわかる。実際に、37℃でのこの花の代謝率は 170 W kg^{-1} で、質量が同程度のホバリング中のハチドリの代謝率（280 W kg^{-1}）にすら近い[4]。

(A)

(B)

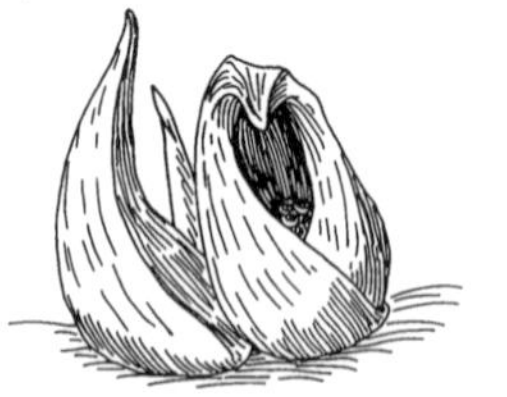

図 8.15　コンニャク（A）とザゼンソウ(B) は共に、体温を上げて維持できる。

なぜ植物が自分の花を加熱するのだろうか？　それらの多くでは、熱い花序は、花序で作られた発香性の化合物を揮発させる仕組みのように見える。これらの物質は、動物の糞尿や腐肉を連想させる匂いがするとされ、様々な昆虫を誘引して受粉を助ける。花序は、雄花と雌花の成熟に合わせて適切な時間に加熱されるので、自家受精が避けられる。

アメリカ合衆国東部に生えるザゼンソウ（図 8.15B、*Symplocarpus foetidus*）は、根に蓄えたデンプンを“燃焼”させて、2 週間にわたって体温を上げたままにできる（Knutson 1974）。これらの植物は、春早くに花を咲かせる。花序を暖かく保つことは凍結防止になる。この面では、これら型破りの植物の振舞いは哺乳類やトリによく似ている。

これらの植物における熱産生の生化学的な仕組みは、興味をそそる

［脚註 4：これは固有代謝率で、内在代謝率係数ではないことに注意。280 W kg^{-1} の固有代謝率を達成するには、3 g のハチドリの内在代謝率係数 M は約 65 W $kg^{-3/4}$ でなければならない。］

話ではあるが、ここでは踏み込まない。興味のある読者は Meeuse (1975) か Laties (1982) を参照して貰いたい。

水棲の生物ではどうだろうか？　前述の予想通り、体温を上げたまま維持できる水棲植物は知られていない。しかし動物に関する限り、先に述べた一般的結論は現実とは合わない。哺乳類の代謝率をもった 500 トンの球に前述の予測をあてはめれば、周囲水温からたった 6.5 ℃上の体温しか維持できないことになる。これで、体重 100 トンのクジラをどう説明するのか？　もっと悪い例はイルカ、アザラシ、アシカ、カワウソなどで、体重が 1 トンの何分の 1 しかない。これらの水棲哺乳類には、極寒の地に棲んで 30℃もの ΔT を維持しているものも多い。もっと説明が難しいのは、水鳥（水面や水辺に棲むトリ）で、1 kg ほどの体重で、ほぼ 40℃もの ΔT を維持している。最後の駄目押しはいくつかの魚類で、マグロや大型のサメは体幹芯部体温を周囲水温よりも数度は高く維持している。

これら理論からかけ離れた現実は、次の 3 点に基づいて説明できる。まず 1 番目で最も重要な点は、水棲の哺乳類や鳥類は熱損失の難題を、小型の陸棲動物と同じようなやり方で解決済みだという点である。イルカやクジラの厚い脂肪層は、トガリネズミの毛皮やハチの密毛パイルと同じ方式の断熱機構として働く。ほとんどの水鳥の羽毛はよく油が塗られていて、水中にいる間、羽毛の周りに淀んで動かない空気の層を動物の体表に保持する。空気の熱伝導率の低さが、羽毛が効果的な断熱層となることを保証している。このように、ほとんどの温血水棲動物は、上昇させた体温を効果的な断熱性で維持している。

2 番目として、イルカやクジラは他の哺乳類の約 2 倍という高い安静時代謝率で、彼らの高い体温を維持している（Irving 1969）。彼らは、生活時間の大部分を活発に泳ぐことつまり更なる熱産生への貢献、に費やしている。水鳥は陸棲のトリと似たような代謝率をもっているが、陸棲のトリの代謝率自体が高い（図 8.6）。このように、水棲の動物が高い体温を維持する能力の幾分かは、ハチやザゼンソウのそれと同様に、並外れて高い代謝率に依っている。

上昇させた体温を水中で維持する 3 番目の仕組みは、マグロとサメのいくつかで進化した。この生理学的仕組みは好奇心をそそるもので、“対向流熱交換器”と呼ばれるが、この章の後ろの方で、呼吸の熱コストの話のところで述べる。

これらの例外はあるものの、単純なモデルに基づいて我々が到達した一般的結論は正しくあてはまる。水棲動物は一般に、周囲と同じ温度である。

8.5.2　涼しく過ごす

ここまでは、暖かく保つための困難を考察してきた。大型の陸棲生物は、また違った難題に直面している。それらが質量数百キログラムに達すると、代謝熱を強制対流で捨て去る能力が限界に近づく。我々の予測（式 8.30）によれば、体重 600 kg の“球形ウシ”は、たとえ 1 m s^{-1} のそよ風があっても、その体温は気温より 60 ℃近くも高くなる。もし風が止めば、自分自身の熱で体温が急上昇して煮えてしまう。

では、ウシや他の高い代謝率を持った大型陸棲哺乳類の存在を、どう説明するのだろうか？　実は、中位の代謝率しか持たなくても動物が大型なら同じ問題が起こる。例えば Alexander (1989) は、ブラキオザウルス（*Brachiosaurus*）のような大型恐竜は、現存のトカゲで典型的な比較的低い代謝率だったとしても、周囲より 60℃も高い体温を持っていただろうと推定している。これらの絶滅巨大動物はどうやって、体を冷やしていたのだろうか？

図 8.16　ステゴザウルスは、背中の皮膚板を、余った熱を周囲へ放散する手段として使っていたのかも知れない。

まず第 1 に、ほとんどの陸棲大型動物は球形ではない。脚や腕、耳などの突起物を含めて体の形を変えることで、熱い動物体と冷たい環境との接触面積が増え、したがって熱を捨て去る速さが増す。アフリカゾウの大きな耳は、この方式の好例である。動物が暑い時には、その耳の血管が拡張し、体内から耳への熱輸送が増加する。それから、強制対流冷却を増すために、耳を扇ぐように動かす。この点で耳は、熱を空気へ効率よく捨て去る、オートバイの空冷エンジンの放熱フィンと同じである。恐竜も、同じ方式を使えたに違いない。Farlow et al. (1976) は、ステゴザウルス（*Stegosaurus*）の背中のゴツゴツした皮膚板（図 8.16）は体内の熱を空気の対流で外へ放散していたと、示唆している。

形によるこの冷却効果は、太陽光で強く熱せられているにもかかわらず、なぜ植物の葉が周囲温に留まっているのかを説明する助けにもなる。自然対流による葉の冷却は、Vogel (1970) が手際よくすっきりと調べてある。

第 2 に、最大の陸棲哺乳類（ゾウ、カバ、サイ）は毛皮をもっておらず、したがってより小型の哺乳類よりも断熱性が低いことに留意しよう。実際、有蹄類の中では、大きい動物ほど毛が少ない傾向がある（Louw and Seely 1982）。同様に、大型の恐竜は明らかな断熱構造を全くもっていなかった、と考えられている（Alexander 1989）[5]。

第 3 に、もっと大事なこととして、陸棲動物の冷却方策には、代謝熱を取り除く仕組みとして、まだ話題に上がっていない**「蒸散」**が含まれている。汗をかいたり、あえぎ（浅速）呼吸で、周囲の空気に水蒸気を渡せば、陸棲動物は大量の熱を捨て去ることができる。この現象は非常に重要なので、個別の議論を要する。第 14 章で、この問題に戻ることにする。

脚註 5：しかしそうなると、マンモスが毛むくじゃらなことは不思議だ。現存のゾウより大きいが、非常に毛深かった。Alexander (1989) は、そのように大きな哺乳類に毛皮があるのは、生息した寒冷な環境への適応である、と考えている。

8.6　呼吸の熱コスト

ここで、熱を捨て去ることで困ってはいないが、体温は高く保っている動物に戻ろう。これには、体温が 35 ～ 40 ℃の小型のトリと哺乳類の大部分と、イルカやクジラ、魚類、爬虫類、そして飛翔昆虫など、高い体温が必然ではないが明らかに有利に働いている様々な生物が含まれる。すでに、これらの生物の熱損失を低減するいくつかの工夫を手短に見てきたが、明らかに熱を失う**「に違いない」**重要な生理学的仕組み、すなわち“呼吸”を無視してきた。酸素を得るために、熱い動物が息を吸ったり鰓の上に水を通したりするたびに、熱が周囲に失われるであろう。この熱損失はどのくらい重要で、陸棲と水棲で比べるとその重要性はどうなっているのだろうか？

まず、酸素を得るためには熱を失うに違いない、という仮説の検証から始めよう。肺の中の肺胞や、昆虫腹部の気管小枝、鰓の鰓糸などを顕微鏡的に見れば、酸素が周囲の流体から血液へ移動するのは分子拡散に依っている。したがって、この移動の速さの大部分は分子の拡散係数に支配されている。同様に、血液から環境への体熱の移動は熱拡散で起こるから、その速さは熱拡散係数に支配されている。

空気呼吸の動物を想定しよう。この章の前の方で指摘したように、空気中での熱拡散係数は、酸素の拡散係数とほとんど同じである（$Le = 0.94$）。したがって、肺や気管小枝を通る空気の流れが、血液や血リンパ*6 の酸素濃度が空気中の酸素濃度と平衡するようなものであれば、血液（または血リンパ）の温度も空気のそれと平衡している。すなわち、血液（または血リンパ）と空気は同じ温度になる。実際には水の比熱の方が大きいので、これは肺や気管小枝の中の空気が体温近くまで加熱されることを意味し、生物に成り代わってエネルギー消費を要求していることになる。同様に、水が鰓糸を通り抜ける際にも、大量の熱が交換される。著者は、理論的には酸素透過性をもちながらも有効な断熱性をもった膜を作れるはずだとは思っているが、現実には動物にそのような膜は存在しないようだ。

結局、巧妙な生理学的仕組みなしには、酸素の収集は一般に熱損失を伴う。この呼吸の熱コストは、正確にはどれ程なのか？　それを避けるにはどんな方策が可能なのか？　まず空気呼吸について調べよう。

8.6.1　空気呼吸

始める前に第 4 章を思い出して、代謝エネルギー消費率は時間 1 秒あたり体質量 1 kg あたりの、（標準状態の）酸素のリットル数で表わせることに留意しよう。ここでは、酸素 1 リットルの消費は 20.1 kJ のエネルギーの支出を引き起こす、と仮定する。この換算は、無脊椎動物からトリまでの様々な動物に代謝率を表わしたアロメトリー式として表 8.4 に示されており、安静時の動物の酸素消費率を計算することができる。

次に、酸素は空気の 20.95 % を占めるだけなので、酸素消費 1 リットル毎に 4.8 リットル（4.8×10^{-3} m^3）

［訳者註＊ 6：昆虫などの節足動物の開放血管系で、脊椎動物における血液と組織液の役割を両方備えた液体。］

の空気を体温まで加熱しなければならない、ことを思い出そう。この空気加熱のコストは、加熱すべき空気の体積、（標準状態の）空気の密度、空気の比熱、そして上昇温度差の積に等しい。式で表わせば、

$$熱コスト（ジュール/リットル\ O_2）= 0.0048\rho_{a,STP}Q_s\Delta T \quad (8.35)$$

標準状態での空気の密度$\rho_{a,STP}$は 1.292 kg m^{-3}で、Q_sは 1006 J kg^{-1} K^{-1}だから、熱コストは 6.2 ΔT ジュール/リットル O_2 である。

酸素 1 リットルあたりの熱コストに酸素消費率を掛ければ、呼吸の熱コストの全量が得られて、

$$熱コスト（ワット）= 6.2\,\Delta T M'm^{\alpha} \quad (8.36)$$

となる。ただし、M' は、リットル O_2 s^{-1} $kg^{-\alpha}$ で表わした（安静時）内在代謝率係数で、表 8.4 から得られる。

呼吸の熱コストは、式 8.36 を表 8.4 にある Mm^{α} で割って、安静時代謝に占める割合で表わすこともできる。$M'/M = 4.98 \times 10^{-5}$ リットル O_2/ジュールだから（4.5.3 移動のコスト参照）、関係式は簡単になって、

$$呼吸の熱コスト割合 = 0.00031\Delta T \quad (8.37)$$

である。例えば、極寒に棲む 100 kg の哺乳類が、吸い込んだ温度 0℃の空気を加熱するコストは 1.2 W である。これは安静時代謝 107 W のたった 1% である。気温が高ければ、このコストは少なくて済む。

この結論に至る途中では、暗黙のうちに、生物は肺に入った酸素を全て吸収できる、と仮定している。実際には、哺乳類は吸い込んだ酸素の約 25%、トリでも 33% しか利用できない（Schmidt-Nielsen 1979）。その結果、実際の呼吸の熱コストは、上で計算した値の 3 ～ 4 倍、すなわち 0℃での全代謝の 3 ～ 4% であろう。この高めの数値をとったとしても、空気中での呼吸の熱コストは、無視できるほどに小さいと考えて構わない。

上の結論は、動物が呼吸した空気を加熱するコストについてのみ通用する。現実には、この過程で水が蒸散することによる熱コストも加わる。この蒸散熱損失は、かなりの量になりうるのである。この問題には、第 14 章で戻る。そこでは、多くの哺乳類の鼻腔での熱交換が呼吸の熱コストを減らしている、ことがわかる。

8.6.2　水呼吸

水中での呼吸の熱コストはどれ位だろうか？　いくつかの重要な違いに出くわす。まず、空気中での濃度と違って、水中での酸素濃度は温度や塩分によって変わる（図 8.17）。例えば、0℃の淡水 1 立方メートルには、10.22 リットルの O_2 があるが、20℃ではたったの 6.35 リットル/m^3 しかない。20℃の海水 1 立方メートルあたりでは 5.17 リットルの酸素で、同じ温度の淡水の 81% しかない。一般に、温度または塩分が高いほど、酸素濃度は低くなる。

図 8.17 に示した酸素濃度は、1 気圧下で、それぞれの温度での液体の 1 立方メートルあたりの酸素の体積である。この体積を標準状態での体積に変換するには、

$$1\text{ 立方メートルあたりの標準状態 } O_2 \text{ 体積 } V = [O_2]\,\frac{273}{T} \tag{8.38}$$

とすればよい。ただし、酸素濃度 $[O_2]$ は、温度 T の水 1 立方メートル中の酸素のリットル数である。血液中に（標準状態で）1 リットルの酸素を取り込むために接触しなければならない水の量（m^3）は単純に $1/V$ で、生物学的な温度範囲にわたって約 0.1 から 0.2 まで変わる。

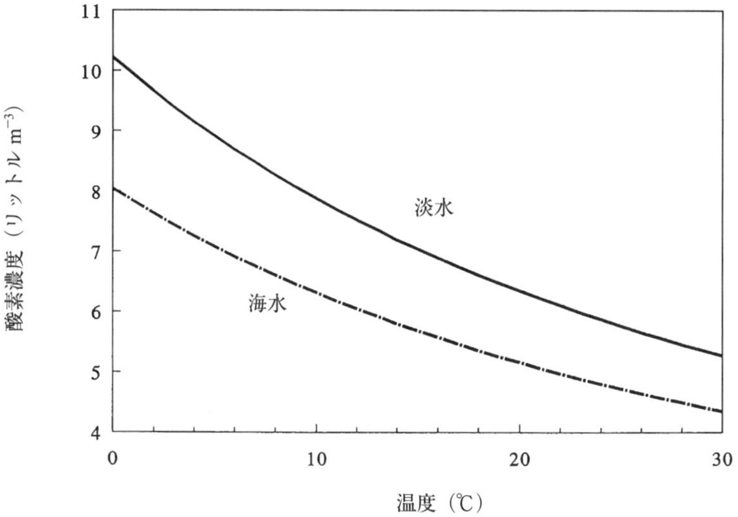

図 8.17　酸素の溶解濃度は、海水よりも淡水の方が高い。しかし、どちらの場合も、濃度は温度が少しでも上がると減る。

つまり、酸素を 1 リットル取り込むために、血液は 100 ～ 200 リットルの（比熱の大きな）水と接触せざるを得ず、その過程で血液は周囲の水の温度まで冷やされるに違いない。このように、水から酸素を取り込む場合の熱コストは、周囲温まで一旦冷やされてしまった血液を再加熱するのに要する熱量で近似できる。冷却される血液の体積は、血液の酸素運搬能に依存する。例えば、哺乳類の血液 1 立方メートルは、（標準状態で）約 200 リットルの酸素を運ぶ。すなわち、正確な値は pH などの影響を受けて変わるけれど（Schmidt-Nielsen 1979）、1 リットルの酸素を消費する毎に 0.005 m^3 の血液を再加熱しなければならない。この再加熱コストは、

$$\text{熱コスト（ジュール/酸素 1 リットル）} = 0.005\rho_{bl}Q_{s,bl}\Delta T \tag{8.39}$$

である。ただし、ρ_{bl} は血液の密度、$Q_{s,bl}$ はその比熱である。血液の比熱や密度が海水のそれらと同じ程度であれば、

$$熱コスト(ジュール/酸素1リットル) = 2.1 \times 10^4 \Delta T \tag{8.40}$$

である。この値に $M'm^\alpha$ を掛けて、水中での呼吸のおおよその熱コスト、

$$熱コスト(ワット) = 2.1 \times 10^4 M'm^\alpha \Delta T \tag{8.41}$$

を得る。

ある仮想的な例を考えよう。イルカのような温血動物にとっても、空気ではなく水を呼吸するのが有利なこともありうるだろう。そのように適応すれば、繰り返し水面に戻る必要はなくなり、獲物狩りに費やす時間を増やせるだろう。しかし、もし 7℃の水の中を泳ぐ 100 kg のイルカが、水を呼吸しつつ 37℃の体温を維持しているとすれば、この呼吸水を加熱するためだけに 3361 W の時間率でエネルギーを消費することになる。これは、安静時代謝率 107 W の 30 倍以上になる。これで、海棲の哺乳類やトリが空気を呼吸し続けている理由、サカナなど水呼吸の生物には周囲の水温より高い体温をもつものが稀な理由、がハッキリした。

式 8.41 を表 8.4 の安静時内在代謝率係数で割ると、呼吸水の加熱に安静時代謝のどれほどの割合が使われているのかを一般化して見ることができる。前に述べたように、$M'/M = 4.98 \times 10^{-5}$ リットル O_2／ジュールだから、

$$呼吸の熱コストの割合 = 1.05 \Delta T \tag{8.42}$$

サカナは鰓を流れる水の酸素の 80 ～ 90% しか利用しないので（Schmidt-Nielsen 1979）、実際のコストはもう少し高いかもかもしれない。この計算によれば、呼吸のコストを安静時代謝のわずかの割合に止めておくたった 1 つの方法は、ΔT を小さく保つことだけである。

8.6.3　対向流熱交換

ここまで来れば、水呼吸する動物が周囲よりも高い体温をもつことは明らかに無駄使いで非効率だと結論したくなる。そして、温血のサカナは進化しているはずがない、という予測に行き着くことになる。しかし、この論拠には抜け穴があって、その小さな穴を抜けたサカナの幾種類かは、ホイホイ泳いでいるのである。

上の計算では、鰓を通り抜ける水は鰓の中の血液と同じ温度にまで加熱されると仮定している。これは、ほぼ確実に正しいだろう。しかしこれが、鰓の中の血液が体の他の部分の血液と同じ温度であること、を意味している訳ではない。

例えば、図 8.18 のような状況を考えてみよう。鰓糸に血液を運ぶ動脈は鰓から戻る静脈と並んで走っていて、両者は物理的に密着している。点 A の静脈にある血液は、鰓を通ってきたばかりなので、周囲の水の温度になっている。では、もし点 B で動脈に入る血液が周囲より暖かい場合には、どんなこと

が起こるだろうか？　この暖かい血液が鰓に向かって流れていくと、静脈の冷たい血液によって熱を奪われる。動脈内の血液が鰓に到達するまでの時間が充分長ければ、もっていた余分な熱をすべて静脈の血液に渡してしまう。この***「対向流熱交換」***の結果、鰓での ΔT は小さなものとなり、呼吸の熱コストは大きく改善される。

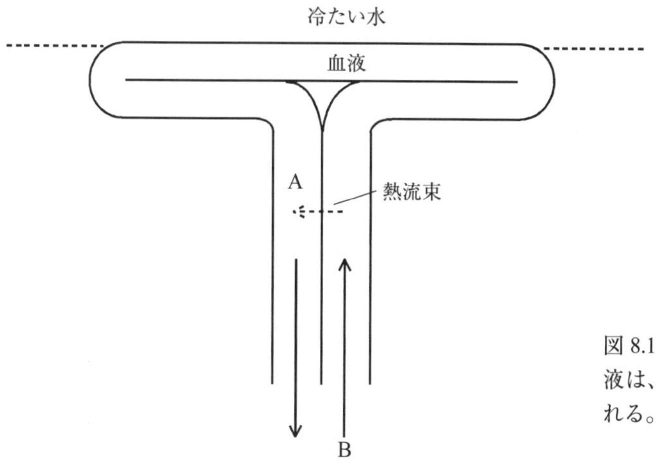

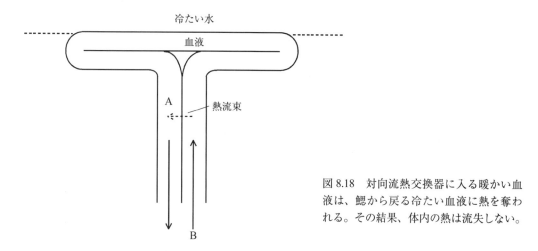

図 8.18　対向流熱交換器に入る暖かい血液は、鰓から戻る冷たい血液に熱を奪われる。その結果、体内の熱は流失しない。

でも、待てよ？　もし熱が動脈から静脈に流れるのなら、たった今酸素化されたばかりの静脈血から酸素の少ない動脈血に向かって酸素も流れてしまうのではないか？　もしそうなら、鰓から体に運ばれる酸素はなくなり、鰓の呼吸機能自体が成り立たない。でも大丈夫、水中での熱の拡散係数は酸素のそれの 100 倍以上もある、すなわちルイス数が小さいこと（表 8.2）を思い出して欲しい。したがって、ほとんど酸素を交換することなく実質的に血液中の余分な熱を全て交換する対向流系を設計することが可能なのである。

この型の対向流熱交換器は、マグロやネズミザメの仲間で使われていて、遊泳筋や心臓、消化管の温度を周囲温より数度高く保っている（Carey and Teal 1966, 1966、Carey et al. 1971、Block 1991）。この高い体温が、これらのサカナの高速遊泳を可能にし、（おそらく）より多くの捕食を可能にしている。もちろん、より多くの餌を捕えるには、温血を保つためのより高い代謝が必要になるのだが、この差引勘定はこれらのサカナにとって利益が残るのであろう。

8.7　まとめ

水の熱伝導率は空気の約 23 倍である。その結果、水棲生物が周囲温と異なる体温を維持することは難しい。それができるのは、比較的大型で断熱がよくなければならないし、水呼吸での熱コストを避けるために対向流熱交換のようなトリックを使うか、肺を使うしかない。いくつかのサカナで対向流熱交換が使われているのは、水中での熱の拡散係数が酸素の拡散係数よりもかなり大きかったからである。

陸棲環境では、小型の生物が周囲より高い体温を維持できるが、非常に高い代謝率をもつか日射などの外部熱源がある場合のみに限られる。逆に、大型の陸棲哺乳類やトリは、体温を生存可能な範囲に保つために必要な熱放散が充分でないという難題を抱えている。一般に、この熱放散の難題は蒸散による冷却で解決されているが、それについては第 14 章で述べる。

8.8　そして警告

この章では、水と空気の熱的性質が生物に及ぼした影響を調べるために、単純なモデルを使ってきた。このモデルで予測された体温は、比べることだけに意味があり、形が球でなかったり断熱層を着込んでいたりする実際の生物の体温を正確に表わしている訳ではない。現実の世界では、太陽が照り、動物自身も周りへ熱を放散し、熱い岩や氷にも接触している。これらの全ては、我々のモデルの仮定に違反しており、体温の推定に大きく影響する。熱生物学の分野は活発で刺激的な分野である。周りの媒体の熱的影響に興味があり、もっと深く知りたい読者は、Campbell (1977)、Monteith (1973)、Gates (1980)、または Nobel (1983) のような教科書を参考にするとよいだろう。

電気抵抗と第六感

コンピュータの上にコーヒーを溢したり、テレビの上に雨漏りが当たったことのある人なら誰でも、水が空気よりも電気を通しやすいことを身をもって知っている。乾いていればキチンと働くこれらの電気器具も、濡れるとショートを起こして困ったことになる。導電性の違いが電気製品にこのような影響をもたらすのなら、生物の電気的な仕組みにはどんな影響を及ぼしてきたのだろうか？　特に、動物が他の生物から流れてくる電流を検知する能力に、媒体の電気抵抗が及ぼす影響を考察する。

この能力は五感を越えた、いわば第6番目の感覚で、少なからぬ用途がある。例えば、筋肉の収縮には大量のイオンの移動が必要なので、電気的な信号が付きまとう。もしこの信号を他の動物が遠くから検出できれば、被食者への捕食者の存在の警報、また捕食者には近くに被食者がいることの手がかり、として使えることになる。（夜間や深海の暗闇など）視覚的な手がかりが得られない状況では、これらの電気的な信号は他の動物の存在を検知するただ1つの方法であろう。

実際に、電気的な信号を検出する能力は水棲生物には極めて広く見られる。サメやエイの仲間は、サカナの呼吸筋が収縮するときに起こる電気的活動を検知できて、この情報を使って海底の砂の中に隠れているヒラメやカレイなどの居場所を突き止めることができる（Kalmijn 1974）。様々な電気魚が通信手段として電流パルスを使っており（Bullock and Heiligenberg 1986）、カモノハシは被食者の出す電気信号を感知できる（Scheich et al. 1986）。

これとは対照的に、陸棲動物には遠くから電気信号を検出する能力が全く欠けており、気体媒質中に生きる生物にはこの感覚能力を採用できない何らかの事情があったことを示している。それが何であったのかを探し始めるにあたっての明らかな目星は、２つの媒体の電気抵抗の極端な違いである。

9.1　物理

9.1.1　オームの法則

電気伝導度が生物に与えた影響を調べる前に、電気回路の基本的な物理の復習が必要だろう。

図9.1Aに示したような簡単な回路を考えよう。電池が電気的な位置エネルギー $\mathcal{V}$（計測単位はボルト［記号V］）の供給源で、この位置エネルギーの効果が回路に沿った電荷の流れを駆動している。電流の強さ I は、単位時間内に回路内の１点を通り過ぎる電荷の個数の多さで決まる。SI単位系では、電荷の個数はクーロン（coulombs）で測り、電流（クーロン/秒）はアンペア（amperes）という単位名をもっている。電気的位置エネルギーは何個の電荷があるかに依存することに留意すれば、ボルトはジュール/クーロンの単位をもつことがわかるだろう。

ここにあるような単純な回路については、電圧の定常電流に対する比は回路の抵抗 R で決まり、

$$R = \frac{\mathcal{V}}{I} \tag{9.1}$$

である。この簡単な関係は**「オームの法則」**として知られており、電気の働きを理解する上での基本となっている。George Simon Ohm と彼の法則に敬意を表して、電気抵抗は**「オーム」**Ω で測られる。

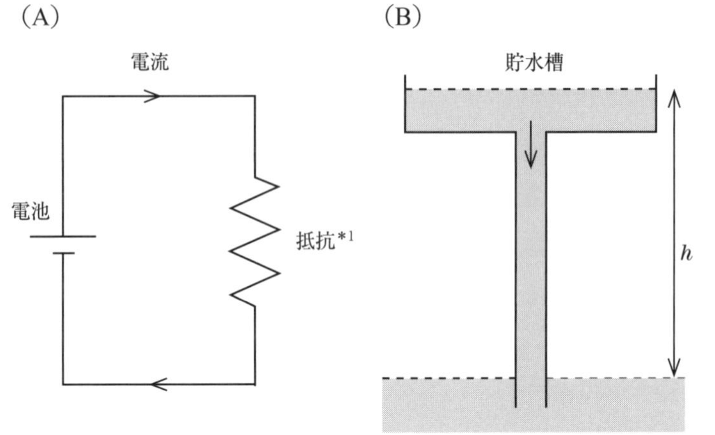

図 9.1　簡単な電気回路（A）は、様々な意味で、パイプを通して水が流れ出る貯水槽に例えられる（B）。電荷が流れ出る速さ（電流）は、電気的位置エネルギー/回路抵抗で決まる。水が流れ出る速さは、重力位置エネルギー/パイプ抵抗で決まる。

水力学との類似性は、オームの法則の本質的理解を助けてくれる。高いところにある貯水槽（図 9.1B）は水を低い方へ流し出す潜在的な能力をもっている。この意味で、貯水槽の水がもっている重力位置エネルギー（重力ポテンシャル）は、電池の電圧（電気的ポテンシャル）に相当する。重力ポテンシャルも電圧ポテンシャルも、相対的な量であることに留意しよう。貯水槽にある水の重力位置エネルギーは、図に示したように、ある参照位置からの高さ h で測られる。同様に、電池のポテンシャルエネルギーは、ある参照点（慣例では電池の陰極の電位）からの相対値で測られる。つまり 9V の電池は、その陽極が陰極から相対的に 9 ボルトの電気的ポテンシャルをもっているのである。

高いところにある貯水槽と参照点にある水面とをパイプで繋ぐと、パイプを通って水が流れ下る。パイプのある断面を単位時間内に通り過ぎる水の体積が重力で駆動された流れの速さの指標であり、電池で駆動された電流に相当する。ある高さの貯水槽から流れ出る水の速さは、パイプの抵抗に依存する。パイプの径が細いほど、その抵抗は大きく（第 5 章参照）、時間あたりに流れ出る体積は少ない。同じように、回路の電気抵抗が大きいほど、与えられた電圧によって流れる電流は少なくなる。

電圧、電流、抵抗は回路の巨視的な電気的性質の指標である。例えば、棚から電線を取り出してその

[訳者註＊1：電気抵抗には旧来、電流の流れ難さを表す記号  が用いられてきた。2015 年現在の日本工業規格（JIS）C 0617 および国際規格 IEC 60617 では、抵抗器の記号として  を用いることになっている。しかし本章は、オームの法則と媒体の電気抵抗の概念的な理解を目的としており、工業的な配線指示法を学んでいる訳ではない。また一般的な回路網理論では、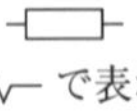 は（抵抗を一般化した）インピーダンス素子を表わすので、ここでは電気抵抗を旧来からの概念的な記号 で表わすことにする。]

抵抗を測ることはできるけれど、それだけでは電線を構成している物質の中を電子が実際にどう流れているのかについての情報はほとんど得られない。もっと基本的なレベルでの電子の動きを理解するためには、回路の巨視的な性質と微視的な物理とを関連付ける必要がある。この章での関心は、水と空気の性質が生物学的に意味のある回路での電気の流れをどう支配しているかにあり、したがってこれらの媒体の微視的な電気的性質を扱わざるを得ない。

幸運にも、巨視的性質から微視的なそれへの置き換えは、比較的簡単である。微視的なレベルでは、オームの法則は、

$$\psi = \frac{\mathrm{E}}{j} \tag{9.2}$$

と記述できる。ここで、ψ は電流が通っている材料の ***「固有抵抗」*** [1]、E は材料の 1 点での ***「電場の強さ」***、j はその点での ***「電流束密度」*** である。E から順に、これらの量を手短に調べることにしよう。

ニュートンの運動の第一法則から、電子のように非常に小さなものでも、物体は外力が働いた場合にのみ動く、ということを知っている。したがって、電子を物質の中で動かし始めるには、電子に働く外力があるに違いない。この外力は、電場（電界とも言う）があると生ずる。質量が、地球の重力場に応じて、地球の中心へ向かう力を感じるのと同じように、電子は電荷をもっているので電場に応じて力を受けるのである。重力場の強さ g は、場が及ぼす力/質量で測られるが、電場の強さ E は力/電荷として測られる。

電気と水力学系の類似性を延長すると、水の単位質量あたりの重力位置エネルギーは gh であることを第 3 章から思い起こす（h は参照点からの高さ）。我々は、この関係を使うとき暗黙裡に、g は定数だと考えてしまっている。しかし、距離 h とともに g が大きく変わるような状況では、重力位置エネルギーは、

$$\text{重力位置エネルギー} = \int_0^h g\,dy \tag{9.3}$$

で与えられるべきである。これと同じく、単一電荷の電気的位置エネルギーは、

$$\mathcal{V} = \int_0^\ell \mathrm{E}\,dx \tag{9.4}$$

で与えられる。ここで ℓ は、当該電荷から電場のゼロ参照点までの距離である。ここで注意すべきは、重力場でも電場でも位置エネルギーに関しては、問題にしている物体は場の働いている方向に沿って動く、と暗黙裡に仮定していることである。例えば、地球の重力場は鉛直方向に働いている。その結果、

［脚註 1：固有抵抗（比抵抗ともいう）の記号は ρ（ロー）を用いるのが普通であるが、質量密度との混同を避けるため、本書では ψ（プサイ）を用いることにする。］

物体の垂直方向の変位だけがその位置エネルギーに影響し、水平方向の動きは効果をもたない。同様に、電荷の電気的位置エネルギーは当該電荷が電場の方向への変位成分をもつ場合にだけ、影響を受ける。

電池が円柱状の電線に繋がっているだけの単純な状況では、電場の強さは一定でその方向は電線に平行である。すなわち、電線の距離 ℓ だけ離れた二点間での電位差は、

$$\mathcal{V} = \mathrm{E}\ell \tag{9.5}$$

である。

電場は電荷あたりの力という単位をもっている。SI 単位系では、ニュートン/クーロン、またはこれと等価なボルト/メートルである。

電流束密度 j は、単純に、電線材料の小さな断面積 A を通って流れる電流の単位面積あたりの量のことである（単に電流密度とも言う）。ここで、断面は電子の流れる方向と垂直になるように取る。すなわち、

$$j = \frac{I}{A} \tag{9.6}$$

である。電流密度の単位は、アンペア/m^2 である。

続いて、比抵抗（固有抵抗）ψ は、電流に対する材料固有の抵抗の指標である。式 9.2 と 9.5 および 9.6 を組み合わせると、

$$\psi = \frac{\mathrm{E}}{j} = \frac{\mathcal{V}/\ell}{I/A} \tag{9.7}$$

となることがわかる。ところが、$\mathcal{V}/I = R$（式 9.1）だから、

$$R = \psi\frac{\ell}{A} \tag{9.8}$$

である。すなわち、（電線を作っている材料の物性としての）固有抵抗が高いほど、抵抗は高い。しかし、抵抗は物体の長さとともに増え、断面積の増加とともに減る。同じ太さの銅線であれば、長い方がより高い抵抗をもつ。同じ長さであれば、太い銅線の方がより低い抵抗をもつ。

式 9.8 を書き換えると、

$$\psi = R\frac{A}{\ell} \tag{9.9}$$

だから、比抵抗の単位は Ω m（オーム メートル）であることがわかる。

海洋物理学などのいくつかの分野では、材料の抵抗よりは導電率 χ（カイ）を用いる方が普通で、

$$\chi = \frac{1}{\psi} \tag{9.10}$$

である。例えば第 4 章で述べたように、海水の実用的な塩分は導電率（電気伝導度とも言う）を測って決める。

次に、抵抗の全長にわたって電子を押す力が必要なのだから、電流が回路を流れるとエネルギーが消費されることに留意しよう。電気的なパワー（仕事率）の適切な表現は、単純な次元解析からも導出できる。電流はクーロン/秒の単位をもつから、電流からパワー（ジュール/秒）を作り出すには、ジュール/クーロンの単位をもつ何かを掛けなければならない。これは、単に電圧である。このように、

$$P = \mathcal{V}I \tag{9.11}$$

である。オームの法則（式 9.1）を使うと、次のようにも書ける。

$$P = I^2R \tag{9.12}$$

$$P = \frac{\mathcal{V}^2}{R} \tag{9.13}$$

最後に、電荷が抵抗を通って移動する際に電圧が変わる様子を調べよう。図 9.2 に示すような状況を考えよう。電気的位置エネルギー源（$\mathcal{V}_0$ = 10 V）と 0V の間に抵抗が２つ繋がれている。我々は、電荷が抵抗に入る前は移動に使える 10 V の位置エネルギーをもっている、ことを知っている。また、電荷が抵抗の反対側に出てきたときには、この位置エネルギーは全て散逸されてしまっている、ことも知っている。では、電荷が抵抗の中ほどにある時の電圧は、どうなのだろうか？　電圧は、抵抗全体に対して電荷がまだ通り過ぎていない部分の割合に比例する。このように、もし電荷が既に通り過ぎた部分の抵抗が R_p で、0 V に到着するまでに通り抜けなければならない残りの抵抗が R_r なら、

$$\mathcal{V} = \mathcal{V}_0 \frac{R_r}{R_p + R_r} \tag{9.14}$$

である。言い換えれば、直列に繋がった複数の抵抗は、個別の抵抗が全抵抗に占める割合に全電圧を分割する。

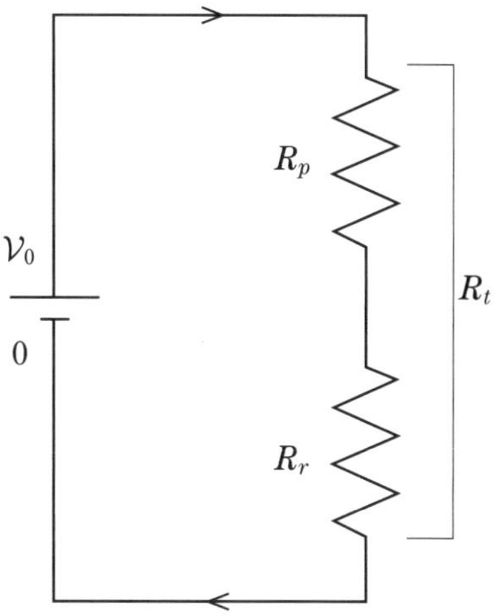

図 9.2　直列に繋がった２つの抵抗は、電圧分割器として働く。

9.2　水と空気の電気抵抗

水と空気の固有電気抵抗は、どんな物性の違いよりも大きい。海面位での乾燥した空気の固有電気抵抗は約 $4\times10^{13}\ \Omega\ \mathrm{m}$ である（Weast 1977）。これに対し、海水（$S=35$）の固有抵抗は $2\times10^{3}\ \Omega\ \mathrm{m}$ である。すなわち、空気は海水より 200 億倍も電気抵抗が大きい。

海水中では、電流は、電子ではなくイオン（主に Na^{+} と Cl^{-}）によって運ばれる。これらのイオンの濃度は、塩分と温度、両方の函数である。実測値に基づいて、これらの因子の関与の仕方も計算できる（表 9.1）。海水と淡水の比抵抗を、温度の函数として図 9.3A と図 9.3B に示した。温度や塩分が高いほど、比抵抗は低くなる。

純水の比抵抗は、本当はかなり高い。例えば実験室用の蒸留水は、$2\times10^{9}\ \Omega\ \mathrm{m}$ すなわち乾燥空気の約 1/10,000 の比抵抗をもつ。しかし、蒸留水を自然界で見かけることはないだろう。川や湖のほとんどは、0.01 から 0.1 程度の塩分をもち（Hutchinson 1957）、したがってこれらの淡水は $9\times10^{6}\ \Omega\ \mathrm{m}$ 程度の比抵抗をもっている。

表 9.1　温度と塩分の函数としての水の導電率の計算法（Poisson 1980）

まず、温度 15℃における塩分 $S=35$ の水の導電率と、任意の温度 T（℃）における導電率の比 K を、次式から計算する。

$$K = 0.6765836 + 2.005294 \times 10^{-2}T + 1.110990 \times 10^{-4}T^2 - 7.26684 \times 10^{-7}T^3 + 1.3587 \times 10^{-9}T^4 \quad \text{(a)}$$

この値を使って、温度 T と塩分 S における導電率を次式で求める。

$$\chi(T,S) = \frac{S}{35}(0.042933K) + S(S-35)(B_0 + B_1S^{1/2} + B_2T + B_3S + B_4S^{1/2}T + B_5T^2 + B_6S^{3/2} + B_7TS + B_8T^2S^{1/2}) \quad \text{(b)}$$

ここで、

$B_0 = -8.647 \times 10^{-6}$　　$B_5 = -1.08 \times 10^{-9}$

$B_1 = 2.752 \times 10^{-6}$　　$B_6 = 2.61 \times 10^{-8}$

$B_2 = -2.70 \times 10^{-7}$　　$B_7 = -3.9 \times 10^{-9}$

$B_3 = -4.37 \times 10^{-7}$　　$B_8 = 1.2 \times 10^{-10}$

$B_4 = 5.29 \times 10^{-8}$

である。

この温度と塩分における比抵抗は、$\chi(T,S)$ の逆数で、

$$\psi(T,S) = \frac{1}{\chi(T,S)} \quad \text{(c)}$$

である。

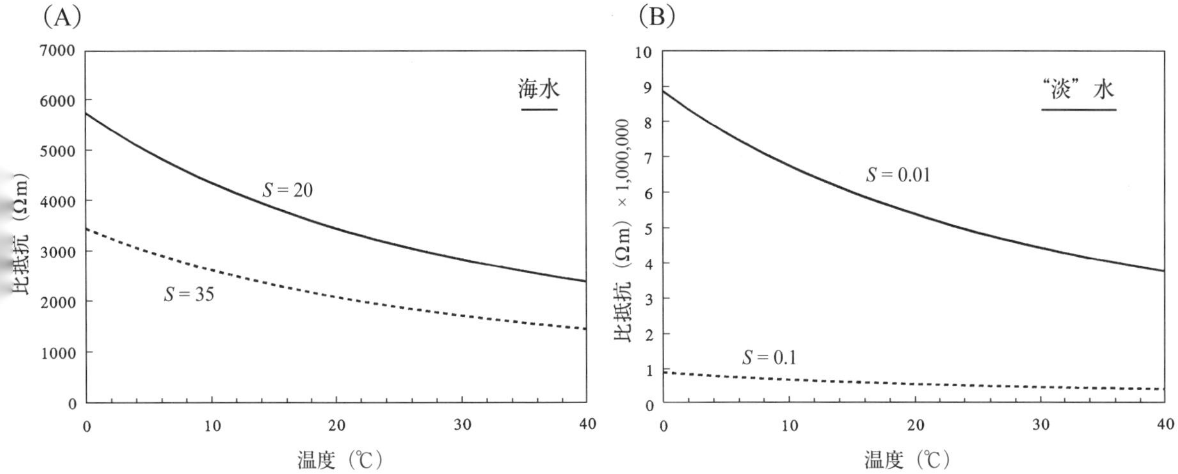

図 9.3　海水の比抵抗は、温度や塩分の増加とともに減る。同様に、(常に何らかの固体分子が溶けている) 淡水の比抵抗も、温度の上昇とともに減る。

9.3　電気的活動の遠方での検出

9.3.1　電場

これで、動物が生息環境内での電気的活動を感じ取る能力に関して、周囲の比抵抗の違いが及ぼす影響を調べることができる。この第六感覚を記述する数学は難しくはないが、途中でわからなくなるほど曲がりくねっている。それで、基本的な導出は付録としてこの章の最後に追いやって、必要な結果だけを述べる。

２つのステップに分けて調べる。まず、動物があるパワーで信号を送り出すのに必要な電圧を調べる。次いで、生物検出器が電場の存在を感じ取るのに、このパワーをどのように使えるかを議論する。

２つの球からなる単純な場合を考えよう。片方の球は他方に対して正の電圧をもち、したがって正に帯電した球から負に帯電した球に向かって、その間にある媒体中を電流が流れる (図 9.4)。この単純な回路 (工学用語では双極子と言う) は、周囲に電気的な信号を撒き散らしている生物の模型である。例えば、動物は呼吸のために筋肉を収縮させる。その結果、負の電位へ向かって流れた電流が周りの媒体へ漏れ出るかもしれない。計算を肌で感じて貰うために、この２つの球を砂の薄い層の下に隠れたカレイ、又は草叢の中に隠れたハタネズミの模型だとしよう。

電場を作り出しているこの回路を、2 個の球からなる電気的な *「信号源」* と見なして調べる。ここで、電流源ではなく "信号源" という言葉を使っていることに注意して欲しい。確かに一方の球は電流の湧き出し口で他方は電流の吸い込み口に過ぎないが、２つを組にして考えると周囲の媒体へ向けての信号源となっているのである。

この信号が、上を通りかかった捕食者によって検出される状況を想定しよう。単純化のために、捕食者が信号源の真上にいる場合に限定する（図9.4)。すなわち、真上に距離 y だけ離れたサメまたはフクロウに、カレイまたはハタネズミがどれほどの強さの信号を提供してしまうのか、を考えてみよう。

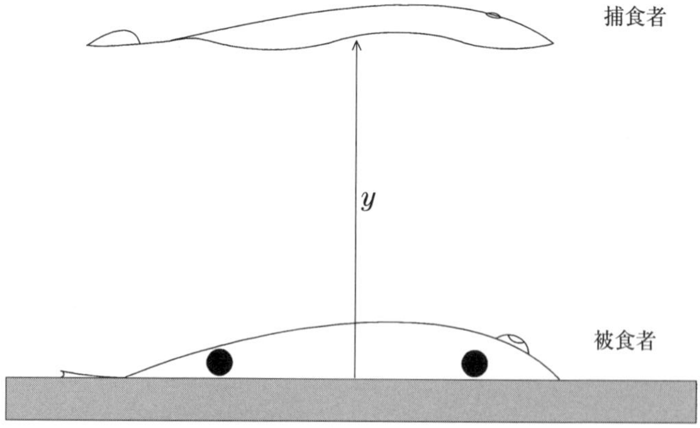

図9.4　カレイの筋活動は体の2ヶ所に（2つの黒球で表わした）電位差を作り出す。これから生じた電気的な信号は、もしかすると、その上を泳いでいる捕食者であるエイに感知されるかも知れない。

付録の式9.47によれば、捕食者の位置での電場の強さは、

$$\mathrm{E} = \frac{r_s \mathcal{V}_s \ell_s}{2} [y^2 + (\ell_s/2)^2]^{-3/2} \tag{9.15}$$

であるとしてよい。ただし、r_s は信号源の球の半径、$\mathcal{V}_s$ は信号源の電圧、ℓ_s は信号源の2つの球の間隔である。$y \gg \ell_s/2$ の場合には、

$$[y^2 + (\ell_s/2)^2]^{-3/2} \approx y^{-3} \tag{9.16}$$

だから、被食者の体長に比べて、捕食者が充分に高いところにいる場合には、式9.15は

$$\mathrm{E} = \frac{r_s \mathcal{V}_s \ell_s}{2y^3} \tag{9.17}$$

と簡単になる。

式9.15と9.17は、捕食者のいる場所の電場は、被食者の出す電圧に比例し、媒体の比抵抗とは無関係であることを示している。もし空気中での筋収縮が水中での収縮と同じ程度の電圧を伴っているのなら、水棲でも陸棲でも動物が作り出す電場は同じ程度だということである。では、なぜ水棲動物は少し離れた場所から電気信号を感知できて、陸棲動物はできないのだろうか？

9.3.2　電力（パワー）

その答えは、検出されているのは何なのかを調べればわかる。ラジオをある放送局に合わせる時、放送局が強力なら、すぐに強い信号を受信できる。正確な物理学用語と日常語が一致する数少ない場合の1つだが、ニュース放送が聞こえるかどうかは、電場の強さよりは放送局の**「パワー（出力電力）」**で決まる。だから、放送局は自分たちの送信ワット数の大きさを宣伝するのである。

なぜ、電場強度よりもパワーが重要な因子なのだろうか？ 信号が検出されるためには、仕事が成されなくてはならない。ニュースがスピーカから出る前に、ラジオのアンテナの中の電子が動かされなければならず、電子を動かすためにはエネルギーが要るのである。つまり、受信アンテナの中の電子を動かすエネルギーは、遠くのラジオ局から供給されているのである。放送局から送り出されるパワーが大きいほど、ラジオが受け取れるパワーが大きくなり、信号が強くなる。

生物現象における信号でも同じことで、ある生物がある距離で電気信号を検出できるかどうかは、検出器に届くパワー（電力）で決まる。そこでこれから、信号源が作り出す電場と送り出されるパワーの関係を明らかにする。

まず、電力は $\mathcal{V}^2/R$（式 9.13）であることを思い出そう。そうすると、信号源の抵抗（R_s）から放出される電力を計算できる。ここで想定している状況では、球の間隔よりも球の半径（r_s）が小さいから、式 9.44 が示すように信号源の抵抗は、

$$R_s \approx \frac{\psi}{2\pi r_s} \tag{9.18}$$

で、電力（パワー）は、

$$P_s \approx \frac{2\mathcal{V}_s^2 \pi r_s}{\psi} \tag{9.19}$$

である。言い換えると、もし水棲動物と陸棲動物の電圧が同じなら、陸棲動物が放出できるパワーは200億分の1に過ぎないのである。これが、生物由来の電気信号を空気中で検出するのが難しい第一の理由である。

例えば、Kalmijn (1974) は広い範囲の様々な水棲動物の発電は 10 μV 程度で、硬骨魚や腹足類（アメフラシなど）のいくつかは 100 ～ 500 μV 程度であると報告している。動物が傷を負っていると、電圧は格段に大きくなる。正常な甲殻類は約 500 μV しか発電しないが、怪我をした甲殻類の発電は 1250 μV 以上にもなる。例として、水棲動物が作り出す信号電圧の代表値として 100 μV を取ろう。海水の比抵抗を 2×10^3 Ω m、r_s を 2 mm とすれば、典型的な海産動物が撒き散らす電気信号は、およそ 6×10^{-14} W である。これは非常に小さなパワーだが、等価な陸棲生物が撒き散らせる 3×10^{-24} W に比べると、ヘラクレスの如くとてつもなく強大なのである。

9.3.3　検出器

検出器（感覚器）で何が起こっているのかを調べることで、信号検出の過程をもっとよく理解できる。単純化して、信号源と同じように2つの球が媒体に接した簡単な構造の検出器（図9.5A）を考えよう。球はそれぞれ半径 r_d で、ℓ_d だけ離れており、2つの球を結んだ線が電場と平行になるように、水平に置くことにする。検出器の中心は信号源の中心から距離 y のところにある。前と同様に、$r_d \ll \ell_d$ とする。

検出器の形状が信号源のそれと同じなので、検出器の2つの球の間を流れる電流に対する媒体による抵抗は $R_m = \psi/(2\pi r_d)$ であることが直ちにわかる（式9.44）。しかし、媒体による抵抗の他に、2つの検出球の間に動物の体内を通る経路がありうるので、その内部経路自体が抵抗 R_d をもつと想定しよう。

この形状であれば、検出の物理を簡単な回路図で表現できる（図9.5B）。本質的には、信号源と媒体を1つの電池と1つの抵抗に置き換えて、それを検出器に直列に繋いだものになる[2]。信号源は、検出器の位置に強度Eの電場（式9.15）を作り出す。Eを検出球を結んだ直線に沿って積分すると、検出器の2つの球の間に掛かる電圧を $V = E\,\ell_d$ と計算できる。この電圧が、図9.5Bで電池として表わされているもので、検出器でなされる仕事のエネルギー源である。

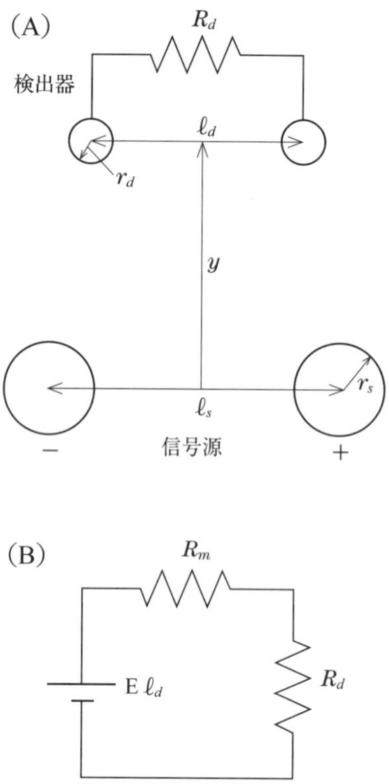

図9.5　(A) 電気的信号源と生物検出器の模式図表現。(B) 被食者が作り出した電圧は直列抵抗を通して検出器と結合する。

［脚註2：なぜ信号源が並列ではなく直列接続で検出器に結合するのか、不思議に思う読者もいるかも知れない。その答えは、回路網の簡略化に関する「*鳳・テブナン（**Ho−Thévenin**）の定理*」（等価電源定理）にある*2。きちんとした説明は、電気工学の標準的な教科書のどれか（例えば、Yorke 1981）を参照して欲しい。］

［訳者註*2：*鳳（ホー）*・テブナンの定理とは、線形素子（電圧と電流が比例する素子、抵抗だけでなくキャパシタンスやインダクタンスも含む）と電源（複数も可）が相互に接続した線形回路内の、ある1つの素子に掛かる電圧や電流を求める道具である。まず対象とした素子 R_a のみを右端に引き出して（下図参照）、その素子の両端を全体から切り離した場合に開放端に現われるであろう電圧 $\mathcal{V}_{open}$ を求める。次いで、全ての電源をゼロとした場合の回路（左側）を開放端から覗き込んだ場合に見える抵抗 R_{in} を求める。

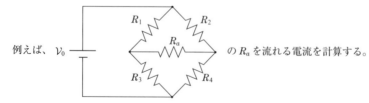

例えば、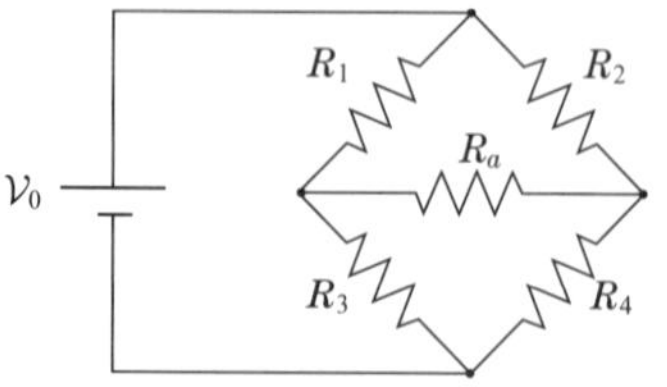 の R_a を流れる電流を計算する。

1. まず R_a を右端に引き出す。

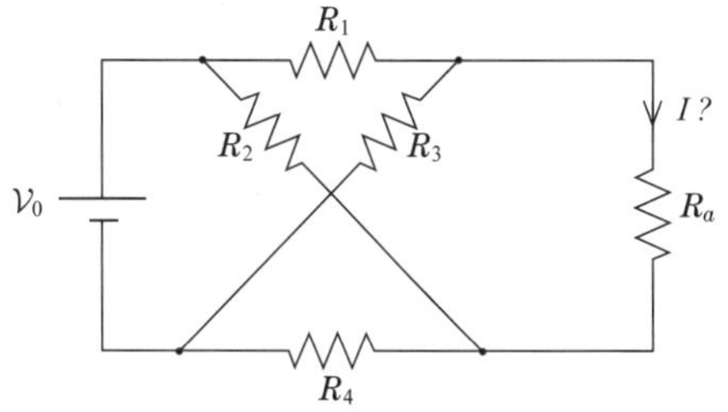

2. 次いで、R_a を切り離して開放端の電圧 $\mathcal{V}_{open}$ を求める。

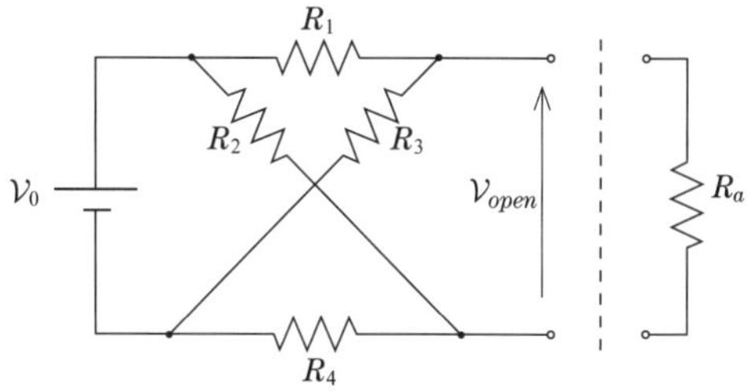

$$\mathcal{V}_{open}=\left\{\frac{R_3}{R_1+R_3}-\frac{R_4}{R_2+R_4}\right\}\mathcal{V}_0$$

3. 電源をすべてゼロにして、開放端から左側を覗き込んだ抵抗 R_{in} を求める。

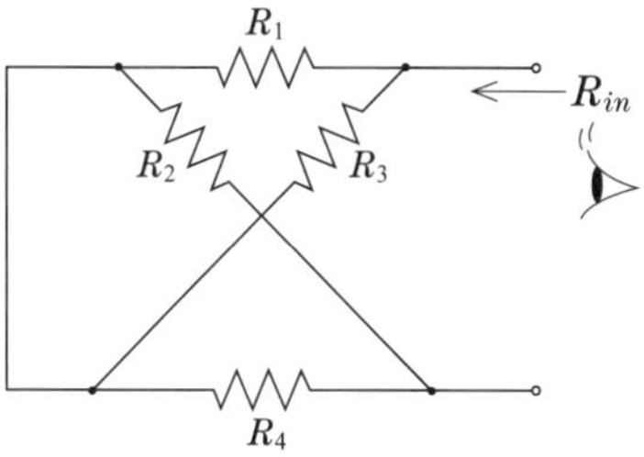

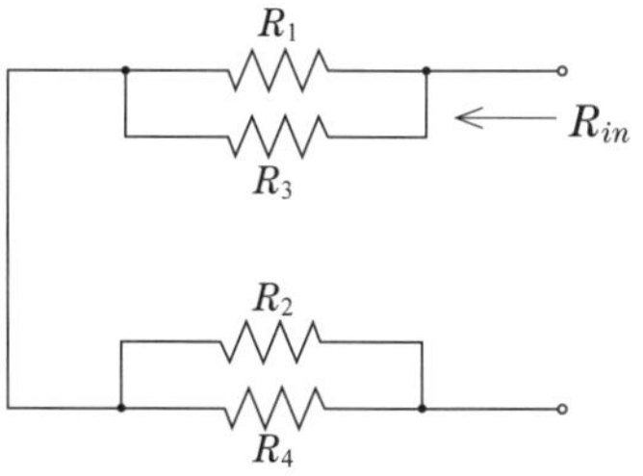

$$R_{in}=\frac{1}{\dfrac{1}{R_1}+\dfrac{1}{R_3}}+\frac{1}{\dfrac{1}{R_2}+\dfrac{1}{R_4}}=\frac{R_1R_3}{R_1+R_3}+\frac{R_2R_4}{R_2+R_4}$$

4. 電圧 $\mathcal{V}_{open}$、内部抵抗 R_{in} の等価電源から R_a に流れる電流 I を求める。

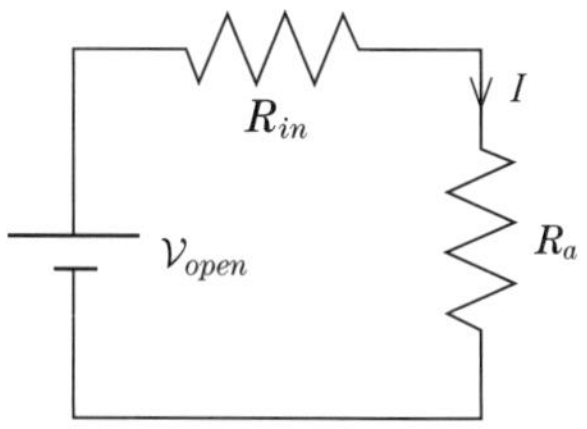

$$I=\frac{\mathcal{V}_{open}}{R_{in}+R_a}$$

すると、電圧が $\mathcal{V}_{open}$ で内部抵抗 R_{in} をもつ電源が、R_a に対して、元の回路と等価に振る舞う。回路が複雑な場合には、目的の素子をいきなり解放端にする必要はなく、任意の中間地点に開放端を設定して等価電源に置き換えても構わないし、開放端の設定を何度繰り返しても構わない。]

この電圧によって検出器に流れる電流は全抵抗 $R_m + R_d$ で決まる。つまり、

$$I_d = \frac{\mathcal{V}}{R_m + R_d} \tag{9.20}$$

である。

もちろん、この近傍には局所的な電場による電圧 $\mathcal{V}$ が掛かっているが、抵抗 R_d があるので、この電圧の全てを検出器が拾える訳ではない。実際には生物自体が電圧の分割器となって、検出器に掛かる電圧 $\mathcal{V}_d$ は、

$$\mathcal{V}_d = \mathcal{V}\frac{R_d}{R_m + R_d} \tag{9.21}$$

となる。これでやっと、信号源が検出器に渡すパワーを計算できる。$P = \mathcal{V}I$（式 9.11）を思い起こせば、

$$P_d = \mathcal{V}_d I_d = \frac{(\mathrm{E}\ell_d)^2 R_d}{(R_m + R_d)^2} \tag{9.22}$$

であることがわかる。E に式 9.15 の表現を入れ、R_m を $\psi/(2\pi r_d)$ で置き換えると、

$$P_d = \frac{(\mathcal{V}_s \ell_s \ell_d r_s)^2}{4} \frac{R_d}{\left(\frac{\psi}{2\pi r_d} + R_d\right)^2}[y^2 + (\ell_s/2)^2]^{-3} \tag{9.23}$$

が最終的な答として得られる。

ここでの目的から言えば、この式で重要なのは媒体の抵抗と検出器の抵抗のみを含む項、

$$\text{抵抗条件項} = \frac{R_d}{\left(\frac{\psi}{2\pi r_d} + R_d\right)^2} \tag{9.24}$$

である。この項は、R_d が非常に大きくても非常に小さくても、小さくなることに注意しよう。また、この項は式の他の項全部に掛かっているので、検出器が受信するパワーは R_d が大き過ぎても小さ過ぎても、少なくなる。これは、R_d にはどこかに最適値があることを意味している。この条件項の（R_d についての）導函数をとってゼロと置くと、この項は $R_d = R_m$ のときに最大となることがわかる*3。この時、

$$\text{抵抗条件項} = \frac{\pi r_d}{2\psi} \tag{9.25}$$

となり、検出器が受け取ることのできる最大電力（パワー）は、

[訳者註＊3：工学用語ではインピーダンス整合（impedance matching）と言う。]

$$P_{d,opt} = \frac{\pi(\mathcal{V}_s \ell_s \ell_d r_s)^2 r_d}{8\psi} [y^2 + (\ell_s/2)^2]^{-3} \tag{9.26}$$

である。

もし $y \gg \ell_s/2$ であれば、式 9.26 はもっと簡単に、

$$P_{d,opt} = \frac{\pi(\mathcal{V}_s \ell_s \ell_d r_s)^2 r_d}{8\psi y^6} \tag{9.27}$$

となる。

したがって、検出器が媒体の比抵抗に対して“最適になっていた”としても、検出器に届くパワーは媒体の比抵抗に逆比例して変わる。つまり、信号源の電圧が同じであれば、海水中の検出器に届くパワーは、空気中での 200 億倍になる。これが陸棲環境では、遠距離での電気信号検出がほとんどあり得ないことの、もう 1 つの理由である。

実際の状況は、式 9.26 が示すよりもっと悪い。最適状態に合わせるためには、検出器の内部抵抗は、周囲の媒体による抵抗と等しくなければばならない。海水中なら、その比抵抗は低いので、このことは問題とはならない。しかし、空気中で最適に整合する検出器の内部抵抗は、$10^{13}\,\Omega$ 程度でなければならず、生物にとって実現からは程遠い高抵抗になる。空気中での生物検出器は、結果的に、検出しようとしている信号を全て確実に短絡（ショート）してしまうのである。

式 9.26 は、水中で電気的信号を検出している動物を見るべき本来の視点を教えてくれる。検出器が利用できるパワーは、信号源からの距離の**「6乗」**に逆比例する。つまり信号源からの距離が 2 倍に増えると、手に入る信号は 1/64 に減る。このように急激に減衰するからこそ、信号を効果的に検出できる能力は、水棲生物の神経機構への素晴らしい贈り物なのである。

最後に、式 9.26 はサカナのような動物はどのようにして電気信号を検出しているかについての手がかりを与えてくれる。検出器に利用可能なパワーは、2 つの検出球の間隔距離の二乗とともに増えることに注意しよう。サカナが電気検出器を今のように並べることになったのは、多分、これが理由の 1 つだろう。例えば、シュモクザメやウチワシュモクザメのグロテスクに横に広がった頭部は、電気検出器（**「ロレンチーニ器官」**）をできるだけ離して配置しているのであろう。硬骨魚は電気感覚器（**「側線器官」**）を体の側面に沿った長い線に並べている。どちらの場合も、もし検出器が（ほかの感覚の場合のように）典型的な形の頭部に限局されていたら、短い基線（検出器間隔）しか手に入らず、電気感覚器に届く電力（パワー）は小さなものとなってしまったであろう。

9.4　方向依存性

ここまでの計算は、被食者の真上での電気信号についてだけであった。空間の他の点での信号の性質はどんなものなのだろうか？　この疑問への答えは、信号源の球による電場の強さを $x-y$ 座標について計算すれば得ることができる。生物学的に適切な信号源の例として、電圧は 100 μV、r_s = 2 mm、ℓ_s = 20 cm をとると、強さが 10 μV m^{-1} の電場のある場所として図 9.6 のような曲線が得られる。

ある強さの電場が1番遠くまで伸びているのは、信号源の2つの球を結ぶ軸上で、この軸に直交する方向で1番小さくなる。結果的に、この計算で信号電場強度の最小値を予測できる。

9.5　水中での電気信号検出

電気信号の検出についての物理が終わったので、水棲動物の能力を批判的に調べることができる。海産動物はどのような能力をもち、どれくらいの距離から餌のいる所を見つけることができるのだろうか？

最も敏感な動物はサカナ（サメ、エイ、そしてウナギ）で、電場が 6.7 〜 10 μV m^{-1} を超えると検出できる（Kalmijn 1974）。

前と同様、餌となる動物は 100 μV の電圧を出し、r_s は 2 mm としよう。もし餌食になる動物の長さが 20 cm であれば、その信号源の真上での電場の強さは図 9.7 に示したようになる。10 μV m^{-1} の電場が動物の中心から 8 cm 上まで延びている。このように、この“典型的な”海産動物は、8 〜 10 cm 上にいる捕食者によって発見されてしまう。図 9.6 に示された空間分布を考慮に入れると、捕食者が斜めに近づいた場合などには、検出範囲はもう少し広くなると予想できる。Kalmijn (1974) の実験は、有効な検出距離はこの予想とほぼ同じであることを示している。例えば、サメ1種とエイ1種は砂に埋もれたヒラメを 10 〜 15 cm の距離から検出してその方向へ定位することができた。

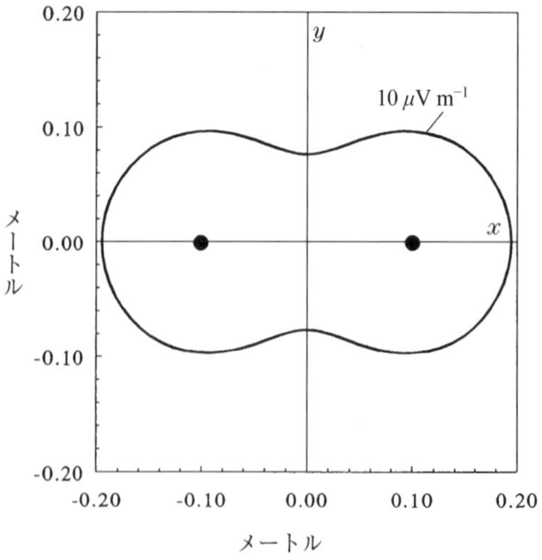

図 9.6　双極子が作り出す電場の強さは球を結ぶ線に沿って最大である。電場強度が 10 μV m^{-1} の点を結んだ曲線を示してある。

典型的な海産生物の代わりに傷ついた生物を使うと、電圧は10倍ほど大きくなる。しかし、同じ強さの電場までの距離は$\sqrt[3]{10}$ = 2.15倍になるだけである。このように、最も敏感なサメでも、餌食となる傷ついた動物を検出するには、およそ1/3メートル以内に近づいていなければならない。

要約すると、いくつかの水棲動物は、数センチメートルの距離から電気的な活動を検出するのに充分な感度をもっている。この能力は、暗闇での探索や埋まって隠れている動物を狩る際に、極めて有利に働くだろう。しかし電場は急激に減衰するので、電気感覚が遠距離から周りを監視する手段としての視覚や聴覚にとって代わることは起こり得ない。

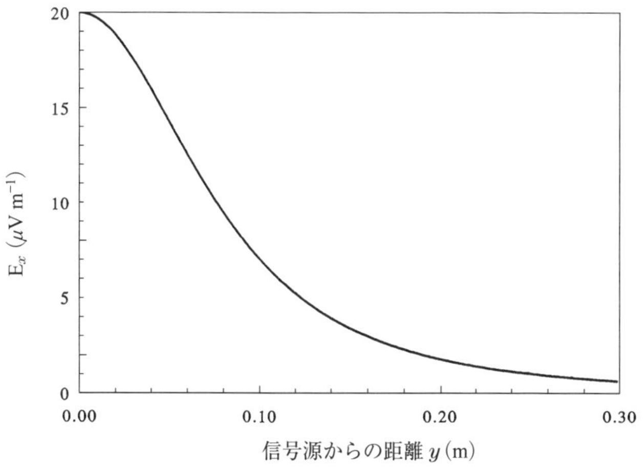

図9.7　双極子信号源が作り出す電場の強さは信号源からの距離（m）とともに小さくなる。信号源の2つの球を結ぶ線の中央から、垂直方向に測った高さでの電場の強さを示している。

9.6　電気感覚の他への使い道

この章では、ある動物が他の動物の電気的活動を感じ取る能力を調べてきた。しかし、電気感覚には他の使い道もある。例えば、アフリカ産の弱電気魚ジムナルカス（*Gymnarchus niloticus*）（図9.8）は、特殊に変化した筋肉を使って体の周りに弱い電場を作り出す。Lissman and Machin (1958) は、このサカナがこの電場を使って、近くにある非生物的な物体を感じ取っていることを明らかにした。物体があると、サカナが作り出した電場の形（つまりは体表での電流密度の分布）が変わる。このようにして、このサカナは電場の変形を感じ取ることができて、棲んでいる（視界の効かない）泥水の中での航行定位に利用している。この感覚は、すぐ近くにある物体の検出にしか使えない。電場が急激に減衰するので、数センチメートルより遠くの物体の検出はできない*4。

電場の変形を検出する必要性は、この電気魚の移動方法へ拘束を掛ける。もし動物が泳ぐために体を

［訳者註＊4：より詳しい参考文献としては、Heiligenberg, W. 1991がある。また日本語の解説としては、川崎雅司2000および川崎雅司2007があるので、参照されたい。］

くねらせれば、電場もくねって周囲からの信号を拾う妨げとなる。この問題への対応として、*Gymnarchus* は特別な移動様式を進化させた。体ではなく、長く延びた背ビレだけをくねらせて泳ぐのである。同様の方策は、南アメリカ産の電気魚（例えば *Electrophorus electricus*、図 9.8B）でも進化している。ただし後者でうねるのは、体の腹側に長く延びた尻ビレである。

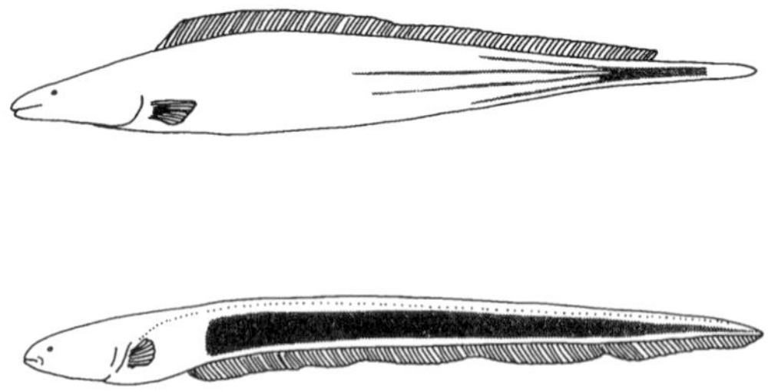

図 9.8　自分自身の動きによる電場の変化を感じ取ってしまう混乱を避けるため、*Gymnarchus niloticus*（A）や *Electrophorus electricus*（B）は、体は真直ぐに保ち、正中線上のヒレだけをうねらせて泳ぐ。Sounders College Publishing の許可を得て、Bond (1979) から転載。

電場はまた、餌食の動物を気絶させるのにも使われる（Bond 1979）。シビレエイ *Torpedo californicus*、デンキナマズ *Malapterurus electricus*、そしてデンキウナギ *E. electricus* などは、200 ～ 650 V も発生できる非常に特殊化した発電器官を進化させた。ただし、もう一度言うが、電場は急激に減衰するので、武器としてのこれらの高電圧の有効性は至近距離にのみ限られる。例えばシビレエイは、餌食となる動物が泳いで真上に通り掛かるまで待つ。その瞬間に餌食を囲むように両脇のヒレを上げてから、電気ショックを発射する。

最後に、水棲生物には、海水（導体）が地球磁場の中を流れる時に発生する電流を検出することが、理論的には可能である。この能力は、視覚的な手がかりなしでの定位と航行を可能にするかも知れない。その可能性についての広範な議論は、Kalmijn (1974, 1984) に収められている。

9.7　まとめ

空気は比抵抗が高いので、生物の電圧信号源から少し離れた検出器まで電力（パワー）を届けるのは、非常に難しい。媒体に最適整合していたとしても、陸棲の検出器は海水中の検出器が利用できる電力の 200 億分の 1 しか受け取れないし、最適整合などは起こせそうにない。これらの大きな不利益条件が、陸棲動物での電気的検出器の進化を抑制するのに充分だったことは明らかである。海水中でさえ、動物が作り出す信号は極めて小さく、近距離でしか検出されない。

9.8　そして警告

いつもと同じく、本章で述べられた結果を、その記述意図の範囲を超えて外挿してはいけない。1 組の球を使った模型は、実際の生物の信号源や検出器の形の、非常に大まかな近似に過ぎない。したがって、ここで得られた結果は、最良でも実際の信号の生成と検出の粗い推定でしかない。サカナの周囲での電場を実測した例としては、Knudsen (1975) を参照して欲しい。本章では直流の信号源しか考察しなかったが、多くの生物信号源はパルス波形や交流として考えた方がよいだろう。これらの考え方をもっと追求したければ、Fessard (1974) か Bullock and Heiligenberg (1986) を参照して欲しい*4。

9.9 付録

9.9.1 電場の計算

比抵抗 ψ の均質な媒質へ電流を放射状に押し出している小さな球が作り出す電場、を調べることから解析を始める（図 9.9A）。球から電流 I が流れ出していれば、球の中心から距離 r のところでの電流（束）密度は、

$$j = \frac{I}{4\pi r^2} \tag{9.28}$$

である。ここで $4\pi r^2$ は、電流が通り抜ける半径 r での球面の面積である。

この j の表現があれば、r における電場の強さを決めるのに式 9.2 を使うことができて、

$$\mathrm{E} = \psi j \tag{9.29}$$

$$\mathrm{E}(r) = \frac{\psi I}{4\pi r^2} \tag{9.30}$$

である。もし電流が媒体へ流れ出しているのではなく球が媒体から電流を吸い込んでいる場合には、電流は $-I$ で、電場には負号が付く。

球が 1 個だけでは単純な電場しかできないが、2 つの球からなる回路を考えると、生物学との関連がもっと明らかになる（図 9.9B）。そこでは、球はそれぞれ自分の電場を作り出し、2 つの電場は加算的

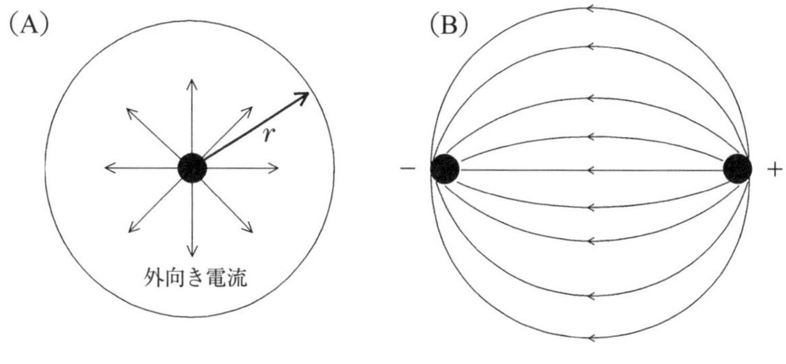

図 9.9　帯電した球が 1 個だけある場合には、電流は放射状に流れる（A）。逆の極性を持った 2 番目の球があると、電流の流れる線は曲がる（B）。

に働くのである。既に見たように、この回路は生物電気の信号源の模型として使える。

2つの球による電場を加算するには、系の寸法を決めなければならない。簡単化のために、2個の球を x 軸上に原点を跨いで距離 ℓ_s だけ離して置く（図 9.10A）。つまり正極の球 (+) が $x = \ell_s/2$ に、負極の球 (−) が $x = -\ell_s/2$ にある。この配置だと、(+) 球から周囲の任意の点 (x, y) までの距離は、

$$r_{(+)} = \sqrt{y^2 + (x - \ell_s/2)^2} \tag{9.31}$$

であり、同様に (−) 球からの距離は、

$$r_{(-)} = \sqrt{y^2 + (x + \ell_s/2)^2} \tag{9.32}$$

である。

それぞれの球からの径方向距離のこの表現を使えば、正極球についての式 9.30 を、

$$\mathrm{E}_{(+)} = \frac{\psi I_s}{4\pi r_{(+)}^2} \tag{9.33}$$

と書き換えることができるし、負極球については、

$$\mathrm{E}_{(-)} = -\frac{\psi I_s}{4\pi r_{(-)}^2} \tag{9.34}$$

と書き換えることができる。

ここでの仕事は、任意の点で、この2つの電場を足し合わせることである。まず、原点の真上すなわち $x = 0$ の線上を選び、(+) 球と (−) 球が作る電場の様子を図の上で調べることから始めよう（図 9.10A）。

それぞれの球の電場は、半径方向を向いている。(+) 球のは外向きで、(−) 球のは内向きである。原点の真上の点は、両方の球から等距離なので、2つの電場の強さ（図 9.10A で矢の長さで表わされている）は同じである。

それぞれの電場は、x 方向成分と y 方向成分に分解できる（図 9.10B）。(+) 球による電場の y 方向成分と (−) 球によるそれとは、明らかに、強さは等しく向きは逆である。すなわち、2つの電場の y 方向成分は、互いに打ち消し合う。

x 方向成分も強さは等しいが、y 方向成分とは違って同じ向きなので、互いに助け合う。したがって、合成された電場は x 方向を向いており、大きさは2つの x 方向電場の成分和に等しい。

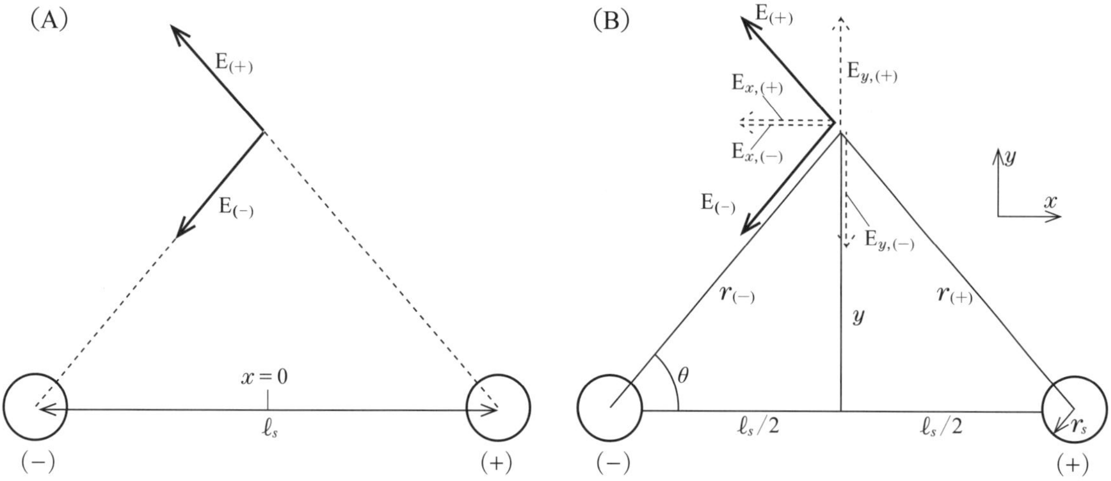

図 9.10　正味の電場の強さは、どの点でも、それぞれの球からの電場のベクトル和である (A)。電場ベクトルを各方向の成分に分けて、それぞれ加算すれば電場の正味の強さを計算できる (B)。y 方向の電場は互いに打ち消し合うことに注意。

この様子を幾何学的に見れば（図 9.10B)、x 方向成分 E_x は $\mathrm{E}\cos\theta$ に等しい。したがって、(+) 球による x 方向成分は、

$$\mathrm{E}_{x,(+)} = \mathrm{E}_{(+)} \frac{-\ell_s/2}{r_{(+)}} \tag{9.35}$$

であり、同様に（−）球による x 方向成分は、

$$\mathrm{E}_{x,(-)} = \mathrm{E}_{(-)} \frac{\ell_s/2}{r_{(-)}} \tag{9.36}$$

である。式 9.30 のように E を表現し、$x = 0$ のところで電場を調べていることに留意すれば、

$$\mathrm{E}_{x,(+)} = \frac{\psi I_s \ell_s}{8\pi r_{(+)}^3} \tag{9.37}$$

であることがわかる。同様に、

$$\mathrm{E}_{x,(-)} = -\frac{\psi I_s \ell_s}{8\pi r_{(-)}^3} \tag{9.38}$$

である。

同じように、式 9.31 と 9.32 で $x = 0$ と置くと、$r_{(+)} = r_{(-)} = \sqrt{y^2+(\ell_s/2)^2}$ がわかる。ここで y は、

信号源から上に捕食者のいるところまでの距離である（図 9.10B）。この値を式 9.37 と 9.38 へ代入して、$E_{x,(+)}$ と $E_{x,(-)}$ を加えれば、最終的に、

$$E_x(y) = -\frac{\psi I_s \ell_s}{4\pi}\left[y^2 + (\ell_s/2)^2\right]^{-3/2} \tag{9.39}$$

が得られる。ここで、$y \gg \ell_s/2$ の時には　$[y^2 + (\ell_s/2)^2]^{-3/2} \approx y^{-3}$ だから、式 9.39 は、

$$E_x(y) \approx -\frac{\psi I_s \ell_s}{4\pi y^3} \tag{9.40}$$

となる。すなわち、電場の x 方向成分（今はこの成分しかない）は、図 9.10A で既に推察したように、x の負の方向に作用する。２つの球の極性を逆転すると、電場の向きも逆になる。電場の強さは、（当然予想されることだが）信号源の電流とともに増し、また媒体の比抵抗とともに増す。電場の強さは、原点からの距離のおよそ三乗で弱くなる。

この計算は、何か変ではないか？　式 9.39 は、信号源の真上の電場の強さは信号源電流 I_s と媒体の比抵抗 ψ の積に直接比例して増える、と言っている。これは、もし生物信号源がある一定の電流を発生するのなら、その結果できる距離 y での電場は、空気中での方が海水中の 200 億倍も強いことを意味している。裏返せば、同じ距離のところに同じ強さの電場を作り出すためには、海水中の信号源は空気中のそれの 200 億倍の電流を流さなければならない、ということである。では、なぜ、空気中での方が電気的活動の検出が容易にならないのか？

この疑問に答えるには、信号源によって作り出される電流と、その電流を作り出すのに必要な電圧、との関係を理解しなければならない。これが、ある強さの電場を作り出すのに必要な電圧を教えてくれる。

9.9.2　抵抗の計算

電流を電圧と関係づける前に、信号源の２つの球の間の抵抗を計算する必要がある。オームの法則（式 9.1）から $R = \mathcal{V}/I$ ということを知っており、式 9.4 から２つの球の間での E を積分すれば $\mathcal{V}$ を計算できることも知っている。どの経路に沿って積分するかという疑問をもつかもしれないが、（どの経路でも同じだから）何ら問題とはならない。x 軸に沿って積分することにすると、そこでは電場の y 方向成分が 0 なので、状況を大幅に簡略化できる。

この方針を、電場の x 方向成分についての最初の式（9.33 と 9.34）に戻って、実行する。この２式に、$r_{(+)}$ と $r_{(-)}$ を式 9.31 と 9.32 から代入して、$y = 0$ と置く。得られた $E_{x,(+)}$ と $E_{x,(-)}$ を足し合わせると、単位電流あたりの電場の強さ、

$$\frac{\mathrm{E}_x}{I_s} = \frac{\psi}{4\pi}\left[\frac{1}{(x-\ell_s/2)^2} + \frac{1}{(x+\ell_s/2)^2}\right] \tag{9.41}$$

がわかる。x 軸に沿って積分すると、抵抗を表わす式、

$$R = \frac{\mathcal{V}}{I} = \frac{\psi}{4\pi}\int_{-\frac{\ell_s}{2}+r_s}^{\frac{\ell_s}{2}-r_s}\left[\frac{1}{(x-\ell_s/2)^2} + \frac{1}{(x+\ell_s/2)^2}\right]dx \tag{9.42}$$

を得る。ここで、r_s は信号源の球の半径である。

この積分を実行すると、

$$R = \frac{\psi}{2\pi r_s}\left(\frac{\ell_s-2r_s}{\ell_s-r_s}\right) \tag{9.43}$$

ということがわかる。もし $r_s \ll \ell_s$ であれば、

$$R \approx \frac{\psi}{2\pi r_s} \tag{9.44}$$

である。簡単のために、信号源の球の半径はその間隔に比べて小さいと仮定しており、単に抵抗というときには式 9.44 を用いる*5。

9.3.3　再び電場について

この結果から直ちに、信号源がある電流を作り出すために必要な電圧を計算できる。$\mathcal{V} = IR$（式 9.1）を思い起こせば、

$$\mathcal{V}_s = \text{信号源電圧} = \frac{I_s\,\psi}{2\pi r_s} \tag{9.45}$$

である。これは同じ信号源電流を作り出すためには、空気中では、海水中の 200 億倍の電圧が必要になることを意味している。この因子（の巨大さ）が、同じ信号源電流で、より強い電場を空気中に作り出す可能性を排除している。信号源電流を信号源電圧で表わすと、

$$I_s = \frac{2\pi r_s \mathcal{V}_s}{\psi} \tag{9.46}$$

［訳者註＊5：電気工学では、接地抵抗と呼ぶ。いわゆる接地抵抗 R_G は、媒体（地面）に埋没した半球面から無限遠点にある無限大球面までの間の抵抗で、$R_G = \psi/(2\pi r_s)$ である。直径に比べてずっと深いところへの全球埋没ではその 1/2 の $R_G = \psi/(4\pi r_s)$ になり、2 球間抵抗ではその 2 倍 $2R_G = \psi/(2\pi r_s)$ となる。］

である。これを式 9.39 へ代入して、（電場の向きを示しているだけの）負号を外すと、電場の強さに関する結論、

$$E = \frac{r_s \mathcal{V}_s \ell_s}{2} [y^2 + (\ell_s/2)^2]^{-3/2} \tag{9.47}$$

すなわち、“電場の強さは信号源の電圧で決まり媒体の比抵抗には依存しない”に行き着く。

空気と水の中の音：周りに耳を澄ます

この章は、動物たちが周りの世界を感じ取る際に水と空気が果たす役割を調べている３つの章の２番目である。この章では、音がどのように作り出され、伝わり、受け取られるのかを扱う。

次の章で調べる光を別にすれば、動物にとって音は周りにある物体の性質や場所についての主な情報源である。これから、（陸棲でも水棲でも）動物がどのようにして周りの物体の速度や距離、大きさなどを推定しているかを見る。陸棲と水棲どちらの動物も、音を同じような目的に使っているが、音を検出したり分析したりする方法は空気中と水中での音の違いに対応しているはずである。例えば、音速は水中での方が空気中よりずっと高いので、イルカが反射波（エコー）からサカナを定位するのはコウモリがガを定位するのよりも難しいのである。陸棲動物が音を聴くことには、水棲動物に比べて本質的な難しさがあって、逆に言えばこの違いが、昆虫や脊椎動物での巧妙な音受容の仕組みを進化させたのである。

10.1　物理

図 10.1 に示すような装置を考えよう。片方が開いた長い円筒の片側がピストンになっていて、ピストンはモータで前後に高速で駆動されている。円筒内の流体はピストンの運動に対して、どのように応答するだろうか？

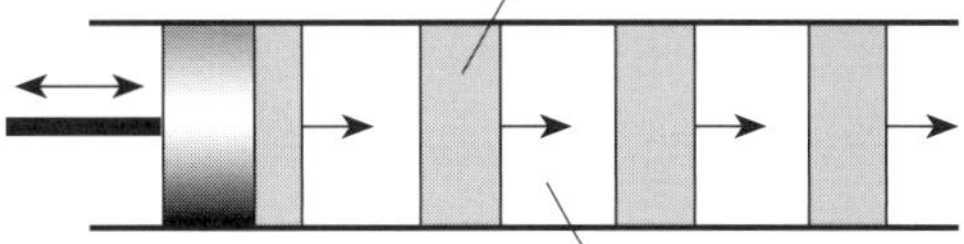

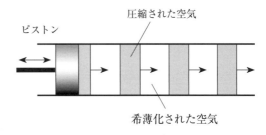

図 10.1　振動ピストンは、筒の中の空気を交互に圧縮と希薄化して、音を作り出す。

まず流体とピストンは止まっていて、モータが動き出したところから始めよう。ピストンが円筒シリンダの中に入ってくると、それは流体を前方へ変位させる。しかし、流体には質量があるから、その慣性が変位に対抗する。その結果、ピストンの前方での圧力が上がり、この圧力上昇は流体の圧縮を伴うことになる[1]。しかも、この圧縮はピストンの近傍に限られている訳ではない。ピストンの前方での圧力が上がると、ピストンに隣接した流体はシリンダのさらに遠くの流体に力を及ぼして、圧縮波が右向きに伝わる。この行程が終わると、ピストンは向きを変える。流体の慣性は、またも変化に対抗して、ピストンの右側に圧力が低く希薄な部分を作り出す。この希薄波も、先行する圧縮波のように、シリンダに沿って右向きに伝わる。これらの圧縮（密）と希薄（粗）が交互になって流体中を進むのは、力学的な縦波の一例で ***「音波（粗密波）」*** と呼ばれる。

音の生物学的な役割を調べるには、その物理のいくつかを知っている必要がある。まず図 10.1 の装置に戻って、簡単な考察をしよう。もう一度ピストンも流体も止まっている状態で、モータのスイッチを短時間だけ入れて、シリンダに沿って右向きに伝わる圧縮波を１個だけ作る。この波は、どのくらい速く動くのだろうか？　つまり、音速はいくらなのだろうか？

視点を変えると、課題は簡単になる。これまでは、実験室に静止した我々が、我々の右に向かって動いて行く圧縮波を見ていた。しかし、シリンダに沿って右に向かって走ることもできる訳で、速さを正確に合わせれば､圧縮波についていける。この運動座標系（***「ラグランジェ移動座標系」***と言う）では、流体の圧縮波は静止していて、シリンダが音速で左へ動いている。この状況は、駅を通り過ぎる列車に似ている。駅のプラットホームに座って見ていれば、（音波に相当する）列車が北へ例えば時速 60 キロメートル（kph: kilometers per hour）で目の前を通り過ぎる。しかし、列車と一緒に動いていれば（音波の速さでシリンダに沿って走ることに相当）、駅が 60 kph で南へ動いているように見える。

運動座標系から見た圧縮波を、図 10.2 に示す。シリンダとその中の空気は、向かって左へスピード c で動いている（圧縮波は動かない）。我々の座標系では圧縮波が静止しているのだから、c は静止した空気中の波のスピードに等しいに違いない（向きだけは逆）[2]。ここの課題は、c の大きさを計算することである。これは、流体が右から左へ圧縮領域を通り抜ける時に起こる事を考えれば、できる。

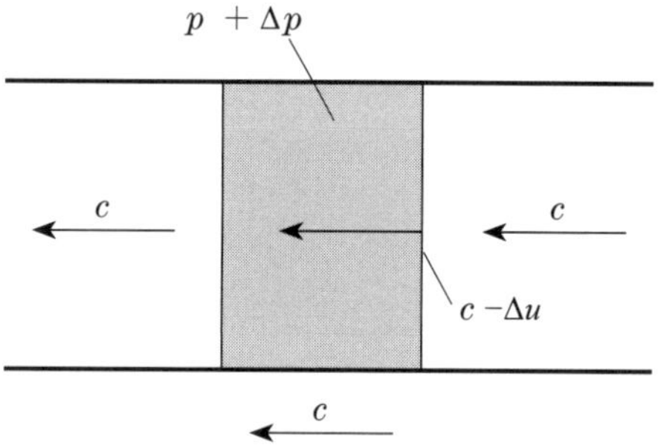

図 10.2　空気が圧縮波に入るとき、速度が落ち圧力は増す。このスピードと圧力の変化を使って､音の速さを計算できる。

圧縮波に遭遇する前は、流体は周囲と同じ大気圧 p にある。圧縮波の内部では、圧力は Δp だけ高くなり、圧縮波を通り抜けた後は p に戻る。さて、流体の小さな体積が圧縮波に入ると、速度が落ちる。この速度減少が、圧縮を引き起こして圧力を上げるのである。この状況は、高速道路を連なって走る車に例えることができる。全体が 60 kph で一定の間隔で走っていた車列が、速度制限 40 kph の地帯に差しかかると、車のスピードが落ちるにつれて車の間隔は小さくなるのである。

流体の速度の減少分の大きさを Δu で表わして、変化は速度が低くなる向きであることに注意しよう。そうすると、圧縮領域内での流体の速度は $c - \Delta u$ である。

ニュートンの運動の第一法則（第 3 章）から、もし流体の速度が変化したのなら何か力が働いたはずだ

[脚註 1：この圧縮は、主にピストンが限られた狭い空間を動くということに由来している。周囲のシリンダ（円筒）がなければ､空気はピストンの側方へ回り込んで流れるので､前方への圧縮は起こらない。シリンダなしでも圧縮が起こるのは、ピストンの速度が音速に近いか、ピストンの径が音の波長に比べて充分に大きな場合である。]

[脚註 2：波の伝わる速さ（音波の伝播速度）を表わす記号として c を用いる。（u ではなく）c を使うのは、波のスピードと波の中の流体のスピードを区別するためである。文字 c の由来については、第 13 章の訳者註＊1 を参照のこと。]

ということがわかる。今の場合、速度の減少をもたらしている力は、シリンダの断面積 A に掛かっている圧縮波の高い圧力である。したがって、ある体積の流体が圧縮領域に入る際に受ける力は ΔpAである。

この力は、流体のどの位の質量に働くのだろうか？　短い時間 Δt の間に圧縮波の領域に入る流体を考えてみよう。圧縮領域に入る前にこの流体が占めていたシリンダの長さは $c\Delta t$ だから、その体積は $Ac\Delta t$ である。圧縮波の外での流体の密度が ρ_0 であれば、この体積の流体の質量は $\rho_0 Ac\Delta t$ である。

この質量が圧縮波に入るときに $-\Delta u$ だけの減速を受ける。影響を受ける流体の体積の定義に従えば、この速度変化は時間 Δt の間に起こることがわかる。つまり、圧縮波に入る流体が受ける減速加速度は $-\Delta u/\Delta t$ である。

これで c の大きさを計算できるところまで来た。ニュートンの第二法則（第 3 章）から、力は質量に加速度を掛けたものに等しい、ということを知っている。したがって、上記で見た流体の体積に働く力を、その質量と上記で計算した加速度の積に等しいと置くことができて、

$$\Delta pA = \rho_0 Ac\Delta t \frac{-\Delta u}{\Delta t} \tag{10.1}$$

である。共通項を消去して書き直せば、

$$\rho_0 c^2 = \frac{-\Delta p}{\Delta u/c} \tag{10.2}$$

である。ここで、圧縮領域に入った時、流体の粒子がもともと占めていた体積（$V_0 = Ac\Delta t$）は、

$$\Delta V = A\Delta u\Delta t \tag{10.3}$$

だけ減らされる。この体積変化をもともとの体積に比べると、

$$\frac{\Delta V}{V_0} = \frac{A\Delta u\Delta t}{Ac\Delta t} = \frac{\Delta u}{c} \tag{10.4}$$

である。これを使って、式 10.2 の $\Delta u/c$ を $\Delta V/V_0$ に置き換えることができて、

$$\rho_0 c^2 = \frac{-\Delta p}{\Delta V/V_0} \tag{10.5}$$

を得る。

式 10.5 の右辺（$-\Delta p/(\Delta V/V_0)$）は前から知っているはずだ。これは、第 4 章で説明したように、流体の平均体積弾性率 B_s の定義である。したがって、

$$c^2 = \frac{B_s}{\rho_0} \tag{10.6}$$

$$c = \sqrt{B_s/\rho_0} \tag{10.7}$$

であることがわかる。つまり、どんな流体についても、音速は密度に対する体積弾性率の比の平方根に等しい。

これで直ちに、水中での音速を推定できる。水の体積弾性率は約 2×10^9 Pa（表 10.1）で、その密度は約 1000 だから、

$$c \approx \sqrt{\frac{2\times 10^9}{1000}} = 1414\ \mathrm{m\ s^{-1}} \tag{10.8}$$

である。水中での音速の正確な値は、表 10.2 に載せてある。

表 10.1　様々な温度における、淡水および海水の等温体積弾性率（UNESCO 1987 から計算）

T(℃)	体積弾性率（Pa $\times 10^9$）	
	淡水	海水 ($S=35$)
0	1.9652	2.1582
10	2.0917	2.2695
20	2.1790	2.3459
30	2.2336	2.3924
40	2.2604	2.4128

表 10.2　空気中の音速（Weast 1977 より）と淡水中および海水中（S=35）の音速（UNESCO 1983 より）

T(℃)	音速（m $\mathrm{s^{-1}}$）		
	淡水	海水	乾燥空気
0	1402.4	1449.1	331.5
10	1447.3	1489.8	337.5
20	1482.3	1521.5	343.4
30	1509.1	1545.6	349.2
40	1528.9	1563.2	354.9

空気のような気体では、状況がもう少し複雑である。読者の中には、第 4 章を思い出して、一定温度の理想気体では、

$$\frac{\Delta p}{p_0} = \frac{-\Delta V}{V_0} \tag{10.9}$$

なのだから、$B_s = p_0$ で $c = \sqrt{p_0/\rho_0}$ だと言いたい人もいるかもしれない。実際これが、音速の解析でニュートンが得た結論であったのだ。しかし残念ながら、これは正しくない。ほとんどの音波は、1 秒間に何度も圧縮と希薄化を繰り返す。このような場合には、圧縮を受けている部分の気体には、その周

囲と熱平衡に達するほど充分な時間がない。つまり、音波の中で空気が圧縮されると熱くなるのである[3]。逆に希薄化するところでは冷たくなる。このような、熱の出入りなしに気体が圧縮されたり膨張したりする（断熱圧縮または断熱膨張と呼ばれる）状況では、式 10.9 は成り立たない。その代わりとして、我々は断熱圧縮についての式、

$$\frac{\Delta p}{p_0} = -\gamma_s \frac{\Delta V}{V_0} \tag{10.10}$$

を使うべきである。ここで γ_s は、気体の定圧比熱の定容比熱に対する比である（Feynman et al 1963）。したがって、

$$c = \sqrt{\gamma_s p_0 / \rho_0} \tag{10.11}$$

である。乾燥した空気では、$\gamma_s = 1.402$ である。

この計算をもう 1 歩進めてみるのも役に立つだろう。理想気体の振舞い（第 4 章）から、

$$p_0 V_0 = N \Re T \tag{10.12}$$

であることを知っている。ここで、N は体積 V_0 の中にある気体分子のモル数、$\Re$ はガス定数（= 8.134 J mol^{-1} K^{-1}）、そして T は絶対温度である。この気体の密度は、

$$\rho_0 = \frac{N \mathcal{M}}{V_0} \tag{10.13}$$

である。ここで $\mathcal{M}$ は、kg mol^{-1} で表わした気体の分子量である。空気の平均分子量は 28.8 (0.0288 kg mol^{-1}) であること（第 4 章）を覚えているだろう。

式 10.13 を式 10.12 へ代入して整理すれば、

$$\frac{p_0}{\rho_0} = \frac{\Re T}{\mathcal{M}} \tag{10.14}$$

であることがわかる。この式から、空気中での音速は、

$$c = \sqrt{\frac{\gamma_s \Re T}{\mathcal{M}}} \tag{10.15}$$

[脚註 3：水中でも同じことが起こるが、水は比熱が大きいので温度変化は無視できるほど小さい。]

という式でも表わせる。すなわち空気中での音速は、密度にも圧力にも依存せず、温度にのみ依存するのである。例えば 20℃では、

$$c = \sqrt{\frac{1.402 \times 8.314 \times 293.15}{0.0288}} = 344\ \mathrm{m\ s^{-1}} \tag{10.16}$$

で、水中の音速の約 1/4 である。異なる温度における空気中の音速は、表 10.2 に与えられている。

第 8 章から、温度は分子の運動エネルギー $m\langle u^2\rangle/2$ に比例することを思い出して欲しい。ここで、m は分子 1 個の質量、$\langle u^2\rangle$ は平均二乗速度である。すなわち、温度の平方根に比例する空気中の音速は、結局 $\sqrt{\langle u^2\rangle}$ つまり気体分子の *rms*（二乗平均平方根、実効値）速度に比例するのである。これは直観的にもわかりやすい。圧縮波や希薄波は、分子自体の動きよりも速く気体中を伝わることはできない。実際に、空気中の音速は、個々の分子の二乗平均平方根（*rms*）速度のおよそ 70% である（Feynman et al. 1963）。

空気中と水中での音速は、次の節で比べる。その前に、音の物理の一般論を終える必要がある。

既に見たように、音波は圧縮と希薄化が交互になったもので、分子の変位とかかわりがある。分子が近くに集まったところでは圧力が高く、分子が遠く離れたところでは圧力が低い。分子の運動と生じる圧力の相互関係をもう少し詳しく記述しておくのも価値があるだろう。

音波が通り過ぎる最中、分子は静止空気中での位置から変位させられる。この変位 Δx は、音の伝播軸に沿っており、ほとんどの場合は正弦波状である。すなわち、

$$\text{変位}\ \Delta x = \mathcal{A}\sin(2\pi f t) \tag{10.17}$$

である。ここで $\mathcal{A}$ は変位の振幅で、t は時間、f は音の**「周波数」**である。周波数はサイクル/秒の次元をもち、SI 単位系での名前は Hz（ヘルツ）である。

この関係を、図 10.3 に描いてある。各周期の初め（ft が整数になる）毎に、流体粒子は同じ点に戻ってくる。つまり、音が流体の中を通っても、流体に正味の動きはない[4]。

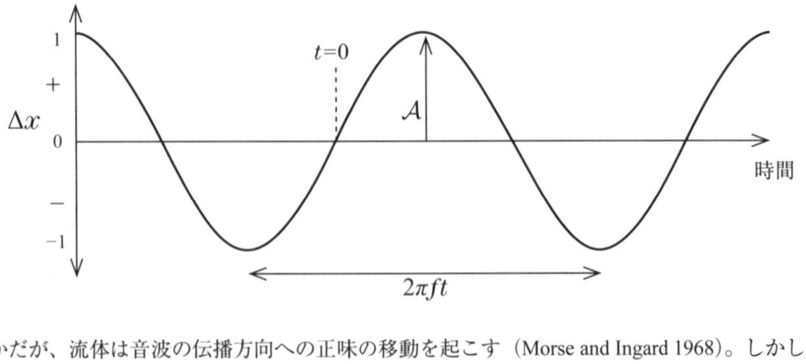

図 10.3　音波が通り過ぎるときに、空間のある 1 点での流体粒子の変位は、時間とともに正弦波状に変わる。

［脚註 4：実際には、ほんのわずかだが、流体は音波の伝播方向への正味の移動を起こす（Morse and Ingard 1968）。しかし、ほとんどの生物学的な目的には、この輸送現象は無視できる。］

図 10.3 に示したのは、ある位置にいた流体粒子の時間函数としての振舞いである。別の見方として、ある瞬間の粒子の変位を、伝播方向に沿った距離の函数として見ることもできる。この場合に適した表現は、

$$\Delta x = \mathcal{A}\sin\left(\frac{2\pi x}{\lambda}\right) \tag{10.18}$$

である。ここで、x は距離で、λ は音の ***「波長」*** である。この見方を図 10.4 に示した。x が λ の整数倍だけ違うところではどこでも、変位は同じである。

変位に関するこれら２つの見方、１つはある瞬間もう１つはある地点、は相補的で、

$$\Delta x = \mathcal{A}\sin\left(\frac{2\pi x}{\lambda} - 2\pi f t\right) \tag{10.19}$$

という１つの式にまとめることができる。

この式の中に現われた負号は混乱を招きかねないので、次のように考えて欲しい。つまり、自分が図 10.4 の原点にいて音波は右へ動いているとすれば、x 軸の正の部分にある波は少し前に自分を通り過ぎていったものである。すなわち、***「波形」*** の特定の場所（例えば、1 の印の点）を経験するには、それが原点にあった瞬間まで時間を ***「逆行」*** するか、原点から x 軸を ***「前向き」*** に進むかしなければならない。波形の上での場所に関しては、時間と空間は逆向きに効く。だから片方に負号が付くのである。

ちょっと寄り道をして、f と λ の関係を調べよう。音波は各周期毎に１波長進み、１秒間に f 周期くり返すことを知っている。したがって、音波が進むスピードは周波数と波長の積、

$$c = \lambda f \tag{10.20}$$

である。書き換えると、

$$\lambda = \frac{c}{f} \tag{10.21}$$

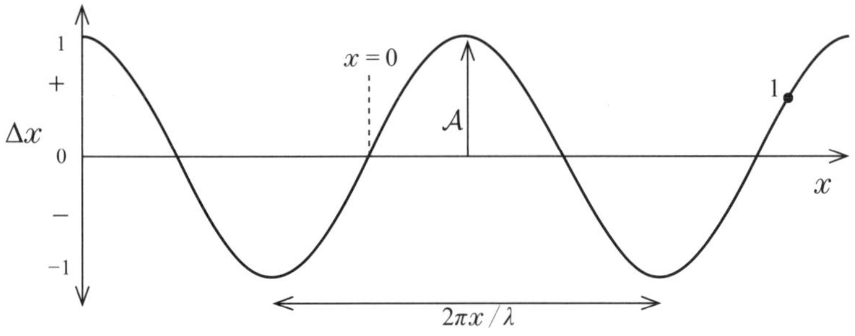

図 10.4　時間上のある一瞬に、波の伝播方向に沿った距離の函数としての流体粒子の変位を見ると、正弦波状に変わっている。

であることがわかる。つまり、（式 10.7 または 10.15 から計算した）音速と周波数が分っていれば、波長を計算できる。例えば、f = 1000 Hz の音の波長は、水中で約 1.4 メートルで空気中では約 0.3 メートルである。波長については、次の節で再び取り上げる。

式 10.19 から、流体粒子の速度を計算できる。速度 u は Δx の時間微分だから、

$$u = -2\pi f \mathcal{A} \cos\left(\frac{2\pi x}{\lambda} - 2\pi f t\right) \tag{10.22}$$

である。

変位と速度の関係は図 10.5 に示されている。この２つは位相が 90 度（= $\pi/2$ ラジアン）ずれている。変位が最大の瞬間（またはその場所で）、速度はゼロで、その逆も同じである（速度が最大のところで変位はゼロ）。

ここで導出はしないけれど、音波に伴う圧力変化 Δp と粒子変位の振幅にも関係があって、

$$\Delta p = -2\pi f \rho_0 c \mathcal{A} \cos\left(\frac{2\pi x}{\lambda} - 2\pi f t\right) \tag{10.23}$$

である（Morse and Ingard 1968 または Clay and Medwin 1977）。ここで ρ_0 は、音による圧縮や希薄化を受けていない状態での流体の密度である。この関係を図 10.5 に示してある。速度が最大のところで、圧力も最大である。

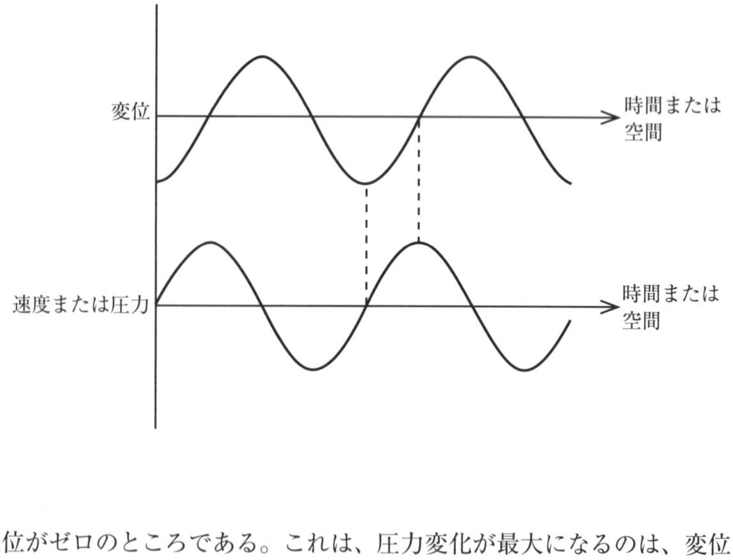

図 10.5　音波の中では、速度も圧力も粒子変位と 90 度位相がずれている。変位が最大のところで速度も圧力もゼロで、その逆も成り立っている。

さて速度が最大になるのは、変位がゼロのところである。これは、圧力変化が最大になるのは、変位がゼロのところであることを意味している。これは直観的にもわかる。変位がゼロの点を境にして、流体の変位の向きは反対になる。ある点のどちら側の流体も、その点に向かって動いているのなら、圧力は上がる。両側の流体が、その点から離れる向きに動いていれば、圧力は下がる。

式 10.22 と 10.23 から、

$$\Delta p = \rho_0 c u \tag{10.24}$$

であることに注意しよう。この関係式は、電気回路における電流についてのオームの法則（第 9 章）と相似なので、利用価値が高い。圧力変化を電圧に対応させ、粒子流速を電流に対応させると、$\Delta p/u = \rho_0 c$ が電気抵抗と等価な音響学的な量として振る舞う。つまり $\rho_0 c$ は、圧力の高いところから低い方へ粒子が流れ込むのを妨げる度合い、すなわち流体が音の通過を妨げる（impede：インピード）性質を表わしている。この理由から、$\rho_0 c$ は流体の ***「音響特性インピーダンス」*** または ***「固有音響抵抗」*** と呼ばれている[5]。

音の物理の最後として、注意すべき点を挙げよう。音が流体中を伝わるとき、それはエネルギーを運んでいる。例えば、小さな円板を音波の経路に垂直に向けて置き、その面に振動圧力が掛かると、力学的な仕事ができる力が生じる（図 10.6）。円板に磁石を付けておけば、円板に生じた力に応じて動き、電線を巻いたコイルの中に電流を引き起こすことができる。こうして、遠方のエネルギー源によって作り出された音が、電子を動かすのに使われるパワーを供給する。これが、（円板－磁石－コイルからなる装置としての）マイクロフォンが、音を電気信号に変換する物理的な仕組みである。

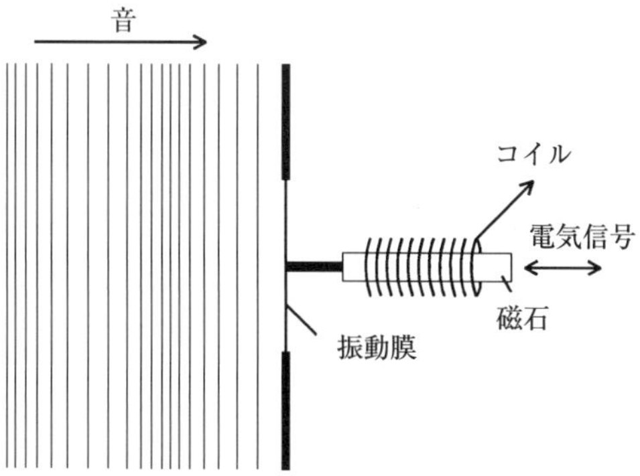

図 10.6　マイクロフォンの振動膜に当たった音波は、磁石をコイルの中で振動させる。これが音を電気信号に変換する。

ある面に入射する音波が、単位面積を通して単位時間に運ぶエネルギーは ***「音の強さ (intensity)」*** $\mathcal{I}$ と呼ばれる。それは、

$$\mathcal{I} = 2\rho_0 c \pi^2 f^2 \mathcal{A}^2 \tag{10.25}$$

$$= \frac{(\Delta p_{max})^2}{\rho_0 c} \tag{10.26}$$

［脚註 5：音響抵抗と音響インピーダンスは、必ずしも同一ではない。抵抗が、より複雑な全（複素）インピーダンスの実数部のみを指す場合も多い（Morse and Ingard 1968 を見よ）。ただし、ここで扱っている単純な平面波の場合には、この 2 つは同一である。］

と表わすことができる。ここで Δp_{max} は実効値（*rms*）で表わした最大音圧振幅で、式 10.23 の圧力振幅（$2\pi f\rho_0 c\mathcal{A}$）の $1/\sqrt{2}$ に等しい。$\mathcal{I}$ の SI 単位は、$\mathrm{W\ m^{-2}}$ である。音の強さは、変位振幅または圧力変化の二乗に比例することに留意して欲しい。

音を取り扱うときには、強さの絶対値よりも相対的な強さの方が重要な場合が多い。例えば、ヒトの聴覚を扱う場合、よく知られた標準に対してどの位大きい音なのかを問題にすることも多く、音の強さの絶対値はあまり重要ではない。非常に大きな音は、ボイラー室のガンガンいう大音響やジェットエンジンの轟音と比べて表わのが普通である。この必要性に合わせた相対的な尺度が、デシベル（dB）で表わした“音の大きさ（ラウドネス）”である。すなわち、

$$\mathrm{dB} = 10\log_{10}\frac{\mathcal{I}}{\mathcal{I}_{ref}} \tag{10.27}$$

である。ここで、$\mathcal{I}$ はいま問題としている音の強さであり、$\mathcal{I}_{ref}$ は特定の状況に合うように選んだ参照基準強度である。音響学では、参照基準として平均的なヒトの最低可聴強さを使うのが普通で、その値は通常 $10^{-12}\ \mathrm{W\ m^{-2}}$ を使う。これを参照基準にとれば、（4 kHz 付近の）聴覚閾値の音の大きさは 0 dB である。

デシベルから実際の強さに戻すには、式 10.27 から、

$$\mathcal{I} = \mathcal{I}_{ref}10^{\mathrm{dB}/10} \tag{10.28}$$

と逆算すればよい。

場合によっては、デシベルを音圧から計算する方が便利なこともある。例えば、多くのマイクロフォンからの電圧信号は、音の強さではなく、音圧に比例している。音の強さが圧力の二乗に比例すること（式 10.26）に注意すれば、

$$\mathrm{dB} = 10\log_{10}\left(\frac{p}{p_{ref}}\right)^2 = 20\log_{10}\frac{p}{p_{ref}} \tag{10.29}$$

であることがわかり、デシベル値から音圧への逆算は、

$$p = p_{ref}10^{\mathrm{dB}/20} \tag{10.30}$$

である。音圧の参照基準値 p_{ref} は、$\mathcal{I}_{ref}$ を式 10.26 に対応させた Δp_{max} のことで、20×10^{-6} Pa である。

音の物理を終える前に、ここに出てきた関係式は、音を作り出した振動から充分に遠く離れた**「遠方場」**と呼ばれる音についてのみあてはまることに注意して欲しい。振動する物体のすぐ近くの**「近接場」**の中では、変位や速度、圧力の関係が、ここで示されたものとは異なる。しかし近接場での奇妙な性質

は、音源のおよそ 0.2 波長以内で際立つだけである（Alexander 1968）。音と生物の関係を調べる作業の多くでは、近接場が重要になるような状況は稀であろうから、遠方場の式を使っても問題はない*1。

10.2　空気中と水中での音

淡水中の音速は約 1450 m s^{-1} で、空気中の約 4.3 倍である。音速は温度の上昇とともに、0 ℃での 1402 m s^{-1} から 40℃での 1529 m s^{-1} まで、小さい方の値から見て約 9％増える（図 10.7）。音速の増加は、温度上昇による体積弾性率の増加と密度の減少の効果の両方による。海水の音速は淡水より約 3％高い。これは海水の体積弾性率が淡水より高いからである（表 10.1）。

ここに収めてある値は 1 気圧下の水のものである。水中の音速は圧力が増えるとわずかに増加する。その率は、水深 1 メートル毎に 0.016 m s^{-1} である（Clay and Medwin 1977）。

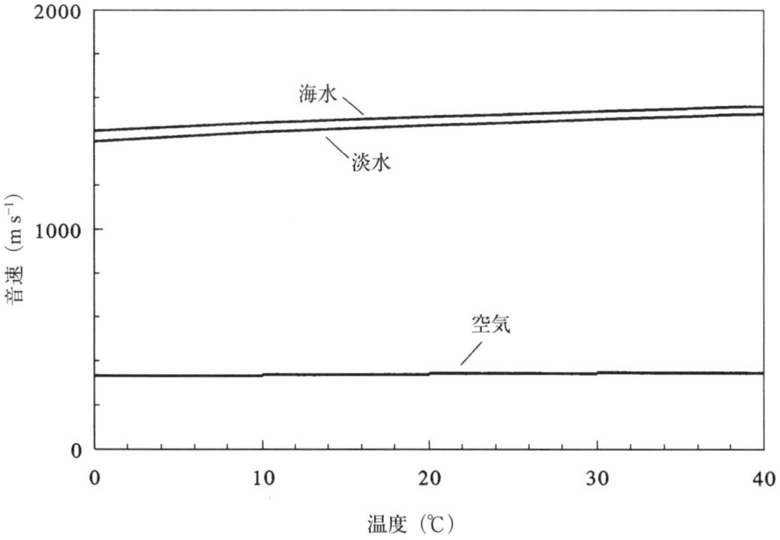

図 10.7　音速は塩水でも淡水でも水中での方が空気中よりもずっと高く、どちらの媒質でも温度の上昇とともにわずかに増える。

空気中での音速は水中のそれの約 23％しかなく、0 ℃での 331 m s^{-1} から 40℃での 355 m s^{-1} まで変わる（表 10.2、図 10.7）。この場合、音速の増加は主として分子運動速度の増加に起因しており、生物学的な温度範囲にわたって約 7％変わる。空気中での音速は、密度に依存しないから（式 10.15）、（温度が同じであれば）音速は高度とはほとんど無関係である。

水と空気での音速は、多くの固体に比べると、両方とも遅い。例えば、金属中での音速は、3500 ～ 5200 m s^{-1} の間が典型的で、花崗岩中での音速は 6000 m s^{-1} もある（Resnick and Halliday 1966）。

［訳者註＊1：近接場の特徴の 1 つは、粒子速度が音圧よりも卓越していることである。粒子速度を検出することで、視覚に頼ることなしに近くで動くものを検出している動物もいる。詳しくは、下澤楯夫、加納正道 1987 および第 7 章の訳者註＊2 を参照して欲しい。］

水中での音速は空気中での 4.3 倍も大きいから、どの周波数の波長も水中では空気中のそれを 4.3 倍したものになる（式 10.12 参照）。様々な周波数での波長を表 10.3 に示してある。

表 10.3　様々な周波数の音の 20℃における波長

周波数(Hz)	波長(m)		
	淡水	海水	乾燥空気
1	1482	1522	343
10	148.2	152.2	34.3
100	14.82	15.22	3.43
1,000	1.482	1.522	0.343
10,000	0.1482	0.1522	0.0343
100,000	0.0148	0.0152	0.0034
1,000,000	0.00148	0.00152	0.00034

表 10.4　水と空気の固有音響抵抗

T(℃)	固有音響抵抗 ($kg\ m^{-2}\ s^{-1}$)		
	淡水	海水	乾燥空気
0	1.402×10^6	1.490×10^6	428.3
10	1.447	1.530	420.5
20	1.480	1.558	413.5
30	1.503	1.579	406.5
40	1.517	1.594	400.3

水は音速も密度も大きいので、水の固有音響抵抗は空気のそれの約 3500 倍もある（表 10.4）。水の固有音響抵抗は、生物学的な温度範囲にわたって温度の上昇とともに約 7 %増えるが、空気のそれは約 7%減る。

さて、固有音響抵抗は音の強さの式（10.25）に現われる。式 10.25 では、固有音響抵抗が変位振幅の二乗に掛けられて、音の強さになっている。水の特性インピーダンスは空気の 3500 倍もあるので、同じ強さの音であれば水分子の変位振幅は空気中のたった 1/60 に違いない。一方、音の強さは音圧の二乗を音響抵抗で割ったものなので（式 10.26）、同じ強さの音の水中での圧力振幅は空気中の 60 倍に違いない。これらの関係については、サカナの聴覚のところで改めて考えることにする。

音が流体中を進むとき、幾ばくかの音響エネルギーが粘性によって失われ、熱として散逸する。その結果、音の強さが減衰する。減衰（吸収）の速さは、音の周波数と媒体の性質によって決まる。ここでは、1 キロメートルあたりに弱まるデシベル数（dB/km）で表わす。水と空気の減衰特性を、それぞれ図 10.8 と図 10.9 に示してある。

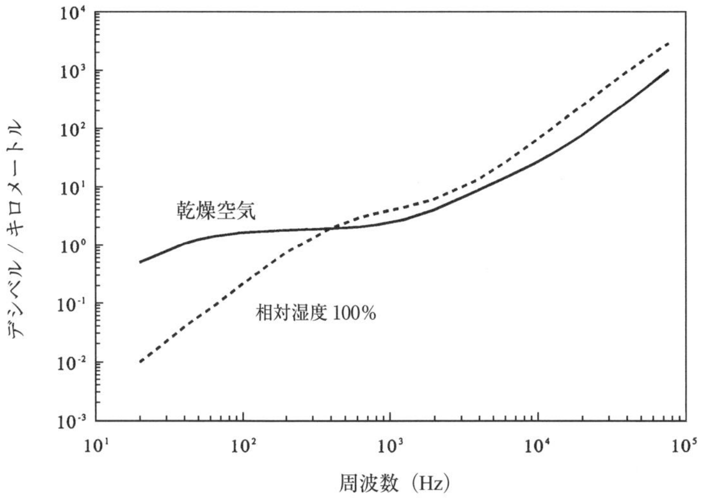

図 10.8　高周波音に比べて、低周波音は空気で減衰されにくい。約 400 Hz 以上の周波数では、乾燥空気よりも湿度の高い空気の方が音を減衰させる率が高い。しかし 400 Hz 以下では、湿った空気の方が乾燥空気よりも減衰が小さい。

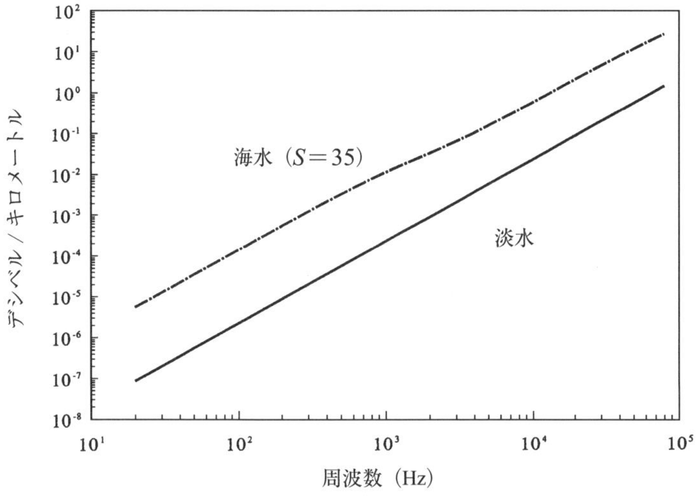

図 10.9　高周波音に比べて、低周波音は水で減衰されにくい。海水中のホウ酸イオンが、淡水に比べて強く音を減衰させる。

高い周波数の音は、空気中で低い周波数より急激に減衰を受ける。これが、遠くのカミナリは低く重苦しくゴロゴロと聞こえ、すぐ近くのカミナリは高い周波数を含む衝撃音に聞こえる理由である。ただし、空気が低周波の音を伝える性質は、相対湿度に強く影響されることにも注意して欲しい。乾燥した空気は 20 Hz の音を非常に湿度の高い空気の約 50 倍も減衰させる（図 10.10）。

空気に比べると、水の方が音を伝えやすい。例えば、乾燥空気中での f = 20 Hz の音は、淡水中よりも 600 万倍も速く減衰を受ける（図 10.11）。しかし、海水は音を淡水よりも速く減衰させることに注意して欲しい。生物学的に重要な周波数範囲（10 ～ 10,000 Hz）の音を海水が減衰させるのは、主に水中に溶けたホウ酸イオンと音エネルギーの相互作用による（Clay and Medwin 1977）。この分子はその振動モードの共鳴周波数が、これらの周波数範囲にある。このため、音響エネルギーのかなりの部分が水分子の変位ではなくホウ酸分子の内部振動に転用され、やがては熱として散逸されてしまう。もっと高い周波数帯（10 ～ 1000 kHz）では、硫酸イオンとの相互作用を通して音のエネルギーが吸収される。

ここで引用したのは、水と空気の両方とも、減衰の最小値である。後ろの方で見るように、特別なもの（例えば水中の泡）が混じっていると、減衰は極端に増える。

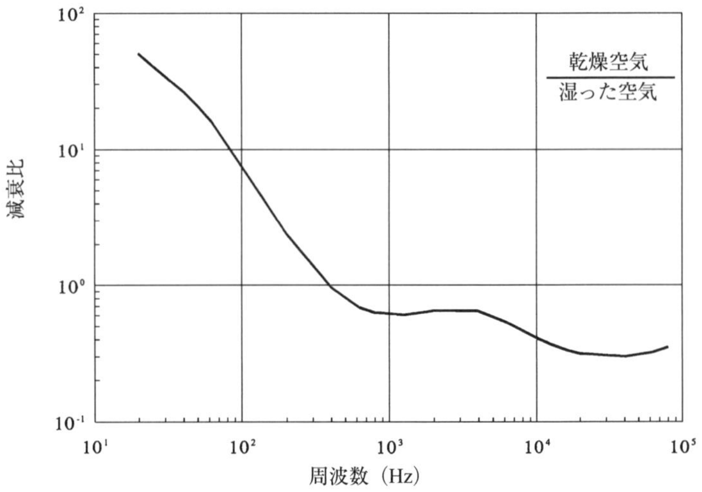

図 10.10　周波数 20 Hz では、乾燥空気は湿った空気の 50 倍も音を減衰させる。これは、ゾウ同士の音響通信にとって重要なことである。しかし 10,000 Hz では、湿った空気は乾燥空気の 7 倍も音を減衰させる。

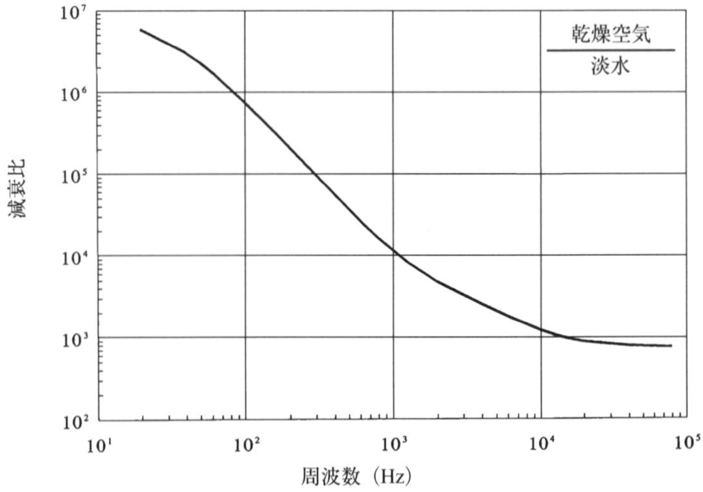

図 10.11　空気は水よりもずっと音を減衰させやすい。

10.3　音の中の情報

やっと、水と空気の音響特性が生物にどのように影響したか、を調べるところまで来た。まず、音の波長の意味を議論しよう。

この章では、動物が周りの情報を入手するのに音をどのように使っているかを調べる。しかし、動物が聞くことができる音の波長自体が、感じ取れる情報の種類や手に入る速さ、に強い拘束を掛けてしまっている。

例えば、音を効率的に反射するためには物体は音の波長より大きくなければならない、ということを本章の後ろの方で見る。動物が使う音の最も高い周波数は約 10^5 Hz だから、水中では 1.5 cm、空気中なら 3 mm より小さな物体は、簡単には検出され得ないことを意味している。

波長に関する同じ拘束は光にもある。しかし、光の典型的な波長は 10^{-7} m の程度なので、理論的に言えば、動物は耳で検出できる物体の 1/100,000 の大きさの物体を目で検出することが可能である。

大きさについての拘束は、検出器官では音でも光でも同じである。目は、密に並べた感覚細胞で網膜に入射した光を標本化（サンプリング）して、周囲の像を分解している。細胞が小さいほど、像から得る標本数は多くなり、より詳細な事柄を感じ取ることができる。網膜細胞のサイズは、本質的に光の波長（第 11 章）より大きくなければならないが、非常に小さく波長の約 3 倍（1.5 μm）である。これが、手ごろな大きさに納まった目で、数千の標本点からなる像を見ることを可能にしている。

同じ類の拘束が、周りの音響的な像を作り上げようとしている耳にも、つきまとう。そのような像を標本化するためには、耳は最大で数波長にわたって感覚器を並べる必要がある。しかし、音の波長は光の波長に比べて非常に大きいので、結像可能な耳は実現不可能に大きなものになるだろう。例えば、もしセンサーが音の波長の 3 倍だとすると、10^5 Hz の周波数での、空気中での直径は 1 cm になる。したがって、標本点を 1000 個並べて音響像を得ようとすると、直径 10 m の耳が必要になってしまう。

大きさに関するこの拘束は決定的な困難で、周りの空間像を音響的に作り上げる能力を持った耳を進化させた動物はいない。それどころか、全ての耳は音の点検出器である。この章の大部分は、音を情報源として使う際に付きまとうこの拘束の下で、動物はどのような工夫をして来たのかを調べることにあてる。まず、エコー（こだま）について始めよう。

10.4　エコー（こだま）

音波が、媒体とは異なる特性インピーダンスをもった物体に当たると、音響エネルギーの一部は向きを変える。もし物体が音の波長に比べて大きければ、この向きを変えたエネルギーの多くが物体で“はね返される”。この向きを変えた音は、**「反射波」**と呼ばれる。物体が波長に比べて小さければ、音波の大部分が物体を“包み込む”**「回折」**と呼ばれる現象が起こる。回折の結果として、音のエネルギーは物体からいくつもの方向に伝わる。これを、音が**「散乱（scatter）」**されると言う。反射は、散乱の特別な場合である。音源の方に戻ってゆく散乱音は**「エコー（こだま）」**と呼ばれている。

エコーは、動物に周囲に関する情報を与えてくれる。古典的な例は、高い周波数の短い音を出して散乱された音響信号を聴き取っている、コウモリである。同じような仕組みは、（アブラヨタカやアナツバメなどの）洞穴棲のトリで、暗闇での飛行のために使われているし、イルカ、ネズミイルカ、クジラでは、水中で物体を定位するのに使われている。エコー音に含まれる情報は、魚群探知機をはじめ、潜水艦の探知や追尾、海洋底の地図作りに使われるソナーシステムの基盤となっている。生物が実現したこだま定位系についての基本的な考え方はよく知られているので（Griffin 1986、Nachtigall and Moore 1986）、それらにはあまり深く立ち入らない。その代り、空気中と水中とでは、生物のこだま定位系はどのように違っていなければならないかに注目する。

まず、検出できる物体のサイズを取り上げよう。上で述べたように、音が散乱される様子は音の波長に対する物体の大きさに依存する。周波数が同じであれば、水中での波長は空気中での 4.3 倍だから、サイズが同じ物体でも空気中と水中では散乱が異なることが予想できる。

ある物体が音を散乱するパターンは物体の形に依存するので、複雑な形の物体については予測が難しい。しかし、単純な形を取り上げて、その散乱特性が水と空気でどう違うかを見ることはできる。これまでと同様、モデルとして球を選ぶ。この選択には、ある程度の生物学的な正当性もある。例えば、ネズミイルカやクジラが追いかける被食者の多くは、音響学的に球形である。これらの動物から音が散乱されるのは浮き袋のせいであることを後で見せるが、圧力容器としての浮き袋の多くは大まかに言えば球形である。

では、球は音をどう散乱するのか？　まず、円周長が波長より小さい固い球、すなわち r を球の半径として $2\pi r/\lambda < 1$ の場合に限定した考察から始める。この制限はそんなにきついものではない。例えば、（コウモリやイルカのこだま定位音として普通の）周波数 60 kHz は、空気中での波長が約 5.5 mm だから、直径 1.8 mm 以下の球に限定して考えることになる。コウモリが狩る飛翔昆虫のいくつかは、体の実効サイズがこれよりも小さい。水中では波長が長くなるので、これの 4.3 倍の 7.2 mm までの物体を考えることになる。より低い周波数では、より大きな球が要件を満たす。

サイズについてのこの制限を満たせば、物体から出るエコーの強さは、

$$\mathcal{I}_s = \mathcal{I}_0 \frac{256\pi^4 r^6}{9\lambda^4 \ell^2} \tag{10.31}$$

である（Morse and Ingard 1968）。ここで、$\mathcal{I}_0$ は球に入射する音の強さ、ℓ は球の中心からエコーの受信点までの距離である。ここでは、音源方向への直接散乱のみを考察し、散乱の方向特性については言及しない[6]。

この表式には、読み取るべき２つの重要な点がある。第１に、エコーの強さは波長の ***「4 乗」*** に逆比例する。同じ大きさの球からの散乱であれば、空気中でのエコーは水中でのエコーに比べて $4.3^4 \approx 342$ 倍も強い。したがって水中でこだま定位をする動物は、エコーが聞き取れるほど大きな動物を狩るか、空気中での動物よりも高い周波数の音を発射するかしなければならない。コウモリは、こだま定位（エコーロケイション）のために 22 〜 154 kHz の範囲の音を発射する（Simmons and Grinnell 1986）。一方、イルカやクジラは 30 〜 150 kHz の周波数範囲に最大エネルギーをもつクリック音を使っている（Popper 1980）。このように、陸棲のこだま定位動物が狩るのと同じ程度に小さな物体を定位できるように、水棲動物一般がその周波数を充分に調節し終わっているかどうかには、疑問が残る。

式 10.31 から読み取るべき第二点は、エコー強度の球サイズへの強い依存性である。I_s は半径の ***「6 乗」*** で増える。これは、現実的に言えば、もしサイズにバラつきがあれば一番大きなものだけが検知される、ということを意味する。例えば $2^6 = 64$ だから、直径 2 mm の球 1 個と同じエコー強度を与えるには、64 個の直径 1 mm の球が必要になる。729 個もの直径 1 mm の球で、やっと直径 3 mm の球 1 個と同じエコー強度になる。これは、小さなサカナや昆虫は、単に少し大きい被食者の近くにいるだけで、こだま定位捕食者から隠れることができることを、意味している。

このことはまた、コウモリは霧の中でも小さな昆虫を有効に定位でき、イルカは泥水の中でも小魚を定位できることを意味している。例えば、半径 10 μm の粒子を含んだ細かな泥水を考えよう。計算すれば、周波数 60 kHz では、

$$\frac{\mathcal{I}_s}{\mathcal{I}_0} = \frac{7.4 \times 10^{-21}}{\ell^2} \tag{10.32}$$

であることがわかる。すなわち、サイズが小さいので、沈殿した粒子は音に対して実質的に透明なのである。このため、濁って不透明な水の中の音は、透き通った水や空気の中の光と同じような機能的重要性を持てるであろう。この事実は、進化の上で、明らかな重要性を持っていた。例えば、濁った泥水の

［脚註 6：方向特性も含めた完全表現は、

$$\mathcal{I}_s = \mathcal{I}_0 \frac{16\pi^4 r^6}{9\lambda^4 \ell^2} (1-3\cos\theta)^2 \tag{10.33}$$

である（Morse and Ingard 1968）。ここで、θ は入射音の伝播方向と散乱音の伝播方向の成す角である。音源方向へのエコーでは、$\theta = 180$ 度である。］

アマゾン川に棲む淡水イルカは、高度に有効なこだま定位能をもっている（Popper 1980）。

式10.31は $2\pi r/\lambda < 1$ の場合にのみあてはまることに注意して欲しい。$2\pi r/\lambda$ が10よりも大きい時の散乱強度は、

$$\mathcal{I}_s = \mathcal{I}_0 \frac{r^2}{4\ell^2} \tag{10.34}$$

となる。すなわち、音の波長より大きな球のエコー強度は、物体の投影面積に直接比例し、波長には依存しない。この場合、小さな被食者にとっては、大きな兄弟の間に身を隠すことはずっと難しくなる。

物体のサイズが $1 < 2\pi r/\lambda < 10$ の場合には、円周長と波長の比に精密にしたがって、散乱強度が約3倍ほど増減する（図10.12）が、大きなサイズでの投影面積のみへの依存から大きく外れることはない。

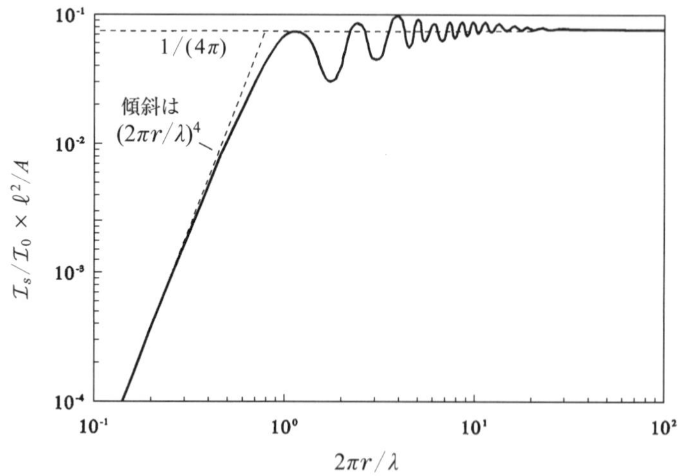

図10.12　散乱音の強度は、散乱粒子の円周長が入射音の波長以下になると、急激に減る。しかし、粒子の円周長が波長の10倍より大きければ、（単位投影面積あたりの）散乱音強度は粒子サイズとは無関係になる（Clay and Medwin 1977より）。

ここまでは固い球のみを考え、そうすることで、音そのものが球の形を変えてしまう可能性を排除してきた。しかし、そうとは限らない。特に水中の浮き袋や泡は、音圧に応じてその大きさが変わりうる。変形を許した場合の結末を、修正された散乱強度に関する式（Clay and Medwin 1977）、

$$\mathcal{I}_s = \mathcal{I}_0 \frac{16\pi^4 r^6}{\lambda^4 \ell^2}\left[\left(\frac{k_1-1}{3k_1}+\frac{k_2-1}{2k_2+1}\right)\right]^2 \tag{10.35}$$

を用いて調べてみよう。ここで k_1 は、

$$k_1 = \frac{c_s^2 \rho_s}{c_f^2 \rho_f} \tag{10.36}$$

で定義された量で、添え字 s は球（sphere）の内部に関する値であること、f は周りの流体（fluid）に関する値であることを示している。

もう１つのパラメータ k_2 は、球の密度と流体の密度の比、

$$k_2 = \frac{\rho_s}{\rho_f} \tag{10.37}$$

と定義されている。式 10.35 でも、$\mathcal{I}_s$ の方向特性は考慮せず、音源方向に戻る反射音のみを考察する。以前と同じく、球の円周長は波長に比べて短いものとする。

（圧縮性の球についての）式 10.35 と（固い球についての）式 10.31 は、いくつもの点で似ている。$\mathcal{I}_s$ は、r^6 に比例して直接変わり、λ^4 に逆比例する。しかし、主に効くのは球の圧縮性である。実際に起こりうる２つの場合として、空気中の水の球（飛翔している昆虫に相当）と水中の空気の泡（サカナの浮き袋に相当）を考えよう。この２つの球は同じサイズで、同じ周波数と強さの音に曝されているとする。２つのエコーを比べるとどうなるだろうか？

球と流体の密度や音速に適切な値を代入すると、式 10.35 の角括弧の二乗の項（球の圧縮性に関する項）は、空気中よりも水中での方が 35 倍も大きいことがわかる。すなわち、空気の泡には圧縮性があり、水の球にはそれがないので、泡はより効率的に音を散乱する。これが、サカナの浮き袋がイルカや魚群探知機の良い音響標的になる理由である。

しかし、この圧縮性の効果も、同じ周波数での水中での波長が空気中での 4.3 倍になるという事実を乗り越えるのには充分ではない。波長の効果によって、周波数が同じなら、式 10.35 の第 1 項は、空気中では水中の $4.3^4 \approx 340$ 倍にもなる。結局、同じ大きさの物体の同じ周波数での散乱強度は、空気中での方が水中での約 10 倍になる。

この章の後の方で、音受容を考える時に、泡の驚くべき性質に戻る予定である。

エコーの話題を終える前に、物体を定位するのにエコーを使うだけではなく、さらにもう１つ上撚りをかけた生物のしたたかなやり方、つまり物体そのものからのエコーを受信する必要はないのかも知れないということ、について考えてみよう。例えば、熱帯にすむ数種類のウオクイコウモリは、湖の水面すれすれに飛びながらタイミングよく足を伸ばして爪先だけを水中に入れて、サカナを引っかける。明らかに、このコウモリはサカナが作り出した水面の小さな波のエコーから、サカナを定位している（Suthers 1965）。この章の後ろの方でわかるように、コウモリが水面下にいるサカナからのエコーを聞き取ることなど実質的に不可能である。水面に波ができる仕組みについては、第 13 章で考察する。

10.5　音の減衰

空気は、低周波音よりも高周波音をより速く減衰させることを、上で述べた。したがって、陸棲動物が長い距離にわたって音で連絡しようとすれば、できるだけ低い周波数を使うのが一番よい。これが正に、象が採った方策である。Langbauer et al. (1991) は、メス象と仔象からなる群れは、4 km 以上離れると 15 ～ 35 Hz の範囲の音で互いに“話し合って”、動きを調整できることを示している。これら低い周波

数の種内呼び掛け音は、オスが遠方の発情期のメスを定位するのにも使われる。Langbauerらは実験の際の湿度を報告していないが、乾季の終わりに向けて実施している。もしもこの測定の間の湿度が本当に低かったのなら、湿度がもっと高い空気で象が通信可能な距離を、低めに見積もったことになる。

象の聴覚については、音源の定位を考察する次の節で、再び取り上げる。

水は音の減衰が比較的少ないので、水棲動物は陸棲の仲間に比べるとより長距離にわたる通信ができる。例えば、クジラやイルカは音を使って数百キロメートルを超える通信ができると考えられている(Payne and Webb 1971)。音響による長距離通信の有用性は、まだ注目されている。例えばアメリカ海軍は、遠くの海面を航行する船舶や潜水艦を追跡する手段として水中マイクロフォンを使っている。

10.6　音源定位

音源の方向と距離がわかるのは、生物にとっては明らかに有利なことである。これは、繁殖相手を見つけようとしているオス象、餌食を見つけるのに音を使っている捕食者、追尾してくる捕食者の位置を必死に知ろうとしているであろう被食者、のいずれにもあてはまる。

10.6.1　方向

音がどの方向から到達したかを知るのに、動物が使える基本的な方策は4つある。まず音波の中で流体粒子が変位する軸を感じ取ることで、音の方向を知る動物がいる。音が動物の右側から来れば、動物の近くの空気や水の分子は左右軸に沿って揺れ動く。これに対して、前から来る音は前後軸に沿っての動きを引き起こす。これら2つの音源を識別する能力には、音圧ではなく音波の粒子変位に応答する耳が必要である。この章の後ろの方で見るように、多くのサカナはこの能力を持っており、したがって音の粒子変位を直接測ることで音源への方向を知ることができる（Hawkins and Myrberg 1983)。しかし、この能力は動物としては稀な部類なので、ここからは粒子変位ではなく音圧を感じ取る耳をもつ動物が使えるいくつかの方策に目を向けることにする。

これらの方策の1番目は、動物が2つの耳に届いた音の強さを比べることで、方向を感じ取る。この能力は2通りの仕組みに基づいている。まず、音が右から到達すれば、右耳は左耳より音源に近いから、右耳の音の強さの方が大きい。次に、音が右から来たとき、体（頭）があるので左耳に届く音が減衰する。音が左から来れば、逆になる。どちらの仕組みでも、動物が音源に真正面または真後ろに近く向いていれば、両方に耳に届く音の強さは等しくなる。

この定位方策には、本質的な難点が3つある。第1は、音源からの距離による減衰は動物の両耳間距離では少な過ぎることである。空気中でも、周波数10,000 Hzでの減衰率は約70 dB/kmであって、両耳間距離が1～100 cmでは強さの違いは0.0007～0.07 dBにしかならない。空気中のより低い周波数や水中なら周波数を問わず、違いはもっと小さくなる。

第２は、方向の曖昧さである。右前方 45 度にある物体は、右後ろ 45 度の物体と混同されてしまう。この多義性は、音源が動物の正中面上にある時にはもっと悪くなる。つまり、動物の真正面から出た音は両耳に同じ強さで届くが、真後ろや真上から出た音も、同じことになる。これらの多義性は、音を受ける耳の外側部分（**「耳介」**）が方向性をもっていれば、小さく抑えることができる。ヒトの耳介は、音に対して方向性をもった“アンテナ”で（Shaw 1974）、頭部から約 30 度で突き出して前を向いている。その結果、我々の耳は後ろや上からの音よりも、前方からの音に敏感である。音の強さを比べて方向を知る方策での多義性は、動物が音を聴きながら頭の向きを少し変えることでも、減らすことができる。

第３は、簡単には避けようのない問題である。頭部のように波長に比べて小さい物体は、音に対してハッキリとした“影”を作らない。小さな物体は、音を散乱しにくいからである。これはまた、波長が長い（周波数が低いか音速が高い）場合、頭部は音エネルギーの効率的な遮蔽体とはならず、両耳に届く音の強さはその到達方向によらず同じになる、ことを意味している。レイリー卿に倣って概算で言えば、頭部がハッキリとした音の影を作るのは、頭の周囲長が $\lambda/4$ を超えている場合だけである。例えば、周波数 100 Hz の音は、空気中での波長は 3 m 以上あり、ヒトの頭部（$r = 8.75$ cm で周囲長は 0.55 m）は下流の耳にわずかな影しか落とせない（図 10.13、Guick et al. 1989）。その結果、低い周波数の音源の方向を知る有効な手がかりとして、我々は音の相対的強さを利用できない。象の頭部の周囲長は 4.5 m ほどもあって、25 Hz 位の低い周波数までかなりの音の影を作れるので、この動物が互いの居場所を知るのに低い周波数の音を使えることの説明になる。

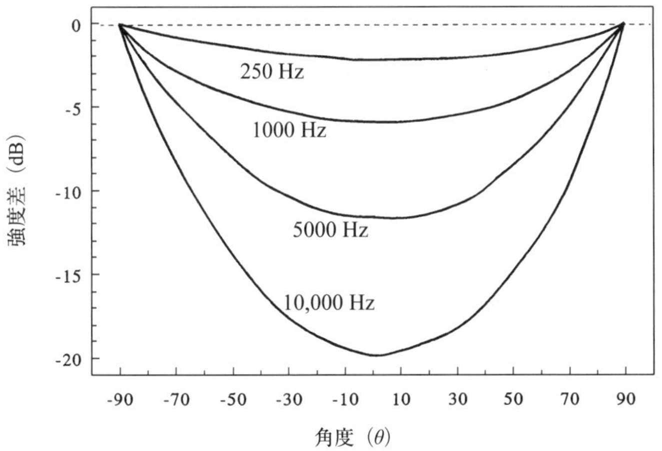

図 10.13　ヒトの頭部によってできる“音の影”は、右（角度 θ = 0°）または左（θ = 180°）から来た音で最大である。違いは、正面（90°）または真後ろ（−90°）から来る音で、ゼロである。両耳間での音の強さの違いは、音の周波数が高いほど、大きい。（Gulick et al. 1989 による報告から再描画）

音の影が薄くなる難点は、波長が長くなる水中ではより高い周波数にも及ぶ。例えば、100 Hz の音の水中での波長は 14.3 m なので、クジラの頭部でさえもやっと音の影を作れるだけである。

このように、この方策にはいくつもの問題点があるにもかかわらず、有効な音源定位系の一部として

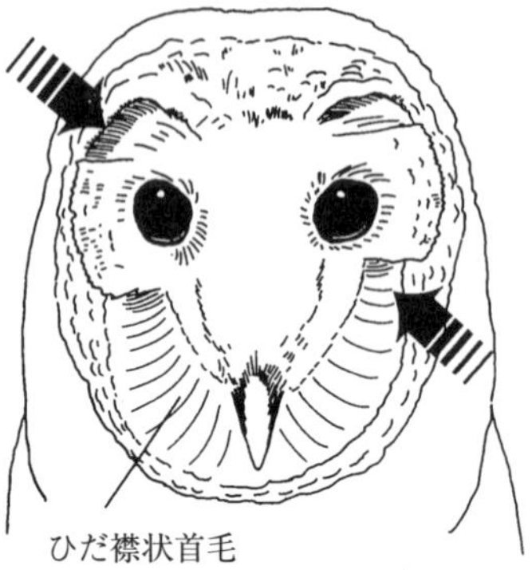

図10.14　メンフクロウのひだ襟状の首毛は、方向性を持った受音器として働く。右耳は右上方からの音を優先的に聴き、左耳は左下方からの音を聴く。（Konishi 1975の写真から描画）

利用できる。例えばフクロウでは、音源定位は最高に重要なことである。その理由は、この動物は夜間に狩りをするので、視覚に頼ることができないからである。進化上の適応を通して、メンフクロウの顔を覆う羽毛は左右非対称になっていて、方向性を持った音響的アンテナとして働く。つまり、右耳は右上方から来る音を優先的に聴き、左耳は左下方からの音を優先的に聴く（図10.14、Knudsen 1981）。羽毛によって作り出される方向特性は明らかに重要で、それまで持っていた顔面の羽毛を剃り落としてしまうと、音の定位性能が落ちる。この磨き上げられた系でさえも、相対的な強さによる音源を定位する能力には自ずから限界がある。聴覚系の方向特性は、波長が顔の大きさより小さくなる高周波域で最良である。低周波域では、この系はあまりよく働かない。

音圧測定から音源を定位する第2の方策は、音が両耳へ到達する時間差を使う。両耳は距離xだけ離れているとしよう。音源が右側にあれば、右耳は左耳よりx/c秒だけ早く音を受け取る。両耳への到着時間差Δtは、音が到着する角度に直接関係する（図10.15）。右側から来る音の角度を$\theta=0$と定義し、音源までの距離が両耳間距離より充分に大きい場合には、

$$\Delta t = \frac{\Delta x}{c} \approx \frac{x\cos\theta}{c} \tag{10.38}$$

である。ここでθは右方向への直線を基準にした角度で、この基準線を通る面であれば音源はどんな面内にあってもよい、ということに注意して欲しい。つまり、音源は頂角θの円錐面上に定位されるの

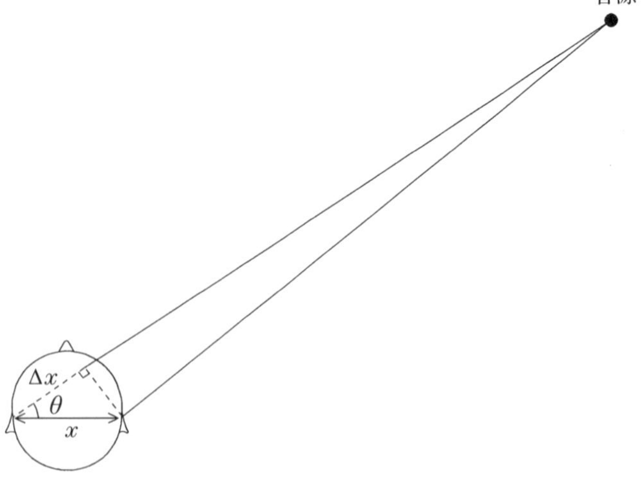

図10.15　音源が頭部の正中面上にある場合を除いて、片方の耳への音は他方の耳までより長い距離（ここではΔxと近似）を進まなければならない。この距離の差が音源の位置の手がかりになる。

である。

もし動物が音速と両耳間距離を“知って”いて、Δt を測ることができれば、動物は音源への角度、

$$\theta \approx \arccos \frac{c\Delta t}{x} \tag{10.39}$$

を計算できる。この仕組みには、周波数に依存しないという長所がある。しかし、再び曖昧さ（多義性）の問題が残っている。θ で決まる円錐面上であれば、異なる場所からの音も全て同じ遅れ時間をもつのである。この曖昧さは、音の強さの差などの他の情報を使って、解消しなければならない。

この方式の決定的な難しさは、測りとるべき時間が非常に短いという厳しさにある。両耳間の最大時間遅れは x/c である。あるコウモリは、$x \approx 5$ cm で、空気中での音速を考慮すると、この遅れ時間はたった 0.15 m s しかない。このように短い時間でも神経系にとっては充分に検出可能な長さで、到着時間差はコウモリが音源定位する際の主な手がかりになっている（Suga 1990）。

動物が小さいほど、この問題は難しくなる。例えばハチドリやバッタの両耳は 1 cm 以下しか離れておらず、音の到着時間の両耳間差は 0.03 ms に過ぎない。これは極めて短い時間で、動物が直接測ることは多分できないだろう。しかし、いくつかの昆虫やトリそして両生類は、ある巧妙な方策でこの問題を解決しており、この節の後の方で調べる。

ヒトでは、x は約 20 cm、Δt は約 0.6 ms で、我々の神経系が検出したり利用できる時間長である。

音の到着時刻の計測は、水中ではもっと厳しくなる。水中の音速は空気中の 4.3 倍だから、音が両耳に到着する時間間隔は $1/4.3$ に小さくなる。つまり水中では、ヒトの耳への最大到着時間差は約 0.14 ms で、明らかに我々の神経系の能力に過大な負担を掛ける。スキューバダイバーは、水中では音を定位するのは難しいと報告している。しかしサカナが、水固有の到着時間差の短さに手を焼くことはない。サカナは、音源方向を直接測ることができることを、すぐ後ろで見せる。

音圧の測定から音源方向を知る第３の方策は、両耳に聞こえた音の位相差を検出することである。図 10.16 に示したような一連の音波を考えよう。音波が動物を通り過ぎるとき、音はまず“上流側”の耳に届き、少し遅れて反対側の耳に届く。つまり、右耳と左耳は、いかなる瞬間も、音波の異なる部分を聴いている。２つの耳が聞く音の位相にはズレがあり、（時間差と同じように）位相差は耳に対する音源の位置で直接決まる函数である。波形のある点における位相は、波の開始点から既に通り過ぎた部分までの波長に対する比に 2π を掛けたものである（図 10.16）。したがって、両耳間での位相差 φ は、

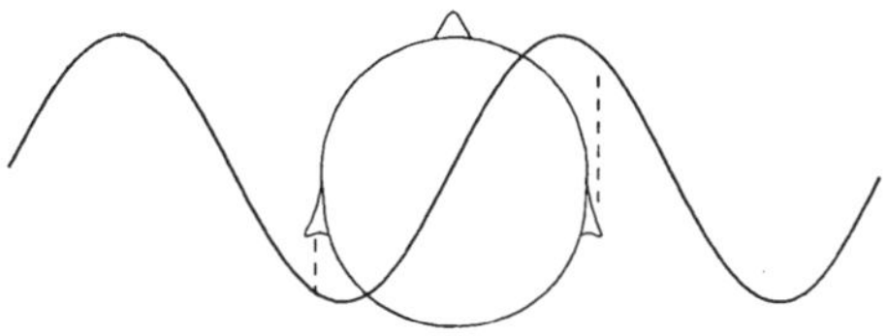

図 10.16　耳は、波の異なる点で、音を拾う。つまり、両耳での音には位相差がある。

$$\varphi = \frac{2\pi\Delta x}{\lambda} \qquad (10.40)$$

である。$\lambda = c/f$ であることと $\Delta x = x\cos\theta$ であることを思い起こせば、

$$\varphi = \frac{2\pi f x \cos\theta}{c} \qquad (10.41)$$

であることがわかる。もし、動物が音の周波数や音速および両耳間距離を“知って”いて、位相差を測ることができれば、音源の方向 θ を計算できて、

$$\theta = \arccos\frac{\varphi c}{2\pi f x} \qquad (10.42)$$

である。

音源定位のこの方策にも、難点が３つある。第１は、曖昧さは常に存在するということである。異なる場所からの音でも同じ位相差を持ちうるし、その曖昧さを取り除けるのは他の手掛かりしかない。

さらに、周波数に関する問題が２つある。第１に、両耳間の位相差は音の周波数に依存する（式 10.41）。どうしてそうなるのかは、図 10.17A と 10.17B に示した２つの波を比べるとわかるだろう。どちらの図でも両耳間の距離は同じだが、図 10.17B では周波数がより高いので、位相差が大きい。すなわち、音源の方向は、位相差を音の周波数で補正する仕組みがある場合にのみ推定できる。

第２に、もし両耳間距離が音の波長のきっちり整数倍だった場合には、位相差は方向を曖昧に示すだけである。例えば、（図 10.17B のように）両耳間距離が正確に波長と同じであれば、右から来る音は、左耳に到着するよりもちょうど１サイクル早く到着する。したがって、両耳は同じ位相の音を聴き、正中面上から来る音と区別が付かない。この潜在的曖昧さは、$\lambda \ll x$ となる高周波音で最も起こりやすい（両耳間に複数個の波が入ってしまう）。周波数スペクトルの反対側の低周波音では、両耳間での位相差が検出できないほど小さくなる。後者は、波長が長くなりしたがって位相差も小さくなる水中では、より深刻な難点である。

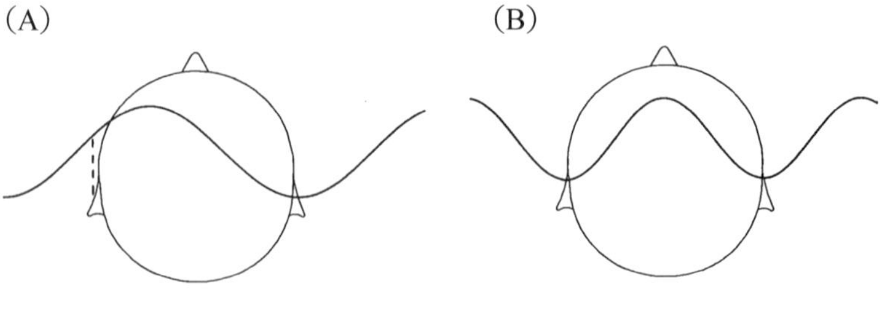

図 10.17　両耳間の位相差は音の周波数に依存する。(A)の右耳は、(B)と同じ波の地点を拾っている。しかし、(B)の音の周波数がより高いため、波長が短く、(B)での両耳間位相差は(A)よりも大きくなる。

ここで、小さな動物が音源定位する際の問題点に戻る。上で、両耳間の距離が小さければ、音の到着時間差を検出する上で動物は困難を抱えるだろう、と述べた。しかし、この困難は、両耳の間を物理的に繋ぐ構造を進化させることで、いくつかの動物では解決されている（図 10.18B）。片側の耳に掛かった圧力は全て、空気だけが詰まった“管”を通して他方の耳に伝わり[7]、両方の耳の*「鼓膜」*が一緒になって動作する（図 10.18B）。つまり、鼓膜は両耳間に圧力差があるときにのみ変位する。この型の“差圧”検出器は、両耳間の位相差に直接応答する。このようにすると、音が到着するわずかな時間差の測定の重荷から神経系を解放することができる。この差圧位相差検出器が、コオロギやバッタ、両生類、そしてトリなどの小さな動物に音源定位能を与えている。

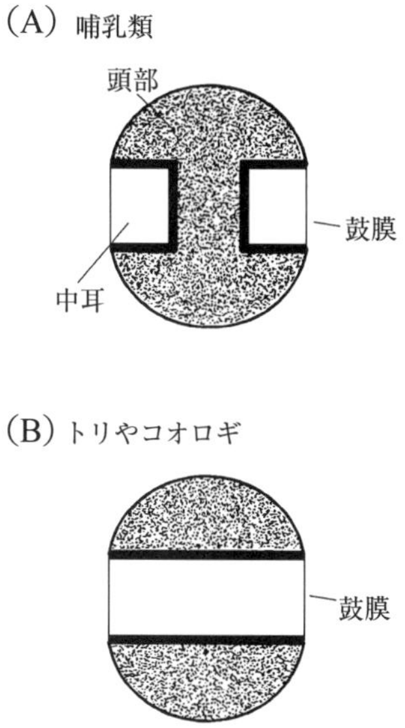

図 10.18　哺乳類の両耳（A）の間には、音が伝わる経路はなく、2つの耳は別々に動作する。それに対し、いくつかの昆虫や両生類そしてトリの両耳（B）は、空気で満たされた通路で繋がっており、両方の鼓膜は一緒になって動作する。この両耳間の音響的な結合が、両耳間の*「差圧」*の検出、つまりは位相差の検出能力を与えている。

音速つまり波長は、空気中でも水中でも、生物学的な温度範囲で 7% から 9% 増えることを思い出そう。つまり、c や λ を知っていることに基づく音源定位の仕組みは全て、温度補正されていなければならない。例えば、同じ角度 θ で周波数 f の音の空気中での両耳間位相差は、40℃では 0℃でよりも 7% 小さい。媒体の温度が分らなければ、位相差のこの違いは角度の違いとして解釈されるだろう（式 10.42 参照）。$\theta = \pi/4$ の場合、音速が 7% 変わると見掛けの方向は約 0.073 ラジアン（約 4 度）変わる。

方向の決定にはいくつもの難題が内在しているにもかかわらず、動物達は上に述べた複数の方法を組み合わせて、見事にやり遂げている。例えば、コウモリやフクロウは音源を 1 〜 2 度以内で定位できることが示されており、イルカも同じ程度の方向精度をもっている。ヒト、ネコ、そしてオポッサムは 1 〜 6 度以内に音を定位できる（Lewis 1983）。これらの能力は、複雑に入り組んだデータを組み合わせて処理できる神経系の性能の素晴らしさを示す証拠でもある。

10.6.2　距離

音の方向を識別できることに加えて、音源までの距離が分れば非常に便利である。距離を決める一番簡単な仕掛けは、コウモリとイルカで使われていて、動物が一連の音パルスを発射した時刻からその

[脚註 7：文字通りに片方の耳から入った音がそのまま他方へ通り抜けることが起こるのは、波長が両耳間距離よりも短い場合である（図 10.2 参照）。しかし、管の長さが波長より短くても、鼓膜が両端の圧力差にしたがって動くことに変わりはない。この場合、管内の音波は少し変形している。]

エコーが到着した時刻までの時間間隔を測定している。この時間間隔と媒体中の音速の積は、音源から散乱体までの距離の 2 倍に等しい（時間間隔の半分は音が散乱体まで行き、もう半分で戻る）。したがって、

$$\text{距離}\,\ell = \frac{tc}{2} \tag{10.43}$$

である。ただし、t は発射定位音とエコーの間の時間である。

エコーが戻るまでの時間は音速に依存し、したがって温度の影響を受ける。音速は温度の上昇とともに増すので、動物の神経機構が温度補正されていない限り、彼らは物体までの距離を過少に見積もることになるだろう。例えば、コウモリが距離測定機構を 0 ℃で“較正”して使うと、40 ℃では物体までの距離を約 7 % 短く見積もってしまう。これは、水中でも同じである。

この方式による距離測定の主な難点は、非常に短い時間間隔を識別する必要性である。式 10.43 を書き直すと、距離の小さな変化 $\Delta\ell$ は非常にわずかな時間変化 Δt

$$\Delta t = \frac{2\Delta\ell}{c} \tag{10.44}$$

を引き起こすことがわかる。例えば、空気中での距離が 1 m 違っても、エコーの到着時刻の違いは 5.8 ms しかない。水中では、この難点は 4.3 倍も不利になる。距離が 1 m 違っても、エコーの到着時刻はたった 1.4 ms しか変わらない。

これらの不利な拘束条件にもかかわらず、コウモリは散乱体の距離を 1 cm 程度の違いで感知できる（Simmons and Grinnel 1986）。この驚異的な性能は、時間分解能が約 60 μs であることを意味している！この点では、イルカはあまり性能がよいとは言えない。捕獲されて人工飼育状態にあるイルカについての実験では、エコーの到着時間を 24 ms の精度でしか測れず、距離分解能が 17 m 程度であることを意味していた（Popper 1980）。

この節では、音源までの距離を音響的に測定する最も単純な仕組みしか調べなかった。他にも仕組みはあって、例えばコウモリの多くは、こだま定位のために発射する信号音に周波数変調（FM）部分を入れる。この FM 部分では、発射される音の周波数が 10 kHz ほどにわたって滑らかに低くなっていく。ソナー信号の理論を用いると、これらの FM 部分がコウモリと標的との距離の情報を提供できる、ということを数人の著者が示唆している。ここでは、この仕組みの調査はしないが、是非 Nachtigall and Moore (1986) を参照して欲しい*2。

［訳者註＊2：コウモリソナーに関する日本語の解説文としては、菅乃武男 1990、力丸裕、菅乃武男 1990、力丸裕 2011 を参照されたい。］

10.7　ドップラーシフト

この章の前の方でこだま定位について考察したとき、音を出している動物もエコーを作り出している物体も両方とも静止している、と暗黙裡に想定していた。もちろんそうである必要などなく、音源もしくは散乱体が動いていれば、その相対運動についての情報は得られた音響信号に含まれている。

その仕組みを理解するために、図 10.19A に示した状況を考えよう。点 A にある静止音源が波長 λ の音を作り出し、全ての方向に放射している。この波を点 B にいる動物が受信している。受信している動物が静止している場合に、ある一定時間に何個の波が通り過ぎるかを考えよう。波は速度 c で進み、一波の長さは λ メートルだから、1 秒間に c/λ 個の波が受信者に届く。

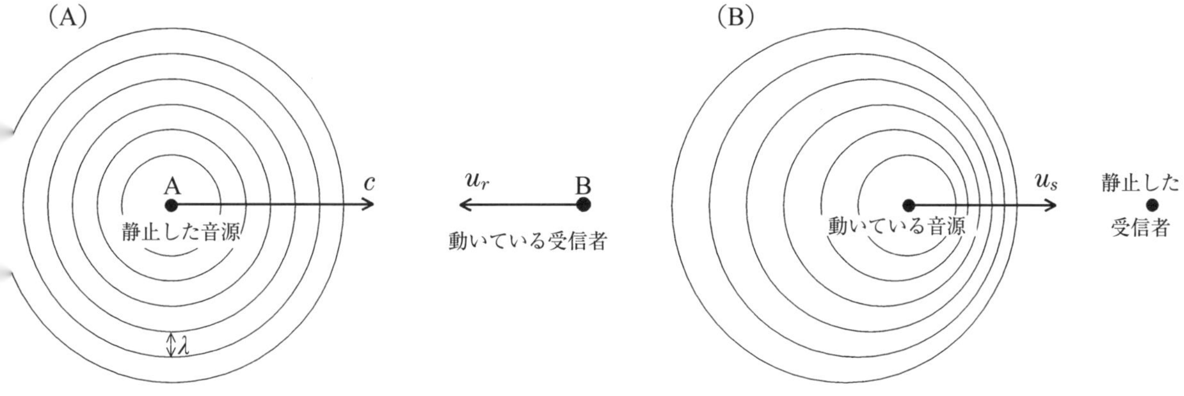

図 10.19　動物が感じる音の周波数は、音源と動物との相対的な運動でずれる。このドップラーシフトは、動物が静止音源に対して動いているのか（A)、音源が静止動物に対して動いているのか（B)、で異なる。

次いで、音源から出ていた音波を、その場に“凍り付かせた”と想像しよう。この仮想的な状態では、音源も受信者も波も全て静止しているから、受信者を通り過ぎる波はない。しかし、もし受信者が音源に向かって動けば、静止している波を通り過ぎることになる。速度 u_r で動く受信者は、毎秒 u_r/λ 個の波と出会うであろう。

ここで音波を“凍結から解除”して、以前と同じ速度 c で進ませる。この時、単位時間内に何個の波が、音源に向かって動く受信者を通り過ぎるだろうか？　受信者は、音波の速度による分として毎秒 c/λ 個の波と出会い、さらに自分の移動による分として毎秒 u_r/λ 個の波が加わる。つまり、運動している動物が聞く音の周波数は、

$$f' = \frac{c + u_r}{\lambda} \tag{10.45}$$

である。式 10.21 から、音源から出る音の周波数が f であれば $\lambda = c/f$ だから、これを式 10.45 に代入して、

$$f' = f\frac{c+u_r}{c} \tag{10.46}$$

となる。すなわち、音源に向かって動いている受信者が聞く音は、発射された音より高い。受信者が、静止音源から遠ざかる向きに動いていれば、全く逆のことが起こる。その場合には、

$$f' = f\frac{c-u_r}{c} \tag{10.47}$$

である。

どちらの場合でも、受信音の周波数から発射音のそれを差し引くと、周波数の変化 Δf は、

$$\Delta f = f\frac{\pm u_r}{c} \tag{10.48}$$

である。ただし、シフト（偏移）は受信者が音源に向かって動いている時には正で、遠ざかっていれば負である。したがって、受信者から出る反射音も、受信者の運動の情報を含むことになる。音の周波数のこのような偏移は、Christian Johann Doppler (1803–1853) に敬意を表して、**「ドップラーシフト」**と呼ばれている。

生物がドップラーシフトをどう使っているかや、その水と空気での効果を調べる前に、相対的な運動について調べておく必要がある。ここまでは、静止音源に対して動く受信者だけを考えてきた。もしも、静止した受信者に対して音源が動いていると（図 10.19B)、どんなことが起こるだろうか？　似てはいるが、微妙に違うことが起こる。

音源が動くと、自分で作り出した音波を追い駆けることになる。例えば、発射された音の周波数が f であれば、次の波が作られるまでに、波 1 個が c/f の距離を動く。この間に、速度 u_s で動く音源は、音の伝播方向に u_s/f の距離を移動する。したがって、音源の前方での実効的な波長は $\lambda' = (c/f) - (u_s/f)$ である。式 10.21 にあるように $f = c/\lambda$ だから、静止した受信者に届く音の周波数 f' は、

$$f' = c/\lambda' = f\frac{c}{c-u_s} \tag{10.49}$$

であり、また受信者に届く音は、

$$\Delta f = f\frac{u_s}{c-u_s} \tag{10.50}$$

だけ発射音よりも高くなることがわかる。音源が静止受信者から遠ざかっている場合には、受信者に届く音は発射音より、

$$\Delta f = f\frac{-u_s}{c+u_s} \tag{10.51}$$

だけ低くなる。

このように、受信者が静止音源に向かって動いていても、音源が静止受信者に向かって動いていても、どちらの場合も、受信者が聴く音の周波数は高くなる。もし音源と受信者が離れる向きに動いていれば、周波数は下がる。しかし、それぞれの場合の相対速度が同じ（つまり $u_r = -u_s$）であっても、周波数偏移は異なる。音源と受信者が近づきつつある場合には、音源が動く方が、受信者が動く場合よりも大きな周波数偏移を起こす。しかし、両者が遠ざかりつつある場合には、音源が動く場合よりも受信者が動く方が周波数偏移が大きい（図 10.20）。

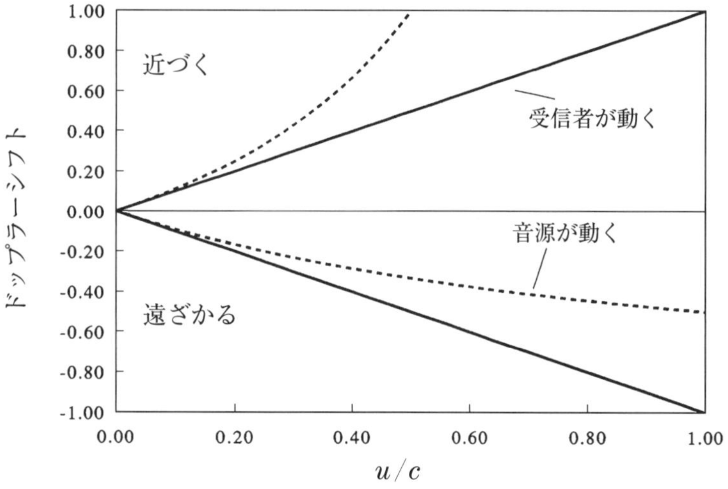

図 10.20　ドップラーシフトは、動いているのが音源か受信者かで異なる。しかし、音速の 10％以下の速度では、違いはわずかである。

奇妙にも対称性がないのは明らかだが、それは音源と受信者の相対速度が音速の 2 ～ 3 割以上のときだけである。最も速い動物（飛翔しているトリ）でも最高で 0.1 c 程度だから、動いているのが音源か受信者かによるドップラーシフトの違いは、無視できる。

音源と受信者が両方とも動いていて、両者が近づきつつあれば、受信者に聞こえる音の周波数は、

$$f' = f\frac{c+u_r}{c-u_s} \tag{10.52}$$

で、両者が遠ざかりつつあれば、

$$f' = f\frac{c-u_r}{c+u_s} \tag{10.53}$$

である。ただし、速度は全て静止した媒体に対して測った値である。

ドップラーシフトは、様々な動物で周囲から情報を収集するために使われている。例えば、コウモリは餌食の昆虫や他の物体から戻ってくるエコーのドップラーシフトを検出できて、自分が次の食物や木の枝にどれ位の速度で近づいているを知り、利用している。エコーの周波数はまた、餌となる昆虫の羽ばたきで変調されている。飛んでいる昆虫の羽がコウモリに向かって動いている間はエコーの周波数が上がり、遠ざかっている間は下がる。つまり、羽ばたきはエコーに“ビブラート”を掛ける（Schnitzler et al. 1983、Kober 1986）。このビブラートの頻度（つまりエコーの周波数が変わる頻度）は、昆虫の羽ばたき周波数を表わしており、したがって今追跡中の餌がどんなものかについての情報をコウモリに提供できる。例えば、カの羽ばたき周波数はガとは違っているのである。

しかし、エコーの周波数シフトは音速に依存することに注意して欲しい。例えば、1 $m\ s^{-1}$ でコウモリに近づいている昆虫は 60 kHz の信号音の周波数を 180 Hz だけ上げる。しかし、1 $m\ s^{-1}$ でイルカに近づいてくるサカナは 60 kHz の信号音をたった 60 Hz しか上げない。つまり、ドップラーシフトを使っての動きの検出は、空気中に比べて水中での方が難しいことなのである。

ドップラーシフトに含まれている情報は、温度にも影響される。温度が高いほど音速は高いので、音源や受信者の速度が同じでも、ドップラーシフトは小さくなる。コウモリやイルカは、媒体の温度変化に対する距離計の補正と同じように、ドップラーシフトから速度を割り出す神経機構にも温度補正を掛けなければならない。

10.8　聴覚

最後に、動物が音を感知する仕組みについても、手短に調べることにしよう。

状況は、第9章で扱った電場の検出における問題点と、幾分似ている。媒体中を進んで行く音波はエネルギーを運んでおり、適切な検出装置には機械的仕事として渡される。生物の音検出器には基本形が2つある。

サカナでは、特殊な繊毛をもつ感覚細胞（「***有毛細胞***」）の繊毛先端が石灰質の小球（「***耳石***」）に接している（図10.21）。耳石は自由に動けるが、周りの液体よりも密度が高い。音がこの感覚装置を通り過ぎると、有毛細胞とそれに連なる組織は密度が水に非常に近いので、媒体内の流体分子の変位と同じように変位する。しかし高密度の耳石の動きは、慣性のために遅れる。したがって、それに接した感覚繊毛は音の伝播方向に沿って曲げられ、

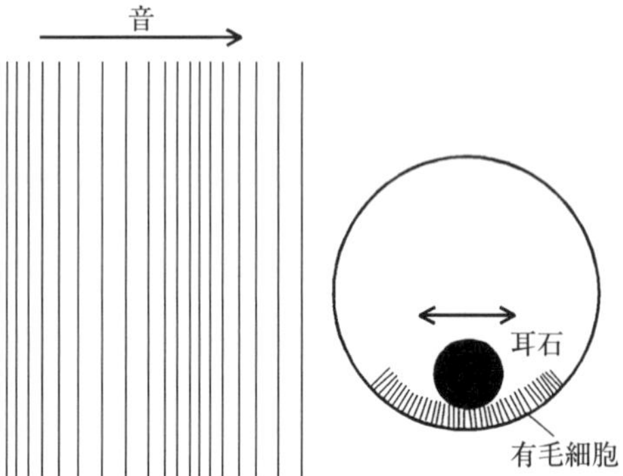

図 10.21　音がサカナに当たっても、高密度の耳石は静止したままである。その下の有毛細胞は音で振動して、変形し、音についての情報を含んだ神経信号を発生する。異なる方向から来た音は、有毛細胞を異なる方向に曲げる。したがって、このような変位検出型の音受容器は、音源の方向を直接検出できる（圧力検出型ではできない）。

その変位は神経パルスに変換されて、音の方向も含む情報が脳へ伝わる。このように、サカナは音が通り過ぎる際に変位が起こる感覚装置で聞く。浮き袋を持ったサカナを例外として、静水圧が変わっても変位は起こらないので、聴覚器は刺激されない。浮き袋をもつサカナについては、特別な場合として、この章のもう少し後ろで考察する。

他にもいくつかの動物が、音響的変位に反応する器官をもっている。例えば、コオロギ腹部の尾葉感覚毛は、第7章で見たように、その周りの空気の動きに反応する。

しかし、(両生類、爬虫類、トリ、哺乳類、そしていくつかの昆虫を含めた) ほとんどの動物では、聞き取られているのは変位ではなく圧力変化である。これらの動物の"耳"に音波が届くと、一般に***「鼓膜」***と呼ばれている膜面に振動圧力が働く。この全膜面積に働く圧力は、様々な仕組みを経て有毛細胞の感覚繊毛を動かす力を生み出す。これらの繊毛が屈曲を受けると、神経パルスが脳まで届けられる。最終的に感じ取られるのは繊毛の変位ではあるが、この変位は圧力が掛かったことの結果である*3。

ここでの手短な説明では、聴覚装置の美しさと手の込みようを伝えることはできないので、読者は是非 van Bergeijk (1967)、Wever (1974)、Griffin (1986)、Ewing (1989)、Lewis (1983) の総説を参照して、聴覚の進化についての詳細な解説をご覧いただきたい。ここの主題は、音がどのようにして神経系の活動に変換されるかではなく、音のパワーがどのようにして感覚機械に届けられるかという物理の方にある。電気的な信号の場合 (第9章) と同じように、音波は充分なパワーが届いて初めて検出されうる。それで、陸棲動物に困難がつきまとうのである。

どんなことが起こるのかを理解するために、音波がある媒体から他の媒体に進むときに起こることを調べてみよう。例えば、湖の平らな水面に向かって垂直に空気中を進む音の平面波を想定しよう (図 10.22)。水と空気の界面そのもので、2つの条件が満たされなければならない。第1は、空気中での圧力は常に、水中の圧力と等しくなければならない。これはニュートンの運動の法則の3番目から来る要請である。すなわち空気がある面積の界面を圧す力は、大きさが等しく反対向きの水の内部からの力と釣り合っている。また経験的に、空気中の音が水面に出会うとエコーが起こることも知っている。したがって、空気－水界面での圧力には、界面に入射する音波の圧力 p_i、反射エコーの圧力 p_r、水中へ透過した音の圧力 p_t、の3つの成分がある。上に述べた圧力の釣合条件によって、

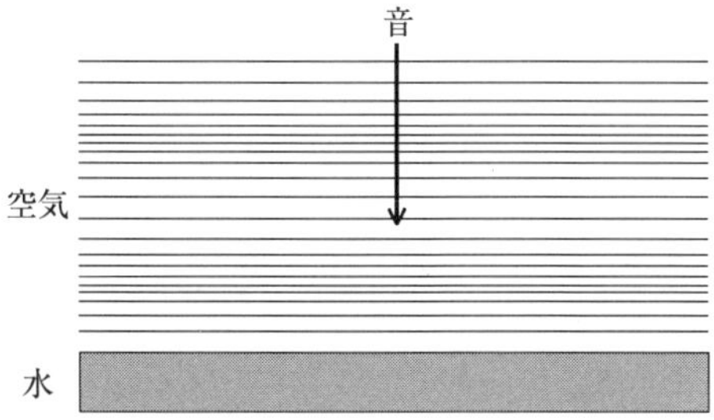

図 10.22　水面に上から入射した音は、反射も透過も起こす。

[訳者註＊3：正確には、情報の元はエネルギー (仕事、より正確には仕事を温度で割ったエントロピー) である。仕事＝ 変位×力だから、変位が小さければ圧力感受型に見え、圧力が小さければ変位感受型に見える。詳しくは、下澤楯夫、生物学のための情報論 1–6、比較生理生化学　22:32–37 (2005)、22:85–89 (2005)、22:149–154 (2005)、23:32–36 (2006)、23:38–43 (2006)、23:153–164 (2006) を参照されたい。]

$$p_i + p_r = p_t \tag{10.54}$$

である。また、界面における空気分子の変位は隣接する水分子の変位に等しい、と演繹的に推論できる。もしそうでなければ、空気が水から離れて真空の部分ができるか、または空気が水の中に押し込まれるかである。どちらの場合も道理に合わないから、水と空気の変位は同じだとわかる。さらに圧力と同様に、入射波による空気の変位振幅 $\mathcal{A}_i$、反射波による変位振幅 $\mathcal{A}_r$、そして水へ透過した変位振幅 $\mathcal{A}_t$、の３つの成分がある。

これらの変位成分をどう組み上げるべきかを知るために、極端な場合を考えよう。もし、音が完全な固体の表面に入射しているとすれば、変位が固体内部へ持ち込まれることは全くなく、$\mathcal{A}_t$ はゼロで、$\mathcal{A}_r$ は $\mathcal{A}_i$ に等しいはずである。これが成り立つのは、

$$\mathcal{A}_i - \mathcal{A}_r = \mathcal{A}_t \tag{10.55}$$

の場合だけである。

これで、界面で成り立つべき式を２つ（式 10.54 と 10.55）もてた。式 10.23 から $p = 2\pi f \rho_0 c \mathcal{A}$ を思い出して式 10.54 と 10.55 を解けば、結果を変位振幅を使って書けて、

$$\mathcal{A}_t = \mathcal{A}_i \frac{2\rho_a c_a}{\rho_a c_a + \rho_w c_w} \tag{10.56}$$

となる。ただし添え字 a と w はそれぞれ水と空気を示す。すなわち水の中へ透過した音の変位振幅は、空気中での入射振幅と、水と空気の特性インピーダンスの相対値に依存する。

さて 20℃での空気の特性インピーダンスは約 412 kg m^{-2} s^{-1} で、水のそれは約 1.5×10^6 kg m^{-2} s^{-1}（表 10.4）だから、水中へ透過した音の振幅は空気中の約 1/1800 しかない。

式 10.25 から、$\mathcal{I} = 2\pi^2 f^2 \rho_0 c \mathcal{A}^2$ ということを思い出せば、

$$\mathcal{I}_t = \mathcal{I}_i \frac{4\rho_a c_a \rho_w c_w}{(\rho_a c_a + \rho_w c_w)^2} \tag{10.57}$$

と計算できる。水と空気についての適切な数値を代入すれば、水中に透過した音の強さは空気中の強さの約 0.1% だとわかる。すなわち、空気中の平面波が水面に垂直に入射すると、音響パワーの 99.9 % は反射されて空気中に戻る。これが、空気中を飛ぶウオクイコウモリには、湖や池の水面下の物体の検出が不可能な理由の１つである。彼らの信号音のほんのわずかしか水中に入らないし、水中の物体からエコーが出ても、それが空気への界面を通って戻るときに同じような減衰を受ける。

信号が空気から水へ入る際の大幅な減衰は、気体環境で音を聴こうとする陸棲動物に難題を突き付ける。

陸棲動物は、全ての生物と同じく、主に水でできており、音響エネルギーを神経パルスに変換する細胞も水溶液に浸っている。このため、動物の体の音響インピーダンスは高いので、周囲の空気中の音エネルギーは音を感じる装置へ透過するよりもむしろ反射されてしまう傾向が強い。インピーダンスのこの不整合が、空気中での音検出器の感度を制限している。これは、陸棲の電気検出器の感度を抵抗の不整合が制限しているのと、同じことである。

陸棲生物では一度も進化しなかった電気検出器とは違って、音響エネルギーを陸棲動物の有毛細胞へ効率よく届ける様々な仕組みは、いくつも進化してきた。これらは一般に、耳と空気のインピーダンスの違いが小さくなるような構造上の仕組みを含んでいる。ヒト（と他の哺乳類）の耳が代表的な例である。

哺乳類で実際に音を感じる細胞は、水で満たされた蝸牛の中に置かれており、したがって高い特性インピーダンスをもっている。しかし蝸牛の液は、ある奇妙な機械装置を通して外部の音へと繋がっているので、実効インピーダンスが低くなっている。骨化した硬い入れ物としての蝸牛には、２つの窓が開いている。その１つの正円窓は、蝸牛内部の液体（リンパ液）を柔軟性に富んだ膜で覆って、（喉に繋がる）ユースタキー管の空気から隔てている。この窓が“体積逃がし”になるので、蝸牛の中のリンパ液は圧されれば動く。もう片方の卵円窓もやはり膜で覆われいるが、この膜は板状の骨片 ***「アブミ骨」*** で圧されている（図 10.23）。アブミ骨は ***「キヌタ骨」*** に接しており、キヌタ骨は ***「ツチ骨」*** に接し、ツチ骨は鼓膜に付いている。ここで注目すべきことは、鼓膜の面積（約 70 mm^2）はアブミ骨が卵円窓を圧す足板の面積（3.2 mm^2）よりかなり大きい、ということである。このため、鼓膜の大きな面に働く音圧が卵円窓の小さな面積に集中し、耳の見掛けのインピーダンスが $3.2/70 \approx 1/22$ に減る。さらに、70 mm^2 の鼓膜に入射する音は、約 1800 mm^2 の面積をもつ耳介で集められている。このように、もし耳介がその面に入射する音の全てを鼓膜に送り込めると仮定すると、耳の見掛けのインピーダンスは $3.2/1800 \approx 1/563$ に減る。

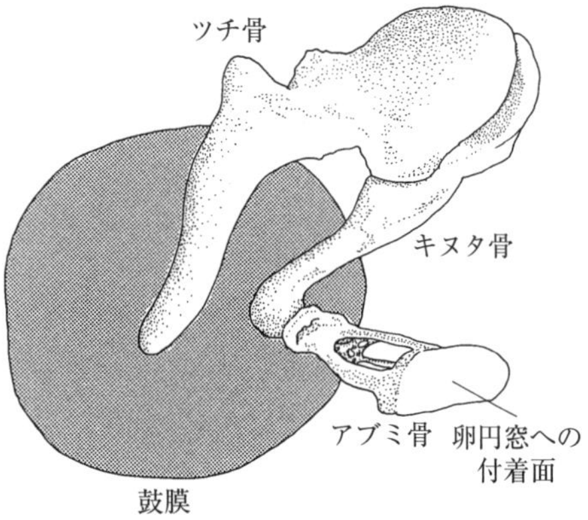

図 10.23　哺乳類の中耳には、鼓膜の動きを蝸牛の卵円窓に伝えている連続したテコがある。テコを伝わる過程で、音による変位が小さくなるとともに力は大きくなるので、空気と内耳のインピーダンスの違いが見掛け上小さくなる。

さらに、考慮に入れるべき第３の因子がある。ツチ骨とキヌタ骨そしてアブミ骨はテコの列を成していて、鼓膜の動きが卵円窓に達するとき変位振幅は約 23% 小さくなる（Yost and Nielsen 1977）。どんなテコでも変位の減少は力の増幅を伴う（Alexander 1968）から、鼓膜への力は約 30% 増幅されて卵円窓へ伝わる。これが、耳の見掛けの音響インピーダンスをさらに 30% 減らす効果をもち、全体として約 1/730 に減らすことになる。これで水と空気のインピーダンスの違い（約 1/3600）の全部を埋合せできる訳ではないが、蝸牛内の感覚細胞へ伝わる音響パワーは大幅に増える。

感覚器の見掛けのインピーダンスを、さらに低くしている最後の因子がある。正円窓の存在は、蝸牛内の液体が骨化した蝸牛に完全に閉じ込められている場合より、かなり自由に動くことを許している。この運動の自由度が、インピーダンスをさらに1/4に減少させる。ここに述べた様々な仕組み全部が組み合わさって、空気のそれと25％しか違わない耳の実効インピーダンスを作り出している。

同じような力学的な方策が多くの動物で進化している。その全ては明らかに、耳の音響インピーダンスを周囲の空気のそれに整合させる必要性への適応である（van Bergeijk 1967）。

表10.5　様々な組織の固有音響抵抗

組織	固有音響抵抗 $(\mathrm{kg\,m^{-2}\,s^{-1}})$
海水	1.560×10^6
オキアミ類	1.572×10^6
カイアシ類	1.500×10^6
サカナの肉	1.572×10^6
サカナの骨	11.680×10^6

出典：Clay and Medwin (1977)によるデータから計算

水中の動物に、この問題はない。体の材料は、水に近い特性インピーダンスをもっている（表10.5）ので、音のエネルギーは問題なく体内の感覚細胞に伝わる。骨の比較的高いインピーダンスは幾らか反射を起こすが、水と骨の境界面でも入射音響エネルギーの約44%は透過する（式10.57）。動物の肉はもともと水とインピーダンスが合っているので、多くのサカナは音を周囲から頭の奥深くにある感覚器へ伝える特別な装置を必要としない。音は、そのまま体を通り抜ける。

ここから出て来る興味深い疑問がある。イルカとクジラは陸棲動物から進化し、したがって彼らの耳のインピーダンスは空気のそれと整合するように“設計された”構造をもっている。これらの構造は、水の中でどのように機能しているのだろうか？クジラ目の動物では、鼓膜と耳小骨を通る伝音経路はあまり役立っておらず、効率のよい迂回路があるらしい。例えば、ツチ骨は鼓膜に緩く付いているに過ぎない。また、イルカ類は下顎の脂肪塊を通って内耳の骨容器へ直接伝わる音に頼っている（Popper 1980）。このように、水棲環境に戻るのに際して、彼らは音響感覚の方式を媒体に合わせて再進化させたのである。

水中では音エネルギーが体内へ透過しやすいにもかかわらず、感覚細胞が利用可能な音響信号を拡大変形する仕組みが少なくとも1つ、進化を遂げている。水中にある空気の泡を考えよう。気泡の周囲長が音の波長に比べて小さければ、気泡による水中の音の散乱は非常に少ないということは既に見た（式10.31）。すなわち、水中の圧力信号は気泡によって非常にわずかしか反射されない。ということは、気泡の内部の圧力は周りの水のそれとほぼ等しいことを意味している。したがって、

$$p_a \approx p_w \qquad (10.58)$$

である。式10.23から $p = 2\pi f\rho_0 cA$ ということを思い起こせば、気泡が小さい場合の結論としては、

$$2\pi f \rho_a c_a \mathcal{A}_a \approx 2\pi f \rho_w c_w \mathcal{A}_w \tag{10.59}$$

となる。ここで、$\mathcal{A}_w$ は気泡から遠く離れた場所で測った変位振幅である。
共通項を消去して書き直すと、

$$\frac{\mathcal{A}_a}{\mathcal{A}_w} \approx \frac{\rho_w c_w}{\rho_a c_a} \approx 3600 \tag{10.60}$$

であることがわかる。すなわち、気泡の近傍の流体粒子の変位振幅は、遠方の流体中での変位振幅よりも非常に大きい。

気泡の動的な応答が考慮されていないので、これは大まかな近似に過ぎない。この問題をより精密に取り扱うと、気泡によって変位が拡大される度合いは気泡の変形能に依存することがわかる。これはしたがって、音の周波数と気泡の大きさに依存することになる。変形は気泡の共振周波数 f_r で最大でになり、

$$f_r = \frac{1}{2\pi r}\left(\frac{3\gamma_s p_0}{\rho_w}\right)^{1/2} \tag{10.61}$$

である。ただし、p_0 は大気圧（水面で 1×10^5 Pa）で、r は気泡の半径である（図 10.24）。γ_s は、前に述べたように、空気の定圧比熱と定容比熱の比である。

変位振幅の拡大率は、音の周波数が共振周波数にどれ位近いかに依存し、

$$\frac{\mathcal{A}}{\mathcal{A}_0} = \frac{2\pi f r c_w \rho_w}{3\gamma_s p_a \sqrt{\left[1-\left(\frac{f}{f_r}\right)^2\right]^2 + \left(\frac{f}{f_r q}\right)^2}} \tag{10.62}$$

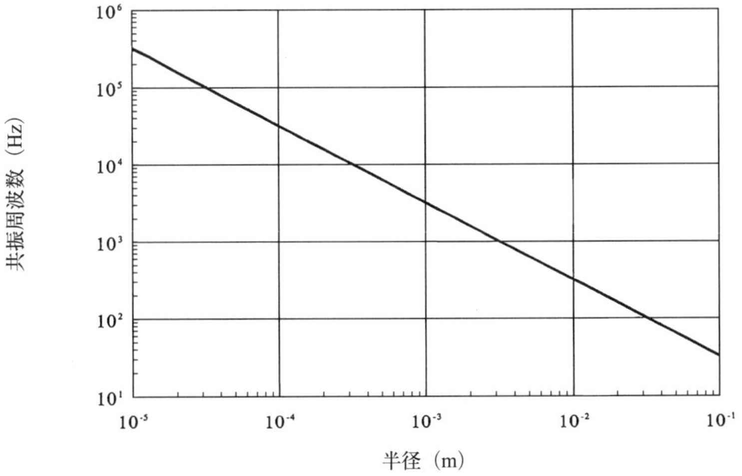

図 10.24　水中の気泡の共振周波数は、半径が増すと低くなる。

である（Sand and Hawkins 1973)。ここで $\mathcal{A}$ は気泡近傍での実際の変位振幅で、$\mathcal{A}_0$ は気泡がない場合の振幅、そして q は粘性によって失われる音響エネルギーに関するパラメータである。q が大きいほど、気泡の振動は減衰しにくい。図 10.25 に、様々な q の値と二通りの半径の気泡について、この式をグラフ化してある。

サカナの浮き袋は、原理的には気泡で、その q は 2 ～ 4 程度である（Sand and Hawkins 1973)。したがって、浮き袋はある範囲の周波数の音に対して変位の拡大装置として働く。この効果は様々なサカナで聴覚能力を増すのに使われている。ニシン目（ニシンやタラなど）のようないくつかのサカナでは、浮き袋の前方が小さく突き出していて、音感覚器に隣接している。様々なサカナが、気体の入った小さなポケットをもっている。これは個体発生の途上で浮き袋から切り離されて音感覚器に隣接したものである。骨鰾上目（コイやナマズなど）では、一連の小さな骨（**ウェーバー小骨**）が浮き袋を耳石の入った球形嚢へ繋いでいる。この方法で、浮き袋で拡大された変位が感覚細胞へ伝えられる。これらの場合は全て、浮き袋に働いた音圧が感覚器に働く変位に変換されている*4。この点で、サカナの浮き袋は陸棲動物の耳での鼓膜と同じように振る舞う。実験によって、少なくともいくつかのサカナの聴覚の周波数応答は、浮き袋のサイズの気泡に期待されるものと概ね合っている（Alexander 1966、Sand and Hawkins 1973)。Fay and Popper (1974) の洗練された実験は、これらのサカナの聴覚は、広い周波数帯域にわたって、変位よりも音圧に感度をもっていることを示している。

図 10.25 を見て、注目すべきことがある。それは共振周波数から遠く離れた周波数では、気泡のある

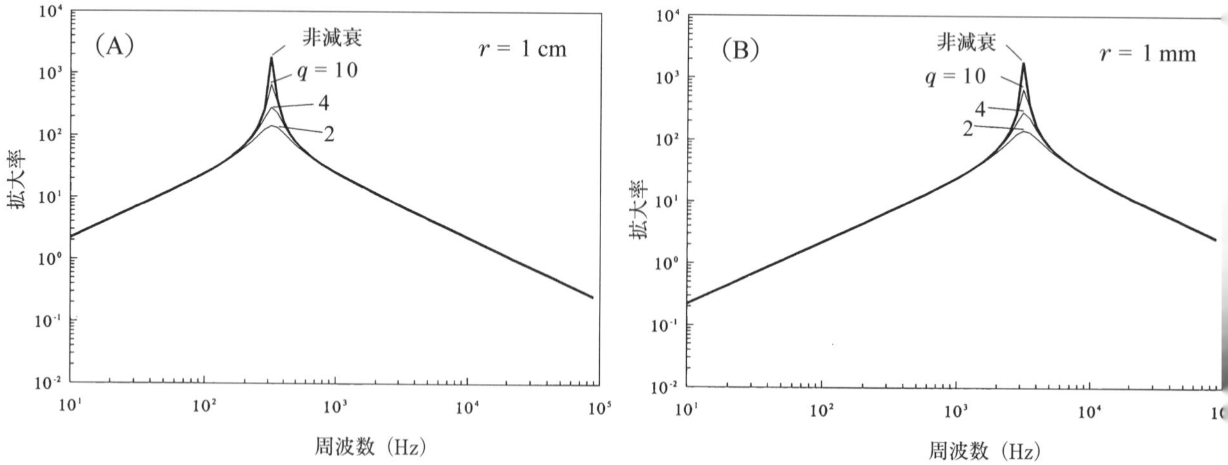

図 10.25　気泡の共振周波数の近くでは、粒子変位が拡大される。拡大の度合いは、気泡振動の減衰の程度に依る。q が小さいほど気泡はより強く減衰を受け、拡大率は低くなる。共振周波数よりずっと高い周波数では、気泡が粒子変位をむしろ小さくしてしまうことに注意。(A) 半径 1 cm の気泡。(B) 半径 1 mm の気泡。

[訳者註＊4：変位が拡大されるだけで、パワーが大きくなる訳ではない。]

こと自体が、変位振幅を拡大するどころか、実際には小さく縮めていることである。すなわち、半径 1 cm の浮き袋をもつサカナは、仮に浮き袋をもたない場合に比べると、10 kHz 以上の音を聴くのが難しくなるだろう。しかし多分これは、困ったことにはならない。というのは、完全にわかっている訳ではないが浮き袋とは無関係な理由で、ほとんどのサカナは 1000 Hz 以上の音を聴くことはないからである（Tavolga 1971）。

より小さな浮き袋では、状況が逆転する。半径が 1 mm の浮き袋では、高い周波数の音はよく増幅されるが、100 Hz 以下の周波数では変位振幅が減る（図 10.25）。これは、聴覚の上限が約 400 Hz の、タラにおける状況である（Sand and Hawkins 1973）。浮き袋はなぜ、拡大率のピークを、聴くのには高すぎる周波数にもっていくのだろうか。答えは、浮き袋の変位振幅と浮き袋がない水のそれとを描き比べれば、明らかである（図 10.26）。一定の強さの音について、浮き袋がない場合の変位振幅は、式 10.25 が要求するように周波数が増すにつれて減る。しかし浮き袋があると、サカナが聴く周波数範囲にわたって、変位振幅は実質的に周波数によらず一定になる。サカナの聴覚域の上の方では、浮き袋による拡大が周波数の増加による変位振幅の減少を相殺している。浮き袋によってもたらされる低周波数域での“平坦な”応答は、サカナの神経系にとって複雑な音の解釈を容易にしてくれるだろう。

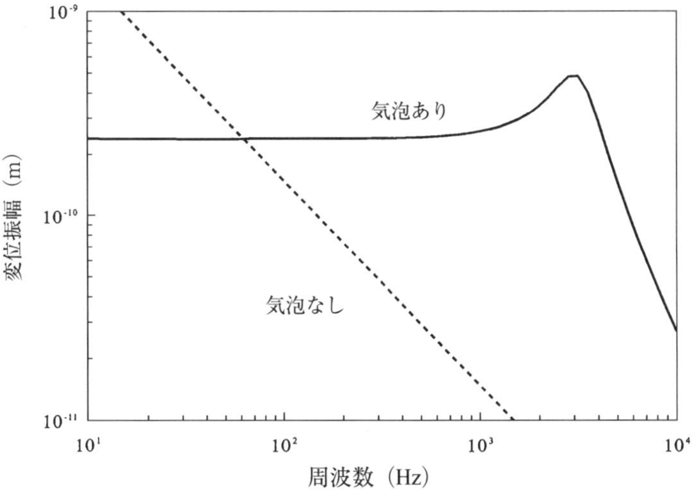

図 10.26　共振周波数より低い周波数では、気泡は音の粒子変位振幅の周波数依存性を減らしてくれる。したがって浮き袋の存在は、サカナの耳に“平坦な”周波数応答を与えるのに役立っている。

水と空気の界面での音に関する考察を終える前に、注目すべき現象を１つ示す。空気中の音源から水中へ透過する音の強さを計算したとき、音は水面に直角で近づくと仮定した。この方向は、入射角度を界面に立てた法線となす角で表わす慣例上の**「入射角」**ゼロである（図 10.27）。入射角が大きいほど、水中へ透過するパワーは少なくなる。

$$\text{臨界角} = \arcsin \frac{c_a}{c_w} \tag{10.63}$$

では、空気中の音響エネルギーの全てが、空気－水界面と平行に屈折し、水中には何も入らない*5。このように、入射角が約 13 度より大きいと、空気から水へ透過する音響パワーは何もない。これが、コウモリが飛びながら水面下の静止した物体を検出するのが、実質上不可能になる更なる理由である。コウモリが物体のほぼ真上にでも居ない限り、その音響信号は全く水に入らず、エコーが聞こえないのは確実である。

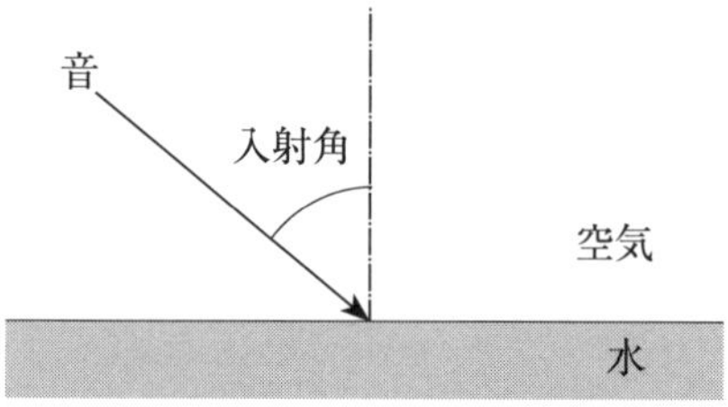

図 10.27　空気から水へ透過する音の割合は、音が界面へ近づく角度に依存する。

10.9　まとめ

空気も水も低周波音よりも高周波音を速く減衰させ、空気は水よりも急に音を減衰させる。したがって、長距離にわたる通信をしようとする陸棲動物は、低周波の音信号を使うべきである。

水中での音速と波長は、同じ周波数なら、空気中でのそれらの約 4.3 倍である。その結果、小さな物体からのエコーを検出したり、周波数のドップラーシフトから物体の相対速度を検出するのが、水棲生物にはより難しいこととなる。水中では音の波長が比較的長いので、音圧測定から音源を定位することは難しい。しかし、サカナは音波に付随する粒子変位を直接測ることによって、音源を定位できる。

音は、潜在的に、空気中よりも水中での方が生物学的な重要性をもつだろう。低周波音は、水中では空気中の 100 万倍以上も遠くまで伝わる。したがって音は、光で明るい表層より下の海洋の大部分や濁った湖や川で、光に代わって周囲に関する最良の情報源としての役割を果たすだろう。さらに、動物組織の特性インピーダンスは水のそれに近いので、音響信号の検出には陸棲生物に比べて水棲生物の方が本質的により容易であり、浮き袋のような方式で耳に到達した音の変位を拡大することもできる。

10.10　そして警告

本章の音響学に関する議論は、水と空気の物理的性質の違いに起因する生物学的結末のいくつかに絞った。そのため、多くの動物の音受容の詳細を見過ごしたし、周囲の機能的な描像を作り出すための音響情報処理の魅力的な神経機構も実際上無視した。例えば、エコーから抽出可能な情報についての議論でも、単一の周波数を見ただけである。現実には、多くのコウモリやほとんどのクジラやイルカの信号音は様々な周波数を含んでおり、明らかにその非常に複雑なエコーの意味を理解できている。これらの解釈のために役立つ流体の物理の多くには、触れてもいない。したがって、ここでの議論はこの魅惑的な生物音響学への特に偏った入門書と見なすべきであり、読者には音の生物学に関する教科書として Griffin (1986)、Nachtigall and Moore (1986)、Lewis (1983)、Gulick et al. (1989)、Ewing (1989) や、音響理論の教科書として Morse and Ingard (1968) や Kinsler and Frey (1962) など、を参考にして話題をさらに追求して欲しい。

[訳者註*5：第 11 章 11.1.5 屈折の「全反射」の項（272 ページ）を参照のこと。音速が遅い（光なら屈折率が高い）媒質から速い（屈折率が低い）媒質に、臨界角以上で入射した波は、全反射を起こす。]

空気と水の中の光

第 9 章で、時間的に不変な電場の性質を調べ、その影響は電場源の極めて近くに限られていることを明らかにした。しかし、一定ではなく、電場の強さと極性が時間的に非常に速く変わると、結果は全く違ったものになる。変化する電場は、それ自身の周りに変化する磁場を誘起し、今度はそれが変化する電場を作り出す。これら互いに作用し合いながら自己永続する 2 つの場（一緒にして電磁波と呼ばれる）は、その源を離れて進み、外側に向かって全ての方向に伝播する。この伝播速度ははなはだ高く、約 3×10^8 m s^{-1} である。マクスウェル（James Clerk Maxwell 1831–1879）が洗練された方法で優雅に提唱したように、電磁波が伝わる速さは厳密に光の速さであり、光は単に電磁輻射の一形態に過ぎないのである。本章では、光の空気や水との相互作用と、植物や動物に与えた影響を調べる。

電場を扱うという点では、空気や水の光学的性質を調べることは第 9 章の延長である。しかし、ここでは全く違うアプローチをとる。遠くの静電場を感じ取れる生物はわずか数種類で、しかも水中でしかできないが、電磁輻射を感じ取って利用する能力は植物界および動物界でほぼ普遍的に見られる。植物は、光を光合成のためのエネルギー源として利用しているし、動物は光を周りの情報を得る手段として使う。植物も動物も、光を熱源としても用いる。これらはあまりにも広範囲で重要な能力なので、多くの科学者から強い注目を受けてきており、生物が輻射電磁波と相互作用する仕組みについては良い著作がたくさんある。例えば、Autrum 1979, 1981、Davson 1972、Gates 1980、Horridge 1975、Nobel 1983、Waterman 1981 などを参照して欲しい。この章では、光が吸収され利用される細胞に届くまでの経路で、空気や水が輻射電磁波に与える影響に焦点を当てることにする。

11.1 物理

11.1.1 電磁波のスペクトル

電磁波は、電場と磁場が振動する周波数 f によって分類されている。例えば、ラジオ放送などの無線通信電波は電磁波の 1 つで、その周波数は普通 10^6 Hz（AM 放送）や 10^8 Hz（FM やテレビ放送）である。可視光の周波数はそれよりずっと高く、例えば緑色の光の周波数は約 6×10^{14} Hz である。非常に高い周波数の輻射を扱う場合には、周波数よりも波長を用いる方が便利である。この 2 つの関係は、音波の場合（第 10 章）と全く同じく、

$$\lambda_{vac} = \frac{c}{f} \tag{11.1}$$

である。ただし、c は真空中での光の伝播速度で約 299,800 km s^{-1} である。例えば緑色光（$f = 5.77 \times 10^{14}$ Hz）は約 5.2×10^{-7} m、慣例上は 520 ナノメートル（nm）と表現される波長をもっている。伝播速度は、空気

中や水中では真空中より遅くなる。したがって、周波数が同じ光なら、これらの媒体の中での波長は短くなる。

電磁輻射に関する用語の多くは、ヒトの感覚に基づいている。ヒトの眼は、λ_{vac} が約 400 nm（スミレ色＝青紫色に感じる）から 740 nm（赤色に感じる）の間の電磁輻射に敏感である。可視光の他の色は、この間にくる（表 11.1)。青紫色の光よりも短い波長の輻射は ***「紫外光（ultraviolet：UV)」***、赤色の光より長い波長の光は ***「赤外光（infrared：IR)」*** と名付けられている。これらの波長に対するヒトの眼の相対感度を、図 11.1 に示してある。明るい状態では、視覚情報は主として網膜の ***「錐体細胞」*** から得られ、黄～緑の光に最も感度がよい。薄暗い状態の眼は、錐体よりも ***「桿体細胞」*** に依拠し、青～緑の光に最大感度をもつ。

“可視”や“赤外”そして“紫外”という用語は、ヒトの感覚のみからきていることに注意して欲しい。ヒトが感じる波長より長い輻射や短いそれを感じ取れる動物もいる。例えば、昆虫やトリはごく普通に

表 11.1　光の可視スペクトル。周波数とエネルギーは 3 列目にある代表的波長に対応している。

色	凡その波長範囲 (nm)	代表的波長 (nm)	周波数 (Hz)	エネルギー J
紫外	400 以下	254	11.80×10^{14}	7.82×10^{-22}
スミレ色	400 ～ 425	410	7.31×10^{14}	4.85×10^{-22}
青	425 ～ 490	460	6.52×10^{14}	4.32×10^{-22}
緑	490 ～ 560	520	5.77×10^{14}	3.82×10^{-22}
黄	560 ～ 585	570	5.26×10^{14}	3.49×10^{-22}
橙	585 ～ 640	620	4.84×10^{14}	3.20×10^{-22}
赤	640 ～ 740	680	4.41×10^{14}	2.92×10^{-22}
赤外	740 以上	1400	2.14×10^{14}	1.41×10^{-22}

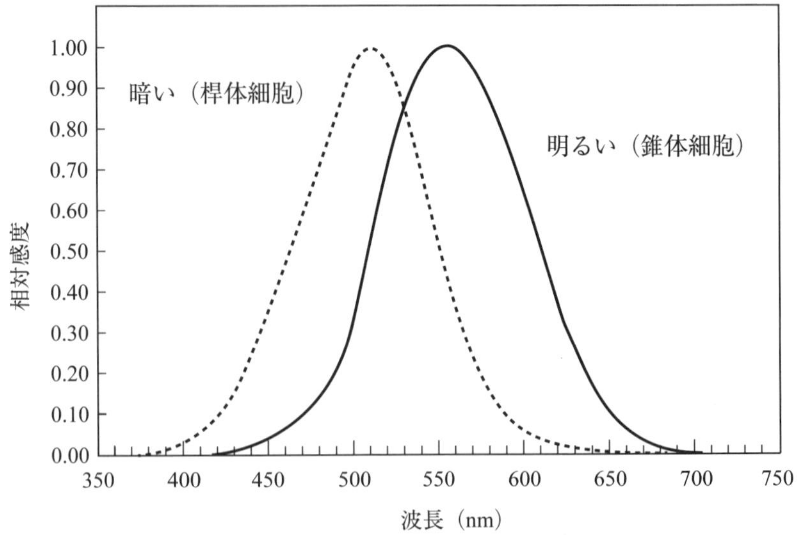

図 11.1　明るい状態でのヒトの眼は、主に錐体細胞（黄－緑光に最大感度をもつ）に依り、薄暗い状態では桿体（青－緑光に最大感度）を使っている。

紫外光が見える（Burkhardt 1989、Burkhardt and Maier 1989）し、いくつかのヘビは赤外光を検出できる（Bullock and Cowles 1952、Gamow and Harris 1973）。植物は、動物と同じ意味で“見る”訳ではないが、その成長や光合成に広い波長範囲の電磁輻射を利用している。この章では、“光”という用語を、生物が感じ利用できる電磁輻射全てを指す包括的な意味で用いる。

植物や動物にとって重要な光は、実質的には全て太陽からくる。太陽は、見掛けの表面温度が約 5800 K の“黒体輻射[1]”体として、広い範囲の波長スペクトルを出している（図 11.2）。

音波（第 10 章）との類推から、光の ***「強度」*** は伝播方向に垂直な単位面積の平面を通して、単位時間あたりに輸送される放射エネルギーのことである。地球大気最上層での太陽放射の平均強度は ***「太陽定数」*** とも呼ばれ、約 1360 W m^{-2} である。この強度は、年間を通じて ±3.5% 変動する。これは、太陽の表面温度が変動するのと、地球－太陽間距離が変わるためである。

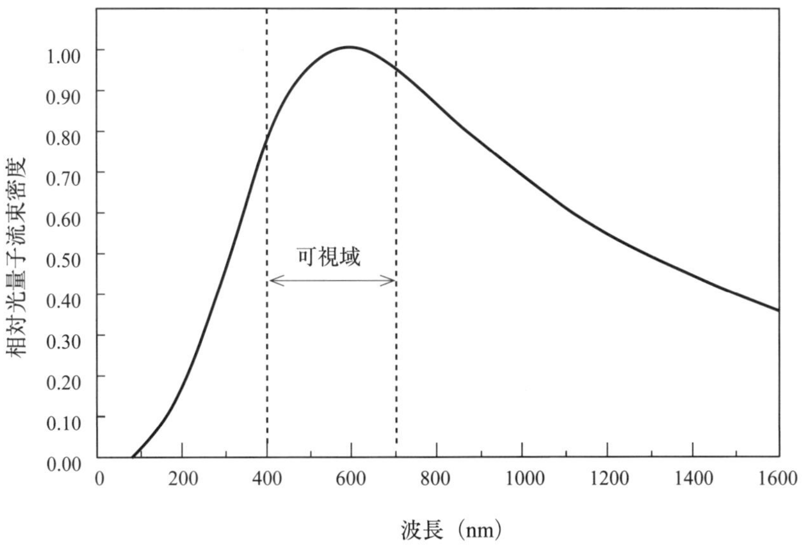

図 11.2　太陽は、広い幅にわたる波長の光を出しているが、スペクトルのピークは可視域にある。

［脚註 1：“黒体”は、入射してきた電磁波を全て吸収する理想化された物体である。そのような物体が熱せられると、その温度で決まる波長分布の輻射を放出する。この分布は、***「プランクの分光放射輝度」***（Resnick and Halliday 1966）として正確に記述されており、

$$\frac{d\mathcal{J}_{P,\lambda}}{d\lambda} = \frac{k_1\lambda^{-5}}{e^{k_2/\lambda T}-1} \tag{11.2}$$

である。ここで、$\mathcal{J}_{P,\lambda}$ は、ある波長 λ についての放射エネルギー流束密度（W m^{-2}）である。定数 k_1 および k_2 はそれぞれ、

$$k_1 = 2\pi c^2 h \tag{11.3}$$

$$k_2 = \frac{ch}{k} \tag{11.4}$$

である。ただし c は光速、h はプランク定数（6.626×10^{-34} J s）で、k はボルツマン定数（分子 1 個あたり 1.38×20^{-23} J K^{-1}）である。このプランクの式の導出は、量子力学の定式化における初期の重要な一歩であった。より完全な解説には、標準的な物理学の教科書を参照して欲しい。］

11.1.2　散乱と吸収

光が、物質と相互作用する基本は、吸収されるか、散乱されるかの２通りである。この２つの過程は互いに関係があるので、もう少し詳しく調べる価値がある。

既に見たように、電磁波は、その一部分として、振動する電場を伴っている。したがって、それは原子内部の荷電粒子すなわち電子と陽子に力を及ぼす（第 9 章）。このため、光波が原子や分子に衝突すると、電子や陽子に振動を引き起こす。電子の静止質量は陽子のそれの 1/1855 と軽く小さいので、掛かった力で電子はより容易に動かされる。結果的に、電場が原子に与える影響は、主として電子の運動に起因している。

入射した光波によって電子が振動すると、二次的な電場と磁場の振動つまりもう１つ別の電磁波の伝播が引き起こされる。すなわち、入射した光のエネルギーは、物質との相互作用によって**「散乱」**される。散乱された光の波長は、通常は入射光のそれと同一である [2]。

散乱された波は、全ての方向へ伝播するが、その強度は、

$$\mathcal{I} \propto \sin^2\theta \tag{11.5}$$

にしたがって変わる。ここで θ は、電子の振動軸と散乱波の伝播する方向とがなす角である（図 11.3A）。強度は、$\theta = 90°$ のとき（すなわち電子の振動軸に直交する面内で）最大で、振動軸の方向ではゼロである。

ここで、電子の振動軸は入射波の電場に並行で、この電場は入射波の伝播方向に直角である。したがって、もし水平に進む入射光が鉛直方向に振動する電場をもっていたとすると、ある分子から散乱される光は水平面内に最大強度をもつドーナツ状に分布することになる。

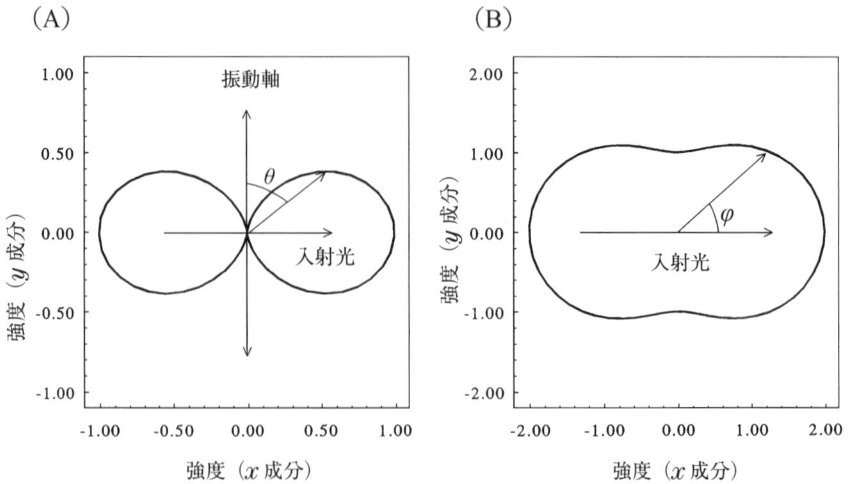

図 11.3　ある原子で散乱される単一の光波は、入射波の方向で最大の強度をもち、入射波に直交し電子が振動する軸方向では強度をもたない（A）。多数の波が散乱される場合の平均強度は、やはり入射方向で最大になるが、入射ビームに垂直な方向でもゼロにはならない。

[脚註 2：散乱光の一部を、入射光の周波数の 2 倍または 3 倍で放射する物質がいくつかある。しかし、このような物質は稀で、この奇妙な光学的性質の生物学的な意味については、なにも聞いたことがない。]

図 11.3A の散乱パターンは、左から水平に入射し、紙面内で振動する電場をもった光からの散乱光にのみあてはまる。普通の光ビーム（光束）は多くの波を含んでおり、それらの電場振動面は、伝播方向を共通の軸として、ランダムな向きに分布している*1。電場振動面の異なる多くの入射光からの散乱光の平均をとると、図 11.3B の散乱パターンが得られる。この場合の散乱光の強度分布は、入射光の伝播方向に軸対称となる。散乱強度がゼロとなる方向はなく、

$$\mathcal{I} \propto 1 + \cos^2\varphi \tag{11.6}$$

である。ここで、φ は入射光と観測点への方向がなす角である（図 11.3B)。

原子が光を散乱する過程は、小さな粒子で音が散乱される様子（第 10 章）と多くの面で似ている。原子が光を散乱する能力が輻射の波長に依存すること、すなわち波長が短いほど散乱効率が高い、のも類似点の 1 つである。実際、前に音で見たのと同じく、散乱光の相対強度は λ^{-4} に比例（Tanford 1961）し、

$$\mathcal{I}_s(\varphi) = \mathcal{I}_0 \frac{2\pi^2(1+\cos^2\varphi)(dn/d\rho)^2\mathcal{M}\rho}{N\lambda^4\ell^2} \tag{11.7}$$

である。ここで、$\mathcal{I}_0$ は入射光の強度、$\mathcal{I}_s(\varphi)$ は入射光の方向に対して角度 φ から見た散乱光の強度である。$\mathcal{M}$ は散乱分子のモル質量、n は屈折率（その概念は本章の後ろの方で議論する)、ρ は流体の密度、N はアボガドロ定数、そして ℓ は散乱分子から観測点までの距離である。散乱光の相対強度を、λ_{vac} の函数として、図 11.4 に示してある。短い波長の方がより効率的に散乱されるので、青い光は赤い光よりも強く散乱される。

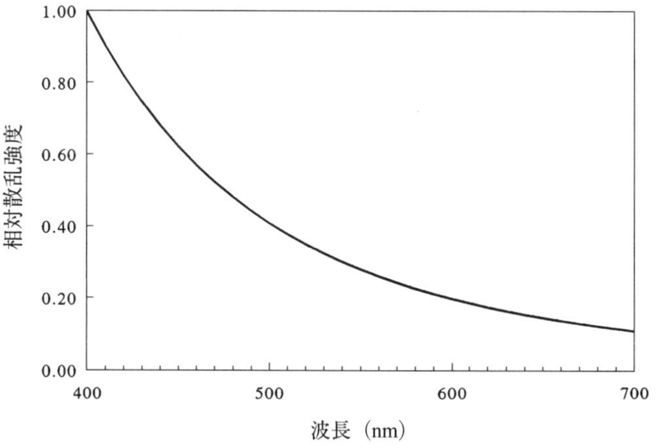

図 11.4　原子または小さな分子で散乱される赤い光の強度は、同じ粒子で散乱される青い光の強度の約 10% に過ぎない。

［訳者註＊1：紙面に沿って左から入射した光には、電場振動面が紙面に垂直な波や、紙面に斜めな波がある。電場振動面が紙面に垂直な波からの散乱光は、振動軸方向を除いた全ての方向に放出され、紙面内で最大強度をもつドーナツ形で、その紙面に垂直な断面は図 11.3 と同じである。したがって、紙面内上下方向にも散乱光が出る。］

式11.7で表わされる散乱は、光の波長に比べて小さい粒子すなわち原子や小型の分子、についてのみあてはまる*2。やや大きな粒子（チリや霧粒、バクテリアなど）も光を散乱するが、もっと込み入ったことが起こる。これらの比較的大きな粒子による散乱は、1908年に初めて数学的に導出したGustav Mieに因んで、**「ミー散乱」**と呼ばれる。ミー散乱は空気中でも水中でも重要であるが、流体固有ではない因子に大きく依存するので、ここではこれ以上の追及はしない。読者は、Jerlov (1976)などの教科書を参照されたい。

特別な状況下では、原子に入射した光波のエネルギーが、散乱されることなく、完全に吸収される。これは、入射光のエネルギーが原子や分子内の電子の特別なエネルギーレベルのどれかに、正確に一致した時に起こる。この場合、あるエネルギーレベルの中で振動するのではなく、新らたな電磁波の輻射を伴わない過程として、電子はより高いエネルギーレベルへ遷移する。したがって、入射波の全エネルギーは、吸収した原子や分子に（少なくともとりあえずは）保持されている。

入射した光波が、ある物質の特定のエネルギーレベルに一致しているかどうかは何で決まるのだろうか？　このエネルギーレベルは、個々の原子とそれを含む分子毎にもともと決まっている。このエネルギーレベルを予測できたことが量子力学の大きな功績なのだが、ここではこれ以上立ち入らない。ここの目的としては、これらの特別なエネルギーレベルを全ての原子や分子について、理論的に予測可能であることが分れば充分である。このようなエネルギーレベルがあるとして、次に問題とすべきは、ある電磁波のエネルギーがこれらのレベルの1つに一致するかどうかである。それで、その電磁波が吸収されるか、散乱されるか、が決まる。

この疑問に答えるには、物理学上の根本的な問題を取り扱わなければならない。ここまでは、光は電磁波である、と言ってきた。この言い方では、波は連続的で、光源の電場が振動を続ける限り、波ができて伝播する。しかし状況によっては、光はあたかも**「フォトン（光量子）」**と呼ばれる粒子の流れのように振舞い、そして個々のフォトンは特定の波長の光からできているように働くのである。フォトンに付随するエネルギーW_λは、その波長に依存し、

$$W_\lambda = hf = hc/\lambda_{vac} \tag{11.8}$$

である。ここでλ_{vac}は真空中での波長で、hは**「プランク定数」**6.626 × 10^{-34} J sである。このように、青い光のフォトンは短い波長をもち、比較的長い波長をもつ赤い光のフォトンよりも、高いエネルギーをもっている（表11.1）。

この関係は面白い結論をもたらす。すなわち、ある原子に特定のエネルギーレベルがあるとして、ある特定の波長の光のみが電子をあるレベルから別のレベルへ持ち上げることができる。したがって、特定

［訳者註＊2：レイリー（Rayleigh）散乱と呼ばれる。］

のエネルギーに対応した特定の波長の光のみが吸収され、他の波長の光は散乱される。この吸収波長は、ある物質を通した光のスペクトル上に暗線となって表われるので、物質の組成を決める上での重要な手掛かりとなる。例えば、試料として直接採取することなどできない星間物質の組成でも、この吸収スペクトルから知ることができるのである。

11.1.3 減衰

吸収と散乱の効果が組み合わさって、光線が媒質中を通る際に、光のエネルギーが減衰する率が決まる。一般的には、光線はある距離 x を通り過ぎる際にそのエネルギーの一定部分を失う。したがって、光強度は到達距離とともに指数函数的に減ることになる。この関係は***「ランベルトの法則」***

$$\mathcal{I}(x) = \mathcal{I}_0 e^{-\alpha_\lambda x} \tag{11.9}$$

として知られている。ここで、$\mathcal{I}_0$ はもともとの入射光の強度、$\mathcal{I}(x)$ は媒質中を距離 x だけ通過した後の光強度、α_λ は***「減衰係数」***である。α_λ は波長によって異なることに注意して欲しい。

11.1.4 光はなぜこうも重要なのか？

光のエネルギーについての話を終える前に、ちょっと脇道へ入って、光はなぜこうも生命にとって重要なのか？ を考えてみよう。

例として、大気中にある水蒸気分子 1 個を考えてみよう。既に（第 3 章で）見たように、この分子の運動エネルギーの平均値は $(3/2)kT$ で、これは 20℃で約 6×10^{-21} J である。

さて、水は波長 $\lambda_{vac} = 680$ nm の赤い光を強く吸収する。この光のフォトン 1 個は hc/λ_{vac}、すなわち約 $3{\times}10^{-19}$ J のエネルギーをもっている。このフォトンが吸収されると、そのエネルギー全てが水分子に渡される。すなわち、光量子を吸収することで水分子のエネルギーは、平均 50 倍にも増加するのである。

これは、非常に大きなエネルギー増加で、他の原因ではまず起こらない。例えば、この分子が偶然、同じ温度における平均運動エネルギーの 50 倍のエネルギー W をもつ確率を、ボルツマン分布則から計算してみると、

$$\text{確率} = e^{-\frac{W}{kT}} = e^{-\frac{50 \times 3kT/2}{kT}} = e^{-75} = 2.7 \times 10^{-33} \tag{11.10}$$

である。すなわち、そのような高いエネルギーを偶然獲得できるのは、10^{33} 個の中のたった 3 個の分子だけだと予想されるのである。さて水分子 10^{33} 個は 1.66×10^9 モルだから、モル質量（0.018 kg mol^{-1}）を掛けて質量にすると約 30×10^6 kg、体積にすると約 30,000 m^3 である。したがって、赤い光のフォトン 1 個を吸収した水分子と同じ熱エネルギーをもつのは、20℃では、10,000 立方メートルの海洋水の水分子のたった 1 個だけである。この確率は、このエネルギーが偶然だけで得られることは決してない、

と物理学的に断言できる低さである。

光の吸収によって得られるエネルギーを、化学的に得られるそれと比べて見よう。生物で共通する化学エネルギー通貨はアデノシン三リン酸（ATP）で、ATP からアデノシン二リン酸（ADP）への加水分解で得られるエネルギーは、1 分子あたり約 7×10^{-20} J である。したがって、赤色光のフォトン 1 個の吸収で得られるのと同程度のエネルギーを生み出すには、ATP 分子 4 個以上の加水分解が必要である。

光の吸収で入手した非常に高いエネルギーが、光合成など、それなしでは起こり得ない化学反応を可能にしている。これが、光の吸収が植物にも動物にも重要な理由である。

11.1.5　屈折

上で、光の速さは伝播する物質によって変わることを見た。真空中が 1 番早く、全ての物質中では遅くなる。この性質の結果の 1 つとして、光ビームがある物質から別の物質へ入るとき方向を変える ***「屈折」*** と呼ばれる過程が起こる。なぜ、このようなことが起こるかを理解するために、図 11.5 に示した状況を考えよう。

光は、2 つの媒質の界面から少し離れた 2 つの点（波源）から同時に放射される。上側の媒質 1 中での光速は、下側の媒質 2 中でのそれより大きい。それぞれの波源から出る光は、外側へ向かって広がる半球面波を形作る。ここでは二次元的に半円の繰り返しとして描いてある。さてホイヘンス（Christian Huygens 1629−1695）の原理によると、光が波として振る舞うなら、2 つの波源からの波面を結んだ線（図 11.5 の破線）を追うことで伝播全体の時間経過を知ることができる。

波が最初の媒質を伝播しているときには、全て同じ速度で進み、波面を結んだ線は界面に対して一定の角度を保つ。すなわち光は一定の方向へ進む。光が界面に出会うと、2 番目の媒質の分子によって散乱され、新しい波を作る。以前と同じように、波面を結んだ線にしたがって散乱光の経路を追うことができる。

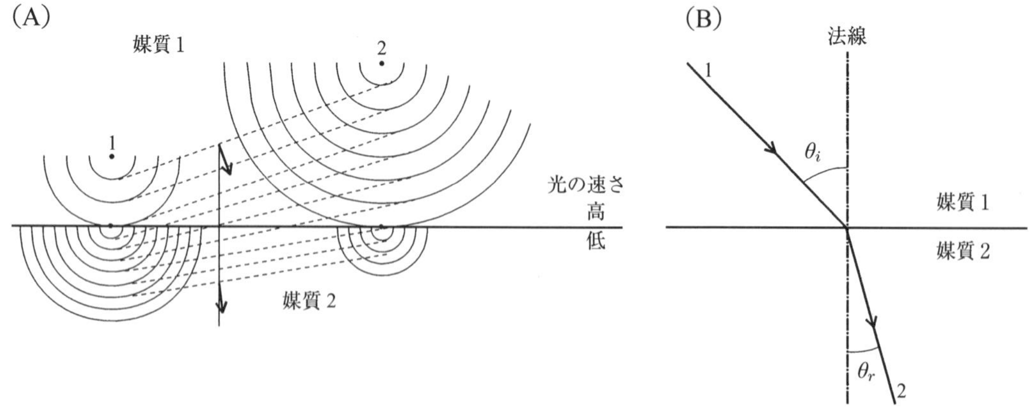

図 11.5　光が屈折率の高い（光速が低い）媒体に入ると、屈折が起こる（A）。方向の変化は“光線”と、その法線に対する角度で表現される（B）。

２つの波源を結んだ線は界面に対してある角度で傾いているので、点１からの光が先に界面に到達し、点２からの光はそれより後に界面に到達する。この間に、点１の波源からの散乱光は“遅い”媒質中を進むので、点２の波源からのそれよりも短い距離しか進まない。点２からの波面が界面に到達した時点での状況を見ると、媒質２の中での波面を結んだ線は、媒質１の中での波面を結んだ線とは、界面に対して違った角度をもつことがわかる。媒質２の中での光は遅いので、その伝播方向は界面に対してより垂直に近くなる。すなわち、光は屈折する。

屈折によるこの方向変化は、光源が媒質２に置かれていれば、逆になる。この場合には、光速の遅い媒質から速いそれへ進むので、伝播の方向は界面の法線から離れる方へ曲がる。

これらの結果を、もっと普通の用語で言い換えておいた方が便利だろう。波面を追跡して光の伝播方向を知る代わりに、**「光線」**と呼ばれる波面の法線を描いて、伝播方向を示すことができる。このようにすると、図 11.5A の状況は図 11.5B のようになる。媒質１の中の光線はある点で界面に入り、違った向きで媒質２へ出る。光線の向きは、光線が界面に入射した点から立てた法線に対して測る。この法線と入射光線とのなす角が**「入射角」**θ_i で、これは第 10 章で音について定義したのと同様である。屈折を起こした光線とこの法線の成す角は**「屈折角」**θ_r である。注意すべきは、入射光線と法線とを含む**「入射面」**を定義できて、屈折光線もこの面に含まれることである。

さらに、光線は逆行できることにも注意すべきである。すなわち、もし図 11.5B で光が媒質２から出て界面に向かって光線２に沿って進めば、媒質１に出た後は光線１を辿る。この“光線逆行の原理”があるので、どちらを入射光線または屈折光線と呼ぶかは、単に伝播の向きによって決めているに過ぎない。

光の速度が変わると方向が変わることは、そのような状況では光が波として振る舞うことの強い論拠である。1600 年代初頭に、スネル（Willibrod Snell）は２つの媒質での光の速さと入射角および屈折角には単純な関係、

$$\frac{\sin\theta_i}{\sin\theta_r} = \frac{u_1}{u_2} \tag{11.11}$$

があることを示した。ここで、θ_i と θ_r はそれぞれ入射角と屈折角、そして u_1 と u_2 は一番目と二番目の媒質での光速である。この関係は**「スネルの法則」**として知られている。

この比 u_1/u_2 は、一番目に対する二番目の媒質の**「屈折率」**と呼ばれ、$n_{2,1}$ という記号で表わされる。屈折率は真空に対して測られることが多く、その場合は慣習として添え字を省く。例えば、屈折率 n が 1.4 の物質中での光の速さに比べると、真空中での光は 40% 速く進む。

スネルの法則（式 11.11）は、屈折率へ書き直すことができて、

$$\frac{\sin\theta_i}{\sin\theta_r} = n_{2,1} = \frac{n_2}{n_1} \tag{11.12}$$

である。

様々な物質の屈折率を表 11.2 に示す。これらの屈折率は、指定された波長（ここでは 589 nm）でのみ正しいことに注意すべきである。一般に、物質の屈折率は波長が増すにつれて減る。その結果、赤色光は青色光より小さくしか曲がらない。これが、プリズムによって白色光を虹の七色に分ける古典的な実験の原理である。

表 11.2　様々な物質の屈折率（λ_{vac} = 589 nm で測定）。

媒質	n
真空	1.0000
空気	1.0003
水	1.33
エチルアルコール	1.36
石英ガラス	1.46
クラウンガラス	1.52
重フリントガラス	1.66

注記：この波長はナトリウムが放射する線スペクトルの１つで、ナトリウム D 線と呼ばれ、屈折率の測定によく使われる。

既に見たように、光が屈折率の高い媒質から低い媒質へ（例えば水から空気へ）進むとき、屈折光線は法線から遠ざかる。入射角がある臨界値 θ_c に達すると、屈折した光線は法線に直角すなわち界面に平行になり、はじめに伝播していた媒質から出ることはない。入射角が θ_c より大きいと、光が界面で反射されて屈折率の高い媒質に戻る *「全反射」* と呼ばれる状況が起こる。この種類の反射のお蔭で、空気に囲まれた細いガラス繊維を光が効率よく通る。これが、内視鏡や通信用の光ファイバーの原理である。

入射角の臨界値は、式 11.12 の θ_r に 90° を代入して、

$$\theta_c = \arcsin n_{2,1} \tag{11.13}$$

を得る。低屈折率の媒質から高屈折率の媒質へ入射する光線には、この臨界角は存在しないことに注意すべきである。

11.1.6　反射

屈折率の異なる媒質の界面に光線が当たると、既に見たように、そのエネルギーの幾分かは屈折しながら透過する。しかし、幾分かのエネルギーは透過せずに *「反射」* される。反射には注意を払うべき局面が２つある。

まず、光が反射されるときの反射角（やはり法線に対して測る）は、入射角に等しいことに注意しよう（図 11.6）。しかしこれは、反射光線の方向を教えてくれるだけで、入射光線に対する強さを教えてはくれない。

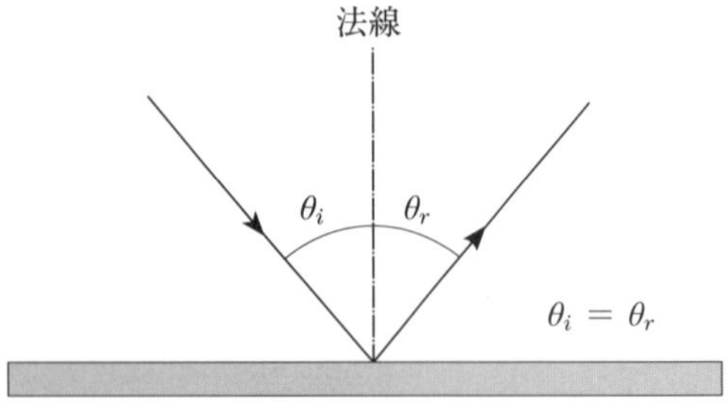

図 11.6　ある表面で光が反射されるとき、入射角（θ_i）と反射角（θ_r）とは等しい。

第10章で音の性質を調べたとき、2つの媒質の平らな界面に入射した音のエネルギーは、透過と反射の両方を起こし、透過音と反射音の相対的な強さは媒質の音響インピーダンスの違いで決まる、ことを学んだ。光でも同じようなことが起こる。2つの媒質の平らな界面の法線に沿って光ビームが伝播してくると、反射光の強度と入射光のそれとの比は、

$$\frac{\mathcal{I}_r}{\mathcal{I}_0}=\left(\frac{n_2-n_1}{n_2+n_1}\right)^2 \tag{11.14}$$

で与えられる。ここで、n_1とn_2は界面を構成する媒質の（真空に対する）屈折率である。例えば真昼に太陽光が真上から湖の表面を照らしている状況を、考えてみよう。この場合、空気（n = 1.0003）と水（n=1.33）の界面なので、約2％の光エネルギーが空気中に跳ね返され、残りの98％は湖の中に透過する。

式11.14は、界面での光の反射は対称であることを意味している。光が空気から水に入るときに入射光の2％が反射されるなら、光が水から空気に入るときにも2％の反射が起こる。

式11.14は入射角がゼロの場合のみにあてはまることにも注意すべきである。界面で反射される光の割合は、入射角が増すと、

$$\frac{\mathcal{I}_r}{\mathcal{I}_0}=\frac{1}{2}\left(\frac{\sin^2[\theta_i-\arcsin(\theta_i/n)]}{\sin^2[\theta_i+\arcsin(\theta_i/n)]}+\frac{\tan^2[\theta_i-\arcsin(\theta_i/n)]}{\tan^2[\theta_i+\arcsin(\theta_i/n)]}\right) \tag{11.15}$$

で増える（List 1958）。ただし、片方の媒質は空気で、nは他方の媒質の屈折率である。

入射角が50°（0.87ラジアン）程度までは反射率の増加は小さいが、それより大きい入射角では、媒質の屈折率の違いとは関係なく、ほとんどの光が反射されてしまう（図11.7）。

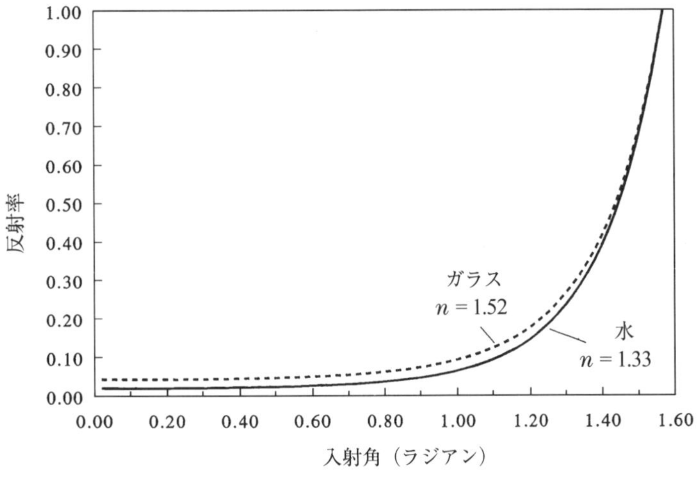

図11.7　表面の反射率（入射光のうちの反射される光の割合）は、入射角が増すと増える。これが、ガラス面や水面に大きな角度で入射した太陽光が、ギラギラと眩しい理由である。

11.2　水と空気の光学的性質

ここで、水と空気の光学的性質に注意を向けよう。このうちの２つ－屈折率と減衰係数 — は生物に決定的な影響を与えている。

11.2.1　屈折率

空気の屈折率は約 1.0003 で、真空のそれからわずかに違うだけである（表 11.2)。他の全ての物質と同じく、空気の屈折率は波長が増すにつれて減るが、ほんのわずかな効果しかない（図 11.8)。例えば、青紫色光（$\lambda = 410$ nm）に対する屈折率は､赤色光（$\lambda = 680$ nm）に対するそれより 0.0006% 高いだけである。

一定圧力の下では、空気の屈折率は温度の上昇とともにわずかに減るが、生物学的な範囲にわたって効果は小さい（図 11.9)。40℃での空気の n は、0℃でのそれより 0.004% 小さいだけである。水蒸気の存在

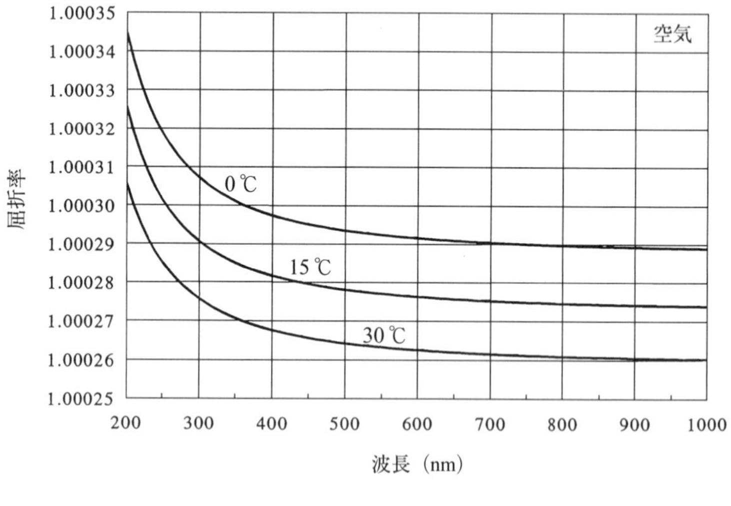

図 11.8　空気の屈折率は、波長と温度の増加とともに減るが、変化は極めて小さい。

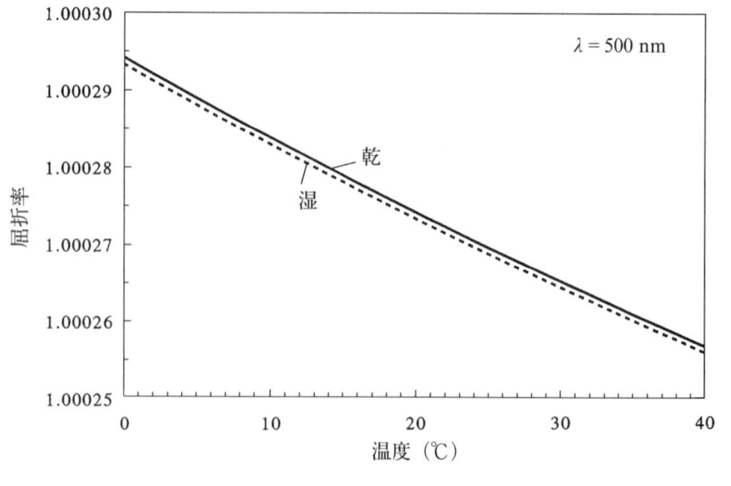

図 11.9　湿った空気は乾燥空気よりわずかに低い屈折率をもつ。

は空気の屈折率をわずかに下げる（図 11.9）が、その効果は一般的には無視できる。屈折率は圧力の増加とともにわずかに増える（図 11.10）が、やはり効果はわずかである。

まとめると、空気の屈折率は真空のそれとほぼ等しく、どの因子を考慮しても、生物学的に意味のある範囲にわたって、大きくは変わらない。

これとは対照的に、水の屈折率はかなり高く、青色光に対する 1.34 から赤色光に対する 1.33 まで変わる（図 11.11）。すなわち、空気中を伝わる光は水中よりも 1/3 速い。水の屈折率は温度と塩分の両方で変わる。すなわち、温度が高いほど n は低く、塩分が高いほど n は高い（図 11.12）。しかし、どちらの効果もそんなに大きなものではない。温度による n の変動は、生物学的な範囲にわたって 0.15% しかなく、塩分による変動も $S = 0$ から 40 にかけて 0.6% しかない。

屈折率のこれらの違いが生物に及ぼす影響は、11.4.4 節で議論する。

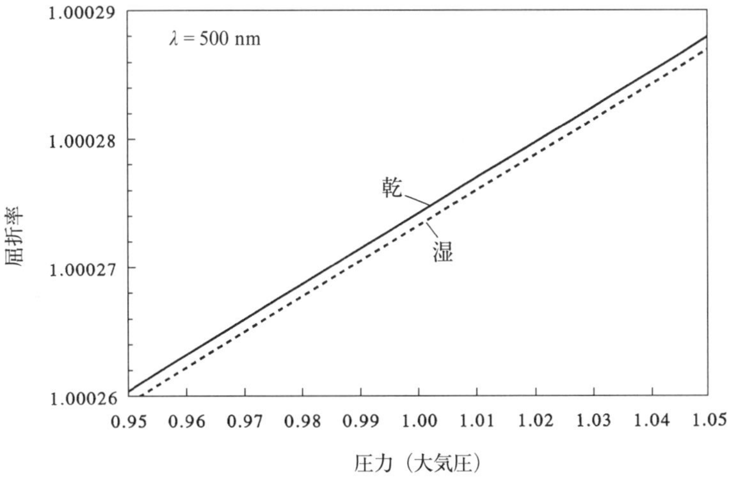

図 11.10　空気の屈折率は圧力増加とともに増えるが、海面位での典型的大気圧の範囲にわたっての効果はわずかである。

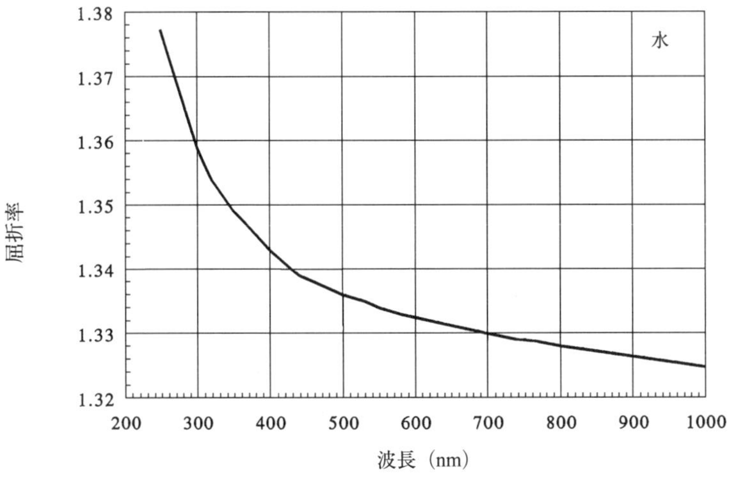

図 11.11　水の屈折率は波長とともに減る。

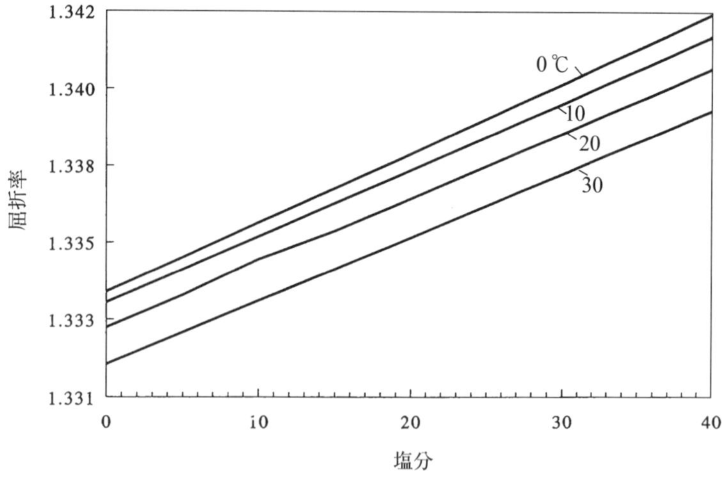

図 11.12　水の屈折率は塩分が増すと高くなり、温度増加とともに減る。

11.2.2　水と空気による吸収と散乱

水と空気は、光を減衰させる性質では驚くほど違う。乾燥空気と純水の減衰係数を図 11.13 に示す。減衰係数は対数目盛に描かれていることに注意して欲しい。波長によっては、水の減衰係数は、空気のそれの 100 倍から 1000 万倍も大きい。すなわち、水は光に対する透明性が、空気よりも格段に悪い。

可視および紫外光に対する純水の減衰係数には未だに議論が続いている（Shifrin 1988、Jerlov 1976）、と聞くと驚くだろう。短波長側では、試料中に微量の粒状物質が存在すれば減衰を大きく増加させ、結果として研究者によって測定値に違いが出てくる。図 11.13 に示した値は Shifrin (1988) によって示されたもので、報告された中の最低なので、最も汚れのない試料でなされたものらしい。自然環境にある水は、これより高い減衰係数をもつと考えるべきである。

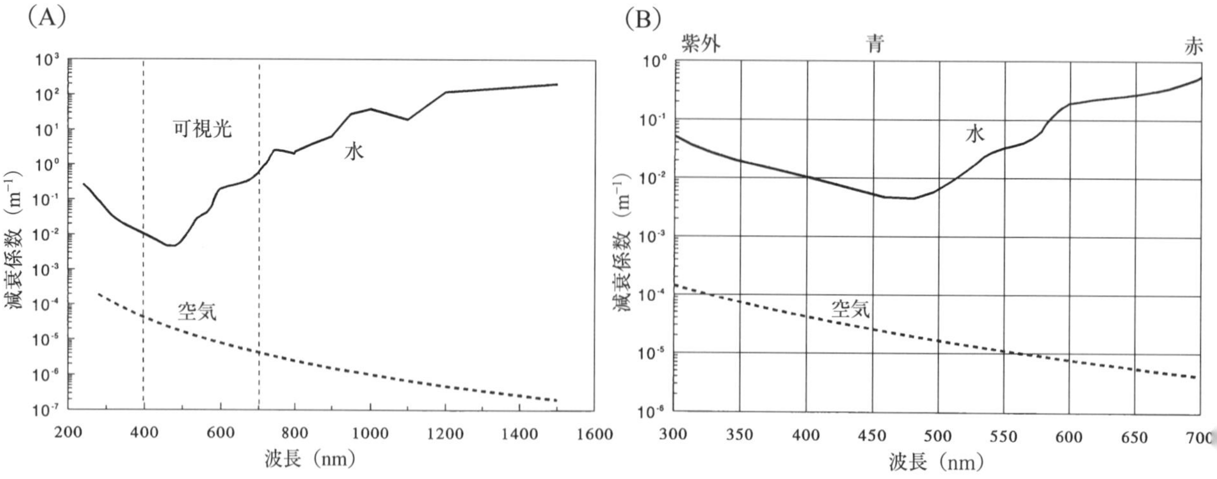

図 11.13　光が純水で減衰される度合いは、空気よりずっと強い（A）。水の減衰係数は青色光で最低で、赤色光では紫外光より高い。（ここに引用した空気のデータと 800 nm 以上の波長の水のデータは、List 1958 から得た。その他の水についてのデータは、Shifrin 1988 による。）自然環境にある水は、ここに引用した値よりも高い減衰係数をもつであろうことに、留意すべきである。（B）A の可視光部分を詳細に示す拡大図。

11.3　減衰の影響

11.3.1　空気

太陽輻射は、植物や動物に作用する前に、大気を通り抜けなければならない。この過程で散乱と吸収の両方を受けるので、生物に到達する光は太陽から放射されたものとは異なる。

既に注意したように、異なる分子は異なる波長の光を吸収する。大気中で特に重要なのは、オゾン(O_3)、二酸化炭素そして水蒸気である。オゾンは紫外部の光を吸収するので、それが大気上層に存在することが、地表面に到達するUVの量を劇的に減少させている。二酸化炭素と水蒸気は様々な波長の光を吸収するが、主として赤と赤外域である。

これらの分子による大気吸収の結果、地球表面での光は大気の最上層に到達したものとは異なるスペクトル特性をもつ（図11.14）。例えば、太陽から放射されるフォトンの28 %だけが可視域にあるが、地表面に届いたフォトンでは45 %が可視域にある。ただし、図11.14に示した光のスペクトル特性は、図11.13にある減衰係数から予測できるものとは、厳密には一致しないことに注意して欲しい。図11.13の減衰係数は乾燥空気で測定されており、したがって水蒸気による減衰ピークを欠いている。

さらに、空気は赤色光よりも青色光をより強く減衰する（図11.13B）。この事実が、なぜ夕日は赤いのかの説明を助けてくれる。太陽が地平線に近づくと、大気を通る光路がより長くなる。日没のとき、空気中を通る太陽光の経路が青色光のほとんどを減衰させるのに充分な長さになり、残った光は赤味がかった色相を呈する。

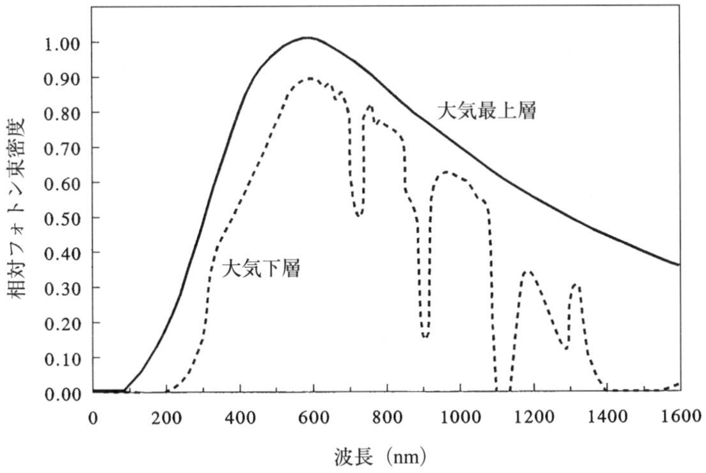

図11.14　地表に到達する光は、オゾンや水そして二酸化炭素による様々な波長の吸収によって、大気最上層の光とは異なるスペクトル成分をもつ。(Park. S. Nobelによる *Biophysical Plant Physiology and Ecology* より、©1983 by W. H. Freeman and Companyの許諾を得て複製)

11.3.2　水

水は、空気よりも強く光を吸収するので、光は媒質としての水の中へは比較的短い距離しか入り込めない。この効果を、図 11.15 にグラフとして示す。光は 50 m の空気を、強度を全く減らすことなく通り抜ける。しかし、同じ厚さの水を通れば、強度は著しく減衰する。入射した青色光の 78 % だけはまだ残っているが、入射赤色光は実質的に何も残らない。

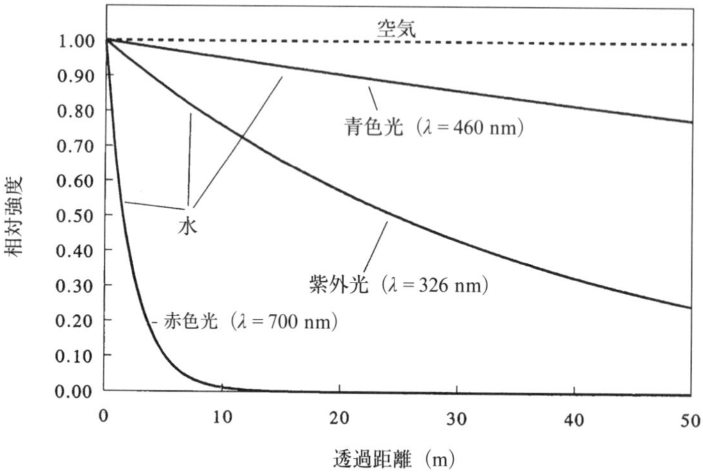

図 11.15　50 m の空気を通っても、可視光は実質的に減衰を受けない。一方、50 m の水を通った光の強度は大幅に落ちる。この減衰は赤色光で最も顕著で、青色光で最小である。紫外光は、50 m を通った後でも 25 % が残っていることに注意して欲しい。

水による光の減衰は、いくつかの影響を生物に与える。まず、光の急激な減衰は、水棲植物が効率的に光合成できるのは水面近くだけである、ことを意味する。弱い光条件に特に適応した植物でさえ、約 200 m より深いところでは効率的な光合成はできない。ところが、海洋の平均深度は約 4000 m である。したがって、光の減衰特性は、地球の水の約 95 % を光合成を行う植物の生息域から排除してしまう。

次に、急速な減衰は、視覚を水中での長距離通信手段としては役立たないものにする。この効果は、潜っている水の質を、物がよく見える最大距離で表現しているスキューバダイバーにはよく知られている。たとえプランクトンや底泥がなくて水が透き通っていても、透明度が 30 m 以上になることは稀である。既に第 10 章で述べたように、このような条件下で動物が周りの情報を手に入れる仕組みとしては、光よりも音の方がよく使われる。

水の減衰係数は波長によって変わる（図 11.13A）ことにも、留意すべきである。減衰は UV と IR で高く、可視域の光で最低である。生命が最初に水の中で進化したとすれば、水が最も透明になる波長が“可視光”に対応することは、偶然ではないだろう。同じ主張は、植物が光合成のために光を捕捉する色素にもあてはまる。主な光合成色素の全て（クロロフィル、カロテノイド、フィコビリン）は、水の減衰が最低な 400 から 700 nm の範囲の光を吸収する（Nobel 1983）。

可視光の範囲でも、水の減衰係数はかなり変わる（図 11.13B）。赤色光は青色光よりも強く減衰される。この現象も、スキューバダイバーにはよく知られている。彼らによれば、物体の見掛けの色は深さとともに急激に変わるという。例えば、海面では鮮やかな赤色のカメラの箱も、たった数メートルの深さで灰色に見えるようになる。赤色光が全て、その上の水で吸収されてしまうからである（図 11.15）。赤色光の急速な吸収は、植物の進化に影響を与えている。クロロフィル a（最もありふれた光合成色素）は波長 680 nm（赤色）の光を強く吸収するので、深いところで光を集める方法としては比較的非効率である。水面下深くで生きる植物は、もっと短い波長の光を吸収する補助色素（カロテノイドやフィコビリン）を伴っている。

植物が、光を集める装置を入射光のスペクトル特性にどうやって合わせたのかについての話はすごく面白いのだが、この本の範囲を遥かに超える。より完全な議論には、Nobel (1983) または植物生理学の他の教科書を参照して欲しい。

11.3.3　空はなぜこうも青いのか？

ここまでの議論で扱った減衰は、吸収と散乱の複合した作用である。しかし、散乱の効果だけを分離して注意を払うことにも価値がある。それによって、空と海の色を説明できるからである。もし太陽光が空気で散乱されなければ、太陽を直接見たときだけ光が見える。例えば、ほとんど大気のない月面では、これが起こる。しかし、空気は光を散乱するので、太陽から離れた空の一点を見ると散乱された光が見えることになる。短い波長が、長い波長よりもずっと効率的に散乱されるので（式 11.7）、この散乱光の色は青である。

同じ結論は水にもあてはまる。もし純水の海に潜ったとして、太陽から外れた方向を見ると、水は青みがかった色合いをしているだろう。その理由は、この波長が最も効率的に散乱されるからである。しかし、ここではこれ以上詮索しない理由によって、気体に比べて液体は光を散乱する効率が低い（Tanford 1961）ので、純水は空のように青くは見えない。空から見ると海が青いのは、主に青い空の反射が見えている結果であることに留意すべきである。例えば、雲量 10 の曇りの日には、海の表面は灰色に見える。同様に、海に潜ったときに周りが青く見えるのは、主に赤色光が欠けているのと、残った青色光を目に反射する粒子の存在のせいである。

11.4　視覚

今度は、動物がものを見る仕組みと、それが水と空気でどう異なるか、を考察しよう。

視覚は、一連の出来事からなっている。まず、周りからの光は像を形成するように選択的に取り込まれる（結像）。結像の方法は、光路に置かれた単純なピンホールのことも、レンズや鏡をもつ複雑な光学系のこともある。形成された像は、検出されなければならない。この目的のために、光に敏感な構造を含んだ細胞が、像の落ちる場所に配置される。動物には数多くの種類の感覚細胞があるが、ここではそのいくつかだけを議論する。感覚細胞で光が検出されると、神経系の中での電気的な信号に変換される。様々な感覚細胞からの信号は、視覚の最終過程として脳で分析される。この節では、視覚過程の最初の段階、すなわち像の形成と像の空間的性質が感覚細胞の性質とどう関わるのか、だけを取り扱う。これらは、視覚の内でも、水と空気の光学的性質の影響を最も強く受ける段階である。

11.4.1　ピンホール光学系

まず、どうして像ができるのかを手短に分析しよう。その要点は、外界のある位置から出た光が感覚細胞でできた面のただ一点にだけ届く、ようにすることにある。図 11.16A に示した状況を考えよう。一般的には ***「網膜」*** と呼ばれることになる感覚細胞面が、エネルギー放射量が等しい 2 つの点光源に向いている。光源 1 からの光は全ての方向に出ており、何かが変わらない限り、網膜のほとんどを照らしている。光源 2 についても同じことが言える。もし光源のどちらか一方が消えれば、感覚細胞面に落ちる光の全エネルギーは半分になる。しかし網膜細胞には、消えたのが光源 1 なのか光源 2 なのかを知る術はない。すなわち、光が来る方向を分別する何らかの方法をもたなければ、生物は周り全体の明るさを感じることしかできない。

きちんとした像を作る最も簡単な方法は、網膜の前方のある程度の距離に小さな孔を置くことである（図 11.16B）。孔が充分小さければ、光源 1 からの光は網膜のある限定された部位に落ち、光源 2 からの光はそれとは違う点に落ちる。限界はあるも

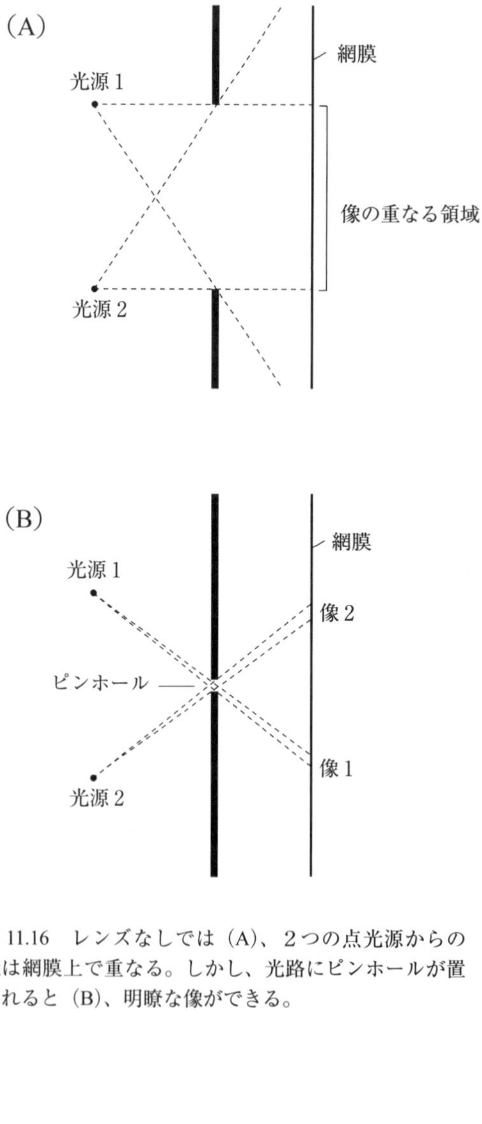

図 11.16　レンズなしでは（A）、2 つの点光源からの光は網膜上で重なる。しかし、光路にピンホールが置かれると（B）、明瞭な像ができる。

のの[3]、孔が小さいほど、より精密に光の来た方向を判定でき、像はより明瞭になる。

ピンホール眼は、広い範囲の無脊椎動物で使われている。しかし、一般的にはピンホールの直径は眼の大きさに近く（例えば、プラナリアの眼点）、方向分解能は低い。これらの眼は、明暗の違いや光が来るのが右か左かを感じ取ることはできるが、それ以上はできない。鮮明な像を形成できるピンホール眼の明らかな例は、オウムガイのものである（図 11.17）。

ピンホール眼の話題を終える前に、1つだけ、風変わりな例を調べておこう。ボア科とマムシ亜科のヘビは、10 μm かそれ以上の波長の赤外光を検出できる。これらは、ハツカネズミやトリのような暖かい物体が輻射する波長で、これらのヘビは赤外線を感じる能力によって、可視光が全くなくても獲物を狩ることができる。

ガラガラヘビの仲間の赤外線感覚器はピンホール眼のように動作する。感覚細胞は、頭の両側に1個ずつ開いた2個の“窪み（ピット）”の底部にある（図 11.18）。各ピットの高い側壁が､開口部をピンホールのように働かせて、赤外線がピットに差し込む角度を狭める。2つのピットの視野は頭の前方で交差している。両方のピットが同じ明るさを“見る”まで頭の向きを動かすことで、ヘビは餌食を正面に狙うことができる（Gamow and Harris 1973）。

ヘビの感覚細胞は、赤外線を吸収した際の温度増加を直接検出する。この能力は空気中では可能であるが、水中では不可能であろう。空気は IR に透明で、熱伝導率も低いことがその理由である。水は IR を急速に吸収するので、有効検出距離が限定されるだけでなく、水の熱伝導率の高さは感覚細胞の温度上昇を許さない（第 8 章での議論を参照のこと）。

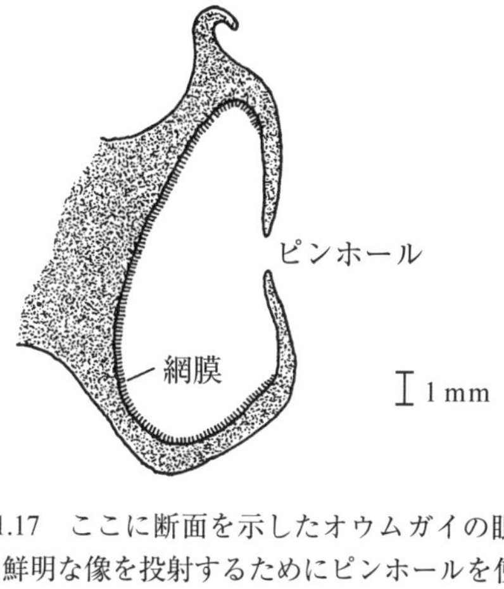

図 11.17　ここに断面を示したオウムガイの眼は、網膜に鮮明な像を投射するためにピンホールを使っている。（Oxford University Press の許可を得て Young 1964 から再描画）

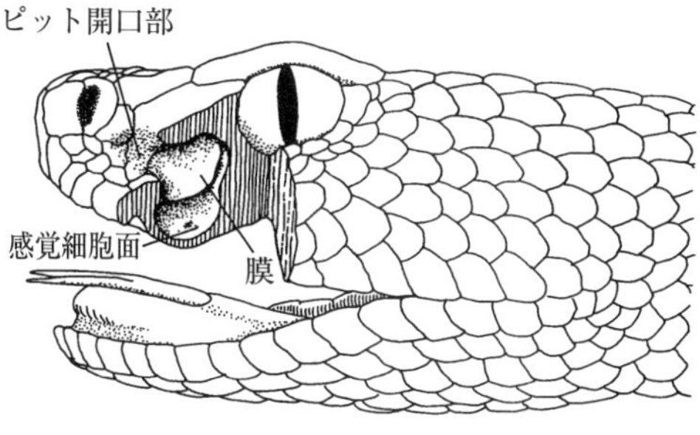

図 11.18　ある種のヘビのピット器官は、周りの赤外線像を結ぶために、ピンホールを使っている。（Gamow and Harris 1973 から再描画、原図版権所有 ©1973 Scientific American Inc.）

［脚註 3：孔があまりに小さければ、孔の一端に入った光が他端に入った光と干渉を起こす。そのような場合の孔の像は、明暗の輪が交互になった複雑な回折模様になる。しかし､このような問題は､直径が光の波長に近くなった孔でのみ起こる。動物の眼で使われているピンホールはこれよりはるかに大きいので、回折の問題は起こらない。

11.4.2　レンズ

ピンホール眼には本質的な難点がある。ピンホール眼は、鮮明な像を形成するために入射光の大部分を捨ててしまうので、像は非常に暗くなる。この難点は、しかし、レンズを使うことで回避できる。

図 11.19 に示した断面図を考えよう。屈折率の異なる媒質が、球面状の境界で接している。この“レンズ”の高さは開口半径を表わしていて、任意に設定できる。点光源が左側の媒質 1 にあり、その屈折率 n_1 は低い。網膜は屈折率境界の右側の、相対的に高い屈折率 n_2 の媒質 2 の中にある。境界面の曲率中心は点 C にある。網膜中心と境界の曲率中心とを結んだ直線が、この系の光軸である。光源からの光線がレンズに当たった時に起こることを、順を追って見て行こう。

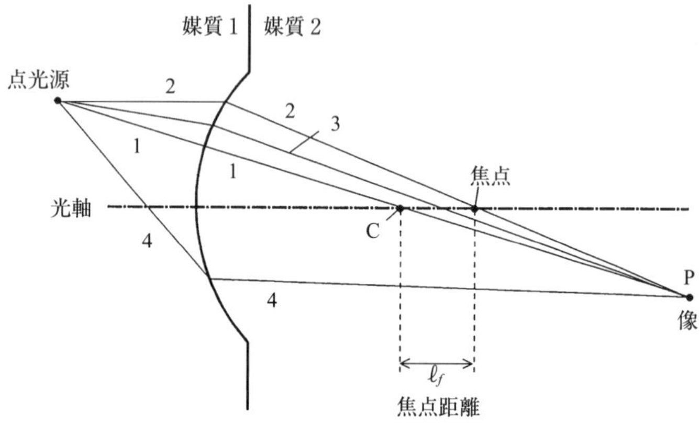

図 11.19　単レンズ（片側レンズともいう）の異なる点へ入射する光は、少しずつ違う屈折を起こして、点 P に像を結ぶ。

点光源からは全ての方向に光が出るが、“眼”の中で起こることを把握するために必要な数本の光線だけを考える。光源とレンズの曲率中心とを結んだ直線に沿って進んだ光（光線 1）は、屈折率境界に垂直に当たり、したがって屈折しない。これに対し、光軸と平行に進んだ光（光線 2）は、ある角度でレンズに当たるので、屈折される。媒質 2 は媒質 1 よりも高い屈折率をもつので、光線 2 はその法線に近づくように曲がる。すなわち、ここに示した状況では、光線 2 は下向きに屈折する。幾何学的に考察すれば、屈折された光線 2 はレンズの**「焦点」**で光軸と交わる。光線 2 は、下向きに曲げられていたのだから、ある点 P で光線 1 と交わる。

光源を出て光線 1 と光線 2 の間を進む光線 3 を考えれば、それは光線 2 よりも小さな入射角でレンズに当たり、したがって屈折もより少ない。事実、その屈折量は光線 3 を正確に点 P に向かわせるのにちょうど良い大きさである。光線 1 より下向きに出た光線 4 は、非常に大きな入射角でレンズに当たって屈折量も大きいので、この場合は上向きに曲がる。この場合も、屈折率境界の向きは光線 4 を点 P に向けるのにちょうど良い大きさである。

要約すると、このような球面状屈折率境界は、点光源から出た光全てを感覚細胞面上のある地点 P に向かわせるように働く。この地点が光源の**「像」**である。別の光源も同じように、網膜の上の違う場所に像を結ぶ。このように、球面状屈折率境界（および他の複雑なレンズ系）は、光を遮るのではなく、光の向きを変えて像を結ぶ。この結果、ピンホールを使って達成できるものより、ずっと明るい像ができる。実際上ほぼ全ての結像眼は、何らかののレンズを使っており、これからこの型の結像系の性質に注意を向ける。以下に述べる議論の多くは、Land (1981) からの引用であり、より詳細については原典を参照して欲しい。

11.4.3　眼

開口とレンズと網膜からなるカメラ眼の一般化模式図を、図 11.20A に示す。この型の眼は、イモムシ、腹足類（カタツムリやナメクジ）、頭足類（イカやタコ）、クモ、サカナ、両生類、爬虫類、トリ、そして哺乳類がもっている。２番目に主要な眼の型は ***「オマティディウム」*** で、図 11.20B に示してある。オマティディウムは複眼の単位である個眼１個（ファセット）を構成している。この型の眼は、主に節足動物で見られる。

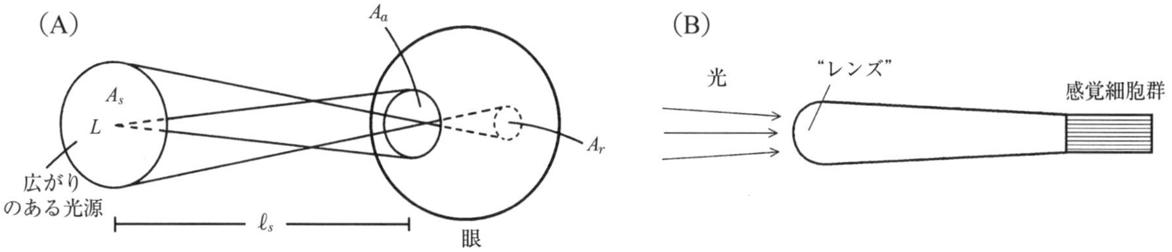

図 11.20　広がりのある光源は、カメラ眼の網膜上に広がりのある像を結ぶ（A)。これに比べ、オマティディウム眼（B）は、非常に狭い立体角からの光だけを感覚細胞に投影する。どちらの場合も、本文に説明したように、像の明るさは眼の F 値で決まる。(Springer-Verlag, New York の許諾により Land 1981 から再描画)

光学系として見ると、カメラ眼とオマティディウム眼[4]との主たる違いは網膜の空間的広がりだけである。カメラ眼では、網膜が広い面に広がっているのでレンズによって結ばれた像の中に多くの感覚細胞が入る。オマティディウム眼では、わずか数個の感覚細胞だけがあり、それらが像の小さな部分を感じ取る。この違いは、視覚情報が神経系にどのように提示されるかという点で重要であるが、我々が調べている水と空気の効果との関連は薄い。ここでは、カメラ眼だけに注目することにする。複眼でも同じ議論が成り立つことに留意して欲しい。

図 11.20A のカメラ眼を考えよう。この場合、眼が見ている物体は点光源ではなく、広がりをもっている。しかし、物体は点光源の集まりからできていると見なしてよいだろう。したがって、***「放射輝度」*** と呼

［脚註 4：細かく言えば、ここに示したオマティディウムは ***「連立像複眼」*** のもので、各個眼レンズは自分自身の光受容器上に像を結ぶ。いくつかの昆虫は、多数の個眼レンズが共働して広範囲の感覚細胞上に単一の像を投射する ***「重複像複眼」*** をもつ。カメラ眼とは構造が異なるものの、重複像眼は光学的にはカメラ眼に似ているので、ここでは分けて扱うことはしない。］

ばれる物体全体としての明るさは、(1) 物体の各点から放射される輻射エネルギーの時間率と、(2) 物体を構成している点の数すなわち面積、の2つの因子に依存することになる。

まず、個々の点から放射されるエネルギーの時間率について考えよう。各点は P ワットの時間率でエネルギーを出し、このエネルギーは全方向に伝播する。その結果、距離 r の地点では、放射されたエネルギーは面積が $4\pi r^2$ の球面上に広がる。したがって、放射点から遠くなるほど、エネルギーの拡がった面積が大きくなる。

点光源から距離 r で、網膜上に落ちる光エネルギーの量を知るためには、半径 r の全球表面に対して受光面積 A が占める割合を知る必要がある。この割合は ***「立体角」*** として知られており、A/r^2 に等しい（計測単位としてはステラジアンを用いる）。受光面に落ちる輻射エネルギーはその立体角に依存するから、広がりをもつ光源の全体的明るさは光源の面積あたりのワット数、すなわち光源の全ての点から放射された総エネルギーの時間率の尺度、をさらにステラジアンあたりで測ったものになる。したがって、網膜のある面積に落ちる輻射エネルギーの時間率を計算するには、まず光源の放射輝度に光源面積を掛けて、さらに網膜が光源に対して張る立体角を掛けなければならない。

図11.20Aに示した広がりのある光源は、眼の開口部から距離 ℓ_s にある。この円形開口の面積が A_a なら、光源に対して張る立体角は A_a / ℓ_s^2 である。もし光源が面積 A_s、放射輝度 L、をもてば、開口部に落ちる輻射エネルギーの時間率は、

$$P_a = \frac{LA_sA_a}{\ell_s^2} \tag{11.16}$$

である。

開口部に達した光は全て網膜に結像する。もし光源が眼から遠ければ（自然界ではほとんどの場合はこうだが）、光源の像はレンズの後ろの焦点距離 ℓ_f に非常に近いところにできる。図11.19で扱った単レンズでは、焦点距離は曲率中心から測るということに留意して欲しい。厚いレンズや組合せレンズのような場合には、この点は正しくは ***「後方節点」*** と呼ばれる（Jenkins and White 1957 参照）。光源の像が網膜上で占める面積 A_r は、光源の縁から節点を通る直線を引いていけば決めることができる。これらの考察の結果として、像の明るさ、すなわち網膜に落ちる ***「輻射束密度」***（W m^{-2}）を、

$$\mathcal{J}_{P,r} = \frac{P_a}{A_r} = \frac{LA_sA_a}{\ell_s^2 A_r} \tag{11.17}$$

と計算することができる。

次に、図11.20の幾何学から、眼の大きさに比べて ℓ_s が長ければ、眼に対して光源が張る立体角は節点に対して光源の網膜像が張る立体角にほぼ等しい。すなわち、

$$\frac{A_s}{\ell_s^2} \approx \frac{A_r}{\ell_f^2} \tag{11.18}$$

である。これを式 11.16 に代入すると、開口部に落ちる光エネルギーの時間率は、

$$P_a = \frac{LA_aA_r}{\ell_f^2} \tag{11.19}$$

で、網膜での輻射束密度は、

$$\mathcal{J}_{P,r} = \frac{LA_a}{\ell_f^2} \tag{11.20}$$

である。

もし眼の開口部（瞳孔）が直径 d の円形なら、その面積は $\pi d^2/4$ だから、

$$\mathcal{J}_{P,r} = \frac{\pi}{4}L\left(\frac{d}{\ell_f}\right)^2 \tag{11.21}$$

である。

すなわち、網膜での像の明るさは光源の放射輝度と、 ℓ_f に対する d の比の二乗に依存する。これは重要なことで、少し時間をかけて思案する価値がある。つまり**「網膜に届いた像の明るさは、眼の瞳孔の大きさに依存するのではなく、焦点距離に対する開口の比に依存する」**のである。したがって、眼が大きな瞳孔をもっていても、焦点距離が長ければ網膜上には暗い像しか結べない。

さて、比 d/ℓ_f の逆数は F 値として知られている。これは、カメラの開口（絞り）を表わす F 値と同じものである。例えば、カメラの絞りを F 4.5 に合わせるのは、開口直径がレンズの焦点距離の 1/4.5 になるように絞りを操作することなのである*3。写真を撮る人なら誰でも知っているように、F 値が高いほど（すなわち焦点距離に比べて開口直径が小さいほど）フィルムに投影される像は暗くなるので、必要な露光時間は長くなる。典型的なカメラのレンズは、F 値を 1.8 程度から 22 程度まで変えられる。

瞳孔が大きく開いた状態でのヒトの眼の F 値は約 2 で、ミツバチのそれ（F 2.4）とほぼ同じである。したがって、ミツバチ複眼の単一個眼の開口直径がヒトの眼の 1/280 しかないのにもかかわらず、ミツバチの眼での像の輻射束密度は我々のそれとほぼ同程度なのである。

像の明るさの F 値への依存性は、水と空気の屈折率の違いが生物に与えた重大な影響の 1 つである。例えば、図 11.19 の球面状の屈折率境界をもった単レンズを考えよう。このレンズの焦点距離は、

［訳者註＊3：日本では F 値と書き、F4.5 や F2.8 と表記する。一方、欧米では *f*-number と書き、*f*/4.5 や、*f*/2.8 と表記が異なるので注意。慣習的に、カメラレンズの絞り（*f*-stop）は、4.5 や 2.8 と数値のみを表示することが多い。］

$$\ell_f = \frac{n_2 r}{n_2 - n_1} \tag{11.22}$$

で与えられる（Jenkins and White 1957)。ここで、r は境界面の曲率半径、n_1 は眼の外部の媒質の屈折率、そして n_2 は眼の内部の媒質の屈折率である。同じ曲率半径で、n_1 と n_2 の違いが大きければ、焦点距離は短くなり、網膜での輻射束密度は大きくなる。

11.4.4　空気中と水中での眼

全ての眼の内部は、水を多く含んだ液体（透明ゲル）か細胞質で満たされている。どちらの場合でも、その屈折率は 1.34 で、海水のそれとほとんど同じである。空気中では n_1 と n_2 の違いは約 0.34 だから、(図 11.19 に示した）単レンズの焦点距離は曲率半径の約 4 倍である（1.34/0.34 ≈ 3.9)。図 11.19 の眼の開口直径は任意ということで、曲率半径に等しく設定すれば、この眼の F 値は約 4 である。したがって、このレンズは、典型的なカメラのレンズよりも少し暗い像しか投影できない。

もし、この眼が淡水中に浸されたとすれば、外部の媒質の屈折率 n_1 は 1.33 になる。この場合、n_2 と n_1 の違いは、(0.34 だったのに比べ) 0.01 に過ぎず、このレンズの焦点距離は半径の 134 倍になる。つまり、水中での図 11.19 の眼の F 値は 134 になる。

この高い F 値は、投影される像の輝度が空気中に比べて水中では非常に暗くなることを意味している。図 11.19 の単純な光学系について、ある放射輝度の物体は（F 値が 4 の）空気中では、(F 値が 134 の）水中での 1100 倍も明るくなることを、式 11.21 から計算できる。このように、水と空気の屈折率の違いが視覚系に重大な影響をもつことは、明らかである。

空気中と水中どちらでも、図 11.19 の単レンズには改良の余地がある。このレンズの空気中での F 値は安物のカメラよりよりも高く、水中での F 値は明らかに使い物にならない。このため、陸棲でも水棲でも動物は、眼の焦点距離を短くする方向へ進化している。

一番簡単な改良策は、レンズを細胞質の屈折率より高いもので作ることである。動物のレンズのほとんどは、屈折率がガラスに近い約 1.5 のタンパク質でできている（Land 1981)。しかしこれが生物材料の実際上の限界らしく、水棲動物のレンズの屈折率も陸棲の近縁種のレンズのそれより目立って高い訳ではない。

次の改良策は、屈折率境界を（1つではなく）2つもったレンズを作ることである（図 11.21)。この場合、光は外部の水からレンズに入るときに屈折し、さらに

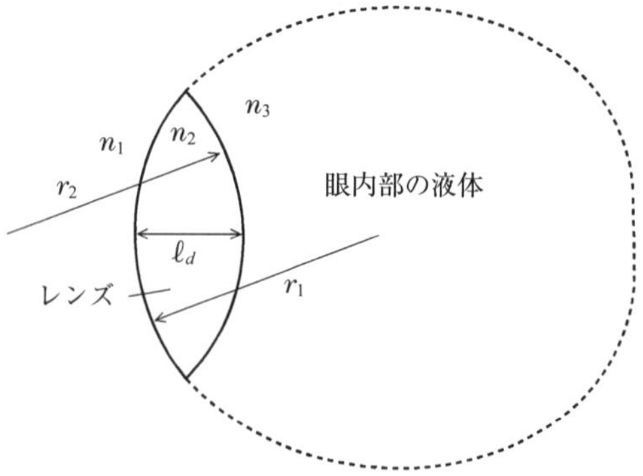

図 11.21　レンズは、屈折率の異なる物質の曲がった境界を（1つではなく）2つもつことで、もっとよくできる。ここに示した薄いレンズの結像能は、本文参照のこと。

レンズを出て眼の内部を満たしている液体に入るときに二度目の屈折を起こす。この型のレンズでは、焦点距離は次の式、

$$\frac{1}{\ell_f}=\frac{n_2-n_1}{n_3 r_1}+\frac{n_3-n_2}{n_3 r_2}-\frac{\ell_d(n_2-n_1)(n_3-n_2)}{n_3 n_2 r_1 r_2} \tag{11.23}$$

で与えられる（Jenkins and White 1957）。ここで、n_1 は眼の外部の液体の屈折率、n_2 はレンズのそれ、そして n_3 は眼の内部の液体のそれである。レンズの厚さ ℓ_d は、前面と後面の距離を光軸に沿って測った距離である。

レンズの前面は後ろ面と逆向きに曲がっていることに注意して欲しい。慣例上は、前面の曲率半径 r_1 を正に取り、後面のそれ r_2 を負に取る。$n_2 = n_3$ の場合には、式 11.23 は単純な球面状の屈折率境界について以前に得た単純な式に帰着する。

進化の過程にわたって、陸棲の動物はこの二面レンズの曲率半径を調整し続けて、F 値が約 2 の眼、すなわち使い物になる明るさの像を投影できる設計、を達成した。しかし水棲生物は、水の高屈折率に拘束されて、レンズ設計の限界ギリギリまで追い詰められている。均質な材料でできたレンズの実用上最短の焦点距離（したがって最高の F 値）は、レンズが球形の時に得られる。そして、実際上すべての水棲生物のレンズは球形なのである*4。

球形レンズでは、$r_1 = -r_2$ で $\ell_d = 2r_1$ である。また眼の内部を満たす液体が周囲の水と同じ屈折率をもっていれば、$n_1 = n_3$ である。このような状況では、式 11.23 は、

$$\ell_f=\frac{rn_1}{2(n_2-n_1)} \tag{11.24}$$

と単純化できる。

球形レンズであっても、その焦点距離はかなり大きい。例えば、n_2 が 1.52 で、レンズが水中（$n_1 = 1.33$）にあれば、$\ell_f = 3.5r$ である。このようなレンズをもった眼の瞳孔が最大まで開いた状態（つまり瞳孔直径 d がレンズの直径 $2r$ に等しく、$d = 2r$）だとしても、この眼の F 値は 1.75 である。

1.75 という F 値は、F134 より格段に優れており、カメラのレンズの F 値に匹敵する。それでも明るい像を投影するには、まだ不充分である。例えば、空気中にある球形レンズ（$n_2 = 1.52$）は、$0.96r$ に等しい焦点距離をもつだろうし、（開口直径がレンズ直径に等しければ）その F 値は 0.48 になるだろう。F 0.48 のレンズは、F 1.75 のレンズよりも 13.3 倍も明るい像を結べる。このように、空気の屈折率が低いので、もし必要なら陸棲の動物は水棲の動物のレンズよりも格段に優れた集光性能をもったレンズを作ることができるのである。

球形レンズは集光性能で優れている（特に空気中で）にもかかわらず、ほとんどの陸棲動物はこれを

[訳者註＊4：サカナの煮物の眼の中の白くまんまるなレンズを思い出して欲しい。]

使っていない。どうしてだろうか？　水棲生物で充分よいのなら、空気中の動物ではそれ以上によいはずではないか？　この問題は、球形レンズが鮮明な像を結べるかどうかで説明できるらしい。

球形レンズの問題点

理想的なレンズは、レンズのどこを通ったかにかかわらず、入射した平行光線をただ1つの焦点に集める。球形レンズ（および全ての球面状屈折率境界）は、光軸近くを通る光線（**「近軸光線」**と呼ばれる）だけをうまく集光できる（図 11.22A）。これらの光線は、小さな入射角をもっている。光軸から遠いところに落ちる光線は大きな入射角をもち、レンズにより近いところに集まる。この**「球面収差」**の結果、球形レンズによって網膜にできる像は、相当ぼやけたものとなる。像の中心部に焦点を合わせると周辺部がボケ、周辺部に焦点を合わせると逆に中心部がボケる。

球面収差の問題に対処する1番簡単な方法は、近軸光線のみを網膜に届けるようにすることである。これを達成する方法は2つある。もしレンズの曲率半径が大きければ、球面の小さな部分のみを使えば眼の前方の物体からの光の入射角は常に小さく、球面収差を最小に抑えることができる。これは**「薄いレンズ」**と呼ばれる。もちろん、r が大きいのでレンズの焦点距離が長くなる（式 11.23）のが欠点である。この欠点はしかし、陸棲動物では問題にならないであろう。このレンズが高い屈折率（例えば 1.5）の物質でできていれば、レンズと外部の空気の屈折率が充分に違うので、それなりに短い焦点距離と受け入れ可能な F 値をもった薄いレンズを実現できる。実際に多くの陸棲動物は、この薄い（又はほぼ薄い）レンズを使っている。

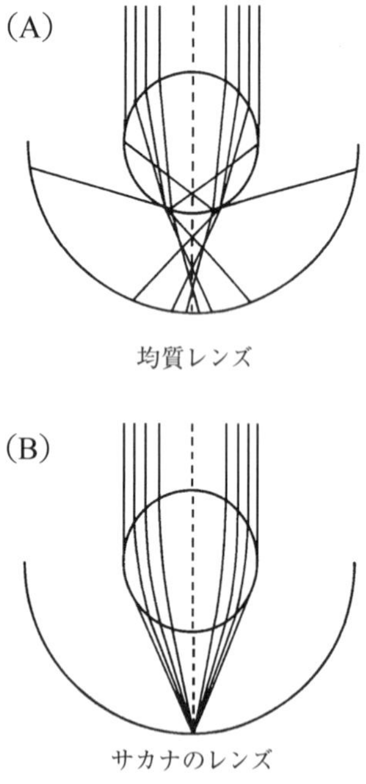

図 11.22　均質な物質でできた球形レンズ（A）は、球面収差がひどい。この難題は、非均質屈折率のレンズを採用することで、サカナが解決している（B）。（Cambridge University Press の許諾を得て Pumphrey 1961 から再描画）

しかし、水棲生物はこの選択肢を採り得ない。水の屈折率が高いため、実用に耐える焦点距離と F 値を実現するには、レンズの曲率半径をできる限り小さく保つ必要がある。曲率半径 r をある値に固定して考えると、球面収差の問題のもっとも簡単な解決法は光がレンズの中心部分だけを通るようにすること、である。絞りを用いて焦点から外れる周辺光を遮れば、レンズの周辺収差が綺麗に減る“絞り込み”ができる。もちろん、開口直径を減らすのだから、この操作は F 値を大きくしてしまう。つまりサカナにとっては、球面収差を減らすこの簡単な解決法は、網膜が利用できる光量の減少を招くことになる。球形レンズを用いる本来の理由は像輝度の増大にあったのだから、この方策が受け入れ可能な結果をもたらすとは思えない。

この難題への対処として、サカナは眼の絞り込みに頼ることなく、球面収差を回避するトリックを進化させている。サカナのレンズを作っている物質の屈折率は、光軸近くでの1.52から周辺部での1.34まで変わる(Land 1981)(図11.22B)。屈折率のこの変わり方は、2つの効果をもたらす。まず、周辺近くでレンズに入った光は、光軸近くで入った光に比べて、少ししか屈折しない。これが周辺光線の焦点距離が短くなる傾向を打ち消す。このように、レンズ素材の非均質性が球面収差を補正する。

このレンズ設計には、もう1つオマケが付いている。厳密に光軸を通って入った光以外は全て、レンズ内を進むにつれて連続的に屈折を起こす。例えば、光軸の右側に入った光は、すぐに左側に屈折を起こす。これは、均質レンズでも同じである。しかしサカナのレンズでは、光が光軸に近づくと屈折率の高い物質に連続的に入り込むのでさらに曲がり、結果的に焦点距離が短くなる。サカナの様々な球形レンズを見ると、焦点距離は半径のおよそ2.55倍に等しく、等方性レンズについて上記で計算した3.5よりも確実に短い。焦点距離と曲率半径の比 $\ell_f/r = 2.55$ は、サカナの球形レンズのこの性質を1880年に初めて記載したLudwig Matthiessenに因んで、**「マーティセン比」**と呼ばれている(Land 1981)。

サカナのレンズの開口径をその直径に等しいと見なせば、マーティセン比に対応する焦点距離は、F値で約1.3に相当する。この値は、多くのカメラのレンズと同程度である。

全てのサカナが球形レンズをもっている訳ではない。それらの例外は水と空気の光学的な違いを際立たせてくれる。例えばトビハゼ(*Periophthalmus*)の仲間は、多くの時間を水から出て過ごす。また、体は水の中でも、頭頂部に盛り上がった眼は空気中に出たままでいることも多い。トビハゼの眼のレンズは、典型的なサカナのそれと比べるとかなり平らになっていて、その陸棲に近い生活に合っている(Bond 1979)。

中南米や西インド諸島に棲むヨツメウオ(*Anableps*)の仲間は、進化が水と空気の物性(の違い)にも対処しうることを示す、もっと良い証拠である(図11.23)。このサカナは、眼の背側半分を空気中に出したまま水面で生活し、その眼は奇怪な形に進化している。すなわち、虹彩が水平に延びて真中で合わさり、瞳孔を2つに仕切っているのである。そのレンズは単一で、一方向に伸びた形をしており、水面より下からの光はレンズの曲率半径の小さい方を通る。水面より上からの光はより大きな曲率半径の方向からレンズに入る。このサカナは実質的に、陸上視用の2つと水中視用の2つの4つの眼をもっていることになる。

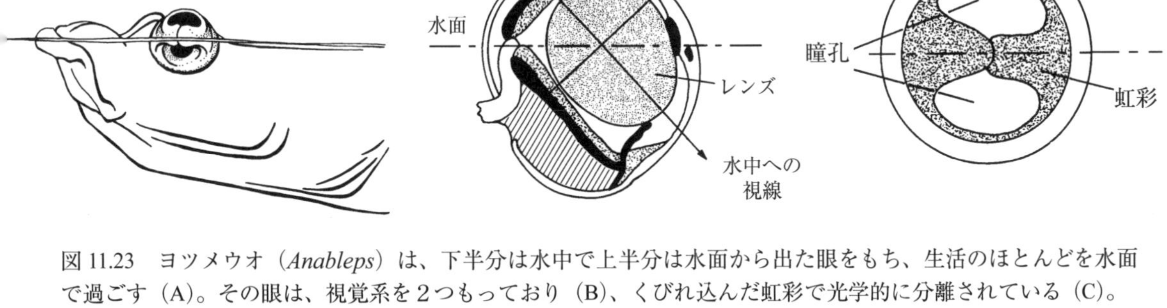

図11.23 ヨツメウオ(*Anableps*)は、下半分は水中で上半分は水面から出た眼をもち、生活のほとんどを水面で過ごす(A)。その眼は、視覚系を2つもっており(B)、くびれ込んだ虹彩で光学的に分離されている(C)。[(A) Sounders College Publishingの許諾を得てBond 1979から再描画;(B) Cranbrook Institute of Scienceの許諾を得てWalls 1942から再描画]

ボラの仲間でインドに棲む *Rhinomugil corsula* にも、同じような適応が見られる。しかし、このボラは眼を水面に出す時に体を縦にするので、虹彩が閉じる方向もヨツメウオのそれとは90度違っている。

ミズスマシ（*Gyrinus*）の仲間の甲虫は、ヨツメウオの昆虫版である。この甲虫は、水面を泳ぎ回って被食者を狩るので、空気中と水中の両方を見る必要がある。この昆虫の複眼は、明らかに半々に分かれていて、半分は頭部の上面に載っており、他方は腹面に付いている。この２つの眼の光受容器は異なっている（Wachmann and Schroer 1975）が、空中用と水中用の眼の機能的な違いが全て明らかになっている訳ではない。

アザラシやアシカ、その他の半水棲哺乳類も、ヨツメウオやミズスマシと同じ難題に直面する。すなわち、水中でも空気中でもよく見える必要がある。しかしこれらの動物が進化させた解決法は、全く異なっている。アザラシの眼は高感度で、薄暗い外洋の深みでサカナを狩るのに適している。彼らは、水棲環境でも使い物になるＦ値を提供できる高屈折率のレンズをもっている。このレンズで空気中でも焦点のよく合った像を結ぶにはかなりの調節が必要である、と考えられている。しかし、アザラシが水から上がっている時には、瞳孔が非常に小さな点になるほど虹彩が収縮する。これが、陸上の強い光によって網膜に過剰な負担が掛かるのを防いでいる。これはまた、瞳孔がアザラシに周囲の明瞭な像を提供するピンホールレンズとして動作することを保証している（Walls 1942、Schusterman 1972）。このようにアザラシは、感度の高い網膜をもつことで、ピンホール光学系につきまとう主な難題、すなわち“像が暗いこと”を回避しているのである。

水鳥のウは、この難題を別の方法で解決済みである。これら潜水するトリは、視覚に頼ってサカナを狩るので、水中で物がハッキリと見えなければならない。また、彼らは飛ぶが、これは視覚に障害があればできない活動である。このトリが空中にいる時には、レンズはその他のトリのそれと似た形をしている。しかしこのトリが水に入ると筋肉に富んだ虹彩がレンズを包み込み、それをほぼ球形になるまで絞り上げて新しい媒質に適合させる（Walls 1942）。ウミガメも同じ方策を採っている。

ある海産動物は、短い焦点距離を達成する上での困難を、他の全ての動物とも異なるやり方で解決してしまった。ホタテガイは、外套膜の縁に点々と並んだ約60個の小さな眼（眼点）をもっている。これらは、青緑の虹色に光ることと、レンズではなく鏡を使って焦点を結ぶこと（図11.24）で特筆に値する。眼に入った光は、網膜を通り抜けて眼の後側の球面反射鏡に達する。この球面の反射鏡が、網膜に像を結ぶ。網膜を通り過ぎて反射鏡へ向かう光は、おそらく焦点が合っておらず、焦点の合った像

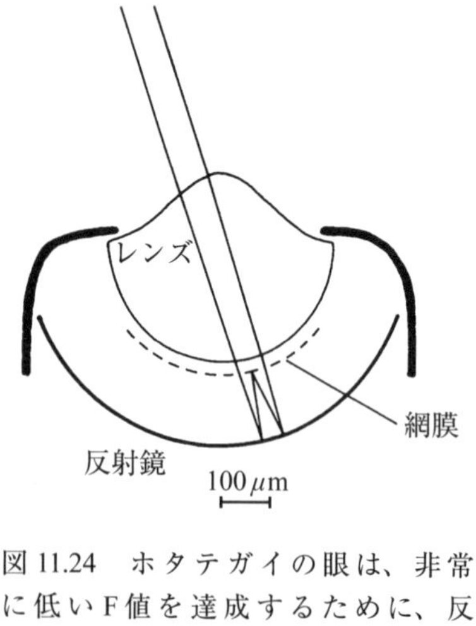

図11.24　ホタテガイの眼は、非常に低いＦ値を達成するために、反射鏡とレンズを組み合わせている。（Physiological Society の許諾を得て Land 1965 から再描画）

にぼんやりとした背景が重なるだけである。コントラストが低ければ、ホタテガイが周囲を探るのに充分明瞭な像が得られる (Land 1965, 1978)。反射鏡は、焦点へ光を集めるのに屈折率変化を使わないので、ホタテガイの眼は賞賛に値する短い焦点距離を実現していて、その F 値はなんと 0.6 である (Land 1981)。

ホタテガイの眼の光学設計は、効果的な集光能力に留まらない。網膜の前にあるレンズは奇妙な形をしている (図 11.24)。このレンズの機能は明らかに、鏡へ向かう光の方向をわずかに変えて、反射鏡の球面収差を補正することにある (Land 1981)。

ホタテガイが使っている反射鏡は、我々が浴室などで使っているものとは異なる。それは、サカナの鱗の光沢と同じく、光が自分自身と干渉を起こす能力に依っている。これが、ホタテガイの眼が虹色に輝いて見えるゆえんである。しかし、ここでは干渉の物理に関する議論には入らない。干渉反射については、物理の標準的な教科書 (例えば Resnick and Haliday) を参考にして欲しい*5。

11.4.5　分解能 (解像度)

眼が解決すべき問題は、網膜に明るい像を投影するだけではない。充分に明るく結んだ像を、適切な分解能で観測 (サンプリング、標本化) する必要がある。

眼の分解能は、明暗が交互になった縞模様を見分ける能力で表現できる。暗い縞の像がある感覚細胞の上に投影され、明るい縞の像が隣の感覚細胞の上に投影されれば、眼は縞模様の存在を検出できる。もし像の縞模様の間隔がこれより小さくなれば、どちらの細胞にも明と暗の両方の縞が投影され、縞模様の存在を確実に検出することはできない。例えば、近くでは簡単に黒白に分かれて見える縞模様も、少し離れると一様な灰色に見えるようになる。

さて、像の縞の間隔は物体上での実際の縞の大きさと、眼から物体までの距離の両方に依存する。眼から遠く離れた太い縞は、近くにある細い縞と同じ大きさの像を結ぶ。重要なのは、縞の太さの絶対値ではなく、縞を見込む角度である。図 11.25 の状況では、黒と白の 1 組を見込む角は d/ℓ である。ただし、d は (黒と白を合わせた) 1 組の幅で、ℓ は眼からの距離である。この角度は、網膜上で縞模様の像を見込む角度 θ に等しい。θ が 2 つの視細胞を見込む角に等しいとき、ちょうど縞模様が知覚される。このように、眼が見

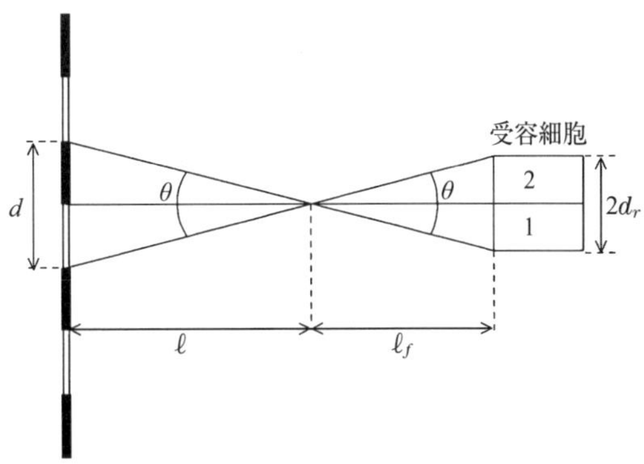

図 11.25　眼の分解能は、2 つの網膜細胞を見込む角度に依存する。

[訳者註*5：生物が光の干渉によって作り出す色は、構造色 (Structural Color) と呼ばれている。最近の日本語解説としては、木下修一 2005 および木下修一 2010、または針山孝彦 2008 を参照して欲しい。]

分けることができる最小の角度は、

$$\text{最小の角度} \approx \frac{2d_r}{\ell_f} \tag{11.25}$$

である。ただし、d_r は網膜の感覚細胞の中心間距離（細胞直径にほぼ同じ）である。眼の**「分解能（解像度）」**とは、この角度の逆数のことで、

$$\text{分解能} = \frac{\ell_f}{2d_r} \tag{11.26}$$

で、計測単位は radian^{-1} である。眼の分解能が高いほど、動物は離れた場所からより小さい物体を識別できる。

分解能の（向上への）要求は、像の明るさへの要求とは異なる拘束を眼に掛ける。この場合、焦点距離は長いほどよい。焦点距離の開口径に対する比は、多くの場合充分に明るい像への要求から固定されており、分解能の向上のために取り得る選択肢は限られている。

最も簡単な手段は、眼のサイズを全体的に大きくすることである。焦点距離と開口径の両方を大きくすれば、分解能を向上させつつ像の明るさは保たれる。この戦術は、非常に効率的な集光能力と充分な分解能の両方を備えた眼が必要な、動く被食者を狩る動物、例えばサメやイカによって使われてきた。実際、知られている最大の眼は深海イカのもので、直径 37 cm にも達する（Bullock and Horridge 1965）。

高い分解能を手に入れる別の方法は、感覚細胞のサイズを小さくすることである。細胞が小さいほど、像の中でそれらが張る角は小さくなり、縞を見分ける能力は高くなる。しかし感覚細胞のサイズには、細胞内部での光の伝わり方で決まる、実用上の下限がある。

光は感覚細胞に入った後、脂質が多く屈折率の高い細胞内を長さ方向に、全反射によって運ばれる。反射しながら細胞内を進むにつれて、光は視物質によって徐々に吸収され、光のエネルギーが神経信号に変換される複雑な化学反応を引き起こす。しかし、細胞のサイズが光の波長（0.4 ～ 0.7 μm）に近づくと奇妙なことが起こる。このように非常に小さなサイズでは、平均的には全反射していても、光の波が細胞内に完全に限定される訳ではない。むしろ、光エネルギーの大部分が、細胞と平行だが、その少し外側に滲み出しながら進む伝播モード（エバネッセント場）が出てくる。光のエネルギーが**「細胞外」**を伝わるのなら、**「細胞内」**にある色素分子による吸収効率は落ち、隣の細胞にまで滲み出すのを許してしまう。このように、この伝播モードが優勢になると、隣り合った細胞は入射光を区別できず、分解能は落ちる。このため、光を細胞内に留めておく能力で、感覚細胞のサイズの下限が決まる。

この有害な伝播モードが卓越する度合いは、次の指標、

$$\Psi = \frac{\pi d_r}{\lambda}\sqrt{n_2^2 - n_1^2} \tag{11.27}$$

によって予測できる（Snyder 1975a,b）。ここで、d_r は感覚細胞の直径、n_2 は細胞内部の屈折率、n_1 は細胞周囲の媒体の屈折率である。Ψが2ないし3より小さければ、光のエネルギーの50％以下しか細胞内を通らず、細胞が光を検出する度合いは下がる。したがって、Ψを3以上に保つためには、d_r は充分に大きくとらなければならない。

Land (1981) によれば、感覚細胞内部の屈折率は1.37～1.41であるという。細胞外の屈折率は多分1.34程度だろうから、波長500 nmで計算すると、d_r が1.1から1.6 μm の時に Ψが3以下になる。したがって、これが感覚細胞のサイズの実用上の下限になる。必要な分解能とF値が与えられれば、この細胞サイズが眼の大きさの下限を決める。

例として、直径1.5 μm の感覚細胞をもつ典型的な網膜を考えてみよう。この網膜を用いて、黒白それぞれ1 mm幅の縞模様を10 m離れて弁別できる眼の大きさは、どの位になるだろうか？　この場合、d（$= 2\times10^{-3}$ m）の ℓ に対する比は 2×10^{-4} で、この比が $2d_r$（$= 3\times10^{-6}$ m）の ℓ_f に対する比に等しい。したがって、この眼の焦点距離は1.5 cmのはずで、眼全体の大きさは約2 cmになるだろう。これはヒトの眼のサイズに近い。そして正に我々は、状況が良ければ、10 m離れたところから1 mmの縞をかろうじて識別できるのである。

感覚細胞の大きさの下限値は、それを取り囲むのが水溶液ではなく空気であれば、小さくなれることに注意して欲しい。この場合、n_1 は1.34ではなく1.0になる。もし細胞内部の屈折率が1.4であれば、Ψが3以上になる細胞の直径は0.5 μm まで小さくなれる。すなわち、もし視細胞が空気の層で囲まれていれば、同じ大きさの眼で分解能を2～3倍に増やせる。あるいは逆に、分解能を保ったまま眼の大きさを1/2から1/3にできる。この方策は理論的には可能だが、これを使った動物は知られていない。

11.5　水面での屈折

水棲の生物からは、空気中の環境がどのように見えているのか、を少し考えてみよう。スネルの法則（式11.12）から、

$$\frac{\sin\theta_a}{\sin\theta_w} = 1.33 \tag{11.28}$$

であることを知っている。ただし、θ_a は空気中での入射角。θ_w は水中での入射角である。これは、もしサカナが角度 θ_w で水面を見上げると、その視線が水面を越えて空気中に出たとき、

$$\theta_a = \arcsin(1.33\sin\theta_w) \tag{11.29}$$

へ横向きに寝ることを意味する。この関係を図 11.26 に示してあるが、ある奇妙な結論になる。例えば、サカナの真上の空気中にある物体は、サカナの眼にもあるべきところにあるように見えて、歪んで見えたりもしない。これに対して、真上から外れた物体はサカナから見えるよりも実際にはもっと水平線に近い。しかも垂直方向に圧縮されて見える。つまり、網膜上で像が張る角度は、空気中でのもっと大きな角度に対応する。

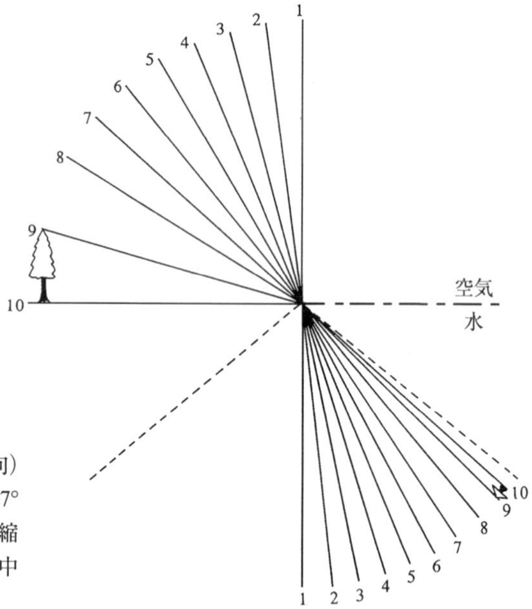

図 11.26　空気中の物体をサカナから見ると、位置（方向）がずれ、歪んで見える。例えば、鉛直線からちょうど 47° の方向のサカナは水平線上の立木が見えるが、かなり縮んで見える。鉛直線からもっとずれると、サカナは水中の物体の反射像を見ることになる（破線）。

この事実を表現する他の方法は、曲線 $d\theta_a/d\theta_w$ の勾配が θ_w が大きくなるにつれて急になることである。角度 θ_w が約 48°（空気－水界面の臨界角）で、サカナの視線は空気中で水面と平行になる。すなわちサカナは、水平線上の物体を見るのに、鉛直線から 48° の角度だけを見ればよい。それより大きな θ_w では、眼に届く光は全て水面の下側で全反射されてきた光で、サカナは周囲の水中の上下逆さになった像を見ている。

この型の光の屈折は、潜在的に、生物に影響している。例えば、水中の植物やサンゴは太陽の直射光を、鉛直から 48° より大きな角度で受けることはない。その一方、陸棲植物は夜明けや夕暮れにほとんど水平に届く太陽光を受けうる。したがって、水棲植物の光合成器官の空間的配置は陸棲植物のそれとは違うだろうとの期待もありうる。これは正にあたっているのだが、議論の予想通りではない。陸棲植物の葉は、典型的には、光合成細胞を上面にのみもっている。これに対し、多くの水棲植物は光合成細胞を葉や葉状体の上面と下面の両方にもっている。このように、水棲植物は光を全ての方向から受け取るように適応している一方で、陸棲植物は基本的には上からの光を受け取るように適応している。この形態学的な違いは、光を入手できる方向よりも、媒質による植物の動き方に関係があるのかも知れない。第 4 章で既に見たように、流体力学的な力は陸棲植物より水棲植物に強く働き、海藻の葉状体などは常に海水の動きでかき乱されている。葉状体の向きが常に変わっているのなら、光合成細胞を片側だけに置くのは有利にはならないだろう。

水面での光の屈折の生物学的影響の２番目は、像の見掛けの位置が真の位置からズレていることである。これは、陸上の被食者を捕食しようとしている水棲動物にとって、問題となるだろう。例として、陸上の昆虫を水鉄砲で狩るテッポウウオ（*Toxotes jaculator*）を考えよう（図 11.27）。水鉄砲が当たると、昆虫は水に落ちて、サカナに食べられる。空気中の餌を狩る能力は、明らかにテッポウウオに有利なものであるが、サカナがその視線の屈折分を注意深く調整する必要がある（Dill 1977）。このサカナの射撃術の優秀さは、彼らが屈折の問題を行動的に何とかうまく処理できていることの証しである。

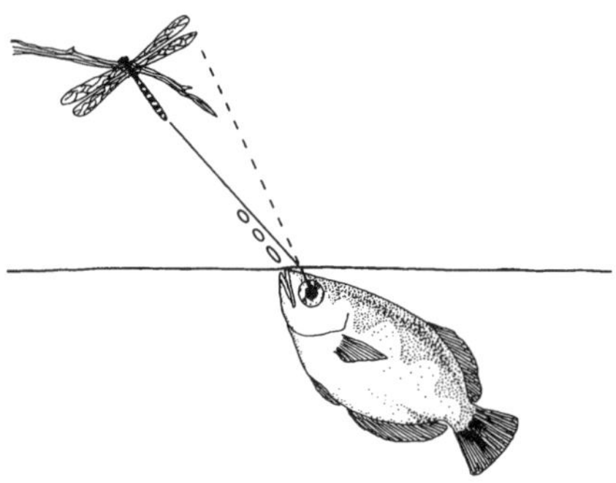

図 11.27　テッポウウオ（*Toxotes jaculator*）は、視線が屈折を受けているにもかかわらず、陸上の獲物を水鉄砲で撃ち落とすのが非常にうまい。

11.6　偏光

ここで、この章の始めで簡単に紹介した電磁波の記述に戻る。輻射源の電子がある特定の軸に沿って振動すると、放出される光波の電場はその軸を含む平面に沿ったものになる。例えば、ラジオ放送局の送信塔（垂直 1/4 波長アンテナ）は電磁波を全ての方角へ送り出すが、図 11.3 で見たように、この波の強さは水平面内で最大で、水平面に沿って伝わった電磁波の電場の向きは、その伝播方角にかかわらず常に上下方向である。このような電波は、垂直方向に「**偏って**」いると言われる。ラジオ放送の電波は、垂直に偏った波（垂直偏波）なので、送出エネルギーを最もよく受信するためには、自動車のラジオアンテナは垂直でなければならない*6。もし車のアンテナが水平になっていれば、ラジオ波の垂直向きの電場は電子をアンテナに沿って動かすことができず、信号を受け取れない。これは、垂直向きの重力場が水平面内にある物体を加速したりはしない、のと同じことである。

ラジオ波と同じように、光も偏った状態にできるが、偏波は特別な状況でのみ起こる。例えば太陽光は、太陽表面の原子の中の電子が振動して生じたものである。熱擾乱によって、電子の振動軸は常に変化す

［訳者註＊6：FM 放送やテレビ放送は水平偏波を使っている。ただし、山間部が多い地域では、山の斜面で反射されやすい水平偏波を避けて、垂直偏波が使われることもある。］

るし、太陽表面の全原子の電子の振動軸が平行に揃うことなどほぼ起こり得ない。その結果、太陽から出る光は電場の向きがランダムな波から成る。すなわち、太陽光は特定の偏波面をもたない、無偏光である。

太陽光（または他の無偏光光源）の光束から、ある特定方向に平行ではない電場成分を取り除けば、偏光を作り出せる。これには様々な仕組みを使えるが、読者に最も身近なのは、サングラスにも使われているポラロイド®フィルムを用いる方法である。このフィルムは、その分子が互いに平行に整列した特殊なプラスチックでできている。この分子配向のせいで、このフィルムはある単一方向の電場をもつ電磁波にのみ透明となる。他の光は全て吸収されるので、このポラロイド®フィルムを通り抜けた光は偏光となる。

この他に、偏光を作り出す生物学的に重要な仕組みが２つある。第１に、光は表面で反射されるときに偏光になる。例として、図 11.28 に示した状況を考えよう。偏光していない光線が、入射角 θ で静止水面に当たる。光の一部は反射され、一部は屈折する。実験によれば、入射面に垂直な方向に振動する電場をもった光の方が、入射面に平行な電場をもつ光よりも、効率よく反射されることがわかる。したがって、反射光にはある特定の方向の電場が多くなる。つまり反射光は、少なくとも部分的に、偏光している。

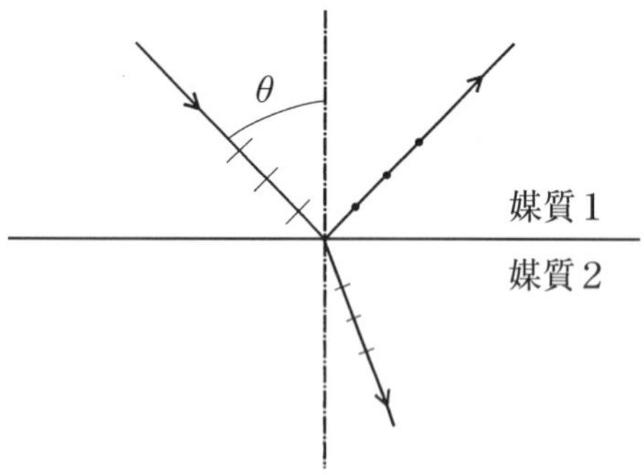

図 11.28　光が水と空気の界面に当たると、反射と透過屈折の両方が起こる。しかし、この過程はある程度の偏光も起こす。

反射される光の割合は、その電場の向きと入射角の両方に依存する。実測結果は「***フレネル (Fresnel) の反射公式***」、

$$\frac{\mathcal{I}_{r,\perp}}{\mathcal{I}_0} = \left(\frac{\sin(\theta - \arcsin(\sin\theta / n_{2,1}))}{\sin(\theta + \arcsin(\sin\theta / n_{2,1}))}\right)^2 \tag{11.30}$$

$$\frac{\mathcal{I}_{r,\parallel}}{\mathcal{I}_0} = \left(\frac{\tan(\theta - \arcsin(\sin\theta / n_{2,1}))}{\tan(\theta + \arcsin(\sin\theta / n_{2,1}))}\right)^2 \tag{11.31}$$

と正確に一致する。ただし、$\mathcal{I}_{r,\perp}$ は電場が入射面に直交する反射光の強さ、$\mathcal{I}_{r,\parallel}$ は電場が入射面に平行な反射光の強さ、$\mathcal{I}_0$ は入射光の強さである。これらの結果を図 11.29 に示した。ブリュースター角 (Brewster angle) として知られるある特定の入射角では、$\mathcal{I}_{r,\parallel}$ がゼロになることに注目して欲しい。

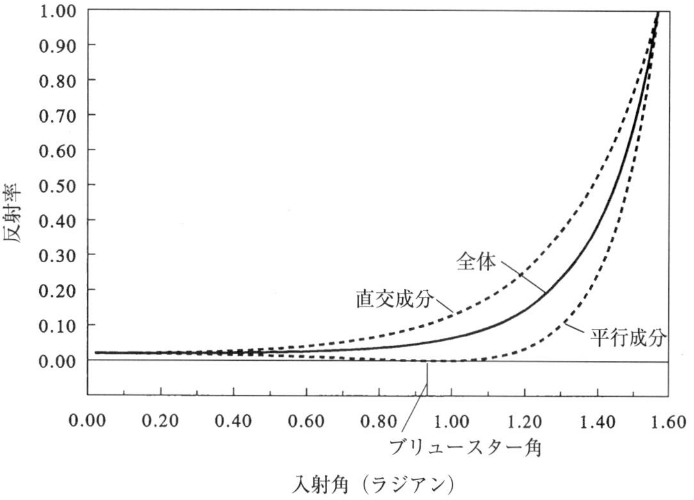

図 11.29　空気－水界面の反射率は、電場振動面が入射面に直交する光と平行な光で異なり、前者の方が高い。ブリュースター角（0.93 ラジアン）では、入射面に“平行”な光は全く反射されず、反射光は“直交”する偏光のみとなる。

この角度では、電場振動面が入射面に直交する光（つまり水平偏光）のみが反射される。このようにブリュースター角では、反射光は完全な偏光になる。

さて、完全偏光は式 11.31 の分母が無限大になる時、すなわち幾何学的に言えば反射光線が屈折光線と直角を成す時に起こる。したがって、ブリュースター角 θ_B は、

$$\theta_B = \arctan n_{2,1} \tag{11.32}$$

である[*7]。水と空気の界面の場合、$n_{2,1}$ は約 1.33 だから、ブリュースター角は約 53°(0.93 ラジアン)である。

水面から反射された光は、少なくとも部分的に、偏光しているという事実は、生物学的優位性に利用できる。水面反射は多くの場合、ギラギラとした眩しさとなって、水面下で起こっていることを見えにくくする。しかし、水平偏光を感じない眼をもっていれば、このギラギラに邪魔されることはなく、動物が水面の下を見る能力が増す。これが、サングラスに偏光フィルタ（商品名ポラロイド®）を使う大きな理由である。サングラスのポラロイド板は垂直偏光だけを透過する向きに付けてある。その結果、水面からの水平偏光したギラギラを、大きく取り除くことができる。

似た方策は、水面で暮らす昆虫のいくつかで使われている。例えば、アメンボ（*Gerris lacustris*）の仲間は垂直偏光のみに感度のある眼をもっている。その結果、アメンボは水面からのギラギラには比較的低感度である（Trujillo-Cénoz 1972）[*8]。

[訳者註＊7：反射光線と屈折光線が直角であることを、スネルの法則にあてはめると、$n_1 \sin \theta_B = n_2 \sin(\pi/2 - \theta_B)$ である。したがって $n_1 \sin \theta_B = n_2 \cos(\theta_B)$、$\tan \theta_B = n_2/n_1 = n_{2,1}$ である。]

[訳者註＊8：水棲昆虫のマツモムシ（*Notonecta*）は、ブリュースター角での反射が水平偏光のみになることを利用して、水面であることを確認し、水へ飛び込む（Wehner R. 1987)。]

11.6.1　青空による偏光

次に、太陽光の波が分子によって散乱されるときに起こることを考えよう。太陽光の波の振動電場は分子中の電子を揺り動かす。電子のこの振動の軸は電場を含む平面に平行である。この点では、単一の原子や分子の中の複数の電子は、ちょうどラジオの放送アンテナの中の電子と同じように振る舞い、同じような結果を残す。すなわち、その分子から出る散乱光は、電子が振動している軸に平行な電場振動面をもつ偏光となる。このように、個々の入射光はある特定の方向に偏光した散乱光を作り出す。

しかし入射光は偏光ではないので、光束を構成する個々の波は異なる方向に偏光した散乱光を作り出す。したがって、散乱光も入射光と同じく無偏光になると考えたくなるかも知れない。これは、全ての散乱光をまとめて考えた場合には正しいが、ある方向への散乱光を個別に見る場合には正しくない。

図 11.30A に示した状況を考えよう。つまり、ある原子を入射光が来た方向から見ている。入射光の電場は鉛直で、原子の中の複数の電子を上下軸に沿って振動させる。すると、水平面内に一番強く光を放出する。すなわち、この散乱光は垂直偏光である。電子は上下軸に沿って振動しているので、鉛直方向への光の放出は起こらない。この状況では、この原子の左側の水平面にいる観測者には、散乱された垂直偏光がそのまま届く。

続いて図 11.30B に示した状況を考えよう。ここでも同じ原子を同じ向きから見ているが、今度は原子に入射する光の電場が水平面内にある（入射光は、例えば紙面内上方から来ている）。電子は同じように振動するが、今度は水平軸に沿って動くので、散乱光は電場振動面が水平な偏光になる。この水平偏光の強さは、（紙面に直交する）垂直面内で最大で、観測者の方向での強さはゼロである。すなわち、「***どの方向から見ても***」、分子による散乱光は偏光している。

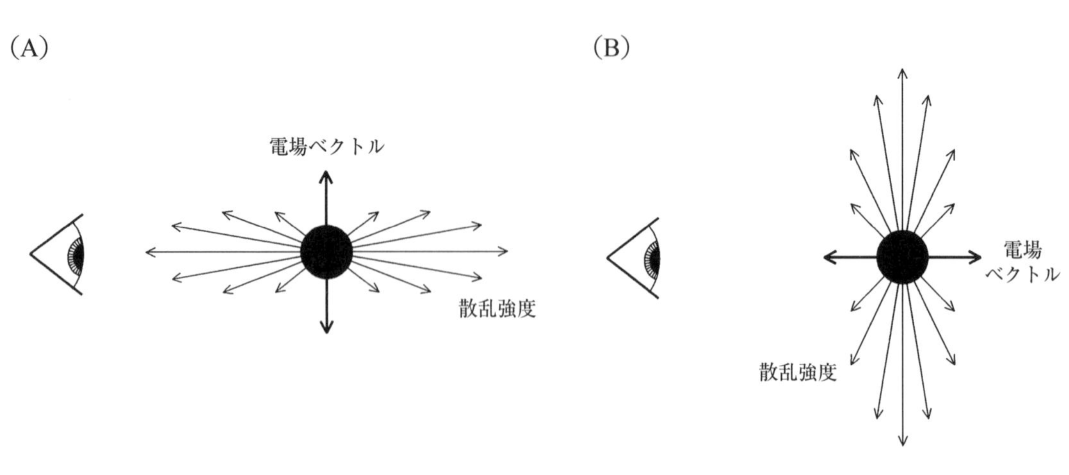

図 11.30　光束は、原子や分子によって全ての方向へ散乱されるが、眼に入る光の強さは、それぞれの光波の電場振動面の向きに依存する。その結果、眼に入る空からの散乱光も偏光になる。

図 11.30 を幾何学的に考察すると、どの方向から観測しても、入射光源に直接向いた場合以外は、偏光方向は光源と観測点を結んだ線に直交することがわかる。例えば、読者が青空の1点を見ていれば、そのとき眼に届く光は太陽と読者と青空の1点が作る平面に直交する向きに偏光している。この事実は、ポラロイドサングラスを通して青空を見れば確かめることができる。ポラロイドサングラスを視線を軸として回転せると、サングラスの偏光軸が空からの光の偏光軸と平行になったり直角になったりする度に、空が明るく見えたり暗く見えたりする。

大気による散乱太陽光の偏光は、ウミガメからアメフラシ（*Aplysia*）までの実に様々な動物で、方角定位の手段として使われている。例えばミツバチは、紫外光の偏光方向を感じることのできる眼をもっていて、青空のどこか一部分でも見えていれば、太陽の方向を知ることができる。この能力のおかげで、ミツバチは（雲などで）太陽が直接見えなくても方角定位ができる。ミツバチが採餌探索行動でこの能力を使う方法についての興味をそそる議論に関しては、是非フォン・フリッシュ（von Frisch 1950）を参照して欲しい*9。昆虫が偏光を利用していることの一般的な議論は Waterman (1981) にまとめられている*10。

水で散乱された光も、空気による散乱光と全く同様に偏光しており（Waterman 1981）、様々な水棲甲殻類が方角定位の手段として偏光を利用していることがわかっている。

奇妙なことだが、ある条件下では、ヒトも偏光を検出できる。例えば、水面からブリュースター角で光が反射されている（つまり水平偏光しかない）とき、わずかに青い2つの“雲”に挟まれた、黄色っぽい“ブラシ”が見える。*「ハイディンガーのブラシ」*（Haidinger's brush）として知られるこのブラシの長軸は、反射光の偏光方向に直角の向きに現われる。この現象を知覚するには少し練習が必要なので、裸眼によって偏光を観察したい読者は、入門書として Minnaert (1954) を参考にするとよいだろう*11。

11.7　透明人間になるには

悪党どもが、盗んだ宝石を何か新しいやり方でずる賢く隠してしまう探偵小説が、数年毎に出る。これらの筋書きを作り上げるのに、水と空気の屈折率の違いを利用する作者がよくいる。例えば、泥棒がダイヤモンドを水の入ったガラスコップの中に隠す。水の屈折率はダイヤモンドのそれに近いので、光はダイヤモンド－水境界で少ししか屈折せず、宝石は見えにくくなる。

水棲生物も同じ仕掛けを使うことができる。細胞質の屈折率は水のそれに非常に近いので、色のつい

[訳者註＊9：邦訳版がある。「ミツバチの不思議」（伊藤智夫訳）　法政大学出版局（2005）ISBN:978−4588762062]

[訳者註＊10：Wehner R. 2008（日本語解説）を参照されたい。]

[訳者註＊11：ハイディンガーのブラシを最も簡単に見るには、コンピュータの液晶モニターを使うのが良い。（何も入力していないワープロ画面のような）真っ白な画面を 50 cm 位から見て、頭を左右に傾けると、視野の中心に2～3 cm の薄い黄色に薄い青が直交した四つ葉模様が動くのが見える。]

た物質を含まない組織で体を作り上げるだけで、水棲生物はほとんど透明になれる。広い範囲の様々な水棲動物が、この方策で有利性を手に入れている。クラゲの仲間、クシクラゲの仲間、サルパの仲間、そして多くのサカナの稚魚は、透過性が高く、屈折率も低いので、ほとんど透明で不可視である。

しかし、透明化に問題がない訳ではない。体が透明であれば、その生物の組織は全て周りの光に曝されるが、中には有害な光もある。例えば、波長が短いがゆえにエネルギーの高い紫外光（UV）は、生きている細胞を破壊し得る。特に、細胞の遺伝物質 DNA は UV 光を強く吸収するので、UV への暴露によって構造変化を起こし得る。図 11.15 で見たように、きれいな水では 50 m の深さでも入射光強度の 25 % は残っており、体を透明にすると海洋表層では危険かもしれないことを示唆している。例として、Damkaer (1980) は通常環境の強さの紫外光でも、エビとカニの幼生の発生と生存に重大な脅威をもたらすことを示している。いくつかの底生性の生物は、日焼けと同じ状態を維持する。すなわち、サンゴ（Siebeck 1988）も紅藻（Wood 1989）も、自分の生組織を守るために紫外線を吸収する物質を生産している。このように、透明性は様々な水棲生物で進化したが、それを利用するのは多くの場合、充分な深さを保つか、夜間にのみ水の表層に移動する生物に限られている。海洋生物系における紫外線の効果の総説については、Calkins (1982) を参照して欲しい。

カモフラージュの手段としての透明化は、空気中ではうまくいかない。第 1、たとえ生物の透明性がよくても、その空気に対する屈折率の高さは、通り抜ける光を大きく曲げてしまう。この型の屈折は、水の入った透明なガラスのコップが空気中でよく見えるのと全く同じことで、生物を見えるようにしてしまう。この事実が、透明人間を作るのを非常に難しくしている。似非科学空想小説に出て来るような装置で完璧に**「透明な」**ヒトを作り出せたとしても、そのヒトは易々と視えるのである。

第 2 に、海産生物についてと同じく、陸棲生物でも透明になるのは危険でもある。ひどい日焼けで苦しんだことのある人なら誰でも、かなりの量の紫外線が地球表面に降り注いでいる事実を証言できる。

これらの難点があるので、偽装手段としての透明化を進化させた陸棲生物は稀である。陸棲生物で最も広く流行った透明化の例は、昆虫の翅である。しかし多くの場合、翅の透明な部分はクチクラである。これは分泌物で、生きている細胞ではなく、したがって紫外線による損傷に悩まされることはない。紫外光の過剰照射を避けるために、ほとんどの陸棲生物は体表に光吸収色素をもっている。これらの色素の存在によって生物は透明から遠ざかり、陸棲生物は自分の周りの視覚環境に溶け込む図式を進化させてきた。それらの色素は、生物の棲む背景の色によくあっていて、周りにある無害な物体に似た形を作ったかも知れない。これらの隠蔽（保護色や擬態を含む）戦略の詳細については、Wickler (1968)、Owen (1980)、および McFall-Ngai (1990) を参照して欲しい。

11.8　光学が作り出す絶景

水と空気の光学的な性質は、自然界で最も感動的な視覚現象のいくつかを創り出す。例えば、雨粒による太陽光の屈折と全反射が虹を作り出し、空中に漂う氷の結晶による光学効果がブロッケン現象のような御光（ごこう）や彩雲などを創り出す。このような壮大な景色は、屈折率の高い水の中ではほとんど起こらない。

水と空気の比較という文脈でいけば、これらの美しい視覚現象を調べることは非常に魅力的である。しかし残念ながら、これらの美的光学現象の生物学的重要性となると、資料はわずかしかないので、ここではこれ以上言及しない。この話題について興味のある読者は、わかりやすい書物として Minnaert (1954)、Bryant and Jarmie (1974)、Greenler (1980) そして Boyer (1987) を参照するとよいだろう。

11.9　まとめ

光は、吸収されるときに分子に付与できるエネルギーが高いので、生物学的に非常に大きな重要性をもっている。この高エネルギーが光合成を駆動し、暖かさを与え、動物が周囲から視覚情報を得ることを可能にしている。

水は、空気よりも光を減衰させる効果が大きい。その結果、植物は海洋の表面近くでしか光合成ができない。また、水の中での視覚の有効距離は空気中よりずっと短い。

水の屈折率は空気のそれよりずっと大きく、生物のレンズに使われている材料のそれにきわめて近い。その結果、水棲生物は眼に球形レンズをもつのが普通で、短い焦点距離と網膜上への充分に明るい像の投影を実現している。水の屈折率の高さと何とかうまく折り合うように、様々な“光学的なトリック”が進化してきた。例えば、屈折率が場所によって変わるレンズや、レンズではなく凹面鏡を使うことなどである。

眼の分解能は、どこまで小さな視細胞を作れるか、で部分的には制限される。視細胞のサイズの下限は、視細胞の導波路としての性能、すなわち細胞を取り囲む水媒体の屈折率の高さで決まる。

光は、空気とも水とも相互作用して偏光になりうる。偏光検出能力は、様々な動物によって航行定位に使われている。ある特定の方向への偏光を検出する能力は、ギラギラと眩しい水面からの反射を軽減するために、アメンボによって使われている*[12]。

動物組織の屈折率は水のそれに近いので、水棲植物も水棲動物も実効的に不可視な透明生物になれる。しかし空気の屈折率の低さは、陸棲生物がたとえ透明であってもすぐに見えてしまうことを確実にしている。

[訳者註＊12：偏光を仲間との通信に使う動物がいることがわかってきた。タコやイカの中には、体表の模様を異なる偏光面の反射で塗り分けているものがいる（Cronin, T. et al. 2003）。またシャコは、特殊な偏光である円偏光の回転方向が右回りか左回りか識別できる視覚装置をもっている（Kleinlogel, S., and A. White 2008、Roberts, N. et al. 2009）。]

11.10　そして警告

生物現象での光の重要性は、どんなに強調しても、し過ぎることにはならないだろう。エネルギーと情報の両面で、光は地球上の生命のほとんどあらゆる面と本質的に関わっている。その重要性ゆえに、光の生物学には長く、膨大な歴史がある。この章では、そのうちのごく表層から選んだ話題を手短に紹介したに過ぎない。ここで言及した事例の多くは、単純化した記述から読者が想定するよりも、実はもっと複雑である。視覚と光合成はその最たる例である。読者は、この章で紹介した概念を現実世界の状況にあてはめる前に、できるだけ原著論文を参照するようにして欲しい。

表面張力：界面のエネルギー

ここからの3つの章で、水と空気が接する界面の物理を調べる。界面という場所は、一風変わった性質をもっていて、魅力に満ちていることにすぐに気づくだろう。まずそれは、内も外もない、全くの二次元の世界である。水にも空気にも属さない、この2つが出会っている場所なのである。したがって界面は、水や空気の性質のいずれでもなく、それらの相互作用の性質を示す。界面には、我々の直観とは合わない、奇妙な性質もある。

生物学者がなぜ、空気－水界面の性質を知っていなければならないのか？の理由はたくさんある。例えば、陸生の植物も動物も、全ての生物と同じく、体のほとんどは水である。すなわち生物体と外界との接触は空気－水界面で起こるから、この接合面を通しての熱や物質の輸送は、陸生の植物や動物の生存に深く関わってしまう。地球表面の70％は海で覆われ、残り数％が湖と河川であることを第2章で見たが、この広大な空気－水界面が多くの生物の生息地を提供している。この界面の性質は、その近くで生きる植物や動物にどう影響するのだろうか？

まず、表面張力と呼ばれる現象を調べることから始めよう。表面張力は水滴を球の形にする力であるが、生物を様々な結末に縛り付けている力でもある。例えば、表面張力が樹木に見上げるような高さになることを許している一方で、ハエが垂直なガラス面に着地できることにも関わっている。表面張力のおかげで、ある種の昆虫は水の中で呼吸ができるし、別の昆虫は水の上を歩くこともできる。

12.1 物理

12.1.1 表面エネルギー

単一の水分子、すなわち水素原子2個と結合した酸素原子を考えよう（図12.1）。この結合には、水素原子2個は酸素原子の両側の直線上に並ぶのではなく、約105度の角度で、分子の片方に偏っているという特徴がある。酸素は、（水素に比べて）電気陰性度が非常に強いので、酸素原子は2個の水素原子から電子を引き寄せる。電子が酸素原子寄りになるので、水分子の酸素原子側は負電荷を、2個の水素原子側は正電荷を帯びることになる。別の表現では、水分子は「***極性をもつ***」と言う。

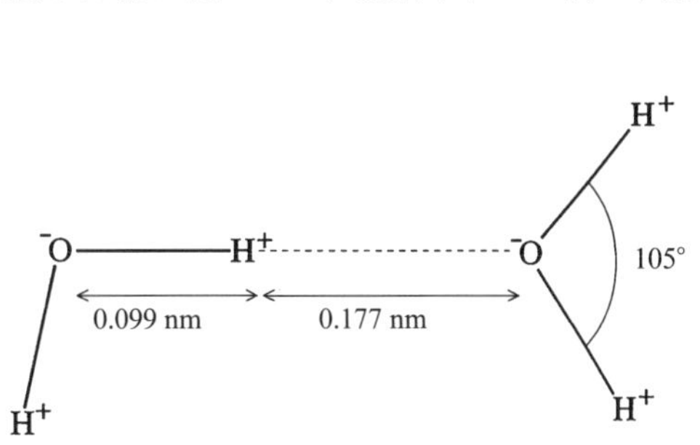

図12.1　ある水分子の水素原子の正電荷は他の水分子の酸素原子の負電荷を引き寄せて、水素結合を作る。

水分子の中で正負の電荷が離れているということは、近くの水分子が互いに引き寄せ合うことを意味する。ある水分子の負に帯電した酸素原子は、他の分子の正に帯電した水素原子を引き寄せて、

「***水素結合***」を形成する。水素結合は、水分子の酸素と水素を繋ぐ共有結合ほど強くはないが、結構強い分子間引力である。例えば、水素結合を切るには 3.3×10^{-20} J が必要であるが、これは 20℃での水分子の平均運動エネルギーの約 5 倍である。すなわち、生物が通常過ごす温度では、ほとんどの水分子は、カチンコチンではないが、結構しっかりと隣同士が互いに掴まえ合っているのである。

これは、「水は液体である」ということの別の表現である。0℃から 100℃までの温度では、水分子同士が引き合う力は、平均すれば充分に強く、気体のように分子が離れ離れに飛び去ってしまうことはない。しかし、固体として振る舞えるほど強くもないのである。

第 15 章では、この水素結合が水と空気の界面を通しての水蒸気（気相の水分子）の交換に重要な役割を果たすことを見るだろう。ここではまず、水素結合が空気－水界面そのものの上にある水分子に与える効果に専念しよう。

周りをたくさんの水分子に囲まれた水分子 1 個を考えよう。この水分子は、極性をもった近くの水分子から、常に、全ての方向への引力を受けている。この水分子を空気－水界面へもっていくとどんなことが起こるだろうか？　これまで全ての方向へ同じ力で引かれていたが、そうではなくなる。今やこの水分子の片側は空気に接している。気体としての空気が水分子を引き寄せる力は水よりもずっと弱い。したがって、この水分子の空気に面した部分を水から空気の方へ引き出す力は弱くなる。同じ水分子の水に面した側を水の中に引き込む向きの力は強いままである。このように、引き寄せる力の大きさが違う結果、界面にある水分子には液相の方へ戻ろうとする傾向がある。つまり、ある水分子を水と空気の接合面に引き留めておくためには、それなりの仕事を注ぎ込む必要があることがわかる。

さて、界面に強制的に移動させられた水分子は、小さな面積の界面を新たに作り出す。水分子 1 個を界面までもって行くのに必要な仕事（エネルギー）を新しく増えた面積あたりで表わせば、空気と接している時の水の表面エネルギー γ（ガンマ）[1] の値を J m^{-2} で知ることができる*1。注意深い測定の結果によれば、20℃の純水の表面エネルギーは 0.0728 J m^{-2} である。言い方を変えると、水に何らかの操作を加えて空気－水界面の面積を 1 平方メートル増やすには、0.0728 ジュールのエネルギーを注ぎ込まなければならないのである。

この表面エネルギーは、液体としては例外的に高い値である。例えば、空気に対するエタノールの表面エネルギーは、0.0228 J m^{-2} しかない。水は、水素結合を形成できる能力のおかげで、室温で液体である物質の中で最も高い表面エネルギーをもっているのである。

[脚註 1：表面物理学の厳密な約束では、空気と接する水の表面張力は γ_{wa} と表記することになっている。これは他の媒体と接している水の表面張力と区別するためである。しかし、この章では水と空気の界面しか扱っていないので、このように簡略化したギリシャ文字記号を用いても曖昧にはならない。]

[訳者註＊1：この表面エネルギー γ は単位面積あたりの仕事だから、正確な物理学用語では「表面エネルギー密度」と言うべきである。しかし、慣習的に J m^{-2} の単位を付記して「密度」を省いた「表面エネルギー」と表記されているので、以下でもそれに従う。]

表面エネルギーの概念は液体に限った訳ではなく、固体でも新しい表面を作りだすには同じようにエネルギーを必要とする。ある分子を空気に曝すためには、それまで固体の中でその分子と繋がっていた他の分子との結合を切ってやらなければならず、したがって仕事を注ぎ込む必要がある。これらの結合には、水よりもかなり低いものから高いものまで、広い幅がある。様々な固体の表面エネルギーを表 12.1 に示してある。

水の表面エネルギーは、温度が上がるとわずかずつだが減る（図 12.2 および表 12.2）。0℃での 0.0756 J m^{-2} から 40℃での 0.0696 まで、小さい値の 9%変わる。海水の表面エネルギーは淡水に比べて 1%ほど高い（表 12.2）。

表 12.1　様々な固体と液体の表面エネルギー（20℃）

	表面エネルギー（ジュール / 平方メートル）
固体	
ポリテトラフルオロエチレン（商品名：テフロン）	0.0185
ポリエチレン	0.0310
歯のエナメル質	0.0380 ～ 0.0400
羊毛	0.0425
セルロース	0.0450
ポリグリシン	0.0450 ～ 0.0510
ガラス	0.1700
塩化ナトリウム	0.3000
液体	
１%ゼラチン	0.0083
エタノール（エチルアルコール）	0.0228
ベンゼン	0.0289
フェノール	0.0409
水	0.0728

出典：Weast (1977)

ここに示したのは、純水および（自然界には実在しない）“純粋な海水”の値であることに注意して欲しい。自然界で、少しも有機物の膜で汚されていない空気－水界面を見出すことは極めて稀である。生物由来のほとんどの分子（特に脂肪酸）は、表面エネルギーを純水の何分の１にも下げることができる。

図 12.2　空気と接した水の表面エネルギーは、温度の上昇とともに緩やかに減る。

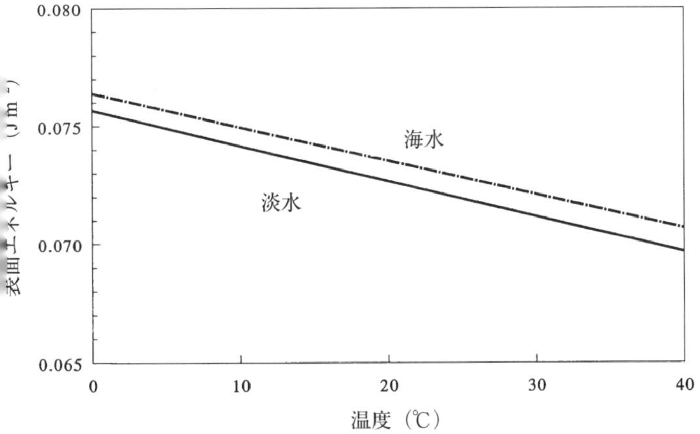

表 12.2　温度の関数としての淡水と海水（S=35）の表面エネルギー

T（℃）	表面エネルギー（J m^{-2}）淡水	海水
0	0.0756	0.0764
10	0.0742	0.0750
20	0.0728	0.0735
30	0.0712	0.0721
40	0.0696	0.0707

出典 ： 淡水のデータ Weast (1977)、海水のデータ Sverdrup et al. (1942)

したがって、特別に純化したものでない限り、全ての水面の表面エネルギーは、ここに示してある値よりも低い値を示すだろう。残念ながら、表面の有機物の膜がもつ効果は様々で報告論文も少ない。読者には、表面の有機物の膜の効果を実際の状況に即して正しく適用できるようになった折には、この章で展開される結果のいくつかは書き換えられるかもしれない、という警告付であることを了承願いたい。

12.1.2　凝集と接着

円柱状の水の両端を引っ張って、水に張力を掛けた状態を考えよう（図 12.3A）。水の柱の両端を左右に引くことなど一見無理な想定のように思うが、ちょっとした工夫で実現できる。実際には、Z 型の筒に水を入れて回転させることで、水に張力を掛けることができる（図 12.3B）。Z 型の筒を回転させると、遠心力が水の柱の両端を半径の外側方向へ引っ張るので、中心部の水の柱には張力が掛かる。水に充分な張力が掛かるまで回転を速くすれば、水の柱が切れる（キャビテーション＝空洞化現象が起こる）ときの遠心力を測ることができる。水の柱の断面積あたりのこの力が、水の引張り強さ（またはキャビテーション強さ）を表わす。

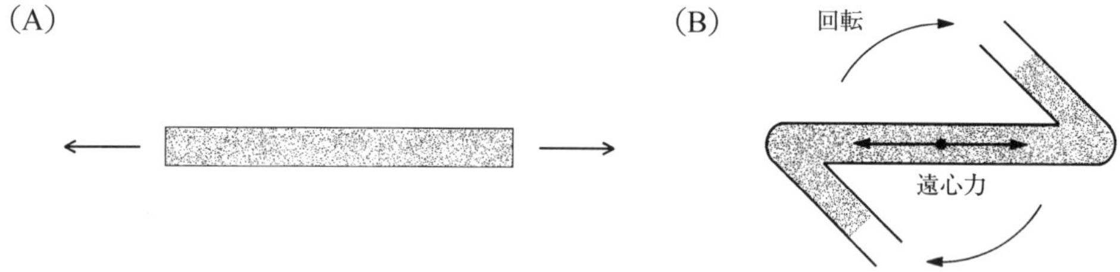

図 12.3　(A) 回転する筒内での遠心力が水に張力を掛ける。(B) 筒に Z 型の曲がり部分をもたせることで、(そこに最も強い遠心力が働くので) 水の柱を回転中心に留めておける。

引張り強さの測定値は、水を入れる筒の材質やサイズ、および水の純度とともに変わる。ガラス管内の純水では 28 MPa（メガパスカル、280 気圧）という高い値が得られている（Hayward 1971；Oertli 1971)。これはゴムの塊と同程度の強さである。しかし、海水についての測定値は非常に低い。Smith (1991) はガラス管中で 0.05 から 0.07 MPa という値を得ている。しかもシリコングリースのような表面エネルギーの低いものを内面に塗った「濡れない筒」で測ると、水の引張り強度はゼロに近くなったのである*2。

海水の引張り強さは生物にとっても重要である。例えば、タコは吸盤で獲物をつかむ。吸盤の壁の筋肉

[訳者註＊2：濡れない筒に入った水の先端は、半球状に凸に盛り上がる。この半球部に引張り力（遠心力）が掛かると、先端部はさらに盛り上がって細くなるので、(濡れていない) 管壁との間の隙間は拡大する。この隙間には空気が自由に流れ込めるから、細長く伸びた水の棒は表面張力に従って水滴となり、ちぎれて飛び去る。したがって、濡れない筒で、水に張力を掛けることはできない。]

が水の中で陰圧を作りだして、その壁を隔てた圧力差で吸盤の接着力の大きさが決まる（Smith 1991; Kier and Smith 1990; Denny 1988）。吸盤内の水の引張り強度が高ければ高い程、接着力も大きくなる。しかし、海水の引張り強度は比較的低いので、それがタコの獲物をつかむ力の上限を決めることになる(Smith 1991)。水のキャビテーションが生物の機能を制限するもう１つの例として、樹木における揚水をこの章の後ろのほうで調べる。

水のキャビテーションは不利をもたらすだけではない。うまく使いこなした例が少なくとも１つある。テッポウエビ（*Alpheus californiensis*）は片方のハサミが大きくなっていて、防御行動の際にそのハサミを打ち鳴らす。ハサミが急激に閉じるのは、奇抜な仕組みが引き金の役目を果たすからである(Ritzman 1973)。ハサミが開いている時、ハサミの（動く方の）“指”にある平滑な面が、ハサミ本体の（動かない）“手”の方にあるもう１つの平滑面に向き合って、ぴったりと接する。この２つの平滑面の隙間には薄い水の膜だけが残されていることになる。ハサミの中の筋肉が収縮してハサミを閉じる力が増してゆくが、“指”と“手”の間の平滑面に挟まれた水の引張り強度に達するまでは、“指”（撃鉄）は“起こされたまま”である。したがって、この筋肉は“等尺性収縮”を強いられ、大きな力を発生する。筋肉の収縮力が 2.9 MPa の陰圧を発生するようになった瞬間、指と手の平滑面に挟まれていた水でキャビテーション（真空の泡、より正確には水蒸気のみから成る泡）が起こり、ハサミは急速に閉じて、パチンと大きな音が出る。

水の柱が引き裂かれると、両方の断端のそれぞれに空気−水界面が新たに作られる。この２つの新しい界面ができるときにエネルギーが費やされる。物質を２つに引き裂くのに必要なこのエネルギーは***「凝集（cohesion）エネルギー」*** W_c と呼ばれ、（単位面積あたりの力ではなく）単位面積あたりのエネルギーで、2γ に等しい。新しくできる界面は２つだからである。

同じように、半分が水で残り半分が固体という円柱を引っ張ることを考えてみよう（図 12.4）。この円柱を強く引っ張れば、固体から水を引き剥がすのに必要なエネルギーを測定できる。このエネルギーは***「接着（adhesion、粘着とも言う）エネルギー」*** W_a と呼ばれ、新しくできる固体−空気界面および空気−水界面を作りだすことに費やされる。

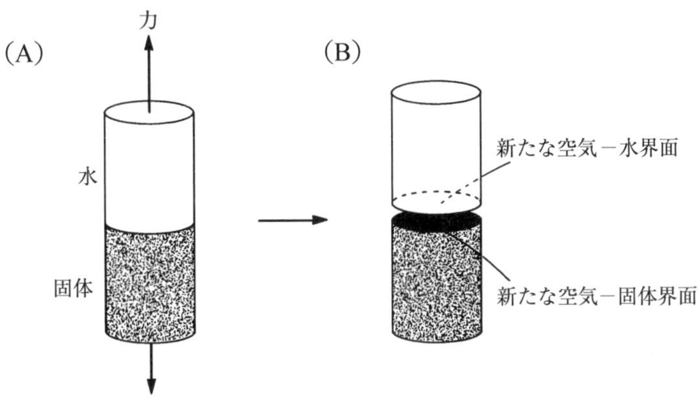

図 12.4　張力をかけて（A）、水と固体の間の接着結合を切ると、新しい界面が２つできる。

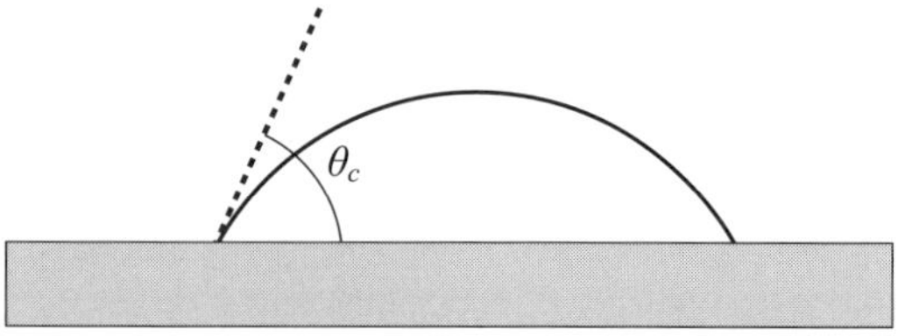

図12.5　ある液体と固体との接触角（θ_c）は、液体の外側ではなく、液体を内に含む角度として測る。

一般に、凝集エネルギーと接着エネルギーは異なっている。水分子同士の引き合う力が隣接する固体分子と引き合う力よりも強い場合には、接着エネルギーは凝集エネルギーよりも小さい。このようなことは普通、固体の表面エネルギーが水の表面エネルギーよりも小さい場合に起こる。逆のことは、水分子が水分子とよりも固体分子と強く引き合う場合、すなわち固体の表面エネルギーが水の表面エネルギーよりも大きい場合に起こる。

接着エネルギーと凝集エネルギーの違いは、固体表面での水滴の振舞いを説明してくれる。もし凝集エネルギーが接着エネルギーよりも大きければ、水滴の中の水分子は自分達同士で引き付けあう傾向が強く、水滴は固体表面に“盛り上がる”ことになる（図12.5）。水滴は、重力や接着力の両方と自分の凝集力とが釣り合うところまで丸くなる。小さな水滴に働く重力は、凝集力に比べて無視できるほどに小さい。このような場合の水滴の盛り上がり方は、凝集エネルギーと接着エネルギーの関係だけで決まる。この関係は、1805年にヤングとラプラスよって全く別々に、液体が固体に向かう***「接触角（contact angle)」*** θ_c という言葉で記述された（図12.5参照)。接触角は常に、***「液体を含む角度」***として測って用いることに注意して欲しい。ヤングとラプラスは、次のような関係式を提唱した。

$$W_a = W_c\frac{1+\cos\theta_c}{2} = \gamma(1+\cos\theta_c) \tag{12.1}$$

すなわち、液滴が盛り上がっている場合（つまり $\theta_c > 0$）には、$(1+\cos\theta_c)/2 < 1$ なので、接着エネルギーは凝集エネルギーより小さい。接着エネルギーが低くいほど、θ_c は大きくなる。接着エネルギーがゼロの極限では、$\theta_c = \pi$(180度) で $\cos\theta_c = -1$ となる。

もし θ_c がゼロなら、液滴は固体表面へ自由に広がる。液体が固体と引き合う力が、液体の分子同士が引き合う力よりも大きいからである。このような場合を、「液体が固体を濡らす」と言う。

式12.1が便利なのは、直接測ることが難しい水と固体の表面エネルギーの関係を、接触角という簡単に観測できるパラメータで表現できる点にある。

12.1.3　表面張力

ここまで、空気－水界面のことを表面エネルギーで見てきた。この章を「表面張力」と題している理由は、表面張力は表面エネルギーの別の表現だからである。

理論的には、この２つの単位を比べればすぐにわかることである。表面エネルギーの単位は [J m^{-2}] である。一方、1ジュールは1ニュートン × 1メートルだから、[J m^{-2}] は [N m^{-1}] と同じことであり、したがって単位長さあたりの力つまり張力と同じである[2]。例えば、力を加えてゴム紐を伸ばすと紐には張力が発生するのである。このように、定義から言っても、表面エネルギーと表面張力は同じものである。

直観的な理解には、図 12.6 のような装置を考えてみればよい。U 字型の針金の枠の開いた側に、もう一本、長さ ℓ の可動な針金があって、U 字枠との内側に水の膜が張っている。もし可動端を、U 字枠の閉じた底から遠ざける向きに距離 Δx だけ（図の上側に）引っ張ると、空気－水界面の面積は $2\ell\Delta x$ だけ広くなる。この作業には $2\ell\Delta x\gamma$ だけのエネルギー消費（仕事）が必要なことは既に知っている。水の膜の界面は表と裏の両側にあるので、面積の増分は $\ell\Delta x$ の 2 倍になるからである。可動端を動かすのに必要な力は、成された機械的仕事をその力で移動させた距離で割ったものである。すなわち、

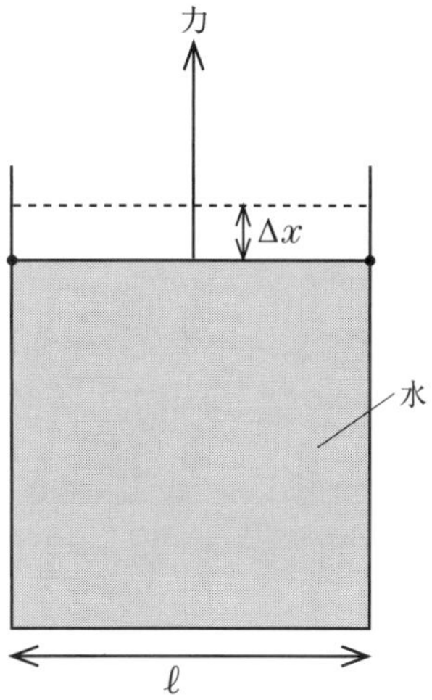

図 12.6　水の膜を引き延ばすには力を掛けなければならない。この力を、可動端の長さの 2 倍で割ったものが、水の表面張力である。

$$力 = \frac{2\ell\Delta x\gamma}{\Delta x} = 2\ell\gamma \qquad (12.2)$$

これを書き換えると、次のように、張力の一般式と同じだということがわかる。

$$\gamma = \frac{力}{長さ} \qquad (12.3)$$

この単純な実験には奇妙な側面がいくつかある。まず、可動端を U 字枠のある位置に留めておくのに必要な力が、U 字枠の底からの距離に無関係だということである。可動端を上へ動かすと、もっと多くの水分子が膜内のバルクの水から界面へ強制的に移動させられる。本質的には、水の膜の面積は、可動端に掛かる力がそのままであるように水分子が自由に動いて、決まる。可動端に表われる力は同じままなのである。これはゴム（や他の固体）の膜を引っ張った場合に起こることと全く違っていて、水の膜でだけ起こることである。固体では、分子は自由ではなく、内部から表面に移ることなどできない。それで、固体の膜を引っ張って変形するためには、既に表面にあるこれらの分子の間隔を引き伸ばさなければならない。伸びを大きくするには、より大きな力が必要になるのである。

[脚注 2：張力とは、物体をある長さだけ引き延ばすのに必要な力のことで、引張り応力とは異なる。引張り応力は、張力が掛かっている物体の断面が担う力で、単位面積あたりの力で表わす。]

次に、可動端はどこにあってもよいということに注意して欲しい。可動端は、枠の底でも、横でも、どこでもよい。可動端をどこにとっても、それに働く力は表面エネルギーと辺長の積の 2 倍である、という同じ答えが得られる。このように、表面張力によって水の膜に表われる力の総計は界面の全辺縁長の 2 倍掛ける γ である。

最後に、この実験が暗黙のうちに含んでいる事実をはっきりさせておこう。すなわち、***「表面張力によって表われる力は空気－水界面の接線方向に働く」***、ことである。図 12.6 の場合は、周辺の可動端に働く力は単純に水の膜の方に向いている。しかし、多くの場合には空気 − 水界面は曲がっている。そのような曲面のいかなる点でも、表面張力は界面自身の中でのみ働く。このことに充分注意すれば、表面張力は「薄いゴム膜」と似た振舞いをする、と考えてよい。

12.2　毛細管現象（毛管現象ともいう）

やっと、表面張力の物理を生物学的に興味ある問題にあてはめてみるところまで来た。水は、高い木のてっぺんまで、どうやって上るのだろうか？

図 12.7 のような簡単な場合から調べ始めよう。半径 r の変形しない丈夫な管が、容器に溜めた水の表面を貫いている。管の両端は開いており、下端からは水が入り込め、管内の水の上端では空気－水界面ができる。界面があるということは、表面張力もあるということである。ここでやるべきことは、この表面張力が管内の水の柱に及ぼす効果を定量化することである。

まず、水がガラス管の壁と接触角 θ_c で接していることに注意しよう（図 12.7B）。表面張力は界面の接線方向に働くので、張力は垂直方向の成分 $\gamma\cos\theta_c$ をもつことがわかる。もし、$\theta_c < 90°$（$\pi/2$ ラジアン）であれば、この張力は水柱を引張り上げ、$\theta_c > 90°$ ならば圧し下げる。

界面が水に及ぼす力は、表面張力に界面の辺縁長つまり管の内径の円周（$2\pi r$）を掛けたもので、

$$鉛直方向の力 = 2\pi r\gamma\cos\theta_c \tag{12.4}$$

である。

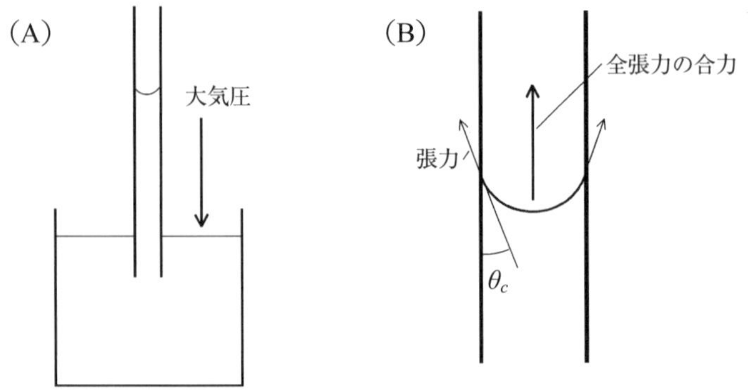

図 12.7　表面張力はガラス管内の水の圧力を下げ（A）、大気圧が水を上向きに圧し上げる（B）。

この上向きの力を水に作用する圧力と考えるとわかりやすい。力を管の断面積(πr^2)で割ると、

$$毛（細）管内圧力 = -\frac{2\gamma\cos\theta_c}{r} \tag{12.5}$$

ここで、マイナス符号は、水を上向きに引っ張っている圧力を表わしている。

さて、既にU字枠の可動端で見たのと同じく、界面が管のどこにあっても同じ力（すなわち同じ圧力）が働く。つまり管の中の水は、その表面に働く圧力を変えることなく上下に移動できる。例えば、もし接触角が90度以下であれば、管の表面物質と水とが引き合って上向きの力となり、水が管内に引き込まれる。この上向きの動きは、表面張力によって生じた（負の）圧力が、周囲の水位から持ち上げられた水の重さと同じになるまで続く。管の中の水の柱の重量は、gを重力加速度、ρ_eを空気中での水の実効密度（約1000 kg m^{-3}）、hを周囲の水位から上がった水柱の高さとして、

$$重量 = \pi r^2 hg\rho_e \tag{12.6}$$

である。hは水が持ち上がっていれば正、下がっていれば負である。この高さhは「毛（細）管現象の高さ」と呼ばれ、細い管の中に水が引き込まれる現象は一般に「毛（細）管現象」と呼ばれている。

水の重量による圧力は、式12.6を断面積（πr^2）で割った

$$圧力 = -h\rho_e g \tag{12.7}$$

だから、これが式12.5の毛（細）管内圧力と等しいとおけば、管内の平衡水位は

$$h = \frac{2\gamma\cos\theta_c}{r\rho_e g} \tag{12.8}$$

であることがわかる。管の径が細いほど、水は管内により高く上がる。この現象の本質は、“管内の水は空気－水界面にぶら下がっており、水は周りの空気よりも低い圧力しか持っていない”という点にあることに注意しよう。したがって、もし管の側面に孔を開けると、そこから水が漏れ出すのではなく、空気が管の中に入り込むのである。これは、底の閉じた容器に入れられた水柱と著しく異なる振舞いである。

もし$\theta_c > 90°$なら、そのコサインは負で管内の水柱は周りの水面よりも圧し下げられる。この場合には、水柱内の水の圧力は、その上の空気の圧力よりも高くなっている。

12.2.1　樹木における水の輸送

さて、高等植物では水は基本的に木質部の道管（導管とも書く）を通して運ばれる。道管は死んだ材料でできた空洞の管で、水によく濡れるので、その接触角はほぼゼロである。この場合、式 12.8 は

$$h = \frac{2\gamma}{r\rho_e g} \tag{12.9}$$

と簡単になる。道管の太さは植物の種類によって大きく変わるが、典型的な半径は 20 μm 程度である (Nobel 1983)。$\gamma = 0.073$ J m^{-2} と $g = 9.8$ m s^{-2} を代入すると、典型的な道管サイズでの毛（細）管現象の高さは 0.74 m となる。つまり、丈が 74 cm より低い植物は毛細管現象のみで葉に水を供給できるだろうというのである。

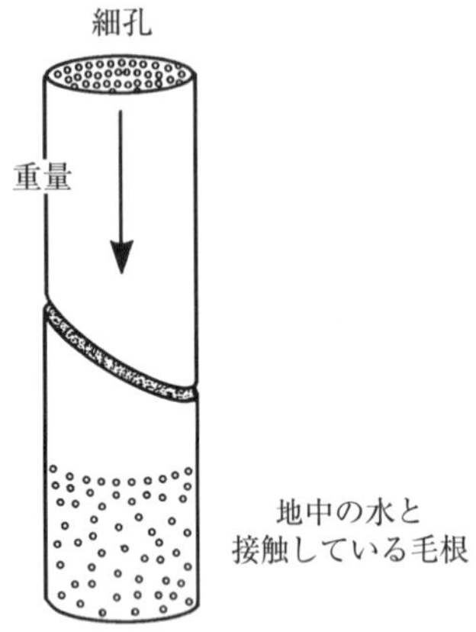

図 12.8　葉の細孔に掛かる表面張力が、その下に吊り下がった根までつながる水柱の重さを、支えている。

小さな植物に関してはこれでもよいだろうが、「水がどうやって高い樹のてっぺんまでいけるのか？」というもともとの疑問は残ったままである。この問題に答えるために、同じ理屈を逆向きに使ってみよう。図 12.8 のような状況を考えよう。切れ目のない水の柱が、木の木部を根から葉まで、延びている。この木質の“管”は、その上端が細胞で閉じられているが、これらの細胞は水に対して透過性をもっている。すなわち、この管の上端は密閉されているのではなく、無数の細孔に分割されていて、細孔それぞれが空気－水界面をもっているのである。実際の葉の細胞では、細胞壁のセルロース繊維の隙間がこの細孔を構成している。Nobel (1983) は、これらの細孔の実効半径は 5 ナノメートル（5×10^{-9} m）程度と見積もっている。

上記で計算したように、もし木が 74cm よりも高ければ、上端のこの細孔までの間を毛（細）管現象だけで満たすことはできない。しかし、何か他の方法にしろ、一旦この細孔が水で満たされれば、それより下の木部の道管がかなり太いという事実すら問題とはならない。葉の細胞壁の細孔が水で一旦満たされた後は、細孔を再び空にできるのは、水柱の（重さではなく）*「負圧」*だけである。木部の水の負圧が細孔から水を引き抜いてしまう前に、樹木はどの位まで高くなれるのだろうか？

もし半径 5 nm を式 12.9 に入れると、木部の負圧が細胞壁の細孔から水を引き抜いてしまう前に、樹高は 3 km 近くになれることがわかる。これは地球上のいかなる樹木よりも高い。したがって、樹木の高さを制限しているのは、ぶら下がっている水柱を表面張力で吊っている細胞壁の性能ではない、と結論してよい。

この結論にはいくつかの条件が付いている。まず、3 km の水柱の上端での負圧は −300 M Pa に達する。

これは、実測されている水の凝集力の10倍を超えている。したがって、樹高3 kmの木の細胞壁の細孔が空になることはないが、木部の水柱はほぼ確実に切れてしまうだろう。水の引張り強さが樹高を280 m程度に制限しているだろう。これでもまだ、地球上で発見された最大の樹高(126.5 m)の2～3倍もあるので、樹木の高さを制限する何か他の作用因子を探さなければならない（例えば、第4章での抗力に関する議論を見よ)。

ついで、細胞壁の細孔の存在は高く長い水柱が保たれていることを説明できるだけで、最初にどうやって水がそこに入り込んだのかを説明している訳ではない。樹木の場合、水は成長に伴って増えるらしい。つまり、道管は最初まだ小さいとき、毛(細)管現象と（根の浸透圧の結果の）根圧の両方で、水で満たされる。その後、木の生長につれて、水柱はゆっくりと上に延ばされる。水柱に空気が入りこまない限り、成長の最中も葉の細孔での表面張力で水柱を維持することができる。

木質部の水には負圧が掛かっているので、“管”の側壁が少しでも破れると急速に空気が入り込む。道管内に気泡ができれば急速に大きくなる。その結果、道管が少しでも傷つくと管全体の液体が空気に置き換わってしまう。気体は負圧を支えることはできないので、上端の細孔の毛(細)管現象は水柱を維持できず、その道管はもはや使えなくなる。

細孔の毛(細)管現象の高さがそんなにあるのなら、なぜ植物は木質部の道管にこだわるのだろうか？という疑問が当然出てくる。幹を空洞の道管ではなく、細胞壁と同じ多孔質の材料で作れば、何の問題もなく毛(細)管現象だけで最も高い木の先までも水を輸送できるはずなのだ。しかし、そこにはどの程度の速さで水を輸送できるかという、乗り越えがたい問題があるのだ。

第5章で扱ったように、低レイノルズ数の流れでは、細い管を通して単位時間にある量の水を流すために必要な圧力差は、半径の4乗に逆比例する。

$$\Delta p = \frac{8\mu J\ell}{\pi r^4} \tag{12.10}$$

ここで、Jは単位時間に流れる水の量（$m^3\ s^{-1}$)、ℓは管の長さである。

さて、半径5 nmの細孔に半径20 μmの道管と同じ断面積を担わせるように1600万個並べ、細孔それぞれが道管1本の1/1600万の流量を担えば、全体として同じ流量性能になるように見える。しかし、細孔の半径は道管の1/4000しかないので、細孔についての式12.10の分母のr^4は1/(1600万)^{2}に小さくなる。このような計算によって、水を多孔質の細孔を通してある流量で運ぶために必要な圧力差は、道管を通す場合の1600万倍になることがわかる。木質部の道管の一番下にある水の圧力は、周りの大気圧よりわずかに高いだけだから、このとてつもなく大きな圧力差は木の頂上で発生する大きな負圧でしか得られない。細胞壁の細孔ですら、現存する樹木で見られる負圧の1600万倍もの負圧には耐えられない。以上が、樹木は灯心のような多孔質である訳にはいかず、なおかつ実用的な流量で水を輸送できている理由である*[3]。

上に示した計算で、樹木や他の植物が微細な孔をうまく使いこなしていることが分かった。しかし状況によっては、水が細孔にへばりついたままになることは問題を引き起こす。例えば土の粒子の間の小さな隙間は、生物学的にも価値のある相当な量の水を抱き込んでしまう。しかし、水の表面張力が大きく土粒子の間隙が小さいため、植物がその水を引き込むことは不可能ではないが極めて難しい。このように、表面張力のせいで、植物は土壌中の水分の一部を実際には利用できない。

12.2.2　昆虫の気管

上に述べたのと同様に、動物にとって毛(細)管現象は“よいこと”だけではない。昆虫が直面している問題を考えてみよう。昆虫は、筋肉に酸素を取り入れ、二酸化炭素を運び出すのに、気管と気管小枝を使っている。第 6 章で見たように、気管も気管小枝も空気で満たされているから、この仕組みがうまく働く。もしこれらの細い管に水が詰まってしまえば、酸素や二酸化炭素の輸送速度は 1/10000 に落ちてしまう。では、昆虫の細い気管が毛（細）管現象によって水で満たされてしまわないのはなぜなのであろうか？

答えは多分、気管系の内面に濡れない物質が塗られているからだろう。式 12.8 で見たように毛（細）管現象によって水が昇る高さは接触角のコサインに比例する。もし接触角が 90 度より大きければ（濡れない表面ならば）、コサインは負で水は管から押し出される。気管や気管小枝の表面に、昆虫のクチクラ（外皮）表面と同じくワックスのような物質があれば、水が気管系に入り込むことはなく、充分な呼吸が可能である。しかし、気管系のサイズが小さ過ぎるので、その表面のワックスを検出することが難しく、筆者も上に述べた推測を実際に確かめた研究を知らない。

12.2.3　球面泡の圧力

ここで、水の中の気泡に注意を向けよう。特に興味深いのは、両生類、爬虫類そして哺乳類の肺を作っている気泡である。

脊椎動物の肺の最小の単位は、肺胞という湿った肺の上皮組織で球形に取り囲まれた、小さな空気の塊である。肺に空気が吸い込まれると、これらの肺胞は体積が増え、その表面は引伸ばされる。その結果、肺の空気－水界面の面積が増えるが、これはエネルギーを必要とする過程であることは前に述べた。肺を膨らませるには、どの程度の仕事が必要なのだろうか？

この質問に完全に答えることは非常に込み入ったことになるが、単純化した模型を調べることで定性

[訳者註＊3：半陸棲の甲殻類のフナムシは、管ではなく、体表で外気に曝されたオープン流路を、表面張力で水が上ることを利用して鰓へ給水し、その湿り具合を調節している（Horiguchi, H., et al. 2007）。オープン流路を構成する突起列の形と濡れ性を解析して模倣することで、能動ポンプ駆動が不要な、自発的輸送デバイスが開発されている（下村政嗣　2008、石井大祐　2013、Ishii, D., 2013、Tani, M., 2014）。5.4.1 樹木内部での流れの項も、参照のこと。]

的に理解できる。ここでは、肺胞を水中にある気泡（図 12.9）として扱い、気泡の体積を増すのに必要な圧力を調べてみる。

気泡の表面積を dA だけ増やすのに必要な機械的仕事が $\gamma\, dA$ であることは、既に知っている。半径 r の球形の気泡の表面積は $4\pi r^2$ だから、面積の微分量 dA を $4\pi r^2$ の導函数すなわち $8\pi r dr$ で置き換えることができる。したがって、表面張力に逆らって気泡の半径を dr だけ増やすには、

$$表面仕事 = 8\gamma\pi r dr \qquad (12.11)$$

が必要である。

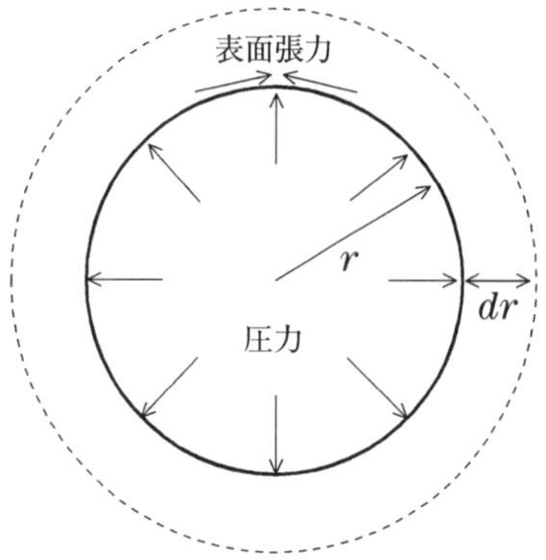

図 12.9　表面張力は気泡内部の圧力を増す。気泡の半径が小さくなるほど、内部の圧力は高くなる。

半径を大きくするのに必要なエネルギーは、気泡内の圧力の増加で賄われる。例えば、細い管を気泡に差し込んで、空気を少し送り込むことを考えてみよう。このやり方でなされる圧力体積仕事は、圧力 p に体積変化を掛けたものである。わずかな半径変化 dr による球の体積変化は $4\pi r^2 dr$ である。したがって、ある圧力を掛けて新しい大きさまで球を膨らませるには、

$$圧力体積仕事 = 4p\pi r^2 dr \qquad (12.12)$$

を注ぎ込まなければならない。

表面張力に逆らって成されるべき仕事と、ある圧力を掛けてある体積を圧し込む際の圧力体積仕事を等しいとおけば、

$$8\gamma\pi r dr = 4p\pi r^2 dr \qquad (12.13)$$

$$p = \frac{2\gamma}{r} \qquad （球状界面） \qquad (12.14)$$

であることがわかる。すなわち、球状の気泡を膨らませるのに必要な圧力は表面張力に比例し、半径に逆比例する。

「ラプラスの法則」として知られているこの関係式は、２つの面で生物と密接に関わっている。まず、気泡が小さいほど、それを膨らませるのは難しい。つまり、小さい肺胞でできた肺を膨らませるには、大きな肺胞でできた肺を膨らませるよりも、強い力と多くの仕事が掛かる。この面では、肺を大きな肺胞で作れば有利である。しかし、このやり方には短所もある。肺全体の大きさが同じなら、大きな肺胞のグループは小さな肺胞のグループに比べてガス交換面積が小さい。つまり、ガス交換効率と肺を膨らませるのに要する仕事との間には、一方を大きくすると他方が減る、という本質的な問題が潜んでいるのである。

より重大な結末は、図 12.10 を見てもらえばわかるだろう。大きさの違う２つの気泡を管で繋いであるが、肺の中で肺胞同士が細気管支で繋がっている様子を表わしている。小さな気泡の方が圧力が高いので、

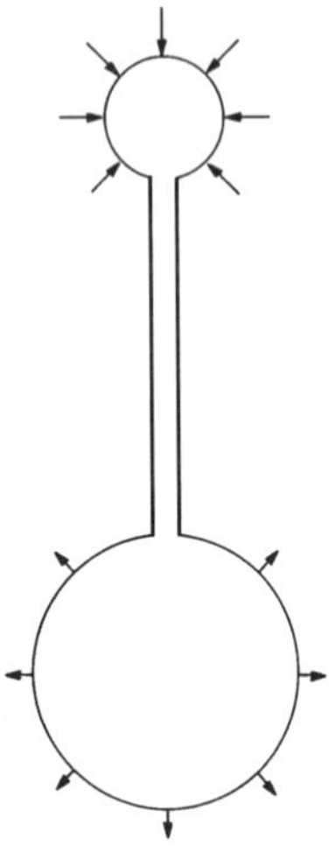

図 12.10　ラプラスの法則によって、小さな気泡の内圧は大きな気泡のそれよりも高い。もし２つを繋ぐと、小さな方は潰れて、空気は大きな方へ流れ込む。

大きな気泡の方へ空気を圧し出しながら、縮んで行く。この傾向は、肺胞からなる肺を不安定にする。全ての肺胞が厳密に同じ大きさでなければ、少しでも小さい方は潰れて、少しでも大きい方が大きくなる。これが続いて、結局、理論的には、ただ１つの巨大な肺胞だけが残ることになる。実際問題として、気泡の内圧の半径依存性は、肺の肺胞を均等に膨らませることを非常に難しくしている。

ある奇策が進化していなければ、この問題を回避するのは本当に難しかっただろう。肺胞上皮の外面を覆っている液体は、２つの性質をもった表面活性の高いリン脂質（表面活性物質）を含んでいる。まず、それは表面エネルギーを下げ、したがって肺を膨らませるのに要する仕事量を減らす。ついで、その分子同士の相互作用によって、表面張力が一定ではなく、状況によって変わる。肺胞の表面積が小さいほど、実効的な γ が低くなるのである。つまり、この表面活性物質が圧力の半径依存性を減らし、それで肺の構造を安定化しているのである。ヒトの未熟児はしばしば、肺の表面活性物質が不充分な状態で生まれることがあり、呼吸が非常に困難である（肺硝子膜症と呼ばれる新生児呼吸窮迫症候群の１つ）。

肺の進化における表面活性物質の重要性は、Clements ら (1970) と Hills (1988) が総論にまとめている。

12.2.4　円筒形の気泡

上のやり方を球面以外の形に延長してみよう。例えば、水はしばしば多少ともまっすぐな２つの固体の隙間に張り付く。髪の毛の間、マツの葉の間などである。そんな場合にできる空気－水界面は円筒形の一部分になる（図 12.11A）。こんな形に曲がった表面での圧力分布はどうなっているのだろうか？

図 12.11B に示した円筒形の気泡を考えてみよう。気泡の半径は r で、長さは ℓ である。簡単のために、長さは半径よりもずっと大きいとしよう。そうすると、界面の殆どが円筒の壁に相当し、両端部分の面積はわずかで圧力には寄与しないので、無視して構わない。

前と同じようにして気泡の内圧を計算できる。気泡の壁面を広げるのに要する仕事は、面積の変化分を

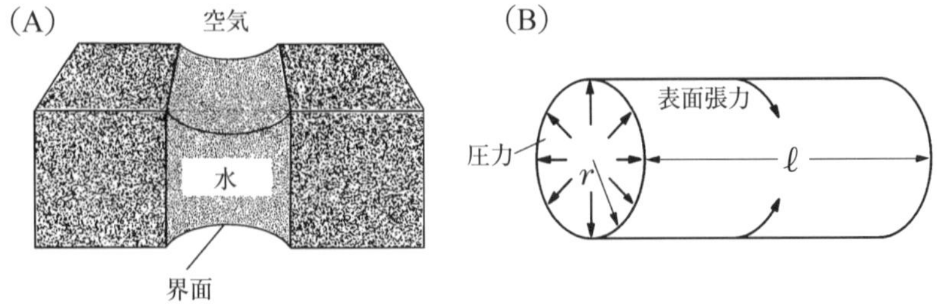

図 12.11　２つのまっすぐな固体の間に吸い込まれた水は、空気と円筒形の界面を作る (A)。そのような界面に働く表面張力は、仮想的な円筒気泡の内圧を高くする。

dA として γdA。円筒の長さは変わらないとして、面積変化 dA を半径の変化分で表わせば $dA = 2\pi \ell dr$ だから、表面張力に逆らって気泡を大きくするのには、

$$\text{表面仕事} = 2\pi dr\ell\gamma \qquad (12.15)$$

が必要である。

気泡を膨らませるのに必要なエネルギーは、やはり円筒の内圧から供給される。ある圧力を掛けて気体の体積を（$2\pi r\ell dr$）だけ増すために必要な、

$$\text{圧力体積仕事} = 2\pi r\ell p dr \qquad (12.16)$$

である。

表面張力に逆らってなすべき仕事と、なされた圧力体積仕事を等しいとおいて、

$$p = \frac{\gamma}{r} \qquad \text{（円筒界面）} \qquad (12.17)$$

つまり、円筒気泡の内圧は表面張力に比例し、円筒の半径に逆比例する。この結果は、球形気泡とそっくりだが、圧力が球形気泡の場合（式 12.4）の半分であるということに注意して欲しい。この違いは、円筒形の界面は1つの座標軸の周りだけで曲がっているが、球形の界面はもう1つの空間次元でも（同じ曲率で）曲がっているからである。

自然界で完全な円筒形の界面を見つけることは難しいが、上に述べたような円筒状の界面をもつ気泡の各部分には、式 12.17 を直接あてはめることができる。例えば、図 12.12 のような状況を考えてみよう。隙間 $2r$ で並べた四角い棒の列（棒の断端から見ている）が、水（上側）を空気（下側）の上に支えている。表面張力がなければ、水は棒の隙間から流れ出てしまうだろう。しかし、水が空気中に圧し入る際に水と空気の界面が引き伸ばされる。このような場合には、圧力体積仕事としてのエネルギーを注ぎ込まなければならないことは、上で見た通りである。水が空気中に流れ出すまでに、表面張力がどの程度の圧力差を支えることができるのか見てみよう。

角棒が濡れない、すなわち界面との接触角が 180 度（π ラジアン）に近い素材でできているとしよう。そうすると、空気－水界面の形は半径 r のほぼ半円筒形になる。したがって、式 12.17 から水と空気の圧力差は γ / r と考えてよい。

ここで注意すべきは、界面の曲がり方が前の解析例（空気が水に対して突き出ている）とは逆で、水が空気の方へ突き

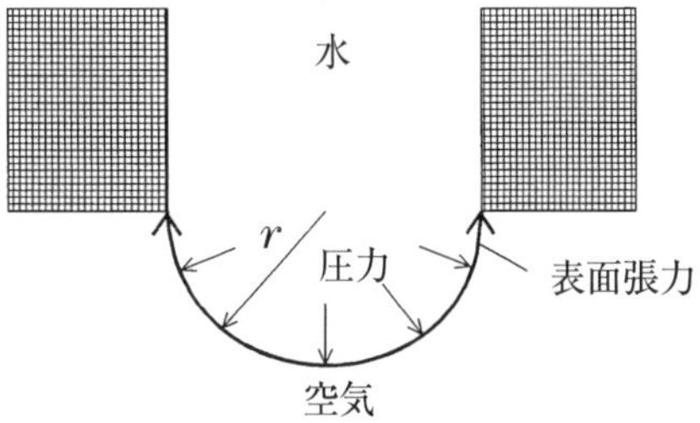

図 12.12　二本の四角い濡れない棒の間の空気－水界面は、水が空気中（下）へ流れ出すのを妨げる“膜”のように働く。

出ていることである。その結果、表面張力による圧力は、空気中ではなく水の中で増える。この事実は、空気－水界面を引き伸ばされたゴム膜だと考えれば納得できるだろう。この曲がった膜が水を内側に引っ張っているのだから、圧力は上がる。

ここでの解析全体の結果は、濡れない棒の存在が空気－水界面で γ/r の圧力差を維持できることを示している。もし、棒と棒の間隔が狭ければ、この圧力差は相当なものになる。例えば、r が 0.5 μm（間隙が 1 μm）なら、1.46×10^5 Pa（1.46 気圧）もの圧力差に耐えられる。

プラストロン（物理鰓）呼吸

表面張力が空気から水を分けておける性質は、いくつかの小昆虫や甲虫での水中呼吸に使われている。どうやって水中で呼吸しているのかを見るために、まず水面下のある深さに置かれた普通の気泡の中の気体に何が起こるかを見てみよう。

水と空気とが気泡の表面で分割されてはいても、それぞれの気体の分子は界面を通って自由に拡散できる。どんなときでも、正味の輸送は濃度の高い側から低い側へ向かって起こる。ところが、水は実質的に非圧縮性なので、水に溶け込んでいる酸素の濃度は水面からの深さに関係なく、大気中の濃度（2×10^4 Pa）と同じである。それに対して、気泡の中の酸素の濃度は圧力とともに変わるので、水面からの深さによって違ってくる。

水面下 1 m にある気泡を例にとると、この深さでの圧力は約 1.1 気圧だから、気泡の中の酸素分圧は（全圧の 20.9 % として）約 2.2×10^4 Pa である。この酸素分圧は周りの水の O_2 の圧力よりも高いので、酸素は気泡から水に向かって拡散する。気泡の中の他の気体にも同じことが起こる。その結果、気泡は徐々に小さくなる[3]。すなわち、水中の気泡が潰れずに長持ちするのは、その内圧を大気圧より低く保つ何らかの仕組みがある場合だけだ、ということがわかる。

ここで表面張力が役に立つ。水棲昆虫の腹部は細い毛で覆われており、毛の先は体表クチクラと平行になるように曲がっている。この曲がった先端は、上で述べた棒と同じように、昆虫が潜水しているあいだ腹部の周りに空気の層を確保してくれるのである。昆虫がある深さに達すると、空気層の圧力が大気圧より低くなるまで、気体分子は周囲の水に拡散する。そこで空気層と水とが平衡に達するが、昆虫の呼吸に伴って酸素が空気層から持ち去られると、空気層の酸素分圧は大気圧下のそれよりも低くなる。そうすると今度は、周りの水から空気層に向かって酸素が拡散してくる。つまり、毛と毛の間に働く表面張力が空気層に水よりも低い圧力になることを許しているので、この密生した毛の層が支える"潰れない空気－水界面"は鰓のようなガス交換面として振る舞う。これは ***「プラストロン（plastron、物理鰓）」*** と呼ばれている。

［脚註 3：表面張力のため気泡の中の圧力は周囲の水の静水圧よりも高い（ラプラスの法則）。気泡が小さいほど表面張力による圧力は強く、周囲の水と気泡の中の気体の濃度差も大きくなる。したがって、気泡が小さいほどより速く縮む。］

プラストロン呼吸ができる深さは、基本的には毛の間隔で決まる。上で解析したように、1 μm の隙間の場合、水と空気の間の最大の圧力差は 1.46 気圧である。したがって、このようなプラストロンを持った甲虫は全静水圧が 2.46 気圧になる深さまで潜水できて、なおかつ空気層を大気圧よりも低く保つことができる。水圧が 2.46 気圧になる深さは約 14.6 m で、この寸法のプラストロン呼吸に頼って甲虫が潜水を続けられる最大深度である。

ここまでの分析は、プラストロン毛の断面が四角く接触角も 180 度だとした第一近似である。もう少し現実的に毛の断面が円形で、接触角が変わってもよい厳密な分析が Crisp and Thorpe (1948) によってなされている。彼らの結果によれば、プラストロンによって作り出される圧力差（空気層の方が水層より圧力が低い）は、r を毛の半径、ℓ を毛と毛の中心間距離（図 12.13）、φ を界面が毛と出会った地点と毛の中心を結んだ線がなす角として、

$$\Delta p = \frac{\gamma\cos(\theta_c+\varphi)}{\ell/2-r\cos\varphi} \qquad (12.18)$$

である。最大圧力差は、

$$\varphi = \arcsin\left(\frac{2r}{\ell}\sin\theta_c\right)-\theta_c \qquad (12.19)$$

の時に得られる。

多くの昆虫のクチクラは、接触角がおよそ 105 ～ 110 度のワックス様物質で覆われている。前述と同様に毛の隙間が 1 μm となる寸法として、r = 0.5 μm、ℓ = 2 μm 程度を想定してよいだろう。これらの値を式 12.19 に代入すると、φ = −76 度～ −82 度となる。φ の値が負なのは、界面が毛と接触する場所が、図 12.13 に示したように毛の中心を結ぶ線よりも下、つまり空気側であることを表わしている。平均値の −79 度を式 12.18 にあてはめると、このプラストロンが支え続けられる最大圧力差は 6.9×10^4 Pa、つまり以前の試算の約半分の値となる。

θ_c < 90° つまり材料が濡れる場合には、界面と毛の接触点は φ <−90° で起こる。この場合、界面は毛を両側から包み込んで真下で出会ってしまうので、プラストロンにはならない。すなわち、ある形状の毛列を使って動物が一定の深さまで潜水できるのは、毛の素材が充分に撥水性で θ_c > 90° の場合だけである。

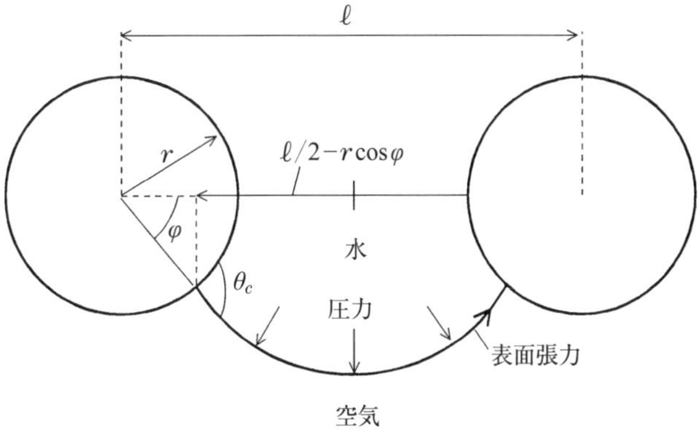

図 12.13 水棲昆虫のプラストロン毛列の断面模式図。表面張力が毛の間から水が流れ出すのを防いでいるので、体の表面に空気の層が維持される。

Crisp と Thorpe は、昆虫が潜水できる深さは毛の機械的強度にも制限されると考えている。もし気液界面に掛かる圧力

差が大きすぎると、毛は座屈を起こし、空気層は潰れる。Hinton (1976) は、プラストロンの毛は充分に頑丈で、水の表面張力の下で昆虫が充分な深さまで潜水できることを示唆している。

実際のプラストロン毛の形とサイズは驚くほど多様になっているので（Hinton 1976)、ぜひこれら様々な昆虫が潜れる深さを計算してみて欲しい。

最近やっと、我々の技術がプラストロンの原理を使えるようになった。ゴアテックス® などの織物には、無数の小さな孔をもった濡れない素材の層が入っている。表面張力がこれらの孔を通しての水の移動を妨げるのでこの布地は高い防水性能をもつが、空気はこの穴を通して自由に拡散できるのでこの織物は"呼吸"ができて、ムレないのである。

12.2.5　ラン藻（シアノバクテリア）の小気胞

ラン藻の苦境について考えてみよう。太陽光のあたる場所に居続けるために、この小さな細胞は中立または正の浮力をもっている。この浮力を与えているのは、細胞内の筒状の膜に囲まれた小さな気胞である。これらの小気胞には、半径 0.05 μm 程度の、極めて小さなものがある（Walsby 1972)。このサイズでは、表面張力によって円筒気胞に掛かる圧力は、14 気圧以上になる（式 12.17)。こんなに高い圧力の小胞がどうして形を維持できるのだろうか？

その答えは、小気胞を包む膜の表面エネルギーにあるようだ。Walsby (1972) は、小胞膜の外面は親水性で周囲の水と「気泡」との表面エネルギー差を小さくしている、と考えている。水に対する膜の表面エネルギーが低ければ、曲がった膜面で生ずる圧力も小さくなるのである。

12.3　毛管接着

式 12.17 が意味することは、生物学の古典的問題にも適用できる。夏の午後を窓辺で過ごしたことのある人なら誰でも、ガラスの表面に止まるハエの驚異的な能力に気づく。ハエはどうやって、ガラスのような平滑面に接着できるのだろうか？　ハエは、水平なガラス面の下側にすら、何の問題もなく「逆さに」止まることができる。ハエはどうやっているのだろうか、他の小さな昆虫はできるのだろうか？

図 12.14 のような、少量の水が距離 x で 2 枚の平行な板に挟まれている状況を考えてみよう。両方の板は水に濡れる、すなわち接触角はゼロだとしよう。そうすると、水は塊の中の自分よりも、板の物質により強く引き付けられているので、板の隙間を「外側へ」向かって広がろうとする。すなわち、毛細管で水が「上に」引き上げられる現象と同じ状況が起こる。水が外側へ向かって濡れ広がる傾向の結果、水に負圧が生じる。この負圧の強さはどの程度であろうか？

2 枚の板の隙間にできる界面を、「半円筒形」にくびれた界面が半径 r の円盤を一周して両端が接合して閉じた形、と考えるとより正確な答えに近づける。円盤を半径方向に切った界面の断面（12.14 図）を見ると、まさに直径 x の円筒形の半分である。界面は、空気が水に向かって凸（とつ）に曲がっており、表面張力で作り出される圧力は水の側が低くなる。前に言ったように、表面張力はゴム膜のように引っ張る向きに働くので水の圧力が低くなる、ことを確認して欲しい。

今、(半) 円筒形の界面の直径が x だから、その半径は $x/2$ で、12.17 から水の中の圧力は周囲の空気よりも $\gamma/$半径 $= 2\gamma/x$ だけ低いと予想できる。この予想は実際と近いだろうが厳密ではない。半円筒形の界面は、円盤の外周を一回りして閉じているので、曲率をもう1つ持ち込まなければならない。それは、平板の表面に見える曲率である (図 12.14B)。この曲率だけを考えれば、界面は半径 r の (閉じた) 円柱である。この曲率は水が空気中に突き出しているので、表面張力が働くと水中の圧力は γ/r だけ高くなる。この圧力を加味すると、水と周りの空気との間の全圧力差は

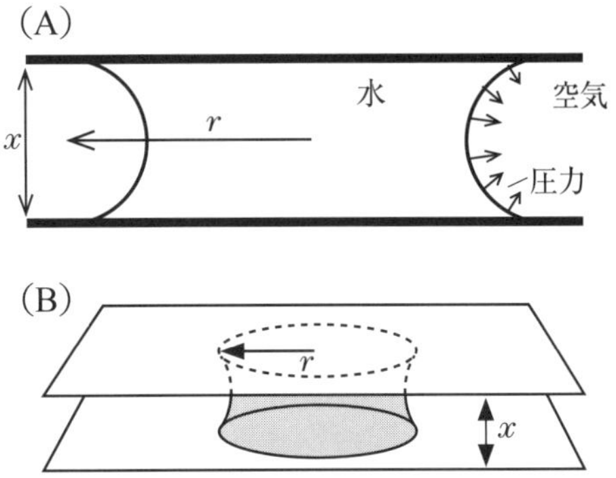

図 12.14 (A) 2枚の顕微鏡用スライドガラスに挟まれた水は、大まかに言えば円筒形の界面を作り (断面図を見ている)、水の内部の圧力は下がる。大気圧はスライドガラスを挟み付けるように働き、毛管接着が起こる。(B) 少し上から見ると、側面が円筒形にくびれ込んだ円盤 (2番目の曲率半径 r) が見えてくる。

$$\Delta p = \gamma\left(\frac{1}{r} - \frac{2}{x}\right) \tag{12.20}$$

となる。ここで、2枚の顕微鏡用スライドガラスに半径 r が 1 cm の水滴が挟まれていて、その厚み x が (ガラス面の平坦さの不均一のため) 10 μm ある場合を考えよう。この場合の水滴内部の圧力は、1.5×10^4 Pa だけ、周りの空気より低くなる。この圧力差 Δp のため、$\pi r^2 \Delta p = 4.6$ N の力が2枚のスライドガラスを挟みつける向きに働く。言い換えると、毛 (細) 管現象によって2枚のスライドガラスは 4.6 N の力で接着しており、この2枚を引き剥がすにはこの大きさの力を掛けなければならない。

これが、昆虫やカエルが滑らかな表面に止まる仕組みであろう。例えば、Dixon et al. (1990) はこの毛管接着でアリマキが様々な表面に止まる力を充分に説明できることを示しているし、いくつかの甲虫が示す接着にも関わっているのは確からしい (Stork 1980)。Emerson and Diehl (1980) は、小型のカエルがガラスの表面にも接着できるのには、毛 (細) 管現象が大きな役割を果たしていることを示している。基質表面にも動物の脚の側にも液体が充分にあることを考えれば、この型の接着方法は小さな生物に共通しているように見える。

毛管接着は、水を挟んだ2枚の板が、板に直角の向きの力に対してのみ逆らう力を発揮できる、ということに注意して欲しい。板と平行な向きの力は、第5章で述べたように、単に液体にズリ変形を起こすだけである。この場合、板と板との相対運動を妨げるのは水の粘性だから、抵抗力は液体がどの程

度速いズリを受けるかで決まる。したがって、水の層が非常に薄い場合にのみ、ズリに対する抵抗力が有効となる。例えば、上で述べたスライドガラスが互いに 1 cm s^{-1} で平行に動いている場合、液体内部のズリ応力は 1 パスカルで、この速度でガラス板を動かすのには 0.0001 ニュートンの力で充分である。このように、毛管接着は表面に沿った滑りを伴うのが普通である。実際には、基質表面に沿った滑りは基質の微小な凹凸で低減できるだろう。ガラス表面の数ミクロンの凸凹でも、ハエにとっては充分に「粗く」、滑りを防げるのかも知れない。

ここまでは、毛管接着する板は両方とも濡れる同じ材質である、と暗黙のうちに仮定していた。そうでない場合は、式 12.20 を修正する必要がある。もし基質が水との接触角が θ_1 になるような表面エネルギーをもち、昆虫の脚のそれが θ_2 であれば、r が x より充分大きい場合、

$$\Delta p = \gamma \frac{\cos\theta_1 + \cos\theta_2}{x} \tag{12.21}$$

であると Dixon et al. (1990) が言っている。

基質も脚も濡れる場合には、この式は $r \gg x$ での式 12.20 と同じである。もし基質は濡れるが昆虫の脚表面がワックス（$\theta_c = 110°$）で覆われていれば、脚も濡れる場合の約 1/3 の圧力差しか得られない。

ここで議論したからといって、毛管接着が昆虫の接着法のただ 1 つの仕組みだと思い込んではいけない。昆虫の脚に生えている微細な毛は、表面の不規則な凸凹に妨げられることなく基質と直接接触できるほど、細長くしなやかである。もし、それらの毛の接近距離が充分に小さければ、クチクラと基質の間のファンデルワールス力（分子間力）が接着を引き起こせる。昆虫の接着能力全体のうち、どれ程が毛管接着によるのか、またどれ程が分子間力によるのかは、現在議論が戦わされている真最中である。ハエがどうやって窓ガラスに止まっているのかを、我々はまだ充分正しく理解できている訳ではない（Wigglesworth 1987）、ということだけは確かである*4。

12.4　水上歩行

湖や川の水面は、陸棲生物に特別な生活環境を与える。水の上を歩ける動物にとって、平坦な水面は水中の餌動物をとる足場になるし、捕食者から逃げる避難場所ともなる。問題はたった 1 つ、どうやってうまく水の上を歩くか？である。

もちろん、表面張力が答えの全てである。動物が充分に大きな周囲長の濡れない構造で水と接触していれば、表面張力の上向き成分がその体重を支えてくれる。

アメンボ（*Gerris* 属や *Halobates* 属、図 12.15）の場合を考えてみよう。このムシの質量は約 10 mg なので、10^{-4} N の重力が掛っている。アメンボの脚は他の昆虫のクチクラと同じく、水－空気界面と脚との接触

［訳者註＊4：昆虫の平滑面への接着と van der Waals 力に関する最新の解説は、Gorb S. 2008（日本語解説）を参照されたい。］

角が約 110 度の濡れない材料でできていると考えてよいだろう。コサイン 110 度は −0.34 だから、動物の体重を上向きに支える力は最良でも表面張力の約 34% にしかならない。水と接触している脚の周辺の全長を ℓ として、表面張力による力は $\gamma\ell$ だから、

$$10^{-4}\mathrm{N} = 0.34\gamma\ell \qquad (12.22)$$

とおいて、ℓ はたったの 4 mm、すなわち脚 1 本あたり 0.67 mm で体重を支えていることになる。普通、アメンボはこの約 10 倍の周辺長を脚にもっている。言い換えると、アメンボはつま先だけで水の上に立てるのである。小さな生き物にとっては、水の上を歩くことは何の問題も引き起こさないのである*5。

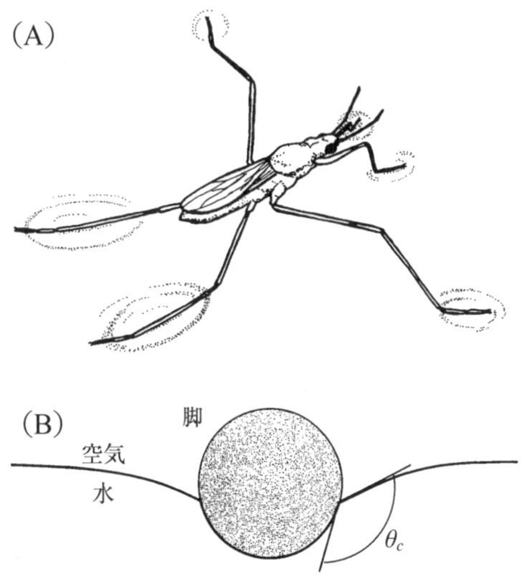

図 12.15　表面張力がアメンボを支える (A)。B は脚の断面と水との関係を示す。

小さな動物を水面上に支えてくれる仕組みは、場合によっては厄介な問題を引き起こす。例えば、カニやフジツボの幼生、またミジンコなど海産の小さな甲殻類を考えてみよう。これらの動物のクチクラ表面は撥水性だが、これら小動物の体全体が水に浸かっている限り、何の問題も起こらない。しかし偶発的にしろ、もしもこれら小動物が空気－水界面に接してしまったら、表面張力が動物の体の表面から水を剥ぎ取って、体表面を空気へ曝し出す。一旦水から離されたら、これらの小動物には自分の体を水の中に押し込む方策はない。

動物が大きくなるにつれて、水の上を歩ける見込みは少なくなる。問題の核心は、動物の体重がその寸法の三乗で増えるのに対して、表面張力による力は寸法（すなわち周辺長さ）に比例することである。例えば、100g のハツカネズミに掛かる重力は 1 ニュートンである。もし、ハツカネズミがアメンボと同じワックスで脚を覆ったとすると、水と接触する周辺長が 40.3 m（脚 1 本毎に約 10 m）必要になる。こんな長さの脚は明らかに非現実的で、したがってこの大きさの動物は水の上を歩くことはない。

Vogel (1981) は、ヒトと同じ形と大きさの生き物が水の上を歩くには、どの位の重さまでなら許されるのかを表面張力から計算する方法を示している。典型的なサンダルをはいているとして、サンダル一足分の周辺長は約 0.7m だから、サンダルが全く濡れないとしても最大で 0.05 ニュートン、つまり 5 グラムを支えることができるだけである。この計算が何を意味するかは読者に考えて貰おう、と Vogel (1988) は言っている。

ここまでの計算は、動物が水面に静かに立っている場合を想定している。少しでも動けば力のバランスが崩れる。いくつかの場合の結果は、簡単に想像できる。例えば、動物が跳び上がろうとすれば、そ

［訳者註＊5：最新の知見は、Gao X. and Jiang L. 2008（日本語解説）を参照して欲しい。］

の加速度は余分な垂直方向の力を生み出すから、表面張力はその分も支えなければならない。アメンボのような小さな動物では、このことは何の問題にもならない。水との接触周辺長がわずかに増すだけで済むからである。

水平方向への加速は、別の難しい問題である。決して水中に入っている訳でもないアメンボの脚が、どのようにして「漕いで」、前方へ推進できるのだろうか？ この疑問への答えは興味深く、表面張力が関係しているが、第13章で表面張力波を議論するまでとっておくことにしよう。

一風変わった移動の仕組みに言及しておこう。*Stenus* 属の小型の甲虫は、しばしば水面を歩く。何かに邪魔されたりすると、この昆虫は腹部から表面活性物質を分泌して、水面に付ける。その表面活性物質が甲虫の後方に拡がっていくと、部分的にそこの表面張力が下がる。このため甲虫の前方での表面張力が優り、この動物を 0.7 m s^{-1} で前方に引っ張ることができる (Chapman 1982)。

この仕組みは簡単に再現できる。石鹸の細長いかけらを、小さな棒きれの片方の端に入れた切り込みに差し込んで水に浮かべると、棒きれは水面を走り回る*6。

12.5　まとめ

水分子が互いに水素結合を作る性質が、水に非常に高い表面エネルギーをもたせている。表面張力として見えるこのエネルギーは、高い樹木の中の水の柱や水面を滑走する昆虫の体重を支えている。水棲の昆虫は、表面張力を利用して体の表面に空気の層を保持しているし、全ての昆虫は気管から水を排除するために明らかに表面張力を利用している。

表面張力による力は空気－水界面の接線方向にのみ働く。しかし、もし界面が曲がっていれば、表面張力は界面と隣り合う液体の圧力を変えることができる。この圧力変化こそが、例えば、小型の昆虫がガラス面に止まる仕組みを説明してくれる。

12.6　そして警告

この章の目的は、読者に表面張力の物理を正しく認識し、それが生物へ与えた影響の基本を理解してもらうことである。しかし、ここでの分析の多くは、ほんの第一近似に過ぎない。例えば、アメンボを支える脚の周辺長の計算では、水中に押し込まれた脚の部分から得られる浮力を無視したし、湖や池ではごく普通に起こる水面上の有機物質の薄いフィルムの効果も無視した。このような複雑な効果は、Davies and Rideal (1963)、Adamson (1967)、Bikerman (1970) などの表面物理の標準的な教科書で扱っている。Princen (1969) は、様々な界面における液滴の形と表面張力で支えられた固体粒子に働く力を、特に詳細に調べている。表面張力の考え方を定量的に扱うには、まずこれらの情報を調べてからにすべきである。

［訳者註*6：日本では、樟脳船として知られている。オモチャの船（小さい木片）の後端喫水線部に樟脳や松脂を付けて水に浮かべると、水面を走り回る。］

第 13 章

水面波

大量の水と空気との界面が静止することは、滅多にない。わずかなそよ風や水しぶきでも、池全体に広がるさざ波を起こす。途方もなく広大な界面としての大海原は、大型の船を翻弄し、岩に打ち付けて砕いてしまう怒涛や大嵐さえも生み出す。本章では、空気－水界面が波を作り出しやすいことや、これら水面の振動が植物や動物に与えた影響を調べる。

例えば、水面波の伝わるスピードがヒトやアヒルの遊泳速度の上限を決めてしまう理由や、アメンボが肢で水面を蹴って走る有効スピードには下限がある理由、しかしミズスマシのスピードには水面波の速度は影響しない理由、などを計算で示すだろう。さらに、クジラやイルカが水面近くを泳ぐのは水中深くを泳ぐよりもコストが高いことや、さざ波を通信手段として用いる可能性を調べる。

13.1　波面と軌道

水面波（図 13.1）を扱うのに用いる基本的な用語の定義から始めよう。波では、水面が静止水面位（または静水面）から η だけ変位している。上方への最大変位点を***「波頭（または峰）」***、下方への最大変位点を***「波底（または谷）」***と言う。波頭と波底の間の垂直距離は***「波高」*** H、２つの波頭の間の水平距離は***「波長」*** λ である。波が水面を伝わるとき、波頭はそれぞれ、***「伝わり速度」***または***「位相速度」***と呼ばれるスピード c で動く。波頭が一波長だけ動くのに要する時間は、***「波の周期」*** $\mathcal{T}$ と呼ばれる。これらの定義から明らかに、

$$c = \frac{\lambda}{\mathcal{T}} \tag{13.1}$$

$$\mathcal{T} = \frac{\lambda}{c} \tag{13.2}$$

$$\lambda = c\mathcal{T} \tag{13.3}$$

である。

静止水面位から水底までの垂直距離を、水柱の深さ d と言う。後で見るように、水面波は d が λ に比べて大きい場合と、小さい場合とでは違った振舞いをする。大まかに言って、$d > \lambda/2$ であれば水柱は“深い”といい、$d < \lambda/20$ であれば“浅い”という。この２つの間の深さは“中間的”と呼ばれる。この

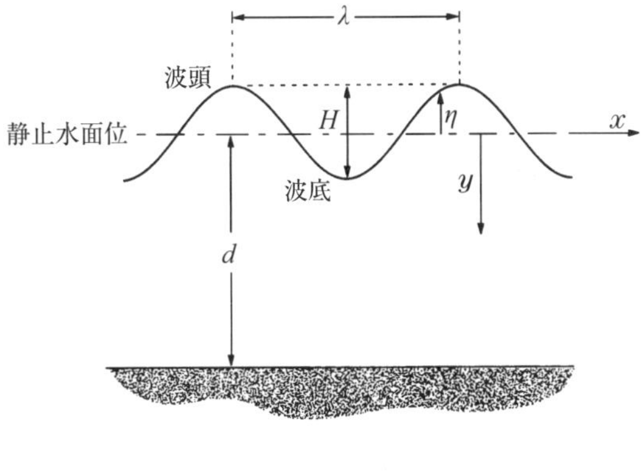

図 13.1　水面波の形を表わす諸量。y は静止水面位から測り、下向きを正にとることに注意。

ように、水柱の実効深さは波長の函数である。すなわち、$d = 1$ m は波長が 10 cm のさざ波に対しては深いが、$\lambda = 100$ m の外洋の波浪に対しては浅い、のである。これらの法則が出てくる所以は、水面波に伴う水面下の水の動きを議論する過程で明らかになる。

上の用語を知った上で、実験してみよう。魚釣りのウキ（浮き）をもって、静かな池の縁まで行き、ウキを岸から2～3メートルのところへ投げ入れて、動きが収まるのを待つ。それから岸辺で水を掻き回して、外に向かって進む一連の波を作ると、波はやがてウキまで届く。まずは、$d > \lambda/2$、すなわちウキは実効的に深い水に浮いていると想定しよう。波が通り過ぎる時のウキの動きはどんなものであろうか？

最も目立つのは上下動で、波頭が近づくと、ウキは浮かんでいる水面にしたがって、上へ動く。波頭が通り過ぎると、引き続く波底が近づいてくるので、ウキは下へ動く。しかし注意深く観察すると、ウキは水平方向にも動いていることがわかる。ウキが静止水面位よりも上にあるときには、ウキは波の伝わる方向へ進む。静止水面位よりも下にあるときには、ウキは波の伝わる向きとは逆方向に引き戻される。要するに、ウキは前方上、次いで前方下、後方下、そして後方上という順に動き、波が通り過ぎるたびに繰り返す（図 13.2A）。

これは観覧車に乗った時に経験する動きと同じ順序なので（図 13.2B）、2 つのことがわかる。第 1 に、観覧車は回るだけで、遊園地の中を進んでいく訳ではない。それと同じく、波が通り過ぎる時に、ウキ（したがって表面の水）は正味の移動を起こさない。上方や前方への動きの全てに対して、全く等価な下方や後方への動きがあり、個々の波の通過ごとに表面の水は正確にその出発点に戻ってくる[1]。第 2 に、波が通り過ぎるとき、表面の水は**「軌道」**と呼ばれる円周状の経路を動く。のちのため、表面の水のこの軌道の直径は、波高 H に等しいこと（図 13.2A）に留意しよう。

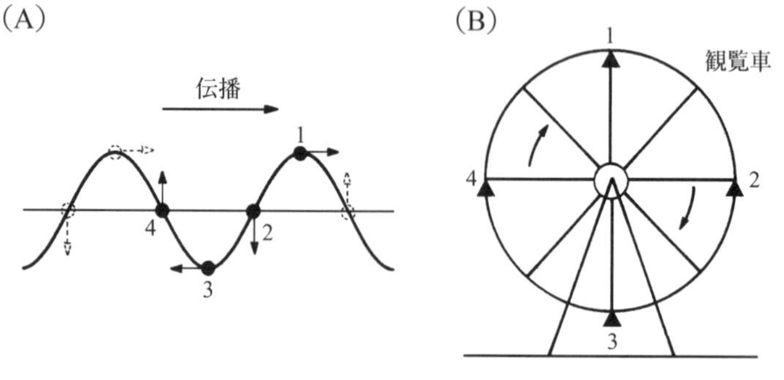

図 13.2　水面波が通り過ぎる際の表面の水粒子の動き（A）は、遊園地の観覧車のカゴの動き（B）に例えることができる。（Denny 1988 より）

ウキの動きからわかるように、表面の一点での水の動きは、波の形の動きとは全く異なる。波は池の縁で作られ、拡がってウキまで伝わったのだから、（波の下の水とは違って）波形の正味の変位には、

[脚註 1：実際には、これは言い過ぎである。ストークスの第二近似理論のような波の理論から予測できる傾向として、わずかだが、水は波の進行方向へ正味の移動を起こす。この現象の簡略な説明としては、Denny (1988) を見るか、より完璧な数学的取扱いとしては Kinsman (1965) の質量輸送の項を参照して欲しい。深い水の波による正味の移動は非常にわずかなので、それを無視して議論を進めても、ここでの結論の有効性を脅かすことはない。]

時間とともに増えていくという性質がある。波形が一定速度で進むことと水の円周軌道運動とは全く別のことで、水面波の物理を考察する際には、この区別を忘れてはならない。

水の動きと波形の動きはハッキリ区別しなければならないが、この2つは本質的に絡み合った量であり、水面波の生物学的影響を理解するには、この絡み合いの本質を理解する必要がある。それができるようになるためには、さらに2つの知識が必要である。

13.2　流線

まず、水が流れる経路を記述する方法が要る。定常な流れの中にある微小体積の水（**「流体粒子」**と呼ばれる）を考えよう（図 13.3）。流体粒子を初めて観測したとき、それは座標（x, y, z）にあったとしよう。理屈の上では、この地点での流体粒子の運動の速度と向きを測ることができる。これらのデータから、短い時間の後に粒子がいるであろう位置を計算できる。こうして、粒子に次の力が働く位置まで粒子を追跡できる。力が掛かったことによる粒子の速度と向きの変化がわかれば、再び次の運動を予測できる。このようなやり方で、流体粒子が辿る経路を完全に決めることができ、流れの様子の一面を明らかにできる。

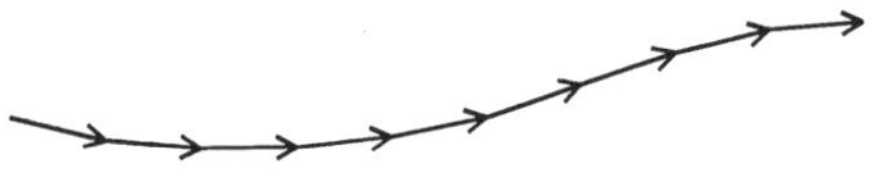

図 13.3　流線は、流体粒子が時間不変な流れの中を動く際の、粒子の経路を追跡したものである。

さて、水の流れ全体が時間と共に変わらなければ（流れは**「定常」**であることを意味する）、いつ観測するかは問題とはならない。つまり、流れが真に定常であれば、ある時刻に地点（x, y, z）から放たれた流体粒子は、他の時刻に放たれた流体粒子と全く同じ経路をたどる。この場合、この経路を**「流線」**と呼ぶ。

流線を流れ下っていくとき、流体粒子はスピードを上げたり遅くなったり、また方向を変えたりできることに留意して欲しい。流線の概念に必要なのは、点（x, y, z）を通り過ぎた粒子は全て、その後はスピードも方向も全く同じ変化を経なければならないということだけである。また、この定義によれば、流線は決して交差しない。もし交差したら、交点にある粒子は2つの向きのどちらにも動けることになるが、定義から言って、それは許されていない。

13.3　ベルヌーイの式

流体粒子が流線に沿って動くとき、それらはある大きさのエネルギーをもっている。例えば、動いている粒子が質量 m をもっていれば、

$$\text{運動エネルギー} = \frac{mu^2}{2} \tag{13.4}$$

をもつ。ここで u は粒子の速さである（第 3 章）。

粒子はまた、その水柱内での垂直位置によって重力位置エネルギーを持ちうる。この場合、

$$位置エネルギー = mgy \tag{13.5}$$

である。ただし、g は重力加速度で、y は何らかの参照点からの垂直距離である。

流体粒子が異なる圧力の流体部分を繋いでいれば、2つの部分の間でエネルギーを運ぶことができる。その過程では、粒子が運動エネルギーと位置エネルギーに加えて、局所的には第3の型のエネルギーをもっているように見える。このことは、具体的な例で見るのが一番わかりやすい。図 13.4 のような装置を考えてみよう。貯水槽の底に水平なパイプが付いている。そのパイプには、コンクリートブロックを推すピストンが付いている。貯水槽の底での流体の静水圧はピストンを、つまりはコンクリートブロックを推す力を与える。この力が掛かった当初にはピストンとブロックは加速されるが、基盤上を動くブロックに働く摩擦力がピストンを推す力と等しくなると、加速はなくなってブロックは一定スピードで動き続ける。この定常状態に達した系について調べてみよう。

この状態では、パイプの中の水は一定スピードで動いているから、その運動エネルギーは一定である。同様に、パイプの中の流体はその垂直位置を変えていないから、重力位置エネルギーも一定である。それでもなお、パイプの中の水は摩擦力に抗してブロックを動かす仕事をしている。この（運動でも位置でもない）エネルギーは、**「流れエネルギー」**と呼ばれ（Streeter and Wylie 1979; Massey 1983）、その大きさも容易に計算できる。

パイプの中の水によって成されている仕事量は、水がピストンを推した力とブロックの動いた距離 ℓ を掛けたものに等しい。ピストンを推す力は、ピストンの面積と静水圧の積 pA である。したがって、

$$流れエネルギー = pA\ell = pV \tag{13.6}$$

である。ここで、V は新しくパイプに流れ込んだ流体の体積である。つまり、パイプの中の水は圧力の異なる領域を繋いでいるので、pV に等しい仕事を成すことができるのである。流れエネルギーは、流体粒子が実際にもっている訳ではないという意味で、運動エネルギーや位置エネルギーと少し違う。むしろ、粒子が圧力の異なる2つの部分を物理的に繋いでいるからこそできる仕事を表わしている。この

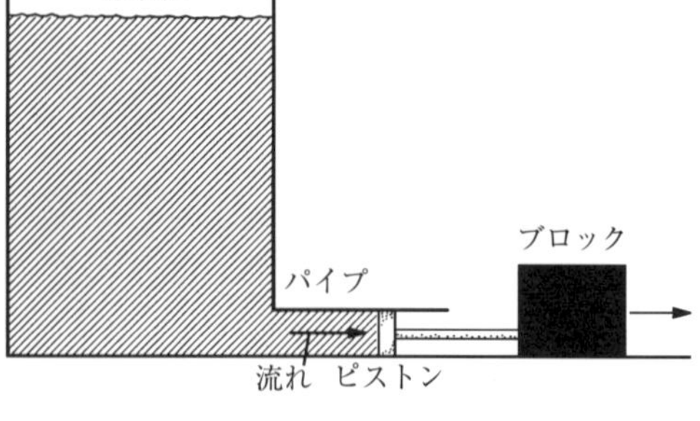

図 13.4　水平なパイプの中の水は、圧力の高い部分と低い部分を繋いでおり、それで仕事ができる。この型のエネルギーは**「流れエネルギー」**と呼ばれる。

例では、パイプの中の流体の流れエネルギーは、貯水槽の水の重力位置エネルギーによって維持されている圧力があるからこそ存在できる。パイプに流体が流れ込むのは、この位置エネルギーを消費して、流れ込んでいるのである。

空間内のどの点でも、流体粒子がもつ総エネルギー（***「有効エネルギー」***と呼ぶ）は運動エネルギーと流れエネルギーと位置エネルギーの和で、

$$\text{有効エネルギー} = \frac{mu^2}{2} + pV + mgy \qquad (13.7)$$

である。

ここから、波の運動の理解に向けての重要な一歩に入る。すなわち、***「非粘性流体」***では、流線に沿って動く流体粒子の有効エネルギーは一定である、と宣言する。数式で表わせば、

$$\frac{mu^2}{2} + pV + mgy = \text{一定} \qquad (13.8)$$

である。これは、Jakob Bernoulli (1654–1705) へ敬意を表して名づけられた***「ベルヌーイの式」***の１つである。

この主張の有効性は流体力学の第一原理から来ているが、その導出をここではしない。オイラーの式に関する標準的な流体力学の教科書（例えば、Streeter and Wylie 1970; Massey 1983）を参考にして欲しい。

ベルヌーイの式は、少し変形すると非常に有用になる。まず、エネルギーを流体の（質量ではなく）体積あたりで取り扱うと、より便利になることがわかる。流体粒子の体積はその質量を密度で割ったものだから、式 13.8 の両辺を体積（$V = m/\rho$）で割ると、

$$\frac{\rho u^2}{2} + p + \rho gy = \text{一定} \qquad (13.9)$$

であることがわかる。これからは、この型のベルヌーイの式を使う。

この式は、流体粒子が流線に沿って流れる時に粘性が全く作用しない条件でのみ、成り立つ。実用上では、扱っている流体が固体表面から充分離れていて、滑りなし条件から来るズリが流れに影響しない場合を意味している。多くの場合この制限は厳しすぎるが、ここでの議論には問題とならない。ここでは水面の波を取り扱っているので、固体の底面からは充分離れており、したがって粘性の効果は少ない。

13.4　波の伝わり速度*1

これで、波の形の動きを水の動き（その上を波の形が動く）に関連づけるところまできた。水が深い場合の水面波が伝わる速さを、ベルヌーイの式を使って計算してみよう。

まず、これでは問題の立て方自体が間違っているように見える。波の中の水は上下前後に動くのに、ベルヌーイの式は定常流にしか適用できないではないか？ でも、波を実験室の座標系に固定できれば、波の非定常性とベルヌーイの式が要求する定常流条件とに、折り合いがつくのである。これは、第 10 章で音波を扱ったのと似たやり方である。波が左から右に進んでいたら、波と同じ速さで水を右から左へ動かせば、見掛け上は波を静止させることができる。つまり、波が伝わり速度 c で動いていたら、速度 $-c$ の逆向きの流れで止まったままにできる（図 13.5）。

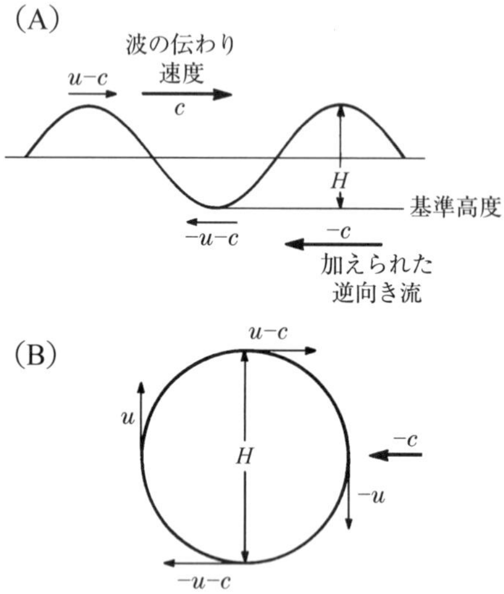

図 13.5　逆向き流を加えると、水面波を静止させることができて（A)、波頭と波底での水の速度を決めることができる。水が円周軌道を流れるとき、その向きは変わるが、スピード u は同じままである (B)。波頭では軌道速度は逆向き流と反対向きで、波底では軌道速度が逆向き流に加わる。(Denny 1988 より)

注意深く波を起こせば、実験室の水槽の全幅に渡って同じ波形にできる。こうすると、（波の伝播方向に平行な面内にとった）“波の垂直スライス”を見ることができる。このスライスが水槽全体の波を表わしている。このように、波形を静止させて単一のスライスを見ることで、複雑で非定常な三次元の問題を、比較的単純な二次元の流れに書き換えることができるのである。

波形が止まって見えるようにするのに、水を静止させる必要は全くない。むしろ、平均速度 $-c$ で向かって左へ動く逆向き流が必要なのである。この速度は、水面で粒子が波形と相互作用する際に、軌道運動による変形を受ける。波頭にある粒子を取り上げれば、波の進む向きに軌道スピード u で動くことを知っている。したがって、波頭の水面の水の速さは $u-c$ である。波底では、水は波形とは反対向き（逆向き流と同じ向き）にスピード u で動いているから、実験室座標系での速度は $-u-c$ である。

我々は u の大きさも特定できる。図 13.2A から、円周軌道の直径は波高 H に等しいので、粒子が軌道を一周して動く距離は πH である。波の各周期 T 毎にこの円周を回るので、

［訳者註＊1：英語では、波の伝わる速さは Velocity ではなく Celerity で表わす。Celerity の訳語としては“波の伝わり速度（または波速）”が定着しているので、そのまま用いる。ただし、この“速度”は velocity の意味ではなく、「速さ」であることに留意して欲しい。第 3 章の訳者註＊3 も参照のこと。光速度を c で表わすのも、Celerity のラテン語源 Celeritas に由来するという。しかし、アルバート・アインシュタインの光速度不変と特殊相対性を論じた最初の論文 (Einstein A. 1905) では、光速度として c ではなく V が使われている。］

軌道内での粒子のスピードは、

$$u = \frac{\pi H}{\mathcal{T}} \tag{13.10}$$

である。

ここでベルヌーイの式の出番になる。我々の波形スライスは実験室座標系内で静止しているから、水面に沿って動く粒子は、常に同じ経路をたどる。すなわち、スライスの中の水面は1つの流線で、それに沿って動く粒子の有効エネルギーは一定のはずである。したがって、波形上の2つの点を自由に選んで、それらの点での有効エネルギーを等しいと置くことができる。

便利のために、点1を波頭にとり、点2をすぐ隣の波底にとる。波底を高さの参照基準にとれば、

$$\frac{\rho u_1^2}{2} + p_1 + \rho g H = \frac{\rho u_2^2}{2} + p_2 \tag{13.11}$$

であることがわかる。

さて、波頭も波底も大気に接しているので、大気圧にほぼ近い。波頭や波底での曲率がきつくて表面張力が圧力に影響を与える程に波長が短かくない限り、この近似は成り立つ。その可能性については後で手短に扱うが、ここではとりあえず波長は充分に長く、表面張力の効果は無視できると想定しよう。この場合 $p_1 = p_2$ で、圧力項を取り去ることができる。さらに、この式の両辺を ρ で割ると、

$$\frac{u_1^2}{2} + gH = \frac{u_2^2}{2} \tag{13.12}$$

という結果を得る。

ここで u_1 と u_2 に、前に円周軌道運動から計算した値を代入すると、

$$\frac{\left(\frac{\pi H}{\mathcal{T}} - c\right)^2}{2} + gH = \frac{\left(\frac{-\pi H}{\mathcal{T}} - c\right)^2}{2} \tag{13.13}$$

となる。

二乗の項を展開し、両辺から同類項を消去して整理すると、

$$c = \frac{g\mathcal{T}}{2\pi} \tag{13.14}$$

であることがわかる。つまり、波形の伝わり速度は波高や水の密度には依存しない[2]。したがって、外洋の嵐の波もオンタリオ湖の穏やかなうねりも、周期が同じであれば、同じ伝わり速度をもつのである。

[脚註2：これは言い過ぎである。もしも水の密度が空気と同じであれば、2つの流体の界面が垂直に変位しても位置エネルギーは変化しないので、波は伝播しない。もしも水の密度が空気に（全く同一ではなく）非常に近ければ、波は形成されるだろうが、その速度を正確に予測するためには波頭と波底でのわずかな気圧の違いを考慮に入れなければならないだろう。同じような状況は、Kinsman (1965) によって外洋の「***内部波***」に関する理論的取扱いで見出されている。しかし、（淡水でも海水でも）水の密度は空気のそれより遥かに大きいので、これらの理論上の効果は重要性を持たず、ここでの記述は実用上の全ての目的について正しい。]

深い水での波の伝わり速度は、重力加速度と波の周期に依存する。月面での重力加速度は小さいので、月に池があれば、そこでの波は地球上の池の波より遅く動くだろう。地球表面での重力加速度の場所による変動は非常にわずかなので、水面波のスピードに与える影響は無視できる。

重力がどうあろうとも、波の周期が長ければ長いほど、波形はより速く動く。例えば周期が 1 s の波は、地球上で 1.56 m s^{-1} の伝わり速度をもつ。周期が 10 s ならば、伝わり速度は 15.6 m s^{-1} である。

波の周期の関数としての伝わり速度が分ったので、直ちに深い水での波長を計算できる。$\lambda = c\mathcal{T}$（式 13.3）を思い出せば、

$$\lambda = \frac{g\mathcal{T}^2}{2\pi} \tag{13.15}$$

であることがわかる。周期が 1 s の波は、1.56 m の波長を持ち、$\mathcal{T}$= 10 s の波は 156 m の長さをもつ。

波の伝わり速度を波長で表わすこともできる。式 13.2 の $\mathcal{T}=\lambda/c$ を思い出して、式 13.14 に代入すれば、

$$c^2 = \frac{g\lambda}{2\pi} \tag{13.16}$$

$$c = \sqrt{\frac{g\lambda}{2\pi}} \tag{13.17}$$

であることがわかる。すなわち深い水では、波長が長いほど波は速く伝わる。

少しの間、波形の動きと水の動きの区別の話に戻ろう。波形は $g\mathcal{T}/2\pi$ の速さで動くが、水は $\pi H/\mathcal{T}$ の速さで動くことは既に知っている。この２つの比をとると、

$$\frac{c}{u} = \frac{g\mathcal{T}^2}{2\pi^2 H} = \frac{\lambda}{\pi H} \tag{13.18}$$

である。つまり、波高が波長に近くない限り、波形の伝わり速度は水の軌道速度よりも速い[3]。一般に、波高は波長より小さく、したがって波が通り過ぎる際に水粒子の動くスピードは、波の伝わり速度に比べると非常に小さい。例えば、深い水である外洋の波高 1 m で、周期が 10 s の波（λ = 156 m）では、伝わり速度は軌道スピードの 50 倍にもなる。軌道運動速度については、この章の後ろの方で、波が前方へと崩れ落ちる砕け波を議論するときに、もう一度考察する。

[脚註 3：式 13.18 をあまり深刻に考える必要はない。H が λ のかなりの割合になると、ここで線形理論に基づいて導出した式はもはや成り立たない。事実、H が λ のかなりの割合に近づく前に波頭が砕け、規則的な軌道運動は乱流に代わってしまう。]

13.5　重力波と表面張力波

ここまでの計算では、表面張力は水面での圧力に影響を与えないと仮定して来た。このような条件の下では、水を静止水面位へと戻す復元力として働くのは重力のみである。静止水面位より上にある水は重力で下に引かれ、それより下にある水は浮力（他の部分にある水に働く重力の副次的効果）で押し上げられる。このような波は、重力が復元力となっているので ***「重力波」*** と呼ばれ、海の波や外洋のうねりが古典的な例である。これらの波で重力が重要な役割を果たしていることは、伝わり速度や波長の式に g があることからも明らかである。

波長が非常に短い場合には、波の水面の曲率が大きくなり、表面張力の効果を無視できなくなる。事実、波長が非常に短く（約 1.7 cm 以下）なると、表面張力による復元力が重力によるそれを上回る。この波長の波は ***「表面張力波」*** と呼ばれる。表面張力波はどのような伝わり速度で伝播するのだろうか？

この問題の答えは、重力波の伝わり速度の計算に用いたのと同じ論理で得られる。しかし今度は、波形上の二点での有効エネルギーを等しいと置くときに、表面張力の効果を含めなければならない。これは、ベルヌーイの式の圧力に関する項を通じて達成される。

第 12 章から、r を円筒状の空気－水界面の曲率半径として、表面張力による圧力は $-\gamma/r$ であることを思い出そう。$1/r$ のことを表面の ***「曲率」*** とも呼ぶ。微分積分学によれば、極大点や極小点では、函数の曲率は距離に対する函数の勾配の変化率である[4]。つまり、極大点や極小点での函数 $f(x)$ の曲率は、単に x に対する $f(x)$ の 2 次微分 $d^2f(x)/dx^2$ である。この単純な関係式から、波に及ぼす表面張力の効果を計算できる。

波は正弦波状であるとの仮定で始める。すなわち、水面の静止水面位からの垂直変位は、

$$\eta = \frac{H}{2}\sin\left(\frac{2\pi x}{\lambda}\right) \tag{13.20}$$

である。ここで x は波の伝播方向に沿って測った距離である（図 13.6）。

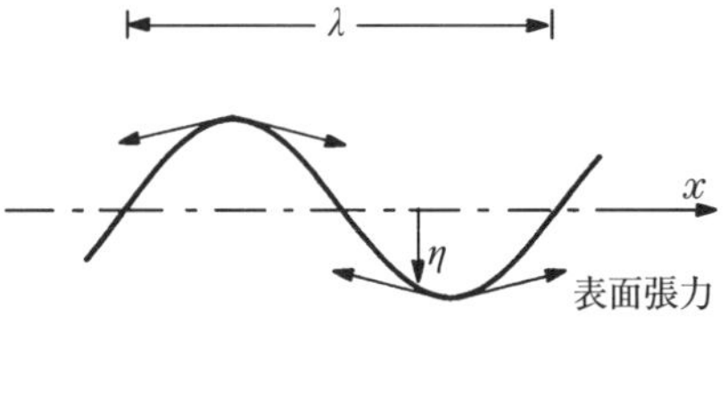

図 13.6　波長が短いと、表面張力が水面を静止水面位へ復元しようとする主要な力となる。

［脚註 4：曲率を表わす一般式は、

$$\frac{1}{r} = \frac{d^2y/dx^2}{[1+(dy/dx)^2]^{3/2}} \tag{13.19}$$

であるが、極大点や極小点では $dy/dx = 0$ なので、曲率は単に d^2y/dx^2 に等しい。］

この水面変位の 2 次微分は、

$$\frac{d^2\eta}{dx^2} = \frac{1}{r} = -\frac{2\pi^2 H}{\lambda^2}\sin\left(\frac{2\pi x}{\lambda}\right) \tag{13.21}$$

である。

式 13.21 のサイン項は、波頭では 1 で、波底では −1 だから、

$$\text{波頭の曲率} = \frac{1}{r} = -\frac{2\pi^2 H}{\lambda^2} \tag{13.22}$$

$$\text{波底の曲率} = \frac{1}{r} = \frac{2\pi^2 H}{\lambda^2} \tag{13.23}$$

で、表面張力による圧力は、

$$\text{波頭での圧力} = \frac{2\pi^2 H\gamma}{\lambda^2} \tag{13.24}$$

$$\text{波底での圧力} = \frac{-2\pi^2 H\gamma}{\lambda^2} \tag{13.25}$$

である。

これらの圧力を大気圧 p に加えて、ベルヌーイの式に代入する。再び、点 1 を波頭、点 2 を波底とすれば、

$$\frac{\rho u_1^2}{2} + p + \frac{2\pi^2 H\gamma}{\lambda^2} + \rho g H = \frac{\rho u_2^2}{2} + p - \frac{2\pi^2 H\gamma}{\lambda^2} \tag{13.26}$$

であることがわかる。

この計算をするのは、表面張力の効果に比べて重力の効果が無視できる場合には、どんなことが起こるのかを知りたいからである。式の中から重力の現われるただ 1 つの項 $\rho g H$ を取り除けば、この条件を確実にできる。このようにして、純粋な表面張力波に関しては、

$$\frac{\rho u_1^2}{2} + p + \frac{2\pi^2 H\gamma}{\lambda^2} = \frac{\rho u_2^2}{2} + p - \frac{2\pi^2 H\gamma}{\lambda^2} \tag{13.27}$$

が成り立つことがわかる。

前と同様に、2 つの点での u の値を軌道運動に基づいて計算し、それらを式 13.27 へ代入する。二乗項を展開し、同類項をまとめて整理すると、

$$c = \sqrt{\frac{2\pi\gamma}{\rho\lambda}} \tag{13.28}$$

であることがわかる。表面張力波の伝わり速度は表面張力の平方根に比例し、波長の平方根に逆比例する。つまり、波長が短いほど波は速く伝わる。

これは、波長が長いほど波の伝播が速くなる重力波と対照的な性質である。この違いは、波の伝播に

おいて重力と表面張力が互いに相殺し合って、興味深い状況をもたらすことを示している。重力と表面張力の両方を考慮に入れると、波の伝わり速度は、

$$c = \sqrt{\frac{2\pi\gamma}{\rho\lambda} + \frac{g\lambda}{2\pi}} \tag{13.29}$$

であることが示されている（Lamb 1945）。この式をグラフで表わすと図 13.7 のようになる。伝わり速度が最小（c_{min}）になる特定の波長（λ_{min}）があることがわかり、

$$\lambda_{min} = 2\pi\sqrt{\frac{\gamma}{\rho g}} \tag{13.30}$$

$$c_{min} = \sqrt{2\sqrt{\frac{g\gamma}{\rho}}} \tag{13.31}$$

である。

γ の値として 0.0728 J m^{-2} を使うと、波の伝わり速度の最小値は約 0.23 m s^{-1} で、それは波長が 17 mm で起こることがわかる。したがって、波長が 17 mm より長くても短くても、波は 0.23 m s^{-1} より速く伝わる。

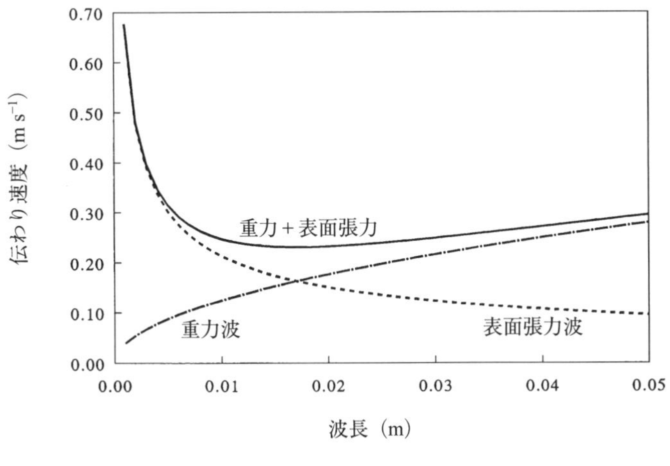

図 13.7　水面波の伝わり速度は、波長 17 mm で最低（約 23 cm s^{-1}）である。

13.6　浮体スピード

これで、水面波の伝播特性が生物に与えた影響を調べるところまできた。空気－水界面を泳ぐ場合に必要なエネルギーを調べることから始めよう。

図 13.8　泳いでいるカモは、カモの“浮体”と同じ長さの波を作り出す。

図 13.8 のような状況を考察しよう。カモが川面に浮かんで、肢で水を掻いて上流へ進んでいる。簡単のた

めに、カモの前進スピードは川の流れとちょうど同じで、カモは川岸から見て静止しており、川はカモを通り過ぎて流れていく、と仮定しよう。カモがその位置を保つためには、水面に浮いたその体（“浮体”）に掛かる圧力と粘性抗力に打ち勝つのに充分な推力を出さなければならない。しかし、この状況ではさらにもう１つの抗力すなわち**「造波抵抗」**が加わる。その理由を見るために、カモの近傍の水面での流線を調べてみよう。

前に考えた流線と同様、粘性は無視できるほど少なく、経路に沿って流れる水粒子の有効エネルギーは一定である、と仮定してもよいだろう。水面では、流体粒子に働く圧力は一定なので、ベルヌーイの式を、

$$\frac{u^2}{2} + gh = \text{一定} \tag{13.32}$$

と簡略化できる。この式をちょっと見るだけで、u と h は逆の関係にあることがわかる。すなわち、有効エネルギーが一定に保たれる限り、いかなる u の減少も水面の上昇を伴うはずである。このように、カモの近傍の水面の高さは、カモの体の周りの水流速度の分布に依存する。

浮体の周りの流れを注意深く観察すると、第 4 章で議論した球の周りの流れに似ていることがわかる。水がカモの舳先（船首）に近づくと、遅くなる。その後、流体粒子は浮体の横方向へ流れて、速度が上がる。カモの後（船尾）では、乱流後流ができて流体粒子は再び遅くなるが、後流内での平均速度は船首近くほどに遅くはならない。

この流速パターンの結果、（速度が低い）船首で水面位が上がり、（速度が高い）浮体の横では水面位が減り、後流では再び上がる。つまり、カモの体の周りの流れは、カモが座った波底を挟んで、その前後に波頭を２つ作り出すことになる。この波の長さは、カモの体の喫水線の長さにおよそ等しい。

ここに問題が潜んでいる。式13.29から、波が伝わる自然な速さは波長で決まること（$c=\sqrt{(2\pi\gamma/\rho\lambda)+(g\lambda/2\pi)}$）を知っている。したがって、カモが泳ぐ際に作り出した波は、カモの浮体の吃水線長さ ℓ で決まる特定の速さ、

$$\text{浮体スピード} = \sqrt{\frac{2\pi\gamma}{\rho\ell} + \frac{g\ell}{2\pi}} \tag{13.33}$$

で“動こうとする”はずである。浮体の長さが 30 cm のカモでは、このスピードは約 0.68 m s^{-1} である。カモがその固有の浮体スピードより速く泳ごうとすると、自分の船首波の伝わり速度よりも速く動くことになり、船首波に向かって泳ぎ上ることになる。その結果、浮体スピードに近づくと、カモが受ける造波抵抗が急激に上がり（図 13.9）、浮体スピード近くでの遊泳エネルギーコストは非常に大きくなる（Prange and Schmidt-Nielsen 1972）。浮体スピード以上での造波抵抗はあまりに大きく、実際上の禁制領域となるので、カモの遊泳スピードはその浮体スピード以下に制限される。長さが 30 cm の浮体で生じ

る波は、表面張力波ではなく重力波であることにも留意して欲しい。

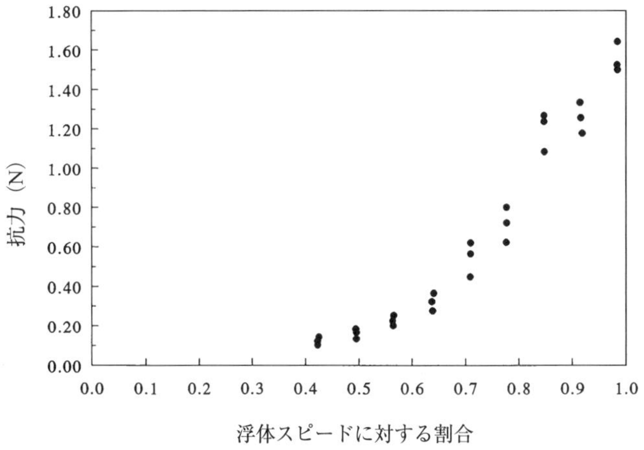

図13.9　泳いでいるカモに掛かる抗力は、カモがその浮体スピードに近づくと急激に増す。(Prange and Schmidt-Nielsen 1972 から Company of Biologis Ltd. の許諾を得て再描画)

ちょっと道草をして、カモの遊泳スピード（u と呼ぶ）とカモが作り出す重力波のスピードの比、

$$\frac{遊泳スピード}{浮体スピード} = \frac{u}{\sqrt{\frac{g\lambda}{2\pi}}} \tag{13.34}$$

を調べてみよう。この比の二乗は、

$$Fr = \frac{2\pi u^2}{g\lambda} \tag{13.35}$$

で、動物が歩けるスピードに関連して扱ったフルード数(第 7 章、式 7.25)によく似た形をしている。実際、以前と同じフルード数にするのに必要なのは、式 13.35 を 2π で割ることと、波長を特徴長さと見なすことだけである（$u=\omega\ell$）。この道草での結論は、水面での遊泳と動物の歩行という全く異なる移動運動様式の最大スピードが、両方ともフルード数で 0.3 〜 1.0 を超えることはできそうにないという、驚くべき一致である。

造波抵抗による制限は、めったに 0.68 m s^{-1} の浮体スピードより速く泳ごうとはしない普通サイズのカモにとっては、特別な問題とはならないだろう。なにせ、これは毎秒 2.3 体長という、移動運動としては相当な速さだからである。しかし、水面の重力波の伝わり速度は波長の平方根で増えることに注意して欲しい。その結果、体の長い動物では体長あたりの浮体スピードは小さくなり、

$$1秒間に進む体長数の最大値 = \frac{\sqrt{\frac{g\lambda}{2\pi}}}{\lambda} = \sqrt{\frac{g}{2\pi\lambda}} \tag{13.36}$$

となる。例えば、アシカの浮体長さは 2 m もあり、対応する浮体スピードは 1.77 m s^{-1} だから、動物が水面を泳ぐ場合には約 0.9 体長/秒が最大スピードとなる。この制限は、大型のサメやクジラで特に厳しいものとなる。体長が 10 m のサメやクジラは、約 4 m s^{-1} の浮体スピードをもつ。このスピード自体はかなり大きなものだが、体長で言えば 0.4 体長/秒に過ぎず、他の遊泳動物に比べると極めて遅い。このように、速く泳ぐ必要がある（あるいは泳ごうとしている）大型の動物にとっては、水面は制限のきつい環境なのである。

浮体スピードは移動運動のスピードを事実上制限するが、この制限は絶対的なものではなく、この浮体スピードよりも速く動く生物が少なくとも 1 つ知られている。何種類かのコウモリは、水面すれすれに飛びながら後ろ肢を水面に引きずり、爪の先でサカナを引っ掛ける。典型的な飛翔速度は 5 ～ 8 m s^{-1} である（Fish et al. 1991）。この速度では、（進行方向に沿った長さが 2 ～ 3 mm の）爪先は、その浮体スピードの 12 ～ 40 倍で動く。実際、爪先の速度が浮体スピードよりずっと速いので、爪先から水への水面波の形でのエネルギー伝達は起こりにくく、波はあまり起こらない（Hoerner 1965）。したがって、おそらく爪先への造波抵抗は小さいだろう。むしろ、爪先の航跡の後ろに水しぶきが上がってしまうことが、抗力の主な原因になるだろう（Fish et al. 1991）。

浮体スピードは、水面を移動する動物だけではなく、水面直下を泳ぐ動物でも問題となる。例えば、水面直下を泳いでいるイルカの体の周りの水の流線に沿った圧力分布は、カモの場合と同じようになる。したがって、たとえイルカの体自体が全て水面下にあっても、その舳先と船尾の水面には波ができる。つまり体長 2 m のイルカは、上でアシカについて計算したのと同じ浮体スピードによる制限を受ける。すると、イルカなどの水面直下を泳ぐ動物は、強い船首波ができないような深さを泳ごうとするだろうと予測できる。概算で言うと、浮体長さの約半分の深さであればよい。全く逆に、動物は空気中に跳び出すことで抗力を減らすことができる。第 4 章に書いたように、イルカやアシカ、ペンギンやトビウオで見られる行動がこれである。

このような跳び出し遊泳はヒトの能力を超えているが、造波抵抗を避けるために潜水したまま泳ぐ方策は競泳の背泳ぎ種目で使われる。この種目のスタート姿勢は潜水泳法に向いていて、選手は 1 ～ 2 m の深さで潜水したままプールのほぼ全長を泳ぐのが普通である。最も長く息を止めていられる選手が造波抵抗を避ける上で最も有利になり、（溺れさえしなければ）競技の勝者になれる。平泳ぎ競技ではこのような潜水泳法が禁止されており、全身水没状態はスタートとターン直後の一掻き一蹴りしか許されていない*2。

［訳者註＊2：1998 年以降は背泳ぎ、バタフライ、自由形でもスタートとターンの後の潜行可能距離は 15 m までに制限されている。］

13.7　小さな動物の造波抵抗

クジラやヒトと同じ意味では、浮体スピードは小さな生物では問題とはならないだろう。例えば、（水面をクルクル回ることから *Gyrinus* と名付けられた甲虫）ミズスマシは体長 1 cm ほどになるが、その浮体スピード（この場合は表面張力波のスピードで決まる）は約 25 cm s^{-1} で、25 体長/秒に相当する。これはミズスマシにとっては充分な速さである。より小さな動物は、毎秒あたりの体長数で言えば、より大きなスピードで泳ぐことができる。

しかし、動物には造波抵抗が「***必要な***」こともあり、その場合には体の小ささが問題となる。例えばアメンボの困った境遇を考察してみよう。第 12 章で、アメンボは表面張力に支えられて水面に立っていることを見た。しかし、この昆虫がどうやって水面の上を進むのかは説明できていない。答えは、アメンボが中肢を後ろ向きに漕ぐとき、肢が表面張力波を作り出すことにあるらしい。この波より速く動く肢に対する造波抵抗が、動物が水面を蹴るのに必要な“足場”を与えているらしい（図 13.10）。

この移動運動の仕組みには興味深い側面が２つある。まず、アメンボの肢は非常に細長く、直径は約 200 μm である。この直径に対する浮体スピードは非常に高く、1.5 m s^{-1} で、造波抵抗を受けるためには肢の先端はこの速さで水面を漕がなければならないだろう。肢の長さは 1 cm しかないので、この速さは 150 ラジアン s^{-1} の回転速度に相当する。この回転速度は、肢を 0.01 秒間に 90 度回すことに相当するが、これは有りそうにない。

図 13.10　静止したアメンボを支えるのは表面張力で充分であるが、移動のために必要な足場として、表面張力波を作り出さなければならない。

実際、造波抵抗を生むのに重要なのは肢の動きそのものではない。表面張力との相互作用の結果、肢は水面を窪ませる。肢が動いたときに水面を撫でるのはこの窪みである。この窪みと水との相互作用は動的で複雑なものであろうが、第一近似としては、（肢ではなく）この窪みの浮体スピードが肢の動きに対する造波抵抗を決めると考えてよいだろう。窪みの差し渡しは約 0.5 cm で、対応する浮体スピードは 30 cm s^{-1} と、よりもっともらしい値となる。

さて、30 cm s^{-1} は波の伝わり速さの最小値 23 cm s^{-1} よりすごく大きい訳ではない。窪みがもう少し大きかったら何が起こるだろうか？　肢が 23 cm s^{-1} 以下で動いても、充分な造波抵抗が働くだろうか？答えはノーである。物体が水面を動いても、速さが 23 cm s^{-1} 以下なら、全く波を作り出せない。したがって、窪み（または肢）の大きさがどうあれ、水面に足場を作り出すためには、アメンボの肢の先端は 23 cm s^{-1} 以上の速さで動く必要がある。これは、水面を蹴るときに波を出している成虫のアメンボにとっては問題はないように見える。しかし若虫にとっては問題である。アメンボの若齢幼虫は親と同じような形をしていて、親と同様に水面を動き回る。しかし、その肢は成虫に比べて非常に短く、若齢幼虫は波を立てないことから、23 cm s^{-1} で動けないことは明らかである。アメンボが水面をどうやって推進しているのかは、まだ謎なのである*3。

赤ちゃんアメンボが造波抵抗を利用する上でのこの難題は、水面に表面張力を下げる薄膜があれば、少しはマシになる。例えば、朽ちた木から出るリン脂質の薄膜などは、簡単に表面エネルギーを 0.03 J m^{-2} に下げてしまう。この場合には、波の伝わり速度は 20%減った 18.5 cm s^{-1} となる。これならば、若齢のアメンボでも達成できる範囲内かも知れない。もちろん、表面張力が減るとアメンボを水面上に支える力も落ちるが、第 12 章で見たように、あまり問題とはならないだろう。

13.8　浅い水での波

ここまでは、深い水（$d>\lambda/2$）の場合に限定して調べてきた。しかし、生物学的に興味を引く波には中間または浅い水で起こるものも多いので、ここではそのような波に目を向けよう。

まず、中間または浅い水での波の多くは、深い水でのように正弦波形とはならないことに留意することから始めよう。波が水深の浅いところへ進んでくると、波頭はさらに尖り、波底はさらに平らになる。そして、水が $d<\lambda/20$ まで浅くなると、波は今まで扱ってきた揺れ動くものから、一過性の**「孤立波」**に似てくる（図 13.11）。孤立波は、概ね正弦波の上半分の形をしている。波形全体が静止水面位より上にあり、波内部の水の全てが波の伝播方向へ動いている。実際の浅い水での波と孤立波との類似性は厳密ではないが、孤立波は浅い水での波の振舞いのモデルとして役に立つ（Munk 1949）。

孤立波の伝わり速度 c を計算することから始めよう。前に、繰り返し揺れ動く波について使ったのと、ほぼ同じ手法を用いる（図 13.11）。実験室の水槽に波を起こし、その波形を実験室座標系上で静止させるために、速度 $-c$ の逆向き流を用いる。前と同様、水面は流線で構成されていると考えて、点 1 を波頭、点 2 をまだ静止水面位にある波のずっと前方部分にとって、ベルヌーイの式を使う。この 2 つの点の高さの違いは波高 H だから、静止水面位を基準にすると、

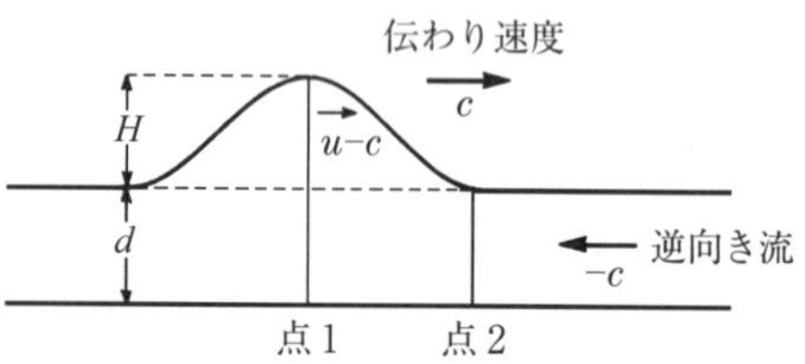

図 13.11　孤立波に逆向き流を加えて静止させると、波頭での水の速度を特定できる。そうすると、系の寸法から孤立波の伝わり速度を計算できる。（Denny 1988 より）

$$\frac{\rho u_1^2}{2}+p_1+\rho gH=\frac{\rho u_2^2}{2}+p_2 \tag{13.37}$$

であることがわかる。

［訳者註＊3：Hu D. et al. 2003 によれば、アメンボは水面下に半ドーナツ状の渦（馬蹄渦）を蹴り出して、その反作用で進んでいる。アメンボの体重は表面張力で支えられているから、肢の下の水面は窪んでいる（図 12.15B 参照）。肢（窪んだ界面）を後ろに蹴り出すと、窪みの後ろにあった水を窪みの下を通して（さっきまで窪みだった）窪みの前方へ埋め合わせる流れが水面下で起こり、窪んだ界面の下に半ドーナツ状の渦ができる。渦はある量の水の流れの塊で運動量をもつから、その生成には（水の慣性に由来する）反作用を伴う。界面に棲むアメンボは、この半渦を水中へ蹴り出す反作用を足場にして進む。サカナやトリは、水中や空中へ（ドーナツ状の）全渦を打ち出した反作用で進んでいると解釈してよい（M. Dickinson 2003）。］

表面張力の影響を無視できると仮定すれば $p_1 = p_2$ だから、

$$\frac{u_1^2}{2} + gH = \frac{u_2^2}{2} \tag{13.38}$$

である。

点 2 の水は、波の遥か上流にあるから、逆向き流と同じスピード $-c$ で動いている。点 1（波頭）の水は波によって前方へ運ばれているから、座標系から見たその速度は $u{-}c$ である。ただし u は、波が静止水を動くときに水面水が運ばれるスピードである。この 2 つの値を u_1 と u_2 に代入して、展開、整理すると、

$$c^2 = u^2 - 2uc + c^2 + 2gH \tag{13.39}$$

が得られる。もし繰り返し揺れ動く波と同様に、u が c に比べて小さければ、この式は簡単になる。つまり $u^2 \ll c^2$ なので u^2 を無視しても構わないから、

$$c = \frac{gH}{u} \tag{13.40}$$

という結論になる。

さて、孤立波の中の水粒子は閉じた円周軌道を描かないので、軌道スピードを用いて u を計算で求める方法は使えない。その代りとして、水は実質的に非圧縮性である事実に頼ることにする。この非圧縮性の利用価値は、点 1 と点 2 の間にある波をパイプの一部と見なせば、明らかになる。そのパイプの壁は、水面、水槽の底面、水槽の両側面である。両側面間の距離を ℓ としよう（後でわかるように、この距離に重要な意味はない）。少し考えるだけで、点 2 からこの"パイプ"に入った水は点 1 から出ていく、ことがわかる（図 13.11）。水が底面や側面を出入りすることはできず、波形は静止しているので水が波の表面を越えることもない。

この図式でいけば、点 2 を通って"パイプ"に流れ込む水の体積時間率は $-c\ell d\ \mathrm{m^3\,s^{-1}}$ である。点 1 では、水の深さは $d{+}H$ である。この地点では、水が波によって前方へ運ばれており、その速度は（水深で平均して）$u{-}c$ である。この速度に点 1 での"パイプの"断面積 $\ell\,(d{+}H)$ を掛けると、パイプから流れ出る時間率になる。したがって、

$$(u-c)\,\ell\,(d+H) = -c\ell d \tag{13.41}$$

である。u について解けば、

$$u = c - \frac{cd}{d+H} \tag{13.42}$$

であることがわかる（ℓ は消えてしまう）。

このuの値を式 13.40 に代入して整理すると、

$$c=\sqrt{g(d+H)} \tag{13.43}$$

であることがわかる。これは興味深い結果である。深い水では、波の伝わり速度は周期（または等価的に波長）のみに依存していた。しかし浅い水での伝わり速度は波の周期や波長とは無関係で、波高と水深のみで決まる*4。多くの生物学的に意味のある場合では、波高が水深より小さいので、

$$c\approx\sqrt{gd} \tag{13.44}$$

と考えてよい。さて、この式を適用できるほど水深が浅いということは、d は $\lambda/20$ より小さいということだから、波の伝わり速度は $\sqrt{g\lambda/20}$ より小さい。これは同じ波長の波が深い水で見せる速さ（$\sqrt{g\lambda/2\pi}$）の約 56% に過ぎない。この計算から、浅い水に入った波は遅くなると結論できる。

波の伝わり速度を線形理論でより厳密に解析すると、水深の連続関数としての表現、

$$c=\sqrt{\frac{g\lambda}{2\pi}}\sqrt{\tanh\frac{2\pi d}{\lambda}} \tag{13.45}$$

が得られる（Denny 1988）。この表式は、深い水の波では c が $\sqrt{g\lambda/2\pi}$ に比例するというものに似ている。しかし、この項に水深と波長の函数である２番目の項が掛かっている。この２番目の項の $\tanh(2\pi d/\lambda)$ は、$2\pi d/\lambda$ の双曲線正接函数（ハイパボリック タンジェント、ハイパータンまたはタンエイチと読む）である。ある値 x の双曲線正接函数は、

$$\tanh(x)=\frac{e^x-e^{-x}}{e^x+e^{-x}} \tag{13.46}$$

で定義されている。小さな値の x に対する双曲線正接函数は近似的に x に等しく、x の値が大きくなると $\tanh(x)$ は 1 に近づく（図 13.12）。

双曲線正接函数を含む項には、水深と波長の比によって伝わり速度を変える効果がある。深い水では、d は $\lambda/2$ よりも大きいから、（双曲線正接函数の引数である）$2\pi d/\lambda$ は π より大きい。その結果、水深に依存する項は 1 に近づく。この場合、前に見たように $c=\sqrt{g\lambda/2\pi}$ となる。浅い水では、水深依存項は $\sqrt{2\pi d/\lambda}$ に近づき、孤立波について示したのと同様に $c=\sqrt{gd}$ となる。中間的な深さでは、伝わり速度（つまりは浮体スピード）は図 13.13 に示したようになる。

[訳者註＊4：沿岸に近づいた津波の伝わり速度もこの式に従う。津波の波長は数 km ～ 100 km と長いので、水深が 200 m 以内の大陸棚では浅い水での波として振る舞う。]

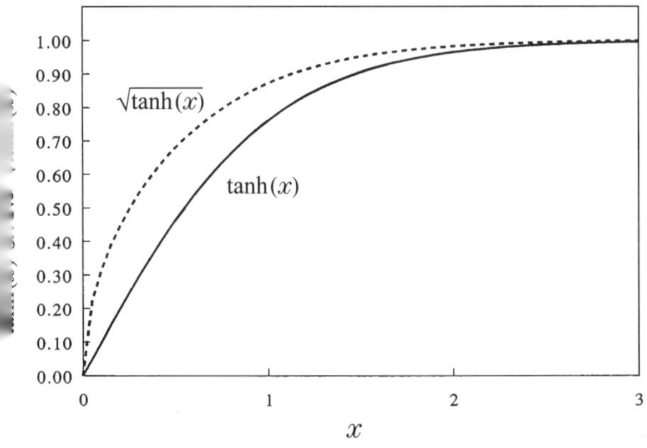

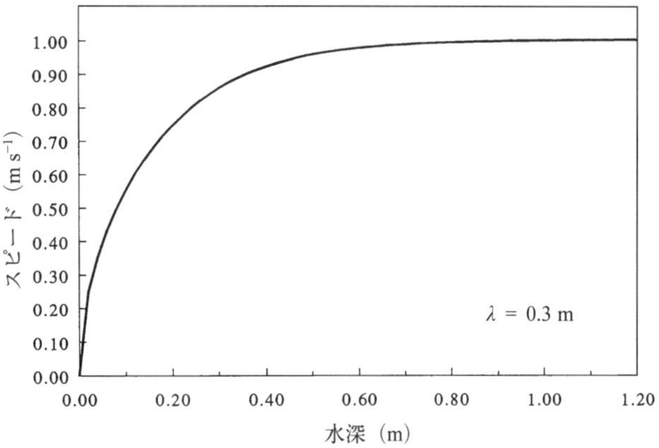

図 13.12（左）双曲線正接関数は、3 より大きい引数値に対して 1 に漸近する。
図 13.13（右）浅い水では浮体スピードが小さくなる。ここに示した値は、体長 30 cm のカモについてである。

まとめると、同じ波長の波なら、浅い水での波は深い水での波より遅く動く。したがって、浮体スピードは水が浅くなると減る。この事実が競泳選手たちの目に止まらないはずはない。娯楽用のプールでは深いところや浅瀬があるのが普通だが、競技専用に設計されたプールは全体が一様な深さになっていて、終端部が浅ければ出くわすであろう速度低下を避けている。

しかし、浮体スピードへの水深の効き方は非常に浅い水でのみ目に見える形になる。体長が 30 cm のカモの浮体スピードを半減させる水深は、2.6 cm 以下である。この深さなら、カモが水の中をよちよち歩いた方が泳ぐよりも速いだろう。

式 13.45 に至るより完全な議論は Denny (1988) にある。

13.9 砕け波

浅い水での波についての話題を終える前に、式 13.43 のもう 1 つの使い方を示そう。波が浅い水に入って来ると、波の伝わり速度 c は、（$\sqrt{gd}$ にしたがって）どんどん遅くなる。一方、波頭はより高くなり、波頭の水は深い水のときよりも速く動くようになる。波が $d \approx H$ のところまで来ると、波頭の水は波の形が伝わるスピードよりも実際には少し速く動くので、波は「***砕ける***」。海底の勾配によっては、波頭が前のめりに張り出してサーフィン雑誌で見るような巻き波になったり、単に波頭が波の前方へこぼれ落ちる崩れ波になったりする（図 13.14）。どちらの場合も、砕け波の波頭の水は波の伝わり速度にほぼ等しいスピードで動いているので、波頭の水の速度を式 13.43 から推定してよい。この速度は、海岸の底や岩に棲む生物に直接当たるので、生物学的には非常に大きな意味をもっている。

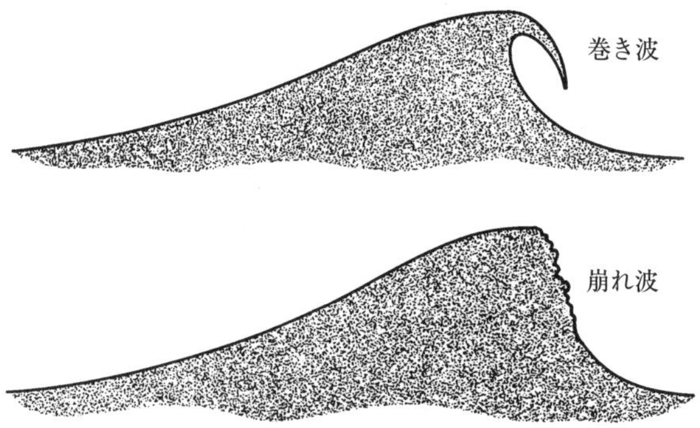

図 13.14　波は、波高が水深にほぼ等しくなると、砕ける。

波が $d = H$ のところで砕けたとすれば、波頭の水は、

$$速度 = \sqrt{2gH} \tag{13.47}$$

で動いている。例えば、波高 1 m で砕けた波の波頭の水の速度は、（横向きに）約 4.5 m s^{-1} である。これはほぼ時速 10 マイル（16 km）で、水の速度としてはかなり大きく、その中にある植物や動物に大きな揚力や抗力が生じる。立っているヒトに正面から流れが当たる場合の抗力係数は約 1.2 で（Hoerner 1965）、前面面積は約 1 m^2 である。4.5 m s^{-1} の流速では、1.35×10^4 N の抗力が生じる。これは 1.3 トンの重量に匹敵する。これが、波が打ち付ける海岸では遭難する危険が高い理由の 1 つである。波打ち際で泳げば、波に押し倒されるのはあたり前なのである。

波が崩れた時の波頭の速度と、典型的な深い水の波の円周軌道の速度を比べることにも意味がある。典型的な外洋のうねりの周期は約 10 秒である。したがって、深い水での高さ 1 m の波の軌道速度は約 0.3 m s^{-1} である（式 13.10）。これは同じ高さの波が砕ける点での速度の 1/10 より小さい。すなわち、波が浅い水に入ると波形の伝わり速度は遅くなる一方で、波の中の水の最大速度は速くなるのである。

砕け波を構成する高い流速は、サンゴ礁や波打ち際の動植物の生存率に大きく効いている。これらの効果は、逆に、波打ち際の生態系を決める主要な因子となる。これらの効果の込み入った議論は本章の趣旨を越えているので、興味のある読者は Denny (1988, 1991) と Denny and Gaines (1990) を参考にして欲しい。

13.10　情報の伝達

今度は、水面波を情報伝達手段として使うことに目を向けてみよう。そのため、重力波と表面張力波の両方を、音や光を扱ったのと同じような見方で取り扱う。

まず、水面波はエネルギー源であることから始めよう。石を池に落とした場合、石は水を変位させて仕事をする。このエネルギーの一部は、池全体に広がる水面波にわたる。この波が池の反対側まで届い

たとき、含まれていたエネルギーがアメンボの肢を振動させる仕事になる。この振動は、池に石が落ちたに違いないとアメンボに感じさせる情報を与える。実際に、アメンボは水面波を仲間うちの通信に使っており、*Gerris remigis* という種では波のパターンから相手の雌雄を判別できる（Wilcox 1979）。このような情報の伝達を可能にしている水面波のエネルギー伝播特性を調べてみよう。

重力波は、波高の二乗に比例したエネルギーをもっていて、

$$単位面積あたりのエネルギー = \frac{1}{8}\rho g H^2 \tag{13.48}$$

である（Kinsman 1965）。これは、同じ波高の波で全水面が覆われている場合の、静止水面位の単位面積あたりのエネルギーである。

表面張力波では、

$$単位面積あたりのエネルギー = \frac{\pi^2 \gamma H^2}{4\lambda^2} \tag{13.49}$$

である（Lamb 1945）。重力波も表面張力波も両方とも、エネルギーが振幅の二乗に比例していることは光波や音波と同じで、波のエネルギーの一般的性質である。

光波や音波と同様に、重要なのは水の波がもつエネルギーそのものではなく、そのエネルギーはどのように運ばれているかである。例えば、生物が音を検出する能力を扱うときには、その生物の感覚部位に届く単位時間あたりの音エネルギーの指標として、音波の**「強度」**を用いた。同様に、光の効果を調べる際には、有効な量として光強度すなわち表面に到達する光エネルギーの時間率を使った。したがって、情報伝達で水面波が果たす役割を調べるためには、波のエネルギーが輸送される時間率を調べなければならない。

すると、実験すればすぐわかることだが、奇妙な現象に出くわす。前と同じように、池に石を落すと、外に向かって円周状に伝わる一連の波の塊（波束という）ができる。この波束の前縁の波頭を注意深く観測すると、その波高は徐々に小さくなり、遂には消えてしまうことがわかる！　同じように、波束の後縁を見ていると、新しい波頭が徐々にでき上がって来るのがわかる。すなわち一連の波が水面を伝わるとき、波束の中の波の数は変わらないが、個々の波の場所は連続的に入れ替わっており、前縁の波が消えて後縁に再生する。その結果、池の水面を伝わる波束は、それを構成している波の伝わり速度よりも、遅く動く。波束が動くこの速さは**「群速度」** c_g と呼ばれ、波のエネルギーが伝わるスピードなので、ここでの重要な量である。

池に水面から縦に差し込んだ板を水平方向に揺り動かして、周期が 1 秒で波高が 1 cm の波を 10 個続けて作り出したとしよう。この波束の単位面積あたりのエネルギーは、したがって $(1/8)\rho g H^2$、または 0.12 J m^{-2}

である。この波束は池を渡って向こう岸に当たる。向こうの岸辺の長さ1 m あたりに届くエネルギーの時間率はどの位であろうか？

もし、エネルギーが深い水での伝わり速度で運ばれていれば、

$$\text{エネルギー運搬の時間率} = \frac{1}{8}\rho g H^2 c \tag{13.50}$$

で、約 0.19 W m^{-1} であろう。しかし実際のエネルギー運搬時間率は、

$$\text{エネルギー運搬の時間率} = \frac{1}{8}\rho g H^2 c_g \tag{13.51}$$

であり、しかも $c_g < c$ である。

群速度が波の伝わり速度よりも小さいという事実は、波束が池を横切るのに要する時間にも影響を及ぼす。池の差し渡しが 100 m であれば、単純には $100/c$ 秒で到達すると思うかも知れないが、実際の到達必要時間はそれよりも長い $100/c_g$ である。このように、群速度はアメンボに届く情報の検出率と遅れ時間の両方に影響する。

13.11　群速度

では、重力波の群速度とは何だろうか。これに答えるには、少し長々とした説明と多少の数学的な手品が要る。この過程は、数学がどのようにして直観と合わない現象へ答えるのかを教えてくれるので、問題を解きほぐして行く議論を追って欲しい。しかし数学に気弱な読者は、結末の式 13.62 と式 13.67 まで読み飛ばしても、本質的な情報を失うことはない。

まず、水面波の重なり方から調べよう。例の池に周期が 1 s の波（波長は 1.56 m）の重力波の列を作り出す。そのすぐ後に、周期 1.1 s（波長は 1.72 m）の波の列を作る。周期がより長いので、２番目の波列は１番目の波列より速く進み（式 13.17）、すぐに追いつく。

２つの波列が重なると（図 13.15A）、それらの振幅が足し合わされる（図 13.15B）。一方の波の波頭と他方の波の波頭が出会ったところでは、波高が増す。同様に、両方の波の波底同士が出会ったところでは、静止水面位よりもさらに低い波底ができる。一方の波頭と他方の波底が出会ったところでは、打ち消し合う。全体としては、波高が正弦波状に変調された波（図 13.15B）になり、“包絡線”が局所的な波高を表わすことになる。

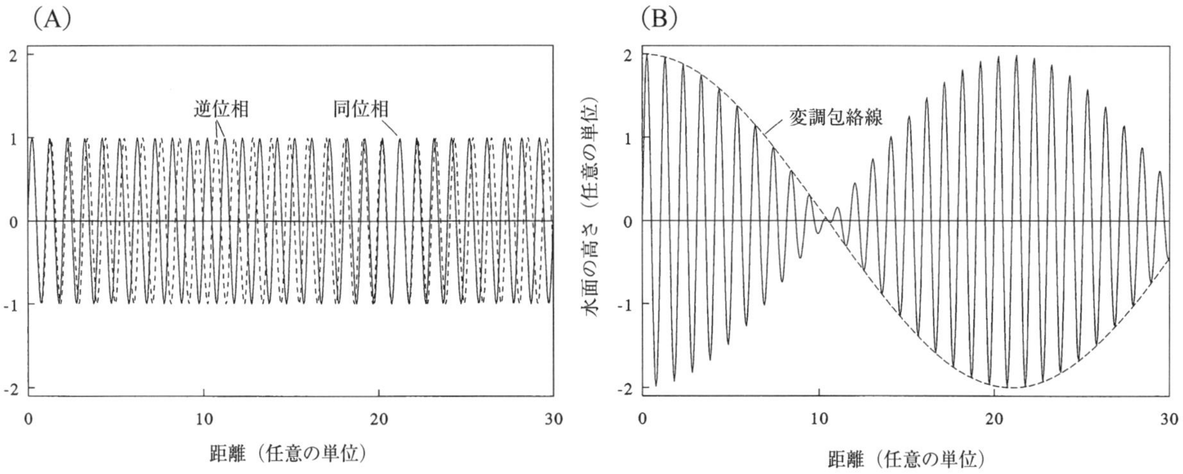

図 13.15　波長の異なる波は、異なる速さで伝わる。その結果、２つの波の位相が合った場所や逆位相になった場所が伝播方向へ移動する（A)。波長の異なる波が干渉すると、（振幅）変調波ができる（B)。

今度は、この変調包絡線の形に注目してみよう。2 番目の波列が 1 番目の波列の中を動くとき、変調包絡線も波が伝わっている方向に動く。しかし、包絡線が動くスピードは 2 番目の波列のスピードとも違っており、波の概形としての変調包絡線はそれ自体の波長と周期で決まるスピードで動く。波の干渉に関する考察（Kinsman 1965）によれば、変調包絡線の波長は、

$$\lambda_{mod} = \frac{2\langle\lambda\rangle^2}{\Delta\lambda} \tag{13.52}$$

で与えられる。ただし、$\langle\lambda\rangle$は２つの波列の平均波長、$\Delta\lambda$ は干渉し合う２つの波束の波長の差である。変調包絡線の周期は、

$$\mathcal{T}_{mod} = \frac{2\langle\mathcal{T}\rangle^2}{\Delta\mathcal{T}} \tag{13.53}$$

で与えられる。ただし、$\langle\mathcal{T}\rangle$ は２つの波列の平均周期、$\Delta\mathcal{T}$は２つの波列の周期の差である。式 13.1 によって、包絡線の動くスピードは波長を周期で割った $\lambda_{mod} / \mathcal{T}_{mod}$ だと分っている。

ここで、直観とは合わない考え方の中を進むための案内役として、数学を使うことにしよう。仮に、2 番目の波列の周期を 1 番目の波列のそれに近づけて行くと、何が起こるだろうか。もちろん、2 番目の波が 1 番目の波に追いつくまでに長い時間が掛かるが、そんなことより、2 つの波が重なり合った後で起こることだけを考えよう。

$\Delta\mathcal{T}$が小さくなると、変調包絡線の周期が大きくなる（式 13.53)。しかし、$\Delta\mathcal{T}$が小さければ $\Delta\lambda$ も小さく、包絡線の波長も大きくなる（式 13.52)。さて、波の伝わり速度を決めているのは、波長/周期の比である。

$\Delta\mathcal{T}$が小さいと波長も周期も大きくなるのだから、$\Delta\mathcal{T}$が（結果的に$\Delta\lambda$も）ゼロに近づくと、変調包絡線のスピードは有限のある値に近づく。つまり、$\Delta\mathcal{T}\to 0$ かつ $\Delta\lambda\to 0$ の極限として、***「波列が自分自身と干渉した結果」***の変調波のスピード

$$c_{s,mod} = \lim_{\Delta\lambda\to 0,\Delta\mathcal{T}\to 0} \frac{\lambda_{mod}}{\mathcal{T}_{mod}} \tag{13.54}$$

を計算することができる。

この計算の重要性は、波列が池を横切って進むときの奇妙な振舞いの元が、この変調包絡線の形そのものにあるとわかったときに、ハッキリする。すなわち、波列は自分自身の変調包絡線の中を進んでいくのである。これを目に見えるようにしたのが図 13.16 のパラパラ動画（349 ページから 377 ページ）である。波は、包絡線の振幅がゼロの点に達すると消滅し、波がその地点から抜け出すと再び現われる。このように、波束の前縁が消滅し後縁に再び現われる奇妙な性質は、波列とその変調包絡線の相互作用で説明できる。

次に、前縁の波が消えて行く傾向が、群速度を波の伝わり速度より小さくすることになっている。このように、変調包絡線の動く速さが群速度を決めている。言い換えれば、$c_{s,mod} = c_g$ である。この考え方をもって、計算に戻る。

式 13.52 と 13.53 で示した λ_{mod} と $\mathcal{T}_{mod}$ の値を式 13.54 に代入して、$\Delta\lambda$ と $\Delta\mathcal{T}$をゼロに近づけると、

$$c_g = \frac{\lambda^2}{\mathcal{T}^2}\frac{d\mathcal{T}}{d\lambda} \tag{13.55}$$

であることがわかる。ただし、波列の伝わり速度を c とすれば、式 13.3 から $\lambda^2/\mathcal{T}^2 = c^2$ だから、

$$c_g = c^2\frac{d\mathcal{T}}{d\lambda} \tag{13.56}$$

である。

式 13.15 から、$\lambda = g\mathcal{T}^2/2\pi$ であることが分っているので、

$$\mathcal{T} = \sqrt{\frac{2\pi\lambda}{g}} \tag{13.57}$$

であり、したがって

$$\frac{d\mathcal{T}}{d\lambda} = \frac{1}{2}\left(\frac{2\pi\lambda}{g}\right)^{-1/2}\frac{2\pi}{g} \tag{13.58}$$

$$= \frac{1}{2}\left(\frac{g}{2\pi\lambda}\right)^{1/2}\left(\frac{4\pi^2}{g^2}\right)^{1/2} \tag{13.59}$$

$$= \frac{1}{2}\left(\frac{2\pi}{g\lambda}\right)^{1/2} \tag{13.60}$$

$$= 1/(2c) \tag{13.61}$$

である。

この値を式 13.56 に入れると、最終的に

$$c_g = \frac{c}{2} \tag{13.62}$$

であることがわかる。すなわち、深い水での重力波の群速度は伝わり速度（位相速度）の半分である[5]。

このことは、既に得ている結論を再解釈する必要があることを示している。重力波によって運ばれるエネルギーの時間率は、予想の半分に過ぎない。したがって、重力波を作り出している生物から出た“信号”の強さ（単位時間あたりのエネルギー）は、波の伝わり速度で運ばれるとした場合の、半分にしかならない。

さらに、群速度が波の伝わり速さの半分なので、泳いでいる動物（例えばカモ）によって作り出された波の信号は動物の後ろを遅れて動く。これは生物学的に重要かもしれない。例えば、アメンボは周りの情報を収集する手段として水面波を利用できる。このような波の信号は本当に価値のある情報を提供してくれるかもしれないが、カモが近づいていることをアメンボに警告できない。カモが作り出した波の信号（少なくとも重力波による部分）は、カモ自体がアメンボに到達した後に、アメンボに届く。すなわちアメンボが食べられてしまった後に届くのである。

図 13.16　深い水での重力波は変調包絡線のスピードの 2 倍で動く。この効果を目に見えるようにするため、次の 10 数ページをパラパラ動画にしてある。重力波がグラフの全縦長を動く間に、変調包絡線はその半分の長さしか移動しないことに注意。また、重力波が変調包絡線の中を動くとき、どのように消滅したり再出現するかにも留意のこと。

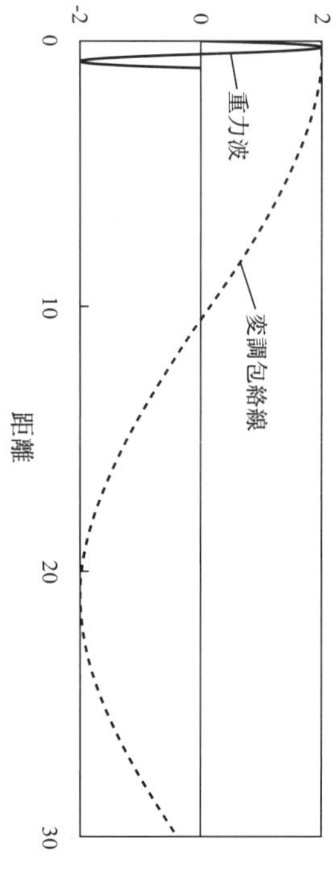

13.12　群速度－表面張力波の場合

ここまでは、重力波の群の振舞いを扱ってきた。表面張力波は違う振舞いをするのだろうか？

手っ取り早く、実験で答えを見てみよう。水槽に表面張力波の列を発生させると、波頭の消滅と再出現が同じように起こることがわかる。しかし、そ

［脚註 5：浅い水では、$H \ll d$ かつ $\mathcal{T} = \lambda/\sqrt{gd}$ と仮定する。これを式 13.56 に代入して計算すれば、$c_g = c$ であることがわかる。ここでは、エネルギー輸送のこの違いがもたらす結末をこれ以上は調べないが、興味のある読者は浅瀬における波の変形についての Denny(1988) を参照して欲しい。］

の向きは重力波とは逆に起こる。表面張力波では、波束の後縁で波頭が消滅し、前縁に再出現する。その結果、***表面張力波の群速度は波の伝わり速度よりも大きくなる！***　どれ位大きくなるかだけなら、上で重力波について使ったのと同じ論理で計算できる。

式 13.28 から、

$$c^2 = \frac{2\pi\gamma}{\rho\lambda} \tag{13.63}$$

であることが分っている。しかし、$c^2 = \lambda^2/\mathcal{T}^2$ から

$$\mathcal{T} = \left(\frac{\rho}{2\pi\gamma}\right)^{1/2} \lambda^{3/2} \tag{13.64}$$

と結論できる。この $\mathcal{T}$ の λ についての導函数をとると、

$$\frac{d\mathcal{T}}{d\lambda} = \frac{3}{2}\left(\frac{\rho\lambda}{2\pi\gamma}\right)^{1/2} \tag{13.65}$$

$$= \frac{3}{2c} \tag{13.66}$$

であることがわかる。

$d\mathcal{T}/d\lambda$ に関するこの値を式 13.56 へ代入すると、最終的な答えとして、

$$c_g = \frac{3c}{2} \tag{13.67}$$

が得られる。すなわち、表面張力波の群速度は波の伝わり速度より半分だけ大きい。

これは、全く以て奇妙な結論である。ある動物が泳ぐときに表面張力波を作り出したとすると、その波の信号のエネルギーは動物自体よりも半分以上速く伝わるというのである！　これは生物学的に重要な意味を持ちうる。例えば、ミズスマシが泳ぐとき、前方へ向かう表面張力波を作り出す（図 13.17）。前方への波は、被捕食者にミズスマシの接近を知らせてしまうかも知れないが、逆にミズスマシ自体がその波を役立てるかも知れない。表面張力波は、作り出した動物よりも速く動くので、ミズスマシは自分の波をこだま定位に使うことができる。前方の物体で反射された波はミズスマシに戻り、おそらく感じ取られる（Tucker 1969）。ミズスマシがピクピクした動きで泳ぐのは、表面張力波のパルスを 1 個ずつ間をおいて送り

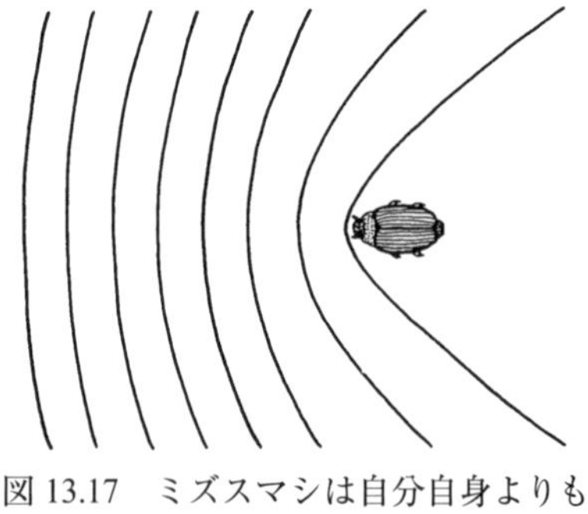

図 13.17　ミズスマシは自分自身よりも速い群速度をもつ表面張力波を作り出す。これらの表面張力波はこだま定位に使える。

出すのに役立っている。コウモリやイルカが音パルスを送り出すのとよく似たやり方である。

表面張力波は、流れの中に静止物体があるのを知らせてもくれる。例えば、流れの水面から突き出ている静止した釣り糸や葦の茎からは、上流に向かって表面張力波が出続けている。表面張力波の群速度は波の伝わり速度よりも本当に速いという視覚的知識の有無とは別に、この表面張力波の存在はミズスマシやアメンボへ障害物があることの警告として役立つのかもしれない。

13.13　群速度の一般化形式

深い水での重力波の群速度は伝わり速度の半分で、表面張力波の群速度 c_g は伝わり速度 c の半分だけ大きいのなら、重力と表面張力の両方の影響を受ける波では何が起こるのだろうか？ 予想通り、これらの中間的な波の群速度は、それ自体中間的である。Lamb (1945) によって、

$$c_g = c\left(1 - \frac{1}{2}\,\frac{\lambda^2 - \lambda_{min}^2}{\lambda^2 + \lambda_{min}^2}\right) \tag{13.68}$$

が示されている。ただし、λ_{min}（式 13.30）は伝わり速度が最小になる波長（約 17 mm）である。この式をちょっと調べると、$\lambda \ll \lambda_{min}$ では既に計算したように c_g が $3c/2$ に近づき、$\lambda \gg \lambda_{min}$ では c_g があるべき値 $c/2$ に近づく。$\lambda = \lambda_{min}$ では $c_g = c$ になる。式 13.68 のグラフを図 13.18 に示してある。

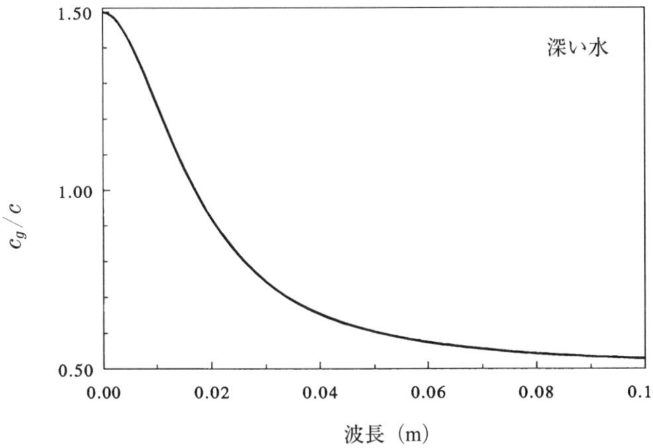

図 13.18　深い水での波の群速度は波長によって変わり、伝わり速度に対する比で見ると、表面張力波での 3/2 から重力波での 1/2 まで減る。

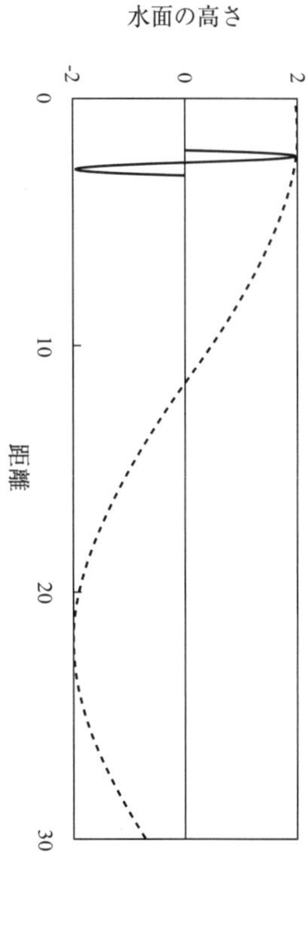

13.14　水面下では

水面での波の動きは、水面からかなり深いところの水の動きを伴っている。深い水条件では、深いところでの流体粒子は水面の流体粒子と同様に円周軌道を動く。ただし、その軌道直径は小さく、

$$\text{軌道直径} = He^{-\frac{2\pi y}{\lambda}} \tag{13.69}$$

である。ここで、y は静止水面位から軌道中心までの深さである（図 13.19）。$y = \lambda/2$ のところでの軌道直径は、水面でのそれのわずか 4 % である。多くの場合、この水の動きは無視できる大きさなので、実用的な概算としては、水面波に伴う水の動きは $\lambda/2$ 以上の深さには及ばないと考えてよい。

前に提案した“深い水”の定義は、この式に由来している。深さ $\lambda/2$ での水が水面波で動かないとすれば、この深さに固体の底板があっても波の動きに影響を与えない。したがって、$d > \lambda/2$ のとき水面波が底から受ける影響は無視できるほど小さく、水面波はあたかも水が無限に深いかのように振る舞うのである。

波によって引き起こされた動きが深さとともに減衰することは、体長の半分よりも深く泳ぐイルカには明らかな船首波ができないだろうと考える理由にもなっている。水面波が $y > \lambda/2$ の水に影響を与えないなら、この深さの水への攪乱が水面波になるはずがない。

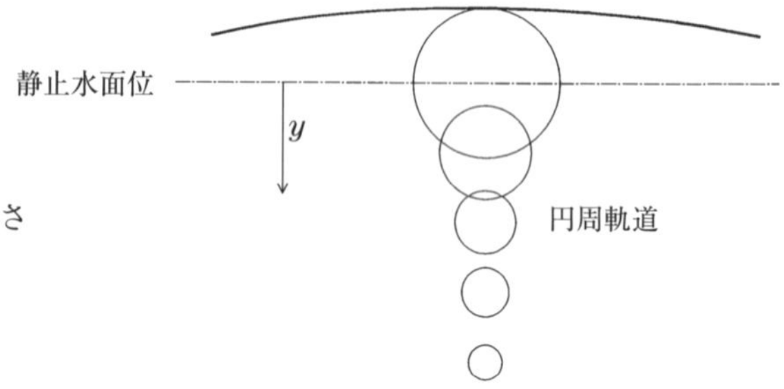

図 13.19　流体粒子の軌道直径は、深さと共に指数函数的に小さくなる。

13.15　波と浮き袋

水面の波に伴って、波の下の水中の静水圧も変わる。例えば、形が

$$\eta = \frac{H}{2}\cos\left(\frac{2\pi x}{\lambda} - \frac{2\pi t}{T}\right) \tag{13.70}$$

の波を考えてみよう。ただし普通通り、x は水平方向の距離、η は静止水面位からの水面の垂直変位である。この式の形は第 10 章で音波を扱ったときに導入したものとよく似ているので、あの議論に戻って参照し直すのもよいだろう。

線形波動理論による考察は、深い水条件での波の下で働く水圧が、

$$p = \rho g y + \frac{1}{2}\rho g H e^{-\frac{2\pi y}{\lambda}} \cos\left(\frac{2\pi x}{\lambda} - \frac{2\pi t}{\mathcal{T}}\right) \tag{13.71}$$

であることを示している（Denny 1988）。この結果は、水面の位置と共に図 13.20 に示されている。この図が伝えているのは、波の下の圧力は水面の高さと位相があっているということである。圧力は、（水柱に積み上がっている水の質量によって）波頭の下で最大で、水柱から水が“取り除かれた”波底で最小である。圧力変化の大きさは、軌道直径が深さで変わるのと同じ形で、深さと共に小さくなる。

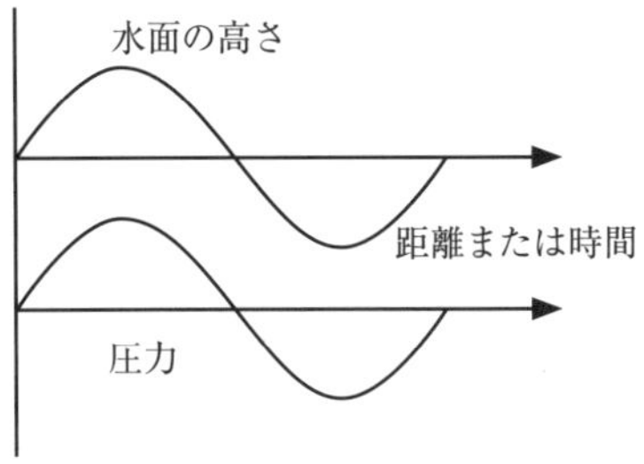

図 13.20　水面波の下での圧力は水面位と同位相である。

この圧力分布から、浮き袋の動作についての興味深い疑問が浮かんでくる。第 4 章から、多くのサカナは実効密度を周りの水のそれに合わせるために小さな空気袋をもっていることを思い出そう。浮き袋を解析して、それらは本質的に不安定であることを指摘してあった。ある深さで浮力中性だとして、少しでも上へ移動すると浮き袋に掛かる圧力が減少し、浮き袋が膨らむ。この膨らみはサカナの実効密度を減らし、サカナに正の浮力を与え、したがってサカナの上向きの移動を引き起こす。すると、浮き袋はさらに膨らみ、更なる浮力を与えるので、正味の結果としてはサカナは水面まで打ち上げられてしまう。もし最初の変位が下向きであれば、ちょうど逆が起こる。

さて、外洋の表層部にいるサカナは水面波に伴う水の動きに共通に曝されている。すなわち、$\lambda/2$ より浅いところにいるサカナは全て、円周軌道を動く。この軌道運動が上で述べた浮力暴走の引き金になると疑う読者がいるかも知れない。しかし、隠れた落とし穴もありうる。サカナが軌道の一番上すなわち上向きに最大変位しているのは、波頭の下にいるときで、圧力が最大である。圧力のこの増大は浮き袋を圧縮し、サカナの沈下を引き起こす。サカナが軌道の底すなわち下向きの最大変位点にいるときには、圧力は最低で、浮き袋が膨らむのでサカナの上昇を引き起こす。すなわち、波の下での静水圧の変動は、サカナの上下運動を減らす（安定化する）可能性もある。

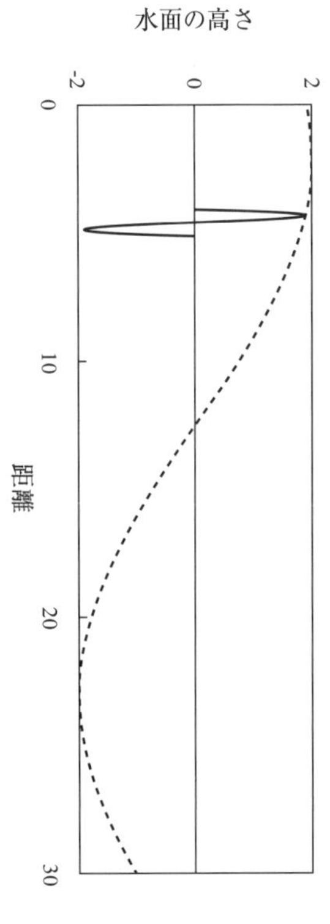

ことの真偽は、数学的モデルで確かめることができる。モデルの詳細は述べないが、概略は以下の通りである。例によって、モデル生物は球形とする。この球の組織は、典型的な密度 1080 kg m^{-3} をもつ。この球形生物の内部に、その場の静水圧によって膨張・圧縮を受ける気体の入った浮き袋

がある。浮き袋の体積は、静止水面位からの深さ y でサカナが浮力中性になるように調整してある。

その後、モデルのサカナを波に曝す。モデルは最初、周りの水とともに円周軌道に沿って動く。短い時間増分の後で、モデルに働く圧力が計算され、その結果起こる浮き袋の体積変化がわかる。この時点でサカナはもはや浮力中性ではなく、それに働く正味の浮力が計算できる。この力が、サカナの周りの水に対する加速度になる。加速度に時間増分幅を掛けると、周りの水とサカナとの相対速度の変化分になる。この相対速度から、この時間幅後にサカナがいる場所を計算できる。同じ手順を、次の時間増分幅について繰り返す。サカナの位置を時間増分ごとに記録すれば、図 13.21A のような結果になる。

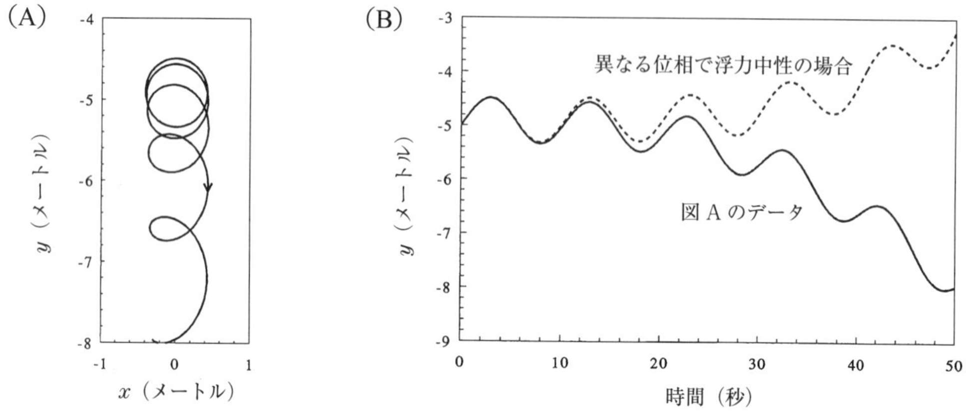

図 13.21　浮き袋をもったサカナの浮力調整系は、水面波の存在下で不安定である。はじめ深さ 5 m で浮力中性だったサカナも、波がいくつか通り過ぎると浮力負性になる（A)。もしサカナが波の違う位相で浮力中性だったとすると、その不安定性の結末は下向きではなく上向きの動きを引き起こしてしまう（B)。

この場合、サカナははじめ、周期が 10 s で波高が 1 m の水面波の下、深さ 5 m のところにいる。この深さでの流体粒子の軌道直径は 0.82 m で、サカナのはじめの数軌道の垂直変位もほぼこの通りになっている。浮き袋の存在は、サカナの垂直運動をあまり減衰させてはいない。

さらに、軌道を何度か回った後でモデルのサカナは不安定になって、螺旋を描いて下向きに落ちて行く。モデルの計算を違った位相から始めると似た結果が得られるが、今度はサカナが螺旋を描いて水面に向かう（図 13.21B)。つまり、浮き袋に頼った浮力調整系は、静止した水でも波のある水でも単純に不安定である。繰り返すと、浮き袋は浮力中性を実現する仕組みとして低コストではあるが、短期的な位置調節機構と組み合わさっていなければならない。

浅い水では、水面波による圧力は水深とともに弱くなったりはしない。したがって、波が上を通り過ぎると、水柱のどの点でも $\rho g\eta$ に等しい分だけ圧力は増減する。ただし η は静止水面位からの局所水面の変位量である。波の下の圧力のこの違いも、浮き袋をもつサカナの浮力安定性に関する結論には影響を与えない。水が浅くても、浮き袋系は単純に不安定である。

13.16 まとめ

重力と表面張力が復元力として働くので、空気－水界面を波が伝播する。これらの波の伝わるスピードが、大型の動物が水面近くを泳ぐ実際上のスピードの上限を決めてしまう。水が浅いほど、スピード上限は低い。重力と表面張力の相互作用によって波の伝わり速度の最小値が 23 cm s^{-1} に決まる。その結果、造波抵抗に頼って水を蹴っているアメンボのような動物は、付属肢を 23 cm s^{-1} より速く動かさねばならない（訳者註＊3 参照のこと）。

波が砕ける過程は、水に大きな速度を与えるので、底生生物に流体力学的に大きな力が掛かる結果になる。この力の重要性は、生態学的にも進化学的にも考慮に値するだろう。

水面波は音波や光波と同様に情報を伝達できるが、群速度の制限を受ける。表面張力波の群速度は波の伝わり速度より速いので、この波は情報伝達の手段として特別に利用価値が高い。

13.17 そして警告

水面波の話題は広く、また複雑である。この章での議論は、非常に短い入門編に過ぎず、到達した結論も不用意に使ってはならない。幸運にも、波の力学についての優れた教科書はいくつもあり、独学もできる。Bascom (1980) は外洋の波の力学とその海岸との相互作用についての読みやすい要覧で、Kinsman (1965) は外洋の波の様々な側面についての優れた実用的参考書である＊5。Denny (1988) は、波と底生生物との相互作用の視点から波の力学を議論している。最後に、Lamb（1945) は全ての類の水面波の無数の風変わりな側面に関する比類のない参照資料である。Lamb (1945) を読むには、読者自身を大胆に数学に浸り込ませる必要もあるが、得られる洞察には払った努力に見合う価値がある。

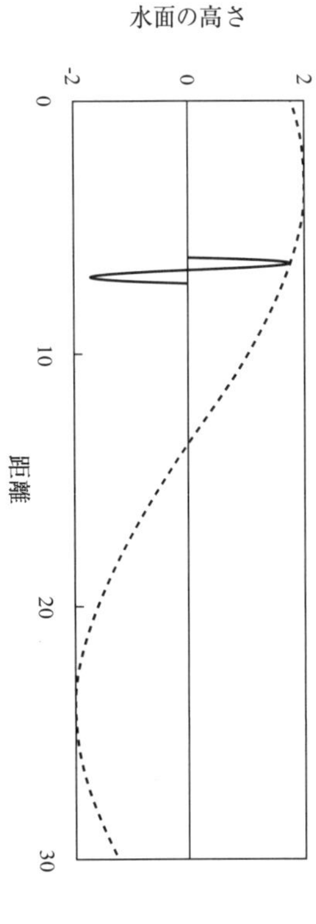

［訳者註＊5 ： Bascom (1980) の初版 (1964) には邦訳版がある。「海洋の科学：海面と海岸の力学（現代の科学 SSS)」、ウィラード・バスカム著（吉田耕造、内尾高保訳）現代の科学 (1977) 河出書房新社　ASIN：B000J8X46K］

第 *14* 章

蒸散：乾燥耐性と冷却維持

本章は、水と空気の界面について調べる最後の章である。ここでは、**「*蒸散（蒸発）*」**すなわち液体の水が気体になる過程を調べる。後ろの方で見るように、蒸散は陸棲生物にとって死をもたらす災いであるとともに、その生存を可能とする鍵を握る仕組みでもある。なぜほとんどの植物は、光合成に必要な二酸化炭素を手に入れるために途方もない速さで水を失っているのか、なぜバクテリアにとって空気呼吸は勝ち目のない方式なのか、などを論証する。一方、植物も動物も巧妙なトリックを進化させて、二酸化炭素や酸素を手に入れる際に蒸散で失う水を減らしていることもわかるだろう。オーバーヒートなしに成長できるサイズを大きくするのに、潜熱（相転移熱）が果たした役割や、蒸散が海洋表面の温度を、地質学的時間にわたってほぼ一定に保ったことなどが見えるだろう。

14.1　物理

日常の経験から、空気に接した水はゆっくりと蒸散することを知っている。濡れた布巾も紐に掛けておけばやがて乾くし、金魚鉢の水は定期的に足してやらねばならない。この現象はあまりに普通なので、その物理について然るべき考察をすることもなく、皆が陸上環境のあたり前の特徴として受け止めている。なぜ、どのように水は蒸発するのだろうか？　この疑問は、水の自分自身への凝集の結末を調べた第 12 章に照らすと、特にわかりにくいものである。分子同士の結合が表面張力を作り出すほど充分に強いのなら、なぜ水分子は隣との束縛から逃れて空気中へ飛び出せるのだろうか？

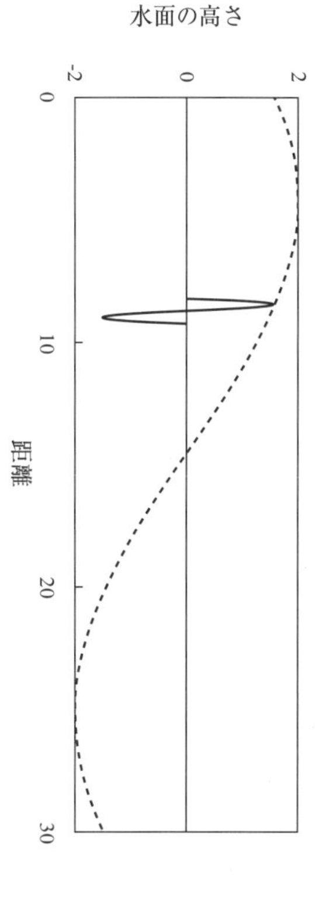

水がどのように蒸発するのかを理解するために、第 3 章と第 8 章で触れた熱の概念に戻ろう。ある物体の温度とは、その中の無数の分子についての、

$$運動エネルギーの平均値 = \frac{3kT}{2} \qquad (14.1)$$

の別の表現であることを思い出そう。ここで、k はボルツマン定数（1.38×10^{-23} J K^{-1}）である。しかし第 6 章で見たように、平均値というものを誤解してはいけない。例えば、ある物体の温度が 290 K であったとしても、その物体中の**「*全ての分子*」**が 6×10^{-21} J の運動エネルギーをもっている**「*訳ではない*」**。わかっているのは分子の運動エネルギーの**「*平均値*」**が 6×10^{-21} J ということだけで、分子運動の確率論的な性質を考えれば、分子のいくつかは平均値より遅く、いくつかはかなり速く動いていると考えてよい。

気体では、特定の速さ u で動いている分子の存在確率は、

$$P(u) = 4\pi\left(\frac{m}{2\pi kT}\right)^{3/2} u^2 e^{-\frac{mu^2}{2kT}} \tag{14.2}$$

である。ここで、m は分子 1 個の質量、T は絶対温度である（Reif 1965）。この関係式は ***「マクスウェルの速度分布則」*** として知られているもので、図 14.1 に示してある。どの温度でも、速さがゼロ近くの分子の確率は低く、速さが平均値近くの分子の確率は高い [1]。しかし、速さが平均値以上の分子の確率も、低くはなるがそれなりの大きさをもっている。温度が上がると、分子の速さの分布が拡がることに留意して欲しい。分子の速さはゼロ以下の値をとれないので [2]、u の分散が大きくなることは 2 つの重要な結末に行き着く。まず、速さの平均値が大きくなるが、これは温度と平均運動エネルギーの関係を言い換えただけのことである。次に、温度が高ければ高いほど、平均値を大きく越えた速さをもつ分子の存在確率が大きくなることである。この 2 番目が蒸散を説明する効果である。

水の中の分子の速さ分布は、気体としてのマクスウェル分布に似ている。どの温度であっても、平均値を越えた速さをもった水分子がある割合で存在し、そのような分子のいくつかは液体に繋ぎとめている結合を断ち切るのに充分な運動エネルギーをもっている。そのような高エネルギーの分子が、たまたま空気－水界面に到達すれば、水蒸気として液相から気相へ抜け出す。これがすなわち、蒸散の過程である。

100 ℃では ***「平均の速さ」*** の分子が充分に逃げ出せることに留意すれば、液相から抜け出すのに必要な速さを推定できるだろう。すなわち、100 ℃で水は沸騰する。この温度での水分子の速さの平均値は 719 m s^{-1} である。100 ℃以下の温度では、約 719 m s^{-1} を超えた速さを持った分子しか逃げ出せず、温度が低いほどその割合は小さくなる（図 14.1）。その結果、温度が低いほど蒸散は遅くなる。

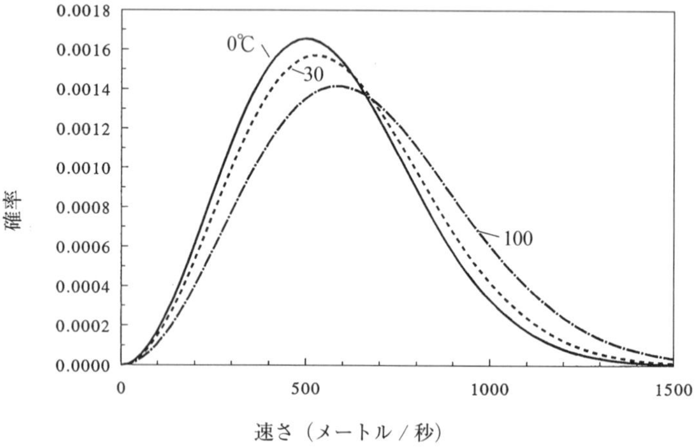

図 14.1　分子の速さのマクスウェル分布は、温度が上がると拡くなり、空気中へ逃げ出すのに充分な高い速さをもった水分子の確率が増す。

[脚註 1：マクスウェル分布は、速さの大きい方へ長く延びた裾をもつ非対称な（スキューのかかった）分布なので、平均速度は最も高い確率の速度（***「最頻値」***）よりも大きいところにくる。]

[脚註 2：ある座標軸の負の方向に動いていれば、分子の ***「速度」*** は負の値をとりうる。しかし、***「速さ」*** の概念は“向き”を含んでおらず、したがってゼロが 1 番遅い速さである（第 3 章を参照のこと）。]

蒸散には、より綿密な調査に値する側面が他に２つある。第１に、液相と気相の間での分子の交換が両方の向きで起こる。液体との結合から一旦自由になった空気中の水分子（水蒸気）は拡散と対流で輸送される。その過程で、それらの水分子は水表面と接触するかも知れず、水に“捕獲”されることもありうる。その結果、空気−水界面を通して一定の率で水分子が置き換わり続ける。

閉じた系（例えば、水を半分入れて栓をした瓶）では、この置き換わりはやがて気相と液相の水分子の間で動的平衡に達する。この平衡は、水に再捕獲される分子の数が空気中に蒸発する分子の数と相殺し合うような水蒸気濃度で起こる。この ***「飽和水蒸気濃度」*** C_s は温度の函数で（図 14.2、表 14.1）、温度が高いほど水分子は蒸発する傾向が大きくなり、水蒸気の飽和濃度は高くなる。

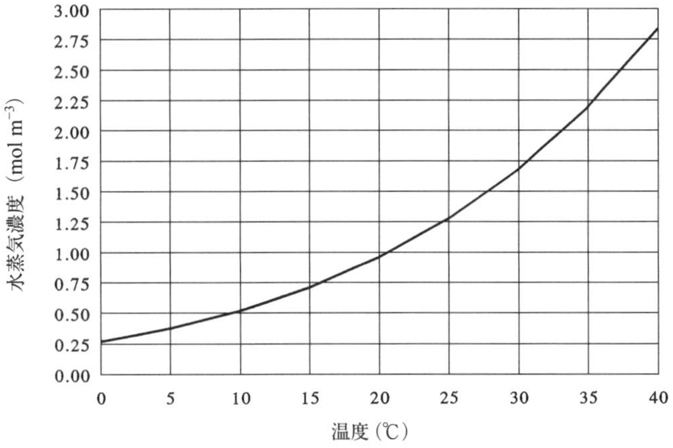

図 14.2　水蒸気の飽和濃度は、温度が高いほど上がる。それは、生物学的な温度範囲にわたって大きく変わり、熱い空気は冷たい空気よりも ***「多く」*** の水を含むことができる。

飽和水蒸気濃度は、生物学的な温度範囲で劇的に大きく変わる（図 14.2）。0 ℃では、空気は 0.269 モル/立方メートルの濃度の水蒸気で飽和になる。この場合の水分子は気体中の分子のわずか 0.6% に過ぎない。40℃では、飽和した空気の水蒸気は 2.834 モル/立方メートルで、水分子は気体分子の 7.3% を占めるほどになる。これは 0 ℃での水分子濃度の 10.5 倍である。これから見るように、C_s の温度依存性は生物に重大な影響を与える。

自然環境には、空気−水界面がいたる所にあるにもかかわらず、大気が水蒸気飽和することは滅多にないので、周囲の空気の湿り具合を表わす方法があれば便利である。様々な指標が考案されてきたが（例えば、Gates 1980、Nobel 1983、Pearcy et al. 1989）、ここでは ***「相対湿度」*** $\mathcal{H}_r$ の概念、

$$\mathcal{H}_r = \frac{C_\infty}{C_s} \tag{14.3}$$

を使う。ここで、C_∞ は周囲の空気の水蒸気濃度である。$\mathcal{H}_r$ は、100 を掛

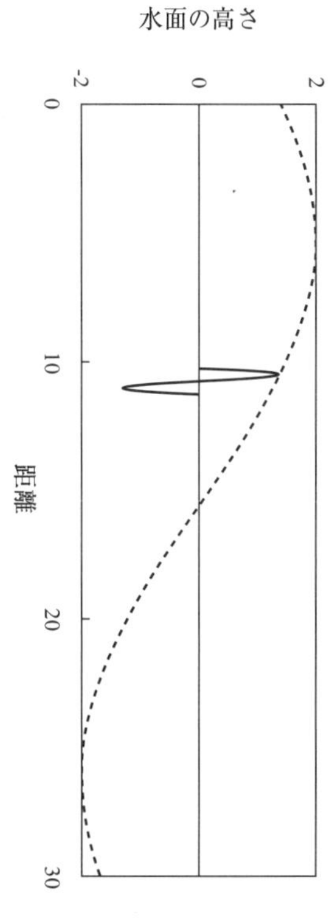

けてパーセントで表現されることも多いが、この章では単なる割合（小数）として扱う。

水蒸気濃度が同じでも、相対湿度は温度によって変わることに注意しなければいけない。その理由は、飽和水蒸気濃度が温度によって変わるからである。例えば、0.27 mol m^{-3} の水蒸気濃度は、0 ℃では相対湿度 1.00 に相当するが、40 ℃の相対湿度では 0.095 に過ぎない。逆に、相対湿度が同じでも水蒸気の濃度は、図 14.2 の曲線に比例して温度とともに増える。

今度は、水分子が空気中へ逃げ出す過程の他の結末を考察してみよう。生物学的な温度では、平均値より充分に高い運動エネルギーをもった分子だけが蒸発できることを上で述べた。その結果、飛び出す分子は偏った選択を受けて運動エネルギーを持ち去っていることになり、残った分子の運動エネルギーの平均値は減る。すなわち、“熱い” 分子だけが蒸散するので、後に残った水は冷たくなる。

この効果が ***「蒸散潜熱」*** Q_l と呼ばれる、一定質量の水蒸気の蒸発によって液相の水が失う熱量である。水の蒸散潜熱は約 2.5×10^6 J kg^{-1} と非常に大きい。これは、水分子間の結合が強いために、非常に “熱い” 分子だけが水蒸気として抜け出せることを示している。蒸散潜熱は、0 ℃での 2.513×10^6 J kg^{-1} から 40 ℃での 2.395×10^6 J kg^{-1} と、生物学的温度範囲にわたってわずかしか変わらない（表 14.1）。

蒸散潜熱をいくらか知覚的に捉える例を示そう。哺乳類の体温（38℃）にある 1 立方メートルの水を、水を蒸散させる小さな表面だけを残して、周りの空気から断熱する。液体の質量の 6 %（60 kg）が水蒸気になるまで蒸散させ続ける。この過程で、残った 940 kg の水から 1.5×10^8 J の熱が持ち去られる。水の比熱は約 4.2×10^3 J kg^{-1} K^{-1} であることを思い出せば（表 8.2）、残った水の温度は以前より 38 ℃も低いことがわかる。このように、断熱された水の塊のわずか 6% を蒸散させるだけで、哺乳類の組織が正常に機能していた温度から水が凍結する寸前の温度にまで下げることが、充分可能なのである。

最後に、拡散に関して注意しておきたい。空気中の水蒸気は、他の気体と同じように振る舞う。水の分子量は相対的に小さい（0.018 kg/mol）ので、気相の水分子（水蒸気）は酸素（0.032 kg/mol）や二酸化炭素（0.044 kg/mol）よりも平均速度が高く、そのため拡散係数も高い（表 14.1）。

表 14.1　水の空気中への蒸散に関する特徴量

特徴量	温度（℃）				
	0	10	20	30	40
飽和水蒸気濃度, C_s (mol m^{-3})	0.269	0.521	0.959	1.684	2.834
飽和水蒸気モル分率, ξ_s	0.0060	0.01211	0.02306	0.04188	0.07282
飽和比湿度, $\mathcal{H}_{s,s}$	0.0038	0.0076	0.0145	0.0265	0.0467
蒸散潜熱, Q_l (J kg^{-1} × 10^6)	2.513	2.489	2.465	2.442	2.394
水蒸気分子の拡散係数, $\mathcal{D}_{H_2O}$ (m^2 s^{-1} × 10^{-6})	20.9	22.5	24.2	26.0	27.7
二酸化炭素の拡散係数, $\mathcal{D}_{CO_2}$ (m^2 s^{-1} × 10^{-6})	13.9	14.9	16.0	17.0	18.1

出典：Marrero and Mason (1972) と Weast (1977) のデータ

14.2　葉からの蒸散

蒸散が生物に与えた影響を調べるところまで来た。陸棲植物が光合成のために必要な二酸化炭素を手に入れる過程を調べることから始めよう。

典型的な葉の断面の模式図を図 14.3 に示す。ほとんどの葉の表面は丈夫な表皮でできていて、多くの場合ワックスを含んだ外皮（クチクラ）で覆われている。この表皮層は水にも二酸化炭素にも比較的低い透過性しかもたず、葉と大気の間でのこれらの物質の交換に対する障壁として働く。しかし、葉の表皮の所々に**「気孔」**と呼ばれる小さな穴が開いていて、周りの空気を葉の内部のスポンジ状の葉肉細胞に囲まれた空間へと繋いでいる。光合成を行っている内部の細胞に二酸化炭素が届けられるときに、通らなければならないのがこの孔で、これはまた水蒸気が大気中へ逃げ出す孔ともなる。

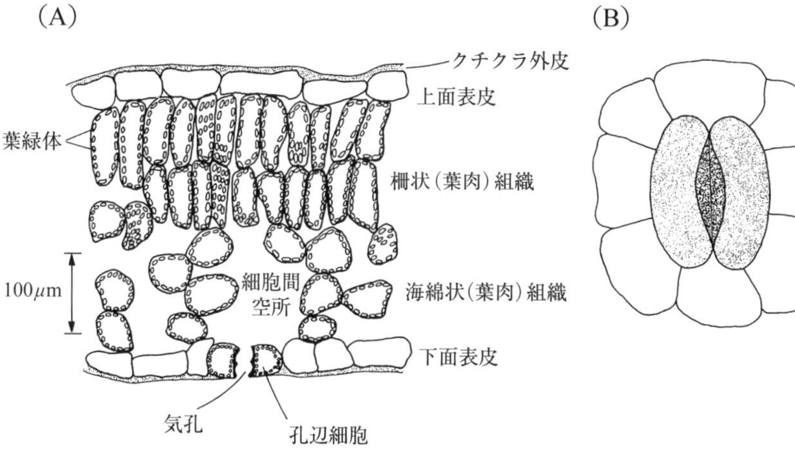

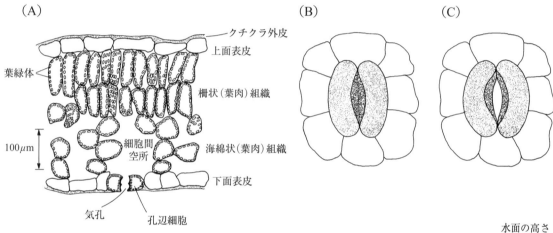

図 14.3　二酸化炭素は葉の葉肉細胞に吸収されるが、そこへ到達するには気孔を通り抜けなければならない(A)。太陽光が不充分だったり水の貯蔵量が少ないときには、孔辺細胞が気孔開口部を閉じる (B)。植物が活発に光合成している時には、気孔が開いている (C)。[(A) は、Park S. Nobel 著、*Biophysical Plant Physiology and Ecology*, Copy right ©1983, W. H. Freeman and Company より、許諾を得て再掲]

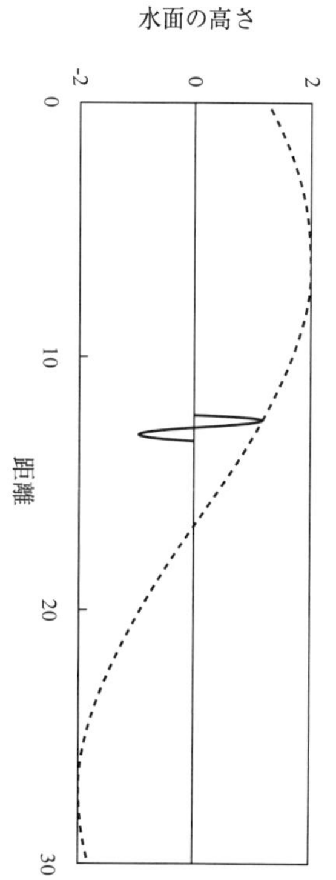

この非透過層と多孔質層を並べて、大気と生きている細胞を隔てるやり方は、第 6 章で考察した卵の殻を思い出させる。同じ物理をあてはめて、状況を解析してみよう。葉の表面から外側の空気はよく撹拌されていて、気孔のすぐ外側の各気体の濃度は大気全体と同じに保たれているとする。また葉の細胞間空所では、二酸化炭素濃度はゼロで（入ってきた CO_2 分子は直ちに葉肉細胞に結合する）、水蒸気濃度は飽和状態にあると仮定する。葉と周囲の空気とは同じ温度にある。気孔の長さは ℓ、断面積は A とする。

このように系を単純化した上で、次のような問い、すなわち水の損失と二酸化炭素の獲得の相対的な速さはどの程度なのか？ を考えてみよう。この"取引"を、卵殻を通しての輸送を調べたときと同じ順を追って調べる。気孔 1 個を通って葉に流れ込む二酸化炭素の流束（モル/秒）を Fick の式（式 6.28）から計算すると、

$$CO_2\text{流束} = \mathcal{D}_{CO_2} A \frac{\Delta C_{CO_2}}{\ell} \tag{14.4}$$

である。ただし、ΔC_{CO_2} は気孔開口面を隔てた二酸化炭素の濃度差である。上で述べた仮定により ΔC_{CO_2} は大気の CO_2 の濃度（20℃で 0.0137 mol m^{-3}）に等しい。CO_2 の拡散係数は空気中で約 1.5×10^{-5} m^2 s^{-1} で、表 14.1 にあるように温度の上昇とともに増す。

気孔 1 個を通って葉から出る水の流束は、

$$\text{水蒸気流束} = \mathcal{D}_{H_2O} A \frac{\Delta C_{H_2O}}{\ell} \tag{14.5}$$

である。ただし、ΔC_{H_2O} は気孔開口面を隔てた水蒸気圧差で、上の仮定に従えば、

$$\Delta C_{H_2O} = C_s(T) - \mathcal{H}_r C_s(T) \tag{14.6}$$

である。ここで、$C_s(T)$ は温度 T における飽和水蒸気濃度、$\mathcal{H}_r$ は葉の外側の空気の相対湿度である。このように、水蒸気の濃度勾配は温度と相対湿度の両方に依存する。

式 14.5 を式 14.4 で割ると、CO_2 を得る速さに比べた水を失う速さを計算できて、

$$\frac{\text{水を失う速さ}}{CO_2\text{を獲得する速さ}} = \frac{\mathcal{D}_{H_2O}}{\mathcal{D}_{CO_2}} \frac{C_s(T)(1-\mathcal{H}_r)}{C_{CO_2}(T)} \tag{14.7}$$

という結果を得る。この関係を、いくつかの相対湿度について、温度の函数として図 14.4 に示してある。CO_2 の拡散係数は水のそれの 61% しかなく、しかも CO_2 の濃度勾配は水蒸気のそれよりずっと小さいので、獲得した二酸化炭素よりも多くの水が失われる。例えば、20℃で相対湿度が 0.5 のとき、1 モルの CO_2 を手に入れる度に 50 モル以上の水が失われる。葉の周りの大気が水蒸気で飽和しているときのみ、植物は失った水と同じモル数の二酸化炭素を獲得できる。

この水と二酸化炭素の交換取引に勝ち目はなく、陸棲植物への最も過酷な物理的拘束になっている。成長と生殖に必要な炭素を手に入れるために、植物は途方もない量の水を費やさざるを得ない。水を失う過程自体に"根から葉まで動く水が光合成細胞に栄養物を輸送する"という使い道があるとしても、失う水の多さは問題である。このため植物は、獲得二酸化炭素あたりの水損失を最小化する 2 つの方策を進化させている。

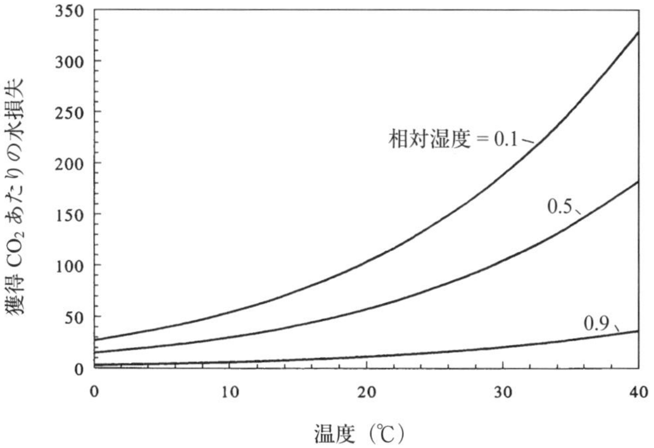

図 14.4　相対湿度が非常に高くない限り、植物は二酸化炭素分子 1 個を吸収するために数多くの水分子を失う。

まず幅広く見出されるのは、植物が水を失うのを光合成を行っている時だけに限定する方策である。この目的のために、気孔の入り口が一組の孔辺細胞で守られている（図 14.3）。植物が充分に水を貯えていて光合成のための太陽光が充分あれば、孔辺細胞の内部は高い膨圧を保つことができる。この圧力によって孔辺細胞が曲がり、気孔開口部を覆えなくなる。しかし植物の水補給が滞ると、孔辺細胞は膨圧を維持できずに萎れるので、気孔開口部は閉じられてガス交換はなくなる。このように、水不足の時には、植物は蒸散による水の損失を減らす。同じように、光がないために光合成が止まっている夜間は、孔辺細胞が気孔を閉じる。孔辺細胞は、不必要な水蒸散を避けることで植物体を助けてはいるが、水と引き換えに取り込む二酸化炭素の少なさを改善している訳ではない。

乾燥地に生えるサボテンやリュウゼツランなどの植物は、水損失の不利益を減らす素晴らしい方法を進化させた。これらの植物は昼間に気孔を閉じ、夜間に気孔を開けて二酸化炭素を吸収している。この方策の素晴らしさは水蒸気の物理を２つ利用していることにある。第１に、日中の相対湿度は気温につれて変わるのが普通だが、砂漠では空気の水蒸気濃度が比較的一定していること。第２に、夜間の冷え込んだ状態では、葉の細胞間空所の飽和水蒸気濃度は日中のそれよりも低い（図 14.2）ことである。したがって、植物が気孔を夜間に開ければ、水を失う速さを減らすことができる。

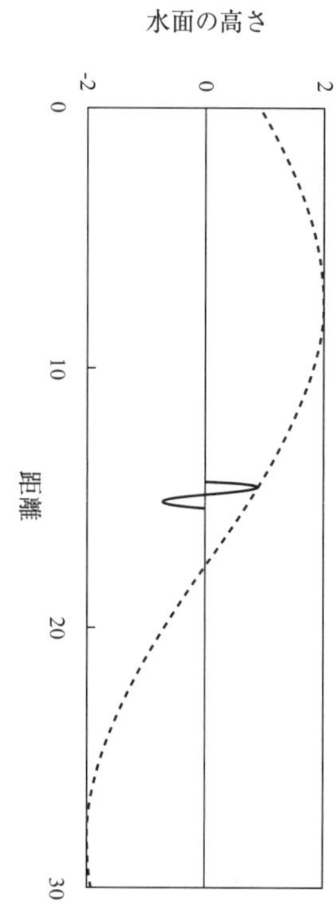

この効果の大きさは、再び式 14.7 に砂漠の空気の水蒸気濃度一定を入れれば、計算できる。水蒸気濃度が 0.17 mol m^{-3}（30℃での相対湿度 0.1 に相当）であれば、

$$\frac{\text{失った水}}{\text{獲得 } CO_2} = \frac{\mathcal{D}_{H_2O}(T)}{\mathcal{D}_{CO_2}(T)} \frac{C_s(T) - 0.17}{C_{CO_2}(T)} \qquad (14.8)$$

である。ただし、T は植物が二酸化炭素を吸収している夜間の温度である。この関係式を、温度の函数として、図 14.5 に示してある。夜間の温度が低いほど、二酸化炭素 1 モルを得るために失う水のモル数は小さくなる。夜間の温度が昼間のそれより高い場合にのみ（ここでは砂漠の日中温度を 30℃に仮定したので、そんなことはほぼ起こり得ない）、夜間に CO_2 を吸収する植物はより多くの水を失う。

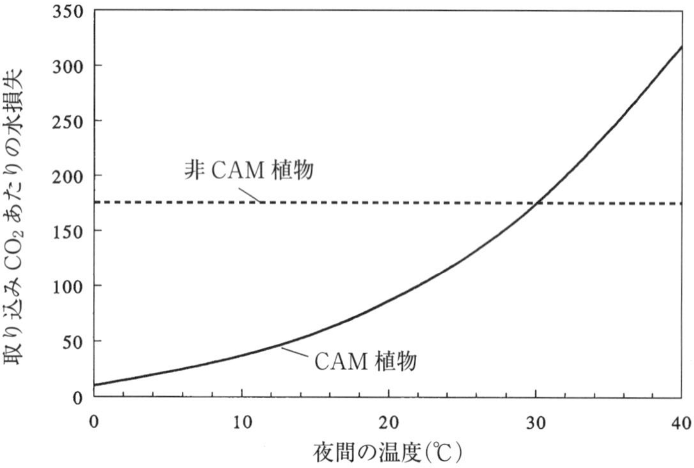

図 14.5　夜間の涼しい時に二酸化炭素を吸収するので、CAM（ベンケイソウ型有機酸合成）植物は非 CAM 植物に比べて、水損失が少ない。非 CAM 植物の点線は、日中の気温が 30℃で光合成する場合を示している。

しかし 1 つ問題がある。夜は CO_2 をブドウ糖に転換する駆動力である太陽光が手に入らない。この難題を回避するため、サボテンやリュウゼツラン（竜舌蘭）、ベンケイソウ（カネノナルキ）などは、夜間に CO_2 を有機酸に変換しておく。日中、気孔が閉じている時に、この有機酸は脱水されて光合成のための二酸化炭素を供給する。この方式は ***「ベンケイソウ型有機酸合成」CAM*** と呼ばれている*[1]。

動物の呼吸による水分損失は、そんなに厳しい局面に曝されている訳ではない。式 14.7 を酸素輸送について書き直せば、

$$\frac{\text{水を失う速さ}}{O_2\text{を得る速さ}} = \frac{\mathcal{D}_{H_2O}}{\mathcal{D}_{O_2}} \frac{C_s(T)(1-\mathcal{H}_r)}{C_{O_2}(T)} \tag{14.9}$$

となる。この関係は、図 14.6 に示してある。空気中の酸素濃度は高いので（CO_2 の 635 倍、飽和水蒸気濃度の 3 〜 35 倍）、酸素を拡散で手に入れる際につきまとう水損失は比較的少なくて済む。

［訳者註＊1：CAM は <u>c</u>rassulacean <u>a</u>cid <u>m</u>etabolism（ベンケイソウ型有機酸合成代謝）の頭文字である。］

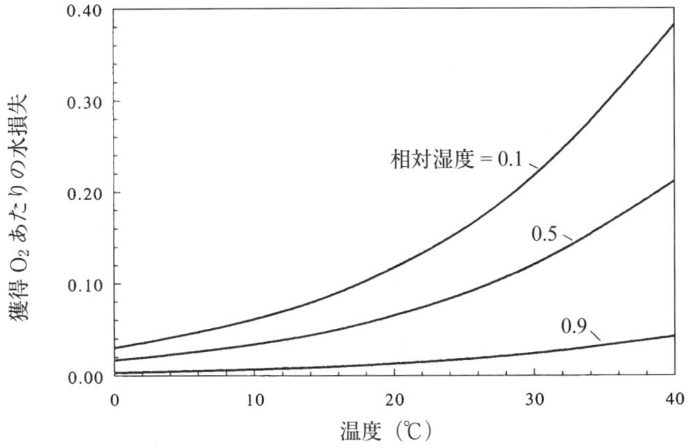

図 14.6　酸素は空気中に高濃度であるので、酸素 1 モルの取込みで失われる水はわずかである。

14.3　乾燥

この教科書ではずっと、バクテリアやラン藻をはじめ他の空気中の微生物の力学を調べて、これらの空中プランクトンは“泳ぐ”ことができ、代謝に見合うだけの充分な酸素や二酸化炭素を手に入れることも代謝熱を捨てることも可能だ、と結論してきた。これらの判定に基づけば、空中生物は蔓延っているはずである。しかしどの場合でも、急速に乾いてしまうので空中生物は難しいだろうと、抑えた結論にして来た。今や、空気中で生物が乾く速さを計算できるのだから、やってみよう。

14.3.1　拡散乾燥

例によって、問題の単純化のために、球状の生物を想定しよう。その外表面は水を自由に通すと仮定する。すなわち、球形生物に接した空気は水蒸気で飽和される。さらに、生物からは拡散だけで、水が外に向かって運ばれると仮定する。多くの場合は対流が乾燥を助長するから、ここでの結果は完全な透過性をもつ球からの乾燥の速さを実際よりも過少評価したものになる。

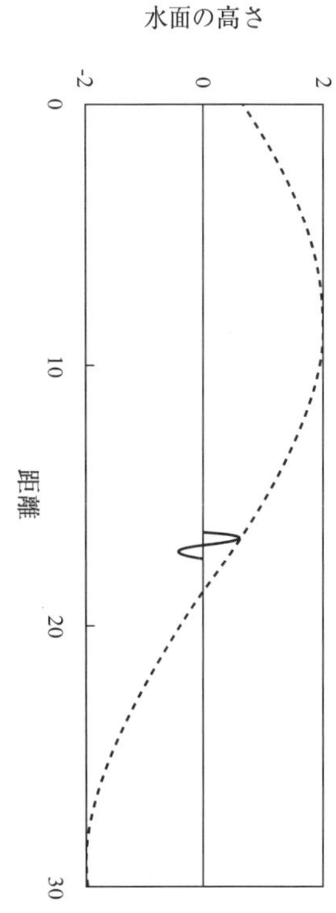

こうすれば、生物から外へ運ばれる水の流れを、第 6 章での酸素や二酸化炭素の流れや、第 8 章での熱の流れとほとんど同じやり方で取り扱える。ニュートンの冷却則と同じように考えて**「質量輸送係数」**h_m、

$$h_m = \frac{J_w}{A\Delta C} \tag{14.10}$$

を定義することができる。ただし J_w は球から外へ向かう水の全流束 (mol s^{-1})、A は水の通過が起こる面積、ΔC は球表面と周囲空気との水蒸気濃度差 (mol m^{-3}) である。もし蒸散が、熱の拡散や（液相でも気相でも）単一相内での分子拡散であれば、ΔC は $C_s - C_\infty$ である。しかし液相から気相へ

の分子の輸送には、面倒がつきまとう。分子が蒸発すると系の気体の体積が増える。この体積増は、気液界面に気体の塊を輸送したことと同じである。この効果を考慮に入れるためには、ΔC を、

$$\Delta C = \frac{C_s(T_b) - C_\infty(T_\infty)}{1 - \xi_s} \tag{14.11}$$

のように定義すればよい。ここで、$C_s(T_b)$ は球形生物の温度における飽和水蒸気濃度、$C_\infty(T_\infty)$ は周囲空気温度における周囲空気塊の水蒸気濃度、そして ξ_s は界面に接した空気の飽和水蒸気モル分率である（表 14.1）。この式の導出については、Bird et al. (1960) を参照して欲しい。生物が出会う温度範囲では、$1 - \xi_s$ は 0.927 から 0.994 まで変わるが、1 とほぼ変わらない。したがって、ΔC を単に空気－水界面に接した空気と少し離れた場所の空気との水蒸気濃度差と考えても、大きな誤差は生じない。

式 14.11 を書き直してみるのも役に立つ。球形生物と周囲の空気が同じ温度にある限り、空気塊の水蒸気濃度（C_∞）は $\mathcal{H}_r C_s$ と表わせる。したがって、

$$\Delta C = \frac{C_s(1 - \mathcal{H}_r)}{1 - \xi_s} \quad \text{（同一温度）} \tag{14.12}$$

である。

熱輸送係数と同じく、質量輸送係数は生物の形とその周りの流れの様子に依存する。しかし、球形のような単純な形については h_m を明確に決めることができる。輸送が拡散だけによる場合、球の質量輸送係数は、

$$h_m = \frac{2\mathcal{D}_{H_2O}}{d} \tag{14.13}$$

で与えられる（Bird et al 1960）。ただし、d は球の直径である。熱に関する係数（式 8.14）との類似性に留意して欲しい。

h_m のこの表現を式 14.10 に入れて、球の表面積を πd^2 として整理すると、球から失われる水の正味の流束（mol s^{-1}）は、

$$J_w = 2\pi d \mathcal{D}_{H_2O} \Delta C \tag{14.14}$$

となる。これは、ΔC の定義の仕方（式 14.11）が違うことだけを除いて、水中または空気中の球からの分子の拡散輸送について到達した結論（式 6.40）と非常によく似ている。

この流束 J_w に水の分子量 $\mathcal{M}$（1 モルあたりの質量）を掛ければ、球から時間あたりに蒸散する水の質量（kg s^{-1}）になり、

$$\text{質量損失時間率} = 2\pi \mathcal{M} d \mathcal{D}_{H_2O} \Delta C \tag{14.15}$$

になる。

この時間率を球の体積そのものと比べてみよう。球の質量は $\rho_b \pi d^3/6$ だから、

$$\frac{\text{質量損失時間率}}{\text{全質量}} = \frac{12\mathcal{D}_{H_2O}\mathcal{M}\Delta C}{d^2\rho_b} \tag{14.16}$$

である。これを図 14.7 に相対湿度のいくつかの範囲について描いてある。小型の生物は空気中で急速に乾燥することが明らかである。例えば、20℃の乾燥空気中では、直径 10 μm の球は、毎秒その質量の 47 倍の速さで水を失う。バクテリアの大きさの球（直径 1 μm）では、毎秒あたりその重さの 4700 倍もの率で水が蒸散するのである。相対湿度が実質的に 1.0 に等しくない限り、空中バクテリアが水の収支を保つことは難しいのである。

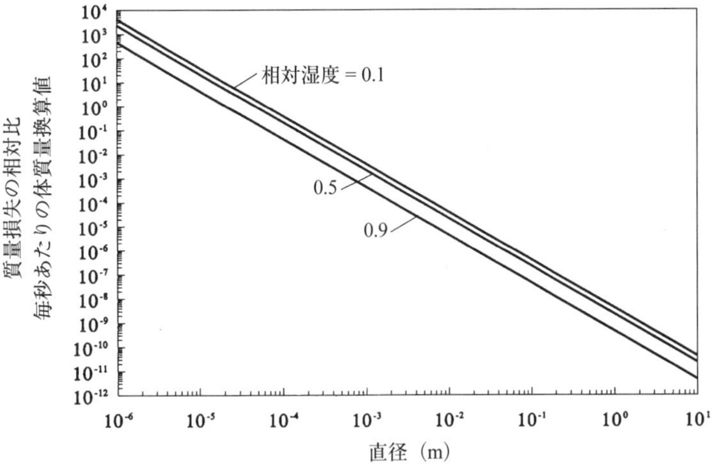

図 14.7　小さな水の球は、ものすごい速さでその質量を失う。

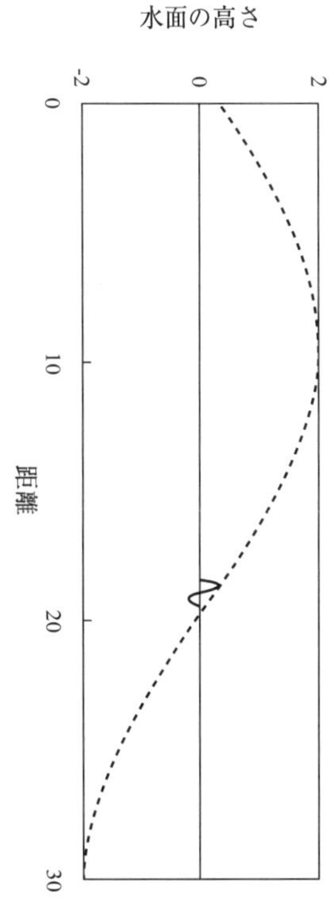

この計算には、留保すべき難点もある。生物の全表面は水を自由に透過させると仮定しているので、水損失の速さを過大に見積もっているかも知れない。例えば､小型の空中バクテリアがその体を透過性のない物質で覆って、蒸散損失を減らしているかも知れない。しかし、そのやり方には限界もある。空中生物もその体表を通して酸素を取り込まなくてはならず、光合成植物は二酸化炭素を交換しなければならない。このように、水損失を減らせば、必然的にガス交換も減ってしまうのである。

この面に関して言えば、小型の生物も大型生物と全く同じ差引交換勘定に直面しており、同じように水分保持に用心深くなければならない。小型生物と大型のそれとの一番大きな違いはその途方もない速さにあり、小型の植物や動物はちょっとでも油断すると完全に乾いてしまうのである。小型生物に降りかかるこの非常に速やかな懲罰が、陸棲生物が大きな体サイズを好む傾向への、非常に強力な選択因子として効いて来たのかも知れない。

14.4　蒸散冷却

水が球から失われる速さを計算し終わったので、第 8 章の主題へ戻って、蒸散による熱放散の速さを調べる。大型の陸棲動物、特に哺乳類と鳥類は代謝で生じる熱を捨て去る上での問題を抱えている、ということを思い出そう。熱輸送についての以前の計算では、サイやゾウの大きさの動物は、少し強い風に当たっていても蒸散なしではオーバーヒートするらしいことがわかった。蒸散による熱損失は、この問題を解決できるのだろうか？

まず、水蒸気が拡散だけで輸送される場合の熱放散の速さ（時間率）を調べる。式 14.15 から、毎秒 $2\pi\mathcal{M}d\mathcal{D}_{H_2O}\Delta C$ キログラムの水が球から失われることがわかる。この流束に蒸発の潜熱 Q_l を掛ければ、

$$\text{熱放散の時間率} = 2\pi Q_l \mathcal{M}d\mathcal{D}_{H_2O}\Delta C \tag{14.17}$$

がわかる。

式 8.17 から、球形生物が産生する代謝熱については、

$$\text{熱産生の速さ(時間率)} = M\left(\frac{\rho_b \pi d^3}{6}\right)^{\alpha} \tag{14.18}$$

であることを知っている。ただし、M は安静時内在代謝率係数、α は代謝のアロメトリー指数である。M は動物の分類群毎に異なり、哺乳類と鳥類で最も高い。指数 α は典型的には $3/4$ に近いので、ここでの計算にはこの値を使う。

前と同様に、熱産生の速さと熱放散の速さが等しいと置いて M について解けば、安静時代謝率の最大可能値を計算できる。もし代謝率がこの値を越えれば、産生熱が放散熱を上回るので体温が上がる。体温が一定なら、蒸散熱損失で決まる最大代謝率は、

$$M_{max} = \frac{10.2 Q_l \mathcal{M}\mathcal{D}_{H_2O}\Delta C}{\rho_b^{3/4} d^{5/4}} \tag{14.19}$$

である。この式の形は、熱が伝導だけで失われる場合の最大代謝率、

$$M_{max} = \frac{10.2\mathcal{K}\Delta T}{\rho_b^{3/4} d^{5/4}} \tag{14.20}$$

によく似ている。

式 14.19 と式 14.20 の比は、単純な熱伝導だけに対して、動物が蒸散による熱放散を使った場合に可能な代謝率は何倍に増えるかの、

$$\text{代謝率比} = \frac{Q_l \mathcal{M}\mathcal{D}_{H_2O}\Delta C}{\mathcal{K}\Delta T} \tag{14.21}$$

を与えてくれる。

図 14.8 には、体温を 37 ℃、相対湿度を 0.5 に固定して、これを気温の函数として示してある。低い温度でのみ、伝導による熱損失が蒸散によるそれに近い。これらの低い温度では、動物はオーバーヒートの問題を起こしにくい。オーバーヒートが問題となる高い気温では、蒸散による冷却が伝導より効いている。図 14.9 には、気温 20℃、体温 37℃に固定して、式 14.21 を相対湿度の函数として示してある。$\mathcal{H}_r = 1$ の場合でさえも、体は伝導よりも蒸散で多くの熱を失っている。これは、体に接した空気は 37 ℃で水蒸気飽和される一方、周りの空気は 20℃だからである。飽和水蒸気濃度 C_s は、37 ℃よりも 20 ℃での方が低いのである。

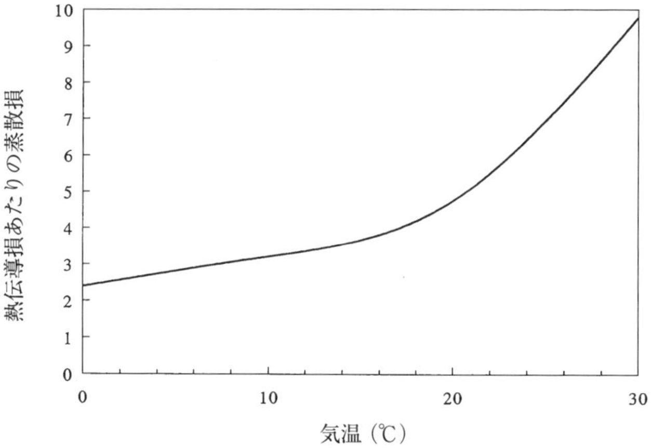

図 14.8　体温 37℃の球形生物は、蒸散による方が熱伝導よりも効率的に熱を失う。

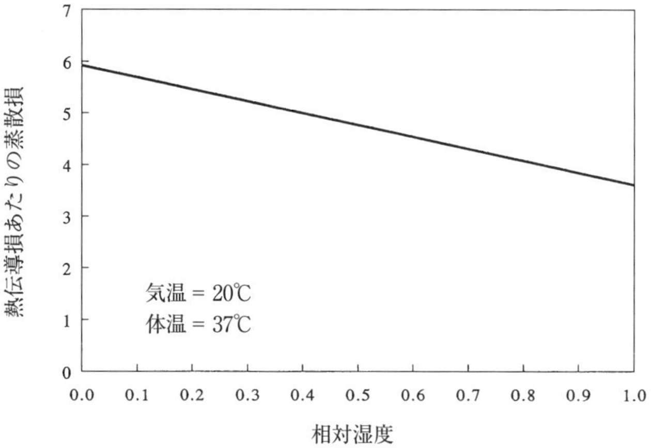

図 14.9　相対湿度が 1.0 であっても、体の方が空気より暖かいので、蒸散による方が熱伝導よりも効率的に熱を奪う。

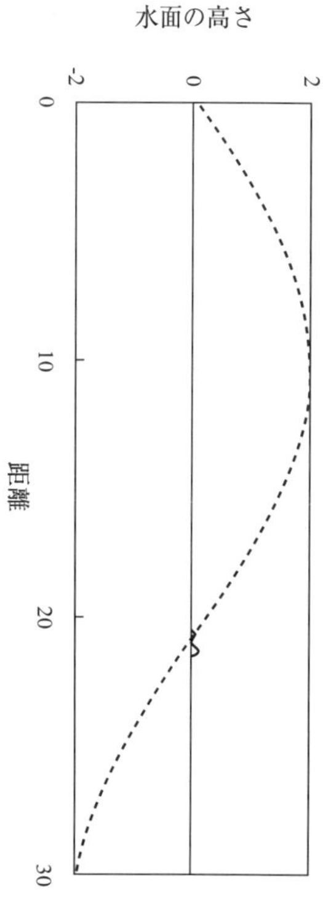

これらの結果は、蒸散冷却は哺乳類や鳥類が高い代謝率を何とか維持するための有効な仕組みとなりうることを示している。しかし、ここで計算した蒸散熱損失は生物の全体表が水を自由に透過すると仮定していることに注意して欲しい。もしそうでないなら、蒸散冷却の速さは減る。この点こそが、大型陸棲動物が体温を調節するために主に使う仕組みの意味なのである。熱負荷が掛かると、多くの動物は汗として、体表面への水輸送を能動的に増大させる。この汗の蒸散が、生物を冷却する。蒸散冷却が好ましくない時には（例えば空気が冷たい）、動物は発汗を止めて蒸散冷却を減らす。

汗をかかない動物ではしばしば、あえぎ（浅息）呼吸で蒸散熱損失を調節する。蒸散が有利な状況では、あえぎ呼吸運動が湿った肺の表面や鼻の気道表面の空気を急速に動かして、蒸散の速さを増加させる。温度調節の生理学についてより完全に調べたい読者は、Schmidt-Nielsen (1979)を参照して欲しい（邦訳版あり）。

14.4.1　呼吸による蒸散の熱コスト

第 8 章で、息をする過程での避けられない熱損失を計算した。その時には、空気を体温と同じ温度まで加熱するための熱コストしか考えなかった。しかし、空気が肺や気管に吸い込まれると、気体が飽和するまで水が蒸散し、蒸発潜熱によって熱が失われる。この熱損失は、生物の熱的貯えからどの程度を引き出すのであろうか？

第 8 章での計算から、哺乳類や昆虫に吸収された酸素 1 リットルにつき約 0.0192 m^3 の空気が肺または気管に運び込まれること[3]を思い出そう。この過程では、この容積が水蒸気で飽和される。したがって、

$$\frac{\text{水蒸気のモル数}}{O_2\ 1\text{リットル}} = 0.0192\,[C_s(T_b) - C_\infty(T_\infty)] \qquad (14.22)$$

である。ただし、$C_s(T_b)$ は体温における飽和水蒸気濃度で、$C_\infty(T_\infty)$ は周囲の空気のその時の気温における水蒸気濃度である。この水の蒸発で酸素 1 リットルあたりに放散される熱量は、

$$\frac{\text{放散される熱量}}{O_2\ 1\text{リットル}} = 0.0192\,Q_l\,\mathcal{M}\,[C_s(T_b) - C_\infty(T_\infty)] \qquad (14.23)$$

である。ただし、Q_l は蒸散潜熱（約 2.5×10^6 J kg^{-1} K^{-1}）、$\mathcal{M}$ は水蒸気の分子量（1 モルあたり 0.018 kg）である。

酸素が消費される速さは生物の代謝率に依存し、第8章からそれは $M'm^{3/4}$ とわかっている。したがって、

$$\text{熱放散の速さ} = 0.0192\,Q_l\,\mathcal{M}\,[C_s(T_b) - C_\infty(T_\infty)]\,M'm^{3/4} \qquad (14.24)$$

である。

［脚註 3：ここでは、動物は肺の中にある酸素の 25％しか吸収しないと仮定している。トリは O_2 の吸収効率がより高く、したがって酸素 1 リットルに必要な空気は 0.0144 m^3 でよい。］

この速さを、この生物の安静時代謝率 $Mm^{3/4}$ で割る。第8章で注意したように、$M'/M = 4.98\times10^{-5}$ だから、

$$\text{蒸散による放熱量が全代謝に占める割合} = 1.7\times10^{-8}Q_l[C_s(T_b)-C_\infty(T_\infty)] \qquad (14.25)$$

である。この関係を図14.10に示してある。相対湿度0.5で、気温0℃、体温37℃では、この割合は約0.1である。つまり極地条件では、動物の安静時代謝の約10%は呼吸器からの水の蒸散によって、無駄に捨てられてしまう。これは、空気を加熱するだけの場合に比べて約10倍も大きい（第8章参照）。呼吸に伴う蒸散による熱コストは、相対湿度が非常に高い場合や周囲の空気の気温が体温に近い場合には、少なくなる。

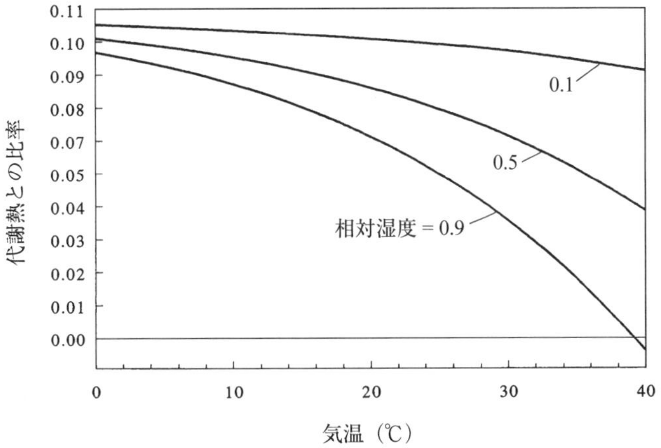

図14.10　気温が低いか相対湿度が低ければ、動物が代謝によって作り出した熱のかなりの割合が、肺からの水の蒸散によって、無駄に持ち去られる。

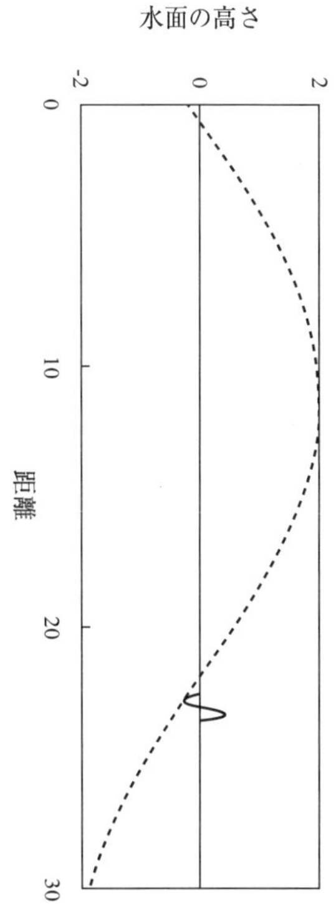

鳥類は哺乳類よりも高い体温（典型的には41℃）をもっているので、呼吸の熱コストは哺乳類よりも高いと思われがちである。しかしトリの肺は、空気から酸素を取り込む効率が高いので換気量は哺乳類より25%も少なくて済む。この酸素取込み効率の高さによる相殺分が、体温の高さによるコストの増加を上回っているらしい。

14.4.2　冷たい鼻の利点

上での計算は、呼気が体温になっていると仮定した“最悪”予測である。しかし、必ずしもそうとは限らない。例えば、カンガルーネズミの鼻から乾いた砂漠の空気が吸い込まれるとき、鼻腔上皮が蒸散で冷やされて周囲

の空気より温度が数度下がる。この上皮は、飽和した空気が放出されるときにまだ冷たく、呼気を冷やす。呼気が冷えると、その飽和水蒸気濃度が低くなるので（図 14.2)、水が鼻腔上皮に凝集結露する。このように、肺での蒸散で失われた水の幾分かは、鼻での結露で取り戻される。このサイクルは次の呼吸でも繰り返される。Schmidt-Nielsen (1972b) は、周囲の空気が 15 ℃のとき、カンガルーネズミは呼吸で失う水をこのトリックで 83％減らし、熱も同じだけ節約している、と報告している。周囲の気温が高くなると、この節約の度合いは小さくなる。

カンガルーネズミが呼気温度を下げる能力は例外的であるが、使っている仕組みは極めて一般的なものである。多くの哺乳類や鳥類は、呼吸による水損失を減らすために、鼻腔を対向流熱交換器として使う。対向流熱交換器とその生理学的効果の両方についての完全な記述を知りたい読者は、是非 Schmidt-Nielsen (1972b) とその引用文献を参照して欲しい。

14.4.3　対流の効果

ここまでは、拡散のみによる蒸散の速さを考えてきた。第 7 章と 8 章で見たように、輸送の速さは対流によって急激に大きくなる。そよ風に曝されている球形生物は、どの位の速さで水を失うのだろうか？

Bird et al. (1960) は、対流がある状態での球からの質量輸送係数は、

$$h_m = \frac{2.0\,\mathcal{D}_{H_2O}}{d} + \frac{0.60\,Re^{1/2}Sc^{1/3}\mathcal{D}_{H_2O}}{d} \tag{14.26}$$

であることを示唆している。ただし、レイノルズ数 Re は特徴長さとして球の直径を用いて計算する。この表式では、Re は充分に小さく、したがって球の周りの流れは層流であると仮定している。Sc は、第 7 章で初めて出てきた無次元数、シュミット数である。シュミット数は、問題にしている分子の拡散係数（今の場合は $\mathcal{D}_{H_2O}$）に対する運動量の拡散係数（動粘性率 ν）の比、

$$Sc = \frac{\nu}{\mathcal{D}_{H_2O}} \tag{14.27}$$

である。式 14.26 は、強制対流における熱の輸送係数（式 8.16）のプラントル数がシュミット数に置き換わっただけで、よく似ていることに注意して欲しい。輸送過程の概念の間には類似性が強いのである。

この h_m を使えば、蒸散冷却で相殺できる最大代謝率を計算できて、

$$M_{max} = \frac{3.06\,Q_l\,\mathcal{M}\,\mathcal{D}_{H_2O}^{2/3}u^{1/2}\Delta C\rho_f^{1/6}}{d^{3/4}\rho_b^{3/4}\mu^{1/6}} \tag{14.28}$$

である。予想した通り、この式は強制対流による熱損失で決まる最大代謝率の式、

$$M_{max} = \frac{3.06\ Q_s^{1/3}\mathcal{K}^{2/3}u^{1/2}\Delta T\rho_f^{1/2}}{d^{3/4}\rho_b^{3/4}\mu^{1/6}} \tag{14.29}$$

によく似ている（第 8 章、式 8.33）。ただし、Q_s は水の比熱、$\mathcal{K}$ は水の熱伝導率である。

式 14.28 を式 14.29 で割ればこの２つの最大代謝率を比べることができて、

$$\text{代謝率の比} = \frac{Q_l\mathcal{M}\mathcal{D}_{H_2O}^{2/3}\Delta C}{Q_s^{1/3}\mathcal{K}^{2/3}\rho_f^{1/3}\Delta T} \tag{14.30}$$

である。この関係を気温の函数として図 14.11 に示す。この例では、体温 37℃の生物が相対湿度 0.5 の空気中に浸っている。気温が非常に低い範囲でも、蒸散による熱損失は拡散による熱損失よりも大きく、同じ体温でも代謝率を上げることができる。対流による効果は拡散だけによる熱輸送と非常によく似ていることに注意して欲しい。蒸散冷却がある場合とない場合に可能な最大代謝率の**「比」**は、熱輸送の厳密な仕組みとは無関係にほぼ同じである。もちろん、代謝率の絶対値は対流がある場合の方が高い。

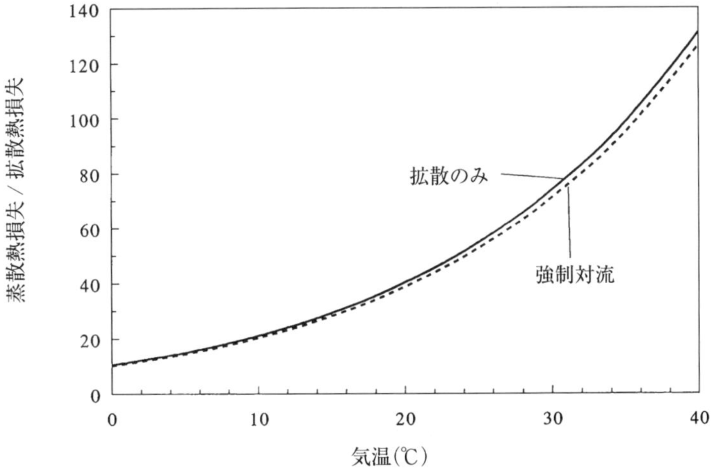

図 14.11　蒸散熱損失の拡散熱損失に対する比は、周りの空気が静止しているか動いているかには、驚くほど影響されない。熱損失の（比ではなく）絶対量は、空気が動いている方がずっと多いことに注意して欲しい。

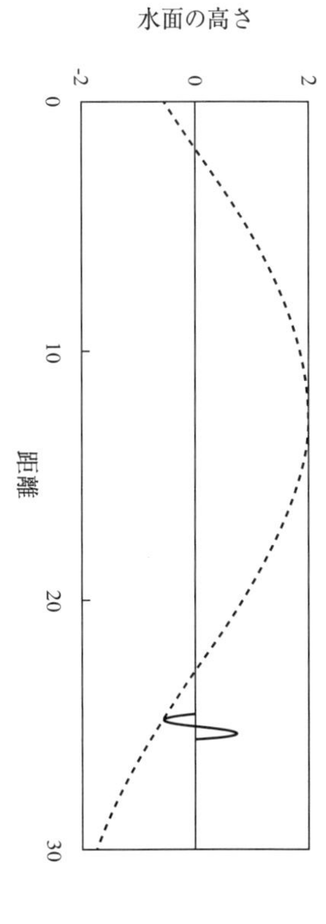

さて、蒸散による熱損失だけで賄える代謝率の絶対値（式 14.28）を見ると、風速の平方根に依存していることがわかる（図 14.12）。つまり、静止空気中で動物が代謝可能な熱平衡点を、そよ風程度の風が劇的に増加させる。風速 u が増すと M_{max} も増すが、風速が大きくなるほど増加率は小さくなる。

これを別の視点から見ると、動物がある体温を維持するには、風があったら代謝率を上げなければならない。これが、我々が水泳プールやシャワーから軽いそよ風の中に歩き出すと、体が震え始める理由である。

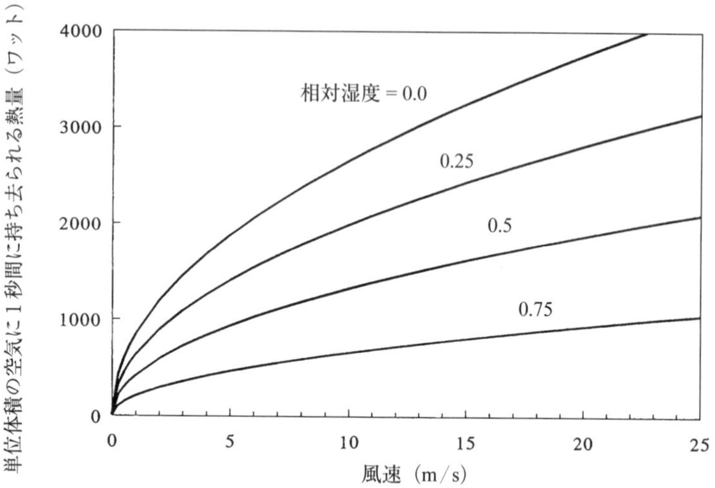

図 14.12　蒸散によって熱が奪われる速さは、風速の平方根で増える。

14.5　海洋の表面温度

環境中で水の蒸発潜熱の大きさの影響を受ける物体は、植物と動物だけではない。例えば、第 2 章で述べたように、湖や海洋の表面温度が 28 ℃から 30 ℃を越えることは滅多にない。これは、蒸散のお蔭である（Vermeij 1978）。ここで、この説をもっと詳しく調べてみよう。以下の議論は、Newell(1979) に基づいている。

大きな水塊の表面を太陽が照すと、輻射エネルギーが液体に吸収されて、水を温める。熱帯では、太陽からの輻射エネルギーは年間平均で 412 W m^{-2} である（List 1958）。この総量のうち約 10% は海水面に達する前に大気によって吸収され、さらに残りの約 8% は反射される。すなわち海水面への正味の熱流束は、およそ 341 W m^{-2} である。この熱流束の結果、流入する熱量と同じ時間率で熱が失われる温度まで、水塊の温度は上がる。熱が失われる主な経路は 3 つある。

まず、熱は蒸散によって失われる。蒸散による熱流束密度 $\mathcal{J}_{Q,e}$ の簡単な近似、

$$\mathcal{J}_{Q,e} = 6080(\mathcal{H}_{s,s} - \mathcal{H}_{s,\infty})u \tag{14.31}$$

が Budyko(1974) によって与えられている。ここで、$\mathcal{H}_{s,s}$ は水表面に接した空気の水の温度での飽和比

湿度で、$\mathcal{H}_{s,\infty}$ は水表面に接した空気の実際の比湿度である。

比湿度とは、湿った空気全体としての密度 ρ_a（単位体積あたりの質量）の内で水蒸気の密度 ρ_{wv} が占める割合のことで、

$$\mathcal{H}_s = \frac{\rho_{wv}}{\rho_a} \tag{14.32}$$

である。相対湿度とは違うので注意が必要である。比湿度は温度とともに増える（表 14.1 と図 14.13）。式 14.31 の頭にある係数 6080 は J m^{-3} の単位を持っており、したがって u が m s^{-1} で表わされていれば、$\mathcal{J}_{Q,e}$ は W m^{-2} の単位をもつ。

この表式は、理論と実測の組合せでできているので、これまで扱って来た簡単なモデルと対比するのは難しい。前に予測したように、蒸散による熱損失の速さは湿度の低下と風速の増加にしたがって増える。しかし $\mathcal{J}_{Q,e}$ は、球について得られた風速の平方根ではなく、風速に直接比例して増える。

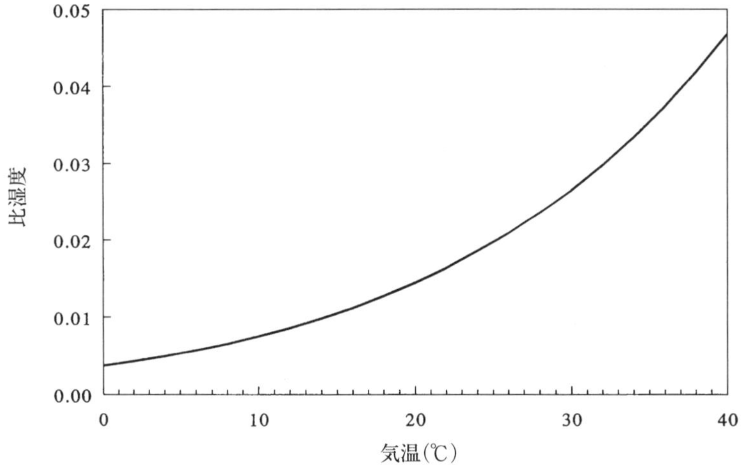

図 14.13　空気の飽和比湿度は、温度の上昇とともに増える。

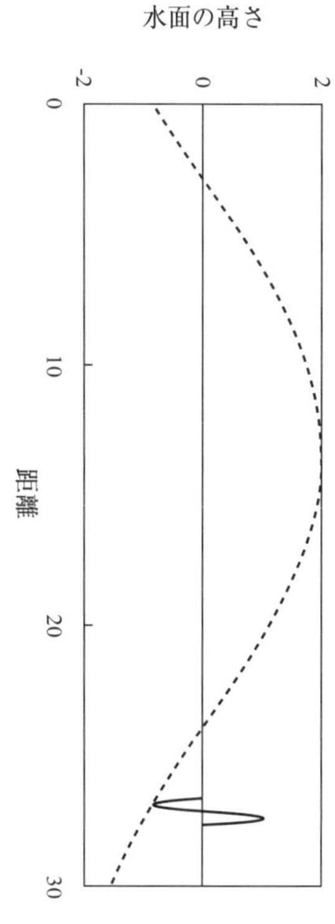

次に、熱は水表面からの赤外線の輻射によっても持ち去られる。この流束密度 $\mathcal{J}_{Q,b}$ は、

$$\mathcal{J}_{Q,b} = 0.94\,\sigma T_s^4\,(0.56 - 0.065\sqrt{1000 \times H_{s,\infty}}) \tag{14.33}$$

である。ただし、σ は**「ステファンボルツマン定数」** 5.6704 × 10^{-8} W m^{-2} K^{-4} で、T_s は水表面の温度である。水表面から輻射される熱量の時間率は、水と輻射先の物体（ここでは隣接する空気）との温度差に依存する。この空気の実効温度は水分含量の影響を受けるので、上式に空気の比湿度の項が

入っている。

最後に、熱は対流によっても水表面から持ち去られる。単純化のために、水面より下への熱伝導はないとしよう。したがって、熱伝導で失われる熱量は全て空気中へ持ち去られる熱量である。風があると、この熱損失は強制対流による流束密度 $\mathcal{J}_{Q,s}$、

$$\mathcal{J}_{Q,s} = 2.51(T_s - T_\infty)u \qquad (14.34)$$

の形で与えられる。ここで、T_∞ は周囲の空気の温度である。係数 2.51 は $\mathrm{J\,m^{-3}\,K^{-1}}$ の単位をもち、したがって u が $\mathrm{m\,s^{-1}}$ で与えられれば、$\mathcal{J}_{Q,s}$ は $\mathrm{W\,m^{-2}}$ の単位をもつ。この式も実測値に基づいているので、これまで扱って来たモデルとは定性的に対比できるだけである。

ここで、海の温度に関係なく、空気温は熱帯の典型値 27℃にあると仮定して、さらに話を進めよう。また、比湿度を典型値 0.7 に固定し、さらに風速を熱帯の海の典型値 $3\ \mathrm{m\,s^{-1}}$ に固定する。

これらの仮定の下で、それぞれの熱流束密度と全流束（$\mathcal{J}_{Q,e} + \mathcal{J}_{Q,b} + \mathcal{J}_{Q,s}$）を、海水面の温度の函数として計算する。これらの値を図 14.14 に示す。海水面温度が上がると、主に蒸散による熱損失が増えて、熱放散の速さが急激に増える。30℃近くの温度で、熱損失の全量が太陽からの熱流束に等しくなる。すなわち、海水表面の温度を 30 ℃以上にする向きの太陽輻射のいかなる傾向も、蒸散率を増すので、結果的に海水面温度は変わらない。

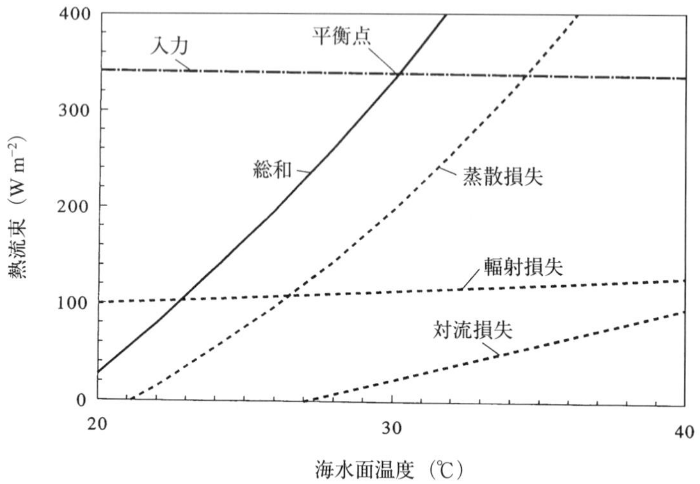

図 14.14　海洋表面水の温度は、様々な熱損失の総和が太陽輻射熱流束と等しくなるところで、平衡に達する。
(Newell 1979 から Sigma Xi, the Scientific Research Society の許諾を得て再描画)

熱伝導によって持ち去られる熱は熱損失全体の小さな部分でしかないので、上の計算は選んだ気温にはほとんど影響を受けない。しかし、計算された海水面温度は平均風速と空気の比湿度には敏感である（図 14.15)。例えば、風速が $1\ \mathrm{m\,s^{-1}}$ に落ち、比湿度が 0.8 に増えると、海水温の平衡点は 31.2 ℃に上がると予想される。逆に、平均風速が $5\ \mathrm{m\,s^{-1}}$ で、$\mathcal{H}_s$ が 0.6 しかなければ、海水表面温度は 26.2 ℃に低下し

うる。しかしながら、これら風速と湿度の比較的大きな変化さえも海水温の予測値を大きく変えることはなく、第2章で述べたように、蒸散潜熱が大きいおかげで海洋の表面温度が30℃を大きく越えることはこれまでもなかったであろう。このように、蒸散の物理が生物圏の基本的な特徴を運命づけている。

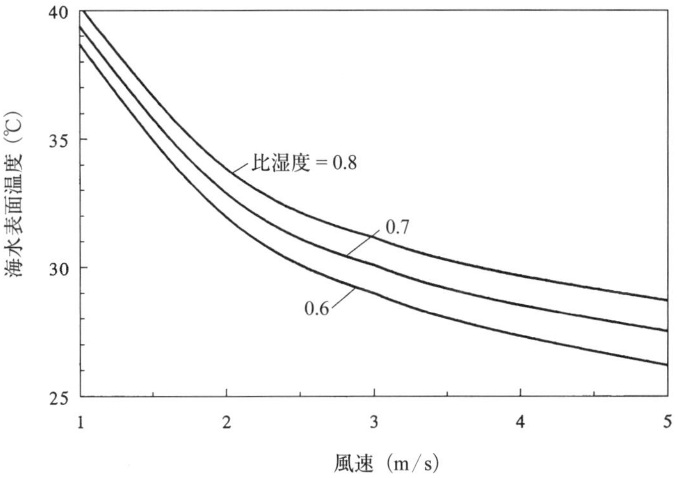

図 14.15　海洋表面の平衡温度は、風速と比湿度の両方の函数である。しかし、驚くほど生物学的に妥当な範囲でしか変わらない。

14.6　まとめ

葉の周りの水蒸気の濃度勾配が大きく、また水蒸気の拡散係数も比較的高いので、二酸化炭素を取り込む過程で植物は急速に水を失う。ベンケイソウ型有機酸合成（CAM）植物は、周囲の気温が低く結果的に相対湿度が高くなる夜間に CO_2 を取り込むことで、この問題を回避している。

水の蒸散潜熱は非常に大きく、その結果、大型の陸棲動物が代謝で余った熱を捨て去るのには有効な手段となる。呼吸に伴う蒸散熱損失は、小型の動物にとってかなりの熱が流れ出すことになるが、冷たい鼻をもつことで改善できる。

海洋表面の最大温度は、蒸散冷却による制限を受けており、結果的に地質学的な時間にわたって、海水の表面温度はほぼ一定に保たれてきた。

14.7　そして警告

この章では、生物学から見た水の蒸散の物理を取り上げた。その過程で、植物での水損失の生理学と動物の蒸散冷却に触れた。しかし、これで蒸散について充分に調べたと誤解してはいけない。むしろ、ここで展示された

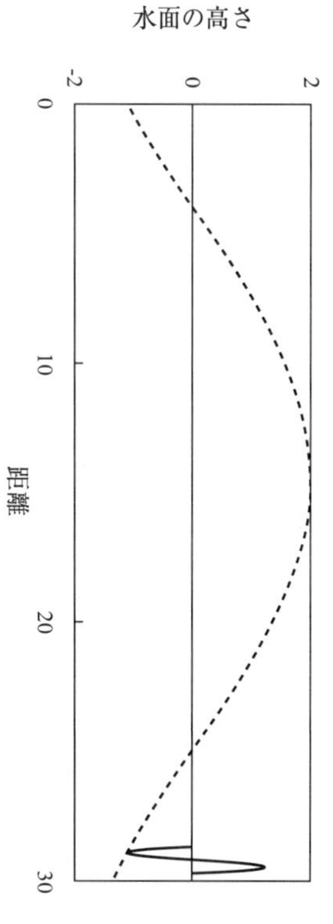

事柄を、Nobel (1983) や Schmidt-Nielsen (1979) などの蒸散を主題とした教科書への招待と受けとめて貰いたい。

おわりに

アルバート・アインシュタインはかつて、「これは観測できるものを決めてしまう理論である」と言った。これはヴェルナー・ハイゼンベルグを批判して言ったのだが、ハイセンベルグはむしろこれを言葉通りに受け取って、量子力学の不確定性原理を解明する作業の道しるべとしたのである（Heisenberg 1971）。しかし、もう少し広くとれば、アインシュタインの言葉は全ての科学にあてはまる。我々に見える多くのことは、我々がそれ以前に曝されていた理論によって、見え方が変わるのである。

ここまでの 14 章にたくさんの理論を紹介した。しかし、それらを並べた価値は、そこに示した結論にではなく、読者が自分の周りの世界から何か新しく興味深いことを見つけ出す可能性の方にある。著者が望んでいるのは、何時の日か読者が腰かけて、風に揺れる樹、歩き回る甲虫、池に躍るさざ波を見ていて、突然、大きな疑問についての答えの一片が心の中に納まること、なのである。

引用文献

邦訳版が明らかな単行本には、邦訳版を示した。

Adamson, A. W. 1967. *Physical Chemistry of Surfaces.* 2d ed. Wiley Interscience, New York.

Alexander, R. McN. 1966. Physical aspects of swimbladder function. *Biol. Rev.* 41: 141-176.

Alexander, R. McN. 1968. *Animal Mechanics.* University of Washington Press, Seattle.

Alexander, R. McN. 1971. *Size and Shape.* Edward Arnold, London.

Alexander, R. McN. 1982. *Locomotion of Animals.* Chapman and Hall, New York.

Alexander, R. McN. 1983. *Animal Mechanics.* 2d ed. Blackwell Scientific, London.

同一著者のほぼ同一内容の Exploring biomechanics : animals in motion / R. McNeill Alexander (Scientific American Library, ISBN:071675035X) の邦訳版：生物と運動：バイオメカニックスの探究 / R. マクニール・アレクサンダー著（東昭訳）、日経サイエンス社 1992、ISBN: 4532520177

Alexander, R. McN. 1989. *Dynamics of Dinosaurs and Other Extinct Giants.* Columbia University Press, New York.

邦訳版：恐竜の力学 / R. M. アレクサンダー著（坂本憲一訳）、地人書館 1991、ISBN:4805203919

Alexander, R. McN. 1990. Size, speed and buoyancy adaptations in aquatic animals. *Amer. Zool.* 30: 189-196.

Amsler, C. D., and M. Neushul. 1989. Chemotactic effects of nutrients on the spores of the kelps *Macrocystis pyrifera* and *Pterogophera californica. Mar. Biol.* 102:557-564.

Amsler, C. D., and R. B. Searles. 1980. Vertical distribution of seaweed spores in a water column offshore of North Carolina. *J. Phycol.* 16:617-619.

Armstrong, W. 1979. Aeration in higher plants. *Adv. in Bot. Res.* 7:225-332.

Atkins, P. W. 1984. *The Second Law.* Scientific American Library, New York.

邦訳版：エントロピーと秩序 / P. W. アトキンス著（米澤富美子、森弘之訳）、日経サイエンス社 1992 、ISBN: 4532520142

Au, D., and D. Weihs. 1980. At high speeds dolphins save energy by leaping. *Nature* 244:548-550.

Augspurger, C. K., and S. E. Franson. 1987. Wind dispersal of artificial fruits varying in mass, area, and morphology. *Ecology* 69:27-42.

Autrum, H., ed. 1979. Comparative physiology and evolution of vision in invertebrates. A: Invertebrate photoreceptors. In *Handbook of Sensory Physiology,* vol. 7/6A. Springer-Verlag, New York.

Autrum, H., ed. 1981. Comparative physiology and evolution of vision in invertebrates. B: Invertebrate visual centers and behavior. In *Handbook of Sensory Physiology,* vol. 7/6B. Springer-Verlag, New York.

Bagnold, R. A. 1942. *The Physics of Blown Sand and Desert Dunes.* Wieliam Morrow, New York.

Bascom, W. 1980. *Waves and Beaches.* 2d ed. Anchor Press/Doubleday, New York.

邦訳版:海洋の科学:海面と海岸の力学 / ウィラード・バスカム著 (吉田耕造、内尾高保訳) (現代の科学)、河出書房新社 1977、ASIN : B000J8X46K

Bearman, G., ed. 1989. *Seawater: Its Composition, Properties and Behaviour.* Pergamon Press, Oxford.

Berg, H. 1983. *Random Walks in Biology.* Princeton University Press, Princeton, N.J.

邦訳版：生物学におけるランダムウォーク / ハワード・C・バーグ著 (寺本英、佐藤俊輔訳)、法政大学出版局、りぶらりあ選書 1989、ISBN:4588021206

Berg, H. C., and D. A. Brown. 1972. Chemotaxis in *Escherichia coli* analysed by three-dimensional tracking. *Nature* 239:500-504.

Berg, H. C., and E. M. Purcell. 1977. Physics of chemoreception. *Biophys. J.* 20:193-219.

Bikerman, J. J. 1970. *Physical Surfaces.* Academic Press, New York.

Bird, R. B., W. E. Stewart, and E. N. Lightfoot. 1960. *Transport Phenomena.* John Wiley, New York.

Block, B. A. 1991. Endothermy in fish: Thermogenesis, ecology and evolution. In P. W. Hochochka and T. M. Mommsen, eds., *Biochemistry and Molecular Biology of Fishes,* vol. 1, *Phylogenetic and Biochemical Perspectives,* pp. 269-311. Elsevier, Amsterdam.

Bond, C. 1979. *Biology of Fishes.* W. B. Saunders, Philadelphia.

Bowden, K. F. 1964. Turbulence. *Oceanogr. Mar. Biol.* 2: 11-30.

Boyer, C. B. 1987. *The Rainbow: From Myth to Mathematics.* Princeton University Press, Princeton, N.J.

Brett, J. R. 1965. The relation of size to rate of oxygen consumption and sustained swimming speed of sockeye salmon (*Onchorhynchus nerka*). *J. Fish. Res. Bd.* (Canada) 22: 1491-1497.

Bryant, H. C., and N. Jarmie. 1974. The glory. *Sci. Amer.* 231 (7):60-73.

Budyko, M. I. 1974. *Climate and Life.* Academic Press, New York.

Bullock, T. H., and R. B. Cowles. 1952. Physiology of an infrared receptor: The facial pits of pit vipers. *Science* 115:541-543.

Bullock, T. H., and W. Heiligenberg. 1986. *Electroreception.* Wiley Interscience, New York.

Bullock, T. H., and G. A. Horridge. 1965. *Structure and Function in the Nervous Systems of Invertebrates.* 2 vols. W. H. Freeman, San Francisco.

Burkhardt, D. 1989. UV vision: A bird's eye view of feathers. *J. Comp. Physiol.* A 164:787-796.

Burkhardt, D., and E. Maier. 1989. The spectral sensitivity of a passerine bird is highest in the UV. *Naturwissenschaften* 76:82-83.

Calkins, J., ed. 1982. *The Role of Solar Ultraviolet Radiation in Marine Ecosystems.* Plenum Press, New York.

Campbell, G. S. 1977. *An Introduction to Environmental Biophysics.* Springer-Verlag, New York.

邦訳版：生物環境物理学の基礎 / キャンベル著 (久米篤、大槻恭一、熊谷朝、小川滋訳)、森北出版 2003、ISBN：462726092X

Carey, F. G., and J. M. Teal. 1966. Heat conservation in tuna fish muscle. *Proc. Natl. Acad. Sci.* (USA) 56: 1464-1469.

Carey, F. G., and J. M. Teal. 1969. Mako and porbeagle: Warm-bodied sharks. *Comp. Biochem. Physiol.* 28: 199-204.

Carey, F. G., J. M. Teal, J. W. Kanwisher, and K. D. Lawson. 1971. Warm-bodied fish. *Amer. Zoo*l. 11:137-145.

Carslaw, H. S., and J. C. Jaeger. 1959. *Conduction of Heat in Solids.* 2d ed. Oxford University Press, New York.

Chapman, R. F. 1982. *The Insects: Structure and Function.* 2d ed. Harvard University Press, Cambridge, Mass.

Clarke, M. R. 1979. The head of the sperm whale. *Sci. Amer.* 240(1):128-141.

Clay, C. S., and H. Medwin. 1977. *Acoustical Oceanography*. John Wiley, New York.

Clements, J. A., J. Nellenbogen, and H. J. Trahan. 1970. Pulmonary surfactant and the evolution of the lung. *Science* 169:603-604.

Cloud, P. 1988. *Oasis in Space.* W. W. Norton, New York.

Crank, J. 1975. *The Mathematics of Diffusion.* 2d ed. Oxford University Press, New York.

Crenshaw, H. C. 1990. Helical orientation-a novel mechanism for the orientation of microorganisms. *Lecture Notes in Biomath.* 89:361-386.

Crisp, D. J., and W. H. Thorpe. 1948. The water-protecting properties of insect hairs. *Discussions of the Faraday Society* 3:210-220.

Cronin, T., Shashar, N., Caldwell, R., Marshall, J., Cheroske, A. and Chiou, T. 2003 Polarization Vision and Its Role in Biological Signaling. *Integr. Comp. Biol.* 43:549-558.

Dacey, J. W. H. 1981. Pressurized ventilation in the yellow water lily. *Ecology* 62:1137-1147.

Damkaer, D. M., D. B. Day, G. A. Heron, and E. F. Prentice. 1980. Effects of UV-B radiation on near-surface zooplankton of Puget Sound. *Oecologia* (Berlin) 44: 149-158.

Daniel, T. L. 1982. The role of added mass in impulsive locomotion with special reference to medusae. Ph.D. thesis, Duke University, Durham, N.C.

Daniel, T. L. 1984. Unsteady aspects of aquatic locomotion. *Amer. Zoo*l. 24: 121-134.

Davies, J. T., and E. K. Rideal. 1963. I*nterfacial Phenomena.* Academic Press, New York.

Davson, H. 1972. *The Physiology of the Eye.* 3d ed. Academic Press, New York.

ドーキンス R.　2009、進化の存在証明（垂水雄二訳）、早川書房、ISBN:9784152090904

Dejours, P. 1975. *Principles of Comparative Respiratory Physiology.* North-Holland Publishing Co., Amsterdam.

邦訳版：呼吸生理学の基礎：ヒト呼吸機能の進化の生物学的背景 / Pierre Dejours 著（落合威彦ほか訳)、真興交易医書出版部　1983

DeMont, M. E., and J. M. Gosline. 1988. Mechanics of jet propulsion in the hydromedusan jellyfish, *Polyorchis penicillatus.* III: A natural resonating bell; the presence and importance of a resonant phenomenon in the locomotor structure. *J. Exp. Biol.* 134:347-361.

Denny, M. W. 1976. The physical properties of spider's silk and their role in the design of orb-webs. *J. Exp. Biol.* 65:483-506.

Denny, M. W. 1987. Lift as a mechanism of patch initiation in mussel beds. *J. Exp. Mar. Biol. Ecol.* 113:231-245.

Denny, M. W. 1988. *Biology and the Mechanics of the Wave-Swept Environment.* Princeton University Press, Princeton, N.J.

Denny, M. W. 1991. Biology, natural selection, and the prediction of maximal wave-induced forces. *S. Afr. J. Mar. Sci.* 10:353-363.

Denny, M. W., and S. D. Gaines. 1990. On the prediction of maximal intertidal wave force. *Limnol. Oceanogr.* 35: 1-15.

Denny, M. W., T. L. Daniel, and M. A. R. Koehl. 1985. Mechanical limits to size in wave-swept organisms. *Ecol. Monogr.* 55:69-102.

Denny, M. W,. V. Brown, E. Carrington, G. Kramer, and A. Miller. 1989. Fracture mechanics and the survival of wave-swept macroalgae. *J. Exp. Mar. Biol. Ecol.* 127:211-228.

Diamond, J. 1989. How cats survive falls from New York skyscrapers. *Natural History* (August), pp.21-26.

Dickinson, M. 2003 How to walk on Water, *Nature* 424: 621-622

Dill, L. M. 1977. Refraction and the spitting behavior of the archer fish (*Toxotes chatareus*). *Behav. Ecol. Sociobiol.* 2: 169-184.

Dixon, A. F. G., P. C. Croghan, and R. P. Gowing. 1990. The mechanism by which aphids adhere to smooth surfaces. *J. Exp. Biol.* 152:243-253.

Einstein, A. 1905. Zur Electrodynamik bewegter Körper. *Annal. Physik.* 17:891-919

Emerson, S., and D. Diehl. 1980. Toe-pad morphology and mechanisms of sticking in frogs. *Biol. J. Linn. Soc.* 13:199-216.

Ewing, A. W. 1989. *Arthropod Bioacoustics.* Comstock, Ithaca, N.Y.

Farlow, J. O., C. V. Thompson, and D. E. Rosner. 1976. Plates of the dinosaur *Stegosaurus* Forced convection heat loss fins? *Science* 192:1123-1125.

Fay, R. R., and A. N. Popper. 1974. Acoustic stimulation of the ear of the goldfish (*Carassius auratus*). *J. Exp. Biol.* 61:243-260.

Feinsinger, P., R . K. Colwell, J. Terborgh, and S. B. Chapin. 1979. Elevation and the morphology, flight energetics, and foraging ecology of tropical hummingbirds. *Amer. Nat.* 113:481-497.

Fessard, A., ed. 1974. Electroreceptors and other specialized receptors in lower vertebrates. In *Handbook of Sensory Physiology,* vol. 3/3. Springer-Verlag, New York.

Feynman, R. P., R. B. Leighton, and M. Sands. 1963. *The Feynman Lectures in Physics*, vol. 1. Addison-Wesley, Reading, Mass.

邦訳版：ファインマン物理学（1）力学（坪井忠二訳)、岩波書店　1986、ISBN-13:978-4000077118

Fish, F. E. 1990. Wing design and scaling of flying fish with regard to flight performance. *J. Zool.* (Lond.) 221:391-403.

Fish, F. E., B. R. Blood, and B. D. Clark. 1991. Hydrodynamics of the feet of fish-catching bats: Influence of the water surface drag and morphological design. *J. Exp. Zool.* 258: 164-173.

Fuchs, N. A. 1964. *The Mechanics of Aerosols.* Pergamon Press Oxford.

Gamow, R. I., and J. F. Harris. 1973. The infrared receptors of snakes. *Sci. Amer.* 228(5):94-101.

Gao, X., and L. Jiang 2008、アメンボの撥水性の脚、昆虫ミメティックス～昆虫の設計に学ぶ～ pp.382-384、エヌ・ティー・エス、ISBN:9784860431976

Gates, D. M. 1980. *Biophysical Ecology.* Springer-Verlag, New York.

Gosline, J. M., and R. E. Shadwick. 1983. The role of elastic energy storage mechanisms in swimming: An analysis of mantle elasticity in escape jetting in the squid, Loligo opalescens. *Can. J. Zool.* 61:1421-1431.

Gorb, S. 2008、昆虫の運動付属肢に着想を得た接着材料、昆虫ミメティックス～昆虫の設計に学ぶ～ pp.372-381、エヌ・ティー・エス、ISBN:9784860431976

Grace, J. 1977. *Plant Response to Wind.* Academic Press, New York.

Grant, W. D., and O. S. Madsen. 1986. The continental-shelf bottom boundary layer. *Ann. Rev. Fluid Mech.* 18:265-305.

Greenhill, A. G. 1881. Determination of the greatest height consistent with stability that a vertical pole or mast can be made, and of the greatest height to which a tree of given proportions can grow. *Proc. Cambridge Philos. Soc.* 4:65-73.

Greenler, R. 1980. *Rainbows, Halos, and Glories.* Cambridge University Press, New York.

邦訳版：太陽からの贈りもの：虹、ハロ、光輪、蜃気楼 / Robert Greenler 著（小口高 , 渡邉堯共訳)、丸善 1992、ISBN:4621037382

Griffin, D. R. 1986. Listening in the Dark. Comstock, Ithaca, N.Y.

同一著者のほぼ同一内容の邦訳版：コウモリと超音波―エコー・サウンディング / ドナルド・グリフィン著（能本乙彦訳）（現代の科学　新装版)、河出書房新社　1978、ISBN-13:978-4309714240

Gross, M. G. 1990. *Oceanography: A View of the Earth.* 5th ed. Prentice Hall, Englewood Cliffs, N. J.

Gulick, W. L., G. A. Gascheider, and R. O. Frisina. 1989. *Hearing.* Oxford University Press, Oxford.

Haldane, J. B. S. 1985. *On Being the Right Size and Other Essays.* Oxford University Press, Oxford.

Hamilton, W. J., and M. K. Seely. 1976. Fog basking by the Namib Desert beetle, *Onymacris unguicularis. Nature* 262:.284-285.

針山孝彦　2008、昆虫の彩り、昆虫ミメティックス～昆虫の設計に学ぶ～　pp.30-40、エヌ・ティー・エス、ISBN:9784860431976

Hawkins, A. D., and A. A. Myrberg. 1983. Hearing and sound communication under water. In B. Lewis, ed., *Bioacoustics: A Comparative Approach,* pp. 347-405. Academic Press, New York.

Hayward, A. T. J. 1971. Negative pressure in liquids: Can it be harnessed to serve man? *Amer. Sci.* 59:434-443.

Heiligenberg, W. 1991 Neural nets in electric fish, Computational Neuroscience Series, Bradford Book, MIT Press, Cambridge

Heinrich, B. l979. *Bumble-Bee Economics.* Harvard University Press, Cambridge, Mass.

邦訳版：マルハナバチの経済学 / ベルンド・ハインリッチ著（井上民二監訳；加藤真、伊藤誠夫訳)、文一総合出版　1991、ISBN: 4829930314

Heisenberg, W. 1971. *Physics and Beyond.* Harper, New York.

Hemmingsen, A. M. 1950. The relation of standard (basal) energy metabolism to total fresh weight of living organisms. *Reports Steno Mem. Hosp. & Nordisk Insulinlab.* 4:7-58.

Hills, B. A. 1988. *The Biology of Surfactant.* Cambridge University Press, New York.

Hinton, H. E. 1976. Plastron respiration in bugs and beetles. *J. Insect Physiol.* 22: 1529- 1550.

Hoerner, S. F. 1965. *Fluid-Dynamic Drag.* Hoerner Fluid Dynamics, Bricktown, N. J.

Holland, H. D. 1984. *The Chemical Evolution of the Atmosphere and Oceans.* Princeton University Press, Princeton, N.J.

Horiguchi, H., Hironaka, M. Meyer-Rochow V. B., and T. Hariyama 2007. Water Uptake *via* Two Pairs of Specialized Legs in *Ligia exotica* (Crustacea, Isopoda). *Biol. Bull.* 213:196-203

Horridge, G. A., ed. 1975. The Compound Eye and Vision of Insects. Clarendon Press, Oxford.

Hu, D., Chan, B. and Bush, J. 2003. The hydrodynamics of Water strider locomotion, *Nature* 424:663-666

Hughes, D. E., and J. W. T. Wimpenny. 1969. Oxygen metabolism by microorganisms. In A. H. Rose and J. F. Wilkinson, eds., *Advances in Microbial Physiology,* vol. 3, pp. 197-231. Academic Press, New York.

Hughes, D. J., and R. N. P. G. Hughes. 1986. Metabolic implications of modularity: Studies on the respiration and growth of *Electra pilosa. Phil. Trans. Roy. Soc.* (Lond.) B 313:23-29.

Humphrey, J. A. C. 1987. Fluid mechanic constraints on spider ballooning. *Oecologia* (Berlin) 73:469-477.

Hutchinson, G. E. 1957. *A Treatise on Limnology.* John Wiley, New York.

Irving, L. 1969. Temperature regulation in marine mammals. In H. T. Andersen, ed., The Biology of Marine Mammals, pp. 147-174. Academic Press, New York.

Ishii, D., Horiguchi, H., Hirai, Y., Matuo, Y., Ijiro, K., Tsujii K., Shimozawa, T., Hariyama T., and M. Shimomura 2013. Water transport mechanism through open capillaries analyzed by direct surface modifications on biological surfaces. *Sci. Rep.* 3, 3024

石井大祐　2013、生物に学ぶ撥水性と吸着性 ―バイオミメティクス研究の紹介、塗装工学　48(10):386-394

Jenkins, F. A., and H. E. White. 1957. *Fundamentals of Optics.* 3d ed. McGraw-Hill, New York.

Jerlov, N. G. 1976. *Marine Optics.* Elsevier, Amsterdam.

Kalmijn, A. J. 1971. The electric sense of sharks and rays. *J. Exp. Biol.* 55:371-383.

Kalmijn, A. J. 1974. The detection of electric fields from manmade and animal sources other than electric organs. In A. Fessard, ed., *Handbook of Sensory Physiology,* vol. 3/3, pp. 147-200. Springer-Verlag, New York.

Kalmijn, A. J. 1984. Theory of electromagnetic orientation: A further analysis. In L. Bolis, R. D. Keynes, and S.H.P. Maddrell, eds., *Comparative Physiology of Sensory Systems,* pp. 525-560. Cambridge University Press, New York.

川崎雅司 2000、弱電気魚の比較生理学 I、II、比較生理生化学 17:60-74

川崎雅司 2007、弱電気魚の混信回避行動：神経機構とその進化、シリーズ 21 世紀の動物科学第 8 巻「行動とコミュニケーション」、pp. 99-133、培風館　ISBN:4563082880

Kerfoot, O. 1968. Mist precipitation in vegetation. *Forestry Abst.* 29:8-20.

Khurana, A. 1988. Numerical simulations reveal fluid flows near solid boundaries. *Physics Today* 41(5):17-19.

Kier, W. M., and A. M. Smith. 1990. The morphology and mechanics of octopus suckers. *Biol. Bull.* 178: 126-136.

King, D., and O. L. Loucks. 1978. The theory of tree bole and branch form. *Rad. and Environ. Biophys.* 15:141-165.

木下修一 2005、モルフォチョウの蒼い輝き、化学同人　ISBN:978-4759809961

木下修一 2010、生物ナノフォトニクス－構造色入門－、シリーズ生命機能、朝倉書店、ISBN:978-4254177411

Kinsler, L. E., and A. R. Frey. 1962. *Fundamentals of Acoustics.* 2d ed. John Wiley, New York.

Kinsman, B. 1965. *Wind Waves.* Prentice Hall, Englewood Cliffs, N. J.

邦訳版：海洋の風波（上・下）/ブレヤー・キンズマン著（大久保明、大久保慧子共訳)、築地書館 1971-1972

Kleinlogel, S. and White, A. 2008. The secret world of Shrimps: Polarization Vision at Its Best, *PLoS ONE* 3(5): e2190

Knudsen, E. I. 1975. Spatial aspects of the electric fields generated by weakly electric fish. *J. Comp. Physiol.* 99: 103-118.

Knudsen, E. I. 1981. The hearing of the barn owl. *Sci. Amer.* 245(6):113-125

Knutson, R. M. 1974. Heat production and temperature regulation in Eastern skunk cabbage. *Science* 186:746-747.

Kober, R. 1986. Echoes of fluttering insects. In P. E. Nachtigall and P. W. B Moore, eds., *Animal Sonar,* pp. 477-487. Plenum Press, New York.

Koehl, M. A. R. 1977. Mechanical diversity of connective tissue of the body wall of sea anemones. *J. Exp. Biol.* 69: 107-126.

Koehl, M. A. R., and J. R. Strickler. 1981. Copepod feeding currents: Food capture at low Reynolds number. *Limnol. Oceanogr.* 26: 1062-1073.

Konishi, M. 1975. How the owl tracks its prey. *Amer. Sci.* 61:414-424.

Kumagai, T., Shimozawa, T., and Y. Baba. 1998. Mobilities of the cercal wind-receptor hairs of the cricket, *Gryllus bimaculatus. J. Comp. Physiol. A* 183:7-21

LaBarbera, M. 1984. Feeding currents and particle capture mechanisms in suspension feeding organisms. *Amer. Zool.* 24:71-84.

LaBarbera, M. 1990. Principles of design of fluid transport systems in zoology. *Science* 249:992-1000.

Lamb, H. 1945. *Hydrodynamics.* Dover, New York.

邦訳版：流体力学（1・2巻）新装版/H. ラム著（今井功、橋本英典訳)、東京図書 1988、ISBN:4489002718、4489002726

Land, M. F. 1965. Image formation by a concave reflector in the eye of a scallop, *Pecten maximus. J. Physiol.*179:138-153.

Land, M. F. 1978. Animal eyes with mirror optics. *Sci. Amer.* 239(6):126-134.

Land, M. F. 198l. Optics and vision in invertebrates. In H. Autrum, ed., *Comparative physiology and evolution of vision in invertebrates. B: Invertebrate visual centers and behavior I. Handbook of Sensory Physiology,* vol. 7/6B, pp. 471-594. Springer-Verlag, New York.

Langbauer, W. R., Jr., K. B. Payne, R. A. Chairif, L. Rapaport, and F. Osborn. 1991. African elephants respond to distant playbacks of low-frequency conspecific calls. *J. Exp. Biol.* 157:35-46.

Lasiewski, R. C. 1963. Oxygen consumption of torpid, resting, active, and flying hummingbirds. *Physiol. Zoo*l. 36:122-140.

Laties, G. G. 1982. The cyanide resistant alternative path in higher plants. *Ann. Rev. Plant. Physiol.* 33:519-555.

Lazier, J. R. N., and K. H. Mann. 1989. Turbulence and the diffusive layers around small organisms. *Deep-Sea Res.* 36: 1721-1733.

Lewis, B. 1983. *Bioacoustics: A Comparative Approach.* Academic Press, New York.

Lillywhite, H. B. 1987. Circulatory adaptations of snakes to gravity. *Amer. Zool.* 27:81-95.

Lillywhite, H. B. 1988. Snakes, blood circulation and gravity. *Sci. Amer.* 259(6):92-98.

Lissman, H. W., and K. E. Machin. 1958. The mechanism of object location in *Gymarchus niloticus* and similar fish. *J. Exp. Biol.* 35:451-486.

List, R. J. 1958. Smithsonian meteorological tables. 6th ed. Smithsonian Misc. Collections 114 (entire volume).

Louw, G., and M. Seely. 1982. *Ecology of Desert Organisms.* Longman Group, Ltd., Essex, U.K.

McFall-Ngai, M. J. 1990. Crypsis in the pelagic environment. *Amer. Zoo*l. 30:175-188.

McFarlan, D. 1990. The Guinness Book of World Records. Bantam Books, New York.

Mann, K. H., and J. R. N. Lazier. 1991. *Dynamics of Marine Ecosystems.* Blackwell Scientific, New York.

Marrero, T. R., and E. A. Mason. 1972. Gaseous diffusion coefficients. *J. Physical and Chem. Ref. Data* 1:3-118.

Massey, B. S. 1983. *Mechanics of Fluids.* 5th ed. Van Nostrand-Reinhold, New York.

Meeuse, B. J. D. 1966. The voodoo lily. *Sci. Amer.* 215(7):80-88.

Meeuse, B.J.D. 1975. Thermogenic respiration in aroids. *Ann. Rev. Plant. Physiol.* 26:117- 126.

Meglitsch, P. A. 1972. *Invertebrate Zoology.* 2d ed. Oxford University Press, New York.

Mehrbach, C., C. H. Culberson, J. E. Hawley, and R. M. Pytkowicz. 1973. Measurement of the apparent dissociation constants of carbonic acid in seawater at atmospheric pressure. *Limnol. Oceanogr.* 18:897-907.

Middleton, G. V., and J. B. Southard. 1984. *Mechanics of Sediment Movement.* Lecture notes for short course no. 3, Society of Experimental Paleontologists and Mineralogists, Tulsa, Oklahoma.

Miller, R. L. 1982. Sperm chemotaxis in ascideans. *Amer Zool.* 22:827-840.

Miller, R. L. l985a. Sperm chemotaxis in echinodermata: Asteroidea, Holothuroidea, Ophiuroidea. *J. Exp. Zoo*l. 234:383-414.

Miller, R. L. l985b. Sperm chemo-orientation in the metazoa. In C. B. Metz and A. Monroy, eds., *The Biology of Fertilization,* vol. 2, pp. 275-337. Academic Press, New York.

Minnaert, M. 1954. *The Nature of light and Colour in the Open Air.* Dover, New York.

Monteith, J. L. 1973. *Principles of Environmental Physics.* Edward Arnold, London.
邦訳版：生物環境物理学 : 生態学とフラックス / John L. Monteith 著（及川武久訳)、共立出版　1975

Morse, P. M., and K. U. Ingard. 1968. *Theoretical Acoustics.* Princeton University Press, Princeton, N. J.

Munk, W. H. 1949. The solitary wave theory and its application to surf problems. *Annals N. Y. Acad. Sci.* 51 :376-424.

Murray, C. D. 1926. The physiological principle of minimum work applied to the angle of branching of arteries. *J. Gen. Physiol.* 9:835-841.

Muschenheim, D. K. 1987. The dynamics of near-bed seston flux and suspension-feeding benthos. J. Mar. Res. 45:473-496.

Nachtigall, P. E., and P. W. B. Moore, eds. 1986. *Animal Sonar: Processes and Performance.* Proc. of a NATO Advanced Study Institute conference on animal sonar systems, September 10-19, 1986, Helsingor, Denmark. Plenum Press, New York.

Nagy, K. A., D. K. Odell, and R. S. Seymour. 1972. Temperature regulation by the inflorescence of Philodendron. *Science* 178:1195-1197.

Newell, R. E. 1979. Climate and the ocean. *Amer. Sci.* 67:405-416.

Niklas, K. J. 1982a. Simulated and empiric wind pollination patterns of conifer ovulate cones. *Proc. Natl. Acad. Sci.* (USA) 79:510-514.

Niklas, K. J. 1982b. Pollination and airflow patterns around conifer cones. *Science* 217 :442- 444.

Niklas, K. J. 1987. Aerodynamics of wind pollination. *Sci. Amer.* 257(1):90-95.

Nobel, P. S .1983. *Biophysical Plant Physiology and Ecology.* W. H. Freeman, New York.

Nowell, A. R. M., and P. A. Jumars. 1984. Flow environment of aquatic benthos. *Ann. Rev. Ecol. Syst.* 15:303-328.

Oertli, J. J. 1971. The stability of water under tension in the xylem. *Zeitschr. für Pflanzenphysiol.* 65: 195-209.

Okubo, A. 1987. Fantastic voyage into the deep: Marine biofluid mechanics. In E. Teramoto and M. Yamaguti, eds., *Mathematical Topics in Population Biology, Morphogenesis, and Neuroscience,* pp. 32-47. Springer-Verlag, New York.

Owen, D. 1980. *Camouflage and Mimicry.* University of Chicago Press, Chicago.

Payne, R., and D. Webb. 1971. Orientation by means of long-range acoustic signaling in baleen whales. *Ann. N. Y . Acad. Sci.* 188:110-141.

Pearcy, R. W., J. Ehleringer, H. A. Mooney, and P. W. Rundel, eds. 1989. *Plant Physiological Ecology.* Chapman and Hall, New York.

Pich, J. 1966. Theory of aerosol filtration by fibrous and membrane filters. In C. N. Davies, ed., *Aerosol Science,* pp. 223-285. Academic Press, New York.

Pickard, W. F. 1974. Transition regime diffusion and the structure of the insect tracheolar system. *J. Insect Physiol.* 20:947-956.

Poisson, A. 1980. Conductivity/salinity/temperature relationship of diluted and concentrated seawater. *IEEE J. Oceanic Engineering.* OE-5(1):41-50.

Popper, A. N. 1980. Sound emission and detection by dolphinids. In L. M. Herman, ed., Cetacean Behavior, pp. 1-52. Wiley Interscience, New York.

Prange, H. D., and K. Schmidt-Nielsen. 1972. The metabolic cost of swimming in ducks. *J. Exp. Biol.* 53:763-777.

Princen, H. M. 1969. The equilibrium shapes of interfaces, drops, and bubbles: Rigid and deformable particles at interfaces. *Surf. and Colloid Sci.* 2:1-84.

Prothro, J. W. 1979. Maximal oxygen consumption in various animals and plants. *Comp. Biochem. Physiol.* A 64:463-466.

Pumphry, R. J. 1961. Concerning vision. In J. A. Ramsay and V. B. Wigglesworth, eds., *The Cell and the Organism,* pp. 193-208. Cambridge University Press, Cambridge, U. K.

Rahn, H., and C. V. Paganelli. 1979. How bird eggs breathe. *Sci. Amer.* 240(2):46-55.

Raskin, I., and H. Kende. 1985. Mechanisms of aeration in rice. *Science* 228:327-329.

Reif, F. 1965. *Fundamentals of Statistical and Thermal Physics.* McGraw-Hill, New York.

邦訳版：統計熱物理学の基礎(上・中・下) / ライフ著（中山壽夫、小林祐次訳）、吉岡書店、1984、1987、ISBN: 4842701854、4842701870、4842701889

Resnick, R., and D. Halliday. 1966. *Physics.* John Wiley, New York.

邦訳版：物理学（上・下）/ R. レスニク、D. ハリデー著（鈴木皇ほか訳）、トッパン、1972

Reynolds, C. S., and A. E. Walsby. 1975. Water blooms. *Biol. Rev.* 50:437-481.

Riley, G. A., H. Stommel, and D. F. Bumpus. 1949. Quantitative ecology of the plankton of the Western North Atlantic. *Bull. Bingham Oceanographic Collection,* vol. 12, art. 3.

Ritzman, R. 1973. Snapping behavior of the shrimp *Alpheus californiensis. Science* 181:459-460.

力丸裕、菅乃武男 1990、コウモリの生物ソナーの神経機構、科学(岩波)、60:802-811

力丸裕 2011、コウモリのエコーロケーション、臨床神経科学 29:13

Roberts, N., Chiou, T., Marshall, N. and T. Cronin. 2009. A biological quarter-wave retarder with excellent achromaticity in the visible wavelength region, *Nature Photonics* 3: 641-644

Rubenstein, D. L., and M. A. R. Koehl. 1977. The mechanism of filter feeding: Some theoretical considerations. *Amer. Nat.* 111 : 981-994.

Sand, O., and A. D. Hawkins. 1973. Acoustic properties of the cod swimbladder. *J. Exp. Biol.* 58:797-820.

Scheich, H., G. Langner, C. Tidermann, R. Coles, and A. Guppy. 1986. Electroreception and electrolocation in platypus. *Nature* 319:401-402.

Scheidegger, A. E. 1971. *The Physics of Flow through Porous Media.* 3d ed. University of Toronto Press, Toronto.

Schey, H. M. 1973. *Div, Grad, Curl and All That.* W. W. Norton, New York.

Schlee, S. 1973. *The Edge of an Unfamiliar World.* E. P Dutton, New York.

Schlichting, H. 1979. Boundary-Layer Theory. 7th ed. McGraw-Hill, New York.

Schmidt-Nielsen, K. 1972a. Locomotion: Energy cost of swimming, flying and running. *Science* 177: 222-226.

Schmidt-Nielsen, K. 1972b. *How Animals Work.* Cambridge University Press, New York.

邦訳版：動物の作動と性能―その比較生理学 / K. シュミット－ニールセン著（柳田為正訳）、培風館　1973

Schmidt-Nielsen, K. 1979. *Animal Physiology.* 2d ed. Cambridge University Press, New York.

邦訳版：動物生理学 — 環境への適応 / クヌート・シュミット＝ニールセン著（沼田英治、中島康裕訳）、東京大学出版会 2007、ISBN：978-4-13-060218-1]

Schmidt-Nielsen, K. 1984. *Scaling: Why Animal Size Is So Important.* Cambridge University Press, New York.

邦訳版：スケーリング — 動物設計論 動物の大きさは何で決まるのか / K. シュミットニールセン著（下澤楯夫監訳；大原昌宏、浦野知共訳）、コロナ社 1995、ISBN: 4339076325

Schnitzler, H.-U., D. Menne, R. Kober, and K. Heblich. 1983. The acoustical image of fluttering insects in echolocating bats. In F. Huber and H. Markl, eds., *Neuroethology and Behavioral Physiology,* pp. 235-250. Springer-Verlag, New York.

Schopf, J. W. 1978. The evolution of the earliest cells. *Sci. Amer.* 239(9): 110-138.

Schopf, T. J. M. 1980. *Paleoceanography.* Harvard University Press, Cambridge, Mass.

Schusterman, R. J. 1972. Visual acuity in pinnipeds. In H. E. Winn and B. L. Olla, eds., *Behavior of Marine Animals,* vol. 2, *Vertebrates,* pp. 469-492. Plenum Press, New York.

Seely, M. K., and W. J. Hamilton. 1976. Fog catchment sand trenches constructed by Tenebrionid beetles, *Lepidochora,* from the Namib Desert. *Science* 193(4252):484-486.

Shaw, E. A. G. 1974. The external ear. In W. D. Keidel and W. D. Neff, eds., *Handbook of Sensory Physiology,* vol. 5/1, pp. 455-490. Springer-Verlag, New York.

Sherman, T. F. 1981. On connecting large vessels to small: The meaning of Murray's Law. *J. Gen. Physiol.* 78:431-453.

Shifrin, K. S. 1988. *Physical Optics of Ocean Water.* American Institute of Physics, New York.

下村政嗣　2008、撥水表面と階層的ナノ構造、昆虫ミメティックス ～昆虫の設計に学ぶ～ pp.385-393、エヌ・ティー・エス　ISBN:9784860431976

Shimozawa, T., and M. Kanou. 1984. The aerodynamics and sensory physiology of range fractionation in the cercal filiform sensilla of the cricket *Gryllus bimaculatus. J. Comp. Physiol.* A 155:495-505.

下澤楯夫、加納正道　1987、流れの感覚、動物生理　4:83-89、

Shimozawa, T., Kumagai, T. and Y. Baba. 1998. Structural scaling and functional design of the cercal wind-receptor hairs of cricket. *J. Comp. Physiol. A* 183:171-186

下澤楯夫、熊谷恒子 1998、昆虫気流感覚毛の機械設計の解析、日本音響学会誌　54 (3)：245-253

下澤楯夫 2005-2006、生物学のための情報論 1-6、比較生理生化学　22:32-37 (2005)、22:85-89 (2005)、22:149-154 (2005)、23:32-36 (2006)、23:38-43 (2006)、23:153-164 (2006)

下澤楯夫　2008、昆虫神経系の基本構造と情報理論 — 観測の生物物理　昆虫ミメティックス～昆虫の設計に学ぶ～ pp.641-649、エヌ・ティー・エス　ISBN:9784860431976

下澤楯夫、針山孝彦　2008、昆虫ミメティックス～昆虫の設計に学ぶ～、エヌ・ティー・エス　ISBN: 9784860431976

Siebeck, O. 1988. Experimental investigation of UV tolerance in hermatypic corals (Scleractinia). *Mar. Ecol. Progr. Ser.* 43:95-103.

Simmons, J. A., and A. D. Grinnell. 1986. The performance of echolocation: Acoustic images perceived by echolocating bats. In P. E. Nachtigall and P. W. B. Moore, eds., *Animal Sonar,* pp. 353-385. Plenum Press, New York.

Smayda, T. J. 1970. The suspension and sinking of phytoplankton in the sea. *Oceanogr. Mar. Biol. Ann. Rev.* 8:353-414.

Smith, A. M . 1991. Negative pressure generated by octopus suckers: A study of the tensile strength of water in nature. *J. Exp. Biol.* 157:257-271.

Snyder, A. W. 1975a. Photoreceptor optics: Theoretical principles. In A. W. Snyder and R. Menzel, eds., *Photoreceptor Optics,* pp. 38-55. Springer-Verlag, New York.

Snyder, A. W. 1975b. Optical properties of invertebrate photoreceptors. In G. A. Horridge, ed., *The Compound Eye and Vision of Insects,* pp. 179-235. Clarendon Press, Oxford.

Stefan, J. 1874. *Sitzb. Akad. Wiss.* Wien (Mathem-naturwiss. KI) 69:713. As cited in W. L. Wake, *Adhesion and the Formulation of Adhesives,* 2d ed., 1982. Applied Science Publishers, London.

Stork, N. E. 1980. Experimental analysis of adhesion of *Chrysolina polita* (Chrysomelidae: Coleoptera) on a variety of surfaces. *J. Exp. Biol.* 88:91-107.

Størmer, L. 1977. Arthropod invasion of land during late Silurian and Devonian times. *Science* 197: 1362-1364.

Streeter, V. L. and E. B. Wylie. 1979. *Fluid Mechanics.* 7th ed. McGraw-Hill, New York.

Suga, N. 1990. Biosonar and neural computation in bats. *Sci. Amer.* 262(6):60-68.

菅乃武男 1990、音波情報を処理するコウモリの神経機構、日経サイエンス、8月号：74-83

Suthers, R. A. 1965. Acoustic orientation by fish-catching bats. *J. Exp. Zool.* 158:319-348.

Sverdrup, H. W., M. W. Johnson, and R. H. Fleming. 1942. *The Oceans.* Prentice Hall, Englewood Cliffs, N. J.

Tanford, C. 1961. *Physical Chemistry of Macromolecules.* John Wiley, New York.

Tani, M., Ishii, D., Ito, S., Hariyama, T., Shimomura, M., and K. Okumura 2014.　Capillary Rise on Legs of a Small Animal and on Artificially Textured Surfaces Mimicking Them. *PLoS ONE* 9(5):e96813

Tavolga, W. N. 1971. Sound production and detection. In W. Hoar and D. Randall, eds., *Fish Physiology*, pp. 135-205. Academic Press, New York.

Timoshenko, S. P., and J. M. Gere. 1972. *Mechanics of Materials.* Van Nostrand, New York.

邦訳版：材料力学本論 / S.P.Timoshenko, J.M.Gere 著（前澤成一郎 , 吉峯鼎共訳)、コロナ社　1982

Trujillo-Cénoz, O. 1972. The structural organization of the compound eye in insects. In M. G. F. Fuortes, ed., Physiology of Photoreceptor Organs, pp. 5-62. Springer-Verlag, New York.

Tucker, V. A. 1969. Wave making by whirligig beetles (*Gyrinidae*). *Science* 166:897-898.

UNESCO. 1983. Algorithms for computation of fundamental properties of seawater. UNESCO Technical Papers in Marine Science, no. 44. UNESCO, Paris.

UNESCO. 1987. International oceanographic tables. UNESCO Technical Papers in Marine Science, no. 40. UNESCO, Paris.

van Bergeijk, W. A. 1967. The evolution of vertebrate hearing. In W. D. Neff, ed., *Contributions to Sensory Physiology,* vol. 2, pp. 1-41. Academic Press, New York.

van der Pijl, L. 1982. *Principles of Dispersal in Higher Plants.* Springer-Verlag, Berlin.

Vermeij, G. J. 1978. *Biogeography and Adaptation: Patterns of Marine Life.* Harvard University Press, Cambridge, Mass.

Vogel, S. 1970. Convective cooling at low airspeeds and the shape of broad leaves. *J. Exp. Bot.* 21:91-101.

Vogel, S. 1981. *Life in Moving Fluids.* Willard Grant Press, Boston.

Vogel, S. 1983. How much air passes through a silkmoth's antenna? *J. Insect Physiol.* 29:597-602.

Vogel, S. 1987. Flow-assisted mantle cavity refilling in jetting squid. *Biol. Bull.* 172:61-68.

Vogel, S. 1988. *Life's Devices.* Princeton University Press, Princeton, N. J.

Vogel, S., and C. Loudon. 1985. Fluid mechanics of the thallus of an intertidal red alga, *Halosaccion glandiforme. Biol. Bull.* 168: 161-174.

von Frisch, K. 1950. *Bees: Their Vision, Chemical Senses, and Language.* Cornell University Press, Ithaca, N.Y.

邦訳版：ミツバチの不思議 / フォンフリッシュ著（伊藤智夫訳)、法政大学出版局 2005、ISBN:978-4588762062

Wachmann, E., and W. D. Schroer. 1975. Zur Morphologie des Dorsal- und Ventralauges des Taumelkäfers *Gyrinus substriatus* (Steph.) (Coleoptera, Gyrinidae). *Zoomorphologie* 82:43-61.

Wainwright, S. A., W. D. Biggs, J. D. Currey, and J. M. Gosline. 1976. *Mechanical Design in Organisms.* Edward Arnold, London.

同一著者のほぼ同一内容の Axis and circumference : the cylindrical shape of plants and animals の邦訳版：生物の形とバイオメカニクス（本川達雄訳)、東海大学出版会 1989、ISBN: 4486010760

Walker, J. C. G., C. Kleinn, M. Schidlowski, J. W. Schopf, D. J. Stevensen, and M. R. Walter. 1983. Environmental evolution of the Archean-early Proterozoic earth. In J. W. Schopf, ed., *The Earth's Earliest Biosphere: Its Origin and Evolution,* pp. 260-290. Princeton University Press, Princeton, N. J.

Walls, G. 1942. *The Vertebrate Eye and Its Adaptive Radiation.* Cranbrook Institute of Science, Bloomfield Hills, Michigan.

Walsby, A. E. 1972. Gas-filled structures providing buoyancy in photosynthetic organisms. In Soc. Exp. Biol. Symp., no. 26, *The Effects of Pressure on Organisms,* pp. 233-250. The Company of Biologists, Ltd., Cambridge, U.K.

Walters, V., and H. Fierstine. 1964. Measurements of swimming speeds of yellowfin tuna and wahoo. *Nature* 202:208-209.

Warren, J. V. 1974. The physiology of the giraffe. *Sci. Amer.* 231 (5):96-105.

Washburn, J. O., and L. Washburn. 1984. Active aerial dispersal of minute wingless arthropods: Exploitation of boundary-layer velocity gradients. *Science* 223: 1088-1089.

Waterman, T. H. 1981. Polarization sensitivity. In H. Autrum, ed., *Comparative physiology and evolution of vision in invertebrates.* B: Invertebrate visual centers and behavior I. In *Handbook of Sensory Physiology*, vol. 7/6B, pp. 283-469. Springer-Verlag, New York.

Weast, R. C., ed. 1977. *CRC Handbook of Chemistry and Physics.* CRC Press, Cleveland, Ohio.

Webb, P. W. 1975. Hydrodynamics and energetics of fish propulsion. *Bull. Fish. Res. Bd.* (Canada) 190.

Wehner, R. 1987. Matched filters -neural models of the external world. *J. Comp. Physiol. A* 161:511-531

Wehner, R. 2008. スカイマークとランドマークによる視覚ナビゲーション：アリとアリ型ロボット、 昆虫ミメティックス～昆虫の設計に学ぶ～ pp.866-877、エヌ・ティー・エス ISBN:9784860431976

Weis-Fogh, T. 1964. Diffusion in insect wing muscle, the most active tissue known. *J. Exp. Biol.* 41:229-256.

Weiss, R. F. 1970. The solubility of nitrogen, oxygen and argon in water and seawater. *Deep-Sea Res.* 17:721-735.

Weiss, R. F. 1974. Carbon dioxide in water and seawater: The solubility of a non-ideal gas. *Mar. Chem.* 2:203-215.

Wever, E. G. 1974. The evolution of vertebrate hearing. In W. D. Keidel and W. D. Neff, eds., *Contributions to Sensory Physiology,* vol. 5, pp. 423-454. Springer-Verlag, New York.

Wickler, W. 1968. *Mimicry in Plants and Animals.* McGraw-Hill, New York

邦訳版：擬態：自然も嘘をつく / W. ヴィックラー著（羽田節子訳)、平凡社 1983

Wigglesworth, V. B. 1987. How does a fly cling to the under surface of a glass sheet? *J. Exp. Biol.* 129:373-376.

Wilcox, R. S. 1979. Sex discrimination in *Gerris remigis*: Role of surface wave signal. *Science* 206:1325-1327.

Wood, W. F. 1989. Photoadaptive responses of the tropical red alga *Eucheuma striatum* Schmitz (Gigartinales) to ultraviolet radiation. *Aq. Bot.* 33:41-51.

Wu, T. Y. 1977. Introduction to the scaling of aquatic organisms. In T. J. Pedley, ed., *Scale Effects in Animal Locomotion,* pp. 203-232. Academic Press, New York.

Yen, J., and N. T. Nicoll. 1990. Setal array on the first antenna of a carnivorous marine copepod *Euchaeta norvegica. J. Crust. Biol.* 10: 218-224.

Yorke, R. 1981. *Electric Circuit Theory.* Pergamon Press, New York.

Yost, W. A., and D. W. Nielson. 1977. *Fundamentals of Hearing.* Holt, Rhinehart and Winston, New York.

Young, J. Z. 1964. *A Model of the Brain.* Oxford University Press, New York.

著者索引

事項索引

斜体（イタリック）数字は、表のページを示す。

アルファベット

あ

い

う

え

お

か

き

く

け

こ

さ

し

す

せ

そ

た

ち

の

は

ひ

ふ

へ

ほ

る

れ

ろ

わ

函・表紙 画像提供：
（ルリハムシ）堀 繁久
（ルリハムシ跗節接着毛）下澤 楯夫
（表紙海水画像）robert_s/Shutterstock.com
（ハス）Manfred Ruckszio/Shutterstock.com
（波打ち際）Galyna Andrushko/Shutterstock.com
（ヨツメウオ）gallimaufry/Shutterstock.com

生物学のための 水と空気の物理

発行日	2016年2月25日初版 第一刷発行
原著者	Mark W. Denny
翻訳者	下澤 楯夫
発行者	吉田 隆
発行所	株式会社エヌ・ティー・エス
	東京都千代田区北の丸公園2-1 科学技術館2階
	〒102-0091
	TEL 03(5224)5430
	http://www.nts-book.co.jp/
本文レイアウト 函・表紙デザイン	原島 広至
印刷・製本	開成堂印刷株式会社

ISBN978-4-86043-450-2